Beck-Wirtschaftsberater

Praxisratgeber Existenzgründung

Beck-Wirtschaftsberater

Praxisratgeber
Existenzgründung

Erfolgreich starten und auf Kurs bleiben

Von Sandra Bonnemeier

4., vollständig überarbeitete Auflage

Deutscher Taschenbuch Verlag

www.dtv.de
www.beck.de

Originalausgabe

Deutscher Taschenbuch Verlag GmbH & Co. KG,
Tumblingerstraße 21, 80337 München
© 2014. Redaktionelle Verantwortung: Verlag C. H. BECK oHG
Druck und Bindung: Druckerei C. H. BECK, Nördlingen
(Adresse der Druckerei: Wilhelmstraße 9, 80801 München)
Satz: ottomedien, Darmstadt
Umschlaggestaltung: Agentur 42, Bodenheim
unter Verwendung eines Fotos von Mauritius Bildagentur
ISBN 978-3-423-50939-8 (dtv)
ISBN 978-3-406-65509-8 (C. H. Beck)

9 783406 655098

Vorwort

Der „Praxisratgeber Existenzgründung" ist bis ins Detail mit großer Sorgfalt erstellt worden. Es kann aber – wie allgemein üblich – keine Gewähr für die Vollständigkeit und Richtigkeit der Inhalte übernommen werden. Auch kann und soll der Ratgeber eine individuelle Beratung nicht ersetzen.

Bitte beachten Sie auch, dass einige Themengebiete – wie z. B. das Internetrecht – einer ungeheuren Dynamik unterliegen. Es ist daher auf jeden Fall empfehlenswert, die in dem Ratgeber aufgeführten Beratungs- und Informationsangebote zu nutzen.

Dazu passt folgender „Beipackzettel":

- Allgemeine Begriffsbestimmung: Unternehmer = Jemand, der täglich 16 Stunden zu arbeiten bereit ist, um nicht acht Stunden pro Tag für einen anderen arbeiten zu müssenDarreichungsform und Inhalt: Kompakter Ratgeber im Taschenbuchformat, der alle gründungsrelevanten Themen zusammenfasst – so kurz wie möglich, aber so ausführlich wie nötig – und der auch für mögliche Probleme *nach* erfolgter Gründung sensibilisiert.

- „Hersteller": Der „Praxisratgeber Existenzgründung" konnte nur durch die sehr konstruktiven und offenen Gespräche mit einigen hundert Gründern in der vorliegenden Form entstehen und verdankt ihnen seine besondere Praxisnähe, die Erfahrungsberichte und konkreten Tipps für das weitere Vorgehen.

- Anwendungsgebiete: Der Einsatz dieses Ratgebers ist angezeigt bei akutem Interesse an dem Thema Existenzgründung und eignet sich sowohl für Gründer als auch für Berater. Die Anwendung empfiehlt sich sowohl vorbeugend zur Vermeidung von Informationsdefiziten als auch zur Behandlung bereits bestehender Symptome (wie z. B. ersten Problemen unmittelbar nach erfolgter Gründung).

- Gegenanzeigen: Dieser Ratgeber ist im Allgemeinen gut verträglich. Bei bekannter Überempfindlichkeit gegen neue Informationen sollte dieser Ratgeber jedoch nicht eingesetzt und auf eine Existenzgründung verzichtet werden.

■ Nebenwirkungen: Es kann vorkommen, dass Leser nach der Lektüre dieses Ratgebers entscheiden, den Schritt in die Selbständigkeit (noch) nicht zu wagen, weil die notwendigen Voraussetzungen nicht vorliegen. Diese Nebenwirkung ist durchaus in berechtigten Fällen erwünscht, weil eine frühzeitige Erkenntnis vor teuren Fehlentscheidungen bewahren kann. Im Zweifel fragen Sie die in diesem Ratgeber angegebenen Beratungsstellen.

■ Haltbarkeit: Dieser Ratgeber hat kein Verfallsdatum. Jedoch wird die Halbwertzeit von Wissen immer kürzer. Gerade Informationen in den Bereichen Steuern, Recht und Fördermitteln können sehr schnell überholt sein. Darum empfiehlt es sich, zusätzlich die angegebenen – zum großen Teil kostenfreien – Informations- und Beratungsangebote zu nutzen.

■ Mark Twain hat einmal gesagt: „Seien Sie vorsichtig beim Lesen von Gesundheitsbüchern: Ein Druckfehler kann Ihr Tod sein." – Dieser Ratgeber birgt dagegen keinerlei gesundheitliche Risiken (und hoffentlich auch keine trotz aller Sorgfalt übersehenen Fehler). Er soll Sie vielmehr dabei unterstützen, ein gesundes Unternehmen aufzubauen und zu einem gesunden wirtschaftlichen Wachstum zu führen. Dabei wünsche ich Ihnen viel Erfolg.

Marl, im Januar 2014 *Sandra Bonnemeier*

Inhaltsübersicht

Inhaltsverzeichnis

1. Kapitel

Gründungsgeschehen in Deutschland

Kleinere und mittelständische Unternehmen werden immer wieder als der „Motor der Wirtschaft" bezeichnet. Zu Recht. Sie machen in Deutschland, wie in den meisten anderen Industriestaaten, mehr als 90 % aller Unternehmen aus – Jungunternehmer und Existenzgründer mitgerechnet. Es kursieren verschiedene Zahlen über die durchschnittliche Anzahl von Arbeitsplätzen, die eine Existenzgründung mit sich bringt. Laut Unternehmensregister gab es im Jahr 2009 in Deutschland rund 3,597 Mio. Unternehmen, darunter 99,7% kleine und mittlere Unternehmen (KMU). KMU beschäftigen mit rund 60% seit Jahren auch den größten Anteil der sozialversicherungspflichtig Beschäftigten in Deutschland. Im Jahr 2009 lag der Anteil der kleinen Unternehmen mit bis zu 9 Beschäftigten und einer Mio. € Jahresumsatz bei 14,3 %. Selbst wenn „nur" der Arbeitsplatz des Gründers selbst geschaffen wird, ist dies positiv zu sehen und es herrscht Einigkeit darüber, dass Deutschland Existenzgründer braucht. Aus diesem Grunde gibt es hierzulande zahlreiche Aktivitäten und Förderprogramme, die Existenzgründer auf ihrem Weg in die Selbständigkeit und auch danach unterstützen sollen. Um effiziente Fördermaßnahmen anbieten und fundierte, wirtschaftspolitische Entscheidungen treffen zu können, benötigt man aussagekräftige Informationen über das Gründungsgeschehen – optimalerweise unter Einbeziehung internationaler Vergleichswerte. Eine internationale Gründungsstatistik gibt es jedoch noch nicht. Seit 1998 beschäftigt sich daher ein internationales Forschungsteam im Rahmen des so genannten Global Entrepreneurship Monitor (GEM) mit dieser Aufgabe. Der Länderbericht 2011 wurde erneut unter der Leitung von Prof. Dr. Rolf Sternberg – Professor für Wirtschaftsgeographie an der Leibniz Universität Hannover – und Dr. Udo Brixy, Institut für Arbeitsmarkt- und Berufsforschung (IAB) erarbeitet. Es handelt sich nicht nur um eine umfassende Analyse des Gründungsgeschehens in mehr als 30 Ländern, sondern die Untersuchung erlaubt auch Aussagen zu regionalen Unterschieden innerhalb Deutschlands.

Seit Beginn der Untersuchungen im Jahr 1999 ist die Neigung, ein Unternehmen zu gründen, in Deutschland deutlich geringer als in den meisten Vergleichsländern. Deutschland liegt auf Platz 20 von 23 untersuchten und als vergleichbar eingestuften Ländern. Tatsächlich sind nach Schätzungen des Instituts für Mittelstandsforschung in Bonn (IfM) im Jahr 2009 rund 399.000 Unternehmen neu gegründet worden. Eine beachtliche Anzahl, aber der niedrigste Stand seit 1990. Der Gründungssaldo, also die Differenz aus Neugründungen und Liquidationen, war im Jahr 2008 erstmals seit Mitte der 1970er Jahre negativ. Im Jahr 2012 war der Gründungssaldo erneut negativ (–26.400). Die Zahl der gewerblichen Existenzgründungen ist im Jahr 2012 um 51.000 oder 12,8% gegenüber dem Vorjahreszeitraum zurückgegangen. Sie lag bei 350.000. Dabei lag der Anteil der Kleingewerbegründungen im 1. Halbjahr 2012 bei 63,1%. Weitere Ergebnisse:

- Der Anteil der Frauen unter den Existenzgründungen von Einzelunternehmen hat sich im 1. Halbjahr 2012 geringfügig verringert und lag bei 29,3%,

- 44,1% der Einzelunternehmen wurden von Personen ohne deutsche Staatsangehörigkeit gegründet. Der Anteil ausländischer Gründer nimmt seit Jahren zu. Die offiziellen Gründungsstatistiken verraten jedoch nicht, dass sich hierunter auch jene Gründungen befinden, die mit „echtem" Unternehmertum nicht viel zu tun haben und oft genug von äußerst prekären Lebensverhältnissen begleitet werden. Zu diesen „Existenzgründern" gehören z. B. Metallsammler, Ausbeiner oder auch Prostituierte, die von eigenen, unternehmerischen Entscheidungen weit entfernt sind.

Die Statistik umfasst auch diejenigen Menschen, die nur deshalb ein Gewerbe anmelden, weil es ihnen finanzielle Vorteile sichert, wie z. B. Kindergeld oder auch Einstiegsgeld, wenngleich Letzteres auch keine Pflichtleistung mehr ist. Die Gründungsstatistik umfasst ebenso diejenigen Gründer, die von ihrer selbständigen Tätigkeit nicht leben können – so genannte Aufstocker – und die mitunter nicht einmal ihre Krankenkassenbeiträge bezahlen können. Wie bei jeder Statistik lohnt sich also auch hier ein zweiter Blick auf das tatsächliche Geschehen.

Neue sozialversicherungspflichtige Beschäftigungsverhältnisse werden zum Großteil von Existenzgründern und Kleinbetrieben mit weniger als 50 Mitarbeitern geschaffen. Während mittlere und große Betriebe per Saldo Stellen abbauen, sieht das Ergebnis bei Existenzgründern und Kleinunternehmern positiver aus – „unter dem Strich" schaffen sie neue Arbeitsplätze.

Die Autoren des Länderberichts 2011 kommen zu dem Schluss, „dass in der Summe klassisch motivierte Gründungen eher zum strukturellen Wandel und wirtschaftlichen Wachstum beitragen als necessity-Gründungen." Letztere sind Gründungen aus der „Not" heraus, also z. B. aus der Arbeitslosigkeit oder einer unbefriedigenden, beruflichen Situation. Als die „besseren" Motive und potenziell erfolgreicheren Gründungen gelten solche Vorhaben, bei denen es z. B. primär darum geht, eine gute/innovative Idee in die Tat umzusetzen. Im internationalen Vergleich gibt es hierzulande u. a. aufgrund der vorhandenen Förderung relativ viele Gründungen aus der Not heraus. Trotzdem betonen die Autoren des Länderberichts die Legitimation und hohe Bedeutung der Unterstützung von Gründern aus der Arbeitslosigkeit, die zuletzt im Jahr 2012 erheblich gesunken ist.

„Als sozialpolitisches Instrument hat sich die Förderung zuvor arbeitsloser Gründer bewährt. Ob die mit der in 2011 von der Bundesregierung beschlossenen Kürzung des so genannten Gründungszuschusses intendierten Ziele erreicht werden, scheint fraglich, eine gründungshemmende Wirkung dagegen plausibel."

Die Ergebnisse sind in der täglichen Beratungspraxis spürbar, etwa durch rückläufige Existenzgründungen aus der Arbeitslosigkeit und einer geringeren Beratungsnachfrage. Die Gesamtergebnisse bleiben abzuwarten.

Die Deutschen sind insgesamt vergleichsweise pessimistisch und haben größere Angst vor dem Scheitern als die Einwohner anderer europäischer Staaten.

Der Frauenanteil am Gründungsgeschehen ist gestiegen, aber insgesamt in Deutschland vergleichsweise gering und liegt wie in allen GEM-Ländern deutlich unter dem Anteil der Männer. Frauen haben bezüglich einer Existenzgründung eher Vorbehalte und ein geringeres Selbstvertrauen als Männer. Aber auch Männer haben im internationalen Vergleich eher wenig Vertrauen in ihre eigene Gründungsfähigkeit.

Insgesamt sind wir hierzulande von einer „Gründungskultur" noch weit entfernt und nur langsam und vereinzelt spielt das Thema Existenzgründung auch in den Schulen eine Rolle. Noch längst wird eine selbständige Tätigkeit nicht als ganz selbstverständliche berufliche Option angesehen. Immerhin betrachten aber mehr als die Hälfte der Deutschen die Selbständigkeit als gute berufliche Option, wenn auch nicht immer für sich selbst.

Der GEM-Länderbericht 2011 unterscheidet sich in punkto Stärken und Schwächen des Gründungsstandortes Deutschland nicht wesentlich von den vorherigen Berichten:

Im Wesentlichen werden dieselben Stärken und Schwächen genannt: „Die Expertenurteile im Jahr 2011 bestätigen die bereits in den vergangenen Jahren diagnostizierten Stärken des Gründungsstandortes Deutschland ... Dazu gehören insbesondere die physische Infrastruktur ..., die Verfügbarkeit und Qualität öffentlicher Förderprogramme ... und der Schutz geistigen Eigentums."

Eine weitere Stärke des Gründungsstandortes Deutschland ist laut Expertenmeinung die Verfügbarkeit und Qualität von Beratern und Zulieferern für neue Unternehmen ..., bei der im länderübergreifenden Vergleich lediglich die Schweiz signifikant bessere Expertenbeurteilungen erhält. So erfreulich sich die sechs Stärken des Gründungsstandortes Deutschland darstellen, die mit Ausnahme der physischen Infrastruktur und der Konsumentenakzeptanz von Innovationen auch im internationalen Vergleich Maßstäbe setzen, so nachdenklich können die Expertenurteile zu den übrigen 10 Rahmenbedingungen stimmen.

„Insbesondere die schulische … und im geringeren Maße die außerschulische … Vorbereitung auf unternehmerische Selbstständigkeit gelten traditionell als Schwächen des Gründungsstandortes Deutschland. Darüber hinaus wird den in Deutschland vorherrschenden gesellschaftlichen Werten und Normen ein schlechtes Urteil hinsichtlich unternehmerischer Selbstständigkeit ausgestellt …"

Die Initiative „Gründerland Deutschland" soll seit 2010 „… die Menschen für unternehmerisches Denken und Handeln sensibilisieren. Sie soll ihnen die Chancen und Möglichkeiten der Selbstständigkeit besser vermitteln. Politik und Wirtschaft werden eng zusammenarbeiten, um Gründerinnen und Gründer zielgerichtet zu unterstützen."

Inzwischen heißt es auf der Internetseite der Initiative: „Die Initiative hat sich zum Ziel gesetzt, Maßnahmen zur Stärkung der Gründungskultur in Deutschland zu entwickeln, zu bündeln und für mehr Unternehmergeist zu werben. Vier Themen stehen dabei im Fokus:

- Entwicklung einer neuen Gründungskultur

- Gründungsbezogene Ausbildung an Schulen und Hochschulen

- Zielgerichtete Unterstützung von innovativen Gründungen

- Unternehmensnachfolge

Die Initiative beinhaltet wenig Neues. Die Internetseite bündelt im Wesentlichen vorhandene Informationen, zeigt dafür aber ganz deutlich die Schwerpunkte in der Gründungsförderung wie z. B. innovative Gründungen, Gründungen aus der Hochschule, aber auch Gründungen durch Unternehmensübernahmen. Das entspricht den Aussagen des GEM-Reports, wonach insbesondere „klassische Gründungsmotive" und innovative Gründungen z. B. den Strukturwandel unterstützen. Die Unterstützung für Existenzgründer aus der Arbeitslosigkeit ist erheblich gesunken. Diese Gründer haben es inzwischen noch schwerer und zwar unabhängig von ihren Gründungsmotiven, Qualifikationen und dem Innovationsgehalt ihrer Gründungsidee.

Ernst gemacht hat man dagegen mit der in 2010 angekündigten Möglichkeit einer verkürzten Restschuldbefreiung von drei Jahren (auch) für Existenzgründer, wenn die Voraussetzungen vorliegen. So müssen z. B. ein Viertel der Forderungen und die Verfahrenskosten bezahlt sein.

Als Existenzgründer müssen Sie die Rahmenbedingungen nehmen, wie sie sind, aber Sie können vieles tun, um Ihr Gründungsvorhaben auf eine solide Basis zu stellen. Dazu gehört in erster Linie eine sorgfältige Planung und Informationsbeschaffung.

Informationsdefizite und ihre Folgen gehören mit zu den häufigsten – aber vermeidbaren – Gründen, aus denen junge Unternehmer scheitern. Bedenkt man, dass nicht einmal die Hälfte aller Unternehmen überhaupt ihren 5. Geburtstag erleben und in den meisten Fällen die Gründe hausgemacht sind, ist jeder Gründer gut beraten, sich bestmöglich im Vorfeld zu informieren und vorzubereiten, um sich nicht in aller Kürze in der jährlichen Insolvenzstatistik wieder zu finden.

Für das Jahr 2012 meldet „Creditreform" geschätzte 29.500 Insolvenzen. Traditionell besonders gefährdet sind die so genannten „Mikrobetriebe" mit bis zu 5 Beschäftigten. Am stärksten gefährdet sind die Unternehmen in den ersten Jahren nach der Gründung.

Die Risiken des Scheiterns können durch eine sorgfältige Vorbereitung und Planung zwar nicht ganz ausgeschlossen, wohl aber erheblich reduziert werden.

Links zum Thema

http://www.wigeo.uni-hannover.de – **Global Entrepreneurship Monitor (GEM) – Länderbericht Deutschland,** http://www.ifm-bonn.org/ – z. B. Mittelstandsmonitor, Untersuchung zu Unternehmensgrößen in Deutschland und mehr, http://www.creditreform.de – z. B. Informationen zum Insolvenzgeschehen, http://www.bmwi.de – z. B. Broschüre „Gründerland Deutschland: Zahlen und Fakten", http://bmj.de – Suche z. B. mit Stichwort: Restschuldbefreiung.

2. Kapitel

Woran Gründer scheitern – die häufigsten Fehler

Angesichts der niedrigen Gründungsquote und der wirtschaftlichen Probleme in Deutschland sind die Bemühungen um mehr Wachstum und Beschäftigung durch Neugründungen nachvollziehbar. Allerdings wäre es fatal, Existenzgründungen um jeden Preis zu fördern und zu forcieren. Weniger als die Hälfte aller neu gegründeten Unternehmen überleben die ersten 5 Jahre. Diese Erfolgsquote verschlechtert sich, je mehr Unternehmen auf den Markt drängen. Eine höhere Gründungsrate (Anzahl der Gründungen je 1.000 Erwerbspersonen) geht also einher mit einer schlechteren 5-Jahres-Bilanz, weil mehr Konkurrenten die Überlebenschancen verringern. Zu diesem Ergebnis kommt eine Studie der Universität Bonn und der Bergakademie Freiberg in Sachsen. Allerdings überraschen diese Erkenntnisse nicht, sondern bestätigen eher die Ergebnisse früherer Untersuchungen.

Ein positives Gründungsklima wirkt sich also nicht automatisch auch günstig auf das unternehmerische Umfeld und die Überlebenschancen junger Unternehmen aus. Genau das Gegenteil kann der Fall sein. Die Studie kommt beispielsweise zu dem Ergebnis, dass junge Dienstleister in städtischen Ballungsgebieten, in denen die Gründungsaktivitäten traditionell hoch sind, aufgrund der Konkurrenzsituation geringere Überlebenschancen haben als Dienstleister im ländlichen Raum.

Die Tatsache jedoch, *dass* sehr viele Existenzgründer scheitern, ist weniger interessant als die Frage nach dem „warum". Nur wer im

Vorfeld die typischen und existenziellen Fehler kennt, kann sie bei der eigenen Gründung bestmöglich vermeiden.

Welche Probleme am häufigsten für das Scheitern junger Unternehmen mitverantwortlich waren (Mehrfachnennungen möglich), zeigt eine Untersuchung der ehemaligen Deutschen Ausgleichsbank (nun KfW-Mittelstandsbank):

- Finanzierungsmängel (68%),
- Informationsdefizite (61%),
- Qualifikationsmängel (48%),
- Planungsmängel (30,1%),
- Familienprobleme (29,9%),
- Überschätzung der Betriebsleistung (20,9%) und
- äußere Einflüsse (15,4%).

Die tatsächlichen Einflussfaktoren auf den Erfolg junger Unternehmen stellen sich allerdings deutlich komplexer dar, als die oben genannten Problembereiche vermuten lassen. Hinter den genannten Stichworten verbergen sich eine Vielzahl von Einzelproblemen und möglichen Fehlerquellen. Zudem gibt es zahlreiche Überschneidungen und Zusammenhänge zwischen den einzelnen Ursachen.

Planungsmängel scheinen „nur" in rund 30% der Fälle eine entscheidende Rolle zu spielen, obwohl letzten Endes die meisten Schwierigkeiten auf Planungsmängel und eine unzureichende Vorbereitung zurückzuführen sind. Dabei liegt im Falle eines Scheiterns nicht immer eine schlechte Planung zugrunde. Oftmals wird die gute Planung schlichtweg nicht eingehalten, dann z. B., wenn ein Businessplan nur für einen Zweck erstellt wird: um ihn der Bank vorzulegen oder andere Kapitalgeber zu überzeugen.

Die an erster Stelle genannten Finanzierungsmängel lassen sich beispielsweise durch eine sorgfältige Planung und Vorbereitung nahezu ausschließen, wenngleich sich der Zugang zu Fremdkapital für Existenzgründer in den letzten Jahren auch spürbar verschlechtert hat. Was in der täglichen Arbeit mit Gründern schon klar zutage tritt, spiegelt sich auch in verschiedenen GEM-Länderberichten wider. Aus einer im internationalen Vergleich relativen Stärke wurde eine relative Schwäche. Die hohe Anzahl von Gründungen aus der Arbeitslosigkeit und andere Faktoren tragen zu einer geringen Eigenkapitalausstattung bei und erschweren die Situation noch. Gerade deswegen aber kommt einer bestmöglichen Planung eine besondere Bedeutung zu.

Gleiches gilt für Qualifikationsmängel. Eine ehrliche Selbsteinschätzung – ggf. mit professioneller Hilfe – deckt fachspezifische, kaufmännische oder persönliche Qualifikationsdefizite im Vorfeld auf und versetzt den Gründer in die Lage, diese rechtzeitig zu beheben oder sich einen passenden Partner zu suchen, der die fehlenden Qualifikationen mitbringt.

Angesichts der Vielzahl zur Verfügung stehender Informationsmöglichkeiten ist es schwer zu glauben, dass Informationsdefizite mit mehr als 60% am Scheitern junger Unternehmen beteiligt sind. Die Problematik besteht jedoch einerseits darin, aus der vorhandenen Informationsflut die wirklich wichtigen und für das Vorhaben relevanten Informationen herauszufiltern, zu strukturieren und für das eigene Vorhaben dann auch umzusetzen. Andererseits unterschätzen immer noch min. 50% der Existenzgründer ihren eigenen Informations- und auch Beratungsbedarf. Es ist sicher auf den ersten Blick nicht schwierig, sich selbständig zu machen – eine Meldung bei dem zuständigen Finanz- bzw. Gewerbeamt reicht in den meisten Fällen (theoretisch) erst einmal aus. Dies reicht aber in keinem einzigen Fall aus, um ein langfristig erfolgreiches und wirtschaftlich tragfähiges Unternehmen zu gründen. Selbstständig werden und selbständig bleiben sind eben zwei Paar Schuhe.

Die Überschätzung der Betriebsleistung hängt wiederum mit den Planungsmängeln zusammen und führt zu Finanzierungsproblemen. Allzu häufig werden die späteren Umsätze und Gewinne zu optimistisch eingeschätzt, während die laufenden Kosten unterschätzt werden. Erfahrungen zeigen, dass der von Gründern im Rahmen der Planung angenommene, schlechteste Fall (worst case) in der Praxis eher der realistische Fall ist. Zu hohe Gewinnerwartungen und zu niedrige Kostenansätze führen in der Folge sodann zu einem falsch eingeschätzten Finanzierungsbedarf und damit schlimmstenfalls auf direktem Wege in die Insolvenz. Aus diesem

Grunde ist Vorsicht einer der wesentlichsten Planungsgrundsätze. Die Kosten sind eher großzügig und die Umsätze eher pessimistisch anzusetzen.

Auch die recht häufig genannten familiären Probleme lassen sich durch entsprechende Vorbereitung und Planung zumindest deutlich verringern. Schon in der Vorgründungsphase muss die Familie einbezogen werden, weil die familiären Belastungen gerade in der ersten Zeit immens sein können. Dem sehr hohen Arbeitsaufwand und der geringen Freizeit stehen in aller Regel zunächst nur unsichere und schwankende Einnahmen gegenüber – eine Situation, welche die Familie mittragen muss.

Die scheinbar unvermeidbaren äußeren Einflüsse (z. B. technischer Fortschritt, verändertes Kundenverhalten etc.) können ebenfalls zu einem guten Teil durch die vorherige Planung abgefedert werden. Schließlich berücksichtigt eine solide Gründungsplanung auch absehbare Trends und künftige Entwicklungen. Änderungen im Kundenverhalten (wie stärkeres Preisbewusstsein, höhere Qualitätsansprüche…) ergeben sich z. B. in aller Regel nicht kurzfristig. Auch existenziell bedrohlichen Forderungsausfällen kann durchaus effizient vorgebeugt werden. Und schließlich sollte sich die Persönlichkeit des Existenzgründers auch durch die nötige Flexibilität auszeichnen, sich an veränderte Bedingungen anzupassen – oder sogar Trends mitzugestalten. Hierzu gehört jedoch eine konsequente, kontinuierliche und gründliche Marktbeobachtung und solide Marktkenntnisse. Fehlt es hieran, steigt die Wahrscheinlichkeit, dass das Angebot an den Bedürfnissen der Zielgruppe vorbeigeht. Die äußeren Einflüsse als Gründe für das Scheitern hängen demnach wiederum stark mit Informationsdefiziten (z. B. zu geringe Marktkenntnis) und Planungsmängeln zusammen.

Fehlentscheidungen werden sich auch durch die sorgfältigste Vorbereitung nicht immer ausschließen lassen. Schließlich ist ein Existenzgründer auch nur ein Mensch und die Zukunft naturgemäß unsicher. Fehler unterlaufen auch gestandenen und erfolgreichen Unternehmern. So lange sie aber nicht die Existenz bedrohen, kann man Fehlern auch etwas Positives abgewinnen. Fehler bieten die Chance, aus ihnen zu lernen und erweitern den Horizont. Glücklicherweise muss man jedoch nicht alle (teuren) Fehler selbst machen. Es gibt keine bessere und preiswertere Möglichkeit, als aus den Fehlern Anderer zu lernen.

Als Fazit kann deshalb festgehalten werden, dass eine gründliche Vorbereitung, professionelle und vorsichtige Planung sowie die umfassende Information zu den ganz entscheidenden Erfolgsfaktoren gehören. Jeder einzelne Existenzgründer hat es somit ganz maßgeblich und höchstpersönlich in der Hand, sein Unternehmen zum Erfolg zu führen.

Jeder potenzielle Existenzgründer hat es auf dieser Basis aber gleichfalls in der Hand, eine gut fundierte Entscheidung *gegen* den Schritt in die Selbständigkeit zu treffen und sich somit vor finanziellen Problemen und großen Enttäuschungen zu bewahren. Nicht jeder Mensch ist als Existenzgründer geeignet und nicht jede, auf den ersten Blick gute, Idee ist auch wirtschaftlich tragfähig.

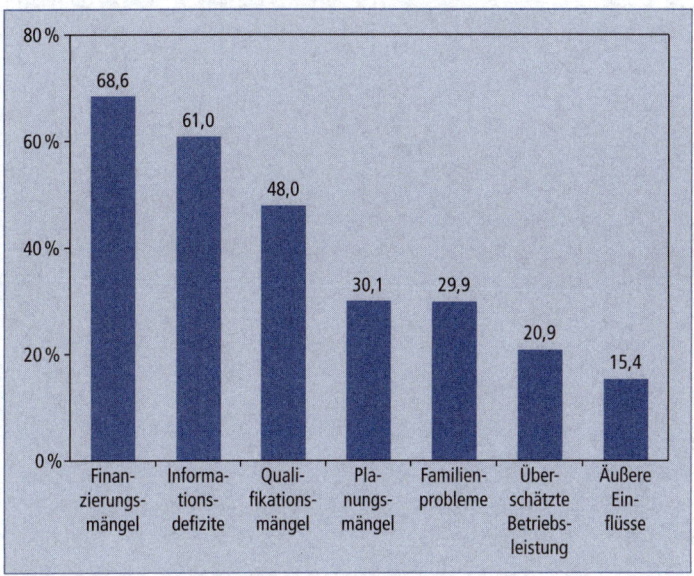

Abb. 1: Woran Gründer scheitern (Datenquelle: (ehemalige) Deutsche Ausgleichsbank)

3. Kapitel

Die Gründerperson – einer der wichtigsten Erfolgsfaktoren

Seit Jahren versuchen Wissenschaftler verschiedener Disziplinen, die entscheidenden Erfolgsfaktoren für den unternehmerischen Erfolg zu ergründen. Der Persönlichkeit des Gründers widmet sich vor allem die Sozialwissenschaft. Insbesondere für Kapitalgeber wäre es in der Tat ausgesprochen interessant, anhand bestimmter Persönlichkeitsmerkmale den späteren Erfolg zu prognostizieren.

Doch obwohl die Persönlichkeit des Existenzgründers unstreitig zu den bedeutendsten Erfolgsfaktoren zählt, konnte bislang nicht abschließend ermittelt werden, welche konkreten Eigenschaften ein erfolgreicher Unternehmer mitbringen muss. Nichtsdestotrotz helfen die bisherigen Erkenntnisse Existenzgründern, eine Stärken-Schwächen-Analyse zu erarbeiten, um auf dieser Basis die Stärken auszubauen und die wichtigsten Schwächen rechtzeitig auszugleichen.

3.1 Wie wichtig sind Motive und Motivation?

Der Wunsch, eine selbständige Existenz zu gründen, kann auf sehr unterschiedlichen Motiven beruhen, wobei eine insgesamt starke Eigenmotivation zu den wichtigsten Eigenschaften eines künftigen Unternehmers gehört. Mit Motiven sind die einzelnen Beweggründe gemeint, während Motivation die Handlungsbereitschaft an sich meint.

Kommt der Wunsch nach einer selbständigen Tätigkeit nicht aus dem tiefsten Innern und steht der Gründer nicht ohne Einschränkungen hinter seinem Vorhaben, kann dies auch durch das beste Geschäftskonzept nicht ausgeglichen werden. Spätestens bei den ersten Rückschlägen oder Frustrationen besteht die große Gefahr der *vorzeitigen Aufgabe* – ein häufiger Fehler junger Existenzgründer. Nicht selten wird die benötigte Anlaufzeit unterschätzt, mit der Folge, dass aus finanziellen oder persönlichen Gründen die selbständige Existenz beendet wird, bevor sie überhaupt zum Erfolg führen kann.

Für eine erfolgreiche Existenzgründung sind zahlreiche fachliche und persönliche Kompetenzen notwendig, die zu einem guten Teil erlernt werden können. Nicht jedoch die Eigenmotivation. Darum sollte am Anfang einer Gründungsplanung stets die Frage nach den persönlichen Motiven und der Eigenmotivation ehrlich beantwortet werden. Ohne eine ausgeprägte Eigenmotivation wird jede Existenzgründung zu einer halbherzigen Angelegenheit, die nur unnötig Zeit, Energie und Geld kostet.

Neben das gemeinsame Merkmal der starken Eigenmotivation treten individuell unterschiedliche Motive, eine selbständige Existenz aufzubauen.

Sie variieren zwischen unterschiedlichen Gruppen von Existenzgründern.

Beispielsweise verfolgen wissenschaftliche Mitarbeiter an Hochschulen primär andere Ziele mit ihrer Existenzgründung als Menschen, die eine Gründung aus der Arbeitslosigkeit oder einer unbefriedigenden, beruflichen Situation heraus anstreben. Man spricht auch von so genannten positiven Motivatoren (z. B. der Wunsch nach Selbstverwirklichung, eine günstige Gelegenheit ergreifen) und negativen Motivatoren (Gründung aus der Not). Die Fachhochschule Jena hat im Rahmen einer internationalen Studie unter anderem die Gründungsmotive von Hochschulwissenschaftlern untersucht. Danach stellen innerhalb dieser Gruppe das Streben nach Selbstverwirklichung, die Verwertung von Forschungs- und Entwicklungsergebnissen, die produktivere Nutzung der eigenen Fähigkeiten sowie die Ausnutzung einer Marktlücke die am häufigsten genannten Gründe für den Schritt in die Selbständigkeit dar. Drohende Arbeitslosigkeit oder Unzufriedenheit im aktuellen Beschäftigungsverhältnis spielen dagegen nur eine untergeordnete Rolle.

Frauen setzen häufig andere Schwerpunkte als Männer. Sie verfolgen mitunter eher immaterielle als wirtschaftliche Ziele. Einer Studie der ehemaligen Deutschen Ausgleichsbank zufolge steht das Streben nach Unabhängigkeit an erster Stelle.

Je nach Alter können die mit der Gründung verbundenen Vorstellungen, Wünsche und Motive andere sein. Zwar ist die Gründungsneigung und die Gründungsquote älterer Personen insgesamt sehr gering, allerdings verzeichne ich persönlich in der Beratung eine steigende Anzahl älterer Existenzgründer, die berufserfahren, ausgezeichnet qualifiziert sind und dennoch aufgrund ihres Alters kaum auf eine adäquate Festanstellung hoffen können. Hier ist häufig die Selbständigkeit die einzige Alternative zu einer Langzeitarbeitslosigkeit oder dem Vorruhestand (verbunden mit empfindlichen Einkommenseinbußen). In dieser Situation sind die Sicherung des Lebensstandards und die Übernahme einer sinnvollen Aufgabe oft die ausschlaggebenden Motive, ein eigenes Unternehmen zu gründen oder auch zu übernehmen.

Weitere mögliche Motive für eine Existenzgründung sind z. B.:

- höhere Anerkennung der eigenen Leistung,
- höherer sozialer Status,
- mehr Erfolgserlebnisse,
- größere Entscheidungsfreiheit,
- weitgehend sichere Existenzgrundlage,
- höheres Einkommen,
- berufliche oder persönliche Herausforderung,
- Machtstreben,
- Verbesserung der Arbeitssituation,
- Umsetzung eigener Ideen,
- familiäre Gründe (z. B. bei Übernahme des elterlichen Unternehmens),

- flexible Gestaltung der Arbeitszeit,
- Hobby zum Beruf machen.

Die Motivation allein macht jedoch noch keinen erfolgreichen Unternehmer aus, sie ist lediglich eine wesentliche Voraussetzung. Die individuellen Motive aber wirken sich unterschiedlich auf das Geschäftskonzept und dessen Umsetzung aus. Darum stellt sich die Frage, ob es Motive gibt, die den späteren Erfolg positiv oder negativ beeinflussen können.

Weil die Gründung oder Übernahme eines Unternehmens ein sehr komplexer Vorgang ist und der Erfolg oder Misserfolg von zahlreichen Faktoren abhängt, ist es in der Praxis nicht möglich, einzelne Einflussfaktoren wie die Gründungsmotive isoliert zu betrachten. Hinzu kommt, dass auch der Begriff „Erfolg" in unterschiedlicher Weise definiert werden kann – je nach Zielsetzung des Existenzgründers.

Ist beispielsweise eine Existenzgründerin, die Beruf und Familie optimal in ihrem kleinen Home-Office vereinen kann, weniger erfolgreich als der geschäftsführende Gesellschafter eines mittelständischen Unternehmens mit zahlreichen Mitarbeitern, einer 70-Stunden-Woche und beeindruckenden Gewinnen?

Wirtschaftlich betrachtet steht die Gründerin auf der Erfolgstreppe sicher deutlich unter dem Geschäftsführer – aber persönlich ebenfalls? Hier käme es auf die individuellen Ziele an, die mit der Existenzgründung verfolgt werden. Welche Ziele Sie allerdings auch immer für sich persönlich formulieren, ohne den unabdingbaren Willen zum Erfolg werden diese Ziele stets in weiter Ferne bleiben.

In den einschlägigen Untersuchungen werden als Erfolgsfaktoren verständlicherweise eher Faktoren betrachtet, die rasch zu erfassen und unmittelbar vergleichbar sind wie z. B. Umsatz, Gewinn oder Mitarbeiterzahl. Wenn von Auswirkungen der Motive auf den unternehmerischen Erfolg die Rede ist, so ist demnach in aller Regel der wirtschaftliche Erfolg gemeint, der an unterschiedlichen Kriterien gemessen werden kann. Ihre eigenen Erfolgskriterien können völlig andere sein – je nachdem welche Ziele Sie mit ihrer Existenzgründung verfolgen. So scheint das Motiv der Selbstverwirklichung insgesamt einen eher negativen Einfluss auf den Gründungserfolg zu haben, aber auch hier ist der wirtschaftliche Erfolg gemeint. Gleiches gilt auch für Gründungen, die primär aus dem Motiv heraus erfolgen, „etwas für die Gesellschaft" zu tun oder sich „sozial zu engagieren". Sie sind wirtschaftlich oft weniger erfolgreich.

Die isolierte Betrachtung des Einflusses einzelner Motive ist nicht möglich und daher erscheint es nicht weiter verwunderlich, dass es unterschiedliche Expertenauffassungen zu diesem Thema gibt. Die Bedeutung einzelner Motive ist nicht zweifelsfrei auszumachen.

Während beispielsweise einerseits eine Gründung aus der Arbeitslosigkeit mit ihren negativen Motivatoren als nicht besonders erfolgreich angesehen wird, kommen andere Wissenschaftler zu einem genau gegenteiligen Ergebnis. So sieht der Erziehungswissenschaftler Dieter Lenzen von der Freien Universität Berlin die so genannten „Notgründungen" als überdurchschnittlich erfolgreich an. Auch andere Untersuchungen zeigen ein durchaus positives Bild. Das Institut für Arbeitsmarkt- und Berufsforschung (IAB) der Bundesagentur für Arbeit kommt zu dem Ergebnis, dass mit Überbrückungsgeld geförderte Gründer aus der Arbeitslosigkeit nach etwa 3 Jahren die gleichen „Überlebensraten" aufweisen wie nicht geförderte Existenzgründer. Die vorübergehende Arbeitslosigkeit und der „negative Motivator", dieser Situation durch eine Existenzgründung zu entrinnen, scheinen demnach den unternehmerischen Erfolg nicht zu beeinflussen. Dennoch werden ganz überwiegend den so genannten Notgründungen eine schlechtere Perspektive und geringere Überlebenschancen eingeräumt. Das kann jedoch – wenn überhaupt – nicht den Gründungsmotiven allein zugeschrieben werden. Beispielsweise spielt auch die in aller Regel schlechtere Kapitalausstattung eine Rolle.

Obige Widersprüche in den Einschätzungen zeigen, dass es gerade nicht einzelne Faktoren sind, welche den Ausschlag geben und die Erfolgschance deshalb nicht allein mithilfe der unterschiedlichen Motive beurteilt werden kann.

Selbst der ausgeprägteste und unbedingte Wille nach persönlicher und unternehmerischer Freiheit (positiver Motivator) kann nicht zum Erfolg führen, wenn wesentliche fachliche/persönliche Kompetenzen fehlen oder die sonstigen Voraussetzungen nicht stimmen.

Umgekehrt kann bei sonst guten Voraussetzungen und sorgfältiger Planung eine Gründung aus der Not heraus sehr erfolgreich verlaufen.

In meinen Beratungen und Seminaren hat sich gezeigt, dass gerade die fehlende berufliche Perspektive in Verbindung mit der Notwendigkeit oder zumindest dem starken Wunsch, den Lebensstandard zu halten, ein durchaus starkes Motiv ist. Hierdurch entsteht ein gewisser „Erfolgsdruck", der dazu führt, das Gründungsvorhaben bestmöglich und mit aller Sorgfalt vorzubereiten und so den Grundstein für den späteren Erfolg zu legen. Dieses Motiv wirkt sich positiv auf die Motivation an sich aus.

Umgekehrt gehen ausschließlich positive Motivatoren manches Mal mit Problemen wie Selbstüberschätzung bzw. Unterschätzung des Beratungsbedarfs, der zu geringen Auseinandersetzung mit fachlichen/persönlichen Schwächen und einer dementsprechend unzureichenden Vorbereitung einher. Wer sich nicht zutreffend und realistisch einschätzen kann, neigt mitunter dazu, den „schnellen Erfolg" und das „schnelle Geld" zu erwarten, ohne die entsprechende Handlungsbereitschaft an den Tag zu legen. Dabei sind gerade in der Anfangszeit ein unregelmäßiges, meist bescheidenes Einkommen bei einer Wochenarbeitszeit von 65 Stunden oder mehr eher die Regel als die Ausnahme. Wer dies nicht von vornherein berücksichtigt, wird allzu schnell enttäuscht und gibt nicht selten demotiviert auf, bevor sich überhaupt nur ansatzweise der Erfolg einstellen kann.

Der unternehmerische Erfolg hängt also nicht allein und auch nicht ausschlaggebend von einzelnen Motiven ab. Eine starke Eigenmotivation, also Handlungsbereitschaft, ist hingegen unerlässlich.

Ich persönlich vertrete aufgrund meiner Erfahrung die These, dass es weniger auf das Motiv an sich ankommt, als vielmehr auf dessen Intensität. Es ist weniger wichtig, *warum* ein Existenzgründer die Selbständigkeit anstrebt, sondern *wie stark* seine Beweggründe sind, weil hiervon seine so wichtige Eigenmotivation abhängt. Je stärker sich ein Mensch etwas wünscht, umso mehr Einsatz wird er an den Tag legen, um seinen Wunsch zu erfüllen – vorausgesetzt dieser ist überhaupt realistisch und erfüllbar.

Sie sollten sich also nicht entmutigen lassen, wenn Sie vorwiegend von negativen Motivatoren angetrieben werden und auch ungünstige Rahmenbedingungen bedeuten nicht automatisch, dass eine Existenzgründung nicht erfolgreich verlaufen kann. Mit einem starken Willen, Durchsetzungsvermögen, Einsatzbereitschaft und guter Vorbereitung können auch aus einer schwierigen Situation heraus erfolgreiche Unternehmen entstehen, wie das folgende **Praxisbeispiel** zeigt:

Pia sieht auf den ersten Blick nicht aus, wie eine erfolgreiche Geschäftsfrau. Mit jedem Wort aber, das die kleine, zunächst eher unscheinbar wirkende Frau von sich gibt, wachsen der Respekt und die Achtung vor ihr. „Ich hatte damals gar keine andere Chance, als mich selbständig zu machen", erzählt sie. „Alternativ hätte ich mich und meine Kinder nur mithilfe von Sozialhilfe ernähren können – dafür bin ich aber kein Typ."
Die allein erziehende Mutter war insbesondere durch ihr behindertes Kind in den beruflichen Möglichkeiten stark eingeschränkt. Sie konnte nicht in vollem Umfang arbeiten und nicht jede Stelle mit starren Arbeitszeiten kam in Betracht. War doch einmal ein interessantes Angebot dabei, trauten ihr die Arbeitgeber nicht zu, ihre schwierige private Situation mit den beruflichen Anforderungen zu vereinbaren. „Was sollte ich machen? Mich stellte niemand ein, aber von irgendetwas mussten wir doch leben. In dieser Situation habe ich mir überlegt, ob es nicht möglich wäre, meine Arbeitskraft auf selbständiger Basis verschiedenen Stellen anzubieten – quasi ohne Risiko und feste Verpflichtungen für die Auftraggeber. Ich habe mich ernsthaft informiert, ob ich mich nicht als ‚Putzfrau' selbständig machen kann." Sie konnte. Das Gewerbe war rasch angemeldet und die „Investitionen" hielten sich natürlich auch in Grenzen (Putzmittel etc.). Jetzt fehlten „nur noch" die Kunden. Pia telefonierte Kirchengemeinden, Firmen und Institutionen ab und stellte sich persönlich vor. Intuitiv war ihr klar, dass nicht jeder potenzielle Nachfrager dieser Dienstleistung auch zu ihrer Zielgruppe gehören würde. Dementsprechend legte sie sich auch die richtigen Verkaufsargumente zurecht. Es ging nicht um die möglichst schnelle, billige und dafür oberflächliche Reinigung, sondern Pia wollte gute und zuverlässige Arbeit

gegen ein angemessenes Entgelt leisten. „Putzservice nach Hausfrauen-art" nennt man diese Dienstleistung heute und wie bei jeder anderen Leistung kommt es auch hier darauf an, dem Kunden einen besonderen Vorteil zu verkaufen und dessen Vertrauen zu gewinnen. Pia ist bei manchen Gesprächspartnern mit ihrem Angebot auf offene Ohren ge-stoßen, weil diese schon seit geraumer Zeit mit dem bisherigen Dienst-leister unzufrieden waren. Der Schmutz wurde vielfach eher verteilt als beseitigt.

Neben dem eigentlichen Angebot war jedoch stets Pias Persönlichkeit entscheidend für die Auftragsvergabe. Putzen ist Vertrauenssache und sie versteht es, durch ihr angenehmes Auftreten zu überzeugen. Nie-mand würde ernsthaft an ihrer Vertrauenswürdigkeit zweifeln. Schon bald hatte Pia so gut zu tun, dass sie sich einerseits um ihre Familie küm-mern, aber andererseits auch ihren Lebensunterhalt einigermaßen be-streiten konnte. Auch hier zeigte sich wieder einmal, dass zufriedene Kunden „Gold" wert sind. Durch Empfehlungen bekam Pia zunehmend mehr Anfragen und Auftragsangebote, die sie nicht mehr allein bewälti-gen konnte. Sie beschäftigt heute mehrere Mitarbeiterinnen auf 450-Euro-Basis, die sie gut bezahlt. „Ich denke, dass man Mitarbeiter ordent-lich bezahlen und nicht ausnutzen sollte", sagt Pia aus voller Überzeu-gung. „Dafür erwarte ich aber auch absolute Zuverlässigkeit, Ehrlichkeit und ordentliche Arbeit – ohne Kompromisse."

Pias Erfolg basiert nicht auf der Art ihres Motivs, sondern vielmehr auf dessen Intensität. Sie war und ist bereit, alles zu tun, um den Lebensun-terhalt für sich und ihre kleine Familie zu verdienen und zu sichern. Dazu gehört auch kontinuierliche Weiterbildung. „Wer – wie ich zu Beginn – glaubt, es reiche aus, nur ordentlich zu putzen, hat sich gründlich ge-täuscht. Das ist mir heute klar und deswegen halte ich mich auch im kaufmännischen Bereich auf dem Laufenden, so gut es geht. Ich muss zumindest einige Grundlagen in den Bereichen Buchführung, Marke-ting, Vertragsgestaltung, Personalwesen usw. beherrschen."

Pia sieht nach wie vor nicht aus, wie eine erfolgreiche Geschäftsfrau, sie ist es aber – und das obwohl es sich in ihrem Fall um ein „Paradebei-spiel" einer Notgründung handelt.

Die folgende Checkliste soll Ihnen helfen, Ihre eigenen Motive zu ermitteln. Überprüfen Sie später auch noch einmal, ob Ihre anfäng-lichen Motive noch dieselben sind, ob sie zu den später zu formu-lierenden Zielen passen und schließlich: ob Sie Ihre Ziele durch die selbständige Tätigkeit erreichen können. Die Zahlen 1–6 geben die Priorität von sehr wichtig (6 Punkte) bis unwichtig (1 Punkt) an.

Bitte denken Sie auch daran: Sie sind niemandem Rechenschaft über Ihre Eintragungen schuldig. Es geht nur darum, dass Sie ganz persönlich mehr Klarheit bekommen. Ich erwähne dies deshalb, weil sich Menschen erfahrungsgemäß oft scheuen, sich selbst bestimmte Wünsche einzugestehen – selbst dann, wenn niemand sonst davon erfährt. Dabei ist es keineswegs verwerflich und überhaupt kein negatives Motiv, wenn Sie beispielsweise den starken Wunsch haben, reich zu werden oder Macht auszuüben. Denken Sie daran, dass es im Gegenteil den wirtschaftlichen Erfolg eher negativ beeinflusst, wenn Sie primär allzu soziale Beweggründe haben.

3.2 Was macht einen erfolgreichen Unternehmer aus?

Checkliste: Motive						
Ich möchte	1	2	3	4	5	6
– persönlich und wirtschaftlich unabhängig sein						
– dass meine Leistung endlich angemessen anerkannt wird						
– einen höheren sozialen Status erreichen						
– entscheiden können, ohne vorher andere Personen fragen zu müssen						
– ein sicheres Einkommen						
– ein höheres Einkommen						
– reich werden						
– mehr Freizeit						
– flexible Arbeitszeiten						
– zu Hause arbeiten						
– neue Herausforderungen meistern						
– Macht ausüben						
– mich insgesamt beruflich verbessern						

Checkliste: Motive						
Ich möchte	1	2	3	4	5	6
– eigene Ideen umsetzen						
– mein Hobby zum Beruf machen						
– Familie und Beruf besser vereinbaren						
– meiner Familie Sicherheit und Wohlstand bieten						
– meinem Chef oder anderen Personen zeigen, was in mir steckt						
– mich selbst verwirklichen						
– meiner Arbeit mehr Sinn geben						
– eine günstige Gelegenheit nutzen						
– eine gute Geschäftsidee realisieren						
– den Familienbetrieb erhalten						

Links zum Thema

http://www.ifh.wiwi.uni-goettingen.de Universität Göttingen – Profile und Motive der Existenzgründer im Handwerk, http://www.f-bb.de – Forschungsinstitut Betriebliche Bildung – Motive und Erfolgsfaktoren bei niederschwelligen Existenzgründungen.

3.2 Was macht einen erfolgreichen Unternehmer aus?

Es leuchtet unmittelbar ein, dass die für das Gründungsvorhaben erforderliche fachliche Eignung vorhanden sein muss. Niemand kann eine Leistung anbieten, ohne das „Handwerk" zu beherrschen. Mit der benötigten fachlichen Qualifikation setzen sich daher die meisten Existenzgründer auch in ausreichender Weise auseinander. Die fachliche Qualifikation reicht jedoch für eine Erfolg versprechende Existenzgründung nicht aus.

Sie muss ergänzt werden durch entsprechende persönliche Kompetenzen und betriebswirtschaftliches bzw. kaufmännisches Know-how. Die Bedeutung der Persönlichkeit und der betriebswirtschaftlichen Kenntnisse wird regelmäßig ganz erheblich unterschätzt – oft mit der Folge, dass hieran die (Fremd-)Finanzierung des Vorhabens scheitert. Für bestimmte Förderprogramme werden – je nach Vorhaben mehr oder weniger ausgeprägte – kaufmännische Kenntnisse vorausgesetzt. In vielen Fällen kann der Gründer sich fehlende Kenntnisse durch den Besuch von (teilweise kostenfreien) Seminaren im Vorfeld der Gründung aneignen. Eine kaufmännische Ausbildung ist natürlich immer eine gute, aber nicht zwingende Voraussetzung – auch wenn dies mitunter behauptet wird. Sofern das Vorhaben aufgrund seiner Größe umfassende betriebswirtschaftliche Kenntnisse erfordert, kann das fehlende Know-how des Gründers durch einen geeigneten Geschäftspartner kompensiert werden, der das vorhandene Wissen ergänzt.

Die Fähigkeit zu unternehmerischem Handeln ist wohl eine der wichtigsten Schlüsselqualifikationen – sowohl für Existenzgründer als auch zunehmend für Menschen in abhängiger Beschäftigung.

Erfolgreiche Unternehmer zeichnen sich nicht durch *einzelne* Merkmale, sondern durch die Summe bestimmter, spezifischer Persönlichkeitseigenschaften aus, wie verschiedene Studien belegen. Um welche Eigenschaften es sich genau handelt und welche Rolle das soziale Umfeld spielt, ist bis heute nicht abschließend geklärt. Das Online-Magazin „BerliNews" jedenfalls überschreibt einen Bericht mit dem Titel: „Der Boss hat 2,6 Geschwister". Nun ist Ihr Vorhaben gewiss nicht zum Scheitern verurteilt, wenn Sie keine Geschwister haben. Allerdings werden bestimmte Persönlichkeitsmerkmale schon in der Kindheit geprägt. Die Kommunikations- und Konfliktfähigkeit beispielsweise werden ausgeprägter sein, wenn jemand nicht als Einzelkind aufgewachsen ist.

Auch eine höhere Schulbildung und die anschließende, qualifizierte Ausbildung wirken sich offenbar positiv auf den unternehmerischen Erfolg aus. Eine Vielzahl von Unternehmern hat bereits in der Schulzeit Führungserfahrung erworben – als Klassensprecher.

Darüber hinaus wird erfolgreichen Unternehmern eine gewisse Aggressivität – im positiven Sinne – zugeschrieben. Tatsächlich scheinen ein besonders freundliches Wesen und wirtschaftlicher Erfolg sich eher im Wege zu stehen. Mit anderen Anbietern zu konkurrieren bedeutet auch, diese in wirtschaftlicher Hinsicht zu „bedrohen" und daher bedarf es eines gewissen Aggressionspotenzials, um sich durchzusetzen.

Als weiteres Merkmal findet sich in der Literatur immer wieder die „Fähigkeit zur Hingabe". Ein angehender Unternehmer muss sich der Aufgabe voll und ganz widmen und die Bereitschaft mitbringen, dieser die oberste Priorität einzuräumen – ohne natürlich die eigenen Bedürfnisse, die der Familie und der Mitarbeiter aus den Augen zu verlieren.

Häufig genannte Eigenschaften erfolgreicher Unternehmer sind darüber hinaus:

- Leistungsorientierung,
- Eigeninitiative,
- Unabhängigkeitsstreben,
- Selbstvertrauen,
- Erfolgswille,
- mittlere Risikobereitschaft,
- Durchsetzungsvermögen,
- Ausdauer,
- Kreativität,
- Flexibilität,
- Kompetenzerwartung (jemand setzt eine Idee nur dann um, wenn er sich kompetent genug fühlt),
- Stressresistenz,
- Belastbarkeit,
- Problemlösungskompetenz,
- Kommunikative Stärken.

Hinzu kommt die Fähigkeit und Bereitschaft zu erfolgreichem Networking, eine Kompetenz, die häufig unterschätzt wird und doch von entscheidender Bedeutung ist. Gerade – aber nicht nur – im

Dienstleistungsbereich bestimmen Kontakte in besonderem Maße den unternehmerischen Erfolg mit. Über persönliche Empfehlungen kommen bei guten Netzwerkern 80–100% der Aufträge zustande.

Es ist kein Geheimnis, dass die Selbsteinschätzung eines Menschen oft von der Fremdeinschätzung abweicht. Dies ist selbst bei gestandenen und erfahrenen Führungskräften so, wie Untersuchungen belegen. Neben dem Gespräch mit Freunden, Angehörigen und Bekannten kann Ihnen daher ein Eignungstest für Existenzgründer helfen, die eigenen Gründerqualitäten besser einzuschätzen.

Kostenfreie Tests finden Sie im Internet, beispielsweise unter den unten aufgeführten Internetadressen. Allerdings ist ansonsten bei so genannten Psychotests eine kritische Sichtweise angebracht. Die üblichen Tests und die vorgegebenen Antwortmöglichkeiten in verschiedenen Zeitschriften sind bewusst so konzipiert, dass die meisten Menschen eine Bestätigung für ihre „Normalität" bekommen, also genau das, was sie sich wünschen. Derartige Tests helfen also nicht weiter, die eigene Persönlichkeit auch nur einigermaßen realistisch einzuschätzen. Umfangreiche „Psychotests", die bei der Selbsteinschätzung tatsächlich helfen können, bieten der renommierte Diplom-Psychologe Dr. Arnd Stein und sein Verlag für Therapeutische Medien an. Dabei geht es nicht – wie Sie jetzt vielleicht befürchten – um tiefenpsychologische Analysen, sondern um praktische Hinweise, die helfen können, die eigene Persönlichkeit etwas besser einzuschätzen. Dr. Stein weist zu Recht darauf hin: „Bedenken Sie: Die Tests sind keinesfalls für eine präzise psychologische Diagnostik entwickelt worden. Sie liefern Ihnen auf informative und unterhaltsame Weise lediglich Indizien und Tendenzen, die Sie für eine genauere Selbsteinschätzung nutzen können."

Auch der beste Test und eine noch so gute Beratung können jedoch nicht helfen, wenn nicht sowohl die Fähigkeit als auch die Bereitschaft zur Selbstkritik vorhanden ist. Wer nicht bereit ist, sein eigenes Handeln und Denken zu hinterfragen und zu überdenken, wird auch von hilfreichen Ratschlägen nicht profitieren können. Fehlende Selbstkritik in Verbindung mit Selbstüberschätzung können einer erfolgreichen Gründung mehr im Wege stehen als alle anderen

Schwächen gemeinsam. Wer seine Schwächen erkennt und bereit ist, daran zu arbeiten, hat deutlich bessere Chancen als jemand, der allzu sehr von sich überzeugt und darum nicht willens ist, sich weiterzuentwickeln.

Wer die Ursachen für eigene Schwierigkeiten stets bei anderen Personen und nicht zunächst bei sich selbst sucht, wird seine Probleme nicht meistern können. Jedem Existenzgründer werden im Laufe der Zeit zwangsläufig Fehler unterlaufen, die aber die Chance bieten, es künftig besser zu machen. Dies gilt aber nur, wenn der Gründer die *wahren* Ursachen der Fehler erkennt, weil er sich selbstkritisch damit auseinander setzt. Wer es sich leicht macht und die Verantwortung anderen Menschen „zuschiebt", wird nicht nur weitere Fehler begehen, sondern – noch schlimmer – dieselben Fehler immer wieder begehen.

Das Gros vorhandener Schwächen kann durch geeignete Maßnahmen oder passende Partner ausgeglichen werden – lediglich Selbstüberschätzung und fehlende Kritikfähigkeit können dies verhindern. Sie gehören darum zu den Persönlichkeitsmerkmalen, die mit großer Wahrscheinlichkeit eine erfolgreiche Gründung verhindern.

Die folgende Checkliste soll Ihnen bei der Selbsteinschätzung und der Vorbereitung Ihres Businessplans helfen. Tragen Sie zuerst Ihre Persönlichkeitsmerkmale und Fähigkeiten ein und geben Sie Beispiele dafür an, worin sich diese Fähigkeiten zeigen oder wo Sie diese schon unter Beweis stellen konnten. Dies ist auch eine gute Vorbereitung auf ein späteres Bankgespräch, weil unter Umständen der Sachbearbeiter hiernach fragen wird. Beurteilen Sie diese dann nach dem Schulnotensystem von sehr gut (1) bis ungenügend (6). Ergänzen sie die Liste ggf. um zusätzliche Qualifikationen. Denken Sie hierbei auch an Kenntnisse und Fähigkeiten, die auf den ersten Blick möglicherweise mit Ihrer Existenzgründung gar nichts zu tun haben und die Sie vielleicht im privaten Bereich erworben haben.

Checkliste: Gründerqualifikation						
Ich bin/kann/habe Beispiele	1	2	3	4	5	6
Persönlichkeit:						
– motiviert						
– leistungsorientiert						
– zielstrebig						
– initiativ						
– risikotolerant						
– ehrgeizig						
– flexibel						
– kreativ						
– kommunikationsstark						
– stressresistent						
– kompetent						
– ausdauernd						
– belastbar						
– führungsstark						
– charismatisch						
– verhandlungssicher						
– zielstrebig						
– **Fachliche Kompetenz und Erfahrung** (z. B. Branchen-/Berufserfahrung …):						
–						
–						
– **Kaufmännische/betriebswirtschaftliche Kompetenz** (z. B. Kalkulation, Buchführung, Marketing, Einkauf, Finanzierung, Personal- wesen …):						
–						
–						

Leiten Sie vielleicht eine Jugendgruppe und haben hier bereits Führungsqualitäten unter Beweis stellen können? Sind sie aufgrund Ihres Zahlenverständnisses und Ihrer Zuverlässigkeit möglicherweise

Kassierer in einem Verein? Zeigt sich Ihr Organisationstalent regelmäßig bei der Planung Ihrer jährlichen Kegeltouren oder der Organisation Ihres 5-Personen-Haushalts? Fragen Freunde Sie oft um Rat und schätzen Ihre Problemlösungskompetenz? Stellen Sie Ihre Teamfähigkeit regelmäßig im Sportverein unter Beweis (Mannschaftssport)?

Ebenso wie die Überschätzung der eigenen Fähigkeiten durchaus ein Problem sein kann, ist es absolut hinderlich, die eigene Qualifikation zu unterschätzen oder bewusst herunterzuspielen. Gerade Frauen neigen aufgrund ihrer Erziehung immer noch häufig zu allzu großer Bescheidenheit. Wenn es jedoch später darum geht, Geldgeber, Kunden usw. zu überzeugen wird Bescheidenheit zwar sympathisch wirken – nur ist das nicht die Hauptsache. Niemand wird Ihr Vorhaben nur aus Sympathie finanzieren, sondern Sie werden durch ein selbstbewusstes Auftreten überzeugen müssen – natürlich ohne überheblich zu wirken.

Umgekehrt haben allerdings auch „Blender" in der Regel schlechte Karten (Ausnahmen bestätigen die Regel), weil jeder Kapitalgeber die Qualifikationen hinterfragen wird.

Wenn Sie sich aus der Arbeitslosigkeit heraus selbständig machen möchten, fragen Sie doch einmal bei Ihrer zuständigen Arbeitsagentur nach, ob Sie ein so genanntes „Profiling" finanziert bekommen können. Hierbei geht es darum, gemeinsam mit Ihnen ein Stärken-Schwächen-Profil zu erstellen und Verbesserungsvorschläge zu erarbeiten. Sie werden z. B. mehr über Ihre Schlüsselqualifikationen und Ihr Potenzial erfahren. Auch wenn Sie noch unsicher sind, ob eine selbständige Tätigkeit das Richtige für Sie ist, kann ein professionelles Profiling Ihnen helfen. Eine kostenpflichtige Potenzial-Analyse über das Internet bietet z. B. das Geva-Institut in München zum Preis von 38 € an (Stand: 2013).

Links zum Thema

http://www.softwarepaket.de – Bundesministerium für Wirtschaft und Technologie; http://www.ebs-gruendertest.de – Betriebswirtschaftliches Institut für empirische Gründungs- und Organisationsforschung e. V. ; http://www.psychotests.de – Verlag für Therapeutische Medien und Dr. Arndt Stein, http://www.arbeitsagentur.de – Arbeitsagentur mit Informationen u. A. zum „Profiling", http://www.progruender.de – Institut für Arbeitsmedizin, Sicherheitstechnik und Ergonomie e. V. – weitere Tests unter „Nützliche Werkzeuge – Arbeit und Gesundheit – Gründerpersönlichkeit".

3.3 Kann man Unternehmertum lernen?

Nicht jedem Gründungswilligen sind die erforderlichen unternehmerischen Fähigkeiten bereits in die Wiege gelegt worden, obwohl es durchaus auch Eigenschaften gibt, die genetisch bedingt sind. Andere Eigenschaften wiederum werden schon in der Kindheit anerzogen. Weder Ihre genetischen Anlagen noch Ihre Erziehung können Sie jedoch im Zeitpunkt Ihrer Existenzgründung beeinflussen. Daher interessiert vor allem die Frage: „Kann man Unternehmertum lernen?"

Die Unternehmerausbildung steckt in Deutschland noch in den Kinderschuhen. Unbestritten können aber ganz wesentliche unternehmerische Fähigkeiten durchaus erlernt werden. In den USA ist Entrepreneurship als eigenständige Disziplin innerhalb der Wirtschaftswissenschaften etabliert. Die ersten so genannten Entrepreneurship-Seminare gab es sogar schon in der 20er Jahren an der Harvard Business School. Die Fähigkeit zu unternehmerischem Denken und Handeln ist eine wesentliche Schlüsselqualifikation, die nicht nur Existenzgründer benötigen, sondern die auch zunehmend in Stellenausschreibungen gefordert wird.

Darüber, welche Inhalte eine Unternehmerausbildung umfassen sollte und mit welchen Methoden diese am besten zu vermitteln sind, herrscht noch keine Einigkeit, wohl aber darüber, dass neben den fachlichen auch die sozialen Kompetenzen eine wichtige Rolle spielen.

Allmählich etablieren sich mittlerweile auch an deutschen Hochschulen Lehrstühle für Entrepreneurship Education, die Gründungsmanagement als eigenständiges Fach anbieten. Allerdings kommt nur ein kleiner Teil der Gründer aus dem Hochschulbereich und längst nicht alle Studenten streben unmittelbar nach dem Studium eine selbständige Tätigkeit an. Dennoch konzentrieren sich die Bemühungen ganz überwiegend auf den Hochschulbereich.

Sven Ripsas hat z. B. in seinem Buch „Entrepreneurship als ökonomischer Prozess" einen hilfreichen Vorschlag für eine 3-stufige „Entrepreneur"-Ausbildung erarbeitet – ebenfalls abgestellt auf die Zielgruppe der Hochschulgründer. Mit unterschiedlichen Methoden wie z. B. Expertenbefragungen sollen den Gründern zunächst Basisinformationen vermittelt werden. In der zweiten Stufe geht es darum, komplexere Vorgänge zu verstehen und durch experimentelles Lernen – beispielsweise in Form von Rollenspielen – die eigenen Kompetenzen wie die Teamfähigkeit zu stärken. Die dritte Stufe dient der konkreten Vorbereitung und Durchführung des geplanten Projektes unter Zuhilfenahme weiterer Methoden wie Managementberatung, Coaching oder der Teilnahme an Business Plan Wettbewerben.

Während also die Bemühungen um eine effiziente Ausbildung angehender Unternehmer an den Hochschulen langsam aber stetig voranschreiten, ist für die Vielzahl derjenigen, die eine Gründung aus abhängiger Beschäftigung, im Nebenberuf oder aus der Arbeitslosigkeit heraus anstreben, ein vergleichbares Angebot nicht absehbar. Ganz im Gegenteil wurde z. B. durch die Berichterstattung zur früheren „Ich-AG" mitunter sogar dahingehend ein Signal gesetzt, jedermann könne sich völlig unbürokratisch erfolgreich selbständig machen – ohne Weiterbildung, ohne ein schlüssiges Konzept und ohne gründliche Vorbereitung. Unstreitig können niedrigschwellige Fördermöglichkeiten durchaus das Gründungsklima verbessern und die Bereitschaft zur Existenzgründung stärken. Dass jedoch ein positives Gründungsklima die Überlebenschance von Unternehmen aufgrund der stärkeren Konkurrenzsituation deutlich verschlechtern kann, ist ebenfalls unstreitig. Für die Ausübung der meisten Tätigkeiten benötigen Sie eine qualifizierte Ausbildung.

Denken Sie bitte einmal kurz – aber ernsthaft – darüber nach, ob Sie sich um eine der folgenden Stellen bewerben würden:

- Marketingfachkraft,

- Kundenbeziehungsmanager,

- Pressesprecher,

- Chefeinkäufer,

- Vertriebsprofi,

- Leiter Finanzen und Rechnungswesen,

- Leiter Controlling,

- Personalleiter,

- Kaufmännischer Geschäftsführer.

Es ist selbstverständlich, dass für die Ausübung qualifizierter Tätigkeiten eine ebenso qualifizierte Ausbildung – ergänzt um entsprechende Berufserfahrungen – erforderlich ist. Warum sollte dies ausgerechnet bei einem Unternehmer anders sein?

Ein Unternehmer vereint mindestens die oben genannten Berufe in einer Person – jedenfalls dann, wenn nicht gleich entsprechendes Fachpersonal eingestellt wird.

Aus diesem Grund wäre es wünschenswert, das Weiterbildungsangebot für angehende Unternehmer – nicht nur aus der Hochschule – weiter zu verbessern, um die Überlebenschancen zu erhöhen. Dies umso mehr vor dem Hintergrund, dass es in Deutschland noch keine Mentalität der „zweiten Chance" gibt. Das Scheitern ist immer noch mit einem erheblichen Makel behaftet.

Doch nicht nur die Bildungsangebote für Existenzgründer sind verbesserungswürdig – auch die Einstellung vieler Gründer selbst lässt zu wünschen übrig. Während nur etwas mehr als 30% der Deutschen von sich glauben, ausreichend für eine Existenzgründung qualifiziert zu sein, haben die tatsächlichen Gründer diesbezüglich offenbar ein größeres Selbstvertrauen, denn nur rund 50% der Gründer nehmen überhaupt die vorhandenen Beratungsangebote an. Die Folgen sind hinreichend bekannt: Nur rund 50% aller Gründer sind erfolgreich. Jeder Existenzgründer ist darum im eigenen Interesse gefordert, seinen eigenen Qualifizierungsbedarf ehrlich und realistisch zu ermitteln, um im nächsten Schritt die Stärken fördern und die Schwächen ausgleichen zu können. Wesentliche Informationsdefizite auszugleichen ist für jeden Gründer eine Holschuld. Spätestens wenn der Gründer einen Kaufmannsstatus erlangt, wird eine Menge an Wissen schlichtweg vorausgesetzt. Das Handelsgesetzbuch wendet sich z. B. an den „geschäftserfahrenen Rechtsgenossen" und gilt unabhängig davon, wie erfahren dieser „Genosse" tatsächlich ist. Es gibt also eine Vielzahl guter Gründe, sich im Vorfeld der Selbständigkeit gründlich zu informieren.

Da es jedoch keine qualifizierte Unternehmerausbildung gibt, stellt sich die Frage, welche Angebote und Möglichkeiten – außer der autodidaktischen Weiterbildung im Selbststudium – es gibt. Darüber hinaus ist es für jeden Existenzgründer wichtig, sich effizient weiterzubilden, d. h. nicht unnötig viel Zeit und Geld zu investieren, um das angestrebte Ziel zu erreichen.

Wie bei jeder anderen Dienstleistung kann auch die Qualität von Bildungsangeboten höchst unterschiedlich ausfallen und im Vorfeld nur schwer eingeschätzt werden. Ein Qualitätssiegel oder Ähnliches gibt es in Deutschland noch nicht. Der Preis jedenfalls scheidet als Qualitätskriterium vollkommen aus, wie auch die Stiftung Warentest bestätigt. Dass nicht jedes Seminar hält, was es verspricht, zeigt der folgende **Praxisbericht** von Heike, die seit einigen Jahren erfolgreich ein kleines Gästehaus betreibt:

> „In unserer Region werden nur wenige Existenzgründungsseminare angeboten. Wirklich gute und gründliche Vorbereitungsseminare gibt es, wie ich finde, hier nicht. Ich weiß aus eigener Erfahrung, wie diese Seminare in … ablaufen (habe mich damals, ohne zu diesem Zeitpunkt zu wissen, dass ich mich plötzlich durch einen Schicksalsschlag selbst in die Selbständigkeit begeben würde, interessehalber dort angemeldet und mitgemacht).
> Es hat mir im Grunde genommen nichts gebracht (außer schlechte und teure Kontakte).
> Ich kam mir vor wie auf einer Verkaufsveranstaltung. Eine Versicherung, div. Banken etc. stellten sich der Reihe nach vor und versuchten, dort ihre zukünftigen Kunden zu akquirieren.
> Das Wenige, was dem Gründer nützlich gewesen wäre, kam kaum richtig zum Ausdruck."

Ein Existenzgründungsseminar kann eine wertvolle Hilfe auf dem Weg in die Selbständigkeit sein. Das obige Beispiel zeigt aber, dass im Vorfeld versucht werden sollte, die Spreu vom Weizen zu trennen.

Auch die Stiftung Warentest rät aus gutem Grunde jedem Existenzgründer dazu, ein Vorbereitungsseminar zu besuchen und hat Qualitätskriterien erarbeitet, die ein gutes Seminar bieten muss. Im Zeitraum zwischen September und Dezember 2002 wurden in der Region Berlin-Brandenburg 29 Anbieter von Existenzgründerseminaren „unter die Lupe" genommen, mit zum Teil wenig erfreulichen Ergebnissen. Nur 5 Seminaren wurde eine fachlich hohe Qualität bescheinigt, weitere 7 Anbieter lagen immerhin noch im Mittelfeld. Insgesamt ist die Qualität jedoch deutlich verbesserungswürdig. So sollte beispielsweise begleitendes Unterrichtsmaterial nicht fehlen, um später in Ruhe die Themen noch einmal nacharbeiten zu können. Themenüberschneidungen und starke Eigenwerbung der Dozenten kosten Zeit und bringen den Existenzgründer nicht weiter. Wichtig sind in Seminaren auch die Praxisnähe und der konkrete Bezug zu den Geschäftsideen der Gründer. In einem Kurs mit mehr als 15 Teilnehmern kann auf die individuellen Fragen kaum eingegangen werden. Ein Seminar kann und soll keine persönliche Einzelberatung ersetzen. Es muss die Teilnehmer jedoch in die Lage versetzen, zu erkennen:

- welche Voraussetzungen und Anforderungen mit einer Existenzgründung verbunden sind,

- wie sich die Gründung auf die persönlichen Lebensumstände auswirken könnte,

- welche Grundsatzentscheidungen nötig sind (z. B. Art der Gründung: Neugründung, Übernahme oder Franchising),

- welche Informationsdefizite noch auszuräumen sind, d. h., welcher weitere Beratungs- und Weiterbildungsbedarf besteht und

- welches die konkreten, weiteren Schritte zur Umsetzung des Vorhabens sind.

Von November 2011 bis Februar 2012 hat die Stiftung Warentest erneut 36 Seminare in unterschiedlichen Regionen getestet. Das Fazit: „Viele Seminare haben Mankos. Sie reichen von der Kürzung der Kurse bis zum einschläfernden Frontalunterricht, der mitunter für Werbezwecke genutzt wird. Es sind jedoch auch gute und günstige Basislehrgänge dabei."

Die allgemeine Empfehlung der Tester lautet: „In jedem Fall ist es vernünftig, sich vor einer Kursbuchung direkt beim Anbieter zu erkundigen, wie das Seminar gestaltet wird: Macht der Trainer Übungen, benutzt er Beispiele? Das macht den Unterricht anschaulicher und hilft, das Gelernte besser zu verinnerlichen. Ein Seminar nutzt außerdem um so mehr, je individueller es auf die Teilnehmer zugeschnitten ist. Der Tipp der Weiterbildungsexperten: Klären Sie, wie stark ihre eigene Geschäftsidee zum Thema des Lehrgangs gemacht werden könnte."

Wenn Sie sich erstmals mit dem Thema Existenzgründung beschäftigen, ist es sinnvoll, zunächst ein mehrtägiges Basisseminar zu besuchen. Hierauf aufbauend können Sie dann – falls erforderlich – einzelne Themen vertiefen oder auch ein mehrwöchiges Seminar besuchen, welches Ihnen zu allen relevanten Themen tieferes Wissen vermittelt und zusätzliche Übungen anbietet.

Zusätzlich gibt es auch Fernlehrgänge verschiedener Anbieter, die entweder Basiswissen vermitteln oder auf die konkrete Gründung vorbereiten sollen. Die Erarbeitung eines eigenen, individuellen Businessplans inkl. Feedback kosten mitunter jedoch zusätzliches Geld. Zu den bereits stattlichen Gebühren von 126 €/Monat für einen 15-monatigen Kurs (insgesamt 1890 €) kommen für die optionale Betreuung bei der Erstellung des Businessplans bei einem Anbieter noch 408 € für ein 3-Tages-Seminar hinzu (24 Std. a 17 €). Ein anderer Anbieter stellt für 49,90 €/Monat in 12 Monaten die Erarbeitung eines individuellen Businessplans inklusive dessen Beurteilung in den Mittelpunkt. Wer willens und in der Lage ist, sich relevantes Wissen im Selbststudium anzueignen und auch die nötige Disziplin dafür aufbringt, wird sicher mit geeigneter Literatur, dem ein oder anderen Seminar und ggf. persönlicher (geförderter) Beratung schneller und preiswerter an sein Ziel kommen. Hier ist es letzten Endes eine Frage der Persönlichkeit und der eigenen Vorlieben, ob ein Fernlehrgang oder eher alternative Lösungen in Frage kommen. Der Fernlehrgang mit dem einst besten Preis-Leistungs-Verhältnis der Fernuni Hagen wird leider seit dem 30.10.2010 nicht mehr angeboten.

Links zum Thema

> http://www.dihk.de – über diese Homepage finden sie die Industrie- und Handelskammern und können dort nach geeigneten Seminaren fragen; http://www.zdh.de – Der Zentralverband des Deutschen Handwerks verfügt über eine Liste der Handwerkskammern, die wiederum Auskunft über ihr Seminarangebot geben; http://www.vhs.de – hier finden sie ein Verzeichnis der Volkshochschulen mit Adressen und Telefonnummern; http://www.akademie.de – Online-Workshops; http://www.test.de – Ergebnisse der Seminartests, http://www.kfw.de – KfW Bank mit einem virtuellen Gründerzentrum; http://www.bmbf.de – Bundesministerium für Bildung und Forschung, http://www.fernuni-hagen.de/GFS/pdf/born_or_made.pdf – Fernuni Hagen – „Born or made" – Der Weg zum Unternehmensgründer, Beispiele für Anbieter von Fernlehrgängen: http://www.ils.de, http://www.sgd.de, http://www.laudius.de, http://www.fernakademie-klett.de.

4. Kapitel

(K)eine zündende Idee?

Dieser Ratgeber geht davon aus, dass Sie bereits eine zumindest grobe Geschäftsidee im Kopf haben und dass Sie im Grunde entschlossen sind, eine wirtschaftlich, selbständige Existenz zu gründen. In meiner Beratungspraxis und häufig auch in Existenzgründerseminaren hat sich jedoch immer wieder gezeigt, dass die ersten Ideen häufig noch sehr vage sind oder mehrere Alternativen in Frage kommen. Weil die Idee aber meist der Ausgangspunkt des Gründungsprozesses ist und ihrer Originalität eine weitaus größere Bedeutung zukommt, als es oft den Anschein hat, darf das Thema „Geschäftsidee" hier nicht außen vor bleiben. Zudem besteht auch die Möglichkeit, dass nicht die Idee der Ausgangspunkt ist, sondern der Wunsch nach einer selbständigen Tätigkeit. Trifft dies auf Sie zu, werden Sie sich fragen: Woher kommen Geschäftsideen? Wie finde ich für mich persönlich die passende Idee?

Wer hingegen bereits eine konkrete Idee im Kopf hat, ist häufig unsicher und fragt sich: Ist meine Idee wirklich gut, passt sie zu mir, lässt sie sich umsetzen und in Profit verwandeln?

4.1 Woher kommen erfolgreiche Geschäftsideen?

In Deutschland sind nach Informationen des Bundesministeriums für Wirtschaft und Arbeit nur rund 5% aller Geschäftsideen wirklich neu. Hiervon wiederum stammen 50% ursprünglich aus den USA. Es lohnt sich also durchaus, auch der Frage nachzugehen, woher die erfolgreichen Gründer in den USA ihre Geschäftsideen nehmen. Das „Inc. Magazine" – mitunter als die „Bibel" für Existenzgründer und kleine bzw. mittelständische Unternehmen bezeichnet – hat mit der „Inc. 500" eine Liste der am schnellsten wachsenden Unternehmen erstellt. Einer älteren Untersuchung aus dem Jahre 1989 zufolge sind die jeweiligen Ideen wie folgt entstanden:

- während der Beschäftigung in der gleichen Branche 43%,

- aus dem Hobby- und Freizeitbereich 16%,

- abgeschaut – in Verbindung mit dem Versuch „es besser zu machen" 15%,

- erkannte und ungenutzte Marktnische 11%,

- systematisch nach Idee gesucht 7%,

- kann es nicht erklären 8%.

Nach einem Bericht desselben Magazins aus dem Jahre 2002 unter der Überschrift „Where do great ideas come from?" stammen die „großartigen Ideen" mittlerweile sogar zu 57% aus der Branche, in der die Gründer bislang tätig waren. Weitere 23% der Ideen fanden ihren Ursprung in artverwandten Branchen.

Es zeigt sich also, dass gute Branchenkenntnisse nicht nur eine wesentliche Gründerqualifikation darstellen, sondern häufig sogar die Quelle des Erfolges sind. Bei der Suche nach einer geeigneten Geschäftsidee ist es demnach sinnvoll, die eigene oder artverwandte Branchen systematisch zu „durchleuchten" und zusätzliche Informationen einzuholen. Dazu gehört auch, politische und rechtliche Entwicklungen zu verfolgen. Beispielsweise könnte die Privatisierung von öffentlichen Leistungen neue Betätigungsfelder bieten. Gesetzliche Änderungen könnten die Grundlage für neue Geschäftsideen schaffen, wie z. B. das vor einigen Jahren in NRW geänderte Bestattungsrecht, welches auch bis dahin nicht erlaubte Bestattungsmöglichkeiten eröffnet. Sicher, dies ist kein erfreuliches Thema, aber dennoch ein Beispiel für neue Marktchancen durch gesetzliche Änderungen, die auch schon die ersten Unternehmen der Branche genutzt haben. Ein weiteres Beispiel ist die Lockerung des Werbeverbotes für Rechtsanwälte, wodurch bestimmte Anbieter wie z. B. Werbeagenturen neue Kundenklientel erschließen konnten. Waren früher aufgrund des Berufsrechts nicht einmal farbige Visitenkarten für Rechtsanwälte erlaubt, ist dies heute eine Selbstverständlichkeit und auch die kanzleieigene Homepage – mit sachlichen Informationen – ist mittlerweile üblich.

Die Lektüre von Fachzeitschriften und der Tagespresse, das Gespräch mit Experten (auch Kollegen) und zufriedenen wie unzufriedenen Kunden, der Besuch von Fachmessen, Kenntnisse aus beruflichen Weiterbildungen, die Internetrecherche, das betriebliche Vorschlagswesen und dergleichen mehr werden Ihnen wertvolle Anregungen geben und bei der Beantwortung von Fragen helfen, die zu einer guten Geschäftsidee führen könnten:

- Könnte ein neues Produkt oder eine neue Dienstleistung entwickelt werden?

- Könnten vorhandene Angebote verbessert und mit einem Zusatznutzen versehen werden?

- Könnten neue Vertriebskanäle genutzt werden?

- Kann eine Idee aus dem Ausland auch im Inland umgesetzt werden (oder umgekehrt)?

- Kann ein Produkt oder eine Dienstleistung in besserer Qualität oder aufgrund neuer Bezugsquellen preiswerter angeboten werden?

- Kann für ein Produkt oder eine Dienstleistung – evtl. durch Weiterentwicklung – eine neue Zielgruppe erobert werden?

- Welches sind die langfristigen Trends in der Branche (oft kommen diese aus dem Ausland), wo entwickelt sich die Branche hin? Kann ich hier „Vorreiter" werden?

Die eigene Branche ist also eine erstklassige Fundgrube, wenn es um das Aufspüren von Geschäftsideen geht, vorausgesetzt man ist offen für neue, innovative, manchmal auch vermeintlich abwegige oder „verrückte" Ideen.

Der Hobby- und Freizeitbereich ist eine weitere, viel genutzte Quelle für Geschäftsideen. Wer möchte nicht gern sein Hobby zum Beruf machen? Allerdings werden Gründungen, die ihren Ursprung in diesem Bereich haben, mitunter geringe Wachstumsperspektiven zugeschrieben. Hier könnte ein Zusammenhang mit den persönlichen Motiven und Zielen des Gründers bestehen. Häufig wird gar nicht primär ein maximaler Gewinn und rasches Wachstum angestrebt, sondern vielmehr Ziele wie Selbstverwirklichung, Freude am Beruf und dergleichen mehr verfolgt. Nichtsdestotrotz ist der Freizeitbereich eine brauchbare und ergiebige Quelle für Geschäftsideen. Allerdings darf die eigene Begeisterung für das Hobby nicht den Blick für das Wesentliche versperren: die Kundenbedürfnisse und die Marktfähigkeit der Idee. Ansonsten gilt auch hier das bereits oben Gesagte. Informieren Sie sich aktiv, reden auch mit Freunden und Bekannten und halten die „Augen offen", um einen Blick für mögliche Geschäftsideen zu bekommen, denn innovativ und kreativ kann nur derjenige sein, der sich wirklich gut in einem Thema auskennt. Oder können Sie sich etwa vorstellen, kreative Ideen zum Thema „Quantenphysik" zu entwickeln? Wohl kaum, weil den meisten Menschen hierzu einfach die entsprechenden Kenntnisse und Erfahrungen fehlen. Daher ist es auch bei der Suche nach einer passenden Geschäftsidee hilfreich, wenn es sich um einen Bereich handelt, der Ihnen vertraut ist. Nicht ohne Grund stammen mit Abstand die meisten Ideen sehr rasch wachsender Unternehmen (s. o.) aus dem beruflichen und privaten Umfeld der Gründer.

Die wenigsten Geschäftsideen entstehen spontan oder durch Entdeckung einer wirklichen Marktlücke, obwohl es auch hierfür natürlich Beispiele gibt. Da Sie aber wohl kaum auf eine plötzliche Eingebung warten möchten, bietet es sich an, auch hier gezielt vorzugehen und das private und berufliche Umfeld genauestens zu beobachten. Mitunter sind es gerade als völlig „normal" empfundene, kleinere Alltagsprobleme, die zu einer originellen Geschäftsidee führen.

Ein **Beispiel** hierfür ist eine Amerikanerin, die es nicht mehr mit ansehen wollte, dass Medizin einfach ungenießbar war. Sie entwickelte ungefährliche Zusatzstoffe, zunächst für Menschen, später für Tiere. Der Verkaufsschlager ist „Bananengeschmack". Andere Beispiele sind spezielle „Linkshänderartikel" oder auch das früher belächelte „feuchte Toilettenpapier".

Über den Einfall hinaus bedarf es allerdings immer noch des Mutes, diese Idee ernsthaft zu prüfen und dann auch umzusetzen. Sehr häufig trauen Menschen ihren Instinkten und Ideen nicht und verpassen aus diesem Grunde günstige Gelegenheiten.

Hätten Sie sich z. B. für eine dieser Geschäftsideen begeistern können?

- Socken im Abo,
- Import und Verkauf von Schnaps in Tüten,
- Hundemassagesalon,
- Hunderestaurant,
- Restaurant, in dem völlige Dunkelheit herrscht und der Gast das Essen auf dem Teller nicht sehen kann (soll?) (Anmerkung: es geht u. a. darum, die Situation von Blinden nachzuempfinden),
- Gummibärchenfachgeschäft,
- Ausredenagentur,
- Vermarktung von Werbeflächen in Toiletten („Den Zappern keine Chance"),
- Verkauf von Heißgetränken auf Flohmärkten – als Transportmittel und Verkaufswagen" dient ein Trike (Motorrad mit 3 Rädern),
- Zusammenfassung von Büchern – diese „Abstracts" sparen dem (Business-)Leser wertvolle Zeit,
- Internetportal für „Geizkrägen" und „Schnäppchenjäger",
- Handyschulungen für Senioren,

- Astro-Consulting (astrologieunterstützte Beratung – z. B. zu persönlichen Stärken und Schwächen, dem richtigen Zeitpunkt für wichtige Entscheidungen wie eine Existenzgründung, Geldgeschäfte usw.),

- Currywurst-Restaurant (z. B. Currywurst mit Blattgoldüberzug und Champagner),

- Putzseminare (z. B. für Männer, für Personen, die ökologisches Putzen lernen möchten usw.),

- Aufräumservice für (chaotische) Büros (bietet i. d. R. darüber hinaus auch Sortierdienste und Beratung zur Büro- und Arbeitsplatzorganisation).

Die Beispiele origineller Geschäftsideen ließen sich fortsetzen – Sie sollen ermutigen und dazu anregen, auch über vermeintlich abwegige Ideen nachzudenken. Nicht alle obigen Beispiele sind hierzulande bereits etabliert, aber alle wurden erfolgreich umgesetzt – auch wenn sicher die ein oder andere Idee zunächst als „Schnapsidee" abgetan wurde.

4.2 Dem Zufall auf die Sprünge helfen – gezielte Suche nach einer Geschäftsidee

Bei der gezielten Suche nach Geschäftsideen können Ihnen die so genannten Kreativitätstechniken eine wertvolle Hilfe sein, derer man sich bedient, um möglichst viele Ideen zu sammeln. Kreativität, die zu grundlegenden Veränderungen führt, ist kein Zufallsprodukt und auch nicht angeboren, sondern das Ergebnis intensiver Beschäftigung mit dem Thema. Kreativität hingegen, die sich in guten Einfällen im Alltag zeigt, bleibt allzu häufig ungenutzt. Kreativität *entsteht* zwar nicht durch Kreativitätstechniken, aber diese sind ein nützliches Hilfsmittel, um Ihre eigene Kreativität anzuregen.

Das so genannte „Mindmapping" ist eine dieser Methoden und wurde bereits in den 60er Jahren in England entwickelt. Mindmapping erfordert ein wenig Übung, kann aber problemlos selbständig oder in preiswerten Volkshochschulkursen erlernt werden. Es gibt

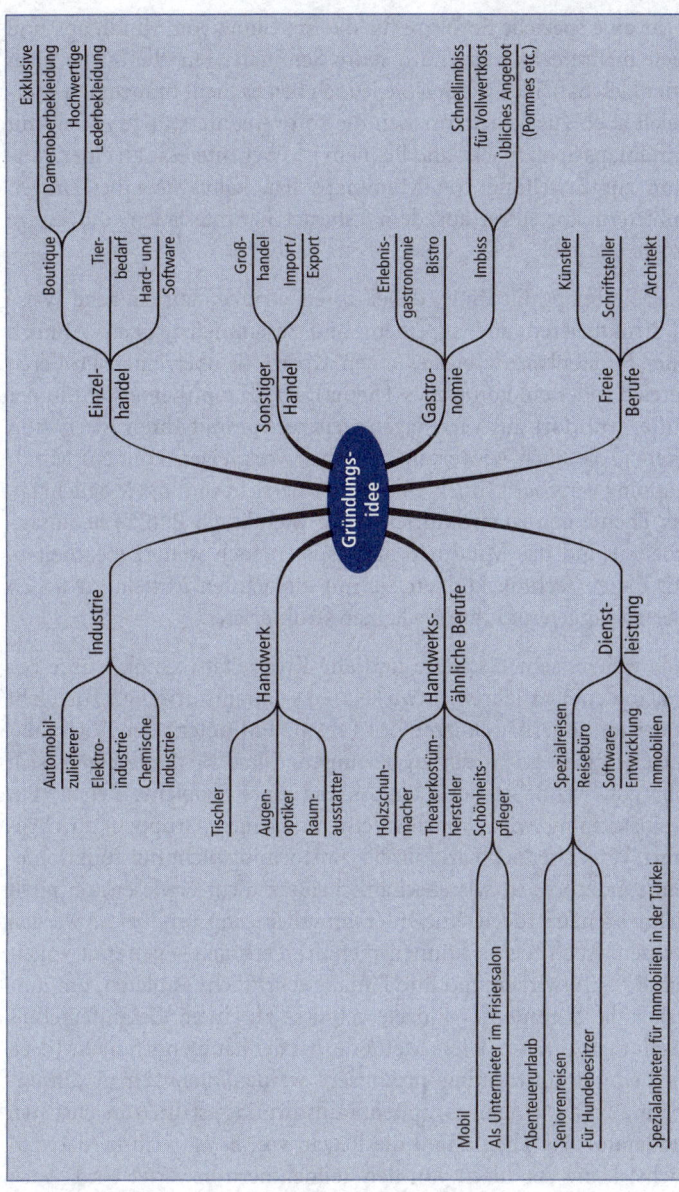

Abb. 2: Mindmap „Gründungsidee" (erstellt mit MindmapMapper 3.5 Professionell)

sogar eine spezielle Software für die Erstellung von Mindmaps und auch mehrere hundert Euro teure Seminare. Für die Suche nach einer Geschäftsidee werden Sie jedoch beides nicht brauchen, wenngleich auch zugegebenermaßen die softwareunterstützte Arbeit mit Mindmaps Spaß macht und bequem ist. Wer Interesse an einer Software zur Erstellung von Mindmaps hat, kann diese bei einigen Anbietern kostenfrei aus dem Internet herunterladen und einige Wochen testen.

Ein Mindmap hilft Ihnen dabei, Ihre Gedanken auf einfache Weise zu strukturieren und zu einem Bild zusammenzufassen. Ähnlich einer Straßenkarte bietet es einen Überblick über einen größeren Bereich (oder ein komplexes Thema). Das Hauptthema steht in der Mitte, von dort aus verzweigen weitere Äste mit Ihren Ideen zum Thema, die auch wiederum mehrfach verzweigen können. Mindmapping verschafft Ihnen eine erste Übersicht und die Möglichkeit, das Thema neu zu strukturieren, die wichtigsten Punkte herauszuarbeiten und das Mindmap auch später noch weiterzubearbeiten. Mit dieser Technik können Sie mit einfachsten Mitteln zu neuen Ideen gelangen und Ihre Gedanken strukturieren.

Eine weitere sehr bekannte und alte Kreativitätstechnik wurde bereits in den 30er Jahren entwickelt – das „Brainstorming". Hier geht es darum, innerhalb kurzer Zeit (etwa 20 Minuten) eine Vielzahl – auch origineller – Ideen zu gewinnen. Diese Methode eignet sich sehr gut, wenn Sie noch am Anfang eines Problems stehen. Ein Brainstorming wird üblicherweise in kleinen Gruppen durchgeführt, kann aber auch als Einzelbrainstorming nicht nur funktionieren, sondern es ist wissenschaftlich noch nicht erwiesen, ob nicht vielmehr neue Ideen effizienter im Alleingang produziert werden können. Auch hieran können mehrere Personen – getrennt voneinander – mitwirken und ihre Einfälle schriftlich festhalten, um hinterher die Summe der Einzelergebnisse zu einem Gesamtergebnis zusammenzufassen. Diese Methode, bei der häufig noch mehr Ideen als beim Brainstorming produziert werden, nennt man „Brainwriting". Bei einem Gruppenbrainstorming stellt zunächst ein Moderator das Thema und die Regeln vor. Es ist wichtig, dass zunächst keine der Ideen von den Teilnehmern bewertet wird. Auch die scheinbar verrücktesten Einfälle werden erst einmal kommentarlos, z. B. auf einer Tafel oder Pinnwand, gesammelt, weil es einfacher ist, Ideen zu verwerfen oder abzuschwächen, als diese zu entwickeln. Erfahrungsgemäß fallen den Teilnehmern nach 5–10 Minuten keine neuen Ideen mehr ein. Trotzdem macht es Sinn, das Brainstorming noch etwa weitere 10 Minuten fortzusetzen, weil nach kurzer Zeit in aller Regel noch eine zweite Welle der Ideenproduktion einsetzt – bereits eingebrachte Ideen werden z. B. weiterentwickelt oder abgewandelt. Anschließend – nach einer Pause oder auch am nächsten Tag – beginnt die Bewertungsphase.

Um die vorhandenen Ideen weiter zu entwickeln, eignet sich die so genannte Osborn-Checkliste, benannt nach dem Erfinder des Brainstorming – dem Amerikaner Alex Osborn. Das Ziel ist es, neue Aspekte und Möglichkeiten vorhandener Ideen zu entdecken. Bei der Osborn-Checkliste gibt es die folgenden neun Fragekategorien, mit deren Hilfe die bisher entwickelten Ideen noch einmal „unter die Lupe" genommen werden können:

- Andere Verwendbarkeit: Kann ich etwas (z. B. Produkt) noch für einen anderen Zweck verwenden?

- Adaption: Kann ich eine gute Idee nachahmen oder finde ich etwas ähnlich Gutes?

- Modifikation: Kann ich etwas ändern/umgestalten (z. B. Form, Material, Farbe etc.)?

- Vergrößerung: Kann ich dem Produkt/der Leistung etwas hinzufügen? Kann ich es größer oder schneller machen?

- Verkleinerung: Kann ich etwas verkleinern, kürzen, langsamer machen oder rationalisieren?

- Substitution: Kann ein Material oder Bestandteil ersetzt werden? Können Bedingungen verändert werden?

- Umgruppierung: Kann etwas umgestellt oder neu sortiert werden? Kann die Struktur geändert werden?

- Umkehrung: Kann etwas umgekehrt werden (Idee oder Ablauf)?

- Kombination: Können bestimmte Ideen kombiniert werden oder bieten sich Kooperationen an?

Obige Methoden eignen sich auch gut für Existenzgründer, die eine Gründung in einem stark umkämpften Bereich mit zahlreichen Konkurrenten umsetzen möchten und nach Möglichkeiten suchen, sich positiv von der Konkurrenz abzuheben. Gerade wenn es ein Angebot scheinbar schon „an jeder Ecke" gibt, kommt es in besonderem Maße darauf an, sich von den Wettbewerbern zu unterscheiden und besondere Vorteile zu bieten. Warum sonst sollten die Kunden ausgerechnet zu Ihnen kommen? Es muss sich nicht immer um „bahnbrechende" Ideen handeln, die es Ihnen ermöglichen, sich abzuheben. Manchmal ist es auch nur die Summe vieler „Kleinigkeiten", die den Erfolg ausmacht, wie z. B. besondere Serviceangebote, freundliches Auftreten, kundenfreundliche Öffnungszeiten, Kulanz etc.

Links zum Thema

http://www.mindmapper.ch – Software mit kostenfreier 30-Tage-Test-Version; http://www.mindjet.com – Software mit kostenfreier Test-Version; http://www. cognitive-tools.de – Online verfügbare Mapping Software zum Lernen, Planen, Brainstorming und strukturieren von Ideen und Aufgaben, http://www.methode. de – Erfolgsmethoden und Kreativitätstechniken; http://www.gruenderstadt.de – Infoletter „Gründerzeiten"; http://www.ifm-bonn.org – Institut für Mittelstandsforschung – Bestellmöglichkeit der Informationsschrift „Entwicklung und Transfer von Gründungsideen –

5. Kapitel

Wege in die Selbständigkeit – Alternativen zur Neugründung

Spätestens wenn eine geeignete Geschäftsidee vorhanden ist, stellt sich die Frage nach dem individuell passenden Weg in die Selbständigkeit. Umgekehrt kann aber auch die Beschäftigung mit den verschiedenen Möglichkeiten wie z. B. dem Franchising zu einer guten Geschäftsidee führen.

Existenzgründung muss nicht immer bedeuten, ein eigenes Unternehmen von Grund auf neu aufzubauen, obwohl die Neugründung der häufigste Weg in die berufliche Selbständigkeit ist. Die Neugründung bietet den größten Gestaltungsspielraum, ist aber auch mit dem höchsten Planungsaufwand und Risiko verbunden. Als Alternativen gibt es die tätige Beteiligung, die Betriebsübernahme oder das, sich zunehmender Beliebtheit erfreuende, Franchising.

5.1 Betriebsübernahme

Viele Tausend Unternehmen werden jährlich an einen Nachfolger übergeben. In den meisten Fällen handelt es sich dabei um inhabergeführte Familienunternehmen, für die alters- oder krankheitsbedingt ein Nachfolger benötigt wird. Nach Angaben des Instituts für Mittelstandsforschung kommt der Nachfolger in weniger als 50% der Fälle aus der eigenen Familie. Das Thema ist aktueller denn je, weil in sehr vielen Unternehmen noch unklar ist, ob und wie der bevorstehende Generationenwechsel bewältigt werden kann. Weniger als 50% der Unternehmen werden altersbedingt und planmäßig übergeben. Häufig steht die Frage der Nachfolge unerwartet an, etwa aufgrund einer schweren Erkrankung. Kann aufgrund einer unzureichenden Vorbereitung des Wechsels, durch unerwartete Ereignisse oder durch Verdrängen des Themas kein Nachfolger gefunden werden, bleibt nur die Liquidation des Unternehmens. Der Generationenwechsel ist heute ein zentrales Problem im Mittelstand. Das Institut für Mittelstandsforschung hatte z.B. für den Zeitraum 1999 bis 2004 auf der Basis einer Hochrechnung 380.000, zur Übergabe anstehender Unternehmen, ermittelt. Die Chancen, ein geeignetes Unternehmen übernehmen zu können, sind nach wie vor gut. Zumindest theoretisch. In der Praxis gibt es viele Probleme.

Eine Betriebsübernahme wird häufig als einfacher und risikoarmer Weg in die Selbständigkeit angesehen. Es ist bereits alles vorhanden: ein komplett ausgestattetes Unternehmen, eine funktionierende Organisation, eingearbeitete Mitarbeiter, gefestigte Lieferantenbeziehungen und – vor allem – Kunden. Tatsächlich kann eine Übernahme eine gute Alternative zur Neugründung sein und dem Gründer mehr Sicherheit geben. Ohne Risiken und oft auch ein gehöriges Konfliktpotenzial ist sie aber nicht – selbst dann nicht, wenn die Übernahme durch ein Familienmitglied erfolgt, wie der folgende **Erfahrungsbericht** von Martina zeigt:

„Mein Vater führt seit einigen Jahren sehr erfolgreich ein kleines Unternehmen mit vier Mitarbeitern im Bereich der Softwareentwicklung. Nun möchte er aus Altersgründen gern, dass ich das Unternehmen weiterführe. Grundsätzlich spricht auch nichts dagegen – ganz im Gegenteil – ich könnte mir das sehr gut vorstellen und würde mir die Aufgabe auch zutrauen. Außerdem könnte mein Vater in der Anfangszeit beratend zur Seite stehen. Darin aber liegt auch genau das Problem. Bei einer Beratung würde er es niemals belassen. Ich kenne meinen Vater gut genug um zu wissen, dass er selbst nach einer Übernahme nicht „loslassen" würde und immer noch der „Chef" wäre. Unsere Vorstellungen von der Führung des Unternehmens sind aber ziemlich unterschiedlich. Selbstverständlich ist mir der Rat meines Vaters wichtig und ich würde auf seine Erfahrung nicht verzichten wollen. Allerdings bremst er mich ständig aus, sobald ich auch nur den Ansatz einer neuen Idee formuliere. Mein

Vater ist schrecklich konservativ, ein absoluter Patriarch und fest davon überzeugt, ich müsse das Unternehmen haargenau so weiterführen, wie er es „schon immer" getan hat. Ich weiß, dass es Kunden gibt, die sicher mit neuen Ideen genauso wenig leben können wie mein Vater. Darauf könnte und würde ich mich natürlich einstellen. Allerdings weiß ich auch, dass ich mit neuen Ideen zusätzliche Kundenpotenziale erschließen könnte. Es geht also überhaupt nicht darum, die Verdienste meines Vaters zu schmälern und alles anders zu machen. Es geht nur darum, dass ich gern eigene Ideen einbringen möchte. Mein Vater wird dies jedoch nicht zulassen. Ich kann ihm nicht begreiflich machen, dass er mir nicht einfach die Verantwortung übertragen kann, ohne mir auch die notwendigen Kompetenzen und Entscheidungsfreiräume einzuräumen. Außerdem befürchte ich, dass er durch seine Art meine Autorität untergraben und Personalprobleme hervorrufen würde. Das ist schon heute abzusehen. Für die Mitarbeiter ist er der „Boss" und ich bin fast sicher, dass dies auch so bleiben wird, selbst wenn ich den Betrieb übernehmen würde. Mein Vater wäre wahrscheinlich ständig präsent und würde den Mitarbeitern Anweisungen erteilen – ganz wie gewohnt. Da wir aber unterschiedliche Vorstellungen haben, würde es zwangsläufig zu widersprüchlichen Anweisungen und zumindest großen Verunsicherungen unter den Mitarbeitern kommen. Sollen sich die Mitarbeiter künftig den Anweisungen meines Vaters widersetzen? Ich weiß jetzt schon, dass nicht jeder Mitarbeiter damit umgehen kann. Sollen sie stattdessen weiterhin tun, was mein Vater sagt? Dann entgleitet mir die Führung schneller, als ich sie übernommen habe. Das kann doch unmöglich funktionieren – wir brauchen nach meiner Meinung klare Abgrenzungen der Kompetenzen. Sorge ich jedoch gegen den Willen meines Vaters dafür, wird es wohl um den Familienfrieden geschehen sein. Die Situation ist im Moment völlig fest gefahren und ich zweifle sehr, ob eine Betriebsübernahme das Richtige ist. Es ist kaum möglich, mit meinem Vater zu reden und ich sehe keinen Weg, wie wir eine beidseitig zufrieden stellende Lösung finden könnten."

Martina hat das Unternehmen nicht übernommen und damit sicher eine gute Entscheidung getroffen, zumal der Vater an einer neutralen Beratung und Vermittlung in dieser schwierigen Situation nicht interessiert war. Er war nicht bereit, über seine Vorstellungen und seine Ängste (z. B. vor dem Verlust der Autorität, vor dem Untätigsein usw.) zu reden und im gemeinsamen Gespräch mit seiner

Tochter eine akzeptable Lösung zu erarbeiten. Ihm ist nicht bewusst, dass er durch sein Verhalten massiv den Fortbestand des Unternehmens gefährdet, weil sich angesichts dieser Kompromisslosigkeit kein geeigneter Nachfolger finden wird – nicht innerhalb und nicht außerhalb der Familie. Martinas Bedenken und Sorgen sind mehr als berechtigt. Sie weiß, dass eine sorgfältige und kritische Prüfung vor einer geplanten Betriebsübernahme unbedingt erforderlich ist – auch wenn das Unternehmen in der Familie bleiben soll. Die Planung der Übernahme sollte auf jeden Fall durch erfahrene Berater in betriebswirtschaftlicher, rechtlicher und steuerlicher Hinsicht begleitet werden. Nicht immer sind jedoch beide Parteien damit einverstanden, wie das obige Beispiel zeigt. Die Gründe können ganz unterschiedlicher Natur sein. Bei Martinas Vater dürften sie in seiner Persönlichkeit und seinen eigenen Ängsten zu suchen sein.

Mitunter verbergen sich hinter den vom Käufer angegebenen persönlichen oder altersbedingten Übergabegründen aber auch wirtschaftliche Schwierigkeiten. Natürlich wird in diesem Fall der Übergeber ebenfalls kein Interesse an einer näheren Prüfung haben.

Neben den Gründen für die Übergabe sind die folgenden Aspekte von besonderer Bedeutung, wobei hier von einer vollständigen Übertragung des Unternehmens ausgegangen wird. Sofern der bisherige Inhaber das Eigentum an den Geschäftsräumen und dem Inventar behalten möchte, ist dies im Zuge einer Verpachtung möglich. Die zu prüfenden Aspekte sind jedoch in wesentlichen Teilen identisch:

- Produkt-/Leistungsangebot,
- Marktsituation,
- Standort,
- Ausstattung und Geschäftsräume,
- Kunden/Lieferanten,
- Personal,
- Recht/Steuern,
- Ertragslage,
- Kaufpreis.

Bei den Produkten oder Dienstleistungen handelt es sich in der Regel um bekannte, gut eingeführte und wenig innovative Angebote. Es ist auf jeden Fall zu prüfen, ob das Programm voraussichtlich auch künftig auf Akzeptanz stoßen und den Kundenanforderungen entsprechen wird.

Die Marktsituation ist aber nicht nur im Hinblick auf künftige Kundenbedürfnisse zu prüfen, sondern auch die Wettbewerbssituation ist von Bedeutung. Es stellt sich die Frage, wie die Konkurrenzsituation im Übergabezeitpunkt aussieht und ob sie sich möglicherweise in naher Zukunft verschlechtern wird, etwa durch Preiskämpfe oder die Neuansiedlung weiterer Wettbewerber. Zusätzliche Konkurrenten, aber auch geplante Baumaßnahmen oder Altlasten, können die Standortqualität schwer beeinträchtigen. Ich denke da etwa an das zwar extreme, aber reale Beispiel eines Grundstückseigentümers und Besitzer eines Fitnessstudios. Dieser wollte das Grundstück samt dem darauf befindlichen Gebäude und dem Fitnessstudio verkaufen, weil der Boden kontaminiert war – und zwar ohne den Interessenten über diese Problematik zu informieren.

Ist der Standort grundsätzlich geeignet, stellt sich die Frage, ob die Geschäftsräume auch künftig den Anforderungen genügen, alle evtl. vorhandenen Auflagen erfüllt werden sowie notwendige Genehmigungen erteilt sind. Bei Miete der Räumlichkeiten ist natürlich die Angemessenheit des Mietpreises zu prüfen und die Frage zu klären, ob die Konditionen unverändert bestehen bleiben werden. Darüber hinaus ist es wichtig, dass die Geschäftsräume langfristig zur Verfügung stehen und dies vertraglich abgesichert ist. Überprüfen Sie auch, ob die technische Ausstattung angemessen und auf aktuellem Stand ist und auch hier alle Auflagen (z. B. Umweltschutzauflagen) erfüllt werden. Die Funktionsfähigkeit aller Geräte und Maschinen muss natürlich ebenfalls sichergestellt werden.

Der vorhandene Kundenstamm ist einer der entscheidenden Vorteile einer Betriebsübernahme. Allerdings besteht neben diesem Vorteil und der Chance, neue Kunden gewinnen zu können, auch die Gefahr, dass Stammkunden abwandern. Gerade in Familienbetrieben ist die Beziehung des Kunden zum Inhaber oft von besonderem Vertrauen und einem guten zwischenmenschlichen Verhältnis geprägt.

Es ist darum nicht auszuschließen, dass Kunden eine enge Bindung zu dem bisherigen Inhaber aufgebaut haben, den Nachfolger aber nicht akzeptieren. Ist diese Befürchtung berechtigt, wäre es hilfreich, wenn der ehemalige Firmenchef dem Nachfolger noch mindestens ein halbes Jahr zur Seite steht und bei der Kundenbindung unterstützt. Auch sonst sollte übrigens eine sorgfältig geplante Übergabe möglichst die anfängliche Unterstützung und Einarbeitung des Nachfolgers umfassen. Dies wäre beispielsweise hilfreich bei der Pflege der Lieferantenbeziehungen, um einmal vereinbarte, attraktive Konditionen und Zahlungsmodalitäten zu sichern.

Weil Sie als Nachfolger ggf. auch alle Rechte und Pflichten aus den Arbeitsverhältnissen übernehmen und die Mitarbeiter zu den wichtigsten Ressourcen eines Unternehmens gehören, ist es von entscheidender Bedeutung, das Vertrauen der Mitarbeiter zu gewinnen und die Motivation zu stärken. Gerade in der Anfangszeit ist jeder Nachfolger auf die tatkräftige Unterstützung eingearbeiteter Mitarbeiter in besonderem Maße angewiesen.

Neben der Suche nach der geeigneten Rechtsform des Unternehmens kommt der Vertragsgestaltung und den haftungsrechtlichen Aspekten eine besondere Bedeutung zu. Soll beispielsweise der Name eines Einzelunternehmens unverändert fortgeführt werden, um von dem bisher aufgebauten Image und Bekanntheitsgrad zu profitieren, liegt hierin ein besonderes Haftungsrisiko. Der Nachfolger haftet auch für die von dem früheren Inhaber eingegangenen Verbindlichkeiten. Darüber hinaus können z. B. auch Garantieverpflichtungen, Steuerschulden oder Verbindlichkeiten aus den Arbeitsverhältnissen bestehen.

Es kann sinnvoll sein, eine Wettbewerbsklausel zu vereinbaren, um zu verhindern, dass der Verkäufer selbst in Konkurrenz zu seinem Nachfolger tritt. Die Erfahrung zeigt, dass dieses Problem nicht sehr wahrscheinlich, aber durchaus denkbar ist. In einem Praxisfall wollte eine Heilpraktikerin ihre Praxis inklusive der umfangreichen Kundenkartei an eine Nachfolgerin übergeben. Als Rechtfertigung für den vergleichsweise hohen Verkaufspreis wurde vor allem die umfangreiche Kundendatei angeführt. Der Vertragsentwurf sah jedoch das Recht für die Verkäuferin vor, am gleichen Standort in verringertem Umfang tätig zu sein und die Kundendaten mit zu nutzen.

Diesen Gefahren kann und sollte durch eine individuelle, rechtliche und steuerliche Beratung durch erfahrene Berater wirksam begegnet werden. Musterverträge sind zwar preiswerter. Sie geben aber lediglich Anhaltspunkte zu den wichtigsten Klauseln, die in keinem Vertrag fehlen sollten, können die individuelle Beratung im Einzelfall jedoch nicht ersetzen. Zudem berücksichtigen Musterverträge regelmäßig beide Interessenlagen einigermaßen ausgewogen. Sie selbst werden aber wünschen, dass vor allem Ihre eigenen Interessen gewahrt werden – ohne natürlich den Vertragspartner unangemessen zu benachteiligen.

Die Ertragslage des Unternehmens ist besonders hinsichtlich der Zukunftsfähigkeit und der Kaufpreisermittlung ein wesentlicher Faktor. Es ist eher die Regel als die Ausnahme, dass sich die Kaufpreisverhandlungen sehr schwierig gestalten und zu Differenzen führen. Der Nachfolger möchte einen möglichst geringen Preis zahlen. Genauso wie es für den Käufer eine Grenze gibt – die Preisobergrenze – gibt es für den Verkäufer eine Preisuntergrenze, d. h. einen Preis, der mindestens erlöst werden muss. Dabei sind mitunter die Preisvorstellungen des Verkäufers nicht realistisch, der Unternehmenswert wird zum Teil erheblich überschätzt. Auf Basis von groben Schätzungen wird in aller Regel jedoch keine Einigkeit zu erzielen sein. Sowohl der Verkäufer als auch der Käufer sind üblicherweise mit dem komplexen Thema der Unternehmensbewertung überfordert – schließlich handelt es sich um Unternehmer und nicht um Spezialisten für Betriebsübernahmen. Eine für beide Seiten faire und akzeptable Lösung kann daher in der Regel nur mit professioneller Hilfe herbeigeführt werden. Allerdings können auch Experten nicht *den richtigen Preis* ermitteln, weil der Wert eines Unternehmens mit unterschiedlichen Methoden ermittelt werden kann, die zu unterschiedlichen Ergebnissen führen. Letztendlich geht es auch bei einem Unternehmenskauf um Angebot und Nachfrage, das Unternehmen ist so viel wert, wie ein Käufer bereit ist zu zahlen. Eine Unternehmensbewertung stellt nicht mehr aber auch nicht weniger als eine solide Verhandlungsbasis dar. Als Käufer sollten Sie sich darum nicht blind auf die Angaben und Wertermittlungen des Verkäufers und seiner Berater verlassen.

Häufig angewendete Verfahren zur Wertermittlung kleinerer oder mittelständischer Unternehmen sind:

- Vergleichswertverfahren,

- Ertragswertverfahren,

- Substanzwertverfahren,

- Kombination aus Ertragswert- und Substanzwertverfahren.

Ein einfaches Verfahren zur Wertermittlung ist das Vergleichswertverfahren, bei dem die Wertermittlung auf den Preisen für Verkäufe vergleichbarer Unternehmen derselben Branche beruht. Spezialisierte Berater, Kammern oder Verbände können bei der Ermittlung der Daten helfen.

Das Substanzwertverfahren ist eher von untergeordneter Bedeutung. Es basiert auf den Wiederbeschaffungskosten für betriebsnotwendige Vermögensgegenstände wie z. B. Grundstücken, Gebäuden, Maschinen, Fuhrpark etc., vermindert um bestimmte Positionen wie z. B. Verbindlichkeiten. Die Substanz des Unternehmens kann der Besicherung von Darlehen dienen und hat deshalb einen informativen Wert für Kapitalgeber. Für den Käufer ist es jedoch viel wichtiger, welche Erträge in der Zukunft erwirtschaftet werden. Ein hoher Substanzwert eines Unternehmens sagt hierüber nichts aus, wohl aber der Ertragswert. Der Verkäufer wird bei einem hohen Substanzwert und einem niedrigen Ertragswert aus seiner Sicht sinnvoller Weise das Argument des hohen Substanzwertes in die Verhandlungen einbringen und auf dieser Basis den Kaufpreis bestimmen wollen – ein Vorgehen, welches dem Käufer nicht gerecht wird.

In der Praxis spielt die Ertragswertmethode die größte Rolle, bei der die künftige Ertragskraft des Unternehmens im Vordergrund steht. Ausgehend von den um bestimmte Größen bereinigten Gewinn- und Verlustrechnungen der letzten Jahre wird die Gewinnsituation der nächsten Geschäftsjahre prognostiziert. Die Anwendung dieses Verfahrens ist nicht nur für den Käufer sinnvoll. Bei einer (teilweisen) Fremdfinanzierung des Vorhabens sind auch die Kapitalgeber an der künftigen Ertragslage interessiert, um die Bedienbarkeit beantragter Darlehen zu beurteilen.

Es ist sicher deutlich geworden, dass es im Vorfeld einer Unternehmensübertragung keinesfalls ausreicht, die Jahresabschlüsse oder gar nur die Bilanzen der vergangenen Geschäftsjahre zu sichten, deren Aussagefähigkeit sehr eingeschränkt ist. Beispielsweise können Sie diesen Unterlagen keine näheren Informationen über offene Forderungen entnehmen. Sie wissen nicht, wie alt die Forderungen sind und ob diese überhaupt noch realisiert werden können. Insbesondere bei größeren Warenbeständen wird es Ihnen zudem schwer fallen, zu beurteilen, ob diese richtig bewertet wurden. In der Praxis habe ich selbst schon Aufstellungen von Warenbeständen gesehen, die nicht zu Einkaufs-, sondern zu Verkaufspreisen bewertet wurden, um einen höheren Kaufpreis zu erzielen, was natürlich nicht in Ordnung ist.

Ein weiteres Problem wird in den einschlägigen Informationsquellen kaum angesprochen, ist aus den Geschäftsunterlagen nicht ohne weiteres oder gar nicht ersichtlich, tritt jedoch in der Praxis immer wieder auf: „Schwarzumsätze". Mitunter führt der Verkäufer eines Unternehmens bei den Preisverhandlungen auch attraktive „Schwarzumsätze" als Argument ins Feld, welche – tatsächlich oder angeblich – die buchhalterische Ertragslage deutlich verbessern. Sie als Käufer können das als Argument für einen überhöhten Kaufpreis jedoch keinesfalls gelten lassen. Wer Schwarzumsätze tätigt, muss in der Konsequenz mindestens auch mit einem geringeren Ertragswert des Unternehmens leben. Die strafrechtlich relevanten Tätigkeiten des Verkäufers können nicht noch als Argument für einen höheren Kaufpreis herangezogen werden. Ganz abgesehen davon haben Sie auch keine Möglichkeit, die Angaben zu überprüfen und schon deshalb sind sie für die Kaufpreisverhandlungen irrelevant.

Die nachfolgende Checkliste soll Ihnen helfen, eine Betriebsübernahme vorzubereiten und gibt Ihnen eine Hilfestellung bei der Festlegung von Inhalten für eine weiterführende Beratung. Dabei sollte zunächst eine betriebswirtschaftliche Beratung erfolgen, um darauf aufbauend die (steuer-) rechtlichen Aspekte zu klären.

Checkliste Betriebsübernahme

	Ja	Nein
Allgemeine Fragen:		
– Kennen Sie den wirklichen Grund für die angestrebte Betriebsübergabe?		
– Ist das Image des Unternehmens gut? Warum? Können Sie das gute Image beibehalten oder stärken?		
– Steht der ehemalige Eigentümer in einer Einarbeitungsphase zur Verfügung?		
Fragen zum Produkt-/Leistungsangebot:		
– Wird das Angebot auch künftig den Kundenbedürfnissen entsprechen?		
– Gibt es „Ladenhüter" und veraltete Produkte?		
– Müssen neue Produkte entwickelt oder in das Programm aufgenommen werden?		
– Ist Ware bestellt, aber noch nicht geliefert, sodass nach erfolgter Übernahme zusätzliche Zahlungen fällig werden?		
– Kann vor der Übernahme ein Abverkauf nicht gängiger Produkte erfolgen, um den Kaufpreis und die Kapitalbindung gering zu halten?		
Fragen zur Marktsituation:		
– Entwickelt sich die Branche positiv?		
– Gibt es einen aktuellen Betriebsvergleich (Verbände, Steuerberater), der zeigt, wie sich das Unternehmen im Branchenvergleich darstellt?		
– Existiert eine Konkurrenzanalyse?		
– Ist mit weiteren Konkurrenten zu rechnen?		
– In manchen Branchen (z. B. Fahrzeugzulieferer) können Unternehmen nur wettbewerbsfähig bleiben, wenn das Unternehmen nach ISO-Normen zertifiziert ist – ist dies der Fall, liegt die Zertifizierung vor und mit welchen Folgekosten ist zu rechnen?		
Fragen zum Standort:		
– Wird sich die Standortqualität künftig nicht verschlechtern (z. B. durch Neuansiedlung von Unternehmen, Straßenbaumaßnahmen, zusätzliche Kosten, Auflagen etc.)?		
– Kann ein Kunde den Standort gut erreichen?		
– Gibt es ausreichend Parkplätze (zu wenige Parkplätze sind nicht nur kundenunfreundlich, sondern unter Umständen auch mit hohen Kosten verbunden)?		

Checkliste Betriebsübernahme	Ja	Nein
– Ist sichergestellt, dass keine Schadstoffbelastung des Grundstücks besteht?		
Fragen zur Ausstattung und den Geschäftsräumen:		
– Ist der Miet-/Pachtpreis angemessen?		
– Bleiben die bisherigen Konditionen erhalten?		
– Werden alle Auflagen erfüllt?		
– Liegen alle notwendigen Genehmigungen vor?		
– Stehen die Räume langfristig zur Verfügung und genügen auch künftig den Anforderungen?		
– Ist die technische Ausstattung bedarfsgerecht?		
– Ist sie funktionsfähig?		
– Sind Investitionen nötig (z. B. für Umbau-/Renovierungsmaßnahmen?)		
Fragen zu Kunden/Lieferanten:		
– Kann der bisherige Kundenstamm gehalten werden?		
– Können neue Kunden gewonnen werden?		
– Ist die Kundendatei auf aktuellem Stand?		
– Gibt es (ausreichend) Stammkunden?		
– Gibt es Abhängigkeiten von einem oder wenigen Großkunden?		
– Gibt es mit Lieferanten Verträge über bestimmte Mindestabnahmemengen oder eine Lieferantenbindung (wie z. B. brauereigebundene Gaststätten oder feste Wartungsverträge)?		
– Werden die Lieferanten Sie zu den bisherigen Konditionen beliefern?		
– Müssen neue (leistungsfähigere o. preiswertere) Lieferanten gefunden werden?		
– Gibt es Abhängigkeiten von einzelnen Lieferanten oder können die Produkte ggf. auch von anderen Anbietern bezogen werden, sodass die Lieferbereitschaft stets gewährleistet ist?		
Fragen zum Personal:		
– Sind die Mitarbeiter ausreichend qualifiziert?		
– Sind sie motiviert?		
– Werden Sie von den Mitarbeitern akzeptiert?		
– Gibt es Abhängigkeiten von einzelnen Mitarbeitern in Schlüsselpositionen?		

Checkliste Betriebsübernahme

	Ja	Nein
– Sind die Anzahl der Mitarbeiter und die Gehaltsstruktur angemessen (Abbau und Gehaltskürzungen lassen sich zumindest kurzfristig nicht durchsetzen)?		
– Ist das Betriebsklima gut und der Krankenstand niedrig?		
Fragen zu rechtlichen und steuerlichen Aspekten:		
– Ist die Rechtsform angemessen? Soll diese beibehalten werden?		
– Soll der Name fortgeführt werden und ist das Unternehmen im Handelsregister eingetragen?		
– Sind in diesem Fall die haftungsrechtlichen Konsequenzen bekannt (z. B. für bereits bestehende Verbindlichkeiten)?		
– Sind alle bestehenden Verbindlichkeiten, Gewährleistungspflichten und Gläubiger bekannt, sodass diese angeschrieben und informiert werden können, dass keine Haftung für Altverbindlichkeiten erfolgen wird?		
– Ist gewährleistet, dass alle wesentlichen Tatsachen kurzfristig im Handelsregister eingetragen werden (auch der Haftungsausschluss)?		
– Kann der Verkäufer eine Bescheinigung vorlegen, dass keine Steuerschulden vorliegen?		
– Ist die Übertragung des Unternehmens von der Zustimmung anderer Personen abhängig?		
– Erfüllen Sie selbst alle Anforderungen für die Übernahme (z. B. Meisterbrief, Genehmigung bei genehmigungspflichtigen Gewerben, Konzessionsfähigkeit usw.)?		
– Sind alle zu übernehmenden Rechte und Pflichten aus den Arbeitsverhältnissen bekannt und transparent?		
– Unterliegt der Vertrag bestimmten Formvorschriften (z. B. der notariellen Beurkundung bei Grundstückskäufen)?		
– Finden sich alle mündlichen Zusicherungen des Verkäufers auch schriftlich im Kaufvertrag wieder?		
– Ist der Vertrag rechtssicher?		
– Enthält er ggf. ein Wettbewerbsverbot?		
Fragen zur Ertragslage/zum Rechnungswesen:		
– Liegen aussagefähige Unterlagen vor?		
– Hat sich die Ertragslage positiv entwickelt?		
– Gibt es in einzelnen Positionen auffällige Abweichun- gen zu den Vorjahren?		

Checkliste Betriebsübernahme		
	Ja	**Nein**
– Wenn ja, können diese schlüssig und nachvollziehbar erklärt werden?		
– Sind die Jahresabschlüsse von einem Steuerberater oder Wirtschaftsprüfer geprüft worden?		
– Sind die Vermögensgegenstände und Schulden richtig bewertet worden?		
– Sind die Unterlagen auf aktuellstem Stand?		
– Liegen aussagefähige Zahlen auch für das laufende Geschäftsjahr vor?		
– Ist sichergestellt, dass das Unternehmen nicht über- schuldet ist?		
– Wissen Sie, wie alt die Forderungen sind und wie wahrscheinlich deren Realisierbarkeit?		
– Gibt es „stille Reserven"?		
– Wenn ja, in welcher Höhe? (vgl. auch Kapitel 17: Rechnungswesen)		
– Können aus den zu erwartenden Erträgen bei einer Fremdfinanzierung auch problemlos Zins- und Tilgungsleistungen erbracht werden?		
Fragen zum Kaufpreis/zur Finanzierung:		
– Ist der Kaufpreis angemessen und was genau um- fasst dieser?		
– Wie ist der Betrag zu zahlen (in einer Summe, in Raten)?		
– Ist die Finanzierung sichergestellt?		
– Ist die Finanzierung sichergestellt?		
– Sind Fördermittel in die Überlegungen einbezogen worden?		
– Ist ein bestimmter Zinssatz langfristig festgeschrieben, sodass eine verlässliche Kalkulationsbasis besteht?		
– Wird bei einer Fremdfinanzierung mindestens das Anlagevermögen (vgl. auch Kapitel 17: Rechnungswesen) langfristig finanziert (keinesfalls durch kurzfristige Kredite)?		

Links zum Thema

http://www.nexxt.org – Initiative Unternehmensnachfolge; http://www.ifm-bonn.org – IfM Bonn;.

5.2 Beteiligung

Für die tätige Beteiligung an einem Unternehmen sind im Wesentlichen ebenfalls obige Aspekte relevant. Zusätzlich ist darauf zu achten, dass Sie mit den übrigen Gesellschaftern und/oder Geschäftsführern harmonieren. Die Ziele, Werte und Vorstellungen müssen zusammenpassen und auch sonst muss die „Chemie" stimmen, um zum Wohle des Unternehmens zusammenarbeiten zu können. Darüber hinaus sollten die Rechte und Pflichten unbedingt vertraglich fixiert werden. Auch für die tätige – nicht die finanzielle – Beteiligung an einem Unternehmen können grundsätzlich – wie bei anderen Formen der Gründung auch – bestimmte Fördermittel beantragt werden. Andere Fördermöglichkeiten kommen wiederum für eine Beteiligung nicht in Betracht, es sei denn, das Unternehmen, an dem Sie sich beteiligen möchten, fällt ebenfalls noch in die Kategorie „Existenzgründer". Die Fördermöglichkeiten sind immer für den konkreten Einzelfall zu klären (vgl. Kapitel 16: Fördermittel).

5.3 Franchising

Weil das Franchising eine gute Alternative zur Neugründung bieten kann, in Gründungsratgebern aber häufig nur am Rande erwähnt wird, soll dem Thema an dieser Stelle etwas mehr Raum gewidmet werden.

Der Begriff Franchising stammt ursprünglich aus Frankreich. Die Überlassung bestimmter Privilegien – kirchlich oder weltlich – wurde schon im Mittelalter als „Franchise" bezeichnet.

Unter Franchising versteht man ein Vertriebssystem, bei dem der Franchisegeber dem Franchisenehmer eine Lizenz zur selbständigen Führung eines Betriebes erteilt – der Existenzgründer bezahlt dabei sozusagen für ein funktionierendes System. Ein seriöser Franchisegeber stellt gegen Entgelt eine bereits am Markt erprobte Geschäftsidee, bestimmte Dienstleistungen und sein Know-how zur Verfügung. Beide Partner – Franchisegeber und Franchisenehmer – sind rechtlich und wirtschaftlich selbständig, wobei jedoch die Entscheidungsfreiheit des Franchisenehmers naturgemäß eingeschränkt wird. Schließlich sind wesentliche Merkmale der Franchise-Systeme die filialähnlichen Netze mit gemeinsamem Marketing und zentralem Einkauf. **Franchising** wird mitunter auch als „partnership for profit" bezeichnet. Gemeint ist, dass selbständige Partner zum gegenseitigen Vorteil zusammenarbeiten.

Die offizielle Definition des Deutschen Franchise-Verband lautet:

> „**Franchising** ist ein auf Partnerschaft basierendes Vertriebssystem mit dem Ziel der Verkaufsförderung.
>
> Dabei räumt ein Unternehmen, das als so genannter Franchisegeber auftritt, seinen Partnern (den Franchisenehmern) das Recht ein, mit seinen Produkten oder Dienstleistungen unter seinem Namen ein Geschäft zu betreiben:
>
> Der Franchisegeber erstellt ein unternehmerisches Gesamtkonzept, das von seinen Franchisenehmern selbstständig an ihrem Standort bzw. Gebiet umgesetzt wird. Der Franchisenehmer ist ein rechtlich selbstständiger und eigenverantwortlich operierender Unternehmer. Als Gegenleistung für die, vom Franchise-Unternehmen eingeräumten Rechte und Unterstützungsleistungen, zahlt der Franchisenehmer in der Regel Eintritts- bzw. Franchisegebühren.
>
> Franchising vereint damit Vorteile des direkten Vertriebsweges (z. B. einheitlicher Markenauftritt und direkte Marktnähe) mit den Vorteilen des indirekten Vertriebes (z. B. das überdurchschnittliche Engagement von rechtlich selbständigen Vertriebspartnern, den Franchisenehmern). Franchising bietet die Möglichkeit, eine erfolgreiche Geschäftsidee mehreren Partnern zur Verfügung zu stellen und so den Geschäftstyp zu multiplizieren."

Franchising erfreut sich großer Beliebtheit, wenngleich auch niemand genaue Informationen über die weltweite Anzahl von Franchise-Systemen hat. Auch innerhalb Deutschlands kursieren – je nach Quelle und Datum der Informationen – verschiedene Daten über die Zahl der Anbieter und Franchisenehmer. Ob es aber nun rund 900 oder 1.100 Anbieter sind, ob es 37.000 oder 50.000 Franchisenehmer gibt: Franchising kann bei sorgfältiger Prüfung und gründlicher Vorbereitung der Gründung gute Chancen für eine langfristig tragfähige Selbständigkeit bieten und entwickelt sich vielleicht zu *dem* Vertriebssystem der Zukunft.

Was sich oftmals jedoch so einfach anhört und scheinbar eine Erfolgsgarantie beinhaltet, ist in der Praxis ein sehr komplexes Thema. Nicht jeder Anbieter ist seriös und stellt für die zu zahlende Gebühr angemessene Gegenleistungen zur Verfügung. Auch ist längst nicht jedes Geschäftskonzept ausgereift. Mitunter scheitern auch gute Ideen an einer unprofessionellen Umsetzung. Und schließlich steht und fällt der Erfolg – wie bei jeder Existenzgründung – mit der Person des Unternehmers.

Im Folgenden sollen daher einige wichtige Vorteile, aber auch Nachteile und mögliche „Stolpersteine" aufgezeigt werden.

Ein Franchisenehmer ist ein selbständiger Unternehmer, allerdings mit einigen Besonderheiten. Er muss ein anpassungsfähiger „Teamplayer" mit der Fähigkeit zu selbständigem Arbeiten sein. Wer primär den Weg in die Selbständigkeit sucht, um eigene Ideen zu verwirklichen, sollte sorgfältig prüfen, ob die im Rahmen eines Franchisevertrages gegebenen, unternehmerischen Freiheiten ausreichen. Die Standards werden vorgegeben und trotz der Selbständigkeit wird es Anweisungen, Empfehlungen und Entscheidungen geben, die zu akzeptieren sind – falls nötig bis ins letzte Detail. Es ist gewiss nicht jedermanns Sache, sich Vorschriften über die Anzahl der Kugelschreiber auf dem Schreibtisch oder das Ausleeren der Mülleimer machen zu lassen. Andererseits sorgen gerade solche Standards für das notwendige, einheitliche Erscheinungsbild in den Betrieben. Der Erfahrungsaustausch mit anderen Franchisepartnern ist hilfreich, kostet aber (Frei-) Zeit. Franchisepartner sind gegenüber „Einzelkämpfern" im Vorteil, müssen dafür aber mit fremden Vorgaben und geringeren unternehmerischen Freiheiten leben können. Die Vorgaben des Franchisegebers können recht weit gehen und mitunter auch das rechtlich erlaubte Maß überschreiten, z. B. im Hinblick auf Preisbindungen, Abnahmeverpflichtungen usw.

So wendete z. B. ein Franchisegeber bundesweit einen im Wesentlichen gleich lautenden Vertrag an, der den Franchisenehmern die Weitergabe von „… Vorteilen, Ideen und Verbesserungen zur Erreichung optimaler Geschäftserfolge …" versprach. Welche konkreten Vorteile gemeint waren, wurde nicht näher ausgeführt. Jeder verständige Unternehmer würde aber sicher aufgrund dieser Regelung die Weitergabe von Einkaufsvorteilen – etwa in Form von Rabatten – verstehen. Außerdem gehen nicht eindeutige Klauseln in Allgemeinen Geschäftsbedingungen (formularmäßigen Verträgen) im Zweifel immer zu Lasten des Verwenders. Entsprechend hat das Gericht auch entschieden, dass die „kundenfreundlichste" Auslegung zugrunde zu legen ist. Schließlich liegt einer der wesentlichen Vorteile des Franchisings ja gerade auch in den besseren Einkaufskonditionen aufgrund größerer Mengenabnahmen. Dies sah auch das Gericht so. Relevant wurde die Frage deshalb, weil der Franchisegeber Rabatte nur zum Teil weitergegeben hatte. Die mit seinen Lieferanten ausgehandelten Nachlässe nahm er für die eigenen Filialen in vollem Umfang in Anspruch. Er wies aber die Lieferanten an, den Franchisenehmern niedrigere Rabatte zu gewähren, um die Differenz selbst zu kassieren. Als die Franchisenehmer von dieser Praxis erfuhren, wehrten sie sich auf dem Rechtswege mit Erfolg gegen diese Praxis und auch gegen den wirtschaftlichen Druck aufgrund der Werbung mit festen Endpreisen.

Es ist also auch bei sehr etablierten Franchisegebern immer ein gesundes Maß an Vorsicht und Skepsis angebracht. Franchising kann eine gute Alternative zur Neugründung sein – sollte aber mit derselben Sorgfalt geplant und vorbereitet werden.

Vorausgesetzt die vorhandenen Wachstumshemmnisse können abgebaut und das Potenzial effizient genutzt werden, könnte Franchising auch in den kommenden Jahren für zahlreiche neue Arbeitsplätze sorgen. Franchising fördert die Selbständigkeit und bietet neue Chancen für den Mittelstand. Zu diesen Ergebnissen kommt das Forschungsinstitut für Wirtschaftspolitik an der Universität Mainz aufgrund einer Studie. Die Franchisenehmer in Deutschland haben dies längst erkannt und ihre Chance genutzt, unter den zahlreichen Franchisesystemen das individuell Passende auszuwählen. Das wohl bekannteste Franchisesystem moderner Form ist „Mc Donald's" – entstanden in den USA der 50er Jahre. Die Anfänge des Franchisings reichen jedoch deutlich weiter zurück. Beispielsweise erlaubte die Nähmaschinenfabrik Singer bereits sehr früh fahrenden Händlern, ihre Nähmaschinen zu verkaufen. So konnten die Maschinen schon 1851 in den gesamten USA angeboten werden. Mittlerweile gibt es Franchisegeber und -nehmer in fast allen Branchen.

Nach einer Veröffentlichung der Zeitschrift „Impulse" waren dies die **besten Franchisesysteme** in Deutschland im Jahr 2012.

Platz	Unternehmen	Geschäftsfeld	Anzahl Partner (dt.)	Franchise-start
1	Mrs. Sporty	Fitnessstudio	414	2005
2	Vom Fass	Wein & Feinkost	162	1994
3	Mc Donald's	Fast Food	249	1975
4	Town & Country Haus	Hausbau	348	1997
5	Fressnapf	Haustierbedarf	286	1992
6	Backwerk	SB-Bäckerei	222	2002
7	Apollo-Optik	Optiker	134	1989
8	ZGS Schülerhilfe	Nachhilfe	317	1983
9	Joey's Pizza	Pizzaservice	127	1989
10	Portas	Renovierung	196	1976
11	Re/Max	Immobilienmakler	211	2003
12	Hallo Pizza	Pizzaservice	131	1990
13	Das Futterhaus	Haustierbedarf	115	1993
14	Plameco	Raumdecken	113	1994
15	City-Map	Internetmarketing	98	1998
16	Studienkreis	Nachhilfe	218	1984
17*	Premio	Reifenservice	273	1983
17*	Valora Retail	Kiosk	107	1995
19	Accor	Hotellerie	86	1995
20	Zoo & Co.	Haustierbedarf	110	2001
21	Back-Factory	SB-Bäckerei	k.A.	2002
22	Marc O'Polo	Kleidung	68	1979
23	VFM (Versicherungs- und Finanzmanagement)	Versicherung & Finanzen	117	1995
24	Best Western Hotels	Hotellerie	192	1986
25	Bodystreet	Fitnessstudio	62	2009

* = punktgleich

Das hier zweitplatzierte System „Vom Fass" ist durch das Internationale Centrum für Franchising und Cooperation an der Westfälischen Wilhelms Universität in Münster ausgezeichnet worden „BESTES SYSTEM 2011 der F&C-Partner-Zufriedenheitsbefragung" in der Kategorie „51 bis 150 Partner".

Allerdings bieten nicht nur die großen und bekannten Franchise-Geber gute und erprobte Geschäftsideen an, sondern auch eine Vielzahl weniger bekannter Anbieter kann bei dem Schritt in eine erfolgreiche berufliche Zukunft helfen – bei in der Regel deutlich geringerem Kapitalbedarf.

Das Franchising bietet Existenzgründern grundsätzlich gleich 3 Möglichkeiten der Selbständigkeit:

- als Franchise-Nehmer,
- als Franchise-Geber und
- als Master-Franchise-Nehmer.

Als Franchise-Nehmer „kaufen" Sie quasi eine erprobte Geschäftsidee und profitieren von dem gemeinsamen Marktauftritt, dem zentralen Einkauf sowie Schulungs- und Beratungsangeboten des Franchise-Gebers. Es liegt auf der Hand, dass die unternehmerische Handlungsfreiheit durch die Vorgaben der Zentrale eingeschränkt wird.

Als Franchise-Geber entwickeln Sie ein eigenes Franchise-System, d. h., Sie erproben zunächst selbst eine Geschäftsidee in der Praxis. Bei Erfolg vermarkten Sie Ihr Wissen. Sie suchen sich Partner, die dieses Konzept an weiteren Standorten umsetzen und Sie so bei der Expansion unterstützen. Anders als bei Filialbetrieben, die durch Angestellte geleitet werden, kann bei den Franchise-Nehmern eine größere Einsatzbereitschaft und stärkere Motivation vorausgesetzt werden, weil es sich um selbständige Unternehmer handelt. Grundsätzlich eignet sich nahezu jede Geschäftstätigkeit für die Weiterentwicklung zum Franchise-System.

Das Master-Franchising ist eine Variante, welches das Recht und die Pflicht beinhaltet, selbständig neue Partner zu gewinnen und Franchise-Betriebe in einer bestimmten Region oder einem ganzen Land aufzubauen. Wenn Sie sich dafür interessieren, für ausländische Franchisegeber als Lizenznehmer in Deutschland neue Partner zu akquirieren, sollten Sie prüfen, ob das System auf deutsche Verhältnisse übertragbar ist. Ergänzend sollten Sie sich auf jeden Fall bei einem Franchise-Verband des jeweiligen Landes über die Seriosität des Anbieters informieren. Die entsprechenden Adressen können Sie z. B. der Homepage des Franchise-Instituts für die deutsche Wirtschaft entnehmen.

Ist das Franchise-System ausgereift, seriös und passt es zu dem Franchise-Nehmer liegen die Vorteile für beide Seiten auf der Hand.

Vorteile für Franchise-Nehmer:

- Geringeres Risiko durch erprobtes Konzept,

- Typische Anfangsfehler können durch die Erfahrung und das Know-how der Systemzentrale minimiert werden,

- Unterstützung bei der Einarbeitung und Vorbereitung auf die Existenzgründung (z. B. Einrichtungsberatung, Zusammenstellung des Sortiments, Standortsuche usw.),

- Leichterer Zugang zu Finanzierungsmöglichkeiten, weil die Tragfähigkeit der Idee schon unter Beweis gestellt wurde,

- Der Bekanntheitsgrad wird mithilfe der System-Zentrale und weiterer Franchise-Partner systematisch ausgebaut,

- Ggf. Image eines Großunternehmens,

- Preisvorteile durch zentralen Einkauf,

- Renditen, die deutlich über dem Branchendurchschnitt liegen können,

- Persönliche Beratung in betriebswirtschaftlichen Fragen,

- Weiterbildungsangebote des Franchise-Gebers,

- Austausch mit anderen Franchise-Nehmern,

- Arbeitsteilung,

- Gemeinsames Marketing (Kostenteilung),

- Gebietsschutz und

- Weiterentwicklung des Systems durch den Franchise-Geber.

Vorteile für Franchise-Geber:

- Rasche und effiziente Expansion möglich,
- Arbeitsteilung,
- Kostenteilung,
- Motivierte Multiplikatoren, an deren wirtschaftlichem Erfolg der Franchise-Geber beteiligt ist,
- Teil- und zeitweise Übertragung des unternehmerischen Risikos,
- Gute Markt- und Wettbewerbskenntnis durch die jeweiligen Partner vor Ort,
- Einkaufsvorteile und zusätzliche Gewinnchancen durch Verkauf der Produkte an die Franchise-Nehmer,
- Grundlegende Entscheidungen werden vom Franchise-Geber getroffen,
- Absatzsicherung,
- Risikoreduktion und
- Geringere personelle Probleme.

So überzeugend die Vorteile auch klingen, Franchising beinhaltet keine Erfolgsgarantie und ist auch nicht dazu geeignet, den Wunsch nach problemlosem, schnellem Reichtum zu erfüllen. Franchise-Nehmer müssen – ebenso wie jeder andere Existenzgründer – bereit sein, einen hohen persönlichen Einsatz an den Tag zu legen. Die Chance auf ein langfristig gesichertes Einkommen ist sehr real, überzogene Vorstellungen jedoch nicht angebracht.

Das Internationale Centrum für Franchising und Cooperation kommt im Rahmer einer Studie zu den Ergebnissen:

- Franchise-Gründer sind im Durchschnitt der hier betrachteten Gründungskohorten nach einem Jahr noch zu 94% nicht aus dem System ausgeschieden, bei unabhängigen Gründungen sind dagegen nach einem Jahr nur noch ca. 85% der Unternehmensgründer aktiv. Zwei Jahre nach der Gründung sind auf Seiten der Franchisenehmer noch 90% im System aktiv, während es bei den „allgemeinen" Unternehmensgründern lediglich 75% sind. Drei Jahre nach der Gründung sind im Durchschnitt noch 83% der ursprünglichen Gründungskohorte im Franchising aktiv – bei allgemeinen Gründungen sind dies lediglich 68%. Die Quote ändert sich auch im 4. Jahr nach Gründung für die Franchise-Gründung nicht mehr wesentlich.

■ Die Zahlen bestätigen allgemein zunächst die anfängliche Vermutung: Die Unternehmensgründung als Franchisenehmer mit einem im Deutschen Franchise-Verband (DFV e. V.) angeschlossenen Franchisesystem ist vergleichsweise erfolgreicher als eine unabhängige (allgemeine) Unternehmensgründung.

■ Allerdings variieren die Zahlen sowohl stark von Franchisesystem zu Franchisesystem als auch in Abhängigkeit von Geschäftsmodell und Branche. Es wäre also vereinfacht zu sagen, dass die Sicherheit einer Unternehmensgründung im Franchising immer höher ist als eine „allgemeine" Unternehmensgründung. Man muss im Einzelfall also genau hinschauen.

Bisher gibt es auch nur wenige Erkenntnisse über die Zufriedenheit von Franchise-Nehmern. Dieses Wissen kann jedoch eine wichtige Entscheidungshilfe sein. Der wirtschaftliche Erfolg und die Motivation des Franchise-Nehmers hängen eng mit dessen Zufriedenheit zusammen. Nicht ohne Grund werden die Franchise-Nehmer in den USA regelmäßig nach ihrer Zufriedenheit befragt – in Deutschland bleiben die Chancen, die sich aus derartigen Untersuchungen ergeben, noch weitgehend ungenutzt. Die Informationen seitens der Franchisegeber selbst können jedenfalls nicht unkritisch übernommen werden, da bezüglich ihrer Objektivität ein gesundes Maß an Skepsis angebracht ist. Es handelt sich zumindest *auch* um Werbung für das Unternehmen. Unabhängige Untersuchungen hat dagegen schon wiederholt das oben genannte Internationale Zentrum für Franchising und Cooperation durchgeführt, sodass auch die Veränderung der Zufriedenheit im Zeitvergleich beurteilt werden kann. Untersucht wurden neben dem Selbstverständnis der Franchise-Nehmer und deren globaler Zufriedenheit die Teilbereiche:

■ tägliche Arbeit,

■ geschäftlicher Erfolg,

■ Marktauftritt des Systems,

- Beziehung zum Franchisegeber und
- Leistungen des Franchisegebers.

Unter den Franchisegebern, die zum wiederholten Male an der Befragung teilgenommen haben, hat sich die Zufriedenheit ihrer Franchisenehmer insgesamt verbessert. Die Untersuchung basiert allerdings auf Stichproben und ist nicht repräsentativ. Hinzu kommt, dass vor allem renommierte Unternehmen teilgenommen haben, die ein kritisches Feedback nicht fürchten, sondern als Chance für die weitere Verbesserung des Systems ansehen. Nichtsdestotrotz bietet sie einen hilfreichen Einblick in ein noch wenig erforschtes Themenfeld.

Die Ergebnisse sind auf den ersten Blick positiv: Ein Drittel der Franchisenehmer plant immerhin eine Vertragsverlängerung. Nur rund 5% der Befragten zeigten sich unzufrieden, die meisten Franchisenehmer waren mit ihrer Arbeit und Situation mehr oder weniger zufrieden. Allerdings haben die Befragungen der vergangenen Jahre auch deutliche Defizite erkennen lassen – vor allem in den Leistungen der Franchisegeber. Hier wünschen sich die Franchisenehmer insbesondere im Marketing und Rechnungswesen eine bessere Unterstützung. Es kann und muss also selbst bei renommierten Systemen noch viel getan werden, um die Leistungen zu verbessern und die Zufriedenheit der Partner zu steigern. Das Ergebnis könnte ein Zeichen dafür sein, dass mitunter im Vorfeld der Vertragsunterzeichnung zu optimistische Erwartungen geweckt werden, denn Unzufriedenheit resultiert einerseits aus nicht erfüllten Erwartungen. Unzufriedenheit kann aber andererseits auch aus einem Ungerechtigkeitsgefühl heraus resultieren. Wenn das Verhältnis von Leistung und Gegenleistung nicht ausgewogen erscheint, ist ebenfalls mit Unzufriedenheit zu rechnen. Auch dies ist hier möglich, weil vor allem renommierte Unternehmen teilgenommen haben, bei denen vergleichsweise hohe Gebühren und laufende Kosten anfallen.

Im Rahmen eines Forschungsprojekts ist das Institut für Mittelstandsfragen in Osnabrück der Zufriedenheit von Franchisenehmern in der Region Weser-Ems nachgegangen. Danach arbeiten Franchisenehmer im Durchschnitt rund 54 Stunden in der Woche. Andere – nicht regional begrenzte – Untersuchungen kommen zu einer 57-Stunden-Woche im Durchschnitt. Dass es hier Branchenunterschiede gibt ist nahe liegend. So wird in der Gastronomie mehr, in der Reise- und Freizeitbranche dagegen mit nur rund 47 Stunden deutlich weniger gearbeitet. Jeder Existenzgründer muss sich also auch bei einer Entscheidung für das Franchising auf jeden Fall auf einen – im Vergleich zu Arbeitnehmern – überdurchschnittlichen Arbeitseinsatz einrichten. Zwar ist auch diese Untersuchung stichprobenartig durchgeführt worden und erhebt nicht den Anspruch, repräsentativ zu sein, aber hilfreich sind die Ergebnisse dennoch. Danach sind die wichtigsten Aspekte für die globale Zufriedenheit der Franchisenehmer:

- Selbständigkeit bei unternehmerischen Entscheidungen,

- Art der Vorgaben des Franchisegebers,

- Bekanntheitsgrad und Ruf des Systems bei den Verbrauchern,

- Aktionen zur Verkaufsförderung,

- Qualität der Werbung,

- Sanktionen bei Vertragsverletzungen,

- Vertragslaufzeit,

- Verhältnis vertraglicher Rechte und Pflichten,

- Einsatzbereitschaft und Problemlösungskompetenz des Außendienstes,

- Bearbeitungsdauer von Anfragen,

- Häufigkeit von Treffen mit anderen Franchisenehmern und deren Zusammenhalt untereinander,

- Unterstützung durch andere Franchisenehmer,

- Handbuch,

- Mitsprachemöglichkeiten hinsichtlich der Vertragsbedingungen und

- Möglichkeiten der Vertragsanpassung.

Gemessen an der Gesamtzufriedenheit sind die Möglichkeiten, unternehmerische Entscheidungen zu treffen, die Einsatzbereitschaft des Außendienstes und das Handbuch überdurchschnittlich gut beurteilt worden. Insgesamt zeigten sich die nach obigen Aspekten befragten Franchisenehmer durchschnittlich zufrieden. Der Dienstleistungsbereich verzeichnete jedoch fast durchgängig die schlechtesten Zufriedenheitswerte. In der Gastronomie scheinen hingegen die geringsten Mitsprachemöglichkeiten bei der Vertragsgestaltung zu bestehen. Hier lagen die Werte noch unter denen der Dienstleistungsbranche.

Auch in dieser Untersuchung zeigte sich deutlich die große Bedeutung des Marketings für die Zufriedenheit der Franchisenehmer. Aspekte der Vertragsgestaltung wurden ebenfalls häufig als Begründung für eine besondere Zufriedenheit oder Unzufriedenheit genannt.

Der Deutsche Franchise-Verband hat eine Befragung durchgeführt, wonach die in Abb. 3 dargestellten Punkte Existenzgründern besonders wichtig sind.

Weil Franchise-Verträge für einen längeren Zeitraum abgeschlossen werden, sollte dies niemals leichtfertig geschehen. Nehmen Sie sich immer die Zeit, den Vertrag von einem spezialisierten Fachmann prüfen zu lassen. Entsprechende Adressen erhalten Sie z. B. über den Deutschen Franchise-Verband. Ein *seriöser* Anbieter wird Sie niemals unter Zeitdruck setzen, sodass hier kaum die Gefahr einer voreiligen Vertragsunterzeichnung besteht. Nichtsdestotrotz bindet der Vertrag Sie für die nächsten Jahre – mit allen Rechten und Pflichten. Es ist also entscheidend, dass Sie auch die vermeintlich unwichtigen Kleinigkeiten verstehen – ein nicht immer einfaches Unterfangen. Gute Verträge bieten weitgehende Rechtssicherheit und beugen Missverständnissen vor. Dafür sind sie aber auch so formuliert, dass nur der Fachmann ihre Bedeutung in allen wichtigen Details nachvollziehen kann. Erschwerend kommt hinzu, dass ein Franchise-Vertrag in der Regel eine Kombination aus mehreren anderen Vertragstypen ist und auch europäisches Recht berührt. Die neue Gruppenfreistellungsverordnung für vertikale Vertriebsvereinbarungen der EU verpflichtet seit dem 1. Juni 2000 den Franchisegeber stärker als bisher und bildet die Basis für neu abzuschließende Franchiseverträge. Sie besagt u. A., dass sich der Vertrag und das Handbuch ergänzen. Das Handbuch ist also keineswegs ein „not-

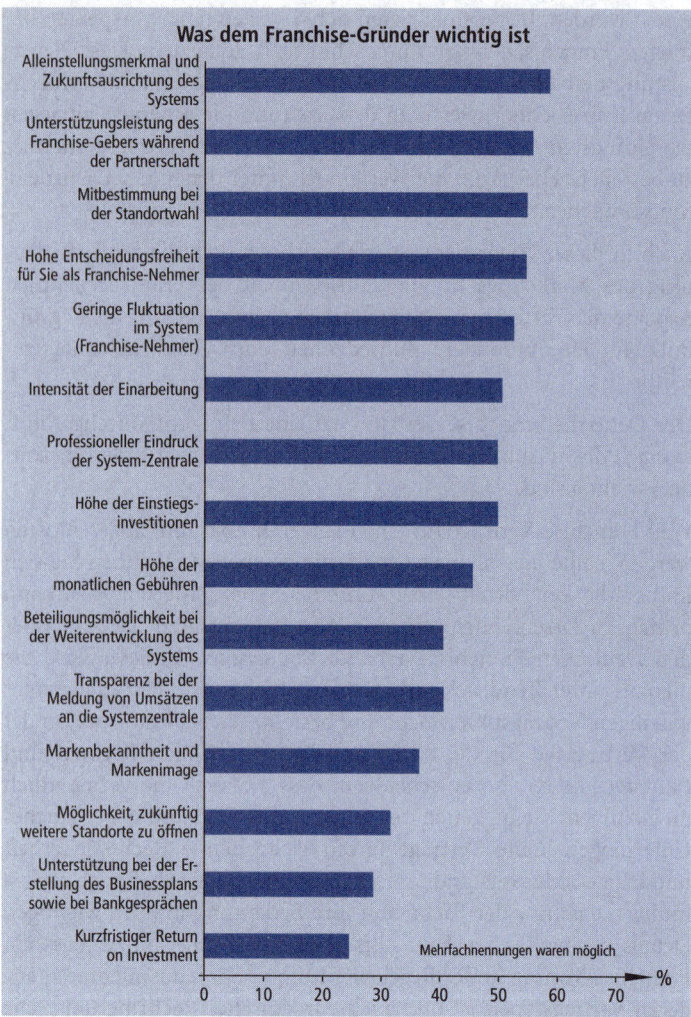

Abb. 3: Was dem Franchise-Gründer wichtig ist – Mehrfachnennungen waren möglich (Quelle: Deutscher-Franchise-Verband 12/2009)

wendiges Übel" wie manchmal angenommen. Der Vertrag enthält die Hauptleistungspflichten. Nicht weniger wichtig sind aber die im Handbuch darzustellenden Nebenleistungspflichten und der Wissenstransfer, denn gerade auf diesen kommt es ja an. Der Franchisenehmer bezahlt für das vorhandene Know-how. Eine Vertragsprüfung sollte darum von einem spezialisierten Anwalt nach deutschem und europäischem Recht durchgeführt werden. „Drum prüfe, wer sich ewig bindet…!" – auch wenn diese Verträge nicht für die Ewigkeit, sondern „nur" für 5, 10 oder 20 Jahre abgeschlossen werden. Angesichts dieser Tatsachen ist es kaum zu glauben, dass nach Expertenmeinungen in rund 80% der Fälle die Franchiseverträge nahezu blind unterzeichnet werden.

Der Franchisegeber hat den Franchisenehmer vor Vertragsabschluss vollständig und richtig über das System zu informieren. Diese Pflicht setzt nicht erst bei den konkreten Vertragsverhandlungen, sondern schon vorher ein, z. B. im Zusammenhang mit schriftlichem Informationsmaterial. Hier darf aber nicht außer Acht gelassen werden, dass der Franchisenehmer als selbständiger Unternehmer durchaus auch ein unternehmerisches Risiko eingeht und selbst entscheidende Mitverantwortung für den späteren Erfolg trägt. Das risikofreie System – womöglich noch mit bestimmten Gewinngarantien – kann es also nicht geben.

Weil die Verträge auf jeden Fall individuell geprüft werden sollten, führen Details an dieser Stelle zu weit, zumal jeder Existenzgründer von einer eigenständigen Prüfung unbedingt Abstand nehmen sollte. Wichtiger ist es darum zunächst, ein System zu finden, das zu der eigenen Persönlichkeit, Qualifikation und den finanziellen Möglichkeiten passt.

Was Sie aber selbst tun können, wenn Ihnen ein Franchisegeber zusagt: Anhaltspunkte für (oder gegen) dessen Seriosität zu sammeln. Erkundigen Sie sich bei dem Deutschen Franchise-Verband und der KfW-Bank, die Ihnen Auskunft über die grundsätzliche Förderfähigkeit von Franchisesystemen geben kann. Datenbanken zu einer Fülle von Franchisesystemen finden Sie unter einigen der unten aufgelisteten Links. Darüber hinaus können Sie sich bestehende Betriebe ansehen und mit Franchisenehmern reden. Spätestens vor einer endgültigen Entscheidung ist dies ohnehin ratsam.

Während eines ersten Kontaktes bekunden Sie dann Ihr Interesse an weiteren Informationen und einer Zusammenarbeit. Bitte bedenken Sie dabei, dass besonders erfolgreiche Franchisegeber unter einer Vielzahl von Bewerbern die passenden Partner aussuchen können. Umgekehrt suchen aber andere Franchisegeber vergeblich nach Partnern. Fragen Sie nach der Situation des Unternehmens, für das Sie sich interessieren – auch für den Fall eines späteren Ausstiegs. Es erleichtert – im Fall der Fälle – die Situation, wenn ein geeigneter Nachfolger problemlos gefunden werden kann.

Nicht nur Sie müssen für sich den geeigneten Franchisegeber finden, sondern auch umgekehrt. Von der beiderseitig richtigen Auswahl hängt schließlich entscheidend der Erfolg ab. Darum ist vor dem ersten persönlichen Kontakt eine gute Vorbereitung erforderlich. Wie bei Bewerbungen um eine abhängige Beschäftigung geht es auch hier darum, den Franchisegeber davon zu überzeugen, der richtige Partner zu sein. Sie selbst sollten sich auf Herz und Nieren prüfen lassen, aber umgekehrt ebenfalls die richtigen Fragen stellen, wenn nicht bereits das schriftliche Material die gewünschten Informationen enthält:

- Seit wann existiert das Unternehmen? – Die Geschäftsidee soll schließlich erprobt sein, was bei sehr neuen Systemen nicht möglich ist.

- Wie viele Partner hat das Unternehmen mittlerweile und wie hat (und soll) sich die Anzahl der Partnerschaften entwickeln? – Versuchen Sie herauszufinden, ob es um Wachstum um jeden Preis geht und womöglich die qualitative Weiterentwicklung des Systems und der Gebietsschutz dabei auf der Strecke bleiben. Wird der Franchise-Nehmer nicht sorgfältig ausgewählt, ist dies kein gutes Zeichen.

- Können und werden Pilotprojekte benannt bzw. eine Liste von Franchisenehmern ausgehändigt, mit denen Sie in Kontakt treten können? – Wenn sich der Franchisegeber weigert, können Sie das Gespräch getrost an dieser Stelle beenden und nur erahnen, was es zu verbergen gibt. Womöglich waren Sie selbst als erstes „Pilot-projekt" vorgesehen. Achten Sie auch darauf, dass Sie Ihre Ge-sprächspartner unter den aktuellen Franchisenehmern frei aus-wählen können.

- Legt der Franchisegeber Ihnen aussagefähiges Zahlenmaterial vor? – Interessant sind hier z. B. weniger Angaben über „Gewinn-*möglichkeiten*" als vielmehr die realen Werte aktueller Franchise-Partner.

- Verlangen Sie Einblick in das Franchisehandbuch! – Ist dies nicht vorhanden, kann auch das als absolutes Ausschlusskriterium ge-wertet werden. Das Informationsportal Franchise-net hat typische Hauptpunkte eines Handbuches zusammengestellt: „Franchising, Gebrauchsanweisung für das Handbuch, Leistungsprogramm, Markt, Kundenpotenzial und -struktur, Kundenanforderungen, Wettbewerb, Marketingkonzept, Geschäftstyp, Franchise-Kon-zeption, Systemzentrale, Corporate Design, Werbung, Verkaufs-förderung, Verkauf, Lieferanten, Logistik, Informationssystem, Franchise-Service, System-Controlling, EDV, Kommunikation, Beratung und Betreuung." Franchisegeber, die wichtige Basis-informationen nur an Vertragspartner – also nach Vertragsab-schluss – herausgeben, sind nicht seriös.

- Versucht der Franchisegeber Sie unter Zeitdruck zu setzen, z. B., indem er Ihnen anbietet, bei sofortigem Vertragsabschluss auf die Einstiegsgebühr zu verzichten, sollten Sie ihrerseits auf dieses „Sonderangebot" auf jeden Fall verzichten.

- Welche Rechte und Pflichten kommen auf Sie zu? Was müssen Sie leisten – auch finanziell – und was erhalten Sie dafür?

- Wer ist Ihr Franchisebetreuer und besteht die Möglichkeit, ihn kennen zu lernen? – mit dieser Person werden Sie schließlich auch künftig regelmäßig zusammenarbeiten.

- Wie genau unterstützt der Franchisegeber Sie vor der Geschäfts-eröffnung?

- Ist die Marke geschützt und bei dem Deutschen Patent- und Markenamt eingetragen?

■ Müssen Sie Waren ausschließlich über den Franchisegeber beziehen? – Eine Bezugsbindung ist nur eingeschränkt zulässig.

■ Gibt es einen gewissen Gebietsschutz, d. h. verpflichtet sich der Franchisegeber in einem bestimmten Gebiet keine Betriebe zu eröffnen (weder selbst noch durch Partner)?

Diese Fragen sind nicht abschließend, beinhalten aber wesentliche Aspekte zur Prüfung des Anbieters. Einen sehr umfangreichen Fragenkatalog enthält beispielsweise der Infoletter des Bundesministeriums für Wirtschaft und Arbeit zum Thema „Franchise", den Sie kostenfrei bestellen oder aus dem Internet laden können.

Überprüfen Sie – ausgestattet mit den vorhandenen Informationen – die Angaben des Franchisegebers in einem nächsten Schritt mit einem neutralen Berater. Können die aktuellen Franchisenehmer die Aussagen bestätigen? Sind die Zahlenwerke realistisch und nachvollziehbar? Die Tücken liegen hier mitunter im Detail, wie das folgende **Praxisbeispiel** verdeutlicht:

Peter interessierte sich für die Übernahme eines bereits bestehenden Franchise-Betriebes im Bereich des Einzelhandels. Es handelte sich um kein überregional bekanntes, wohl aber recht gut eingeführtes und etabliertes Franchise-System. Peter hätte seine gesamten Ersparnisse einsetzen und einen nicht unerheblichen Teil fremd finanzieren müssen. Er wollte sich darum im Vorfeld gründlich informieren – dies umso mehr, als dass der bisherige Franchisenehmer den Betrieb aus „zeitlichen Gründen" nicht mehr weiterführen wollte. „Eigentlich hört sich das Konzept ganz gut an – auch wenn der ‚schnelle Reichtum' weit entfernt ist und ich nach Angaben des Franchise-Gebers mit einer 60-Stunden-Woche rechnen muss. Die ganze Sache kommt mir aber irgendwie ‚spanisch' vor, obwohl ich gar nicht genau sagen kann, was mir nicht gefällt. Es ist nur so ein ungutes Gefühl," erklärte Peter deutlich verunsichert und präsentierte die ihm zur Verfügung gestellten Unterlagen. Diese waren sehr dürftig. Lediglich der Franchise-Vertrag, die nicht geprüften Bilanzen der letzten beiden Jahre und eine wenig aussagefähige Muster-Ergebnisrechnung des Franchise-Gebers lagen vor. Der Franchise-Geber verpflichtete seine Partner demnach vertraglich zu kontinuierlichen Werbemaßnahmen auf eigene Kosten. In den vorgelegten, beispielhaften Zahlenwerken waren jedoch überhaupt keine Kosten für

Marketing und Werbung angegeben. Diese Kosten hätten also den ohnehin schon zu optimistisch erscheinenden Gewinn zusätzlich geschmälert. Auf die Frage, aus welchem Grunde der bisherige Franchise-Nehmer den Vertrag nicht fortsetzen will, bekam Peter eine ausweichende Antwort. „Angeblich schafft er es aus zeitlichen Gründen nicht mehr, das Geschäft zu führen. Das hat mich natürlich stutzig gemacht. Vielleicht kann eine einzelne Person das Ganze zeitlich gar nicht allein bewältigen. Ich habe deshalb gefragt, ob der zeitliche Aufwand für den Betrieb zu hoch ist oder ob der bisherige Inhaber noch einer weiteren Beschäftigung nachgeht. Daraufhin ist er mir ausgewichen und meinte nur, er mache noch verschiedene Dinge nebenbei, der Laden liefe aber sehr gut. Die Frage, warum er sich dann nicht einfach personelle Unterstützung sucht und den gut gehenden Laden weiterführt, habe ich mir dann geschenkt, weil ich wahrscheinlich wieder nur eine ausweichende Antwort bekommen hätte."

Peters ungutes Gefühl, dass irgendetwas nicht stimmt, bestätigte sich zunehmend. Aufgrund der dürftigen Informationen war keine abschließende Beurteilung möglich, aber vieles sprach dafür, von diesem Betrieb Abstand zu nehmen. Bilanzen haben regelmäßig nicht genug Aussagekraft, um hierauf eine endgültige Entscheidung zu stützen. Bei dem Vergleich der beiden vorliegenden Bilanzen waren jedoch die offenen Forderungen besonders auffällig. Gegenüber dem Vorjahr hatten sich diese mehr als verzehnfacht! – und das in einem Einzelhandelsgeschäft, in dem Barzahlungen üblich sind. Die offenen Forderungen beliefen sich seinerzeit auf mehr als 30.000 DM. „Der jetzige Inhaber beliefert auch verschiedene Gaststätten gegen Rechnung und diese Rechnungen sind zum Teil noch offen", erklärte Peter. Völlig unklar blieb, ob die Forderungen in dieser Höhe berechtigt waren und ob Peter diese problemlos hätte einziehen können. Wahrscheinlich war dies jedenfalls nicht, weil die Forderungen auch mehrere Monate nach ihrer Entstehung – im Zeitpunkt der Vertragsverhandlungen – nicht ausgeglichen waren. Vermutlich hätte Peter direkt nach der Übernahme des Betriebes im Mahn- oder Klageverfahren versuchen müssen, an sein Geld zu kommen – womöglich mit bescheidenen Erfolgsaussichten. Darüber hinaus waren die vorgelegten Zahlenwerke in keiner Weise geeignet, den Finanzierungsbedarf zu ermitteln. Die Kosten waren auf jeden Fall zu niedrig und die Umsätze vermutlich zu optimistisch angesetzt worden. Der Großteil der Ware sollte über den Franchise-Geber zu vergleichsweise hohen Preisen bezogen werden. Einen Teil des Sortiments hätte Peter frei beziehen und damit seine wirtschaftliche Situation verbessern können. Diese

Ware hätte er jedoch selbst im Großhandel einkaufen müssen – ohne Liefermöglichkeit. Die vom Franchise-Geber angegebene 60-Stunden-Woche wäre allein durch die täglichen Verkaufszeiten und die anschließenden Kassenabrechnungen erreicht worden. Es gab keinerlei Zeitpuffer für sonstige Verwaltungsarbeiten oder Einkaufstätigkeiten. Die in der Beispielrechnung enthaltenen Personalkosten hätten allenfalls die Kosten für eine Reinigungskraft abgedeckt. Um den Gewinn nicht noch weiter zu schmälern, hätte Peter also nahezu alle anfallenden Aufgaben selbst erledigen müssen – von montags bis samstags und ohne einen einzigen Tag Urlaub. Dies aber kann auch der engagierteste Existenzgründer nicht dauerhaft leisten. Hinzu kam, dass schon aufgrund der Verkaufsfläche und der hohen Kundenfrequenz in den Abendstunden und an den Wochenenden personelle Unterstützung unerlässlich gewesen wäre. Nur hätte diese personelle Unterstützung nichts kosten dürfen, um das bescheidene Ergebnis nicht noch mehr zu belasten. Nicht ohne Grund fragte wohl auch der Franchise-Geber in seinen Veröffentlichungen: „Zieht Ihre Familie mit?"

Dieses Beispiel zeigt erneut, wie wichtig es ist, auch bei einem langjährig etablierten Franchise-Geber genau hinzusehen. Das Franchise-System an sich funktioniert und sichert die Existenz der meisten Franchise-Nehmer, wenn auch mitunter mehr schlecht als recht. In dem konkreten Fall jedoch musste aufgrund der vorliegenden Informationen dringend von dem Vorhaben abgeraten werden. Peter hat die gute Entscheidung getroffen, den Betrieb nicht zu übernehmen.

Auch im Bereich des Franchisings sind also die häufigsten Fehler nicht auszuschließen, auch hier besteht die Gefahr des Scheiterns aufgrund von Informationsdefiziten. Hinzu kommt, dass die spätere Finanzierung des Vorhabens sorgfältig zu planen ist. Auf der Basis fehlender oder falscher Informationen ist dies aber nicht möglich. Die Gefahr von Finanzierungsfehlern – ebenfalls einer der häufigsten Gründe für das Scheitern – steigt.

Erscheinen Ihnen bestimmte Angaben nicht schlüssig, fragen Sie deshalb unbedingt nach und lassen sich Diskrepanzen erklären. Ist der Franchisegeber dazu nicht bereit oder in der Lage, ist dies eine schlechte Basis für eine spätere, langfristige Zusammenarbeit. Eine

Entscheidung, die ihr weiteres Leben so nachhaltig beeinflussen wird, will gut überlegt sein und braucht Zeit.

Dafür sind die Erfolgschancen bei entsprechender Vorbereitung und Planung gut. Mehr als 80% der Franchisenehmer würden diesen Schritt wieder gehen, wie das Bonner Institut für Mittelstandsforschung herausgefunden hat. Wird die Existenzgründung häufig als Sprung in das kalte Wasser bezeichnet, so ist das Wasser für Franchisenehmer bereits vorgewärmt. Doch auch mit dieser Form der Existenzgründung ist ein Scheitern selbst mit einem renommierten Partner nicht ausgeschlossen, wie die Insolvenzen der Systeme „Photo Porst" und „Wienerwald" zeigen. Die Insolvenzquote liegt allerdings mit rund 10% deutlich niedriger als bei den klassischen Neugründungen und die Franchise-Wirtschaft wächst derzeit schneller als die Gesamtwirtschaft.

Scheitern Existenzgründer, hat dies immer mehrere Ursachen. Dies gilt für unabhängige Gründungen ebenso wie für Gründungen durch Franchisenehmer. Ein häufiges Problem sind auch hier Planungs- und Finanzierungsfehler, mit der Folge einer zu dünnen Kapitaldecke. Weil dem Thema Finanzierung und Fördermitteln ein gesondertes Kapitel gewidmet ist, möchte ich an dieser Stelle nur auf einige Besonderheiten des Franchisings eingehen. Ein Franchisenehmer muss neben den erforderlichen Investitionen auch die Leistungen des Franchisegebers bezahlen. Dies geschieht in der Regel durch die Einstiegsgebühr und zusätzliche laufende Gebühren. Nach Angaben des Deutschen Franchise-Verbandes bewegt sich die Einstiegsgebühr bei rund 50% der befragten Franchisegeber zwischen 5.000 und 15.000 Euro. Etwa 19% erheben eine zum Teil deutlich höhere Einstiegsgebühr und etwa 14% verzichten ganz darauf, kompensieren dies aber teilweise durch Preisaufschläge bei den Waren. Bei einem Vergleich verschiedener Franchisesysteme kann die Einstiegsgebühr aber kein alleiniges Entscheidungskriterium sein – vor allem dann nicht, wenn Sie die fehlende Gebühr durch zu hohe Preisaufschläge teuer bezahlen müssen. Wichtiger sind die Leistungen, die Sie für diese Gebühr erhalten. Die laufenden Gebühren werden in unterschiedlicher Form erhoben werden, beispielsweise umsatzabhängig oder als monatlicher Festbetrag. Der

Untersuchung des Deutschen Franchise-Verband zufolge liegt ganz überwiegend die maximale Investitionssumme bei 150.000 €, wobei das Gros der Franchisegeber Eigenkapital in der Größenordnung bis etwa 25.000 € erwartet.

Grundsätzlich besteht die Möglichkeit, dass der Franchisegeber Sie bei der Finanzierung durch Bereitstellung des fehlenden Fremdkapitals unterstützt. Dies ist jedoch Vereinbarungssache und natürlich müssen Zins- und Tilgungsleistungen später erwirtschaftet werden – wie bei jeder anderen Form der Fremdfinanzierung auch. Einerseits sparen Sie auf diesem Wege Zeit und müssen nicht den schwierigeren Weg über die Banken beschreiten. Andererseits sollten Sie die Konditionen mit anderen Finanzierungsmöglichkeiten vergleichen – beispielsweise hinsichtlich der Zinsfestschreibung und der Laufzeit.

Für Franchisenehmer gibt es – wie für andere Gründer auch – eine Vielzahl öffentlicher Fördermöglichkeiten. Hierzu gehören z. B. geförderte Beratungen ebenso wie andere Zuschüsse oder Förderdarlehen. Mitunter gelten für Franchise-Verträge aber besondere Förderbedingungen, die es zu beachten gilt.

Für die Förderung durch die KfW-Bank muss das Franchise-System folgende Voraussetzungen erfüllen:

- Im Franchise-Vertrag ist die rechtliche und wirtschaftliche Selbstständigkeit des Franchise-Nehmers, der im eigenen Namen und auf eigene Rechnung handelt, geregelt.

- Der Franchise-Vertrag sichert dem Franchise-Nehmer eine nachhaltige selbstständige Existenz, in dem er kein nachvertragliches Wettbewerbsverbot enthält oder bei Vereinbarung eines nachvertraglichen Wettbewerbsverbotes die Vertragslaufzeit unter Berücksichtigung von Verlängerungsoptionen mindestens für 10 Jahre (z. B. 5 Jahre Vertragslaufzeit mit einer Verlängerungsoption für 5 Jahre) vereinbart ist.

- Im Franchise-Vertrag ist deutsches Recht oder das Recht in einem EU/EFTA-Staat ansässigen Franchise-Gebers vereinbart.

Wer sich aus der Arbeitslosigkeit heraus als Franchisenehmer selbständig machen möchte, kann grundsätzlich – wie alle anderen

Gründer auch – bei Vorliegen der Voraussetzungen Fördermittel bei seiner Agentur für Arbeit beantragen (vgl. auch Kapitel 16: Fördermittel).

Aufgabe dieses Ratgebers ist es nicht, das Thema Franchising in allen Facetten darzustellen. Dementsprechend können und sollen die Informationen keinen Anspruch auf Vollständigkeit erheben. Wichtig ist es, dass Sie einen Überblick über das Thema bekommen haben und für sich beurteilen können, ob eine Franchisegründung grundsätzlich in Frage kommen könnte. Franchising bedeutet keine unkomplizierte, einfache Existenzgründung mit Erfolgsgarantie. Franchising kann aber sehr wohl eine gute Alternative zur unabhängigen Neugründung sein.

Links zum Thema

http://www.kfw.de – Informationen und Beratung zu Finanzierung und Fördermitteln; http://www.mittelstandsverbund.de – Mittelstandsverbund ZGV e. V.; http://www.bmwi.de – Bundesministerium für Wirtschaft und Technologie mit zahlreichen Publikationen; http://www.franchise-net.de – Informationsportal der „franchise-net GmbH" (die Informationen auf dem Portal werden leider scheinbar (teilweise) ungeprüft aus anderen Quellen übernommen); http://www.franchising-und-cooperation.de – Internationales Centrum für Franchising und Cooperation; http://www.basisliste.com – Expertenportal zum Thema, http://www.franchise-world.de – Franchise-Institut für die deutsche Wirtschaft GmbH; http://www.ifmos.uni-osnabrueck.de – Institut für Mittelstandsfragen an der Universität Osnabrück; http://www.dfv-franchise.de/ – Deutscher Franchiseverband; http://www.franchiserecht.de – kostenloser Informationsservice der International Franchise Lawyers Association (IFLA); http://www.eff-franchise.com – European Franchise Federation (in englischer Sprache); http://www.franchisetimes.com – Homepage des gleichnamigen Magazins (in englischer Sprache); http://www.dfnv.de – Deutscher Franchise-Nehmer Verband e. V.; http://www.deutsches-franchise-institut.de – Deutsches Franchise Institut GmbH.; http://www.franchise.org – International Franchise Association (in englischer Sprache); http://www.franchise.at – Österreichischer Franchise-Verband; http://www.ratgeber-franchiserecht.de/ – Deutsche Gesellschaft für Verbraucherschutz e. V.; http://www.rechtscentrum.de – privatwirtschaftlicher Internetverlag mit Informationen zu Rechtsthemen

6. Kapitel

Die erste Prüfung der Geschäftsidee – wer kann helfen?

Wenn Sie nun die folgenden Vorbereitungen getroffen haben, ist es sinnvoll, die Geschäftsidee einer ersten Prüfung unterziehen zu lassen:

■ Sie sind sich über Ihre Motive der geplanten Existenzgründung im Klaren,

■ Sie sind davon überzeugt, dass eine selbständige Tätigkeit das Richtige für Sie ist,

■ Ihre Familie ist mit dem Vorhaben grundsätzlich einverstanden und steht hinter Ihnen,

■ Sie haben eine erste Vorstellung davon, ob und in welchen Bereichen noch wesentliche Qualifikationsdefizite – persönlicher oder fachlicher Natur – bestehen und sind bereit, noch vor der Gründung daran zu arbeiten,

■ Sie haben eine Vorstellung davon, in welcher Form Sie gründen möchten (Neugründung, Beteiligung oder Franchising) und können dies auch begründen,

■ Sie können Ihre Gründungsidee zumindest grob auch schriftlich fixieren – auf etwa 1 bis 2 DIN A4-Seiten.

So gerüstet ist es an der Zeit, ein erstes Beratungsgespräch zu führen. Erinnern Sie sich kurz: Nur etwa 50% der Existenzgründer nehmen überhaupt eine der zahlreichen Beratungsangebote in Anspruch, aber auch etwa 50% der Existenzgründer scheitern innerhalb der ersten 5 Jahre Ihrer Selbständigkeit.

Der Gedanke, die Beratungskosten zu sparen, ist sicher angesichts meist knapper finanzieller Mittel nachvollziehbar. Es ist betriebswirtschaftlich aber nicht sinnvoll, allein die Kostenfrage in den Vordergrund zu stellen. Die Kosten sind immer im Zusammenhang mit den Leistungen zu betrachten. Daher geht es nicht allein um die Frage: Was kostet eine Beratung?, sondern maßgeblich auch um die Frage: Was bringt mir eine Beratung?

Erfahrene Berater helfen Ihnen, den richtigen Weg einzuschlagen und werden Sie auf Aspekte, Chancen und Risiken aufmerksam machen, die Sie aufgrund Ihrer fehlenden Gründungserfahrung nicht erkennen können. Risiken, die noch vor der Gründung erkannt werden, kann auch rechtzeitig mit der richtigen Strategie begegnet werden. Risiken, die erst nach erfolgter Gründung erkannt werden, bedeuten dagegen nur allzu oft das schnelle Ende des jungen Unternehmens. Hinzu kommt, dass es Förderprogramme gibt, die eine Existenzgründungsberatung aus gutem Grund voraussetzen.

Und schließlich gibt es absolut kein Argument dafür – mit Ausnahme der Bequemlichkeit oder Selbstüberschätzung – nicht wenigstens eines oder mehrere der kostenfreien Beratungsangebote zu nutzen.

Diese Angebote sind nicht vergleichbar mit einer intensiven, mehrtägigen Beratung zu Ihrem individuellen Vorhaben und einer Betreuung bei der Erstellung des Businessplans. Darum geht es jedoch auch in dieser Phase der Gründungsvorbereitung noch gar nicht. Es geht vielmehr um eine erste grobe, aber objektive Einschätzung der Umsetzungsmöglichkeiten und Erfolgschancen, um ein Feedback von Fachleuten sowie weitere Tipps und Anregungen für die konkreten, nächsten Schritte.

Kostenfreie Erstberatungen für Existenzgründer werden von verschiedenen Stellen angeboten, wie z. B.:

- Industrie- und Handelskammern,

- Handwerkskammern,

- Berufs- und Fachverbände,
- Arbeitsagenturen (Beratung zu Finanzierungshilfen für Leistungsempfänger),
- Banken und Sparkassen,
- Technologie- und Gründerzentren,
- Hochschulen oder hieraus hervorgegangene Initiativen (für Gründungen aus der Hochschule),
- Wirtschafts-/Beschäftigungsförderungen,
- Regionale Initiativen,
- Beratungsstellen der KfW-Bank,
- Beratungsstellen für Frauen,
- Unternehmensberater,
- Startercenter.

Es ist auf jeden Fall ratsam, mehrere Gespräche zu führen und Meinungen zu hören, etwa von Beratern der Industrie- und Handelskammer, einem Unternehmensberater und der Wirtschaftsförderung. Eine Erstberatung soll Ihnen dabei helfen, die Erfolgschancen besser einschätzen zu können und die nächsten Schritte zu planen. Möglicherweise wird nicht jeder Berater Ihre Erfolgschancen positiv einschätzen. Dies ist noch absolut kein Grund, sich entmutigen zu lassen. Raten Ihnen aber unterschiedliche Berater – unabhängig voneinander – von der Umsetzung des Vorhabens ab, sollte dies zu denken geben. Eine gute Gründungsberatung ist grundsätzlich immer ergebnisoffen, d. h., ein Berater kann Sie in Ihrem Vorhaben bestärken oder von dem Schritt in die Selbständigkeit abraten. Auch wenn Ihnen von der Gründung abgeraten wird, kann das ein guter Rat sein, der viel Geld und Enttäuschungen erspart. In diesem Stadium der Existenzgründung sind Gründer sehr häufig schon absolut überzeugt von Ihrer Idee. Dies ist auch gut so. Es ist aber gefährlich, wenn die Überzeugung dazu führt, dass ein Gründer nicht mehr offen für Vorschläge, Anregungen und Kritik ist und deshalb alle Warnungen „in den Wind" schlägt. Lob und Zustimmung sind zwar immer angenehm, konstruktive Kritik aber bringt Sie weiter. Die Stiftung Warentest hat die Beratungsqualität verschiedener Beratungseinrichtungen getestet – mit zum Teil sehr ernüchternden Ergebnissen. Wer sich jedoch selbst in der Beratung von Existenzgründern engagiert, wird nicht überrascht sein. Erfahrungsberichte von Gründern zeigen immer wieder die höchst unterschiedliche Qualität von Beratungsleistungen auf. Dabei kommt es weniger darauf an, an welche Institution Sie sich wenden, sondern vielmehr auf die Kompetenz und das Engagement des jeweiligen Beraters. Das Fazit der Stiftung Warentest lautete: Fehler machen alle – aber jeder gibt auch den ein oder anderen hilfreichen Rat. Dieses Ergebnis unterstreicht die Empfehlung, auf jeden Fall mehr als nur ein Beratungsgespräch zu führen.

In vielen Fällen ist die örtliche Industrie- und Handelskammer (IHK) der erste Ansprechpartner für Existenzgründer. Alle inländischen, gewerblichen Unternehmen sind per Gesetz Mitglied in der Industrie- und Handelskammer. Handwerksbetriebe, landwirtschaftliche Unternehmen und Freiberufler gehören nicht hierzu. Wer also eine Existenzgründung im gewerblichen Bereich anstrebt, kann auch als Nicht-Mitglied eine Einstiegsberatung in Anspruch nehmen. Handwerker sollten sich von vornherein an die Handwerkskammern (HWK) – die Interessenvertreter des Handwerks – wenden. Es kommt vor, dass ein Vorhaben nicht eindeutig zugeordnet werden kann. Dies ist z. B. dann der Fall, wenn neben handwerklichen Tätigkeiten auch andere Leistungen angeboten werden wie etwa Handel. In diesen Fällen könnte jeweils eine Pflichtmitgliedschaft bei der IHK *und* der HWK bestehen. Mitunter ist es zudem fraglich, ob das Gewerbe ohne Eintragung in die Handwerksrolle überhaupt ausgeübt werden darf. Es ist keineswegs immer eindeutig, ob es sich um eine im Kernbereich handwerkliche Tätigkeit oder um ein so genanntes Minderhandwerk handelt, welches nicht der Handwerksordnung unterliegt.

Im Zweifel ist es ratsam, sich zur Klärung der Zuständigkeit und in Abgrenzungsfragen *zuerst* an die IHK zu wenden. Die Einschätzung der Handwerkskammern ist in solchen Fällen oft sehr restriktiv. Im Zweifel wird die Zugehörigkeit zum Handwerk eher bejaht. So sollte beispielsweise ein EDV-Einzelhändler, der als Serviceleistung kleinere Reparaturen und Installationen durchgeführt hat, wegen Verstoßes gegen die Eintragungspflicht in die Handwerksrolle belangt werden. Wollen Sie also in Ihrem Elektroeinzelhandelsgeschäft nicht nur Lampen verkaufen, sondern diese auch montieren oder mit Hardware nicht nur handeln, sondern auch Reparaturen durchführen, liegt auf jeden Fall Klärungsbedarf vor. Die für Sie zuständige IHK oder Handwerkskammer finden Sie über die Homepage des Deutschen Industrie- und Handelkammertages bzw. den Zentralverband des Deutschen Handwerks.

Fachverbände und -vereine sind eine weitere Anlaufstelle für Gründungswillige. Neben einer allgemeinen Gründungsberatung können hier auch zusätzliche, branchenspezifische Aspekte besprochen werden. Eine Vielzahl von Verbänden listet der „Gründungskatalog" auf – ein umfassendes Linkverzeichnis mit mehr als 8.000 Einträgen zum Thema Existenzgründung.

Die örtlichen Agenturen für Arbeit sind als Ansprechpartner für eine Erstberatung nur dann zu empfehlen, wenn Sie bereits Leistungen beziehen, von Arbeitslosigkeit bedroht sind oder planen, Ihr Arbeitsverhältnis wegen der angestrebten Selbständigkeit zu kündigen. Eine betriebswirtschaftliche Beratung können Sie oft nicht erwarten, wohl aber Informationen zu finanziellen Hilfen für Existenzgründer. Allerdings gilt auch hier, dass Sie sich nicht auf ein einziges Beratungsgespräch stützen, sondern weitere Informationen einholen sollten – am besten bereits im Vorfeld. Nicht jeder Berater kennt sich mit den Fördermöglichkeiten für die oben genannte Zielgruppe aus. Die Erfahrung von Existenzgründern zeigt, dass unzutreffende, unvollständige oder widersprüchliche Aussagen keine Ausnahme sind.

Auch wer nicht zu dem oben genannten Personenkreis gehört, kann sich bei den Agenturen für Arbeit nach bestimmten Fördermöglichkeiten erkundigen – z. B. im Falle der Einstellung von Arbeitslosen. Die Klärung dieser Frage steht jedoch erst zu einem späteren Zeitpunkt an.

Banken und Sparkassen halten für Existenzgründer schriftliches Informationsmaterial bereit und bieten auch Erstberatungen an. Im Rahmen dieser Beratung können Sie vor allem Finanzierungsfragen klären und sich ein Bild davon machen, ob das Institut auch für eine spätere Finanzierung der richtige Ansprechpartner ist. Ein häufiger Rat lautet: Reden Sie zuerst mit Ihrer Hausbank. Dieser Ratschlag kann gut und richtig sein, wenn die Hausbank Sie kennt und als zuverlässig einschätzt. Dies setzt aber voraus, dass es bisher keine Probleme mit der Kontoführung oder gewährten Darlehen gab und das Verhältnis insgesamt nicht belastet ist. Bisher gewährte und noch nicht vollständig getilgte Darlehen stellen im Zusammenhang mit einer Existenzgründung grundsätzlich kein Problem dar. Gab es allerdings Unregelmäßigkeiten bei der Rückzahlung oder sogar eine Darlehenskündigung, stehen die Chancen für eine Gründungsfinanzierung denkbar schlecht – nicht nur bei der Hausbank, sondern auch bei jedem anderen Kreditinstitut. Auch Kontoüberziehungen über das vereinbarte Limit hinaus bringen der Bank zwar Zinsen, Ihnen jedoch eher Schwierigkeiten und eine schlechtere Bonität. Kommen dann noch Rücklastschriften und/oder Pfändungen hinzu bedeutet das in der Regel das „Aus" für die gewünschte Finanzierung. Schließlich hat die Praxis auch gezeigt, dass ein Gespräch über eine geplante Existenzgründung mit der Hausbank sogar zur Kündigung des Dispokredits führen kann, weil in Zukunft keine sicheren und regelmäßigen Einnahmen mehr zu erwarten sind. Beispielsweise wurde einem gut verdienenden, angestellten Heilpraktiker sein Überziehungskredit gestrichen, als er seine Bank davon in Kenntnis setzte, dass er die Eröffnung einer eigenen Praxis anstrebe.

All diese Aspekte sollten Sie abwägen, bevor Sie sich für eine Erstberatung bei Ihrer Hausbank oder einem anderem Kreditinstitut entscheiden. Bei einem anderen Kreditinstitut als Ihrer Hausbank könnte im Rahmen des Beratungsgespräches die Frage aufkommen, warum Sie nicht das nahe liegende Gespräch mit Ihrer bisherigen Bank gesucht haben. Dies können Sie schlüssig und nachvollziehbar begründen, wenn Sie beispielsweise anführen, die Beratung gerade bei dieser Bank oder Sparkasse sei Ihnen aufgrund der guten Beratungsqualität und der besonderen Kompetenz im Geschäftskundenbereich empfohlen worden.

Eine Beratung in Technologie- und Gründerzentren bietet sich vor allem für technologie- und wachstumsorientierte Gründungen an wie z. B. Softwareentwickler oder Biomediziner. Fast überall gibt es mittlerweile solche Zentren. Die Wirtschaftsförderung Ihrer Stadt kann Ihnen Adressen und Ansprechpartner nennen. Mehr als 100 Links zu verschiedenen Einrichtungen bietet auch der „Gründungskatalog".

Für Gründungen aus der Hochschule gibt es besondere Beratungsangebote, um das Gründungsklima an Hochschulen zu verbessern und die Anzahl der Hochschulgründungen zu steigern. Die Initiative „Exist – Existenzgründungen aus der Wissenschaft" mit ihren regionalen Netzwerken kann hier als erste Anlaufstelle dienen. Die Voraussetzungen für Hochschulgründer sind durch die vorhandenen Fördermöglichkeiten ungleich besser als für andere Gründer. Die Angebote sind regional unterschiedlich und reichen von persönlicher Beratung und Betreuung bei der Erstellung des Businessplans über Informationsbereitstellung bis hin zu finanziellen Hilfen (auch für den Lebensunterhalt) und Bereitstellung der Infrastruktur.

Welche regionalen Initiativen Ihnen Erstberatungen anbieten können und welche Unterstützung durch die Wirtschaftsförderung möglich ist, erfahren Sie bei den regionalen Wirtschaftsförderungsgesellschaften, den Gesellschaften der Länder oder direkt bei der Wirtschaftsförderung Ihrer bzw. der nächst größeren Stadt.

Ihre Fragen zum Thema Finanzierung und Fördermittel können Sie z. B. telefonisch über eine Hotline der KfW Bank klären. Vor einem Beratungstermin bei einer Bank oder Sparkasse bietet es sich an, z. B. die Beratung der KfW in Anspruch zu nehmen, um gut informiert die Beratungsqualität des Kreditinstitutes beurteilen zu können.

Hinweise zu zahlreichen Einrichtungen, die sich auf die Existenzgründungsberatung von Frauen spezialisiert haben, bietet der „Gründungskatalog". Informationen zu frauengeführten Unternehmen und Links zu Vereinen, Verbänden oder Organisationen, die für Frauen von Interesse sein könnten, bietet das „Fraueninternetbranchenbuch". Grundsätzlich sind bei einer Existenzgründung durch Frauen dieselben Aspekte zu beachten wie bei Gründungen durch Männer. Die Frauenberatungsstellen sollen jedoch verstärkt auf die oft anderen familiären und beruflichen Voraussetzungen von Frauen eingehen. Mehr noch als bei Männern werden auch Nebenerwerbsgründungen angestrebt oder der Arbeitsplatz in den eigenen 4 Wänden eingerichtet. Darüber hinaus gibt es auch besondere Fördermöglichkeiten für Frauen und spezifische Beratungsangebote z. B. in den Bereichen Kunst, Kultur oder Gesundheit, in denen Frauen stärker repräsentiert sind als Männer.

Auf das Thema Existenzgründung spezialisierte Unternehmensberater bieten in aller Regel ebenfalls kostenfreie Erstberatungen an. Dies liegt jedoch im Ermessen des Beraters und deshalb ist es empfehlenswert, vor einer Terminvereinbarung nach dem Honorar zu fragen. Die folgenden Ausführungen gelten in weiten Teilen nicht nur für die Beratung durch selbständige Unternehmensberater. Anders als bei anderen Institutionen können Sie hier Ihren Berater jedoch frei wählen und werden ggf. auch im weiteren Gründungsverlauf mit ihm zusammenarbeiten. Darum soll auf diese Art der Beratung im Folgenden etwas näher eingegangen werden.

Ziel des Beratungsgespräches ist es auch hier festzustellen, ob das Vorhaben grundsätzlich Erfolg versprechend und daher auf dieser Basis eine weitere Beratung sinnvoll ist. Anders als bei Beratungen durch andere Institutionen beinhaltet die Beratung bei einem Unternehmensberater jedoch eine beidseitige Prüfung. Der Berater befasst sich mit Ihnen und Ihrer Geschäftsidee und Sie selbst prüfen, ob Sie sich eine weiterführende Zusammenarbeit mit diesem Berater vorstellen können, denn die spätere Erstellung des Businessplanes sollte auf jeden Fall professionell begleitet werden. Es kommt vor, dass bereits in einem Erstgespräch klar wird, dass die Voraussetzungen für eine Gründung denkbar schlecht sind – generell oder zum aktuellen Zeitpunkt. In diesem Fall wird ein seriöser Berater dringend von der Umsetzung abraten – auch wenn dies zunächst einen weiterführenden Beratungsauftrag kostet. Professionelle, gute Berater sind nicht um jeden Preis an jedem Auftrag, wohl aber an erfolgreichen Gründungen interessiert – ebenso wie der Gründer selbst. Der Erfolg des Gründers ist gleichzeitig auch der Erfolg des Beraters. Aus diesem Grunde ist Vorsicht geboten, wenn sich ein Berater allzu positiv über das Vorhaben äußert und keinerlei Kritikpunkte anbringt. Jede Existenzgründung birgt Unwägbarkeiten und Risiken und diese sollten auch angesprochen werden – selbst dann, wenn es der Gründer nicht so gern hört. Kein gutes Zeichen ist es auch, wenn der Berater zu viel über sich selbst, seine Leistungen und seine Erfolge redet und das Beratungsgespräch ganz offensichtlich nur als Akquisegespräch ansieht. Er sollte sich die nötige Zeit nehmen, um auf Sie und die Gründungsidee einzugehen. Neben einer ersten Einschätzung geht es bei dem Gespräch auch um das gegenseitige Kennenlernen. Existenzgründungsberatung ist Vertrauenssache und nur wenn die „Chemie" stimmt, ist eine vertrauensvolle und effiziente Zusammenarbeit möglich. Darüber hinaus kann ein Berater nicht jede Existenzgründung gleichermaßen professionell begleiten. Es ist deshalb hilfreich, wenn der Berater über branchenspezifische Kenntnisse verfügt, die Region kennt und Ihnen bei der Anbahnung wichtiger Kontakte, z. B. zu Banken, helfen kann. Weil die Berufsbezeichnung „Unternehmensberater" – ebenso wie viele andere Bezeichnungen – nicht geschützt ist und sich dies auch in absehbarer Zeit nicht ändern wird, ist es völlig legitim, nach der Qualifikation und der Erfahrung des Beraters zu fragen. Weil sich jedermann Unternehmens- oder Existenzgründungsberater nennen darf, ist es ihr gutes Recht, im Vorfeld zu erfragen, wem Sie sich im Falle einer späteren, kostenpflichtigen Beratung anvertrauen. Wer Ihre Fragen gar nicht oder ausweichend beantwortet, wird seinen Grund dafür haben. Eine gute Basis für eine offene, vertrauensvolle Zusammenarbeit ist dies jedenfalls nicht. Achten Sie auch darauf, dass die Beratung objektiv und unabhängig von den Interessen Dritter ausgeübt wird. Wer also neben der Beratungstätigkeit auch noch Versicherungen, Finanzierungen oder Software anbietet, lässt zumindest Zweifel an der Objektivität in diesen Bereichen aufkommen.

Fundiertes betriebswirtschaftliches Wissen, ergänzt um Kenntnisse in den Bereichen Recht und Steuern, sollten Sie auf jeden Fall voraussetzen. Zwar ist sowohl die Rechts- als auch die Steuerberatung den entsprechenden Berufsgruppen vorbehalten, doch sollte ein Gründungsberater in der Lage sein, Ihren weiteren Beratungsbedarf einzuschätzen. Dies setzt Kenntnisse der beiden genannten Gebiete voraus. Darüber hinaus sollte er sicherstellen können, keine Maßnahmen vorzuschlagen, die rechtlich bedenklich sind, beispielsweise im Zusammenhang mit Ihrer Marketingstrategie, dem Firmennamen oder dem Internetauftritt.

Die Vereinigung beratender Betriebs- und Volkswirte (VBV) hat Grundsätze ordnungsmäßiger Gründungsberatungen aufgestellt und im Internet veröffentlicht, in denen auch Mindestanforderungen an die formale und persönliche Qualifikation von Gründungsberatern formuliert sind. Für Existenzgründer sind allerdings einige Qualifikationen gar nicht oder nur schwer nachprüfbar. Ob der Berater beispielsweise in geordneten wirtschaftlichen Verhältnissen lebt oder sich von seiner inneren Einstellung her dem System der sozialen Marktwirtschaft verpflichtet fühlt, werden Sie womöglich nie erfahren. Eine Mitgliedschaft des Beraters in einem der einschlägigen Verbände oder Vereine kann ein Auswahlkriterium sein, weil bestimmte Mindestanforderungen zum Zeitpunkt der Aufnahme auf jeden Fall erfüllt sein müssen. Umgekehrt ist aber eine fehlende Mitgliedschaft sicher kein Qualitätsmangel. Jeder Berater muss für sich entscheiden, ob er das Kosten-/Leistungsverhältnis einer Mitgliedschaft in einem Berufsverband oder -verein als angemessen ansieht und die entsprechenden Kosten in seine Preise einkalkulieren möchte oder nicht. Eine Vereinsmitgliedschaft lässt auch keine Einschätzung darüber zu, ob der Berater sich kontinuierlich weiterbildet – eine unabdingbare Voraussetzung für eine sorgfältige Beratungsleistung.

Auch das Rationalisierungs- und Innovationszentrum der Deutschen Wirtschaft (RKW) kann eine erste Anlaufstelle sein (z. T. Beratung, Online-Tools, Veranstaltungen …). Außerdem gibt es die so genannten „Wirtschaftssenioren", die ihre Unterstützung ehrenamtlich anbieten. Wirtschaftssenioren sind ehemalige Unternehmer und Führungskräfte, die Existenzgründern und Unternehmern mit ihrem Wissen und ihren Erfahrungen eine wertvolle Hilfe sein können. Wer einen Antrag auf Hilfestellung durch die Wirtschaftssenioren stellt muss lediglich eine Aufwandspauschale bezahlen. Diese ist regional unterschiedlich hoch und liegt in NRW aktuell bei rund 100 € für Existenzgründer.

Bereiten Sie das Beratungsgespräch vor und fixieren wenigstens grob Ihre Gründungsidee. Bieten Sie ruhig auch an, diese Unterlagen vorab einzureichen, damit der Berater sich schon im Vorfeld ein Bild machen kann. Einen engagierten Berater wird dies freuen und ihm die Arbeit erleichtern, denn ein gut vorbereitetes Gespräch verläuft effizienter als ein spontaner Termin, wenn dies natürlich auch mehr Arbeit bedeutet. Wer nicht ernsthaft bereit ist, sich mit Ihrem Vorhaben auseinander zu setzen und Zeit sparen möchte, wird Ihr Angebot wahrscheinlich ablehnen. Dieses Vorgehen kann Ihnen also helfen, das Engagement des Beraters einzuschätzen.

Wenngleich auch vor dem Erstgespräch nur schwer die Qualifikation des Beraters in Erfahrung gebracht werden kann, beinhaltet das Erstgespräch immerhin in der Regel kein Kostenrisiko, wohl aber die Chance, den Berater vor Erteilung eines Auftrages auf „Herz und Nieren" zu prüfen.

Ein Erstgespräch sollte nach den bereits oben erwähnten, von der Vereinigung beratender Betriebs- und Volkswirte aufgestellten, Grundsätzen ordnungsmäßiger Gründungsberatungen inhaltlich folgende Punkte abdecken:

- Schilderung des Vorhabens,

- Diskussion über das Vorhaben,

- Fragen des Unternehmensberaters zum Projekt und zur Person des Gründers,

- Fragen zum eventuell vorhandenen Objekt (Ladenlokal, Büro, Werkstatt etc.),

- Investitionen, erstes Warenlager,

- Vorhandene Eigenmittel,

- Erörterung von Finanzierungsmöglichkeiten,

- Zukünftig anfallende Kosten,

- Marktsituation.

„Es muss geklärt sein, dass die persönlichen und fachlichen Voraussetzungen des Mandanten für eine erfolgreiche Unternehmensführung gegeben sind. Die erste Beratungsphase sollte die grundsätzliche Durchführbarkeit des Vorhabens erkennen lassen."

Darüber hinaus ist immer auch die Motivation des Gründers sehr aufschlussreich, also die Frage nach dem Grund für die angestrebte Selbständigkeit.

Wie Sie sich auch entscheiden und an wen Sie sich wenden, ob zunächst an einen Verein bzw. Verband oder unmittelbar an ein Beratungsunternehmen: Stellen Sie Ihre Fragen und prüfen Sie, ob Sie sich eine enge Zusammenarbeit vorstellen können. Nehmen Sie sich Zeit und treffen in aller Ruhe Ihre Entscheidung. Hilfreich sind hier oft auch Erfahrungen und Empfehlungen anderer Existenzgründer, die Sie beispielsweise unkompliziert im Rahmen regelmäßiger Stammtische in Ihrer Region treffen können. Fragen Sie Ihre örtliche IHK oder eine der regionalen Gründerinitiativen nach entsprechenden Kontaktdaten.

Abschließend sind noch die Ergebnisse der von der Stiftung Warentest durchgeführten Tests zur Beratungsqualität verschiedener Anbieter erwähnenswert. Die Bewertung erfolgte in 3 Gruppen. Die Industrie- und Handelskammern sowie die Unternehmensberatungen wurden jeweils als eine eigene Gruppe angesehen, während die Handwerkskammern, Frauenberatungsstellen, Gemeinschaftsinitiativen und technologieorientierte Beratungsstellen zu einer Gruppe zusammengefasst wurden. Die Testpersonen repräsentierten verschiedene Gründertypen mit den Geschäftsmodellen:

■ Karriereunternehmer (Modeberaterin und -produzentin),

■ Technologieorientierter Gründer (Softwarevermieter, Entwickler von Handyspielen, Biomediziner),

■ Gründer „gegen den Strom" (Feng-Shui-Beratung) und

■ Freiberufler (Information Broker).

Das Fazit der Tester ist in allen Fällen ernüchternd. Es lautet im Falle der Industrie- und Handelskammern: „Gute Ergebnisse sind eher selten." Den meisten Beratern der Handwerkskammern und der in dieser Gruppe befindlichen anderen Institutionen wird nur „Mittelmaß" bescheinigt. In der Gruppe der Unternehmensberater wurde durchweg positiv beurteilt, dass sich die Berater ausreichend Zeit genommen haben. Eine systematische Vorgehensweise blieb jedoch auch hier leider die Ausnahme. In einem Fall sollte die Testperson direkt während der Erstberatung einen Beratervertrag unterschreiben. Hiervon ist auf jeden Fall abzuraten, auch vor dem Hintergrund, dass Ihnen mit einer vorschnellen Vertragsunterzeichnung hilfreiche Fördermöglichkeiten genommen werden können. Existenzgründungsberatungen können mit großzügigen Zuschüssen öffentlich gefördert werden (vgl. auch Kapitel 16: Fördermittel). In aller Regel verlangen die Förderrichtlinien jedoch, dass der Antrag auf Gewährung dieser Mittel *vor* der Vertragsunterzeichnung zu erfolgen hat.

Die Testergebnisse helfen Ihnen zwar wenig bei der Auswahl eines konkreten Beraters oder einer Institution, weil es überall positive wie negative Beispiele gibt. Sie machen aber einmal mehr deutlich, wie wichtig es ist, sich nicht auf ein einziges Gespräch zu verlassen, sondern mehrere Beratungsangebote wahrzunehmen. Die ausführlichen Testergebnisse sind in einem Sonderheft „Finanztest extra" zusammengefasst.

Links zum Thema

http://www.bdu.de – Bundesverband Deutscher Unternehmensberater; http://www.fibb.de – Frauen im Business; http://www.frauenbranchenbuch.de; http://www.kfw.de – KfW Bank; http://www.nrwinvest.de – NRW.Invest GmbH; http://www.brandenburg.de – Rubrik „wirtschaften und investieren" – Informationen zu Beratungsangeboten und Initiativen in Brandenburg; http://www.wfg-bremen.de – Wirtschaftsförderung Bremen; http://www.hamburg-economy.de – Wirtschaftsförderung Hamburg; http://www.wibank.de – Wirtschafts- und Infrastrukturbank Hessen; http://www.gfw-mv.de – Wirtschaftsförderung Mecklenburg-Vorpommern; http://www.lts-nds.de – Investitions- und Förderbank Niedersachsen; http://www.isb.rlp.de – Investitions- und Strukturbank Rheinland-Pfalz; http://www.wirtschaft.saarland.de – Ministerium für Wirtschaft, Arbeit, Energie, Verkehr – Saarland; http://www.wfs.sachsen.de – Wirtschaftsförderung Sachsen; http://www.investieren-in-sachsen-anhalt.de – Investitions- und Marketinggesellschaft Sachsen-Anhalt; http://www.gfaw-thueringen.de – Gesellschaft für Arbeits- und Wirtschaftsförderung Thüringen; http://www.berlin-partner.de/ – Wirtschaftsförderung Berlin; http://www.wtsh.de/ – Wirtschaftsförderung und Technologietransfer Schleswig-Holstein; http://www.go.nrw.de – Startercenter NRW;

http://www.startup-in-bayern.de – Bayerisches Staatsministerium für Wirtschaft, Infrastruktur, Verkehr und Technologie; http://www.w-punkt.de – Wegweiser durch die Wirtschaftsförderung des Landes Baden-Württemberg; http://www.dihk.de – Deutscher Industrie- und Handelskammertag – Spitzenorganisation der Industrie- und Handelskammern; http://www.zdh.de – Zentralverband des Deutschen Handwerks; http://www.gruendungskatalog.de – Verzeichnis mit mehr als 8.000 weiterführenden Links, z. B. zu Berufs- und Fachverbänden, Gründerbanken etc.; http://www.finanztest.de – Rubrik „Spezial-Hefte" oder „Shop": Bestellmöglichkeit der Sonderausgabe zum Thema Existenzgründung; http://www.exist.de – Bundesministerium für Wirtschaft und Technologie, Existenzgründungen aus der Wissenschaft; http://www.rkw.de – Rationalisierungs- und Innovationszentrum der Deutschen Wirtschaft; http://www.existenzgruender.de – Informationsportal des Bundesministeriums für Wirtschaft und Technologie.

7. Kapitel

Der Businessplan

Nachdem Sie nun Klarheit darüber haben, ob Ihre Geschäftsidee grundsätzlich realisierbar erscheint, ist es an der Zeit, sich mit den konkreten Details des Gründungsvorhabens zu beschäftigen und diese in einem Unternehmenskonzept schriftlich zu fixieren. Dies gilt sowohl für die Neugründung als auch für die Übernahme eines Unternehmens. Ein Businessplan ist darüber hinaus immer auch dann sinnvoll, wenn das Unternehmen an einem entscheidenden Wendepunkt steht, z. B. also die Gründung einer Tochtergesellschaft, die Erweiterung der Geschäftstätigkeit oder Ähnliches plant. Daher ist eine Planung auch bei der Beteiligung an einem Unternehmen zu empfehlen.

Ich möchte an dieser Stelle nicht unerwähnt lassen, dass ein Businessplan nicht nur im Geschäfts- sondern auch im Privatleben gute Dienste leisten kann. So empfiehlt beispielsweise die amerikanische Autorin Sheila West ihren Lesern: „Every businessperson should write a ‚businessplan‘ for his or her personal life.“ Die Erklärung, warum jede Geschäftsfrau und jeder Geschäftsmann einen „Businessplan“ für ihr oder sein Leben schreiben sollte, ist schlüssig. Wer sich über seine Visionen und Ziele im Klaren ist, realisierbare Zwischenziele formuliert und diese Schritt für Schritt, aber kontinuierlich verfolgt, erhöht die Chance, dass seine Wünsche in Erfüllung gehen. Für jede Rolle des Lebens, so Sheila West, sollte beschrieben werden, wie die eigene Situation verbessert werden kann und was man in den nächsten Jahren erreichen möchte. Ebenso wie in einem geschäftlichen Businessplan alle wichtigen Teilaspekte berücksichtigt werden, umfasst auch der persönliche „Businessplan" die wichtigsten Rollen des Lebens – wie z. B. als Elternteil, Partner, Geschäftsführer, Vereinsvorstand usw. – und die damit verbundenen Wünsche.

Sheila Wests Vorschläge mögen im ersten Moment als übertrieben erscheinen. Soll man wirklich das ganze Leben durchplanen? Aber darum geht es gar nicht. Starre Pläne, die jeglichen Freiraum und Spontanität nehmen, sind nicht gefragt. Vielmehr soll der Plan helfen, persönliche Freiräume zu *schaffen*. Sheila Wests Vorschläge sind schon deshalb nicht abwegig, weil eine Existenzgründung enorme Veränderungen im Privatleben mit sich bringt. Der geschäftliche Businessplan muss erkennen lassen, dass Sie in jeder Hinsicht den Anforderungen gewachsen sein werden und dass Ihr soziales Umfeld die Gründung mit trägt oder zumindest nicht beeinträchtigt. Eine klare Trennung von Privat- und Geschäftsleben gibt es somit für Existenzgründer ohnehin nicht. Ein überdurchschnittlicher, persönlicher Einsatz wird auf jeden Fall nötig sein. Damit besteht aber immer auch die Gefahr, zu hohe Ansprüche an sich selbst zu stellen und die körperliche wie seelische Gesundheit zu gefährden. Deshalb ist es gut, nicht nur das Geschäftsleben zu planen, sondern ganz systematisch auch für Ausgleich im Privatleben zu sorgen und bewusst Ruhephasen einzuplanen.

Im Folgenden soll es nun aber natürlich um den geschäftlichen Businessplan gehen. Vielleicht lassen Sie sich ja zu einem späteren Zeitpunkt zu einem „Businessplan for Life" inspirieren – oder aber Sie nutzen diesen als „Übung" für das Unternehmenskonzept.

7.1 Warum Bill Gates keinen Businessplan brauchte

Keine Existenzgründung ohne Businessplan! Hierin sind sich alle Experten einig. Kein Existenzgründer sollte ohne einen sorgfältig ausgearbeiteten Businessplan – also sozusagen planlos – starten. Wirklich nicht?

Bill Gates – Gründer von Microsoft – hatte keinen Businessplan und ist heute einer der reichsten Menschen der Welt. Bill Gates ist auch nicht der einzige, außerordentlich erfolgreiche Unternehmer, der ohne Businessplan gestartet ist. Bill Gates gründete aber auch nicht im bürokratischen Deutschland des 21. Jahrhunderts.

Die Situationen sind einfach nicht vergleichbar. In einem sehr neuen, kaum bekannten Tätigkeitsfeld ist es extrem schwierig, einen soliden Businessplan zu erstellen – manchmal gar unmöglich, will man sich nicht auf sehr vage Prognosen verlassen. Darüber hinaus stehen in turbulenten, sehr schnelllebigen Branchen mitunter kaum Daten zur Verfügung, die in einem Businessplan verarbeitet werden könnten. Bill Gates hätte seinerzeit in einem Businessplan nicht darstellen können, wer seine Wettbewerber sein werden und wie er sich von ihnen abheben würde. Er konnte seine Kunden und deren Bedürfnisse kaum kennen und darum auch keinen formalen Businessplan erstellen. Wenn Dinge sich rasch ändern und einem starken Wandel unterworfen sind, gibt es kaum Daten, die eine solide Planung möglich machen. Außerdem kann manchmal rasches Handeln einfach erforderlich sein, um einen gewissen Vorsprung zu erhalten und nicht der Konkurrenz das „Feld" zu überlassen. Bill Gates hätte – wenn überhaupt – einen Businessplan nur aufgrund seiner Visionen erstellen können. Visionen allein reichen allerdings nicht (mehr) aus, um ein Darlehen zur Finanzierung des Vorhabens zu erhalten.

Noch schwieriger als das Erstellen eines Businessplans ist es nämlich – vor allem in der heutigen Zeit – Kreditinstitute von einem sehr innovativen Geschäftsmodell ohne Vergleichsmöglichkeiten zu überzeugen. Dies gilt sowohl für den Start als auch das spätere Wachstum des Unternehmens und aufgrund der Erfahrungen der Vergangenheit umso mehr, wenn es z. B. um die IT-Branche geht.

Visionäre, die in sehr innovativen oder turbulenten Geschäftsfeldern gründen wollen, müssen daher Risikokapitalgeber finden oder die Gründung mit eigenen Mitteln bewältigen und in sehr kleinem Rahmen starten – so wie Bill Gates.

Wäre Bill Gates also Existenzgründer im Deutschland des 21. Jahrhunderts, müsste er womöglich ohne Fremdkapital auskommen, bekäme keine Genehmigung, seine Garage als Geschäftsräumlichkeiten zu nutzen und hätte auch sonst mit seiner „Microsoft-Ich-AG" erst einmal so einige bürokratische Hürden zu überwinden.

Ohne Businessplan werden Sie es also aufgrund der Bürokratie und der schwierigen Kapitalbeschaffung hierzulande kaum schaffen, es Bill Gates gleich zu tun, wenn Sie nicht ein Visionär erster Güte mit ausreichend eigenen finanziellen Mitteln oder begeisterten Risikokapitalgebern sind.

Vielleicht reichen Ihnen aber auch bescheidenere Erfolge aus?

Sicher kennen auch Sie das ein oder andere Beispiel eines Unternehmers, der weder besonders fundiertes, kaufmännisches Know-how, geschweige denn einen komplett ausgearbeiteten Businessplan vorweisen konnte und dennoch erfolgreich tätig ist. Vielleicht erscheint nun der ein oder andere Pizzeria-Inhaber, KFZ-Händler, Döner-Verkäufer oder Boutiquen-Besitzer vor Ihrem geistigen Auge? In meinen Seminaren jedenfalls kam diese Thematik regelmäßig auf – zu Recht. Sind aber diese Beispiele tatsächlich ein Beleg dafür, dass ein „Businessplan-light" ausreicht oder sogar jegliche Planung überflüssig ist?

Bei näherem Hinsehen werden Sie feststellen, dass in fast keinem Fall eine klassische Fremdfinanzierung erforderlich war. Die Vorhaben werden durch vorhandene Eigenmittel oder mit Unterstützung der Familie finanziert. Sie werden auch feststellen, dass häufig attraktive Fördermöglichkeiten nicht bekannt waren und somit nicht genutzt werden konnten. Teure Anfangsfehler sind eher die Regel als die Ausnahme. Trotz familiärer Unterstützung sind Arbeitstage von 15 Stunden und mehr an der Tagesordnung, bei verhältnismäßig bescheidenem Einkommen und geringen Entwicklungschancen.

Der Begriff Erfolg ist eine Sache der Definition und tatsächlich gebührt diesen Unternehmern aller Respekt. Sie sind erfolgreich, nicht selten aber „nur" im Sinne von „wirtschaftlich Überleben können durch unermüdlichen Arbeitseinsatz".

Wenn Sie für sich den Begriff „Erfolg" ebenso definieren und weder Fördermittel noch Fremdkapital in Anspruch nehmen wollen, aber zu überdurchschnittlichem Arbeitseinsatz bereit sind, ist es gut möglich, dass Sie Ihr Ziel auch ohne Businessplan erreichen. Nichtsdestotrotz erhöht dieser deutlich Ihre Überlebens- und Entwicklungschancen und schützt Sie weitgehend vor existenziellen Fehlern.

Wahrscheinlich liegen Ihre Ambitionen irgendwo zwischen Bill Gates und dem Geschäftsinhaber, der bis ins hohe Alter hart für sein bescheidenes Einkommen arbeiten muss. Deshalb ist die Aussage zu unterstreichen: „Keine Existenzgründung ohne Businessplan!"

7.2 Zweck des Businessplans

Der Businessplan – auch Unternehmenskonzept oder Geschäftsplan genannt – ist sozusagen der Fahrplan oder das Navigationssystem für die erfolgreiche Existenzgründung. Alle wesentlichen Aspekte der Geschäftsidee werden in dem Businessplan schriftlich dokumentiert. Eine gute Idee allein reicht noch nicht aus, um ein erfolgreiches Unternehmen entstehen zu lassen. Dazu bedarf es einer soliden Planung und anschließend der konsequenten Umsetzung der Pläne. Eine Vielzahl erfolgloser Gründungen ist auf Planungsprobleme zurückzuführen, sei es, das die Planung völlig unterlassen wurde, fehlerhaft war oder nicht konsequent umgesetzt wurde. Sie dokumentieren mit einem überzeugenden Konzept Ihre Fähigkeit, einen solch komplexen Vorgang wie eine Unternehmensgründung analytisch zu durchdenken, systematisch anzugehen und überzeugend zu präsentieren. Zudem ist der Lerneffekt für jeden Existenzgründer von unschätzbarem Wert.

In der Praxis bedarf es mitunter einiger Überzeugungsarbeit, dass ein schriftlich ausgearbeiteter Businessplan nötig und sinnvoll ist. Wer das Konzept nicht zur Vorlage bei Kreditinstituten oder sonstigen Institutionen benötigt, neigt häufig dazu, keinen Unternehmensplan zu erstellen. Dabei ist es durch zahlreiche Untersuchungen mittlerweile erwiesen, dass ein solider Businessplan die Erfolgschancen deutlich erhöht. Diese Tatsache allein sollte Grund genug sein, das Vorhaben so gründlich wie irgend möglich zu planen und vorzubereiten.

Was wird heutzutage nicht alles geplant? Man plant ganz selbstverständlich den nächsten Urlaub, einen Umzug, die Geburtstagsfeier usw. Ausgerechnet jedoch ein Vorhaben, welches die wirtschaftliche Existenz möglichst für den Rest des Lebens sichern soll, bedarf keiner Planung?

Sehr viele Unternehmensgründer unterschätzen also die Bedeutung des Businessplans oder erstellen ihn nur deshalb, weil er für die Gewährung bestimmter Fördermittel unerlässlich ist. Tatsächlich diente der Businessplan schon früher in den USA in erster Linie dazu, Kapitalgeber von der Idee zu überzeugen und soll auch heute und hierzulande noch diesen Zweck erfüllen. Dies ist jedoch längst nicht alles.

Der Businessplan dient einerseits ganz maßgeblich internen Zwecken, unterstützt also den Gründer selbst bei der Steuerung seines Unternehmens.

Der Businessplan kann sich aber auch an verschiedene externe Adressaten richten. In erster Linie werden stets potenzielle Kapitalgeber genannt. Dies ist richtig, aber zu kurz gedacht. Weitere Adressaten können sein:

- potenzielle (Kooperations-)Partner,
- potenzielle Mitarbeiter,
- potenzielle Kunden,
- Öffentlichkeit/Medien.

Ein junges Unternehmen verfügt über keine Referenzen, keinen Bekanntheitsgrad und noch kein positives Image. Darum ist es umso bedeutender, wichtige Schlüsselkunden zu akquirieren, die als Referenzen dienen können. Diese wollen aber zumindest bei größeren Aufträgen sichergehen, dass Sie der geeignete Geschäftspartner sind und die gewünschte Leistung in der gewünschten Qualität erbringen können. Der Kunde muss also von der Leistungsfähigkeit überzeugt werden. Rhetorisches Geschick allein reicht hier nicht immer aus.

Geeignete Kooperationspartner sind Multiplikatoren für das Unternehmen und können helfen, das Angebot für den Kunden zu optimieren. Diese gehen jedoch bei einer Zusammenarbeit mit einem neuen Unternehmen das Risiko ein, durch mangelhafte Leistungen des Jungunternehmers selbst Kunden zu verlieren oder einen

Imageschaden zu erleiden. Daher ist auch hier Überzeugungsarbeit zu leisten.

Gleiches gilt insbesondere für sehr qualifizierte Mitarbeiter, die zu Recht an ihrer Entwicklungsperspektive, den Einkommensmöglichkeiten und der Sicherheit des Arbeitsplatzes interessiert sind. Motivierte und qualifizierte Mitarbeiter gehören zu den wichtigsten Ressourcen eines Unternehmens. Die Zeit überdimensionierter Gehälter in (IT-) Start-up-Unternehmen ist jedoch vorbei und u. A. deshalb haben es gerade junge Unternehmen bei der Personalbeschaffung nicht leicht, wenn hoch qualifiziertes Personal benötigt wird, welches zwischen mehreren Alternativen wählen kann.

Eine kontinuierliche Öffentlichkeitsarbeit schließlich unterstützt den Aufbau eines positiven Images und sollte deshalb nicht vernachlässigt werden.

All diese Zielgruppen müssen unter Umständen von dem Unternehmenskonzept überzeugt werden und können deshalb Adressaten eines Businessplans sein. Der Businessplan ist somit auch als ein wichtiges Instrument Ihrer Unternehmenskommunikation (vgl. auch Abschnitt 7.4.7: Marketing) anzusehen.

Während der Erarbeitung ihres Konzeptes werden Sie sich sehr intensiv und kritisch mit ihrer Geschäftsidee auseinander setzen (müssen). Dies hat den entscheidenden Vorteil, dass sie mögliche Probleme, Wissenslücken und Risiken bereits im Vorfeld der Gründung erkennen und somit auch entsprechende Strategien und Alternativen entwickeln können. Offene Fragen treten nicht erst nach erfolgter Gründung auf, sondern können schon vorher beantwortet werden. Wer dagegen nicht weiß, welche Risiken es gibt oder welcher genaue Finanzierungsbedarf besteht usw. wird zwangsläufig später überrascht werden. Halten sie sich immer vor Augen, dass Informationsdefizite und Finanzierungsfehler zu den häufigsten Gründen gehören, aus denen junge Unternehmen scheitern. Dabei hat es jeder Gründer selbst in der Hand, diese Fehler zu vermeiden.

Nahezu jeder Existenzgründer stellt sich die berechtigte Frage, ob das Unternehmen erfolgreich sein wird. Die Beantwortung dieser Frage ist umso wichtiger, wenn für die Gründung ein „festes" Arbeitsverhältnis aufgegeben wird. Existenzängste und Zweifel, manchmal noch bestärkt durch das persönliche Umfeld, sind völlig normal und resultieren aus der Ungewissheit, die mit einer Unternehmensgründung zusammenhängt. Niemand kann mit letzter Sicherheit sagen, ob die Gründung erfolgreich verlaufen wird. Dem Hauptgrund für die Angst aber – der Unsicherheit – kann erfolgreich begegnet werden: durch eine sorgfältige Planung. Zwar ist auch eine Planung immer mit Unsicherheiten behaftet, weil sie in die Zukunft gerichtet ist, aber „Planlosigkeit" führt mit großer Sicherheit zum Scheitern.

Wer sich einmal systematisch mit allen wichtigen Details seiner Gründung auseinander gesetzt und diese auch schriftlich ausgearbeitet hat, wird sehr viel selbstbewusster das Vorhaben umsetzen können. Die erste Aufgabe eines Businessplans ist es daher, den Gründer selbst von der Tragfähigkeit des Vorhabens zu überzeugen. Nur wenn bei Ihnen alle Zweifel weitgehend ausgeräumt sind, werden Sie auch in der Lage sein, für Ihr Konzept einzutreten und ohne Wenn und Aber dahinter zu stehen. Nur dann werden sie auch Andere – z. B. Kapitalgeber – überzeugen können.

Der Businessplan dient jedoch nicht nur der Früherkennung von Schwächen und der Sicherheit des Gründers, sondern er sollte während und nach der Gründung auch ein internes Kontrollinstrument sein und Ihnen bei der Leitung Ihres Unternehmens helfen. Sie können jederzeit überprüfen, ob sie ihren Zielen näher kommen und – falls nötig – rechtzeitig Maßnahmen ergreifen, um das Unternehmen in die richtigen Bahnen zu lenken. Für erhebliche Abweichungen gibt es immer Gründe, diese gilt es dann zu analysieren und entsprechend zu handeln – frühzeitig. Mindestens die Finanzplanung sollte regelmäßig fortgeführt werden, um mögliche Finanzierungsprobleme rechtzeitig zu erkennen und jederzeit die Liquidität des Unternehmens zu gewährleisten. Alles andere würde fast unweigerlich dazu führen, dass finanzielle Lücken erst dann erkannt werden, wenn es zu spät ist. Dies zu vermeiden hat ebenfalls jeder Gründer maßgeblich selbst in der Hand.

Ein erfolgreicher Gründungsverlauf hängt demnach weniger von glücklichen Umständen und Zufällen ab, als vielmehr von der entsprechenden Planung und einem ausgereiften Businessplan. Weil professionelle Beratung und Begleitung in dieser Phase die Erfolgschancen wesentlich erhöhen, wird dies bei Vorliegen der Voraussetzungen auch in jedem Bundesland mit attraktiven Zuschüssen gefördert. Keinesfalls jedoch sollte das Konzept von einem externen Dienstleister allein erstellt oder auf ein „Schubladenkonzept" zurückgegriffen werden. Der erwünschte Lerneffekt bliebe völlig aus und zudem werden sie kein Konzept überzeugend präsentieren können, das Sie nicht in seinen wichtigsten Punkten selbst erarbeitet haben. Muster-Businesspläne eignen sich auch deshalb nicht, weil sie nie die individuelle Situation des konkreten Vorhabens berücksichtigen. Genau darauf kommt es aber an.

Wenn der Businessplan schließlich fertig gestellt ist, bietet es sich an, das Konzept noch einmal auf seine Plausibilität prüfen zu lassen. Dies gilt umso mehr, wenn Sie keine professionelle Hilfe in Anspruch genommen haben. Vereinbaren Sie jedenfalls nicht vorschnell einen Termin bei der Bank, wenn Sie nicht sicher sind, dass Ihr Konzept auch dem kritischsten Blick standhält. Jede weitere fachkundige Rückmeldung kann für Sie hilfreich sein und gibt ihnen Selbstsicherheit, wenn bestätigt wird, dass es sich um ein schlüssiges Konzept handelt. Je nach Zuständigkeit können hier die Industrie- und Handelskammern, die Handwerkskammern oder auch eine der oben genannten Beratungsstellen kostenfrei Hilfestellung leisten.

7.3 Äußere Gestaltung des Businessplans

Sofern der Businessplan zur Beantragung von Fördermitteln (z. B. Gründungszuschuss der Arbeitsagentur), zur Vorlage bei Kreditinstituten oder anderen externen Adressaten dienen soll, ist ein guter erster Eindruck besonders wichtig und es sollten bestimmte Regeln beachtet werden. Die meisten Gründungsvorhaben können auf rund 25–30 Seiten zuzüglich Anhang optimal dargestellt werden.

Der Businessplan sollte die wichtigsten Informationen kurz und präzise wiedergeben. Langatmige Ausführungen allgemeiner Art sowie zu spezifische, erklärungsbedürftige Fachausdrücke sind auf jeden Fall zu vermeiden. Es geht darum, auch für Nicht-Fachleute verständlich darzulegen, dass ihr Vorhaben mit großer Wahrscheinlichkeit zu einer tragfähigen Existenz führen wird. Denken Sie daran, dass ein Bankberater sich nicht in jeder Branche auskennen kann und keinen Kredit bewilligen wird, wenn ihm nicht 100%ig klar ist, worum es geht.

In den Anhang gehören wesentliche Ergänzungen wie z. B. der Lebenslauf, Vertragsentwürfe, falls nötig der ein oder andere Fachbericht, Absichtserklärungen potenzieller Kunden etc.

Das Deckblatt sollte Angaben zur Gründerperson wie Name, Anschrift, Telefon-/Faxnummer, E-Mail-Adresse, Internetadresse (jeweils soweit vorhanden) sowie den Namen und ggf. das Logo des Unternehmens enthalten.

Ein Inhaltverzeichnis mit Seitenangaben erleichtert dem Leser die Arbeit. Der Sachbearbeiter des Kreditinstitutes oder einer anderen Institution kann schnell die für ihn wichtigsten Informationen auffinden, ohne gleich das gesamte Werk durchsuchen zu müssen. Es ist absolut in ihrem Sinne, dem Leser die Arbeit so angenehm wie möglich zu gestalten, da auch in jedem Kreditinstitut die Zeit knapp ist und niemand Zeit und Lust hat, mehr Arbeit als nötig aufzuwenden. Gerade wenn es um die Beantragung von Förderdarlehen geht, zeigen sich Banken und Sparkassen schon seit einiger Zeit sehr zurückhaltend. Die Beantragung ist zum Teil recht zeitintensiv und finanziell wenig attraktiv. Daher sollte der Businessplan leserfreundlich gestaltet werden und einen raschen Überblick über das Vorhaben erlauben. Erwarten Sie besser nicht, dass sich jemand mit unverständlichen Erklärungen, umfassenden Tabellen und nicht nachvollziehbaren Zahlenwerken befasst. Machen Sie dem Leser eine positive Entscheidung so einfach wie irgend möglich.

Es versteht sich fast von selbst, dass ihr Unternehmenskonzept nicht aus einer Lose-Blatt-Sammlung bestehen sollte. Sie können es binden lassen, ordentlich heften oder auch eine Klemmmappe in Ihren Firmenfarben benutzen.

Bei der Erstellung eines Businessplans kann eine Software gute Dienste leisten, weil sie die Struktur bereits vorgibt und Vorlagen für ihre Berechnungen bietet. Es hört sich verlockend an, den Geschäftsplan mithilfe einer Software erstellen zu können, allerdings sollte dies nicht darüber hinwegtäuschen, dass Ihnen auch die beste Software die Hauptarbeit nicht abnehmen kann – den Inhalt zu erarbeiten.

Das Bundesministerium für Wirtschaft und Arbeit stellt eine Software – den Business-Planer – zur Verfügung, die Sie kostenfrei bestellen oder einfach aus dem Internet laden können. Nutzen Sie die Software auch, um verschiedene Szenarien zu simulieren. Wie stellen sich die Zahlenwerke bei optimistischer und pessimistischer Betrachtung dar? Gibt es finanzielle Polster für unvorhersehbare Ausgaben? Welche Preise müssen mindestens erzielt werden?

Benötigen Sie den Businessplan für ein Bankgespräch oder wollen Sie ihn anderen, potenziellen Geschäftspartnern vorlegen, sollte der Plan mindestens in zweifacher Ausführung vorliegen, sodass auch Sie selbst im Gespräch alle wichtigen Informationen nicht nur im Kopf, sondern unterstützend auch auf dem Papier vorliegen haben.

7.4 Aufbau und Inhalt des Businessplans

An dieser Stelle sollen zunächst der grundsätzliche Aufbau und der Inhalt eines Businessplans dargestellt werden. Weiter gehende Informationen finden sie in den entsprechenden Kapiteln dieses Ratgebers.

Ein Businessplan ist dreiteilig aufgebaut und umfasst die Hauptbereiche:

- Verbale Aussagen – hier werden alle Teilaspekte der Geschäftsidee formuliert, es handelt sich im Wesentlichen um qualitative Angaben,

- Quantitative Aussagen – dieser Bereich enthält Ihre Planzahlen,

- Anhang – der Anhang ergänzt und unterstreicht die qualitativen und quantitativen Aussagen z. B. durch Prospekte, Vertragsentwürfe etc.

Der Businessplan sollte im Einzelnen auf jeden Fall die folgenden Punkte abdecken. Die Reihenfolge und Bezeichnung der einzelnen

Kapitel ist zwar logisch aufgebaut aber nicht zwingend und kann durchaus auch anders aussehen. Wichtig ist es nur, dass alle wesentlichen Bestandteile des Konzeptes vorhanden sind:

- Zusammenfassung,
- Gründerperson/Management,
- Produkt/Leistung,
- Markt/Wettbewerb,
- Rechtsform und rechtliche Rahmenbedingungen,
- Betriebsorganisation/Personal,
- Marketing,
- Versicherungen und Pflichtmitgliedschaften,
- Steuern,
- Chancen/Risiken,
- Planrechnungen,
- Finanzierung,
- Lebenslauf.

7.4.1 Zusammenfassung

Die Kurzbeschreibung ist insbesondere für potenzielle Kapitalgeber wichtig. Mitunter wird gar nicht mehr als nur diese Zusammenfassung gelesen, um das Konzept dann „ad acta" zu legen, also die Finanzierung mit den „besten Wünschen für Ihre unternehmerische Zukunft" abzulehnen. Niemand wird Ihr Vorhaben allein aufgrund der Zusammenfassung finanzieren oder fördern, allerdings sehr wohl Ihr Anliegen ablehnen, wenn schon der 1. Teil des Konzeptes nicht zu überzeugen vermag. Es wird erwartet, dass Sie kurz und präzise die wichtigsten Argumente für Ihren unternehmerischen Erfolg benennen können und die Kernaussagen aus den übrigen Ausführungen auf den Punkt bringen. Man kann sich die Zusammenfassung ähnlich wie die Rückseite eines Buches vorstellen. Niemand wird ein Buch lesen, wenn schon die kurze Darstellung auf der Rückseite uninteressant erscheint. Vergleichbar ist die Situation, wenn es um den Businessplan geht – das Interesse des Lesers muss geweckt und aufrechterhalten werden, damit er sich überhaupt näher mit dem Vorhaben befasst. Noch besser ist es, wenn es gelingt, die eigene Begeisterung auf den Leser zu übertragen.

Weil die wichtigsten Argumente für eine erfolgreiche Gründung zu Beginn noch nicht bekannt sein können, wird die Zusammenfassung sinnvollerweise erst dann geschrieben, wenn der Businessplan im Übrigen fertig ist. Erst dann können die beispielhaft aufgeführten, folgenden Fragen kompetent beantwortet werden:

- Was ist das Besondere an Ihren Produkten/Leistungen?

- Was machen Sie besser als die Konkurrenz?

- Wer sind Ihre Kunden und wie groß ist das Potenzial?

- Wie hoch sind Ihre Umsatz- und Gewinnerwartungen?

- Welche Chancen bietet das Vorhaben?

- Welche konkreten Ziele werden verfolgt?

- Wie hoch ist der Finanzierungsbedarf und wie soll das Vorhaben finanziert werden?

7.4.2 Gründerperson/Management

Weil ein erfolgreicher Gründungs- und Entwicklungsverlauf ganz maßgeblich von der Gründerperson abhängt und nicht jedermann als Unternehmer geeignet ist, muss die Frage beantwortet werden, ob und warum im konkreten Fall die Eignung vorhanden ist. Hierbei kommt es nicht nur auf die fachliche Qualifikation an, sondern auch auf kaufmännische Kenntnisse, so genannte Schlüsselqualifikationen und die soziale Kompetenz des Gründers (vgl. auch Kapitel 3: Gründerperson). Das soziale Umfeld (Familie, Freunde) ist ebenfalls von Interesse, weil es die Gründung positiv, aber auch negativ beeinflussen kann. Immerhin sind familiäre Probleme in knapp 30% der Fälle beteiligt, wenn Gründer scheitern.

Ein Darlehensgeber interessiert sich verständlicherweise darüber hinaus besonders für die planmäßige Rückzahlung des Darlehens und die Zuverlässigkeit der Gründerperson.

Einige Informationen zu der Gründerpersönlichkeit enthält bereits der Lebenslauf im Anhang. Die abschließende Beurteilung der Eignung ist jedoch allein aufgrund des Lebenslaufes nicht möglich. Vor allem die Schlüsselqualifikationen, die soziale Kompetenz und das persönliche Umfeld können anhand des Lebenslaufes nicht zuverlässig genug beurteilt werden.

In vielen Fällen ist die fachliche Eignung durchaus vorhanden – der Gründer hat nachweislich eine dem Gründungsvorhaben entsprechende Ausbildung und auch ausreichend Branchenerfahrung. Geht dies aus Ihrem Lebenslauf nicht hervor, so ist zu erklären, warum dennoch die fachliche Eignung und die Branchenkenntnis vorhanden sind. Vielleicht beschäftigen Sie sich schon lange intensiv mit dem Thema oder Sie wollen endlich Ihr Hobby zum Beruf machen? Gründen sie gemeinsam mit einem erfahrenen Partner? Dann würden nicht Sie selbst, wohl aber Ihr Partner das fehlende Know-how in das Unternehmen einbringen.

Während die fachlichen Kenntnisse also meist vorhanden sind, fehlt es sehr häufig an dem erforderlichen kaufmännischen Wissen – eine Tatsache, die von Gründern häufig stark unterschätzt wird. Mit fatalen Folgen! In der Praxis führen fehlende kaufmännische Kenntnisse nur allzu oft dazu, dass Kreditgeber die Finanzierung des Vorhabens ablehnen. Mitunter kursieren sogar Aussagen, ohne kaufmännische Ausbildung bestünde keine Chance auf eine Fremdfinanzierung. Keine Sorge! Dies ist ganz sicher nicht richtig. Wohl aber ist jeder Gründer gut beraten, sich um ein Mindestmaß an kaufmännischer Qualifikation zu bemühen, wenn dieses Wissen nicht durch einen Partner in das Unternehmen eingebracht wird.

Zunächst ist es sinnvoll, ein Existenzgründerseminar zu besuchen, welches alle Aspekte einer Gründung in Kurzform umfasst. Ergänzend zu der Lektüre dieses Ratgebers kann in einem Seminar auf jedes Vorhaben und auf konkrete Fragen eingegangen werden, wenn der Anbieter auf eine entsprechend überschaubare Gruppengröße und qualifizierte Dozenten aus der Praxis achtet. Zudem können Sie wertvolle Kontakte zu anderen Gründungswilligen knüpfen und sich auch später noch austauschen. Schon so manche hilfreiche Kooperation wurde auf diese Weise in die Wege geleitet. Im Laufe eines solchen Seminars sollte Ihnen klar werden, was die Selbständigkeit für Ihr weiteres Leben bedeutet, welche grundlegenden Entscheidungen zu treffen sind und wo noch Wissenslücken bestehen, um in einem nächsten Schritt gezielt diese Wissenslücken schließen zu können.

Wer in der Lage ist, autodidaktisch zu arbeiten, kann sich betriebswirtschaftliche Grundkenntnisse oder andere Themen sehr gut im Selbststudium erschließen oder sich auch für einen Fernlehrgang entscheiden. Je nach Lerntyp könnte es jedoch auch sein, dass der Besuch verschiedener, vertiefender Seminare eher geeignet ist. Hier können Sie getrost auf kostengünstige Angebote z. B. der Volkshochschulen zurückgreifen. Für jede Art von Seminar gilt, dass Sie die Qualität nicht an dem Preis erkennen können. Woran aber dann?

Bei der Stiftung Warentest wurde mit der Abteilung Weiterbildungstest ein vom Bundesministerium für Bildung und Forschung gefördertes Projekt eingerichtet, dessen Ziele mehr Transparenz auf dem Weiterbildungsbildungsmarkt und die Qualitätsverbesserung der Angebote sind. Von Transparenz wird jedoch angesichts rund 35.000 Anbietern in diesem Bereich auch weiterhin nicht die Rede sein können. Zudem können nur wenige Anbieter getestet werden, wodurch eine gewisse Wettbewerbsverzerrung zu erwarten ist. Hinzu kommt, dass nicht unbedingt die Wahl des Anbieters ausschlaggebend ist, weil die Qualität eines Kurses maßgeblich von den Dozenten abhängt. Bei vielen Anbietern gibt es Angebote unterschiedlicher Qualität. Auch ist es nicht möglich, die erfolgreiche Umsetzung des Erlernten in die Praxis zu überprüfen. Nichtsdestotrotz werden diese Tests dazu beitragen, dass die Teilnehmer selbst kompetente Entscheidungen anhand der getesteten Kriterien treffen können. Des Weiteren bleibt zu hoffen, dass die Anbieter reagieren und festgestellte Schwachstellen beheben.

7.4.3 Produkt/Leistung

Mit der richtigen Auswahl des Produkt- und Dienstleistungsangebots legen Sie einen ganz wesentlichen Grundstein für den späteren

Erfolg. Wenn Ihr Angebot an den Kundenbedürfnissen vorbei geplant wird, ist das ganze Unternehmenskonzept hoffnungslos zum Scheitern verurteilt. Kaum ein Gründer hat so viel finanziellen Rückhalt, um nach einer erfolglosen Anfangsphase das Angebot noch erfolgreich umstrukturieren zu können.

Es geht also ganz wesentlich darum, den besonderen Kundennutzen des Angebots herauszuarbeiten. Erläutern Sie Ihre Produkte oder Dienstleistungen so, dass auch ein Nicht-Fachmann das Angebot versteht und stellen Sie den besonderen Kundennutzen heraus. Es ist selbstverständlich, dass Sie persönlich von Ihren Produkten oder Leistungen überzeugt sind. Erfolgreich werden Sie aber nur dann sein, wenn Sie den Nutzen Ihres Angebotes auch Ihren potenziellen Kunden vermitteln können und deren Bedürfnissen gerecht werden. Dazu müssen Sie wissen, was Ihre Kunden wünschen – jetzt und in Zukunft. Beobachten Sie also auch Trends und Änderungen im Kundenverhalten. Beschreiben Sie, wie genau Ihr Produkt- bzw. Leistungsangebot aussehen wird und begründen Sie Ihre Entscheidung. Wenn es sich bei dem Angebot um eine Neuheit oder Weiterentwicklung bereits vorhandener Produkte oder Leistungen handelt, sollten die Unterschiede zu den bestehenden Lösungen dargestellt werden. Sofern Sie noch Zeit benötigen, um das Angebot zu entwickeln (z. B. Software), berücksichtigen Sie auch den Zeitfaktor und machen Aussagen über die voraussichtliche Entwicklungszeit, die Kosten und den Zeitpunkt, an dem das Angebot marktreif ist.

Die Beantwortung der folgenden Leitfragen hilft Ihnen dabei, diesen Abschnitt strukturiert zu bearbeiten:

- Wie genau sieht Ihr Produkt- bzw. Dienstleistungsangebot aus und warum?

- Handelt es sich um eine Neuheit oder Weiterentwicklung?

- Worin bestehen die Unterschiede zu vorhandenen Angeboten?

- Haben Sie die verschiedenen Schutzmöglichkeiten bedacht (Patent, Gebrauchsmuster, Geschmacksmuster, Marke?)

- Können Sie Ihr Angebot sofort vermarkten oder benötigen Sie noch Zeit?

- Wann können Sie starten?

- Sind noch bestimmte Voraussetzungen zu erfüllen?

- Welche Kosten werden noch anfallen, bis das Angebot marktreif ist?

- Gibt es noch ein Entwicklungsrisiko?

- Welche Kundenbedürfnisse befriedigt Ihr Produkt?

- Welche Kundenprobleme können Sie lösen?

- Welche besonderen Vorteile bietet Ihr Angebot (gegenüber der Konkurrenz)?

- Warum sollte sich der Kunde ausgerechnet für Ihr Angebot entscheiden?

- Wie werden Sie künftig Trends, Veränderungen im Kundenverhalten oder Kundendefizite erkennen?

7.4.4 Markt/Wettbewerb

Dieser Abschnitt Ihres Businessplans sagt sehr viel über die Erfolgsaussichten Ihres Vorhabens aus und steht in engem Zusammenhang zu Ihrem Produkt-/Leistungsangebot. Bevor Sie sich jedoch mit Ihrem so genannten „relevanten Markt" auseinander setzen, ist es wichtig, zu wissen, was mit diesem Begriff gemeint ist. Natürlich kennt jeder den Begriff „Markt" – man kennt den Wochenmarkt, den Großmarkt, den Flohmarkt – usw. Für die Erstellung des Businessplans ist es jedoch wichtig, systematisch vorzugehen und die wesentlichen Aspekte „auf den Punkt" zu bringen. Dies ist aber nur dann möglich, wenn bestimmte Zusammenhänge des Marktgeschehens bekannt sind. Die Bestimmung des relevanten Marktes ist bedeutsam für Ihre strategische Unternehmensführung und Ihre spätere Marketingstrategie. Je besser Sie über das Marktgeschehen informiert sind, desto eher werden Sie in der Lage sein, marktfähige Produkte und Leistungen anzubieten.

Als Markt wird das Zusammentreffen von Angebot und Nachfrage bezeichnet. Der Markt ist also der Ort, an dem bestimmte Austauschbeziehungen stattfinden – z. B. Ware gegen Geld.

Für Existenzgründer und auch Unternehmer ist regelmäßig nur ein bestimmter Markt – der relevante Markt – von Interesse. Dies ist der Markt, der durch das Unternehmen bedient werden kann und auf den sich die späteren Marketingaktivitäten konzentrieren. Eine Abgrenzung des relevanten Marktes kann in räumlicher, sachlicher, zeitlicher und personeller Hinsicht erfolgen.

Die räumliche Abgrenzung bereitet in der Regel keine Probleme. Es geht darum zu bestimmen, wo Ihre Produkte oder Dienstleistungen abgesetzt werden können, es erfolgt also eine Abgrenzung nach bestimmten Absatzgebieten:

- Weltmarkt,
- EU-Markt,
- nationaler Markt (ein bestimmtes Land),
- regionaler Markt (eine bestimmte Region) oder
- lokaler Markt (eine bestimmte Stadt oder ein Stadtteil).

Die sachliche Abgrenzung ist eine Abgrenzung nach Produkten. In diesem Zusammenhang ist z. B. die Frage zu beantworten, welches die Konkurrenzprodukte sind und wie sich das eigene Angebot von dem der Konkurrenz abhebt. In die Überlegungen sind auch so genannte Substitutionsprodukte einzubeziehen, also die Produkte, die das eigene Produkt ersetzen können. Ein Weinhändler beispielsweise konkurriert nicht nur mit anderen Weinhändlern, sondern muss auch im Auge behalten, was die potenziellen Kunden dazu bewegen könnte, Wein statt Wasser zu trinken.

Bei der zeitlichen Abgrenzung geht es um die Gültigkeitsdauer. Diese ist beispielsweise von Bedeutung, wenn Sie modische Produkte oder Saisonware anbieten.

Bei der personellen Abgrenzung geht es schließlich um die Bestimmung des potenziellen Kundenkreises, also Ihrer konkreten Zielgruppe. Obwohl theoretisch jeder von Ihrem Angebot Gebrauch machen könnte, wird dies nicht jeder auch tun. Menschen haben bestimmte Vorlieben und Interessen und daher gilt es, die Zielgruppe möglichst genau zu bestimmen. Je besser Sie Ihre potenziellen Kunden und deren Bedürfnisse kennen, umso gezielter können Sie werben und umso Erfolg versprechender wird Ihre Werbung sein. Die Bestimmung der potenziellen Kunden kann nach verschiedenen Kriterien erfolgen, z. B. nach dem Alter, dem Geschlecht, dem Einkommen, dem Lebensstil oder dem Beruf. Wer sein Augenmerk auf Geschäftskunden richtet, könnte seine Zielgruppe beispielsweise nach der Branche oder der Größe des Unternehmens bestimmen.

Existenzgründer neigen häufig dazu, ihre Zielgruppe zu weit zu fassen oder schlimmstenfalls überhaupt nicht einzugrenzen. Dies resultiert aus dem verständlichen Wunsch, sich nicht einzuschränken und für alle potenziellen Kunden offen zu sein. Die Zielgruppe zu bestimmen, bedeutet jedoch nicht, später Kunden, die nicht zu der engeren Zielgruppe zählen, abzuweisen, sondern es geht um zielgruppengerechte Angebote und ein effizientes Marketing ohne große Streuverluste. Die Bestimmung der Zielgruppe ist eine Grundvoraussetzung für ein erfolgreiches Marketing. Sie können nicht jeden Menschen gleichermaßen mit Ihren Marketingaktionen ansprechen und daher ist eine Eingrenzung unumgänglich. Ältere Menschen erreichen Sie beispielsweise über andere Medien als Schüler. Die Art der Ansprache wird ebenfalls eine andere sein – nicht jeder Werbespruch passt zu jeder Zielgruppe. Menschen mit hohem Einkommen interessieren sich für andere Produkte und Leistungen als Menschen, die täglich darum kämpfen, mit ihren knappen Mitteln „über die Runden" zu kommen. Wollen Sie beispielsweise Dienstleistungen im Bildungsbereich anbieten, spielt auch das Bildungsniveau der potenziellen Kunden eine Rolle. Menschen mit einem hohen oder mittleren Bildungsniveau sind nachweislich eher an Weiterbildungen interessiert als Menschen mit einem niedrigen Bildungsniveau.

Nachdem Sie nun Ihren relevanten Markt bestimmt und Ihre Zielgruppe eingegrenzt haben, können Sie dazu übergehen, dass Marktpotenzial zu ermitteln. Versuchen Sie, möglichst genau zu erarbeiten, wie viele potenzielle Kunden es in Ihrem relevanten Markt gibt und wie hoch deren Kaufkraft ist. Dies ist mitunter sehr schwierig. Hilfe können Sie bei den Verbänden Ihrer Branche bekommen. Auch Banken und Sparkassen oder die Kammern können Ihnen hilfreiche Informationen zur Verfügung stellen. Insbesondere wenn Sie Privatkunden bedienen möchten, können die Statistischen Ämter eine weitere Anlaufstelle sein. Zählen zu Ihrer Zielgruppe beispielsweise Frauen im Alter zwischen 18 und 30 Jahren in einer bestimmten Stadt, kann Ihnen das Statistische Amt Ihrer Gemeinde Auskunft über die Anzahl der in dieser Gemeinde lebenden potenziellen Kundinnen geben. Zur Kaufkraft in einer bestimmten Region können Ihnen in aller Regel die Wirtschaftsförderungsämter Näheres sagen.

Recherchieren Sie auch, wie die aktuelle Lage der Branche sich darstellt und wie sie sich entwickelt. Wie hoch sind Gesamtumsatz und Absatz der Branche und wie wird sich die Branche entwickeln? Wie entwickeln sich die Bedürfnisse der Abnehmer? Wie entwickeln sich Preise, Rendite und Kosten? Ist ein Wachstum zu erwarten, stagniert die Branche oder schrumpft sie sogar? Je schwieriger das Branchenumfeld ist, umso wichtiger ist es herauszustellen, warum gerade Sie trotz der schwierigen Lage erfolgreich sein werden. Finden Sie auch heraus, welchen Trends die Branche aktuell und in Zukunft unterliegen wird. Neben den bereits oben genannten Informationsquellen können Sie Fachzeitschriften, Messen, Datenbanken und Bibliotheken nutzen.

Aufbauend auf den vorhandenen Informationen können Sie dazu übergehen, die eigenen Absatzmöglichkeiten auszuloten. Wenn Sie wissen, wer Ihre Kunden sind, wie viele potenzielle Kunden es gibt und wie sich die Branche entwickelt, können Sie ermitteln, wie Ihre Absatzchancen stehen. Wesentliche Anhaltspunkte können Ihnen hier branchenübliche Werte bieten. Auch diese Informationen können Sie in den oben genannten Quellen recherchieren. Darüber hinaus können auch Unternehmens- und Steuerberater weiterhelfen. Die branchenüblichen Werte sind jedoch nur zur Orientierung geeignet. Ein neu gegründetes Unternehmen wird häufig nicht gleich von Beginn an die Umsätze erwirtschaften können wie ein bereits gut etabliertes Unternehmen. Zumindest in der Anfangsphase kann also nicht gleich mit durchschnittlichen Branchenwerten gerechnet werden. Zudem spielt auch die Wettbewerbssituation am konkreten Standort eine wichtige Rolle.

Es ist somit in diesem Zusammenhang auch der Standort zu bestimmen (vgl. Kapitel 12: Standort).

Setzen Sie sich anschließend systematisch mit der dortigen Wettbewerbssituation auseinander. Wollen Sie Ihre Produkte oder Leistungen regional oder sogar bundesweit anbieten, ist die Wettbewerbssituation in Ihrem gesamten Absatzgebiet zu untersuchen. Beantworten Sie die Fragen:

- Wer sind die wichtigsten Konkurrenten? (Namen, Image, seit wann tätig etc.)

- Was bieten diese genau an (Produkte, Service, Zusatzleistungen, Öffnungszeiten etc.)?

- Wie unterscheiden Sie sich?

- Was unterscheidet die Erfolgreichen der Branche von den weniger Erfolgreichen?

- (Wie) werden die Mitbewerber auf Ihren Markteintritt reagieren?

Erarbeiten Sie eine Stärken-/Schwächen Analyse, in die Sie auch das eigene Angebot einbeziehen.

Nun ist es durchaus denkbar, dass in Ihrem Markt zu viele Wettbewerber tätig sind, um alle einzeln zu analysieren. In diesem Fall suchen Sie sich die wichtigsten Konkurrenten heraus. Untersuchen Sie, wie erfolgreich neu gegründete Unternehmen der gleichen Branche an ihrem Standort sind. Betrachten Sie darüber hinaus – wie bereits oben erwähnt – die größeren erfolgreichen Unternehmen und versuchen Sie herauszufinden, warum andere Unternehmen in diesem Bereich gescheitert sind. Vergessen Sie auch nicht die Wettbewerber in die Untersuchung einzubeziehen, die auf den ersten Blick nicht als Konkurrenten erscheinen – weil es sich z. B. um öffentliche Einrichtungen handelt oder weil sie nicht das gleiche, wohl aber ein ähnliches Angebot vorhalten.

Wollen Sie beispielsweise Schulungen für Firmen- oder Privatkunden anbieten, treten Sie in Wettbewerb zu den Kammern, den Volkshochschulen usw. Insbesondere preislich werden Sie mit den Volkshochschulen, die einen öffentlichen Auftrag verfolgen, nicht mithalten können. Es geht also darum, überzeugend herauszuarbeiten, warum die potenziellen Kunden bei Ihnen mehr bezahlen werden und welchen Mehrwert Sie bieten.

Als künftiger Kioskbetreiber konkurrieren Sie mit den Lebensmitteleinzelhandelsgeschäften der Umgebung ebenso wie mit Lotto-Geschäften, Tankstellen und Bäckereien.

Als Handwerker müssen Sie sich nicht nur gegen Wettbewerber, sondern – je nach Tätigkeit – auch gegen „Schwarzarbeiter" durchsetzen, die in Konkurrenz zu den legal arbeitenden Unternehmen treten.

Die bereits genannten Quellen werden im Rahmen der Wettbewerbsanalyse nicht ausreichen, um eine Stärken-/Schwächen-Analyse vorzunehmen. Eine umfassende Untersuchung in Auftrag zu geben, kommt in aller Regel aus finanziellen Gründen nicht in Betracht. Darum gilt es hier, kreativ zu sein und eigene Informationen zu recherchieren. Es spricht nichts dagegen, die Wettbewerber selbst zu befragen. Verständlicherweise werden diese wenig Interesse daran haben, Ihnen die erwünschten Informationen zur Verfügung zu stellen, wenn Sie sich als künftiger Wettbewerber zu erkennen geben. Dies ist jedoch nicht nötig. Bekunden Sie einfach Ihr Interesse an dem Angebot Ihrer Konkurrenten – tatsächlich haben Sie ja ein ehrliches Interesse daran, wenn auch nicht als potenzieller Kunde. Fragen Sie beispielsweise nach Lieferzeiten, besonderem Kundenservice, Zahlungsmodalitäten, Kulanzverhalten usw. Jeder Wettbewerber wird Ihnen bereitwillig Auskunft erteilen. Auch können Sie in kleinerem Rahmen Testeinkäufe vornehmen und selbst beurteilen, wie rasch, kompetent und freundlich Sie bedient werden.

7.4.5 Rechtsform und rechtliche Rahmenbedingungen

In diesem Kapitel beschreiben Sie, für welche Rechtsform Sie sich entschieden haben und warum. Die richtige Rechtsform hängt von zahlreichen Kriterien und Fragestellungen ab:

- Wollen Sie allein oder mit gleichberechtigten Partnern gründen, wer soll Verantwortung tragen?
- Wie viel Kapital steht zur Verfügung?

- Benötigen Sie Fremdkapital? In welcher Höhe? Welche Sicherheiten sind vorhanden?

- Ist Ihnen die Beschränkung der Haftung wichtig?

- Welche Rolle spielt das Image der Rechtsform?

- Wie wichtig sind die steuerlichen Aspekte?

- Wollen Sie möglichst geringe Formalitäten und Kosten bei der Gründung?

- In welcher Höhe fallen rechtsformabhängige Folgekosten an?

- Ist eine vereinfachte Buchführung wichtig?

Die rechtlichen Rahmenbedingungen spielen sowohl vor der Gründung eine Rolle als auch danach. Hier beschreiben Sie beispielsweise, ob Ihr Vorhaben genehmigungspflichtig ist, welche Genehmigungen benötigt werden und ob Sie die nötigen Voraussetzungen erfüllen. Des Weiteren könnten an dem geplanten Standort bestimmte Auflagen zu erfüllen sein. Bei diesen Fragen kann Ihnen das Gewerbe-, Ordnungs- und/oder Bauamt Ihrer Gemeinde weiterhelfen.

Für einige Berufe gilt darüber hinaus ein besonderes Standesrecht, das es zu beachten gilt (z. B. für Rechtsanwälte).

In jedem Tätigkeitsbereich gibt es spezifische Rechte und Pflichten, mit denen die jeweiligen Unternehmer regelmäßig im Tagesgeschäft konfrontiert werden. Dies könnten beispielsweise Vorschriften zur Lagerung und Kühlung von Lebensmitteln, die Rücknahme von Pfandgut, die Abfallentsorgung, Widerrufsrechte, Hygienevorschriften, wettbewerbsrechtliche Besonderheiten usw. sein.

Erkundigen Sie sich bei Kammern und Verbänden, was es in Ihrer Branche speziell zu beachten gilt und stellen Sie in Ihrem Businessplan dar, dass Sie entsprechend informiert sind und wie Sie sicherstellen, die geltenden Regeln einzuhalten.

7.4.6 Betriebsorganisation/Personal

In diesem Kapitel geht es einerseits um die Aufbauorganisation des künftigen Unternehmens und andererseits um die Ablauforganisation. Mit Aufbauorganisation ist die hierarchische Ordnung innerhalb des Unternehmens gemeint. In einem ersten Schritt wird die Gesamtaufgabe des Betriebes analysiert und in Teilaufgaben zerlegt. Diese werden in einem zweiten Schritt sinnvoll zu einzelnen Arbeitsstellen zusammengefasst.

Im Rahmen der Ablauforganisation hingegen werden die einzelnen Arbeitsprozesse gestaltet und die Fragen beantwortet, wann, wo, wie und durch wen welche Aufgaben zu erledigen sind.

Der hierarchische Aufbau des Unternehmens wird sinnvoller Weise nur dann dargestellt, wenn Sie Ihre Gründungsidee nicht allein umsetzen wollen. Sind Sie allein verantwortlich, liegt es auf der Hand, dass Sie sämtliche Unternehmensbereiche selbst steuern und auch das Tagesgeschäft erledigen. Ein Organigramm wäre entbehrlich, weil alle Unternehmensbereiche durch eine einzige Person abgedeckt werden.

In anderen Fällen veranschaulicht ein Organigramm die Struktur des Unternehmens. Es gibt verschiedene Organisationsformen, zwischen denen Sie wählen können, wobei die geeignete Form von der Art des Unternehmens und seinen Märkten abhängt.

Eine sehr häufige Organisationsform ist das so genannte Einliniensystem. Das Einliniensystem eignet sich besonders für kleinere Unternehmen. Es basiert auf dem Gedanken der „Einheitlichkeit der Auftragserteilung". Jede Stelle erhält Anweisungen nur von einer übergeordneten Instanz. Der Dienstweg verläuft von der Unternehmensleitung über die Abteilungsleitungen bis hin zur ausführenden Stelle und umgekehrt. Auf diese Weise werden verschiedene, womöglich widersprüchliche Anweisungen vermieden. In kleinen Unternehmen verschafft dieses System übersichtliche, klare und eindeutige Verhältnisse. Für die ganz überwiegende Zahl der Existenzgründer ist das Einliniensystem die geeignete Organisationsform zum Einstieg. Aus diesem Grund sollen alternative Möglichkeiten, die eher für größere mittelständische und große Unternehmen in Frage kommen, nur in Kurzform vorgestellt werden.

In großen Unternehmen wird durch das Einliniensystem der Dienstweg häufig zu lang, Informationen gehen ebenso verloren wie

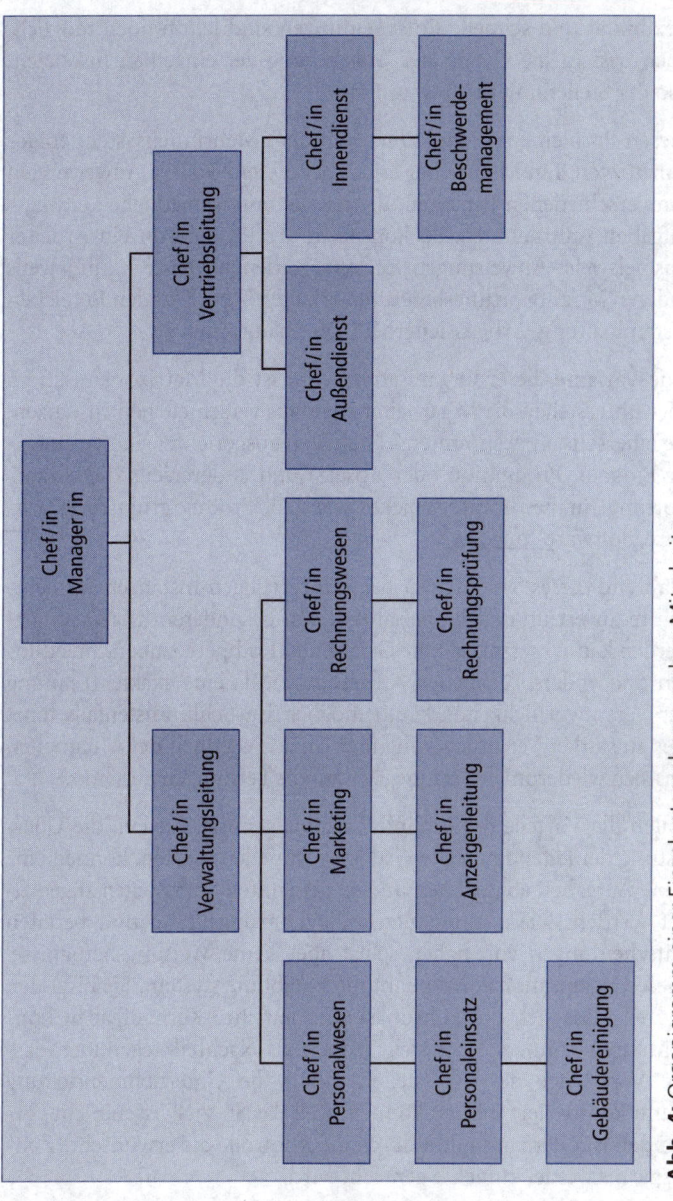

Abb. 4: Organigramm einer Einzelunternehmung ohne Mitarbeiter

Flexibilität und schnelle Entscheidungen sind kaum noch möglich. Auch besteht die Gefahr der Überlastung der einzelnen Instanzen, also der Stellen mit Leitungsfunktion.

Diesen Problemen versucht man mit dem Mehrliniensystem entgegenzutreten. Ein Mitarbeiter erhält bei diesem System Anweisungen von verschiedenen Personen, die jeweils unterschiedliche Leitungsaufgaben wahrnehmen. So könnte in der Produktion ein Arbeiter beispielsweise Anweisungen von verschiedenen Meistern mit jeweils anderen Verantwortungsbereichen erhalten – etwa zu den Bereichen Instandhaltung, Arbeitssicherheit, Durchlaufzeiten etc.

Eine Variante dieser Organisationsform ist die Matrixorganisation. Hier unterstehen die Mitarbeiter ebenfalls verschiedenen Instanzen, die einerseits an bestimmten Tätigkeiten ausgerichtet sind (z. B. Leiter Einkauf, Produktion oder Absatz) und andererseits die Verantwortung für bestimmte Objekte wie z. B. Produktgruppen (Hardware, Software) tragen.

Während dieses System zwar den schwerfälligen Instanzenweg deutlich reduziert und auch Spezialwissen in besonderem Maße genutzt werden kann, besteht hier die Gefahr von Kompetenzüberschneidungen und widersprüchlichen Anweisungen, da eine exakte Trennung der Verantwortlichkeiten kaum möglich ist. Schlimmstenfalls führt dies zu starker Verunsicherung und Unzufriedenheit der Mitarbeiter, was sich wiederum äußerst negativ auf die Leistungen auswirkt.

Sollen die Vorteile des Einliniensystems genutzt werden, die Überlastung der leitenden Stellen jedoch vermieden werden, können einzelne Aufgaben abgespalten und so genannten Stabsstellen zugeordnet werden. Diese unterstützen die Führungskräfte und bereiten Entscheidungen vor, haben selbst aber keine Weisungsbefugnisse. Diese Organisationsform nennt man Stabliniensystem. Sie birgt den Vorteil, dass sich die Führungskräfte auf ihre Kernaufgaben konzentrieren können. Dem steht jedoch als Nachteil gegenüber, dass die Vorschläge der Stabsstellen durch die Unternehmensleitung kaum kontrolliert werden können, weil das Spezialwissen nicht vorhanden ist oder zumindest durch die Kontrolle die erwünschte Zeitersparnis wieder zunichte gemacht wird.

Eine Organisationsform, die sich in großen Unternehmen mit einem stark variierenden Produktionsprogramm anbietet, ist die Spartenorganisation. Beispielsweise werden hier für verschiedene Produkte oder Produktgruppen Sparten mit eigenen Verantwortungsbereichen gebildet. Den Sparten A, B und C werden etwa eine eigene Einkaufs- und Verkaufsabteilung zugeordnet. Vielfach ist es auch so, dass die einzelnen Sparten als selbständige Teilbereiche des Unternehmens mit eigener Ergebnisverantwortung geführt werden. Man spricht in diesem Zusammenhang von so genannten Profitcentern. Die Vorteile liegen insbesondere in klar abgegrenzten Verantwortungsbereichen und einem stärkeren Verantwortungsbewusstsein der Instanzen, vorausgesetzt die Verantwortlichen können die Ergebnisse beeinflussen und sind mit ausreichenden Kompetenzen ausgestattet.

Die oben genannten Organisationsformen werden – mit Ausnahme des Einliniensystems – für Sie als Gründer aller Voraussicht nach zunächst nicht von Interesse sein, weil sie allesamt eher auf größere Unternehmen ausgelegt sind. Allerdings erstreckt sich Ihre Planung schon von Beginn an mindestens über 3 Jahre. Sofern Sie also in einem Wachstumsmarkt gründen, können daher in diesem Zeitraum durchaus die „Probleme" eines raschen Wachstums auf Sie zukommen. „Zu rasches Wachstum? Die Probleme möchte ich haben!", werden Sie jetzt vielleicht denken. Es ist aber eine Tatsache, dass zu rasches Wachstum als Risiko angesehen werden muss und das Unternehmen gefährden kann, wenn die Leitung sich nicht angemessen darauf vorbereitet. In Wachstumsmärkten ist es also absolut sinnvoll, bereits frühzeitig eine Strategie für das spätere Wachstum zu erarbeiten, wozu auch eine passende Organisationsform gehört. Die allermeisten Gründer werden sich mit diesem Thema jedoch zunächst nicht näher befassen müssen.

Die Ablauforganisation baut auf den Ergebnissen der Aufbauorganisation auf. Es wurde bereits die Gesamtaufgabe des Betriebes analysiert und in Teilaufgaben zerlegt. Aufgabe der Ablauforganisation ist es nun, die konkreten Tätigkeiten, die zur Erfüllung der Teilaufgaben zu erledigen sind, festzulegen, effiziente Arbeitsabläufe zu schaffen und die Verbindung zwischen den Teilaufgaben herzustellen. Das heißt, Sie müssen sich Gedanken darüber machen:

- welche Tätigkeiten im Unternehmen zur Erfüllung der Aufgaben anfallen werden,

- in welcher Reihenfolge diese Tätigkeiten erledigt werden müssen,

- wie viel Zeit die einzelnen Tätigkeiten voraussichtlich in Anspruch nehmen werden,

- bis zu welchen Zeitpunkten die Aufgaben erledigt werden müssen (z. B. Steuertermine, Lieferfristen etc.),

- wo genau diese Tätigkeiten zweckmäßigerweise erledigt werden sollen, um möglichst wirtschaftlich zu arbeiten und kurze Wege zu gewährleisten,

- welche Tätigkeiten zu einer Arbeitsstelle zusammengefasst werden können.

Der nächste Schritt ist die Zuordnung geeigneter Personen zu den vorher bestimmten Stellen, sofern Sie einen Personalbedarf ermittelt haben, d. h. die Unternehmensaufgabe nicht allein lösen können.

Das Personalwesen ist einer der sensibelsten und schwierigsten Bereiche – nicht nur – in jungen Unternehmen. Existenzgründer vernachlässigen dieses Thema leider recht häufig, weil ein entsprechendes Problembewusstsein fehlt. Angesichts der hohen Zahl von arbeitslosen oder unterbeschäftigten Menschen in Deutschland dürfte es doch kein Problem sein, bei Bedarf geeignete Mitarbeiter zu finden – so die häufige, sehr verständliche aber ebenso falsche Einschätzung von Gründern und Jungunternehmern. Qualifizierte und motivierte Mitarbeiter gehören zu den wichtigsten Ressourcen eines jeden Unternehmens und sind ein entscheidender Wettbewerbsfaktor. Fehlinvestitionen in Personal können einen immensen Schaden anrichten und darum ist auch hier eine sorgfältige Planung unbedingt ratsam.

Schon in Ihrem Businessplan sollten Sie folgende Fragen beantworten, wenn Sie künftig Personal benötigen:

- Wie sieht Ihre Personalbedarfsplanung aus? Werden Sie zu Beginn oder später Mitarbeiter benötigen? Wenn ja, wie viele Mitarbeiter?

- Welche Art von Zusammenarbeit ist geplant (Festanstellung, Vollzeit, Teilzeit, Minijobs, Zeitarbeit, Freie Mitarbeit)?

- Welche Qualifikationen – fachlich und persönlich – müssen die Mitarbeiter mitbringen?

- Brauchen Sie Mitarbeiter mit Spezialwissen?

- Wie gewährleisten Sie, dass keine Abhängigkeit von diesen Mitarbeitern besteht?

- Haben Sie an Vertretungsregelungen gedacht (Urlaub/Krankheit)?

- Sind (regelmäßige) Schulungsmaßnahmen erforderlich und vorgesehen?

- Werden Sie kurzfristig geeignete Mitarbeiter finden und diese auch langfristig bezahlen können?

- Wie hoch sind die üblichen Löhne und Gehälter? Welche Sozialleistungen fallen an und wie hoch sind die Arbeitgeberanteile zu den Sozialversicherungen?

- Wie schützen Sie sich und Ihr Unternehmen vor Vertrauensschäden (z. B. Diebstahl)?

- Gibt es die Möglichkeit, Zuschüsse zu den Personalkosten zu beantragen? Liegen die Voraussetzungen für die Gewährung in Ihrem Fall vor?

- Welche arbeitsrechtlichen Aspekte müssen Sie berücksichtigen?

- Wie werden Ihre Arbeitsverträge aussehen? Sind diese rechtssicher?

Planen Sie die Umsetzung Ihrer Gründungsidee vollständig ohne Personal, ist auf jeden Fall darzulegen, dass Sie alle Aufgaben allein bewältigen können. Zudem wird – spätestens im Bankgespräch – zu Recht die Frage aufkommen, wer das Unternehmen führt, wenn Sie beispielsweise krankheitsbedingt für längere Zeit ausfallen. Dieses Problem muss – schon in Ihrem eigenen Interesse – im Vorfeld gelöst werden.

7.4.7 Marketing

Aufbauend auf den bisher erarbeiteten Informationen – insbesondere zum Thema Markt und Wettbewerb – gilt es nun, eine geeignete Marketingstrategie und entsprechende Maßnahmen zu deren Umsetzung festzulegen. Hier ist gerade bei Existenzgründern Kreativität gefragt, um auch mit einem kleinen Budget gute Erfolge zu erzielen.

Neben dem Erscheinungsbild des künftigen Unternehmens müssen Sie sich an dieser Stelle eine Erfolg versprechende Markteintrittsstrategie sowie laufende Marketingmaßnahmen überlegen und anschließend die Kosten hierfür ermitteln. Im Rahmen Ihres Marketings geht es um die konsequente Orientierung an den Markterfordernissen, wie der Begriff schon vermuten lässt. Während früher Produkte hergestellt wurden, für die sodann Käufer gefunden werden mussten, geht es heute im Marketing darum, von vornherein die Bedürfnisse des Marktes zu berücksichtigen und die Produkte darauf abzustimmen. Ihre Marketingziele leiten sich aus den Unternehmenszielen ab. Umgekehrt betrifft Ihr Marketing aber auch sämtliche Unternehmensbereiche.

Das Marketing basiert auf 4 Säulen:

- Produktpolitik,
- Distributionspolitik,
- Kontrahierungspolitik und
- Kommunikationspolitik.

Mitunter finden sich für diese Bereiche auch die Bezeichnungen:

- Produkte/Dienstleistungen (Produktpolitik),
- Vertrieb/Verkauf (Distributionspolitik),
- Preise (Kontrahierungspolitik) und
- Werbung (Kommunikationspolitik).

Von den Begriffen her wird hier deutlicher, was gemeint ist. Ganz richtig sind diese Bezeichnungen jedoch nicht. So ist die Werbung beispielsweise nur eines der Instrumente der Kommunikationspolitik. Ich erwähne dies deshalb, weil es schnell zu Verständnisproblemen kommt, wenn Gründer sich tiefer in ein bestimmtes Thema einarbeiten möchten und dann auf die unterschiedlichsten Begrifflichkeiten stoßen. Dies stiftet Verwirrung und kostet Zeit – ein Gut, das gerade Existenzgründer nicht im Überfluss haben.

Teure Marketingfehler begehen nicht nur Existenzgründer und Jungunternehmer, sondern auch etablierte und große Unternehmen. Während diese jedoch in aller Regel ausreichend Mittel zur Verfügung haben, um auf ihre Marketingfehler zu reagieren und daraus zu lernen, können einem Existenzgründer Marketingfehler rasch „das Genick brechen".

Häufige Marketingfehler von Existenzgründern sind:

- **Keine oder zu geringe Marktorientierung** – die Frage nach der Marktakzeptanz der Produkte und Dienstleistungen wird häufig vernachlässigt. Es ist oft nicht bekannt, ob die Angebote angenommen werden, wer genau die Kunden sind (Zielgruppenbestimmung) und wie diese gewonnen werden sollen. Die alte Weisheit „ein gutes Produkt verkauft sich von allein" kann zumindest für die Anfangsphase keine Gültigkeit haben und zudem ist ein gutes Produkt auch nur so lange gut, bis es ein Besseres gibt. Ständige Markt- und Konkurrenzbeobachtung ist somit ein absolutes „Muss".

- **Schwächen im Absatz und Vertrieb** – häufig ist die Absatzplanung deutlich zu optimistisch. Gerade Existenzgründer dürfen nicht davon ausgehen, dass sie sämtliche Produkte auch kurzfristig absetzen oder als Dienstleister von vornherein voll ausgelastet sind. Ein weiteres Problem sind die häufigen Schwächen im Vertrieb. Viele Existenzgründer sind hoch motiviert, verkaufen einwandfreie Produkte oder erbringen erstklassige Dienstleistungen – haben aber Probleme, die Produkte oder sich selbst als Dienstleister überzeugend zu verkaufen. Ein erstklassiger Verkäufer mit einem mittelmäßigen Produkt ist oftmals gegenüber einem Spitzenprodukt – angepriesen durch einen mittelmäßigen Verkäufer – die bessere Kombination.

- **Unsystematische Akquisetätigkeiten** – potenzielle Zielgruppen werden oftmals nicht systematisch angesprochen, sodass die Maßnahmen unkoordiniert ausfallen. Es wird an verschiedenen

Stellen und über verschiedene Medien versucht, neue Kunden zu gewinnen. Vereinzelte Annoncen – womöglich in unterschiedlichen Medien – einige Informationen auf der Homepage und das ein oder andere Telefonat mit dem Ziel der Kundengewinnung haben jedoch nichts mit einer systematischen Vorgehensweise zu tun. Sie kosten Zeit und Geld und sind kaum Erfolg versprechend.

- **Fehlendes Controlling** – dieses Problem hängt eng mit der oftmals unsystematischen Vorgehensweise zusammen. Auch das Marketing sollte – wie alle Unternehmensbereiche – kontinuierlich verbessert werden. Dies wird aber nur gelingen, wenn Schwachstellen offenbar werden. Es ist also erforderlich, den Erfolg der verschiedenen Marketingaktivitäten zu kontrollieren und – bei Misserfolg – die Gründe hierfür festzustellen, um daraus zu lernen. Die wenigsten Existenzgründer jedoch messen den Erfolg ihrer Maßnahmen, die meisten wissen nicht genau, was eine Maßnahme gekostet hat und was sie eingebracht hat. Oftmals werden nicht einmal entsprechende Ziele festgelegt. Bei dieser Vorgehensweise jedoch bleiben künftige Erfolge dem Zufall überlassen und die finanziellen Mittel werden nicht wirtschaftlich eingesetzt.

- **Fehlendes Unternehmensprofil** – aus dem mehr als verständlichen Wunsch heraus, möglichst viele Kunden zu gewinnen, erfolgt oftmals keine Konzentration auf die Kernkompetenzen. Das Angebot wird zu breit gefächert. Wer jedoch in seinem Bereich einen Bauchladen voller Produkte oder Leistungen anbietet (und nicht gerade ein Warenhaus eröffnet), vermittelt dem Kunden wenig Vertrauen in das eigene Angebot. Dies gilt in besonderem Maße für Dienstleister. Wer (fast) alles anbietet, kann in keinem Bereich wirklich gut sein und somit sucht der Kunde sich für sein gutes Geld lieber einen Spezialisten zur Lösung seines Problems – auch wenn dessen Leistungen mehr kosten.

- **Sparen am falschen Ende** – natürlich kann es sich ein Existenzgründer in aller Regel zu Beginn finanziell nicht leisten, eine professionelle Werbeagentur zu beauftragen. Dies ist auch nicht erforderlich. Das andere Extrem aber endet oft in dem Versuch,

überhaupt kein Geld in das Marketing zu investieren und stattdessen alles selbst machen zu wollen. Dieser Anfangsfehler
kommt Gründer fast ausnahmslos teuer zu stehen und führt im
schlimmsten Fall zum schnellen Ende des jungen Unternehmens.
Wer tatsächlich von dem eigenen Internetauftritt über das Brief-
papier und die Visitenkarten bis hin zum Prospektmaterial inklusive der Texte alles komplett selbst in die Hand nimmt, verschenkt die unschätzbare Chance des guten ersten Eindrucks –
eine Chance, die jeder Mensch nur einmal hat. Hat der Kunde
erst einmal aufgrund eines unprofessionellen Auftritts einen negativen Eindruck gewonnen, ist es für Gründer kaum noch möglich, diesen später zu revidieren. Wie soll der Kunde von erstklas-
sigen Leistungen überzeugt werden, wenn schon der komplette
Außenauftritt fehlende Professionalität kommuniziert und insgesamt einen eher schlechten Eindruck macht? Nicht selten stecken
Existenzgründer unglaublich viel wertvolle Zeit und Energie in
ihren selbst kreierten Auftritt – nur um sich dann später eines
Besseren belehren zu lassen und letzten Endes doch Geld für professionelle Arbeiten auszugeben. Diese Zeit hätte sinnvoller genutzt werden können – nämlich um Geld zu verdienen, statt es
an falscher Stelle zu sparen.

- **Falsche Preisvorstellungen** – in verschiedenen Veröffentlichungen für Existenzgründer werden zu hohe Preisvorstellungen als
  einer der typischen Marketingfehler benannt. Dies ist richtig,
  wenn die Marktpreise der Wettbewerber niedriger sind oder die
  Konkurrenten deutliche Wettbewerbsvorsprünge haben. Akzeptiert der Kunde die (zu hohen) Preise nicht und hat ausreichend
  Alternativen, wird er das Angebot nicht annehmen. Die Praxis
  zeigt jedoch, dass umgekehrt auch zu niedrige oder uneinheitliche Preise oft zum Problem werden. Gerade Dienstleister begehen häufig den Fehler, erste Kunden (nur) über den Preis gewinnen zu wollen. Dies kann fatal sein. In den Köpfen der Menschen
  ist immer noch der Gedanke verankert, „was nichts kostet, ist
  auch nichts" – und das, obwohl „Geiz geil" zu sein scheint. Es ist
  zwar nichts gegen Eröffnungsangebote oder Ähnliches zu sagen –
  ein durchweg niedriges Preisniveau allerdings muss zur Ziel-

gruppe passen. Ist dies nicht der Fall, werden selbst die besten „Schnäppchen" nicht vom Kunden angenommen. Ähnlich fatal sind unterschiedliche Preise bei identischen Leistungen. Spricht sich diese Preisgestaltung erst einmal herum, wird sich so mancher Kunde benachteiligt fühlen und zu Recht verärgert sein.

■ **Fehlende Planung – schlechtes Zeitmanagement** – üblicherweise beansprucht das Tagesgeschäft einen Jungunternehmer sehr stark. Es werden voller Enthusiasmus Produkte verkauft und Aufträge erledigt, um Geld zu verdienen. Dagegen ist natürlich auch nichts zu sagen. Allerdings darf neben dem anstrengenden Tagesgeschäft das Marketing nicht vernachlässigt werden. In Zeiten guter Beschäftigung bleibt das Marketing nur allzu oft aus Zeitgründen „auf der Strecke". Sehr häufig kümmern sich Jungunternehmer erst dann um neue Kunden, wenn sie diese dringend brauchen. Dann aber ist es zu spät. Ihre Marketingmaßnahmen werden nicht sofort Wirkung zeigen, neue Kunden werden nicht „von heute auf morgen" gewonnen und darum muss man sich schon bei guter Auslastung um neue Kunden bemühen.

Bei der Ausarbeitung eines Marketingplanes kann eine Software gute Dienste leisten. So ist ein strukturiertes Vorgehen gewährleistet und Sie können sicher stellen, dass die wichtigsten Fragen beantwortet werden.

7.4.8 Versicherungen und Pflichtmitgliedschaften

Bestehende Pflichtmitgliedschaften sind in Ihrem Businessplan vor allem hinsichtlich der Kosten von Bedeutung, die in der Finanzplanung berücksichtigt werden müssen. Zudem müssen Sie sich unter Umständen selbst um die Anmeldeverfahren kümmern.

Jeder Gewerbetreibende ist Pflichtmitglied in der zuständigen Industrie- und Handelskammer. Handwerker sind Pflichtmitglied in der jeweiligen Handwerkskammer.

Eine weitere Pflichtmitgliedschaft, deren Notwendigkeit im Einzelfall geprüft werden muss, ist die in der zuständigen Berufsgenossenschaft. Häufig sind Unternehmer, die keine Mitarbeiter beschäftigen, nicht verpflichtet, sich dort zu versichern, können dieses aber auf freiwilliger Basis tun. Mitunter muss aber auch schon der allein tätige Unternehmer Mitglied in der Berufsgenossenschaft werden. Grundsätzlich muss innerhalb einer Woche nach Aufnahme der Tätigkeit eine Anmeldung bei der Berufsgenossenschaft erfolgen. Dies empfiehlt sich zur Sicherheit auf jeden Fall, auch wenn die Berufsgenossenschaft ohnehin durch das Gewerbeamt über die Existenzgründung informiert wird. Wer nicht sicher ist, welche Berufsgenossenschaft zuständig ist, kann sich bei dem Hauptverband der gewerblichen Berufsgenossenschaften hierüber informieren. Die Bezeichnung „gewerbliche Berufsgenossenschaften" kann in die Irre führen, weil der Verband nicht nur für Gewerbetreibende, sondern auch für Freiberufler der richtige Ansprechpartner ist.

Besondere Pflichtmitgliedschaften gibt es für bestimmte Freiberufler. Für die Selbständigen in den so genannten kammerfähigen Berufen begründet die Niederlassung eine Pflichtmitgliedschaft in der jeweiligen Kammer. Dies gilt z. B. für Berufe wie Ärzte, Apotheker, Notare, Rechtsanwälte, Architekten usw.

Versicherungen sind notwendig und ein nicht unerheblicher Kostenfaktor und müssen deshalb in Ihrem Businessplan berücksichtigt werden. Das unternehmerische Risiko selbst kann Ihnen niemand abnehmen und einen Versicherungsschutz gibt es hierfür auch nicht. Darüber hinaus aber federn geeignete Versicherungen die existenziellen Risiken Ihrer Tätigkeit ab.

Viele Privatpersonen und Unternehmer zahlen Jahr für Jahr sehr hohe Versicherungsprämien. Sie sind einerseits übersichert, haben aber häufig dennoch die wichtigsten Risiken nicht abgesichert. Darüber hinaus machen Prämienunterschiede von bis zu 400% oder noch mehr sorgfältige Versicherungsvergleiche nötig. Vermeiden Sie den Fehler, geschätzte Pauschalbeträge für Versicherungen in Ihre Finanzplanung einzubeziehen. Die Versicherungsbeiträge werden in aller Regel deutlich unterschätzt und deshalb sollten schon im Rahmen der Gründungsplanung konkrete Angebote eingeholt werden.

Im Rahmen Ihres Konzeptes ist zunächst zu prüfen, welchen Risiken Sie sich im Rahmen Ihrer Geschäftstätigkeit überhaupt aussetzen. Im nächsten Schritt sollten Überlegungen folgen, ob und welche Risiken durch vorbeugende Maßnahmen verhindert oder gemildert werden können. Die dann verbleibenden, existenziellen Risiken, bei deren Eintritt also Ihre wirtschaftliche Existenz gefährdet wäre, müssen auf jeden Fall abgesichert werden.

Das Konzept sollte aber nicht nur Überlegungen zu den betrieblichen Risiken umfassen, sondern auch den privaten Bereich – also Ihre soziale Absicherung – mit einschließen.

Ausführlichere Informationen hierzu finden Sie im Kapitel 15: „Versicherungen und Altersvorsorge".

7.4.9 Steuern

Die künftige Steuerbelastung des Unternehmens hängt von verschiedenen Faktoren ab. Solange Sie noch keine Planzahlen erarbeitet haben, können über die Höhe späterer Steuerzahlungen noch keine Aussagen gemacht werden. Von besonderer Bedeutung sind die künftigen Belastungen und deren Fälligkeitstermine für Ihre Liquiditätsplanung.

Es fällt sicher nicht schwer, sich vorzustellen, dass die Finanzämter wenig Verständnis dafür haben, wenn fällige Steuern nicht bezahlt werden. Darum ist der Bereich Steuern mit besonderer Sorgfalt anzugehen. Sie sind selbst dafür verantwortlich, rechtzeitig Ihre Erklärungen und Anmeldungen abzugeben und für fristgerechte Zahlungen zu sorgen – selbst dann, wenn Sie einen Steuerberater mit Ihren Angelegenheiten beauftragen. Einen Überblick über die steuerliche Situation sollte jeder Unternehmer behalten.

Die Finanzbehörden haben unter den Gläubigern einen besonderen Status. Anders als andere Gläubiger können diese selbst die Vollstreckung fälliger Forderungen vornehmen, ohne sie vorher gerichtlich einklagen zu müssen. Bei verspäteter Zahlung werden Säumniszuschläge fällig.

In Ihrem Businessplan ist zunächst darzulegen, welche Steuerarten für Sie überhaupt relevant sind. Nachdem Sie Ihre Ergebnisplanung erstellt haben, können Sie auch erste Aussagen über die Höhe der Steuerzahlungen treffen. Die Fälligkeit ist dann im nächsten Schritt in der Liquiditätsplanung zu berücksichtigen.

Je nach Vorhaben müssen Sie nicht unbedingt Steuerprofi sein, um Ihre Belastungen mit einiger Zuverlässigkeit zu ermitteln. Einige Grundkenntnisse sind jedoch unabdingbar (vgl. auch Kapitel 13: Steuern). Beispielsweise können Sie die Berechnung von Umsatzsteuerzahlungen oder Erstattungen problemlos selbst vornehmen. Bei der Berechnung von Lohn- und Einkommensteuer ist der interaktive Abgabenrechner des Bundesfinanzministeriums eine brauchbare Hilfe für eine erste Planung. Grundsätzlich stehen Ihnen auch die Mitarbeiter des zuständigen Finanzamtes – am besten nach vorheriger Terminabsprache – zur Verfügung. Hier zeigt die Praxis allerdings, dass die Hilfestellungen und die Bereitschaft hierzu sehr unterschiedlich ausfallen können. Auf jeden Fall ist es aber sinnvoll, sich frühzeitig mit dem Finanzamt in Verbindung zu setzen. Natürlich dürfen Sie nicht erwarten, dass der jeweilige Sachbearbeiter Ihnen alle Tipps und Tricks verrät, wie Sie mögliche Steuerzahlungen legal umgehen können. Grundsätzliche Fragen werden aber in der Regel gern beantwortet.

7.4.10 Chancen/Risiken

Wo Chancen sind, da sind immer auch Risiken. Keine Existenzgründung ist frei davon, auch wenn einige Anbieter dubioser „Unternehmenskonzepte" dies glauben machen wollen. Nur wer bestehende Risiken frühzeitig erkennt, kann auch rechtzeitig Gegenstrategien und Alternativlösungen erarbeiten. Darum liegt es im ureigenen Interesse eines jeden Gründers, Chancen und Risiken sorgfältig gegeneinander abzuwägen. Nur wenn die Chancen deutlich überwiegen, lohnt sich die Umsetzung des Vorhabens.

Externe Adressaten Ihres Businessplans – insbesondere Banken – werden sich dafür interessieren, ob Sie in der Lage sind, Risiken zu erkennen und verantwortungsbewusst mit ihnen umzugehen.

Oft wird die Frage gestellt, ob es nicht eher negativ wirke, wenn Risiken im Businessplan benannt werden und ob dies nicht die Finanzierung gefährden könne. Die Antwort ist ein klares „Nein". Das Gegenteil ist der Fall. Jeder potenzielle, künftige Geldgeber weiß natürlich, dass es die risikofreie Existenzgründung nicht gibt. Darum hilft es Ihnen überhaupt nicht, offensichtliche Risiken zu verschweigen. Sie dokumentieren Verantwortungsbewusstsein und Weitblick, wenn Sie sich mit diesem Thema auseinander setzen.

Spielen Sie verschiedene Szenarien durch und überlegen sich „was wäre, wenn …". Welche Risiken sind es, die Ihre unternehmerischen Ziele gefährden? Überlegen Sie sich, was Sie tun werden, wenn diese Risiken eintreten. Wie können Sie reagieren?

Welche konkreten Risiken zu berücksichtigen sind, ist individuell zu prüfen. Hier spielen zahlreiche Faktoren eine Rolle wie z. B. die Rechtsform, die Gründerpersönlichkeit, die Branche, die Marktlage, die künftige Kundenzielgruppe usw.

7.4.11 Planrechnungen/ Finanzierung

Die Planrechnungen sind sozusagen das Herzstück Ihres Businessplans und basieren auf den Informationen aus dem vorhergehenden Textteil.

Grundsätzlich sollten Ihre Planzahlen unter Berücksichtigung des Vorsichtsprinzips erstellt werden. Das bedeutet, dass die voraussichtlichen Umsätze eher vorsichtig und zu niedrig angesetzt werden sollten. Die Aufwendungen sind – wenn sie nicht exakt ermittelt werden können – eher großzügig zu schätzen. Darüber hinaus sollte in jedem Fall eine Vorsichtsposition berücksichtigt werden, sodass Sie einen finanziellen Puffer für unvorhersehbare Ausgaben zur Verfügung haben.

Es hilft niemanden – am allerwenigsten Ihnen selbst – wenn Sie Ihre Planzahlen „schön rechnen". Dies kommt des Öfteren vor, wenn Existenzgründer erwarten, ohne beeindruckende Gewinne (auf dem Papier) kein Bankdarlehen zu erhalten. Sind diese Zahlen jedoch unrealistisch, wird dies jeder Geldgeber in kürzester Zeit durchschauen und die Finanzierung ablehnen. Viel besser stehen die Chancen in den Fällen, in denen ein Gründer vorsichtig plant – auch wenn hierdurch zu Beginn planmäßig nur Verluste zu erwarten sind. Dies ist im Rahmen einer Existenzgründung eher die Regel als die Ausnahme und wird sich nicht negativ auf eine Finanzierung auswirken. Eine so genannte Break-even-Rechnung kann aufzeigen, wann Sie mit Ihrem Unternehmen die Gewinnschwelle erreichen werden.

Höchst bedenklich wird es natürlich, wenn überhaupt keine Gewinne abzusehen sind. In diesem Fall ist die Planung zu durchdenken und zu überarbeiten. Stellt sich diese allerdings auch nach nochmaliger Prüfung als realistisch heraus, sollte von dem Gründungsvorhaben Abstand genommen werden. Zwar haben Sie dann Zeit und womöglich auch schon etwas Geld vergeblich investiert – der frühzeitige Ausstieg bewahrt aber vor noch größeren Verlusten und persönlichen Enttäuschungen.

Links zum Thema

http://www.destatis.de – Statistisches Bundesamt Deutschland; http://www.bundesrepublik.org – Informationssystem von Bürgern für Bürger mit zahlreichen Informationen und Anschriften zu öffentlichen Institutionen (z. B. auch den einzelnen Landesämtern für Statistik); http://www.dguv.de – Deutsche Gesetzliche Unfallversicherung inkl. Berufsgenossenschaften; https://www.abgabenrechner.de/ – Bundesministerium der Finanzen – Interaktiver Abgabenrechner; http://www.existenzgruender.de/softwarepaket/– Bundesministerium für Wirtschaft und Technologie – Module aus dem früheren Softwarepaket für Gründer und Jungunternehmer; http://www.mplans.com – Marketingplansoftware, Mustermarketingpläne für verschiedene Branchen und mehr – nur in englischer Sprache.

8. Kapitel

Bringen Sie Ihr Unternehmen in die richtige (Rechts-)Form

In Deutschland kann grundsätzlich die Rechtsform frei gewählt werden. Hiervon gibt es nur wenige Ausnahmen, z. B. für Versicherungsgesellschaften, die im Wesentlichen dem Gläubigerschutz dienen sollen. Allerdings stehen im Rahmen einer Existenzgründung oft nicht alle Rechtsformen tatsächlich zur Verfügung, weil je nach Rechtsform bestimmte Voraussetzungen zu erfüllen sind.

Daher ist zunächst zu prüfen, welche Rechtsformen in dem spezifischen Fall grundsätzlich in Frage kommen. Die Entscheidung für eine bestimmte Rechtsform erfolgt dann in aller Regel langfristig und sollte daher gründlich durchdacht werden. Dabei spielen zahlreiche Faktoren eine Rolle. *Die* optimale Rechtsform für alle Gründungsvorhaben gibt es jedenfalls nicht, wenngleich auch die meisten Existenzgründer nicht ohne Grund als Einzelunternehmer starten. Diese Entscheidung wird in der Regel unter ganz pragmatischen Gesichtspunkten getroffen. So sind Gründungsaufwand und -kosten beispielsweise bei einem Einzelunternehmen sehr gering. Vielfach „liebäugeln" die Gründer jedoch bereits zu Beginn mit der späteren Umwandlung der Rechtsform in eine GmbH wegen der geringeren Haftungsrisiken. Die Tatsache, dass die Einzelunternehmung die mit Abstand häufigste Rechtsform in Deutschland ist – sowohl bei Existenzgründern als auch bei bestehenden Unternehmen – zeigt allerdings, dass die Absicht der späteren Umwandlung häufig nicht verwirklicht wird.

Zunächst wird demnach sehr oft die Variante mit der geringsten finanziellen Belastung gewählt – in dem Bewusstsein, dass eine spätere Umwandlung in eine andere Rechtsform prinzipiell jederzeit möglich ist – mit unterschiedlich hohem Aufwand je nach Rechtsform. Gerade für Existenzgründer ist tatsächlich das Einzelunternehmen oft die wirtschaftlich zweckmäßigste Rechtsform – nichtsdestotrotz muss dies in jedem Einzelfall geprüft werden. Was für die Mehrheit die richtige Entscheidung sein mag, gilt längst nicht für jeden Existenzgründer.

Weil sowohl für Freiberufler als auch Gewerbetreibende nicht jede Rechtsform in Frage kommt, ist in einem 1. Schritt die Frage zu beantworten, ob Ihre Gründungsidee in den Bereich der Freien Berufe fällt oder ob es sich um eine gewerbliche Tätigkeit handelt. Die Partnerschaftsgesellschaft kommt beispielsweise nur für Freiberufler, nicht aber für Gewerbetreibende in Betracht. Die Freiberufler sind aber mitunter durch ihr Berufsrecht eingeschränkt. Für einige Freie Berufe steht mittlerweile zwar auch die Rechtsform der GmbH oder sogar der AG zur Verfügung (z. B. für Rechtsanwälte), die typischen Vorteile der Freiberuflichkeit wie die Gewerbesteuerfreiheit entfallen jedoch bei diesen Gesellschaftsformen.

8.1 Freie Berufe

Die Freien Berufe sind nicht zu verwechseln mit der freien Mitarbeit, wie es umgangssprachlich häufig geschieht. Ein freier Mitarbeiter arbeitet – meist auf längere Sicht – mit verschiedenen Unternehmen zusammen, ohne dass es sich um ein Angestelltenverhältnis handelt. Es geht also um eine selbständige Tätigkeit, die gewerblich *oder* freiberuflich sein kann.

Was aber ist nun genau ein „Freier Beruf" und warum ist die Unterscheidung zwischen Freiberuflern – häufig auch Freelancer genannt – und Gewerbetreibenden von Bedeutung?

Die Ausübung eines Freien Berufes ist eine Form der Selbständigkeit und führt zu Einkünften aus selbständiger Arbeit nach § 18 EStG. Gewerbetreibende hingegen erwirtschaften – ebenfalls auf selbständiger Basis – Einkünfte aus Gewerbebetrieb nach § 15 EStG. Der Freiberufler genießt gegenüber dem Gewerbetreibenden einige Vorteile:

- keine Gewerbeanmeldung,

- keine Pflichtmitgliedschaft in der IHK,

- keine Gewerbesteuer,

- keine Pflicht zur doppelten Buchführung,

- Möglichkeit der Ist-Versteuerung (bei Gewerbetreibenden nur eingeschränkt) (vgl. auch Kapitel 13: Steuern).

Es ist allerdings nicht eindeutig geregelt, welche Berufe zu den Freien Berufen zählen und welche Tätigkeiten als gewerblich einzustufen sind. Zwar werden sowohl im Partnerschaftsgesellschaftsgesetz als auch im Einkommensteuergesetz verschiedene Freie Berufe aufgezählt, nur ist diese Aufzählung nicht abschließend. Insbesondere fehlen hier weitgehend die Berufe aus dem Bereich der Datenverarbeitung und auch der neuen Medien.

Vor Aufnahme der selbständigen Tätigkeit sollte allerdings auf jeden Fall geklärt werden, ob es sich bei der geplanten Selbständigkeit um eine freiberufliche oder gewerbliche Tätigkeit handelt. Die Entscheidung hierüber trifft zunächst das zuständige Finanzamt. Im Zweifelsfall ist es im eigenen Interesse an Ihnen, Argumentationshilfen zu bieten und für Klarheit zu sorgen, um ein späteres, böses Erwachen zu vermeiden. Das Finanzamt kann z. B. aufgrund einer Betriebsprüfung sonst später zu dem Schluss kommen, dass ihre selbständige Tätigkeit als gewerblich einzustufen ist und für maximal 7 Jahre die Gewerbesteuer nebst Zinsen nachfordern. Selbst wenn Ihr Finanzamt den Einkommensteuerbescheid erlässt und Ihre Angaben zu der freiberuflichen Tätigkeit „durchgehen" lässt, ist dies nur eine sehr trügerische Sicherheit. Es bedeutet keinesfalls automatisch die Anerkennung als Freiberufler.

Wie auch immer die Entscheidung in Ihrem konkreten Fall ausgehen mag, sorgen Sie in eigenem Interesse unbedingt für Klarheit. Die folgenden Ausführungen sollen Ihnen dabei helfen.

Das Partnerschaftsgesellschaftsgesetz definiert den Freien Beruf in § 1 Absatz 2 wie folgt: „Die Freien Berufe haben im allgemeinen auf der Grundlage besonderer beruflicher Qualifikation oder schöpferischer Begabung die persönliche, eigenverantwortliche und fachlich unabhängige Erbringung von Dienstleistungen höherer Art im Interesse der Auftraggeber und der Allgemeinheit zum Inhalt. Ausübung eines Freien Berufs im Sinne dieses Gesetzes ist die selbständige Berufstätigkeit der Ärzte, Zahnärzte, Tierärzte, Heilpraktiker, Krankengymnasten, Hebammen, Heilmasseure, Diplom-Psychologen, Mitglieder der Rechtsanwaltskammern, Patentanwälte, Wirtschaftsprüfer, Steuerberater, beratenden Volks- und Betriebswirte, vereidigten Buchprüfer (vereidigte Buchrevisoren), Steuerbevollmächtigten, Ingenieure, Architekten, Handelschemiker, Lotsen, hauptberuflichen Sachverständigen, Journalisten, Bildberichterstatter, Dolmetscher, Übersetzer und ähnlicher Berufe sowie der Wissenschaftler, Künstler, Schriftsteller, Lehrer und Erzieher."

Das Einkommensteuergesetz zählt in § 18 Absatz 1 Nummer 1 die folgenden Berufe ausdrücklich auf: „Zu der freiberuflichen Tätigkeit gehören die selbständig ausgeübte wissenschaftliche, künstlerische, schriftstellerische, unterrichtende oder erzieherische Tätigkeit, die selbständige Berufstätigkeit der Ärzte, Zahnärzte, Tierärzte, Rechtsanwälte, Notare, Patentanwälte, Vermessungsingenieure, Ingenieure, Architekten, Handelschemiker, Wirtschaftsprüfer, Steuerberater, beratenden Volks- und Betriebswirte, vereidigten Buchprüfer (vereidigten Bücherrevisoren), Steuerbevollmächtigten, Heilpraktiker, Dentisten, Krankengymnasten, Journalisten, Bildberichterstatter, Dolmetscher, Übersetzer, Lotsen und ähnlicher Berufe."

Wer also einen vom Gesetzgeber ausdrücklich genannten Beruf ausübt, kann seine Tätigkeit weitgehend problemlos einordnen, obwohl auch hier Unklarheiten vorkommen, z. B., wenn die ursprünglich freiberufliche Tätigkeit sich allmählich zu einer gewerblichen Tätigkeit entwickelt.

Der „Knackpunkt" sind aber vielmehr die in beiden Gesetzestexten vorkommenden „ähnlichen Berufe". Um festzustellen, welche Berufe ähnlich sind, muss zunächst deutlicher werden, wodurch sich die Freien Berufe auszeichnen.

Die freien Berufe werden auch bezeichnet als die Ausübung:

- freier wissenschaftlicher,
- künstlerischer und schriftstellerischer Tätigkeit höherer Art oder
- persönlicher Dienstleistungen höherer Art, die eine höhere Bildung erfordern.

Diese Abgrenzungen jedoch helfen dem Existenzgründer in der Praxis auch nur wenig. Klar wird nur, dass ein wichtiges Merkmal der persönliche Einsatz auf der Basis einer besonderen Aus- und Vorbildung ist. Die Frage, wann jemand gewerblich oder freiberuflich tätig ist, kann im Zweifelsfall oft nicht einmal an der Berufsbezeichnung festgemacht werden, sondern muss im Einzelfall entschieden werden. Hierbei kommt es auf die konkret *ausgeübte* Tätigkeit und auf die zugrunde liegende Ausbildung an.

Beispielsweise hat in der Vergangenheit die Einordnung der Informatiker immer wieder zu Problemen geführt. Es kann sich bei diesem und anderen Berufen sowohl um eine gewerbliche als auch um eine freiberufliche Tätigkeit handeln, je nach den individuellen Umständen des Einzelfalles. Die Rechtsprechung hat beispielsweise lange den Informatiker, der Anwendungssoftware entwickelt, als Gewerbetreibenden und den Informatiker, der sich zumindest überwiegend mit der Entwicklung von Systemsoftware befasst, als Freiberufler eingestuft, weil dieser eine dem Ingenieur ähnliche Tätigkeit ausübe.

Neuerdings findet hier jedoch ein Wandel statt. Nach Einschätzung des BFH (Bundesfinanzhof) wird auch die Entwicklung von Anwendersoftware immer komplexer und kann darum ebenfalls als „ingenieurmäßig" und somit freiberuflich eingestuft werden. Die Betonung liegt auf dem Wort „kann". Es kommt also nach wie vor auf die Umstände des Einzelfalls an.

Die Entscheidung über den jeweiligen Status trifft zunächst das zuständige Finanzamt. Mitunter wird auch um die Anerkennung als Freiberufler vor Gericht gestritten. Ob sich dieser Aufwand jedoch lohnt, sollte vorher gründlich geprüft werden. Sofern das Finanzamt Ihre Tätigkeit nicht als freiberuflich anerkennt, gehören Sie automatisch zu den Gewerbetreibenden. Da ein Existenzgründer jedoch zu Beginn häufig zu den Kleingewerbetreibenden zählt, ist der Unterschied zunächst kaum spürbar – eine doppelte Buchführung ist auch hier nicht erforderlich und der Gewinn ist meist nicht so hoch, dass Gewerbesteuer zu entrichten ist. Ob die künftige Gewerbesteuerbelastung und die sonstigen, eher kleineren, Nachteile einen Rechtsstreit rechtfertigen, ist jedenfalls fraglich. Es kommt auch hier auf den Einzelfall an.

Es ist auch möglich, dass ein Beruf zunächst als freiberuflich eingestuft wird, sich dann aber im Laufe der Zeit zu einer gewerblichen Tätigkeit entwickelt. Auch ist es denkbar und nicht so selten, dass von Beginn an sowohl eine gewerbliche Tätigkeit (z. B. Handel mit Software) als auch eine freiberufliche Tätigkeit (z. B. betriebswirtschaftliche Beratung) ausgeübt wird.

Dies kann je nach Art und Umfang der gewerblichen Tätigkeit zur Folge haben, dass die gesamten Einkünfte – also auch die aus der freiberuflichen Tätigkeit – als insgesamt gewerblich umqualifiziert werden. Sofern eine klare Trennung möglich ist, können Sie jedoch durchaus getrennte Aufzeichnungen vornehmen.

Es stellt sich allerdings die Frage, ob die Vorteile der Freiberuflichkeit diesen Aufwand wirklich rechtfertigen. Sehr häufig ist derjenige Existenzgründer, dessen Freiberuflerstatus nicht eindeutig ist, gut damit beraten, zunächst ein Gewerbe anzumelden und sich ansonsten auf sein Kerngeschäft zu konzentrieren, anstatt die wertvolle Energie für zeitintensive und Nerven aufreibende Rechtsstreitigkeiten zu vergeuden. Stellt sich später heraus, dass die ausgeübte Tätigkeit doch zu den Freien Berufen zählt, ist die Gewerbeanmeldung nicht problematisch und ändert hieran nichts.

Prüfen Sie zunächst, ob Sie eine persönliche Dienstleistung erbringen (nicht also etwa Handel betreiben) – optimalerweise, aber nicht zwingend, auf der Basis eines Hochschulstudiums – und Ihr Beruf im Einkommensteuergesetz und/oder im Partnerschaftsgesellschaftsgesetz aufgelistet ist. Wenn Sie sich über Ihren Status nicht völlig im Klaren sind, können Sie sich an das Institut für Freie Berufe in Nürnberg wenden. Ein Fragebogen hilft Ihnen bei der Selbsteinschätzung und darüber hinaus besteht die Möglichkeit einer sehr preiswerten Beratung.

Eine GmbH – auch wenn Sie durch Freiberufler gegründet würde – ist stets als gewerblich einzustufen. Die früher nicht zulässige, mittlerweile aber erlaubte Anwalts-GmbH beispielsweise genießt nicht die oben genannten Vorteile eines Freiberuflers.

Links zum Thema

http://dejure.org/gesetze/PartGG – Gesetz über Partnerschaftsgesellschaften Angehöriger Freier Berufe im Internet; http://www.bundesregierung.de – wichtige Gesetze von A–Z auf der Homepage der Bundesregierung inkl. Gesetze im Gesetzgebungsverfahren; http://www.gesetze-im-internet.de/ – Bundesministerium der Justiz; http://www.ifb.uni-erlangen.de – Institut für Freie Berufe; http://www.freie-berufe.de – Bundesverband der Freien Berufe.

8.2 Freie Mitarbeit

Die Entscheidung für eine der möglichen Rechtsformen bestimmt einerseits die Gestaltung der rechtlichen Beziehungen innerhalb des Unternehmens und andererseits auch die Außenbeziehungen, beispielsweise zu Behörden, Lieferanten oder Auftraggebern. Eine beliebte Form der Zusammenarbeit mit Auftraggebern ist die Freie Mitarbeit, entweder als Gewerbetreibender oder als Freiberufler.

Die freie Mitarbeit hat somit nicht unmittelbar etwas mit der Rechtsform zu tun. Da jedoch häufig der Unterschied zwischen Freiberuflern und freien Mitarbeitern nicht bekannt ist und hieraus unliebsame Folgen entstehen können, ist die Klärung der beiden Begriffe erforderlich. Ein „Freier-Mitarbeiter-Vertrag" bedeutet keineswegs immer, dass es sich auch tatsächlich um eine selbständige Tätigkeit handelt.

Wird zwischen Auftraggeber und Auftragnehmer eine „freie Mitarbeit" vereinbart, geht aus dieser Vereinbarung hervor, dass eine Zusammenarbeit erfolgen soll, ohne ein Arbeitsverhältnis zu begründen. Die Art der Tätigkeit kann gewerblicher oder freiberuflicher Natur sein. Die freie Mitarbeit ist in Unternehmen jeder Größenordnung und fast allen Branchen weit verbreitet. Die Vorteile für beide Seiten – den freien Mitarbeiter und den Auftraggeber – liegen auf der Hand.

Der Auftraggeber:

- zahlt keine Sozialversicherungsbeiträge,

- zahlt kein Honorar im Krankheitsfall,

- zahlt weder Urlaubs- noch Weihnachtsgeld,

- muss keine sonstigen tariflichen oder betrieblichen Sozialleistungen erbringen,

- muss nicht die üblichen Kündigungsfristen einhalten und/oder Abfindungen befürchten,

- muss häufig keinen Arbeitsplatz für den freien Mitarbeiter einrichten,

- muss keine Ansprüche hinsichtlich Teilzeitarbeit oder Erziehungszeit befürchten und

- hat eine motivierte und flexible Unterstützung, die selbst das wirtschaftliche Risiko trägt.

Der Auftragnehmer:

- arbeitet weitgehend weisungsungebunden,

- kann in der Regel seine Arbeitszeit frei bestimmen,

- kann in der Regel seinen Arbeitsort frei bestimmen,

- kann seinen Arbeitsplatz nach Belieben selbst gestalten und

- ist nicht in starre betriebliche Abläufe eingebunden.

So vorteilhaft eine Freie Mitarbeit für beide Seiten auch sein kann – sie birgt auch nicht unerhebliche Risiken. Diese jedoch liegen keineswegs so offensichtlich auf der Hand. Unliebsame Überraschungen für beide Seiten sind keine Seltenheit, aber vermeidbar. Problematisch wird die „freie Mitarbeit", wenn der Auftragnehmer gar nicht so „frei" ist und deshalb die Frage der Scheinselbständigkeit oder der arbeitnehmerähnlichen Selbständigkeit im Raum steht.

8.3 Scheinselbständige/Arbeitnehmerähnliche Selbständige

„Scheinselbständige" sind Personen, bei denen fälschlicherweise von einer selbständigen Tätigkeit ausgegangen wird, wie z. B. nicht selten bei Frachtführern, die im Grunde ähnlich wie ein Arbeitnehmer weisungsgebunden in die Gesamtorganisation des Auftraggebers eingebunden sind. Diese Scheinselbständigen üben offiziell also eine selbständige Tätigkeit aus, sind aber tatsächlich als abhängig Beschäftigte einzustufen. Von Selbständigkeit redet man im Allgemeinen dann, wenn jemand ein unternehmerisches Risiko trägt, aber auch die entsprechenden Chancen wahrnehmen kann, wenn er Werbung für sein Unternehmen betreibt und insgesamt in seinen unternehmerischen Entscheidungen (z. B. über Einstellung von Personal, Zahlungskonditionen, Preise usw.) frei ist. Während Selbständige grundsätzlich nicht sozialversicherungspflichtig sind, gilt für Scheinselbständige etwas anderes.

Die Eintragung in die Handwerksrolle wird als ein Indiz der Selbständigkeit angesehen, die Pflichtmitgliedschaft der übrigen Gewerbetreibenden in der IHK allein hingegen nicht. Auch bestimmte Rechtsformen (z. B. GmbH) schließen das Vorliegen eines abhängigen Beschäftigungsverhältnisses aus.

Wird später, z. B. im Rahmen einer Betriebsprüfung, eine Scheinselbständigkeit festgestellt, kann dies zu erheblichen Nachzahlungen der Sozialversicherungsbeiträge und weiterer Konsequenzen führen. Des Weiteren können sich arbeitsrechtliche, gewerberechtliche und steuerrechtliche Konsequenzen ergeben.

Die Dienstleister unter den Existenzgründern fürchten daher immer wieder, mit dem Problem der Scheinselbständigkeit konfrontiert zu werden, insbesondere weil sie typischerweise zu Beginn nur einen Auftraggeber haben. Diese Sorge resultiert aus den früher geltenden 5 Vermutungskriterien. Waren 3 davon erfüllt, wurde eine Scheinselbständigkeit angenommen – allerdings nur dann, wenn Auftragnehmer und Auftraggeber ihren Mitwirkungspflichten bei der Aufklärung nicht nachkamen. Eines dieser Kriterien war das Tätigwerden für nur einen Auftraggeber – im Wesentlichen und auf Dauer. Für Existenzgründer bestand jedoch diesbezüglich kein Grund zur Sorge, denn üblicherweise startet ein Gründer in der Dienstleistungsbranche zunächst mit nur einem Auftraggeber. Das Problem war also bei entsprechender Mitwirkung für die meisten „echten" Existenzgründer rasch zu klären. Soweit die alte Rechtslage.

Seit dem 1.1. 2003 gibt es die Vermutungsregelung nach § 7 Absatz 4 Sozialgesetzbuch (SGB) IV nicht mehr. Zur Entwarnung lag und liegt aber im Hinblick auf die Scheinselbständigkeit kein Grund vor. Nach wie vor gibt es Scheinselbständige, die der Sozialversicherungspflicht (Kranken-, Pflege- und Rentenversicherung) unterliegen.

In § 7 Absatz 1 SGB IV heißt es nun: „Beschäftigung ist die nichtselbständige Arbeit, insbesondere in einem Arbeitsverhältnis. Anhaltspunkte für eine Beschäftigung sind eine Tätigkeit nach Weisungen und eine Eingliederung in die Arbeitsorganisation des Weisungsgebers."

Darum ist besondere Sorgfalt bei der Ausgestaltung und auch der Durchführung vertraglicher Vereinbarungen weiterhin unbedingt empfehlenswert. Wie ein Beschäftigungsverhältnis zu beurteilen ist und ob eine Scheinselbständigkeit vorliegt, wird nach Würdigung aller Umstände des konkreten Einzelfalles geprüft – unter Mitwirkung von Auftraggeber und Auftragnehmer. Für die Betroffenen hat sich die Rechtslage somit nicht wesentlich geändert. Lediglich die Beweisführung ist ein wenig schwieriger geworden. Auch wenn es im Gesetzestext nun also keine schriftlich fixierten Kriterien mehr gibt, so gelten diese doch im Wesentlichen auch weiterhin als Indizien bei der Prüfung einer Scheinselbständigkeit:

- der Auftraggeber oder ein vergleichbarer Auftraggeber lässt entsprechende Tätigkeiten regelmäßig durch von ihm beschäftigte Arbeitnehmer verrichten,

- die Tätigkeit entspricht dem äußeren Erscheinungsbild nach der Tätigkeit, die der Auftragnehmer für denselben Auftraggeber zuvor aufgrund eines Beschäftigungsverhältnisses ausgeübt hatte,

- es werden durch den „Selbständigen" regelmäßig keine sozialversicherungspflichtigen Arbeitnehmer beschäftigt,

- auf Dauer und im Wesentlichen nur für einen Auftraggeber tätig und

- Fehlen unternehmertypischen Handelns.

Gerade in Zeiten, in denen Unternehmen wirtschaftlich stark unter Kostendruck stehen, nehmen regelmäßig „kreative Lösungsversuche" zu. Um Sozialversicherungsbeiträge zu sparen und feste vertragliche Bindungen zu umgehen, wird mitunter versucht, Arbeitsverhältnisse so zu gestalten, dass aus dem Arbeitnehmer ein freier Mitarbeiter wird. Dieser arbeitet sodann auf vermeintlich selbständiger Basis als Freiberufler oder Gewerbetreibender für seinen (einen) Auftraggeber. Diese Gestaltungsversuche gibt es in den unterschiedlichsten Branchen, wenn auch mit bestimmten Schwerpunkten. Die vermeintlichen Vorteile können sich jedoch rasch in das genaue Gegenteil umwandeln – mit schwerwiegenden Folgen. Es kommt nicht auf die Formulierung „Freie Mitarbeit" im Vertrag an und auch nicht auf die Bezeichnung der Tätigkeit (z. B. in der Gewerbeanmeldung), sondern auf die tatsächlichen Umstände des Einzelfalls. Die Einschätzung ist nicht immer einfach und darum ist jeder Existenzgründer gut beraten, im Zweifelsfall fachliche Unterstützung hinzuzuziehen.

Die Deutsche Rentenversicherung Bund (DRB) stellt unter Berücksichtigung der einschlägigen Rechtsprechung einen alphabetischen Katalog bestimmter Berufsgruppen zur Abgrenzung abhängiger Beschäftigung und selbständiger Tätigkeit zur Verfügung, der neben obigen Kriterien für eine erste Orientierung hilfreich sein kann. Der Katalog umfasst eine Vielzahl von – auch sehr ausgefallenen – Berufen vom Besamungstechniker (kein Scherz) bis zum Regalauffüller. Eine Sonderposition nehmen Franchisenehmer ein, bei denen eine Typisierung nicht möglich ist und darum im Einzelfall der Status geprüft werden muss. Das Gleiche gilt für Telearbeiter. Weitere Besonderheiten gelten beispielsweise für den Beruf des Handelsvertreters und den geschäftsführenden Gesellschafter einer GmbH.

Eine Sozialversicherungspflicht besteht auch, wenn Sie zu den so genannten „arbeitnehmerähnlichen Selbständigen" gehören. Hierbei handelt es sich um „echte" Selbständige, die keine versicherungspflichtigen Arbeitnehmer beschäftigen und in der Regel nur einen Auftraggeber haben. Die Versicherungspflicht besteht in diesen Fällen nicht in allen Zweigen der gesetzlichen Sozialversicherung, sondern nur für die Rentenversicherung. Die Beiträge muss der Selbständige allein aufbringen.

In diesem Fall müssen Sie sich also trotz Ihrer Selbständigkeit bei dem zuständigen Rentenversicherungsträger anmelden und Beiträge entrichten.

Das Thema ist recht komplex und die Beurteilung der Situation (nicht nur) für Existenzgründer alles andere als einfach. Umso wichtiger ist es jedoch, von vornherein Klarheit zu schaffen, um nicht später mit Beitragsforderungen konfrontiert zu werden, die Sie wirtschaftlich erheblich belasten.

Was also können Sie konkret tun?

Selbständige, die sich bezüglich einer evtl. Pflichtversicherung nicht sicher sind oder die beabsichtigen, „freie Mitarbeiter" zu beschäftigen, sollten sich an die Deutsche Rentenversicherung wenden.

Bestehen bei Ihnen als Auftraggeber oder als Auftragnehmer Zweifel an dem sozialversicherungsrechtlichen Status, kann mithilfe des so genannten Statusfeststellungsverfahrens gemäß § 7a SGB IV mit den beteiligten Parteien eine Klärung des Einzelfalles erfolgen. Das Verfahren soll Klarheit schaffen, ob jemand selbständig tätig ist oder nicht. Praktisch gelingt dies aber nicht immer. Mitunter sind die Begründungen kaum nachvollziehbar, wenn die Selbständigkeit verneint wird. So berichtet z. B. Jan Schneider, Rechtsanwalt und Fachanwalt für Informationstechnologierecht auf der Internetseite der GULP Information Services GmbH:

„Die DRB hat das Vorliegen einer unternehmerischen Tätigkeit u. A. mit dem Argument verneint, dass eine Vergütung nach Aufwand vereinbart wurde. Die Vergütung des Freelancers hänge dann, so die DRB, nicht von einem Erfolg seiner Arbeit ab, sondern lediglich von seiner Leistungsbereitschaft. Dass eine Vergütung nach voraussichtlich zu erwartendem Aufwand für den Freelancer in der Regel gerade eine erhebliche Unsicherheit und damit ein kaufmännisches Risiko beinhaltet und damit einen wesentlichen Unterschied zu dem arbeitsvertraglich Beschäftigten (der sein Gehalt i. d. R. unabhängig von seiner Leistung erhält) darstellt, scheint ebenso wenig eine Rolle zu spielen, wie auch der Umstand, dass eine Vergütung nach Aufwand auch in anderen, unternehmerisch anerkannten Branchen weithin üblich ist."

Hinzu kommt, dass bei Veränderungen der Situation oder z. B. versehentlich unvollständigen oder fehlerhaften Angaben keine Rechtssicherheit besteht. Im Umgang mit dem Verfahren ist also Vorsicht angebracht und eine sorgfältige Beratung im Vorfeld.

Ist die Situation geklärt, besteht trotzdem die Möglichkeit, dass Sie als „arbeitnehmerähnlicher Selbständiger" der Rentenversicherungspflicht unterliegen. Auch hier ist die Deutsche Rentenversicherung der richtige Ansprechpartner.

Das SGB VI sieht in bestimmten Fällen die Möglichkeit der Befreiung von der Rentenversicherungspflicht auch für „arbeitnehmerähnliche Selbständige" vor – allerdings nur auf Antrag.

Existenzgründer können sich danach für 3 Jahre ab Aufnahme der ersten selbständigen Tätigkeit von der Rentenversicherungspflicht befreien lassen.

Gleiches gilt auch für die 2. Existenzgründung, sofern nicht lediglich eine Umbenennung stattgefunden hat oder der Geschäftszweck nur unwesentlich geändert wurde.

Wichtig ist es, noch einmal zu betonen, dass diese Befreiung nur auf Antrag gewährt werden kann, der möglichst rechtzeitig gestellt werden sollte.

Links zum Thema

http://www.deutsche-rentenversicherung.de/ – Deutsche Rentenversicherung Bund; http://www.berlin.ihk24.de – Merkblatt zum Thema.

8.4 Gewerbetreibende

Die Einordnung als Gewerbetreibender ist eher unkompliziert, obwohl es auch hier bestimmte Kriterien gibt, die aber in aller Regel vorliegen, wie z. B. die Nachhaltigkeit. Gehören Sie nicht zu den Freiberuflern, zählen Sie zu den Gewerbetreibenden.

8.5 Die Qual der Wahl – kommen alle Rechtsformen in Frage?

Im nächsten Schritt sollte geprüft werden, ob alle Rechtsformen grundsätzlich in Frage kommen oder ob bestimmte Rechtsformen von vornherein ausscheiden. Dies ist häufig schon unter dem finanziellen Aspekt der Fall, da die wenigsten Gründer über die erforderlichen Mittel zur Gründung einer Kapitalgesellschaft wie der „klassischen" GmbH oder der AG verfügen. Auch die Anzahl der beteiligten Personen ist für eine erste Vorauswahl von großer Bedeutung. Die folgenden Fragen werden Ihnen bei dieser Vorabprüfung helfen.

Wollen Sie das Unternehmen allein oder mit Partner(n) gründen und führen?

Sofern Sie Ihr Vorhaben mit gleichberechtigten Partnern umsetzen möchten, scheidet das Einzelunternehmen aus, da diese Rechtsform sich unter anderem dadurch auszeichnet, dass es nur einen Inhaber gibt.

Wollen Sie sich dagegen allein selbständig machen, kommen das Einzelunternehmen, die GmbH (auch in Form der neuen Unternehmergesellschaft) (UG), die Kleine AG und grundsätzlich auch die so genannte englische „Limited" in Frage, wenn Sie die notwendigen Organe besetzen.

Wollen Sie mit einem oder mehreren gleichberechtigten Partnern gründen, die nicht den Status eines Freiberuflers haben?

In diesem Fall scheidet die Partnerschaftsgesellschaft aus, die nur für Freiberufler in Frage kommt.

Wollen Sie und Ihre Partner eine freiberufliche Tätigkeit ausüben?

Dann scheidet die OHG aus, weil diese nur für Handelsgeschäfte in Frage kommt und die freiberuflichen Tätigkeiten nicht dazu zählen.

Ist Ihnen eine weitgehende Haftungsbeschränkung wichtig?

Nahezu jeder Existenzgründer wird diese Frage bejahen. Wenn jedoch das in den beiden nächsten Fragen angesprochene Kapital nicht aufgebracht werden kann, führt kaum ein Weg an der persönlichen Haftung vorbei. Dies sollte jedoch keineswegs als so dramatisch angesehen werden, wie es mitunter dargestellt wird. Eine sorgfältige Unternehmensführung und angemessene Versicherungen federn die gravierendsten Risiken ab.

Verfügen Sie über mindestens 50.000 € Kapital in Bar- und Sachwerten und können darüber hinaus weiteres Kapital – z. B. für die Gründungskosten – aufbringen?

Wenn nein, scheidet die (Kleine) AG aus. Dies gilt auch, wenn die notwendigen Organe der AG nicht besetzt werden könnten. Jede AG benötigt beispielsweise einen Aufsichtsrat. Der Gründer selbst kommt hierfür nicht in Frage.

Verfügen Sie über mindestens 25.000 € Kapital in Bar- und Sachwerten und können darüber hinaus weiteres Kapital – z. B. für die Gründungskosten – aufbringen?

Wenn nein, scheidet auch die klassische GmbH aus. In Frage kommt aber die Unternehmergesellschaft (haftungsbeschränkt).

Ist Ihnen eine Rechtsform mit geringen Gründungsformalitäten und -kosten wichtig?

Dann bieten sich das Einzelunternehmen, die Unternehmergesellschaft oder – sofern mit Partnern gegründet werden soll – die GbR an.

Sehr häufig steht nach dieser kurzen Vorabprüfung bereits fest, dass „nur" die zuletzt genannten Rechtsformen in Frage kommen, weil für die Alternativen nicht ausreichend Kapital zur Verfügung steht. Sofern das Kapital kein Ausschlusskriterium ist oder aus sonstigen Gründen mehrere Rechtsformen in Frage kommen, sollten im nächsten Schritt sorgfältig die jeweiligen Vor- und Nachteile der Rechtsformen unter folgenden Kriterien abgewogen werden:

- Finanzierungsmöglichkeiten,
- Möglichkeiten der Namenswahl,
- Branche,
- Gestaltungsmöglichkeiten – in rechtlicher und steuerlicher Hinsicht,
- Rechnungslegungs- und Informationspflichten,
- Rechtsformabhängige laufende Aufwendungen,
- Flexibilität,
- Kontinuität,
- Haftung.

Zu diesem Zweck ist es erforderlich, sich mit den in Frage kommenden Rechtsformen und ihren jeweiligen Vor- und Nachteilen eingehender zu beschäftigen.

8.6 Einzelunternehmen

Das Einzelunternehmen ist nicht ohne Grund die am weitesten verbreitete Rechtsform. Sie entsteht sehr unbürokratisch mit Aufnahme des Geschäftsbetriebes und erfordert keinerlei gesetzlich vorgeschriebenes Mindestkapital. Bei einem Einzelunternehmen gibt es nur einen Inhaber, der die alleinige Entscheidungsbefugnis hat und somit sehr flexibel agieren kann. Der Einzelunternehmer trägt das unternehmerische Risiko allein und natürlich stehen auch ihm allein die erwirtschafteten Gewinne zu. Ein Einzelunternehmer ist aber nicht zwingend allein tätig, wie häufig angenommen wird, sondern kann beliebig viele Mitarbeiter haben. Der großen Entscheidungsfreiheit steht der Nachteil der unbeschränkten, persönlichen Haftung mit dem Geschäfts- *und* Privatvermögen gegenüber. Dabei geht es nicht einmal nur um das aktuell vorhandene Vermögen und Einkommen, sondern unter Umständen auch um künftige Einkünfte, weil verschiedene Ansprüche erst nach Jahren oder sogar Jahrzehnten verjähren. Dies gilt für sämtliche Rechtsformen, mit denen die persönliche Haftung einhergeht. Die allgemeine Verjährungsfrist des Bürgerlichen Gesetzbuchs ist im Rahmen der Schuldrechtsreform im Jahr 2002 von 30 auf 3 Jahre herabgesetzt worden. Von dieser Frist sind aber z. B. Ansprüche, über die ein Urteil, ein Vollstreckungsbescheid oder eine andere vollstreckbare Urkunde existiert, ausgenommen. Für diese Ansprüche gilt weiterhin die 30-jährige Verjährungsfrist.

Mitunter wird auch als Nachteil angeführt, dass der unternehmerische Erfolg maßgeblich von einer einzelnen Person abhängt. Dies ist jedoch kein spezifischer Nachteil dieser Rechtsform, sondern gilt immer dann, wenn das Unternehmen nur von einer Person geführt wird – also auch beispielsweise bei der 1-Mann-GmbH. Aufgrund der persönlichen Haftung genießt der Einzelunternehmer grundsätzlich eine hohe Kreditwürdigkeit, vorausgesetzt die Bonität der Gründerperson ist positiv zu beurteilen. Nachteilig – meist jedoch nicht kurzfristig zu ändern – ist hingegen die häufig schmale Kapitalbasis eines einzelnen Gründers. Hinsichtlich des Ansehens im Geschäftsverkehr sind die Meinungen nicht einheitlich. Während vereinzelt Vorbehalte wegen der oft geringen Eigenkapitalbasis bestehen, genießt die Rechtsform bei anderen ein hohes Ansehen wegen der persönlichen Haftung. Tatsächlich sind diesbezügliche Vorbehalte wenig angebracht. Es liegt vielmehr auf der Hand, dass derjenige Unternehmer, der mit seinem gesamten Privatvermögen hinter dem Unternehmen steht, zu Recht vergleichsweise großes Vertrauen genießt – nicht nur bei Kapitalgebern. Auch das Insolvenzgeschehen spricht eine klare Sprache – hier dominiert klar die GmbH, obwohl es sich keineswegs um die häufigste Rechtsform in Deutschland handelt. Ein weiterer Vorteil dieser Rechtsform besteht darin, dass der Gründer an seiner Aufgabe und mit dem Unternehmen „wachsen" kann, ohne die Rechtsform grundlegend zu ändern. Viele Gründer starten als Kleingewerbetreibende und entwickeln sich im Laufe der Zeit zu einem vollkaufmännischen Unternehmen – die Rechtsform hingegen bleibt bestehen. Es handelt sich in beiden Fällen um ein Einzelunternehmen.

Sofern also die Rechtsform der Einzelunternehmung für Ihr Gründungsvorhaben in Frage kommt, ist im nächsten Schritt zu klären, ob Sie zu den Kleingewerbetreibenden oder den Kaufleuten gehören werden.

Worin liegt nun der Unterschied zwischen einem Kleingewerbetreibenden und einem Kaufmann?

Die Unterscheidung ist gar nicht so einfach und bereitet Existenzgründern mitunter Kopfzerbrechen – allerdings völlig unnötig. Auch bei dieser Einschätzung gibt es Hilfestellungen, beispielsweise durch die zuständige IHK.

Mitunter wird angenommen, der Begriff Kaufmann setze eine kaufmännische Ausbildung oder ein einschlägiges Studium voraus. Dies ist nicht der Fall. Vielmehr ist nach dem Handelsgesetzbuch (HGB) jede Person Kaufmann, die ein Handelsgewerbe betreibt. Ein Handelsgewerbe ist dabei nicht – wie der Begriff vermuten lassen könnte – der An- und Verkauf von Waren, sondern grundsätzlich jeder Gewerbebetrieb. Das Gesetz sieht jedoch eine Ausnahme vor.

> **§ 1 HGB.** (1) Kaufmann im Sinne dieses Gesetzbuchs ist, wer ein Handelsgewerbe betreibt.
>
> (2) Handelsgewerbe ist jeder Gewerbebetrieb, es sei denn, dass das Unternehmen nach Art oder Umfang einen in kaufmännischer Weise eingerichteten Geschäftsbetrieb nicht erfordert.

Mit anderen Worten: Wer nicht zu den Freiberuflern gehört, ist Gewerbetreibender – betreibt also ein Handelsgewerbe – und gehört grundsätzlich zu den Kaufleuten. „Es sei denn …" – diese Ausnahme gilt für die so genannten Kleingewerbetreibenden, die nicht zu den Kaufleuten zählen, weil „das Unternehmen nach Art oder Umfang einen in kaufmännischer Weise eingerichteten Geschäftsbetrieb nicht erfordert".

Der Unterschied ist zunächst schwer begreiflich. In welchen Fällen erfordert das Unternehmen denn nach Art oder Umfang keinen in kaufmännischer Weise eingerichteten Geschäftsbetrieb und was ist hierunter zu verstehen?

Sowohl der Kaufmann als auch der Kleingewerbetreibende sind Einzelunternehmer. Allerdings ist nur der Kaufmann verpflichtet, sich in das Handelsregister eintragen zu lassen, der Kleingewerbetreibende kann dies auf freiwilliger Basis tun und wird damit ebenfalls zum Kaufmann. Er ist ein so genannter Kann-Kaufmann im Sinne des § 2 HGB:

> **§ 2 HGB.** Ein gewerbliches Unternehmen, dessen Gewerbebetrieb nicht schon nach § 1 Abs. 2 Handelsgewerbe ist, gilt als Handelsgewerbe im Sinne dieses Gesetzbuchs, wenn die Firma des Unternehmens in das Handelsregister eingetragen ist. Der Unternehmer ist berechtigt, aber nicht verpflichtet, die Eintragung nach den für die Eintragung kaufmännischer Firmen geltenden Vorschriften herbeizuführen. Ist die Eintragung erfolgt, so findet eine Löschung der Firma auch auf Antrag des Unternehmers statt, sofern nicht die Voraussetzung des § 1 Abs. 2 eingetreten ist.

Erst wenn der Kleingewerbetreibende bestimmte Größenkriterien überschreitet, ist auch er verpflichtet – nicht mehr nur berechtigt – die Eintragung vornehmen zu lassen. Für ihn gilt dann – ebenso wie für den Vollkaufmann – das HGB mit allen Rechten und Pflichten. Ansonsten gilt für den Kleingewerbetreibenden das HGB nur dort, wo der Gesetzgeber dies ausdrücklich vorgesehen hat (z. B. im Bereich des Handelsvertreterrechts § 84 Abs. 4 HGB).

Es bleibt also zu klären, ob das Gewerbe einen nach Art oder Umfang in kaufmännischer Weise eingerichteten Geschäftsbetrieb erfordert oder nicht. Die Rechtsprechung hat diesbezüglich zwar verschiedene Kriterien entwickelt, allerdings sind die Gesamtumstände des Einzelfalles entscheidend. Wesentliche Entscheidungskriterien sind z. B.:

- Umsatz,
- Kapital,
- Anzahl der Mitarbeiter und die Art der Tätigkeiten,
- Art der Geschäfte (Bar- oder Kreditgeschäfte),
- Vielfalt der Geschäfte und der Auftraggeber oder der Kunden,
- Notwendigkeit der doppelten Buchführung.

Von den genannten Punkten ist die Buchführungspflicht das einfachste Kriterium. Die Buchführungspflicht nach § 141 der Abgabenordnung (AO) fängt bei einem Umsatz von mehr als 500.000 €

oder einem Gewinn über 50.000 € (Jahreswerte) an. Wenn Sie sich für die Rechtsform der Einzelunternehmung entscheiden und nicht sicher sind, ob Sie zu den Vollkaufleuten gehören, die sich in das Handelsregister eintragen lassen müssen oder ob Sie als Kleingewerbetreibender die Wahl haben, lassen Sie anhand ihres Businessplans eine Überprüfung z. B. durch die zuständige Kammer vornehmen, um unliebsame Überraschungen zu vermeiden. Klarheit ist für Sie wichtig, weil auch ohne Handelsregistereintragung das Handelsrecht in vollem Umfang gilt, sobald sie Vollkaufmann sind. Die Eintragung hat in diesen Fällen nur klarstellende Wirkung. Es gelten für Sie also die Erleichterungen für Kleingewerbetreibende nicht, wenn Sie tatsächlich Kaufmann sind und eine Handelsregistereintragung hätten vornehmen lassen müssen.

Stellt sich heraus, dass Sie als Kleingewerbetreibender starten können, besteht die Möglichkeit der freiwilligen Eintragung in das Handelsregister, um die Kaufmannseigenschaft zu erlangen. Man spricht in diesem Zusammenhang von „Kann-Kaufleuten".

Eine häufige und berechtigte Frage ist: „Warum sollte ich das tun? Was sind die Vor- und Nachteile?"

Die Beantwortung dieser Fragen setzt zunächst Kenntnis über die Funktionen des Handelsregisters voraus.

Das Handelsregister ist ein öffentliches, für jedermann zugängliches Verzeichnis mit verschiedenen Funktionen:

- **Publikationsfunktion** – das Handelsregister publiziert wichtige und rechtserhebliche Tatsachen, die von jedermann, also auch künftigen Geschäftspartnern, zu Informationszwecken eingesehen werden können,

- **Schutzfunktion** – hier geht es vor allem um den Schutz des gutgläubigen Rechtsverkehrs nach § 15 HGB, d. h., in der Regel darf man sich auf die Richtigkeit der im Handelsregister eingetragenen Tatsachen verlassen,

- **Beweisfunktion** – im kaufmännischen Rechts- und Geschäftsverkehr wird die Beweisführung erleichtert, beispielsweise kann gegenüber Behörden durch ein Zeugnis des Gerichts bewiesen werden, wer Inhaber der Firma ist,

- **Kontrollfunktion** – die Industrie- und Handelskammern unterstützen die Gerichte im Hinblick auf die Eintragungen im Handelsregister, um unrichtige oder unvollständige Eintragungen zu verhindern, sie üben damit eine Kontrollfunktion aus.

Seit dem 1. 1. 2007 sind publikationspflichtige Daten, wie z. B. Jahresabschlüsse, im Internet erhältlich (kostenpflichtig).

Das ist neu:

Unter der Internetadresse www.unternehmensregister.de können wesentliche publikationspflichtige Daten eines Unternehmens online abgerufen werden. Damit gibt es eine zentrale Internetadresse, über die alle wesentlichen Unternehmensdaten, deren Offenlegung von der Rechtsordnung vorgesehen ist, online bereit stehen („one stop shopping").

Die zentrale Entgegennahme, Speicherung und Veröffentlichung der Jahresabschlüsse erfolgt über den Elektronischen Bundesanzeiger zuständig: www.bundesanzeiger.de.

Die Handels-, Genossenschafts- und Partnerschaftsregister der Bundesländer werden inzwischen ebenfalls elektronisch geführt. Zuständig sind die jeweiligen Amtsgerichte. Die Internetseite www.registerportal.de führt zu dem gemeinsamen Registerportal der Länder.

Die Eintragung in das Handelsregister verschafft aufgrund obiger Funktionen Behörden und vor allem potenziellen Geschäftspartnern die Möglichkeit, sich erste Informationen und einen ersten Eindruck über das Unternehmen zu verschaffen. Sie dokumentieren mit einer Eintragung, dass Sie sich an kaufmännische Regeln halten und Ihr Unternehmen auf Dauer angelegt haben. Dies ist mitunter bei Kleingewerbetreibenden anders. Nicht selten werden verschiedene Tätigkeiten angemeldet, um die Erfolgsaussichten erst einmal zu testen. Manche Personen melden auch nur deshalb ein Gewerbe an, um sich bestimmte Einkaufsmöglichkeiten zu erschließen (z. B. im Großhandel). Bei eingetragenen Unternehmen kann davon ausgegangen werden, dass dies nicht so ist. Sie genießen daher ein größeres Vertrauen und wirken oftmals seriöser – ob immer zu Recht sei einmal dahingestellt.

Kaufleute können zudem im Gegensatz zu Kleingewerbetreibenden den Gerichtsstand frei vereinbaren, d. h., sie können für den Fall von Rechtsstreitigkeiten vereinbaren, dass diese an dem für sie günstigen Gericht am Firmensitz ausgetragen werden. Dies gilt allerdings nur, sofern auf beiden Seiten Kaufleute beteiligt sind. Tätigen Sie also überwiegend oder ausschließlich Geschäfte mit Privatkunden, ist dieser Vorteil für Sie allenfalls im Hinblick auf die Lieferanten interessant, die sich aber womöglich auf derartige Vereinbarungen nicht einlassen werden. Unter Kaufleuten können außerdem höhere, gesetzlich zulässige Verzugszinsen berechnet werden. Diese Möglichkeit hat jedoch nur dann Bedeutung, wenn nicht schon vertraglich die Höhe der Zinsen festgelegt wurde. Auch besteht unter Kaufleuten bei fälligen Forderungen ein kaufmännisches Zurückbehaltungsrecht an beweglichen Sachen und Wertpapieren. Der Kaufmann ist also besser abgesichert.

Des Weiteren können nur eingetragene Unternehmen einen Prokuristen bestellen. Die Prokura ist eine sehr weit reichende Vertretungsbefugnis, die dem Prokuristen, von einigen Ausnahmen abgesehen, den Abschluss fast aller Arten von Geschäften ermöglicht, die der Geschäftsbetrieb mit sich bringt. Dieses Argument ist jedoch für Existenzgründer in der Regel nicht der Grund, sich für eine freiwillige Handelsregistereintragung zu entscheiden.

Wohl aber könnten die im Vergleich zum Kleingewerbetreibenden erweiterten Möglichkeiten im Zusammenhang mit dem Die Firmennamen eine Rolle spielen. So dürfen eingetragene Kaufleute beispielsweise auch einen Fantasienamen wählen.

Dies sollte jedoch ebenfalls nicht der ausschlaggebende Grund für eine freiwillige Eintragung sein, weil mit der Eintragung neben den Vorteilen auch umfangreiche Pflichten einhergehen. Wenn nicht aufgrund der Art der Tätigkeit oder der Gegebenheiten der Branche das Schaffen von Vertrauen ein wesentlicher Erfolgsfaktor ist und deshalb eine Eintragung nahezu unumgänglich, sind die meisten Gründer gut beraten, es zunächst bei einem Kleingewerbe zu belassen und sich auf ihr Geschäft zu konzentrieren.

Mit der Eintragung in das Handelsregister geht auf jeden Fall die Pflicht zur kaufmännischen Buchführung einher.

Zudem gelten für Kaufleute die Vorschriften des HGB mit allen Rechten und Pflichten, während für Kleingewerbetreibende das

Bürgerliche Gesetzbuch (BGB) gilt. Kaufleute gelten im Vergleich zu Privatpersonen und Kleingewerbetreibenden als weniger schutzbedürftig, was auch bedeutet, dass einige Schutzvorschriften für sie nicht gelten. Einem Kaufmann wird wesentlich mehr Eigenverantwortung zugemutet als einem Kleingewerbetreibenden. Es wird davon ausgegangen, dass der Kaufmann sich in vollem Umfang über die Konsequenzen seines Handelns bewusst ist.

So kann beispielsweise Schweigen auf ein kaufmännisches Bestätigungsschreiben als Zustimmung gedeutet werden, während sonst im Geschäftsverkehr durch Schweigen kein Rechtsgeschäft begründet wird. Auch können Kaufleute im Gegensatz zu Privatpersonen mündlich bürgen und müssen sich an ihr Versprechen halten. Zudem gelten für Handelskäufe verschärfte Regeln, z. B. hinsichtlich der Untersuchungs- und Rügepflichten bei fehlerhafter Ware.

Wer wirklich gute Gründe dafür hat, sich als Kleingewerbetreibender freiwillig in das Handelsregister eintragen zu lassen, sollte sich demnach gut informieren, welche Rechte und Pflichten das Handelsrecht im konkreten Einzelfall mit sich bringt.

Die Gründung eines Einzelunternehmens ist an sich denkbar einfach. Als Freiberufler melden Sie sich lediglich bei Ihrem zuständigen Finanzamt und informieren es über Ihre Existenzgründung. Gewerbetreibende melden ihr Gewerbe bei dem zuständigen Gewerbeamt an. Kaufleute müssen darüber hinaus eine Handelsregistereintragung vornehmen lassen. Das Handelsregister wird von den Amtsgerichten geführt. Zuständig ist das Amtsgericht, in dessen Bezirk sich die Niederlassung des Kaufmanns befindet. Weil nach § 12 Absatz 1 HGB die – neuerdings elektronischen – Anmeldungen zur Eintragung in das Handelsregister in öffentlich beglaubigter Form einzureichen sind, können Sie die Eintragung nicht selbst veranlassen, sondern benötigen hierzu einen Notar.

Die Kosten für die Eintragung hängen von dem Einzelfall ab. Bei dem Registergericht fallen Kosten für die Eintragung und die anschließende Veröffentlichung an. Je nach Umfang der zu veröffentlichen Tatsachen variieren auch die Kosten. Die Gebühr des Notars richtet sich nach dem Geschäftswert, also Ihrem Betriebsvermögen.

Je höher dieses ist, umso höhere Gebühren werden fällig. Will oder muss also ein Einzelunternehmer seine Firma in das Handelsregister eintragen lassen, ist er gut beraten, dies zu tun, wenn der Geschäftswert noch sehr niedrig ist. Mit einer Mindestgebühr müssen Sie aber natürlich auch in diesem Fall rechnen. Insgesamt sollten Sie rund 100 € auf jeden Fall einkalkulieren. Je nach Geschäftswert können die Kosten aber auch deutlich höher liegen.

Die Eintragung von Einzelkaufleuten, Offenen Handelsgesellschaften und Kommanditgesellschaften erfolgt in der Abteilung A des Registergerichts, während die Abteilung B für Kapitalgesellschaften zuständig ist. Auf Geschäftsbriefen eines Einzelunternehmens sieht die Angabe zur Handelsregistereintragung beispielsweise aus wie folgt:

Amtsgericht Berlin-Charlottenburg, HRA 12520 – wobei der Buchstabe A auf die Abteilung hinweist.

Sie werden im Anschluss an diesen Vorgang 2 getrennte Rechnungen erhalten – die Rechnung des Notars und die Rechnung des Registergerichts, zahlbar an die jeweilige Gerichtskasse. Diese beiden Rechnungen sind natürlich berechtigt und darum auch auszugleichen.

Allerdings ist Vorsicht geboten. Unseriöse Unternehmen informieren sich regelmäßig über Neueintragungen im Handelsregister in der Presse und versuchen, hieraus Kapital zu schlagen. Sie versenden Vordrucke, die einer Rechnung zumindest auf den ersten Blick täuschend ähnlich sehen. Verstärkt wird dieser Eindruck noch durch den ausgeschnittenen und beigefügten Zeitungsabschnitt mit der Veröffentlichung der Handelsregistereintragung. Auf dem beiliegenden Zahlschein ist ein üppiger, mindestens 3-stelliger Euro-Betrag bereits eingedruckt. Wer nicht genau hinsieht, kann so schnell getäuscht werden und eine Zahlung veranlassen – im Glauben, es handele sich um die Rechnung für die eigene Handelsregistereintragung. Nur im „Kleingedruckten" ist zu lesen, dass es sich tatsächlich um ein Angebot zur Eintragung des Unternehmens in irgendein sinnloses Verzeichnis oder Ähnliches handelt. Der Vertrag kommt erst durch die Zahlung zustande. Eine sorgfältige „Rechnungsprüfung" ist also von Beginn an erforderlich.

Sind Sie bezüglich der Rechnung nicht sicher, wenden Sie sich an das zuständige Gericht.

Aufgrund weit verbreiteter Missverständnisse in der Praxis möchte ich abschließend noch die eher „unbewusste Existenzgründung" ansprechen. Die meisten Existenzgründer entscheiden sich natürlich bewusst dafür, eine selbständige Tätigkeit aufzunehmen. Sie melden ihr Gewerbe an und üben es dann auch tatsächlich aus. In diesen Fällen stellt sich die Frage nicht, was genau ein Gewerbebetrieb ist und ob ein solcher tatsächlich vorliegt. Anders ist es aber, wenn jemand vermeintlich einem Hobby nachgeht und hiermit Geld verdient.

Nicht jedem Gewerbetreibenden ist es bewusst, dass er unternehmerisch tätig ist.

Ich denke hier insbesondere an die zahlreichen Ebay-Verkäufer und die Anbieter auf Flohmärkten, die regelmäßig mehr als nur ihren privaten Hausrat verkaufen, die also gezielt bestimmte Waren beschaffen, um diese weiter zu veräußern.

Der Gewerbebegriff ist nicht eindeutig definiert, wohl aber gibt es bestimmte Kriterien für das Vorliegen eines Gewerbebetriebes.

So muss die Tätigkeit für Dritte erkennbar nach außen gerichtet sein. Dies ist sowohl bei dem Ebay-Verkäufer als auch bei dem Flohmarkthändler der Fall – die Waren werden ja schließlich öffentlich angeboten.

Ein weiteres Kriterium ist die Selbständigkeit. Auch die ist gegeben, weil in beiden Fällen keine Weisungsgebundenheit besteht. Die Händler entscheiden selbständig, was sie tun und was sie lassen.

Auch das Kriterium der Entgeltlichkeit liegt vor – die Waren werden verkauft und nicht verschenkt.

Nach herrschender Meinung musste weiterhin eine Gewinnerzielungsabsicht vorliegen. Dies hat jedoch der Bundesgerichtshof (BGH) inzwischen verneint. Mit Urteil vom 29. 3. 2006 hat der BGH festgestellt:

„Beim Verbrauchsgüterkauf (§ 474 BGB) setzt das Vorliegen eines Gewerbes und damit die Unternehmerstellung des Verkäufers nicht voraus, dass dieser mit seiner Geschäftstätigkeit die Absicht verfolgt, Gewinn zu erzielen."

Und schließlich liegt bei den meisten „Wiederholungstätern" auch das Kriterium der Planmäßigkeit und Nachhaltigkeit vor. Es handelt sich nicht um ein einmaliges Geschäft und auch nicht um Gelegenheitsgeschäfte, bei dem z. B. Geschenke verkauft werden, die nicht gefallen oder ein doppeltes Exemplar eines Buches. Vielmehr ist das Geschäft auf Wiederholung und auf eine gewisse Dauer angelegt. Ob und wann genau eine gewerbliche, unternehmerische Tätigkeit vorliegt, ist trotz der Kriterien mitunter nicht klar. Die uneinheitliche Rechtsprechung sorgt diesbezüglich eher für Unsicherheit als für Klarheit. So hat z. B. das Landgericht Berlin im Jahr 2001 entschieden, dass bei 39 Verkäufen in einem Zeitraum von fünf Monaten ein Handeln im geschäftlichen Verkehr vorliegt. Das Landgericht Hof war dagegen im Jahr 2003 der Auffassung, dass 41 Transaktionen keinen Schluss auf eine unternehmerische Tätigkeit zulassen. Nach einem Beschluss des Oberlandesgerichts Frankfurt bewegen sich 68 Verkäufe innerhalb von acht Monaten in einem Grenzbereich. Für Aufsehen und auch einiges Unverständnis hat ein Urteil des Landgerichts Coburg vom 19. 10. 2006 gesorgt. Danach wurde die Unternehmereigenschaft selbst bei 1.700! Bewertungen verneint.

Nun begreifen die meisten betroffenen Personen ihre Tätigkeit nicht als Verstoß gegen geltendes Recht – und wenn doch, dann allenfalls als Kavaliersdelikt. Hier ist es aber wichtig zu wissen, dass man sich auf dünnes Eis begibt. Wer als Händler gilt, muss z. B. die einschlägigen Regelungen zum Verbraucherschutz beachten (z. B. Widerrufsrecht), verstößt bei unterlassener Gewerbeanmeldung gegen das Gewerberecht und läuft Gefahr, als Steuerhinterzieher sogar eine Straftat zu begehen. Während so genannte private Veräußerungsgeschäfte in der Regel keine Gewinne abwerfen, wenn es sich nicht gerade um Wertpapiere handelt, und darum auch steuerrechtlich nicht relevant sind, stellt sich die Lage bei Gewinnen aus dem Gewerbebetrieb anders da. Diese sind natürlich zu versteuern.

Mitunter kommt die Frage auf, wie denn eine solche gewerbliche Tätigkeit, z. B. als „Ebay-Händler", auffallen könne, vor allem angesichts der im Internet gängigen Pseudonyme. Hierzu ist zu sagen, dass Pseudonyme in keiner Weise schützen können. Namen und Adressen müssen auf Anfrage der Finanzverwaltung durch die Betreiber des Portals offen gelegt werden. Wichtige Anhaltspunkte geben den Steuerfahndern bei Ebay z. B. das Bewertungssystem durch die Anzahl der Bewertungen. Auch die (mitunter lange) Liste der „anderen Artikel des Verkäufers" kann sehr aufschlussreich sein, ebenso wie die Bezeichnung „Powerseller". Für speziell geschulte Ermittler ist es kein Problem, „professionelle Händler" ausfindig zu machen und von denjenigen Personen zu unterscheiden, die lediglich hin und wieder ihren Keller entrümpeln und die angesammelten Stücke verkaufen. Seit etwa Mitte 2003 unterstützt darüber hinaus die spezielle Suchmaschine „X-Pider" die Steuerfahnder bei ihrer Arbeit, durchforstet die einschlägigen Portale und gleicht Daten ab. Der Bundesrechnungshof hatte im Jahr 2006 über eher bescheidene Erfolge der Software berichtet. Das Programm habe versagt, weil die übermittelten Daten nicht schlüssig seien und es verursache nur Kosten. Allerdings stützte sich das Urteil auf die Anfangszeit, in der die Software eingesetzt wurde. Spätere Meldungen aus den Jahren 2006–2008 berichten von einem erfolgreichen Einsatz mit einer neuen Version, die 100.000 Webseiten täglich durchsuchen soll. Es Wenn man nur an die US-amerikanische Überwachungssoftware „PRISM" denkt und bedenkt, wie weit reichend die Überwachungsmöglichkeiten inzwischen sind, wäre es jedenfalls sehr naiv sich darauf zu verlassen, dass Online-Geschäfte dauerhaft unentdeckt bleiben. Ist die Finanzverwaltung dann erst einmal potenziellen Steuerhinterziehern auf der Spur, fallen die Erfahrungsberichte der Betroffenen unterschiedlich aus.

Mal ist die Angelegenheit mit einem Anschreiben, einer anschließenden Gewerbeanmeldung und der Nachzahlung von Steuern – verzinst, versteht sich – erledigt. Es ist aber auch möglich, dass eine Hausdurchsuchung mit anschließender Strafanzeige erfolgt und Steuerhinterziehung ist alles andere als ein Kavaliersdelikt. Neben Geldstrafen kommen in besonders schweren Fällen sogar Haftstrafen bis zu 10 Jahren in Betracht.

Links zum Thema

http://www.frankfurt-main.ihk.de – Recht-Unternehmensrecht – IHK Frankfurt am Main – Informationen zur Handelsregistereintragung; http://www.justiz.nrw.de/ – Justiz Online NRW; http://www.stuttgart.ihk24.de – IHK Region Stuttgart mit umfangreichen Informationen z. B. zum Thema Handelsvertreter (Rubrik Recht & Fair Play); http://www.internetrecht-rostock.de/ – Rechtsanwälte Langhoff, Dr. Schaarschmidt & Kollegen mit zahlreichen Informationen u. A. zum Thema Unternehmereigenschaft.

8.7 Gesellschaft des bürgerlichen Rechts (GbR)

Eine Gesellschaft ist ein Zusammenschluss mehrerer Personen, die einen bestimmten, gemeinsamen Zweck verfolgen, d. h., eine Gesellschaft kommt vor allem dann in Frage, wenn Sie gemeinsam mit Partnern gründen wollen, obwohl es auch hier Ausnahmen gibt (z. B. 1-Mann-GmbH).

Man unterscheidet zwischen Personengesellschaften und Kapitalgesellschaften. Bei den Personengesellschaften stehen der persönliche Einsatz und die persönliche Haftung der Gesellschafter im Vordergrund. Bei den Kapitalgesellschaften (GmbH und AG) dagegen handelt es sich um so genannte juristische Personen mit eigener Rechtspersönlichkeit, bei denen grundsätzlich die Gesellschafter nicht persönlich haften. Im Haftungsfall soll hier das Haftungskapital zur Verfügung stehen.

Die Gesellschaft des bürgerlichen Rechts (GbR) wird auch BGB-Gesellschaft genannt, weil das bürgerliche Gesetzbuch (BGB) und hier konkret die §§ 705–740 BGB, die gesetzliche Grundlage bildet. Bei der GbR handelt es sich um die Grundform der Personengesellschaften. Mangelt es an anderweitigen Bestimmungen oder Vereinbarungen gelten also im Falle von Streitigkeiten auch bei anderen Personengesellschaften die Regelungen zur GbR. Aus diesem Grunde wird die GbR in diesem Ratgeber ausführlicher dargestellt als die anderen Personengesellschaften, denn eine Vielzahl der Informationen ist auf die übrigen Personengesellschaften übertragbar. Daher genügt es, anschließend deren wesentliche Besonderheiten herauszuarbeiten.

Weil die GbR eine Personengesellschaft ist, steht auch hier der persönliche Einsatz der Gesellschafter im Vordergrund und die Haftung erstreckt sich über das Gesellschaftsvermögen hinaus auch auf das Privatvermögen der Gesellschafter.

Die GbR kann – stark vereinfacht – als das Gegenstück der Einzelunternehmung bezeichnet werden. Was die Einzelunternehmung für Einzelgründer ist, ist die GbR für partnerschaftliche Gründungen.

Wollen Sie nicht allein, sondern mit mindestens einem gleichberechtigten Partner, ein kleineres, nichtkaufmännisches Unternehmen gründen und sind Ihnen geringe Gründungsformalitäten und -kosten wichtig, kann die GbR die richtige Rechtsform für den Einstieg sein.

Eine GbR entsteht durch den Abschluss eines Gesellschaftsvertrages, dessen Mindestinhalt in § 705 BGB geregelt ist:

Durch den Gesellschaftsvertrag verpflichten sich die Gesellschafter gegenseitig, die Erreichung eines gemeinsamen Zweckes in der durch den Vertrag bestimmten Weise zu fördern, insbesondere die vereinbarten Beiträge zu leisten.

Zur Gründung einer GbR reichen somit aus:

- die beteiligten Personen (also mindestens 2 Gesellschafter),
- der gemeinsame Zweck und
- der Wille, die Verpflichtung und eine Einigung darüber, den Zweck gemeinsam zu verfolgen und zu fördern.

Sind diese Voraussetzungen erfüllt, haben Sie einen Gesellschaftsvertrag geschlossen – auch mündlich. Ein schriftlicher Vertrag ist nicht erforderlich. Weil die Gründung so einfach und formfrei möglich ist, sind einige Menschen sogar Gesellschafter einer GbR, ohne dies überhaupt zu wissen, z. B. die Mitglieder einer Tippgemeinschaft, Fahrgemeinschaft, Musikband oder Grundstücksgemeinschaft. In all diesen Beispielen ist durch die gemeinsame Verfolgung eines bestimmten Zwecks rechtlich bereits eine GbR entstanden. Dies interessiert die Betroffenen in der Regel nicht weiter, wenn es keine Probleme mit den anderen Gesellschaftern gibt. Nur im Falle von Streitigkeiten wie z. B. bei der Verteilung von Gewinnen und Verlusten ist es dann von Bedeutung, nach welchen Rechtsgrundlagen diese Fragen gelöst werden sollen, wenn keine sonstigen Vereinbarungen vorliegen. Hier kommen dann die einschlägigen Regelungen zur GbR zum Tragen. So unbürokratisch wie die GbR entsteht, kann sie auch wieder beendet werden. Sie ist automatisch aufgelöst, wenn nur noch ein Gesellschafter übrig bleibt. Gesellschafter einer GbR können sein:

■ natürliche Personen, also Menschen,

■ juristische Personen wie die GmbH und/oder

■ nichtrechtsfähige Personenvereinigungen wie ein Verein.

Die GbR eignet sich für verschiedene Zwecke. Es muss sich aber immer um einen gemeinsamen und legalen Zweck handeln. Verfolgt jeder Gesellschafter seine eigenen Zwecke oder kommt keine Einigung über den Zweck der GbR zustande, entsteht auch keine GbR. Die Gesellschaft kann auf Dauer angelegt sein oder aber als Gelegenheitsgesellschaft.

So können sich Kleingewerbetreibende zu einem gemeinsamen Zweck zusammenschließen und beispielsweise in der Rechtsform der GbR eine Gaststätte, einen Kiosk, ein Einzelhandelsgeschäft, ein Sonnenstudio oder ein Internetportal betreiben. Auch Freiberufler schließen sich häufig in der Rechtsform der GbR zusammen und üben ihren Beruf gemeinsam aus, z. B. Ärzte. Um den Freiberuflerstatus zu erhalten, müssen in diesem Fall aber alle Gesellschafter der GbR die Voraussetzungen für die Freiberuflichkeit erfüllen. Bis 1995 gab es für bestimmte Freiberufler wie z. B. Rechtsanwälte keine andere Möglichkeit der Zusammenarbeit als die Rechtsform der GbR. Dies ist heute anders. Mittlerweile dürfen Rechtsanwälte auch eine GmbH oder sogar eine AG gründen. Darüber hinaus kommt für Freiberufler auch die Rechtsform der Partnerschaftsgesellschaft in Betracht. In den oben genannten Fällen handelt es sich um eine auf Dauer angelegte Gesellschaft.

Eine sehr häufige Erscheinungsform der GbR ist aber auch die Gelegenheitsgesellschaft.

So können sich beispielsweise verschiedene Handwerker zusammenschließen, um einen Auftrag wie etwa einen Hausbau oder eine Komplettrenovierung gemeinsam zu erledigen. Ist dieser Zweck erfüllt, betreibt jeder der Gesellschafter wieder ausschließlich sein eigenes Unternehmen, Gewinne bzw. Verluste werden verteilt und die GbR wird aufgelöst.

Zur Erstellung eines Internetportals könnten selbständige Grafiker, Programmierer, Texter und Werbefachleute in der Rechtsform der GbR zusammenarbeiten, bis der Auftrag erledigt ist.

Typische Beispiele sind auch die Arbeitsgemeinschaften im Baugewerbe. Hier schließen sich mehrere selbständige Unternehmen zusammen, um einen Großauftrag wie z. B. einen Flughafen- oder Autobahnbau gemeinsam durchzuführen, den sonst keines der Unternehmen hätte allein bewältigen können.

Auch die Durchführung bestimmter Projekte kann in der Rechtsform der GbR erfolgen, wie z. B. die Veranstaltung eines Events oder einer Messe.

In all diesen Fällen ist die Gesellschaft nicht auf Dauer angelegt, sondern besteht nur so lange, bis der gemeinsame, temporäre Zweck erreicht ist.

Bei Existenzgründern liegt der gemeinsame Zweck in der Regel in dem Bestreben, einen wirtschaftlichen Erfolg zu erzielen. Die Verantwortung und das wirtschaftliche Risiko werden auf mehrere Personen verteilt.

Während die GbR für Freiberufler und Kleingewerbetreibende sehr gut als Einstiegsgesellschaft geeignet ist, kommt sie nicht in Frage, wenn Sie ein vollkaufmännisches Gewerbe betreiben wollen – also nach Art oder Umfang ein in kaufmännischer Weise eingerichteter Geschäftsbetrieb erforderlich ist.

Eine GbR kann nicht in das Handelsregister eingetragen werden, auch nicht auf freiwilliger Basis. Handelt es sich bei Ihrem Vorhaben um die Gründung eines vollkaufmännischen Unternehmens oder ist Ihnen aus anderen Gründen eine Handelsregistereintragung wichtig, ist die GbR nicht die richtige Rechtsform. Nahe liegend ist in diesem Fall die Gründung einer Offenen Handelsgesellschaft (OHG). Diese entsteht ohnehin, wenn Sie zunächst eine GbR gründen, sich das Unternehmen dann aber zu einem Unternehmen entwickelt, bei dem nach Art und Umfang ein kaufmännisch eingerichteter Geschäftsbetrieb erforderlich wird. In diesem Fall ist eine Handelsregistereintragung erforderlich. Die OHG mit allen Rechten und Pflichten besteht aber auch dann, wenn die Eintragung versäumt wird. Hier gibt es also deutliche Parallelen zu dem Einzelunternehmer, der als Kleingewerbetreibender startet und später zu einem Kaufmann wird oder dies von vornherein ist, ohne eine Handelsregistereintragung vorgenommen zu haben. Auch ist bei der GbR – ebenso wie beim Einzelunternehmen – kein Mindestkapital vorgeschrieben. Aufgrund der fehlenden Formvorschriften und der Tatsache, dass keine Handelsregistereintragung möglich und erforderlich ist, handelt es sich wie beim Einzelunternehmen um eine sehr flexible Rechtsform mit der Möglichkeit, sich rasch an geänderte Bedürfnisse und Verhältnisse anzupassen und ggf. den Gesellschaftsvertrag zu ändern.

Allerdings hat die GbR, wie jede andere Rechtsform auch, ihre Tücken und Nachteile. Dies gilt vor allem, wenn es keinen schriftlichen Gesellschaftsvertrag gibt. Dieser ist zwar nicht gesetzlich vorgeschrieben, aber dennoch sollten Sie als Existenzgründer keinesfalls hierauf verzichten. Eine notarielle Beurkundungspflicht besteht, wenn sich ein Gesellschafter verpflichtet, ein Grundstück oder GmbH-Anteile in die Gesellschaft einzubringen.

Ist im Gesellschaftsvertrag nichts geregelt, greifen die entsprechenden Regelungen des BGB, die Ihren individuellen Bedürfnissen aber möglicherweise nicht gerecht werden. Auch zu Beweiszwecken ist ein schriftlicher Vertrag dringend empfehlenswert – und zwar auch dann, wenn Sie gemeinsam mit einem Familienmitglied oder mit einem engen Freund gründen. Nur allzu oft endet das gute Verhältnis schneller als geplant, wenn es um geschäftliche Angelegenheiten und um Geld geht. Die zahlreichen Rechtsstreitigkeiten sprechen hier eine klare Sprache.

Das Beispiel von Mehmet und seiner gescheiterten Geschäftserweiterung zeigt, dass freundschaftliche Beziehungen nicht automatisch auch der Garant für eine solide geschäftliche Basis sind. Mehmet führte seit mehr als 5 Jahren erfolgreich seinen Döner-Imbiss und hatte sich im Laufe der Zeit einen treuen Stammkundenkreis aufgebaut. Die Speisen waren stets frisch, das Lokal immer sauber, die Portionen großzügig und Mehmet kannte niemand anders als nur freundlich und zuvorkommend – und das, obwohl er an keinem Tag weniger als 10 Stunden arbeitete. Eine 70 bis 80-Stunden-Woche war eher die Regel als die Ausnahme. In den letzten 2 Jahren hatte sich Mehmet nicht einmal mehr die Zeit genommen, Urlaub bei seiner Familie in der Türkei zu machen. „Ich fahre schon gar nicht mehr gern nach Hause – meine Familie will sowieso immer nur Geld von mir. Da kann ich besser hier bleiben und Geld verdienen, als es in der Türkei auszugeben." Mehmet hatte kaum noch Freizeit und arbeitete unermüdlich für seinen Lebensstandard und seine Altersvorsorge. Schon seit einiger Zeit träumte er davon, neben seinem Imbiss noch ein „richtiges" Restaurant zu eröffnen. Nur konnte er dies unmöglich auch noch allein bewältigen. In seinem großen Bekanntenkreis fand sich bald ein „geeigneter" Partner, mit dem das Restaurant in der Rechtsform der GbR betrieben werden sollte. Mehmet konnte sich nur in geringem Maße persönlich engagieren, stellte aber Kapital und sein Know-how zur Verfügung. Um das Tagesgeschäft in dem Restaurant sollte sich maßgeblich der neue Partner kümmern. Ein schriftlicher Vertrag wurde nicht geschlossen – es war Ehrensache, dass man sich gegenseitig auch auf mündliche Vereinbarungen verlassen konnte. Schon bald nach der Eröffnung stellte sich jedoch heraus, dass die Vorstellungen über den persönlichen Arbeitseinsatz und die Geschäftsführung meilenweit auseinander lagen. Mehmet kümmerte sich – wie bisher – überwiegend um seinen Imbiss und der neue Partner führte – wie besprochen – das Restaurant. Allerdings beinhaltete die Führung weniger den persönlichen Einsatz im Tagesgeschäft als vielmehr das Delegieren von Aufgaben an wechselnde Mitarbeiter. „Wer Geld verdienen will, muss auch etwas dafür tun und kann nicht immer nur die Hand aufhalten und Geld aus der Kasse nehmen", beschwerte sich Mehmet immer wieder. Es war offensichtlich, dass er eine völlig andere Arbeitseinstellung an den Tag legte als sein neuer Partner. „Ich muss doch erst einmal so viel wie möglich selbst erledigen, bevor ich andere Leute bezahle. Mein Partner kümmert sich zwar um das Geschäft, er packt aber zu wenig mit an, sondern spielt lieber den Boss. Das geht so nicht weiter und das können wir uns auch nicht leisten." Mehmet war enttäuscht, stand finanziell schlechter da als vorher, war aber um eine Erfahrung reicher. Das Restaurant wurde schon nach wenigen Wochen wieder geschlossen. Glücklicherweise konnte der Pachtvertrag durch die Kulanz des Verpächters relativ problemlos wieder aufgelöst werden. Mehmet hat sich anschließend nach einem größeren Geschäftslokal umgesehen und kürzlich nach langer Suche ein passendes Lokal in der Nähe des alten Standortes gefunden. „Das passiert mir so schnell nicht wieder. Ich schaffe nicht mehr alles allein, kann aber lieber Mitarbeiter beschäftigen als mich noch einmal mit einem gleichberechtigten Geschäftspartner herumzuärgern."

Die unterschiedlichen Charaktere, Arbeitseinstellungen und Denkweisen passten einfach nicht zusammen, obwohl man sich privat gut verstanden hatte und sich in finanziellen Dingen im Grunde auch vertrauen konnte. Es waren also absolut keine negativen Absichten, die zu Streitigkeiten geführt haben.

Oft ist es so, dass im Rahmen einer Existenzgründung jeder einzelne Gesellschafter einer GbR nur das Beste für das Unternehmen will. Was aber ist das Beste für das Unternehmen? Hier können die Meinungen schnell auseinander gehen. Während beispielsweise einer der Gesellschafter Investitionen tätigt, weil er davon überzeugt ist, dies sei das Beste für das Unternehmen, ist vielleicht dem anderen Gesellschafter der Erhalt der Liquidität deutlich wichtiger, z. B. im Hinblick auf ein bevorstehendes Bankgespräch oder aus Gründen der Vorsicht. Auch könnte es sein, dass ein Gesellschafter das Knüpfen von Kontakten und die Kundenakquise als seine wesentlichste Aufgabe ansieht und deshalb ständig außerhalb des Geschäftes unterwegs ist. Dem anderen Geschäftspartner aber wächst das Tagesgeschäft über den Kopf und er bräuchte dringend Hilfe. Hier sind Streitigkeiten über die Aufgabenverteilung nahezu programmiert. Die Beispiele möglicher Konfliktpotenziale ließen sich fast beliebig fortsetzen.

Solchen Streitigkeiten, die schlimmstenfalls zum Scheitern des Unternehmens führen können, kann mit klaren, schriftlichen Vereinbarungen wirksam entgegen gewirkt werden. Dies ist auch unter Familienmitgliedern oder Freunden überhaupt kein Zeichen von Misstrauen, sondern von Professionalität und Weitsicht. Zudem kann auf diese Weise Missverständnissen wirksam begegnet werden, die ein sehr häufiger Grund von Rechtsstreitigkeiten sind.

Welche Vereinbarungen mindestens in einem Vertrag getroffen werden sollten, hängt von den konkreten Umständen des Einzelfalles ab. Die folgenden Punkte sind daher nicht als abschließend zu betrachten, sie umfassen aber die wichtigsten Aspekte einer GbR-Gründung und werden den meisten Gründungsvorhaben durchaus gerecht. Regeln Sie in Ihrem Vertrag mindestens:

- Rechtsform,
- Name,
- Namen und Anschrift der Gesellschafter,
- Sitz der Gesellschaft,
- Zweck der Gesellschaft,
- Beginn der Gesellschaft,
- Dauer der Gesellschaft (ggf. unbestimmt),
- Geschäftsjahr (entspricht üblicherweise dem Kalenderjahr),
- Einlagen und/oder Beiträge der einzelnen Gesellschafter (dies können auch bestimmte Leistungen sein),
- Wert der bereits erbrachten Einlagen und/oder Leistungen,
- Anteile der Gesellschafter am Vermögen der Gesellschaft,
- Berechtigung und Verpflichtung zur Geschäftsführung und Vertretung der Gesellschaft,
- Wettbewerbsabsprachen (z. B. dahingehend, dass kein Gesellschafter eine Tätigkeit aufnehmen darf, die in Konkurrenz zu der GbR steht),
- Folgen bei Verstößen gegen vertragliche Regelungen (z. B. Vertragsstrafe und/oder Herausgabeansprüche),
- Gewinn- und Verlustverteilung,

- Eventuelle Vergütungen für bestimmte Tätigkeiten,

- Eventuelle Nachschusspflichten für den Fall von Verlusten und/ oder Liquiditätsproblemen,

- Entnahmerechte der Gesellschafter (je nach Lebensstil können die finanziellen Bedürfnisse der Gesellschafter sich sehr unterscheiden – es ist also für Gerechtigkeit und den Erhalt der Liquidität zu sorgen),

- Regelungen für den Fall des Todes einer oder mehrerer Gesellschafter,

- Kündigungsmöglichkeit und -frist sowie Schriftformerfordernis,

- Folgen bei Kündigung einer oder mehrerer Gesellschafter,

- Auflösung der Gesellschaft und Vermögensverteilung,

- Vereinbarungen zu Änderungen und Ergänzungen des Vertrages (sinnvollerweise wird hier das Schriftformerfordernis bestimmt),

- Gerichtsstand,

- Schlussbestimmung.

Mit Schlussbestimmung ist die so genannte „Salvatorische Klausel" gemeint. Diese findet man in einer Vielzahl von Verträgen – aus gutem Grund. Sie sichert die Gültigkeit des übrigen Vertrages für den Fall, dass einzelne Bestimmungen ganz oder teilweise unwirksam sind. Die „Salvatorische Klausel" könnte beispielsweise wie folgt formuliert werden:

Sollten einzelne Bestimmungen dieses Vertrages ganz oder teilweise unwirksam sein oder werden oder sollte der Vertrag eine Regelungslücke enthalten, so werden die übrigen Bestimmungen dieses Vertrages hiervon nicht berührt.

An die Stelle der unwirksamen oder fehlenden Bestimmungen treten die jeweiligen gesetzlichen Regelungen.

Aber Achtung: Diese Klausel ist im Übrigen mit Bedacht zu verwenden und rechtlich nicht immer unumstritten.

Bei einer GbR ist zwischen dem so genannten Außenverhältnis und dem Innenverhältnis zu unterscheiden. Dies wirkt sich auch auf die vertraglichen Regelungen aus. Obige Punkte umfassen beispielsweise augenscheinlich keine Regelung der Haftungsfrage.

Das liegt daran, dass sich im Außenverhältnis die Haftungsfrage oft nicht stellt. Sie können die Haftung jedenfalls nicht pauschal ausschließen oder auf einzelne Gesellschafter abwälzen. Gegenüber Außenstehenden haften die Gesellschafter unbeschränkt auch mit ihrem Privatvermögen, und zwar gesamtschuldnerisch. Das heißt, dass jeder Gläubiger seine Ansprüche gegenüber jedem Gesellschafter in vollem Umfang geltend machen kann. Hat nur ein Gesellschafter diese Ansprüche gegen die GbR begründet, müssen dennoch die übrigen Gesellschafter unter Umständen hierfür geradestehen. Hier zeigt sich einmal mehr die Notwendigkeit, Regelungen darüber zu treffen, wer in welchem Umfang welche Art von Geschäften für die Gesellschaft tätigen darf und welche Arten von Verträgen nur gemeinsam geschlossen werden dürfen. Hiermit sichern Sie sich zumindest die Möglichkeit, im Falle eines Fehlverhaltens Ansprüche gegenüber dem Mitgesellschafter geltend machen zu können. Ob diese letzten Endes wirtschaftlich etwas wert sind, ist jedoch eine andere Frage.

Die Befugnisse der einzelnen Gesellschafter ist eine Frage, die im Innenverhältnis – also in dem Verhältnis der Gesellschafter untereinander – zu klären ist. Allerdings ist diese Frage oft untrennbar verbunden mit der Haftungsfrage und deshalb sollten ggf. auch zur Haftung Regelungen im Innenverhältnis getroffen werden. So können Sie Haftungsverpflichtungen in unterschiedlicher Höhe vereinbaren, z. B.: A haftet zu 20%, B zu 30% und C zu 50%. Nach außen haften Sie aber dennoch gesamtschuldnerisch. Sie können lediglich wiederum anschließend Ihre Ansprüche gegenüber den Mitgesellschaftern geltend machen. Oftmals sind aber auch diese Ansprüche wirtschaftlich nichts wert, weil schlichtweg „nichts zu holen" ist. Unterschiedliche Haftungsrisiken sollten sich im Übrigen auch in der Gewinn- und Verlustverteilung widerspiegeln, wenn ansonsten die Einlagen und die zu erbringenden Leistungen vergleichbar sind. Wer das größere Risiko trägt, sollte fairer Weise auch in höherem Maße von den Gewinnchancen profitieren.

Wenn Sie sich für die Gründung einer GbR entscheiden und einen Gesellschaftsvertrag formulieren, ist es unbedingt empfehlenswert, diesen juristisch prüfen zu lassen. Auch hier kann Sie das Sparen an der falschen Stelle teuer zu stehen kommen, denn auch der umfangreichste Vertrag hilft Ihnen im Falle von Streitigkeiten nicht, wenn er vor Gericht nicht Bestand hat, also nicht rechtssicher ist. Nun kann es eine teure Angelegenheit werden, rechtssichere Verträge von einem Juristen individuell ausarbeiten zu lassen. Eine gute Alternative scheinen daher Musterverträge zu sein. Entscheiden Sie sich für einen Mustervertrag, sollten Sie auf jeden Fall darauf achten, dass dieser rechtssicher ist und dem neuesten Stand der Rechtsprechung entspricht. Darüber hinaus muss Ihnen bewusst sein, dass Musterverträge naturgemäß nicht jedem individuellen Einzelfall gerecht werden können. Für die meisten GbR-Gründungen sind Sie aber durchaus mit einem professionell erstellten Mustervertrag gut bedient. Die Rechtssicherheit kann aber in dem Moment verloren gehen, in dem Sie individuelle Anpassungen vornehmen. Besteht Anpassungsbedarf, sollten die ergänzenden Bestimmungen noch einmal juristisch überprüft werden. Dies ist weitaus kostengünstiger, als einen kompletten Vertrag von A bis Z ausarbeiten zu lassen.

Die Rechtsanwalts-AG „Janolaw" ist eine gute Anlaufstelle für Musterverträge und bietet auch die Möglichkeit der preiswerten, individuellen Anpassung oder der individuellen Rechtsberatung per Telefon oder E-Mail.

Weil in der Praxis gerade die Haftung bei der GbR Gründern regelmäßig Sorgen bereitet, obwohl diese Rechtsform ansonsten sehr interessant ist, möchte ich im Folgenden hierauf noch etwas näher eingehen.

Wie oben bereits erwähnt, haften Sie grundsätzlich gegenüber Außenstehenden gesamtschuldnerisch und auch mit Ihrem Privatvermögen. Soweit der Grundsatz. Hiervon gibt es allerdings Ausnahmen. Auch wenn Sie sich für die Rechtsform der GbR entscheiden, können Sie durchaus die Haftung gegenüber Ihren potenziellen Gläubigern wirksam begrenzen – allerdings nicht pauschal.

Immer wieder haben Unternehmen versucht – und tun es wohl aus Unkenntnis noch – der GbR den Zusatz mbH (mit beschränkter

Haftung) hinzuzufügen, um die Haftung mit dem Privatvermögen zu umgehen. Inzwischen gibt es aber eine Reihe von Urteilen, die diese Praxis als unzulässig einstufen, vor allem mit der Argumentation, es bestünde eine Verwechslungsgefahr mit der GmbH, was wettbewerbsrechtlich zu beanstanden ist.

Auch der Bundesgerichtshof (BGH) hat im Jahre 1999 festgestellt, dass der Zusatz „mbH" nicht zu einer Haftungsbeschränkung der GbR führen könne. Die einschlägigen, gesetzlichen Regelungen sähen ja gerade die persönliche Haftung der Gesellschafter und nicht die Beschränkung auf das Gesellschaftsvermögen vor. Diese könne – so der BGH – nicht durch einen einseitigen Akt ausgeschlossen werden. Wohl aber kann die Haftungsbeschränkung durch einen zweiseitigen Akt – also die individualvertragliche Vereinbarung – wirksam werden. Aus diesem Grunde sind Sie gut beraten, eine gewünschte Haftungsbeschränkung nicht durch den Zusatz „mbH" und auch nicht in Allgemeinen Geschäftsbedingungen (AGB) bewirken zu wollen. Regeln Sie diese Problematik individuell und einzelvertraglich mit jedem Geschäftspartner – soweit möglich und dieser die Regelung akzeptiert.

In den Fällen, in denen sich Geschäftspartner auf eine Haftungsbeschränkung nicht einlassen wollen, muss nach betriebswirtschaftlichen Kriterien abgewogen werden, ob die Haftungsbeschränkung oder die Geschäftsbeziehung Priorität hat.

In älteren Gründungsratgebern werden Sie noch lesen, die GbR sei (anders als juristische Personen wie etwa die GmbH) nicht rechtsfähig und nicht parteifähig und könne deshalb als Gesellschaft weder klagen noch verklagt werden. Hier hat der BGH in seinem Urteil aus dem Jahre 2001 für mehr Klarheit gesorgt. Es ist nun zweifelsfrei entschieden, dass die GbR als Gesellschaft klagen kann, aber auch verklagt werden kann, nicht also nur deren einzelne Gesellschafter.

Links zum Thema

> http://www.janolaw.de – janolaw AG – von Rechtsanwälten erstellte Musterverträge und mehr; http://www.frankfurt-main.ihk.de – Themen – Recht und Steuern – Musterverträge

8.8 Offene Handelsgesellschaft (OHG)

Auch bei der OHG handelt es sich um eine Personengesellschaft. Das heißt, auch hier geht um den Zusammenschluss von mindestens zwei Personen, die persönlich und gesamtschuldnerisch auch mit ihrem Privatvermögen für die Verbindlichkeiten der OHG haften. Die gesetzlichen Grundlagen bilden die §§ 105–160 HGB. Ergänzend kommen die gesetzlichen Regelungen über die GbR zur Anwendung, sofern speziellere Bestimmungen im HGB fehlen. Anders als die GbR ist aber die OHG auf den Betrieb eines Handelsgewerbes gerichtet. Zur Erinnerung: Ein Handelsgewerbe ist jeder Gewerbebetrieb, es sei denn, dass nach Art und Umfang kein in kaufmännischer Weise eingerichteter Geschäftsbetrieb erforderlich ist.

Die OHG kommt somit für Kleingewerbetreibende nicht in Frage, es sei denn, diese lassen sich freiwillig in das Handelsregister eintragen. Des Weiteren ist die Gründung einer OHG durch Freiberufler nicht möglich, weil diese gerade kein Handelsgewerbe betreiben. Gesellschafter einer OHG können sowohl natürliche als auch juristische Personen wie eine andere OHG oder eine Kommanditgesellschaft (KG) sein. Eine GbR als Gesellschafter einer OHG wurde bisher abgelehnt, scheint aber aufgrund der höchstrichterlich festgestellten Rechtsfähigkeit der GbR nun denkbar.

Ein bestimmtes Mindestkapital ist nicht vorgeschrieben.

Während eine GbR nicht in das Handelsregister eingetragen werden kann, ist die Eintragung bei der OHG nach § 106 HGB Pflicht. Die Anmeldung hat zu enthalten:

- den Namen, Vornamen, Geburtsdatum und Wohnort jedes Gesellschafters;

- die Firma der Gesellschaft, den Ort, am dem sie ihren Sitz hat und die inländische Geschäftsanschrift und

- die Vertretungsmacht der Gesellschafter.

Wie bei der GbR richten sich die Verhältnisse der Gesellschafter untereinander nach dem Gesellschaftsvertrag. Nur wenn hier keine Regelungen getroffen wurden, finden die gesetzlichen Bestimmungen Anwendung. Auch bei der OHG kann der Gesellschaftsvertrag formfrei geschlossen werden, wenngleich es auch dringend zu empfehlen ist, einen schriftlichen Vertrag zu formulieren.

Nach dem HGB sind alle Gesellschafter zur Geschäftsführung nicht nur berechtigt, sondern auch verpflichtet. Per Gesellschaftsvertrag kann aber die Geschäftsführung einem oder mehreren Gesellschaftern übertragen werden, die übrigen Gesellschafter sind in diesem Fall von der Geschäftsführung ausgeschlossen, haben aber ein Einsichtsrecht in die Papiere, Bilanzen etc. der OHG.

Die Geschäftsbriefe der OHG müssen bestimmte Mindestangaben gem. § 125a HBG enthalten.

Wie die GbR kann auch die OHG nach § 124 HGB als Gesellschaft vor Gericht klagen und verklagt werden, obwohl Sie keine juristische Person wie die GmbH oder AG ist.

Ein zentrales Problem ist auch bei der OHG die weit reichende Haftung der Gesellschafter, die ebenfalls nicht pauschal, z. B. durch Allgemeine Geschäftsbedingungen, beschränkt werden kann. In § 128 HGB heißt es dazu:

Die Gesellschafter haften für die Verbindlichkeiten der Gesellschaft den Gläubigern als Gesamtschuldner persönlich. Eine entgegenstehende Vereinbarung ist Dritten gegenüber unwirksam. § 130 HGB regelt dazu ergänzend:

> **§ 130 HGB.** (1) Wer in eine bestehende Gesellschaft eintritt, haftet gleich den anderen Gesellschaftern nach Maßgabe der §§ 128 und 129 für die vor seinem Eintritt begründeten Verbindlichkeiten der Gesellschaft, ohne Unterschied, ob die Firma eine Änderung erleidet oder nicht.
>
> (2) Eine entgegenstehende Vereinbarung ist Dritten gegenüber unwirksam.

Ein neuer Gesellschafter haftet also bei Eintritt in die OHG auch für bereits bestehende Verbindlichkeiten.

Zudem verjähren Ansprüche gegen einen Gesellschafter nach § 159 HGB erst in 5 Jahren nach Auflösung der Gesellschaft, wenn nicht der Anspruch gegen die Gesellschaft einer kürzeren Verjährungsfrist unterliegt.

Die Haftung endet also auch nicht mit dem Ausscheiden des Gesellschafters, sondern er haftet danach noch 5 Jahre lang für bis zu seinem Ausscheiden begründete Ansprüche nach § 160 HGB.

Wie bei der GbR können die Gesellschafter auch hier im Innenverhältnis eine Haftungsfreistellung oder -begrenzung vereinbaren.

Die OHG ist als Rechtsform für kleinere und mittelständische Unternehmen geeignet. Da die Gesellschafter jedoch gesamtschuldnerisch für die Verbindlichkeiten haften, basiert die Zusammenarbeit wie bei der GbR auf einem sehr engen Vertrauensverhältnis. Der oder die Geschäftspartner müssen daher mit besonderer Sorgfalt ausgewählt werden.

Im Geschäftsverkehr und bei Kreditinstituten genießt die „Königin der Kaufleute" – wie die OHG mitunter genannt wird – ein hohes Ansehen und eine hohe Kreditwürdigkeit – vorausgesetzt natürlich, die Gesellschafter selbst sind vertrauens- und kreditwürdig.

Wer die Wahl zwischen der Gründung einer OHG und einer GbR hat, weil es sich zunächst um kein vollkaufmännisches Gewerbe handelt, ist oftmals mit der Gründung einer GbR zum Einstieg besser beraten. Der späteren Umwandlung in eine OHG steht nichts entgegen.

8.9 Kommanditgesellschaft (KG)

Die Kommanditgesellschaft wird auch als Sonderform der OHG bezeichnet. Sie ist – wie die OHG– eine Personenhandelsgesellschaft, auch hier ist also der Zweck auf den Betrieb eines Handelsgewerbes unter gemeinschaftlicher Firma gerichtet. Zur Gründung sind wiederum 2 Gesellschafter erforderlich, wobei es sich auch hier um natürliche oder juristische Personen handeln kann. Die gesetzlichen Grundlagen finden sich in den §§ 161–177a HGB. Ergänzend kommen die Bestimmungen zur OHG und ggf. auch zur GbR zur Anwendung. Anders als bei der OHG werden bei der KG zwei Arten von Gesellschaftern mit unterschiedlichen Haftungsverpflichtungen unterschieden. Hierin liegt der entscheidende Unterschied zur OHG. Jede KG muss mindestens aus einem Vollhafter (Komplementär) und einem Teilhafter (Kommanditist) bestehen, wobei auch eine GmbH Vollhafterin sein kann (vgl. dazu auch Abschnitt 8.12: GmbH & Co. KG).

Der Komplementär haftet unbeschränkt auch mit seinem Privatvermögen und nimmt somit eine Rechtsstellung wie der Gesellschafter einer OHG ein.

Der Kommanditist ist ein Gesellschafter, der bis zur Höhe seiner Einlage persönlich haftet. Er haftet dagegen überhaupt nicht mehr, wenn diese Einlage geleistet wurde. Die Einlage ersetzt also seine Haftung. Wird die Einlage an den Kommanditisten zurückbezahlt, so gilt sie nach § 172 Absatz 4 HGB den Gläubigern gegenüber als nicht geleistet, sodass die persönliche Haftung des Kommanditisten wieder auflebt.

Für Existenzgründer ist es wichtig zu wissen, dass ein Kommanditist unter Umständen sogar ebenso wie ein Komplementär persönlich haftet. Besondere Haftungsrisiken bestehen nach § 176 Absatz 1 HGB vor allem dann, wenn die Geschäftstätigkeit mit Zustimmung des Kommanditisten schon aufgenommen wird, bevor die Handelsregistereintragung erfolgt ist und den Gläubigern die Kommanditistenstellung nicht bekannt ist. In diesem Fall haftet der Kommanditist für bis zur Eintragung begründete Verbindlichkeiten persönlich.

Gefährlich für Kommanditisten, die neu in eine Gesellschaft eintreten, kann § 176 Absatz 2 werden. Er haftet bis zur Eintragung in das Handelsregister ebenso wie ein Komplementär. Möglich und empfehlenswert ist für diesen Fall eine Klausel im Gesellschaftsvertrag, die den Beitritt zur Gesellschaft unter die aufschiebende Wirkung der Eintragung als Kommanditist in das Handelsregister stellt. Die zwischenzeitliche, persönliche Haftung wird auf diese Weise vermieden, weil der Beitritt erst mit der Eintragung ins Handelsregister in Kraft tritt.

Allerdings haftet ein neu in die Gesellschafter eintretender Kommanditist nach § 173 HGB auch für bereits vor seinem Eintritt begründete Verbindlichkeiten der Gesellschaft. Nach seinem Ausscheiden haftet er noch weitere 5 Jahre für bis zu seinem Ausscheiden entstandene Verbindlichkeiten, wenn die Einlage nicht geleistet oder zurückgezahlt wurde.

Der Kommanditist ist von der Geschäftsführung und Vertretung der Gesellschaft nach den §§ 164 und 170 HGB ausgeschlossen, er hat aber bestimmte Informationsrechte. So kann er die Abschrift des Jahresabschlusses beantragen und dessen Richtigkeit durch Einsichtnahme in die Bücher und Papiere prüfen.

Zudem hat der Kommanditist ein Widerspruchsrecht bei ungewöhnlichen Geschäften.

Bei der Eintragung in das Handelsregister sind neben den schon bei der OHG erforderlichen Angaben zusätzlich auch die Kommanditisten und die jeweilige Höhe ihrer Einlage anzugeben.

Für die Angaben auf Geschäftsbriefen gelten die Ausführungen zur OHG.

Die Gründung einer KG bietet sich an, wenn das Unternehmen mithilfe von Partnern auf eine breitere Kapitalbasis gestellt werden soll, die Partner aber nicht gleichberechtigt an den Chancen und Risiken teilhaben sollen oder wollen.

Auch kann die Gründung einer KG erfolgen, wenn ein Einzelunternehmen erweitert werden soll.

8.10 Partnerschaftsgesellschaft

Die Möglichkeit, ein Unternehmen in der Rechtsform der Partnerschaftsgesellschaft zu gründen, besteht erst seit In-Kraft-Treten des Partnerschaftsgesellschaftsgesetzes (PartGG) im Jahre 1995. Nach § 1 Absatz 1 ist die Partnerschaft eine Gesellschaft," … in der sich Angehörige Freier Berufe zur Ausübung ihrer Berufe zusammenschließen. Sie übt kein Handelsgewerbe aus. Angehörige einer Partnerschaft können nur natürliche Personen sein."

Weil nach dieser Bestimmung der Freie Beruf *ausgeübt* werden muss, ist eine aktive Tätigkeit erforderlich und nicht etwa eine bloße Kapitalbeteiligung. Es handelt sich bei der Partnerschaftsgesellschaft um eine Personengesellschaft, deren Rechtsgrundlagen die §§ 1–11 PartGG bilden und – soweit in diesem Gesetz nicht anderes bestimmt ist – ergänzend die Vorschriften des Bürgerlichen Gesetzbuches über die Gesellschaft. Zudem wird an einigen Stellen im PartGG Bezug genommen auf die Bestimmungen zur OHG. Vereinfacht ausgedrückt ist die Partnerschaftsgesellschaft für die Freien Berufe das, was für die Betreiber eines Handelsgewerbes die OHG ist.

Die Partnerschaftsgesellschaft kommt also nur für Freiberufler – auch in verschiedenen freien Berufen, jedoch unter Berücksichtigung des jeweiligen Berufsrechts – in Frage. Diese hatten bis 1995 nur die Möglichkeit, ihre Tätigkeit in der Rechtsform der GbR gemeinsam auszuüben.

Der Gesetzgeber wollte deshalb eine auf die Bedürfnisse von Freiberuflern abgestimmte Rechtsform schaffen. Die Partnerschaftsgesellschaft ist jedoch bis heute nicht besonders gut angenommen worden, weil fast zeitgleich im Jahre 1995 durch die Rechtsprechung auch Freiberuflern wie Ärzten und Rechtsanwälten die Gründung einer GmbH zugestanden wurde.

Anders als bei anderen Personengesellschaften ist bei der Partnerschaftsgesellschaft der Abschluss eines schriftlichen Partnerschaftsvertrages erforderlich. Dieser muss nach § 3 PartGG enthalten:

- den Namen und den Sitz der Partnerschaft;
- den Namen und den Vornamen sowie den in der Partnerschaft ausgeübten Beruf und den Wohnort jedes Partners sowie
- den Gegenstand der Partnerschaft.

Ein Mindestkapital ist bei der Partnerschaftsgesellschaft nicht erforderlich, wohl aber die Eintragung in das Partnerschaftsregister. Neben den Mindestangaben aus dem Gesellschaftsvertrag hat die Anmeldung der Partnerschaft gemäß § 4 Abs. 1 PartGG auch das Geburtsdatum jedes Partners und die Vertretungsmacht zu enthalten.

Im Innenverhältnis entsteht die Partnerschaft bereits mit dem Abschluss des Partnerschaftsvertrages, im Außenverhältnis wird sie erst durch die Eintragung in das Partnerschaftsregister wirksam. Für die Angaben auf Geschäftsbriefen gelten die Bestimmungen zur OHG entsprechend. Das Gleiche gilt für die Geschäftsführung und Vertretung. Sofern es keine abweichenden Regelungen gibt, ist also auch hier jeder Gesellschafter zur Geschäftsführung und Vertretung berechtigt. Die Partnerschaftsgesellschaft ist einer juristischen Person ähnlich und kann unter ihrem Namen klagen und verklagt werden.

Die Partner haften wie bei der OHG für Verbindlichkeiten gesamtschuldnerisch und persönlich. Auch haftet ein neu eintretender Partner für bereits bestehende Verbindlichkeiten der Gesellschaft. Eine Besonderheit der Partnerschaftsgesellschaft ist in § 8 Absatz 2 PartGG geregelt: „Waren nur einzelne Partner mit der Bearbeitung eines Auftrags befasst, so haften nur sie gemäß Absatz 1 für berufliche Fehler neben der Partnerschaft; ausgenommen sind Bearbeitungsbeiträge von untergeordneter Bedeutung."

Hier existiert also gegenüber der GbR ein geringeres Haftungsrisiko im Falle von Berufsfehlern anderer Partner. Auch kann individualvertraglich mit einzelnen Geschäftspartnern die Haftung beschränkt werden, wenn nicht berufsrechtliche Bestimmungen entgegenstehen. Die Ansprüche gegen einen Partner verjähren, wie bei der OHG, erst 5 Jahre nach der Auflösung der Gesellschaft oder dem Ausscheiden eines Partners.

Die Partnerschaftsgesellschaft hat des Weiteren gegenüber der GbR den Vorteil, dass mitunter die Eintragung in das Partnerschaftsregister als Aufwertung gesehen wird – ebenso wie bei anderen Rechtsformen die Eintragung in das Handelsregister. Andererseits ist die Rechtsform aufgrund ihrer geringen Verbreitung auch heute noch relativ unbekannt.

Zudem sind die Gründungsformalitäten und -kosten höher als bei der GbR.

Gegenüber einer GmbH hat die Partnerschaftsgesellschaft den Vorteil, dass ihr Image vielfach als positiver bewertet wird und die Kreditwürdigkeit höher ist. Auch sind Gründung, Gewinnermittlung und Rechnungslegung einfacher als bei der GmbH. Die Partnerschaftsgesellschaft muss auch kein Mindestkapital vorweisen. Außerdem wird die Partnerschaftsgesellschaft weder zu Körperschaftsteuer- noch Gewerbesteuerzahlungen herangezogen. Dem steht jedoch der Nachteil der umfangreicheren Haftung gegenüber und zudem endet eine 2-Personen-Partnerschaft mit dem Ausscheiden eines Partners, während die GmbH fortgeführt werden kann.

Link zum Thema

http://www.ifb-bayern.de/ – Informationen des Instituts für Freie Berufe in Nürnberg, z. B. zur Partnerschaftsgesellschaft und anderen Rechtsformen (Rubrik Downloads).

8.11 GmbH

Bei der GmbH handelt es sich um eine Kapitalgesellschaft mit eigener Rechtspersönlichkeit, also eine juristische Person (§ 13 GmbHG). Die Geschäfte der GmbH werden nicht den einzelnen Gesellschaftern, sondern der Gesellschaft zugerechnet. Sie ist selbst Träger von Rechten und Pflichten, schließt Verträge ab, kann vor Gericht klagen und verklagt werden und muss Steuern zahlen. Anders als bei dem Einzelunternehmen und den Personengesellschaften erstreckt sich hier die Haftung nicht auf das Privatvermögen der Gesellschafter, sondern ist grundsätzlich auf das Haftungskapital beschränkt. Mit dieser Rechtsform sollte auch kleineren Unternehmen mit wenigen Gesellschaftern und vergleichsweise geringem Kapital die Möglichkeit gegeben werden, ihr Unternehmen ohne die persönliche Haftung zu betreiben. Die GmbH ist eine beliebte Rechtsform und die häufigste Form der Kapitalgesellschaft, weil sowohl der Gründungsaufwand als auch die Gründungskosten und der Beratungsbedarf im Vergleich zur Aktiengesellschaft (AG) erheblich niedriger sind und auch nach erfolgter Gründung die Pflichten weniger umfangreich ausfallen.

Die gesetzlichen Grundlagen der GmbH bildet das Gesetz betreffend die Gesellschaften mit beschränkter Haftung – das GmbH-Gesetz (GmbHG).

Eine GmbH muss in das Handelsregister eingetragen werden und gilt als Handelsgesellschaft, auch dann, wenn kein Handelsgewerbe betrieben wird. Vor der Eintragung muss das Stammkapital aufgebracht und ein Geschäftsführer bestellt werden. Gemäß § 5 GmbHG muss das Stammkapital mindestens 25.000 € betragen. Neben einer Bargründung, kommt auch eine so genannte Sachgründung in Frage.

Sacheinlagen können beispielsweise in Form von Sachen oder Rechten eingebracht werden. Schwierig ist hierbei vor allem die korrekte Bewertung der Sacheinlagen. Die Grundlagen der Bewertung sind nach § 5 GmbHG in einem so genannten Sachgründungsbericht zu erörtern, um eine Überbewertung und damit die Benachteiligung späterer Gläubiger zu vermeiden. Bei gebrauchten Gegenständen wie z. B. Maschinen wird in der Regel ein Sachverständigengutachten, mindestens aber eine Beurteilung der zuständigen IHK erforderlich sein.

Was positiv für die Gesellschaft ist, ist häufig für die Gläubiger ein gravierender Nachteil: Die Gesellschaft kann später mit dem Stammkapital arbeiten. Für Gläubiger einer GmbH bedeutet dies nur allzu oft, dass sie im Falle finanzieller Schwierigkeiten der GmbH leer ausgehen. Was im Grunde nicht sein dürfte, ist in der Praxis gang und gäbe: Der Antrag auf Eröffnung eines Insolvenzverfahrens muss mangels Masse abgelehnt werden, d. h., es ist nicht einmal genug Kapital vorhanden, um die Kosten des Insolvenzverfahrens zu decken.

Aus diesem guten Grunde ist die GmbH im Geschäftsverkehr mit einem deutlich schlechteren Image behaftet als z. B. eine OHG. Geschäftspartner reagieren zu Recht gerade bei jungen Unternehmen mit Skepsis und die Kapitalbeschaffung funktioniert in der Regel nicht ohne zusätzliche, persönliche Sicherheiten der Gesellschafter. Schon gar nicht kann das Haftungskapital finanziert werden, wenn entsprechende Sicherheiten fehlen.

Die Gründung einer GmbH ist durch eine Person (Einmanngesellschaft) oder mehrere Personen zu jedem gesetzlich zulässigen Zweck erlaubt (§ 1 GmbHG).

Eine GmbH wird durch den Abschluss eines Gesellschaftsvertrages – häufig auch als Satzung bezeichnet – errichtet. Dieser ist von sämtlichen Gesellschaftern zu unterzeichnen und bedarf der notariellen Form (§ 2 GmbHG). Bei einer Einmann-Gesellschaft gilt dies ebenso, nur dass es sich um ein einseitiges Rechtsgeschäft, eine einseitige Errichtungserklärung, handelt.

Der Gesellschaftsvertrag muss gemäß § 3 GmbHG mindestens enthalten:

- die Firma und den Sitz der Gesellschaft,

- den Gegenstand des Unternehmens,

- den Betrag des Stammkapitals und

- die Zahl und die Nennbeträge der Geschäftsanteile, die jeder Gesellschafter gegen Einlage auf das Stammkapital (Stammeinlage) übernimmt.

„Soll das Unternehmen auf eine gewisse Zeit beschränkt sein oder sollen den Gesellschaftern außer der Leistung von Kapitaleinlagen noch andere Verpflichtungen gegenüber der Gesellschaft auferlegt werden, so bedürfen auch diese Bestimmungen der Aufnahme in den Gesellschaftsvertrag."

Weitergehende, freiwillige Vereinbarungen sind empfehlenswert. Ebenso wie lückenhafte Gesellschaftsverträge vermieden werden sollten, sind Verträge nicht zu empfehlen, die (vermeintlich) jedes Detail regeln. Abgesehen von den höheren Kosten, welche die Ausarbeitung sehr umfassender Verträge verursacht, bringen sie auch in der Regel keine Vorteile, weil ohnehin nicht jeder denkbare Fall geregelt werden kann. Enthält der Vertrag zu bestimmten Fragestellungen keine Vereinbarungen, greifen die gesetzlichen Regelungen.

Treffen mehrere Gesellschafter schon vor der offiziellen Gründung bestimmte Absprachen, z. B. im Zusammenhang mit Kreditverhandlungen oder der Anmietung von Geschäftsräumen, handelt es sich hierbei bereits um verbindliche Abreden im Rahmen einer Vorgründungsgesellschaft. In der Zeit zwischen der notariellen Beurkundung des Gesellschaftsvertrages und der Eintragung in das Handelsregister besteht eine Vorgesellschaft. Erst mit der Eintragung in das Handelsregister ist der Gründungsvorgang abgeschlossen und die juristische Person der GmbH, die selbständig im Geschäftsleben auftreten kann, mit allen Rechten und Pflichten entstanden.

Weil eine juristische Person selbst nicht handlungsfähig ist, benötigt sie so genannte Organe. Bei der GmbH sind das die Geschäftsführer und die Gesellschafterversammlung. Die Bildung eines Aufsichtsrates ist – anders als bei der AG – nur in einigen Fällen gesetzlich vorgeschrieben (z. B. mehr als 500 Mitarbeiter), für Existenzgründer in aller Regel jedoch nicht relevant.

Gerichtlich und außergerichtlich wird die Gesellschaft durch ihre (n) Geschäftsführer vertreten. Diese Funktion können eine oder mehrere Gesellschafter ausüben, aber auch eine externe Person.

In der Gesellschafterversammlung üben die Gesellschafter ihre Rechte aus und treffen Grundsatzentscheidungen. Die genauen Zuständigkeitsbereiche dieses Organs werden in dem Gesellschaftsvertrag geregelt, sind teilweise aber bereits gesetzlich vorgeschrieben. Hierzu gehören beispielsweise Entscheidungen über Änderungen des Gesellschaftsvertrages oder die Auflösung der Gesellschaft, die nur die Gesellschafterversammlung treffen darf.

In der Einmann-Gesellschaft, in der der alleinige Gesellschafter gleichzeitig auch Geschäftsführer ist, will oder muss der geschäftsführende Gesellschafter ggf. im Namen der GmbH Geschäfte mit sich selbst vornehmen, so genannte „in-Sich-Geschäfte". Hier gilt § 35 Absatz 3 GmbHG wonach § 181 BGB anzuwenden ist. Danach ist ein solches Geschäft nicht erlaubt, es sei denn, dass es ausschließlich in Erfüllung einer Verbindlichkeit besteht. Außerdem sind solche Geschäfte unverzüglich in eine Niederschrift aufzunehmen (§ 35 Absatz 3 GmbHG).

Die Geschäftsbriefe der GmbH, welche an einen bestimmten Empfänger gerichtet sind, müssen gemäß § 35a GmbHG mindestens folgende Angaben enthalten:

- Rechtsform,

- Sitz der Gesellschaft,

- Registergericht des Sitzes der Gesellschaft,

- Nummer, unter der die Gesellschaft eingetragen ist,

- alle Geschäftsführer.

Hat die Gesellschaft einen Aufsichtsrat und dieser einen Vorsitzenden, so müssen auch dessen Familienname und mindestens 1 ausgeschriebener Vorname angegeben werden.

Während Einzelkaufleute, Offene Handelsgesellschaften und Kommanditgesellschaften in der Abteilung A eingetragen werden, ist für Kapitalgesellschaften die Abteilung B zuständig. Auf Geschäftsbriefen spiegelt sich dies in den Angaben zum Registergericht wider. Die Angabe könnte für eine GmbH wie folgt aussehen:

Amtsgericht München, HRB 8888 – wobei der Buchstabe B der Hinweis auf die für Kapitalgesellschaften zuständige Abteilung ist.

Bei einer GmbH müssen Sie je nach Geschäftswert sicher mit mindestens 500 € Gründungskosten rechnen. Da eine GmbH-Gründung jedoch ein sehr komplexes Thema ist, fallen in der Regel bei sorgfältiger Vorbereitung zusätzliche Beratungskosten an, die allerdings gut investiert sind, wenn die Beratung Sie vor teuren Anfängerfehlern schützt. Insbesondere ist die Haftung nicht so einfach, wie Gründer häufig vermuten. Gerade die beschränkte Haftung ist der wohl häufigste Grund, eine GmbH zu gründen und auch der offensichtlichste Vorteil. Dabei ist vielen Gründen nicht bekannt, dass der Geschäftsführer einer GmbH weit reichende Pflichten hat und durchaus auch persönlich in Anspruch genommen werden kann. Aus diesem Grunde sollen im Folgenden einige Informationen zur GmbH-Geschäftsführerhaftung das Kapitel abschließen. Wenn Sie die Gründung einer GmbH anstreben, sollten Sie darüber hinaus jedoch auf jeden Fall weitere Informationen einholen und sich beraten lassen. Dies gilt auch für die besonderen Haftungsfragen in der Vorgründungsgesellschaft und der Vorgesellschaft. Auch hier kommt unter Umständen die persönliche und gesamtschuldnerische Haftung in Betracht.

Nach der Eintragung der Gesellschaft in das Handelsregister haftet den Gläubigern der GmbH gemäß § 13 Absatz 2 GmbHG nur noch das Gesellschaftsvermögen. Dieses ist aber nicht identisch mit dem Stammkapital. Es kann um ein Vielfaches höher, aber auch deutlich niedriger sein. Der Begriff der „Haftungsbeschränkung" ist somit missverständlich, denn für die GmbH gilt keine Haftungsbeschränkung – sie haftet mit dem gesamten Gesellschaftsvermögen. Die Haftungsbeschränkung gilt allenfalls für die Gesellschafter, wenngleich auch dies nicht ganz richtig ist. Sie haften in der Regel überhaupt nicht, wenn die Einlage erbracht ist, weil eben das Gesellschaftsvermögen das entsprechende Haftungskapital ist und nicht das Privatvermögen. Dies gilt aber nicht in jedem Fall.

Wer als Gesellschafter gleichzeitig Geschäftsführer ist, muss sich auf jeden Fall mit der Geschäftsführerhaftung vertraut machen. Verletzt der Geschäftsführer einer GmbH beispielsweise seine Sorgfaltspflicht, kommen Schadensersatzforderungen der Gesellschaft in Betracht, sofern tatsächlich ein Schaden entstanden ist. Der Geschäftsführer muss seinen Pflichten mit der Sorgfalt eines ordentlichen Geschäftsmannes nachkommen, wozu unbedingt auch gehört, dass er sich angemessen über die bestehenden Pflichten informiert. Diese sind umfangreich und umfassen beispielsweise die Bereiche:

- Unternehmensleitung – dies ist die wohl selbstverständlichste Aufgabe und umfasst neben dem Tagesgeschäft auch die strategische und langfristige Führung des Unternehmens einschließlich der Planung,

- ordnungsgemäße Buchführung – der GmbH-Geschäftsführer ist für die Ordnungsmäßigkeit der Buchführung verantwortlich, auch wenn er in der Regel die Bücher nicht selbst führt,

- Finanzverantwortung – der Geschäftsführer hat beispielsweise dafür zu sorgen, dass die Gesellschaft nicht in die Überschuldung gerät oder andernfalls Insolvenz anzumelden und er hat für den Erhalt des Stammkapitals zu sorgen (das dies in der Praxis häufig gerade nicht der Fall ist, steht der grundsätzlichen Verpflichtung nicht entgegen),

- steuerliche Angelegenheiten – der Geschäftsführer hat den steuerlichen Pflichten der GmbH nachzukommen, die Beauftragung eines Steuerberaters entbindet ihn hiervon nicht,

- Vertretung der Gesellschaft – der Geschäftsführer vertritt die Gesellschaft außergerichtlich und gerichtlich und trägt zudem die Verantwortung für die erforderlichen Handelsregistereintragungen,

- weitere Pflichten – der Geschäftsführer hat darüber hinaus gesellschaftsrechtliche Pflichten wie z. B. die Einberufung der Gesellschafterversammlung und nimmt außerdem die üblichen Aufgaben eines Arbeitgebers wahr, wie z. B. die korrekte Abführung der Sozialversicherungsbeiträge, die Einhaltung arbeitsrechtlicher Pflichten und der einschlägigen Schutzvorschriften usw.

Nun sind diese Pflichten grundsätzlich nicht umfangreicher als die eines Einzelunternehmers oder Gesellschafters einer Personengesellschaft. Sie sind nur deshalb erwähnenswert, weil sie angehenden Geschäftsführern mitunter nicht mit allen Konsequenzen bekannt sind, vor allem dann nicht, wenn es sich um Existenzgründer einer Einmanngesellschaft oder angestellte Geschäftsführer handelt. Weil das Haftungsvermögen einer GmbH mitunter sehr gering ist, sind die Anforderungen des Gesetzgebers an das korrekte Handeln der Geschäftsführer und Gesellschafter hoch. Die im GmbH-Gesetz geregelte Sorgfalt des „ordentlichen Geschäftsmanns" ist im Gesetz nicht näher definiert und muss daher durch die Rechtsprechung ausgelegt werden. Insbesondere im Krisenfall und bei fehlender Liquidität läuft der Geschäftsführer Gefahr, auch persönlich in Anspruch genommen zu werden, wenn er seine Pflichten verletzt, beispielsweise für nicht oder nicht korrekt abgeführte Steuern und Sozialversicherungsbeiträge. Gerade die Haftung gegenüber dem Finanzamt ist recht weit reichend. Dies heißt jedoch im Umkehrschluss nicht, dass Steuerschulden stets zuerst beglichen werden müssen, weil sonst andere Gläubiger benachteiligt werden könnten.

Auch beispielsweise im Zusammenhang mit den abzuführenden Arbeitnehmeranteilen zur Sozialversicherung und im Falle einer (drohenden) Insolvenz ist äußerste Vorsicht an den Tag zu legen. Neben das Risiko der persönlichen Haftung tritt hier die Gefahr, dass der Geschäftsführer sich – auch unwissentlich – strafbar macht. Dies kommt beispielsweise nach § 266a des Strafgesetzbuches in Frage, wenn die Arbeitnehmeranteile zur Sozialversicherung vorenthalten werden.

Auch die Verletzung der Buchführungspflicht oder die Begünstigung einzelner Gläubiger kann – von der Haftung abgesehen – als Straftat geahndet werden. Diese Ausführungen sind nicht abschließend, obwohl sie auch so schon im ersten Moment sicher eher abschreckend wirken, was jedoch nicht beabsichtigt ist. Bei sorgfältiger Vorbereitung und umsichtiger Arbeitsweise lassen sich die gravierendsten Risiken vermeiden. Hierzu ist jedoch eine umfassende Information schon im Vorfeld der Gründung erforderlich. Die ansatzweise dargestellten Risiken sollen für das Thema sensibilisieren, um durch entsprechende Vorbereitung die vorhandenen Risiken zu minimieren. Grundsätzlich bestehen diese Risiken auch bei anderen Rechtsformen. Die Darstellung im Zusammenhang mit der GmbH erscheint jedoch besonders wichtig, weil sehr weitläufig noch die Meinung verbreitet ist, mit der Gründung einer GmbH werden die wesentlichsten Risiken abgewälzt und über den Verlust von maximal 25.000 € hinaus könne „nichts passieren". Dies ist nicht der Fall und deshalb muss auch und gerade die GmbH-Gründung sehr gut durchdacht und vorbereitet werden.

Wollen Sie die Geschicke „Ihrer" GmbH maßgeblich mitbestimmen, sollten Sie unbedingt darauf achten, dass Sie zu mindestens 50% beteiligt sind, wenigstens aber eine so genannte „Sperrminorität" zu Ihren Gunsten im Gesellschaftsvertrag vereinbart wird. Mit dieser Sperrminorität können Sie ungünstige Gesellschafterbeschlüsse verhindern. Umgekehrt sollten Sie aber auch darauf achten, dass die GmbH handlungsfähig bleibt und nicht im Falle von Gesellschafterstreitigkeiten jeder Beschluss durch Sperrminoritäten verhindert wird. Die einschlägigen Förderprogramme setzen jeweils voraus, dass Sie *maßgeblichen* Einfluss auf die Geschäfte nehmen können. Die Beteiligung an einer GmbH in geringem Umfang – noch dazu ohne Sperrminorität – ist nicht förderfähig. Auch wirken sich der Anteil am Stammkapital und die Möglichkeiten der Einflussnahme auf eine spätere Sozialversicherungspflicht aus. Geschäftsführende Gesellschafter können – je nach den konkreten Umständen des Einzelfalls – sozialversicherungspflichtig sein oder auch als Selbständige angesehen werden, die nicht der Sozialversicherungspflicht unterliegen.

Zudem kann eine nur geringe Beteiligung den Fortbestand des Unternehmens und die wirtschaftliche Existenz gefährden, wie das folgende **Praxisbeispiel** zeigt.

Andrea war seit vielen Jahren in der Speditionsbranche tätig und plante, ihre Kontakte und ihr Know-how künftig nutzbringender in ihrem eigenen Unternehmen einzusetzen. Neben der Branchenerfahrung und kaufmännischen Kenntnissen war auch ein gewisses Eigenkapital vorhanden, welches aber nicht ausreichte, um – wie geplant – allein eine GmbH zu gründen. Andreas Lebenspartner und auch dessen Eltern waren in der gleichen Branche tätig und boten an, sich jeweils zu einem Drittel an dem Unternehmen zu beteiligen. Einerseits hätte diese Beteiligung die Finanzierung des Vorhabens erleichtert und auch die Verantwortung hätte Andrea auf mehrere Schultern verteilen können. Sie fragte sich jedoch – nicht ohne Grund – ob diese Lösung nicht später zu Problemen führen könne. Die Partnerschaft war nicht so stabil, dass Andrea für dessen Fortbestehen die „Hand ins Feuer" gelegt hätte. Was aber würde passieren, wenn sie sich privat von ihrem Partner trennen würde? Sie selbst wäre nur zu einem Drittel an dem Unternehmen beteiligt und trotz ihrer Geschäftsführerstellung hätte es in der Praxis zu schwerwiegenden Problemen bis hin zur Handlungsunfähigkeit der GmbH kommen können – nämlich dann, wenn die Gesellschafter jeweils anstehende Beschlüsse blockiert hätten und/oder Andrea in ihren Befugnissen beschränkt gewesen wäre, wie es die Mitgesellschafter vorgesehen hatten. Sie hat sich darum gegen eine Beteiligung des Partners und seiner Eltern entschieden, weil noch erschwerend hinzu kam, dass das Vertrauensverhältnis nach ihrer Einschätzung für eine so weit reichende Verbindung nicht ausgereicht hätte.

Die GmbH erfreut sich nach wie vor großer Beliebtheit bei Existenzgründern und Unternehmern, die ihre Haftung beschränken wollen und das notwendige Kapital zur Gründung aufbringen können. Seit allerdings durch eine Entscheidung des Europäischen Gerichtshofs der Betrieb von ausländischen Kapitalgesellschaften auch im Inland möglich ist, hat die GmbH spürbare Konkurrenz bekommen, insbesondere durch die so genannte „Limited". „Rettet die deutsche GmbH" – solche und ähnliche Presseberichte waren und sind seitdem immer wieder zu lesen. Tatsächlich hat allerdings das Institut für Mittelstandsforschung in Bonn für das Jahr 2008 gerade einmal 816 „Limited-Gründungen" ermittelt. Das waren lediglich 0,2% aller Existenzgründungen. Von „Untergangsszenarien" für die deutsche GmbH also keine Spur. Dennoch ist auch vor diesem Hintergrund am 1. November 2008 das Gesetz zur Modernisierung des GmbH-Rechts und zur Bekämpfung von Missbräuchen (MoMiG) in Kraft getreten. Ziel war es u. a. die Attraktivität der GmbH zu erhöhen. Die für Existenzgründer interessanteste Änderung dürfte die Möglichkeit zur Gründung der Unternehmergesellschaft (haftungsbeschränkt) sein.

Unternehmergesellschaft (haftungsbeschränkt) – (UG (haftungsbeschränkt))

Rechtlich handelt es sich auch bei der UG (haftungsbeschränkt) – im Folgenden nur UG genannt – um eine GmbH. Von einigen Besonderheiten abgesehen gelten also die rechtlichen Regelungen der „klassischen GmbH". Geregelt ist die UG im neuen § 5a GmbHG.

Danach muss eine Gesellschaft mit beschränkter Haftung, deren Mindeststammkapital 25.000 € unterschreitet, die Bezeichnung „Unternehmergesellschaft (haftungsbeschränkt)" oder „UG (haftungsbeschränkt) führen. Die Gründung kann mit einem Stammkapital zwischen 1 € und 24.999 € erfolgen. Zumindest theoretisch. In der Praxis führt die Gründung mit nur 1 € Stammkapital mindestens zu Imageproblemen. Außerdem ist die Gesellschaft bereits durch die Gründungskosten allein überschuldet, also insolvent, wenn nicht der Gesellschafter die Kosten trägt. Für alle weiteren Aufwendungen und seien es nur Büromaterialien gilt dasselbe.

Zwingend ist die Bildung von Rücklagen. Vereinfacht ausgedrückt muss jeweils ein Viertel des Jahresgewinns in die Rücklagen eingestellt werden, bis später einmal das Mindeststammkapital einer „klassischen GmbH" in Höhe von 25.000 € erreicht ist. Eine Sachgründung ist bei der UG ausgeschlossen. Das Stammkapital muss also in bar eingezahlt werden.

Die Gründung einer UG ist in einem vereinfachten Gründungsverfahren möglich. In § 2 Absatz 1 a GmbHG heißt es dazu:

„Die Gesellschaft kann in einem vereinfachten Verfahren gegründet werden, wenn sie höchstens drei Gesellschafter und einen Geschäftsführer hat. Für die Gründung im vereinfachten Verfahren ist das in der Anlage bestimmte Musterprotokoll zu verwenden. Darüber hinaus dürfen keine vom Gesetz abweichenden Bestimmungen getroffen werden. Das Musterprotokoll gilt zugleich als Gesellschafterliste. Im Übrigen finden auf das Musterprotokoll die Vorschriften dieses Gesetzes über den Gesellschaftsvertrag entsprechende Anwendung."

Das GmbHG stellt in der Anlage entsprechende Muster für eine Einpersonen- und Mehrpersonengesellschaft zur Verfügung. Die

Verwendung der Muster soll Zeit und Geld sparen. Wie immer bei Mustervorlagen gibt es jedoch auch Schwächen. So sind abweichende, individuelle Regelungen nicht möglich. Es ist also im Vorfeld und für jeden individuellen Einzelfall zu prüfen, ob das Muster für die eigene Gründung geeignet ist oder nicht.

Die UG wird angenommen, allerdings ist die Anzahl der Liquidationen seit dem Jahr 2010 erheblich gestiegen während die Anzahl der Gründungen gesunken ist. Empirische Aussagen zu den Gründen gibt es nicht, aber eigene Erfahrungen aus der Praxis zeigen einmal mehr sehr deutlich, dass die Haftungsbeschränkung und geringe Hürden bei der Gründung nicht nur Bürokratie reduzieren, sondern mitunter auch die Sorgfalt bei der Planung, Vorbereitung und Umsetzung des Vorhabens. Das wiederum reduziert die Erfolgs- und Überlebenschancen junger Unternehmen. Ein weiterer Grund könnten die deutlichen Einschnitte bei der Gründungsförderung aus der Arbeitslosigkeit sein.

Links zum Thema

http://www.ifm-bonn.org – Obige Abbildungen und mehr; http://www.augsburg.ihk.de – Recht und Steuern – Gesellschaftsrecht; http://www.janolaw.de – Informationen zur GmbH-Gründung, Geschäftsführerhaftung, UG-Musterprotokolle und mehr, http://www.brandeins.de/ – Magazin „brandeins" mit einem Beitrag zur Sozialversicherungspflicht von Gesellschafter-Geschäftsführern (Archiv Ausgabe 05/2003 – Artikel „Schwankender Boden"); http://www.bundesjustizministerium.de – Bundesministerium der Justiz und für Verbraucherschutz, http://www.beck.de – Verlag C. H. Beck oHG mit hilfreichen Informationen, z. B. rund um neue Gesetzgebungsverfahren, weiterführende Links usw. (Rubrik „Beck-aktuell"), http://www.existenzgruender.de – Existenzgründerportal des Bundesministeriums für Wirtschaft und Energie, http://www.ifb-gruendung.de – Institut für Freie Berufe – Rubrik Downloads.

8.12 GmbH & Co. KG

Bei der GmbH & Co. KG handelt es sich um zwei Gesellschaften – eine Kommanditgesellschaft und eine GmbH. Auch bei der GmbH & Co. KG gibt es sowohl einen Vollhafter als auch einen Teilhafter.

Der Vollhafter ist allerdings keine natürliche Person, die mit ihrem gesamten Privatvermögen haftet, sondern eine juristische Person – die GmbH. Die Besonderheit liegt also darin, dass die Vorteile einer Personengesellschaft mit der Haftungsbeschränkung der GmbH kombiniert werden können.

Dem stehen jedoch ein immenser Aufwand und vergleichsweise hohe Kosten gegenüber. Schließlich sind nicht nur zwei Gesellschaften zu verwalten, sondern auch beispielsweise die steuerlichen Angelegenheiten und die Buchführung müssen für beide Gesellschaften gesondert erledigt werden.

Auch die GmbH & Co. KG kann grundsätzlich durch eine einzelne Person gegründet werden. In dem Moment, in dem die GmbH wirksam gegründet wurde, stehen 2 „Personen" zur Verfügung – ein Vollhafter und ein Teilhafter. Auf der einen Seite handelt es sich um eine juristische Person (die GmbH) und auf der anderen Seite um eine natürliche Person (den Gründer).

Allerdings ist nicht alles empfehlenswert, was grundsätzlich möglich ist. Schon die Gründung einer KG oder GmbH allein ist ein sehr komplexes Thema. Ungleich aufwändiger vor, während und nach der Gründung stellt sich die Lage bei der GmbH & Co. KG dar. Eine gründliche Beratung ist darum auch und besonders hier unerlässlich.

8.13 Aktiengesellschaft (AG)

Eine Aktiengesellschaft (AG) als „Start-up" ist nicht gerade die klassische Form der Existenzgründung, schon gar nicht, wenn es sich um eine börsennotierte Aktiengesellschaft handelt. Für die ganz überwiegende Zahl der Existenzgründer ist die Gründung einer AG viel zu aufwändig – organisatorisch und finanziell. Die endgültige Entscheidung hierüber muss aber natürlich jeder Existenzgründer selbst treffen und deshalb soll auch die AG wenigstens in ihren Grundzügen kurz dargestellt werden.

Eine Aktiengesellschaft ist für Unternehmen mit einem erheblichen Kapitalbedarf gedacht und empfehlenswert.

Seit 1994 ist für die Gründung einer AG keine Mindestanzahl von Gesellschaftern mehr erforderlich, d. h., eine AG kann auch durch nur eine Person gegründet werden – zumindest theoretisch. Faktisch braucht jede AG bestimmte Organe, die auch personell besetzt werden müssen, sodass zwar ein Gründer ausreicht, aber dennoch weitere Personen zwingend benötigt werden. Häufig ist von der so genannten „Kleinen AG" die Rede. Dies ist im Grunde eine AG wie jede andere auch. Es gibt auch keine gesetzliche Definition des Begriffs etwa anhand bestimmter Größenkriterien. Eine „Kleine AG" zeichnet ein meist kleiner Kreis von Aktionären aus und sie ist an keiner Börse notiert. Deshalb wird sie von einigen Regelungen des Aktiengesetzes ausgenommen, die eher auf große Publikumsgesellschaften abzielen. Ansonsten aber sind die Regelungen zu beachten, die auch für jede andere AG gelten.

Die gesetzlichen Grundlagen bildet das Aktiengesetz (AktG). Nach § 1 AktG ist die AG „… eine Gesellschaft mit eigener Rechtspersönlichkeit".

Das heißt, es handelt sich auch bei der AG um eine juristische Person mit eigenen Rechten und Pflichten. Sie tritt selbständig im Geschäftsverkehr auf – in der Regel vertreten durch ihren Vorstand. Wie bei der GmbH haftet für die Verbindlichkeiten der Gesellschaft den Gläubigern nur das Gesellschaftsvermögen. Nach § 1 Absatz 2 AktG hat die AG ein in Aktien zerlegtes Grundkapital. Dieses Grundkapital muss mindestens 50.000 € betragen (§ 7 AktG).

Grundsätzlich stehen 3 Möglichkeiten zur Verfügung, eine AG zu gründen bzw. zu erhalten:

- Neugründung,
- Mantelkauf und
- Umwandlung.

Bei der Neugründung wird eine AG vollständig neu errichtet. Mit Mantelkauf ist der Erwerb einer bereits gegründeten, aber im Geschäftsverkehr noch nicht tätigen AG gemeint. Diese Möglichkeit besteht übrigens auch bei der GmbH. Umwandlung schließlich bedeutet die Umwandlung eines bestehenden Unternehmens unter anderer Rechtsform – meist einer GmbH – in eine AG.

Die Gründung einer AG vollzieht sich in mehreren Schritten, die wie folgt zusammengefasst werden können:

- Formulierung der Satzung mit anschließender notarieller Beurkundung und Übernahme der Aktien,

- Bestellung von Aufsichtsrat, Vorstand und Abschlussprüfer,

- Erstellung des Gründungsberichts und Gründungsprüfung,

- Einzahlung bzw. Einbringung der (Sach-)Einlagen und

- Anmeldung zum Handelsregister.

Die Satzung

Die Satzung ist der Gesellschaftsvertrag der AG (§ 2 AktG) und muss durch eine notarielle Beurkundung festgestellt werden. Die Ausarbeitung der Satzung sollte durch den oder die Gründer mit äußerster Sorgfalt erfolgen, schon allein deshalb, weil sie später nicht so ohne weiteres geändert werden kann.

Erst mit der Übernahme aller Aktien durch die Gründer ist die Gesellschaft errichtet (§ 29 AktG). Das heißt jedoch nicht, dass bereits die juristische Person entstanden ist und die Haftungsbeschränkung auf das Gesellschaftsvermögen greift. Dazu bedarf es noch der Eintragung in das Handelsregister.

Aufsichtsrat, Vorstand, Abschlussprüfer

Eine juristische Person wie die AG ist stets nur handlungsfähig durch ihre Organe. Bei der AG sind das:

- der Vorstand (§§ 76 ff. AktG),

- der Aufsichtsrat (§§ 95 ff. AktG) und

- die Hauptversammlung (§§ 118 ff AktG).

Spätestens nach der Errichtung der Gesellschaft müssen deren Organe bestimmt und ein Abschlussprüfer bestellt werden.

Der Vorstand der Gesellschaft besteht aus mindestens einer Person und hat unter eigener Verantwortung die Gesellschaft zu leiten, d. h., er führt die Geschäfte und vertritt die Gesellschaft gerichtlich und außergerichtlich.

Die Überwachung des Vorstandes obliegt dem Aufsichtsrat (§ 111 AktG), der selbst auch die Vorstandsmitglieder auf zunächst höchstens 5 Jahre bestellt (§ 84 AktG).

Die Überwachung des Vorstandes durch den Aufsichtsrat wird in der Praxis nicht immer mit der gebotenen Sorgfalt wahrgenommen. Dies dürfte spätestens seit Bekanntwerden der Bilanzskandale der vergangenen Jahre bekannt sein. Vorstände sind häufig gleichzeitig auch Aufsichtsratsmitglieder anderer Aktiengesellschaften und umgekehrt. Das fördert nicht nur das gegenseitige (Ein-)Verständnis, sondern wirft auch die Frage auf, wie angesichts oft zahlreicher Posten eine so komplexe Aufgabe wie die Überwachung des Vorstandes einer Aktiengesellschaft zeitlich überhaupt bewältigt werden kann. Nicht selten sind Aufsichtsratsmitglieder auch ehemalige – manchmal sogar erfolglose – Vorstände, die „zum Dank für ihre Dienste" in den Aufsichtsrat „befördert" werden. Diese Praktiken sind für Existenzgründer zunächst jedoch wenig relevant. Erwähnenswert sind sie dennoch, weil eine Beteiligung an einem Unternehmen durch die Übernahme von Anteilen und den Erwerb von Aktien auch im Rahmen eines Unternehmens möglich ist und gut überlegt werden sollte. Eine kritische Sichtweise ist hier unbedingt angebracht, wie nicht zuletzt auch die leidvollen Erfahrungen vieler Aktionäre in der jüngeren Vergangenheit belegen. Hochglanzprospekte, verheißungsvolle Versprechungen und „todsichere" Insidertipps reichen nicht aus, um eine solide Entscheidung zu treffen. Die Unternehmenssituation sollte auf jeden Fall näher „unter die Lupe" genommen werden, bevor Aktien in nennenswertem Umfang erworben werden. Auf Vorstände, Aufsichtsräte, Testate von Abschlussprüfern und bestehende Kontrollmechanismen allein sollte sich jedenfalls niemand verlassen.

Stehen die Organe der Gesellschaft fest, ist schließlich in diesem Gründungsstadium noch der spätere Abschlussprüfer zu bestimmen. Mit der Abschlussprüfung kann ein Wirtschaftsprüfer oder eine Wirtschaftsprüfungsgesellschaft beauftragt werden. Die Aufgabe besteht im Wesentlichen darin, die Ordnungsmäßigkeit der Buchführung, den Einhalt der Satzungsbestimmungen und die zutreffende Darstellung der wirtschaftlichen Lage der Gesellschaft zu prüfen. Auch hier soll nur am Rande erwähnt, dass es sich bei einer Abschlussprüfung regelmäßig nur um eine stichprobenartige Prüfung handelt. Auch das Testat des Abschlussprüfers bietet für die Aktionäre deshalb keine Sicherheit und sagt schon gar nichts über die wirtschaftliche Entwicklung des Unternehmens aus, weil es bei der Prüfung nur um die ordnungsgemäße Buchführung geht.

Gründungsbericht und Gründungsprüfung

Die Gründer haben gemäß § 32 AktG einen schriftlichen Bericht über den Hergang der Gründung zu verfassen. Der Gründungsbericht ist später der Anmeldung zum Handelsregister beizufügen.

Die Mitglieder des Vorstands und des Aufsichtsrats sind gemäß § 33 AktG verpflichtet, den Hergang der Gründung zu prüfen. Der Umfang der Gründungsprüfung ist in § 34 AktG geregelt und erstreckt sich darauf:

■ ob die Angaben der Gründer über die Übernahme der Aktien, über die Einlagen auf das Grundkapital und über die Festsetzungen nach §§ 26 und 27 AktG richtig und vollständig sind;

■ ob der Wert der Sacheinlagen oder Sachübernahmen den geringsten Ausgabebetrag der dafür zu gewährenden Aktien oder den Wert der dafür zu gewährenden Leistungen erreicht.

Unter bestimmten Umständen ist es erforderlich, zusätzliche Gründungsprüfer zu bestellen. Dies können Notare oder vom Gericht bestellte Prüfer sein, deren Arbeit natürlich zu vergüten ist. Auch über diese Prüfung ist wiederum Bericht zu erstatten und der Bericht muss dem Registergericht und dem Vorstand überreicht werden. Er kann später bei dem zuständigen Gericht durch jedermann eingesehen werden (§ 34 AktG).

Einzahlung/Einbringung der Einlagen

Das Grundkapital der AG muss mindestens 50.000 € betragen. Wie bei der GmbH sind auch bei der AG Bar- und/oder Sacheinlagen möglich. Auch sonst gibt es einige Parallelen zu einer GmbH, was aber nicht weiter verwundert – handelt es sich doch in beiden Fällen um eine Kapitalgesellschaft.

Sacheinlagen können wie bei der GmbH z. B. Patente, Rechte, Grundstücke oder Gegenstände der Betriebs- und Geschäftsausstattung sein. Sofern Sacheinlagen in die AG eingebracht werden sollen, ist es empfehlenswert, vorab juristischen Rat einzuholen, weil sich hier sonst rasch Probleme ergeben können, z. B. im Hinblick auf den Zeitpunkt der Übertragung. Was in der Theorie einfach klingt, kann in der Praxis zu einer höchst komplizierten Angelegenheit werden.

Anmeldung zum Handelsregister

Nach Erledigung aller bis dahin notwendigen Schritte kann nun die Anmeldung zum Handelsregister erfolgen – und zwar in notariell beglaubigter Form und gemeinsam durch alle Gründer sowie die Mitglieder des Vorstands und des Aufsichtsrats.

Den Inhalt der Anmeldung und die beizubringenden Erklärungen und Unterlagen regelt § 37 AktG.

Im Anschluss an die Anmeldung prüft das Registergericht die inhaltliche und formelle Ordnungsmäßigkeit und nimmt anschließend die Eintragung vor, sofern keine Gründe entgegenstehen. Auch dieser Vorgang hört sich zunächst nicht weiter problematisch an. In der Praxis vergeht oft jedoch bis zur Eintragung und damit bis zur Entstehung der AG als juristische Person sehr viel Zeit – Zeit, die für die Geschäftstätigkeit aufgrund der Haftungsrisiken kaum genutzt werden kann. Deshalb kann sich ein so genannter Mantelkauf anbieten. Die juristische Person existiert bereits und die Geschäftstätigkeit kann sehr viel schneller aufgenommen werden als bei einer klassischen Neugründung.

Bei der AG ist streng zwischen der Errichtung und der Entstehung zu unterscheiden. Die Errichtung ist – wie oben beschrieben – bereits mit der Übernahme sämtlicher Aktien durch die Gründer abgeschlossen. Damit ist die AG aber noch nicht *entstanden*. Dies geschieht erst mit der Eintragung in das Handelsregister.

Im Stadium vor der Errichtung der AG redet man von einer Vorgründungsgesellschaft. Rechtlich handelt es sich hier um eine GbR, bei der alle Gesellschafter persönlich und gesamtschuldnerisch für die eingegangenen Verbindlichkeiten haften. Die Bestimmungen des Aktienrechts werden hier noch nicht angewendet.

Sie konnten sicher schon anhand obiger Ausführungen unschwer feststellen, dass die Gründung einer (kleinen) AG ein hochkomplexer Vorgang und sicher nur für die wenigsten Gründer geeignet ist. Die wesentlichsten Vorteile einer AG sind neben der Haftungsbeschränkung sicher die Möglichkeiten der kreditunabhängigen Kapitalbeschaffung und der einfachen Übertragung von Geschäftsanteilen. Dem stehen jedoch die hohen Kosten, die strengen gesetzlichen Anforderungen und Publizitätspflichten und der hohe (Gründungs-) Aufwand gegenüber. Längst nicht jede AG ist an der Börse notiert, die börsennotierten Aktiengesellschaften unterliegen allerdings zusätzlich den Schwankungen an der Börse und sind mehr noch als andere Unternehmen von der konjunkturellen Lage und Zukunftsprognosen abhängig. So können sich beispielsweise Stimmungen an ausländischen Börsen fast ohne Zeitverzögerung auf den Kurs der eigenen Aktien auswirken. Es sollen und können an dieser Stelle die Vor- und Nachteile einer AG nicht abschließend dargestellt werden. Wer sich zur Gründung einer solchen entschließt, muss ohnehin Beratung in erheblichem Umfang in Anspruch nehmen. Daher genügt es, wesentliche Merkmale einer AG aufzuzeigen und für den immens hohen Aufwand in jeder Hinsicht zu sensibilisieren.

8.14 Weitere Rechtsformen

Ob die im Folgenden dargestellten Rechtsformen für Existenzgründer passend sind, kann nur im konkreten Einzelfall beurteilt werden. In der Regel wird das eher nicht der Fall sein. Die Rechtsformen haben auch keine große Praxisbedeutung und kommen selten vor. Deshalb genügen einführende Informationen vollkommen. Etwas ausführlicher möchte ich jedoch auf die Gründung einer englischen „Limited" eingehen, auch wenn die „Konkurrenz" durch die UG diese Rechtsform weitgehend verdrängt hat. Das Statistische Landesamt Baden-Württemberg schreibt z. B. in seinem Monatsheft 2/2011: „Seit der Einführung der UG nimmt die Anzahl der neu gegründeten Betriebe mit der Rechtsform Limited stetig ab."

8.14.1 Kommanditgesellschaft auf Aktien – KGaA

Die Kommanditgesellschaft a. A. verbindet die Vor-, aber auch die Nachteile einer AG mit denen einer KG. In der Praxis ist die Gründung einer KGaA äußerst selten. Ein sehr bekanntes Unternehmen, welches in der Rechtsform der KGaA geführt wird, ist die Firma Henkel. Die KGaA gleicht in wesentlichen Punkten der AG, wobei jedoch mindestens ein Gesellschafter – der Komplementär – den Gläubigern persönlich haftet. Diesem obliegt dann auch die Führung des Unternehmens, worin eine größere Unabhängigkeit von der Hauptversammlung und dem Aufsichtsrat besteht. Auch die Kontinuität in der Führung kann hier eher gewährleistet werden, weil diese eben durch den oder die Gesellschafter wahrgenommen wird. Wie bei der GmbH & Co. KG auch, kann eine weitere Haftungsbeschränkung erfolgen, indem eine juristische Person wie etwa eine GmbH als Komplementär fungiert. Was sich in der Theorie wiederum vergleichsweise einfach anhört, bedeutet in der Praxis die Konfrontation mit äußerst komplizierten rechtlichen Rahmenbedingungen, weil sowohl das Aktienrecht als auch das Recht der Kommanditgesellschaften zur Anwendung kommen.

8.14.2 Europäische Gesellschaft

Nach jahrelangen Debatten ist innerhalb der EU eine Einigung zur Schaffung einer neuen Rechtsform erzielt worden. Informationen zu dieser Rechtsform findet man unter verschiedenen Bezeichnungen:

- Societas Europaea (SE),
- Europäische (Privat-)Gesellschaft,
- Europa-AG und
- Einheits-AG.

Viele Namen – eine Rechtsform. Die so genannte Europa-AG ist für große, international tätige Unternehmen konzipiert worden. Dementsprechend beträgt auch das Mindestkapital bereits 120.000 €. Unternehmen, die grenzüberschreitend in verschiedenen Mitgliedstaaten der Europäischen Union tätig sind oder dies beabsichtigen, können dies seit Herbst 2004 im Rahmen der neuen Rechtsform tun. Sie müssen nicht mehr wie bisher aufwändig und kostenintensiv Tochtergesellschaften in den einzelnen Mitgliedstaaten gründen, die dann dem dortigen Recht unterliegen. Dies kann in der Praxis rasch unübersichtlich werden und zu Problemen führen, wenn z. B. eine Tochtergesellschaft in Italien nach italienischem Recht handelt, die Buchführung der belgischen Tochtergesellschaft dortigem Recht entsprechen muss usw. Hier sollte weitgehend Abhilfe geschaffen werden.

Den Unternehmen sollte es ermöglich werden, als ein europäisches Unternehmen im Geschäftsverkehr aufzutreten und nicht als ein nationales, z. B. deutsches oder französisches Unternehmen. Dies wird jedoch auch weiterhin in der gewünschten Form nicht möglich sein, weil eine Verordnung vielfach auf das Recht des Staates verweist, in welchem sich der Sitz der Gesellschaft befindet. Eine einheitliche Europa-AG kann es somit auch in Zukunft nicht geben.

Für Existenzgründer eignet sich diese Rechtsform überhaupt nicht. Weil eine Gründungsplanung jedoch immer vorausschauend auch die kommenden Jahre umfasst, sollte die Existenz dieser Rechtsform auf jeden Fall bekannt sein. Sie könnte an Bedeutung gewinnen, z. B. im Falle einer geplanten Expansion oder einer grenzüberschreitenden Zusammenarbeit unter einer Firma mit geeigneten Partnern.

8.14.3 Europäische Wirtschaftliche Interessenvereinigung (EWIV)

Die EWIV ist eine europäische Rechtsform für grenzüberschreitende Unternehmenskooperationen. Sie ist aus dem Bedürfnis heraus entstanden, insbesondere kleineren und mittelständischen Unternehmen einen rechtlichen Rahmen für europaweite Kooperationen zu bieten. Diese Rechtsform gibt es seit 1995 und sie soll die Zusammenarbeit ihrer Mitglieder erleichtern. Sie eignet sich nicht nur für Unternehmen, sondern auch für Freiberufler wie z. B. Rechtsanwälte, die miteinander kooperieren wollen. Eine EWIV muss aus mindestens 2 Mitgliedern aus unterschiedlichen europäischen Staaten bestehen, eine Begrenzung der Mitgliederzahl nach oben gibt es nicht. Die Haftung im Rahmen der EWIV ist unbeschränkt und erstreckt sich auf das Vermögen der EWIV und ihrer einzelnen Mitglieder. Sie setzt einen schriftlichen Vertrag voraus und muss in Deutschland mithilfe eines Notars zum Handelsregister angemeldet werden. Eine EWIV erwirtschaftet selbst keine Gewinne, sondern die Gewinne werden an die Mitglieder weitergegeben und sind auch durch diese zu versteuern. Die EWIV fördert (nur) die wirtschaftliche Tätigkeit ihrer einzelnen Mitglieder und bietet für Kooperationszwecke einen recht unbürokratischen und flexiblen Rahmen. Für Existenzgründer ist sie aber nicht als eigenständige Rechtsform geeignet. Der Zusammenschluss in einer EWIV kann jedoch *nach* erfolgter Gründung im Rahmen einer Kooperation sinnvoll sein und deshalb ist es auch für Existenzgründer wichtig, wenigstens diese Möglichkeit zu kennen und sich ggf. näher zu informieren.

8.14.4 UK-Limited

Eine GmbH ist vor allem aufgrund ihrer Haftungsbeschränkung eine Rechtsform, die sich (nicht nur) unter Existenzgründern einer großen Beliebtheit erfreut. Allerdings sind 25.000 € Mindestkapital oft eine unüberwindliche Hürde, sodass es schließlich doch meist zur Gründung einer Einzelunternehmung, GbR oder auch OHG kommt. Dies ist häufig unter dem Aspekt des Gründungsaufwands sowie aus rechtlichen und steuerlichen Gründen auch die bessere Entscheidung. Neuerdings gibt es auch die Alternative „Unternehmergesellschaft (haftungsbeschränkt)".

Bis vor kurzem schien es fast so, als sei die englische „Limited" die einzig vernünftige und wahre Rechtsform. Presseberichte über die „Billig-GmbHs" machen Existenzgründern diese Rechtsform schmackhaft und zahlreiche Berater suggerieren Gründern und Unternehmern, die Limited sei die optimale Rechtsform für (fast) jedermann. Sie sei nicht nur sehr einfach und kostengünstig zu gründen, sondern später auch problemlos zu führen. Es versteht sich von selbst, dass diese Berater gleichzeitig ihre kostenpflichtigen Dienste anbieten, um den (künftigen) Unternehmer bei der Gründung zu unterstützen. Das ist an sich nicht verwerflich, zumal Beratung tatsächlich unbedingt erforderlich ist.

Auch sind viele Informationen durchaus richtig, mitunter aber leider nicht vollständig. Eine etwas kritischere Sichtweise und umfassendere Aufklärung wäre hier oftmals angebracht. Jedenfalls kann man keinesfalls pauschal sagen, im Vergleich zur „klassischen" GmbH gäbe es klare Kostenvorteile und weniger bürokratischen Aufwand. Dies stimmt sicher für die Gründung selbst – lässt aber die Folgekosten und den weiteren bürokratischen Aufwand außer Acht.

Höchst selten ist etwas so einfach, wie es scheint, vor allem, wenn es auch um rechtliche und steuerliche Fragen geht. Darum sollen die Chancen und Risiken der Gründung einer englischen Limited ein wenig näher betrachtet werden.

Die Gründung einer ausländischen Gesellschaft mit beschränkter Haftung im Ausland und die anschließende Verlegung des Verwaltungssitzes nach Deutschland ist an sich nichts Neues. Schon in der Vergangenheit haben sich Unternehmer hiervon immer wieder Vorteile bezüglich der Haftung und auch der Besteuerung versprochen – jedoch wenig erfolgreich. Die deutsche Rechtsprechung versagte die Rechtsfähigkeit, sodass die Gesellschaft in Deutschland nicht in der geplanten Art und Weise tätig werden konnte. Begründet wurde dies mit der so genannten „Sitztheorie". Hiernach war für die Rechtsform nicht der (offizielle) Firmensitz entscheidend, sondern der tatsächliche Verwaltungssitz der Gesellschaft, also der Ort, von welchem die Geschäfte tatsächlich gesteuert und getätigt wurden. Gesellschaften, die also lediglich im Ausland gegründet wurden, tatsächlich aber aus dem Inland heraus betrieben wurden, hatten nichts von den erhofften Vorteilen. Sie wurden in Deutschland nicht in das Handelsregister eingetragen und mit Hinweis auf die fehlende Handelsregistereintragung wurde auch die Haftungsbeschränkung nicht anerkannt.

Die bisherige Rechtsprechung verstieß jedoch nach Auffassung des Europäischen Gerichtshofs (EUGH) gegen geltendes EU-Recht, und zwar konkret gegen die Niederlassungsfreiheit. Aufgrund von zwei entsprechenden Entscheidungen des EUGH hat nun auch der BGH mit seinem Urteil vom 13. 3. 2003 seine bisherige Auffassung revidiert. Somit kann nun in einem Mitgliedstaat der EU grundsätzlich eine Gesellschaft gegründet und anschließend der Verwaltungssitz nach Deutschland verlegt werden, ohne die Rechtsfähigkeit und Haftungsbeschränkung einzubüßen. Dies gilt nicht nur für Großbritannien. Die englische Limited – oder Private Company Limited by Shares (Ltd.) – wie sie richtig heißt – bietet sich aber vor allem an wegen:

- der vergleichsweise geringen Formalitäten,

- der im Vergleich zur GmbH schnelleren Gründung,

- den Kostenvorteilen (Gründung schon für weniger als 200 € zuzügl. Mehrwertsteuer)

- und der Möglichkeit einer Gründung nahezu ohne Stammkapital.

Wie bei der deutschen GmbH kann eine englische Limited zu jedem legalen Zweck gegründet werden. Auch haften die Gesellschafter grundsätzlich nicht persönlich, hiervon gibt es aber Ausnahmen. Eine persönliche Haftung kann sich beispielsweise aus der Verletzung von Sorgfaltspflichten, bei strafrechtlich relevanten Tatbeständen oder in gravierenden Fällen auch bei der Vermischung von Gesellschafts- und Privatvermögen ergeben.

Die Gründung an sich ist vergleichsweise einfach. Üblicherweise wird hiermit ein in Deutschland ansässiger Dienstleister beauftragt, der mit einer Rechtsanwaltskanzlei vor Ort zusammenarbeitet. Durch einen Notar ist nach erfolgter Gründung die Eintragung einer Niederlassung in das deutsche Handelsregister zu veranlassen.

Eine englische Limited benötigt auf jeden Fall zwei Organe:

- Director (Direktor) und

- Secretary (Sekretär).

Dem Direktor kommt die größere Bedeutung und auch Verantwortung zu – er führt die Geschäfte der Gesellschaft, während der Sekretär mehr formelle Aufgaben erledigt wie z. B. die Unterzeichnung bestimmter Schriftstücke. Die beauftragten Gründungsberater können auf Wunsch für die Besetzung dieser Organe sorgen – gegen Entgelt versteht sich. Üblich ist es, zumindest die Aufgaben des Secretary durch einen fremden Beauftragten wahrnehmen zu lassen. Grundsätzlich können Sie jedoch auch beide Positionen selbst besetzen – auch wenn Sie ohne Partner gründen. Spielen steuerliche Überlegungen eine entscheidende Rolle, sollten auf jeden Fall der Direktor und die Gesellschafter in England ansässig und von dort aus tätig sein. Eine britische Staatsbürgerschaft ist hingegen bei keinem der Beteiligten vorgeschrieben.

Üblicherweise erfolgt die Besteuerung jedoch in Deutschland, weil die Gesellschaft in der Regel ausschließlich im Inland tätig ist. Unabhängig davon, welche Überlegungen zur Entscheidung für eine englische Limited führen, benötigt diese ein Büro – ein so genanntes „registered office" – in England. Hier sind z. B. die Buchhaltungsunterlagen und andere wichtige Dokumente aufzubewahren und Klagen zuzustellen. Eine reine Briefkastenfirma ist also nicht ausreichend. Auch für dieses „registered office" sorgen in der Regel die beauftragten Dienstleister.

Es versteht sich von selbst, dass beispielsweise die Beauftragung eines „Secretary" und die Anmietung des „registered office" Folgekosten verursacht (Nähere s. u.).

Der Jahresabschluss einer Limited ist nach englischen Rechnungslegungsstandards zu erstellen und innerhalb bestimmter Fristen beim Register einzureichen. Zudem besteht je nach Umsatz und Bilanzsumme ggf. die Pflicht, den Abschluss prüfen zu lassen. Wie in Deutschland existieren auch in England Erleichterungen für kleine Gesellschaften. Von der Abgabe des Jahresabschlusses an das Finanzamt im Ausland kann das Unternehmen befreit werden. Gibt es jedoch eine Betriebsstätte in England, ist dies nicht möglich.

Da in der Regel die Limited nach deutschem Recht besteuert wird, ist im Inland zusätzlich ein Jahresabschluss nach deutschem Recht zu erstellen. Wird schon in kleineren deutschen Unternehmen die Buchführung häufig äußerst stiefmütterlich behandelt und nur als lästige Pflicht angesehen, sind die Anforderungen an das Rechnungswesen einer Limited noch ungleich höher. Ohne die Unterstützung externer Dienstleister werden Buchhaltung und Jahresabschluss in der Regel nicht zu bewältigen sein.

Wer eine Limited gründen will, wird sich außerdem mit den rechtlichen Rahmenbedingungen in England vertraut machen müssen – zumindest in Grundzügen – weil in vielen Fällen englisches Recht anzuwenden ist. Dies gilt mitunter selbst in den Fällen, in denen der Gerichtsstand nicht in England, sondern in Deutschland liegt. Bei Rechtsstreitigkeiten ist es also denkbar, dass Prozesse in England zu führen sind oder bei inländischen Prozessen zusätzliche Beratungsleistungen, Übersetzungen und Gutachten anfallen.

Im Hinblick auf Finanzierungsmöglichkeiten einer Limited gelten die Probleme der GmbH in noch höherem Maße. Ohne zusätzliche Sicherheiten oder die persönliche Haftung der Gesellschafter ist eine Finanzierung kaum möglich. Darüber hinaus sind auch seitens der Geschäftspartner – je nach Branche und Art der Tätigkeit – gehörige Akzeptanzprobleme nicht selten.

Die Gründungskosten einer Limited sind nach Untersuchungen des Marktforschungsinstituts Rheinland je nach Anbieter höchst unterschiedlich. Im Jahr 2003 lagen sie z. B. zwischen 259 € und 2.292 €. Ähnlich gravierend sind auch die Unterschiede bei den anderen Leistungen, wie z. B. Secretary Service und das so genannte „registered office". Preisvergleiche sind also dringend zu empfehlen. Einige Dienstleister bieten die Gründung einer Limited gegen Aufpreis innerhalb von 24 Stunden an. Nur ein Teil der Anbieter veröffentlicht seine Allgemeinen Geschäftsbedingungen und teilweise bleiben die entstehenden Kosten für die angebotenen Dienstleistungen ebenso geheimnisumwittert. Testsieger weil günstigster Anbieter war der Untersuchung zufolge der Anbieter „Go Ahead Limited" der auch heute noch am Markt aktiv ist, während es andere Anbieter längst nicht mehr gibt – jedenfalls nicht unter dem ursprünglichen Namen. Bei dem genannten Anbieter ist eine Limited-Gründung ab 260 € möglich (Stand: Januar 2014). Es ist auf jeden Fall sinnvoll, sich nach einem etablierten, seriösen und verlässlichen Anbieter umzusehen. In den obigen Preisen sind Folgekosten, die zum Beispiel durch individuellen Beratungsbedarf, Beglaubigungen, Übersetzungen, Postversand (von England nach Deutschland), den

Antrag auf Steuerbefreiung in England usw. entstehen, nicht enthalten. Je nach Art und Umfang der Tätigkeit können diese Folgekosten nicht unerheblich sein und müssen in der Ergebnis- und Finanzplanung berücksichtigt werden.

Es kann als Fazit festgehalten werden, dass die Gründung einer Limited ungleich schneller, unbürokratischer und kostengünstiger erfolgen *kann* als die Gründung einer „klassischen" GmbH (nicht aber einer UG). Dies bedeutet jedoch nicht, dass diese Rechtsform in jedem Fall zu empfehlen ist. Die Vor- und Nachteile müssen – wie bei jeder anderen Rechtsform auch – sorgfältig gegeneinander abgewogen werden, auch unter Berücksichtigung der Folgekosten. Dabei ist auch zu bedenken, dass für die Gründung einer Limited zwar kein Stammkapital vorgeschrieben ist, völlig ohne Kapital jedoch kein Unternehmen geführt werden kann. Während die einen die Limited klar vor anderen Rechtsformen favorisieren, stehen die Kritiker ihr ebenso klar äußerst skeptisch gegenüber. In der Praxis verlangen Banken vor einer Kreditentscheidung mitunter sämtliche Gründungsunterlagen. Nach vollzogener Gründung stehen jedoch nicht mehr alle Fördermöglichkeiten zur Verfügung, weil Fördermittel in der Regel *vor* Beginn des Vorhabens und vor dem Eingehen von Verbindlichkeiten beantragt werden müssen. Während eine Limited in manchen Branchen aufgrund des praktisch nicht vorhandenen Haftungskapitals wenig geeignet ist, das Vertrauen der Kunden zu gewinnen und die Geschäftstätigkeit somit schwerwiegend beeinträchtigt, kann sie internationale Geschäftstätigkeiten durchaus fördern.

Insbesondere bei geplanten internationalen Aktivitäten kann auch die Gründung einer anderen ausländischen Gesellschaft eine sinnvolle Alternative sein. Hinsichtlich des bürokratischen Aufwands, der Gründungskosten und des aufzubringenden Mindestkapitals schneiden die einer GmbH vergleichbaren Rechtsformen im europäischen Ausland besser ab als die inländische, „klassische" GmbH. Es gilt aber auch hier, dass jeweils die konkreten Vor- und Nachteile im Einzelfall gründlich gegeneinander abgewogen werden müssen. Nach wie vor gibt es nicht *die* einzig wahre Rechtsform für alle Gründungsvorhaben. Erste Ansprechpartner bei einer geplanten

Gründung im Ausland können die deutschen Auslandshandelskammern für die verschiedenen Länder sein.

Links zum Thema

> http://www.go-limited.de/ – Go Ahead GmbH (früher: Ltd.!) mit zahlreichen Informationen zum Thema; http://www.stuttgart.ihk24.de/ – Recht und Steuern, http://www.frankfurt-main.ihk.de – Themen – Recht und Steuern – Unternehmensgründung – Die Wahl der Rechtsform, http://www.123recht.net – u. A. Artikel zur Haftung des Directors.

Außerdem gibt es die „Stille Gesellschaft", die aber für Existenzgründer in der Regel kein Thema ist. Bei der Stillen Gesellschaft handelt es sich gesellschaftsrechtlich nicht um eine eigenständige Rechtsform. Sie wird auch als Sonderform der GbR bezeichnet und tritt nicht nach außen in Erscheinung, sondern ist eine Innengesellschaft. Der stille Gesellschafter betreibt selbst kein Handelsgewerbe, sondern beteiligt sich lediglich mit einer Vermögenseinlage hieran.

Vielleicht haben Sie in den obigen Kapiteln weitere Ausführungen zu steuerlichen Aspekten oder den Möglichkeiten der Namensgebung der jeweiligen Rechtsformen vermisst. Dies liegt daran, dass die Wahl der Rechtsform keinesfalls *primär* unter steuerlichen Gesichtspunkten getroffen werden sollte und zudem die steuerlichen Vor- oder Nachteile bestimmter Rechtsformen im Einzelfall geprüft werden müssen. Pauschale Angaben helfen hier nicht weiter. Soweit sinnvoll, befasst sich das Kapitel 13: Steuern mit den Besonderheiten der einzelnen Rechtsformen.

9. Kapitel

Bürokratie

Der Abbau von Bürokratie ist bereits seit Jahren erklärtes Ziel der jeweiligen Bundesregierung, um bessere Rahmenbedingungen für Unternehmer und Existenzgründer zu schaffen. Nichtsdestotrotz haben Existenzgründer mitunter immer noch eine Vielzahl bürokratischer Hürden vor sich, bevor sie ihre selbständige Tätigkeit aufnehmen können. Schon die Eröffnung einer kleinen Trinkhalle kann aufwändig sein, wenn auch Alkohol ausgeschenkt werden soll. Man nehme mindestens:

- Grundrisszeichnungen,

- Führungszeugnis – ggf. auch des Ehepartners,

- Auskunft aus dem Gewerbezentralregister,

- Steuerliche Unbedenklichkeitsbescheinigung des Finanzamtes,

- Unterrichtungsnachweis über lebensmittelrechtliche Grundkenntnisse (IHK) und Vorlage eines Gesundheitszeugnisses bzw. Belehrung nach dem Infektionsschutzgesetz

Und je nach Verwaltungspraxis weitere Unterlagen.

„Schon" steht der Eröffnung einer Trinkhalle nichts mehr im Wege. Dieses Beispiel zeigt, dass auch für kleine und vermeintlich einfache Gründungsvorhaben der bürokratische Aufwand recht hoch sein kann. Fairerweise muss man jedoch auch sagen, dass sehr viele Gründungen zu Beginn nur wenig bürokratischen Aufwand erfordern. Mitunter zu wenig, so dass auch Gründungen angegangen und teils sogar gefördert werden, die von vornherein keine Aussicht auf Erfolg haben. Vielfach genügt eine simple Gewerbeanmeldung, bzw. die Anzeige der Tätigkeit beim Finanzamt, um die Tätigkeit ausüben zu dürfen.

In Deutschland herrscht Gewerbefreiheit. Dies bedeutet, dass der Betrieb eines Gewerbes grundsätzlich jedermann gestattet ist, soweit nicht gesetzliche Beschränkungen oder Ausnahmen bestehen. Daher können sie in vielen Fällen ihr Gewerbe recht unbürokratisch und ohne vorherige Erlaubnis anmelden. Für die Ausübung bestimmter, gewerblicher Tätigkeiten ist jedoch nach der Gewerbeordnung eine Genehmigung erforderlich und andere Gewerbe werden in besonderer Weise überwacht. Auch bestimmte Freie Berufe dürfen nicht ohne weiteres ausgeübt werden (z. B. Rechtsanwalt, Steuerberater). Dies hat jedoch nichts mit der Gewerbeordnung zu tun, weil die Freiberufler gerade keine Gewerbetreibenden sind und daher auch nicht der Gewerbeordnung unterliegen.

Die genehmigungspflichtigen Gewerbe sind in den §§ 29 ff. der Gewerbeordnung aufgelistet wie z. B. (nicht abschließend):

- Apotheker
- Bewachungsgewerbe
- Makler/Anlageberater/Bauträger/Baubetreuer
- Pfandleihgewerbe
- Privatkrankenanstalten
- Sachverständige
- Schaustellung von Personen
- Spielgeräte und Gewinnspiele
- Versicherungsvermittler/Versicherungsberater
- Überwachungsbedürftige Gewerbe

Bei bestimmten Gewerbezweigen

> „... hat die zuständige Behörde unverzüglich nach Erstattung der Gewerbeanmeldung oder der Gewerbeummeldung nach § 14 die Zuverlässigkeit des Gewerbetreibenden zu überprüfen. Zu diesem Zweck hat der Gewerbetreibende unverzüglich ein Führungszeugnis nach § 30 Abs. 5 Bundeszentralregistergesetz

> und eine Auskunft aus dem Gewerbezentralregister nach § 150 Abs. 5 zur Vorlage bei der Behörde zu beantragen. Kommt er dieser Verpflichtung nicht nach, hat die Behörde diese Auskünfte von Amts wegen einzuholen" (§ 38 GewO).

Dies gilt für folgende Gewerbezweige:

- An- und Verkauf von

  a) hochwertigen Konsumgütern, insbesondere Unterhaltungselektronik, Computern, optischen Erzeugnissen, Fotoapparaten, Videokameras, Teppichen, Pelz- und Lederbekleidung,

  b) Kraftfahrzeugen und Fahrrädern,

  c) Edelmetallen und edelmetallhaltigen Legierungen sowie Waren aus Edelmetall oder edelmetallhaltigen Legierungen,

  d) Edelsteinen, Perlen und Schmuck,

  e) Altmetallen, soweit sie nicht unter Buchstabe c fallen, durch auf den Handel mit Gebrauchtwaren spezialisierte Betriebe,

- Auskunftserteilung über Vermögensverhältnisse und persönliche Angelegenheiten (Auskunfteien, Detekteien),

- Vermittlung von Eheschließungen, Partnerschaften und Bekanntschaften,

- Betrieb von Reisebüros und Vermittlung von Unterkünften,

- Vertrieb und Einbau von Gebäudesicherungseinrichtungen einschließlich der Schlüsseldienste,

- Herstellen und Vertreiben spezieller diebstahlsbezogener Öffnungswerkzeuge.

Neben den bereits nach der Gewerbeordnung genehmigungspflichtigen Tätigkeiten ist die selbständige Ausübung weiterer Berufe nach anderen Gesetzen vom Vorliegen bestimmter Voraussetzungen abhängig oder bedarf der Erledigung besonderer Formalitäten. Dazu gehören z. B. selbständige Tätigkeiten in den Bereichen:

- Arbeitnehmerüberlassung,

- Finanzdienstleistungen,

- Gastronomie,

- Hotelgewerbe,

- Handwerk,

- Einzelhandel mit bestimmten Waren und lebenden Tieren (z. B. Waffen, Lebensmittel, Arzneimittel),

- Güter- und Personenbeförderung,

- Heilpraktiker,

- Waffenherstellung und -handel.

Besonderheiten für Handwerker – Reform der Handwerksordnung

Seit der Reform der Handwerksordnung gilt für 53 von vorher 94 Handwerken für die selbständige Ausübung der Handwerke kein Meisterzwang mehr. Unter die verbleibenden Handwerke fallen jedoch die mit Abstand am häufigsten ausgeübten Handwerksberufe.

Die Handwerksordnung listet in der Anlage B 2 die so genannten handwerksähnlichen Berufe auf, die schon bisher ohne Zugangsvoraussetzungen von jedermann ausgeübt werden durften. Die Anlage B 1 enthält Berufe, die nun auch ohne Meisterbrief und besondere Vorkenntnisse in die Selbständigkeit führen können, in denen das Ablegen der Meisterprüfung aber möglich ist, z. B. als Qualitätssiegel. Darüber hinaus gibt es die in Anlage A aufgelisteten, zulassungspflichtigen Gewerbe, die wie bisher nur durch Meister oder mittlerweile auch durch erfahrene Gesellen selbständig ausgeübt werden dürfen.

Bestimmte, einfache Tätigkeiten, die bei durchschnittlicher Begabung innerhalb von 3 Monaten erlernt werden können, fallen gar nicht unter die Handwerksordnung und dürfen von jedermann ausgeübt werden. Damit sollte unter anderem den früheren „Ich-AGs" der Weg geebnet werden. Die Kombination verschiedener „einfacher Tätigkeiten" ist möglich, allerdings kommt es auf das Gesamtbild an. Durch die Kombination der Tätigkeiten darf sich nicht ein Berufsbild ergeben, das dem eines, nicht für jedermann zugänglichen Handwerks, gleicht. Daher ist es zu empfehlen, sich vorab zu informieren (z. B. IHK, HWK), ob es sich bei der geplanten Tätigkeit insgesamt um eine so genannte einfache Tätigkeit handelt, die von jedermann ausgeübt werden darf.

Der Meisterbrief als Voraussetzung für die Gründung oder Übernahme eines Handwerksbetriebes gilt nur noch für ausbildungsintensive Bereiche und solche mit besonderen Gefahren. Hier soll sicher gestellt werden, dass nur Personen den Beruf ausüben, die etwas von ihrem „Handwerk" verstehen. In den übrigen, zulassungsfreien Handwerksgewerben können nun auch andere Personen eine selbständige Existenz begründen. Der freiwillige Erwerb des Meisterbriefes – z. B. als besonderes Qualitätsmerkmal – ist jedoch auch weiterhin möglich.

Handwerke, die Gefahren für die Gesundheit oder sogar das Leben von Personen mit sich bringen können, zählen zu den zulassungspflichtigen Handwerken und erfordern weiterhin grundsätzlich das Ablegen der Meisterprüfung als Gründungsvoraussetzung. Ausnahmen gibt es gem. § 7 b HwO für Gesellen, die u. A. mindestens sechs Jahre Berufserfahrung besitzen, davon vier Jahre in leitender Stellung. Außerdem wurde das so genannte Inhaberprinzip aufgehoben. Der Inhaber eines Handwerksbetriebes muss nicht mehr selbst Meister sein, sondern es genügt, wenn er einen Meister einstellt. Dies war jedoch auch schon bisher bei Vorliegen bestimmter Voraussetzungen möglich.

Im Vorfeld der Gründung ist es ratsam, sich bezüglich der konkreten Tätigkeit über bestehende Genehmigungspflichten und besondere, gewerberechtliche Voraussetzungen bei der zuständigen Kammer (IHK, HWK) zu informieren.

Besonderheiten für Versicherungsvermittler

Der ehemals grundsätzlich frei zugängliche Beruf des Versicherungsvermittlers ist mittlerweile gesetzlich geregelt. Die so genannte Versicherungsvermittlerrichtlinie der EU wurde am 22. 12. 2006 verkündet und gilt im Wesentlichen nach einer Übergangsfrist seit dem 22. Mai 2007. Nach den neuen Regelungen in der Gewerbeordnung dürfen Versicherungsvermittler und -berater künftig grundsätzlich nur noch selbstständig tätig werden, wenn sie ihre Zuverlässigkeit, Sachkunde und das Bestehen einer Haftpflichtversicherung nachgewiesen haben. Es besteht eine Erlaubnis und Registrierungspflicht. Ziel ist die Förderung des grenzüberschreitenden Dienstleistungsverkehrs, des Wettbewerbs und die Stärkung des Verbraucherschutzes. Die Neuregelungen sind allerdings unter Experten umstritten, sowohl was den Verbraucherschutz angeht, als auch Ungleichbehandlungen, Schaffung neuer Bürokratie usw. Nichtsdestotrotz sind die neuen Regelungen (nicht nur) für Existenzgründer relevant und müssen beachtet werden.

In einem Register für Versicherungsvermittler und Versicherungsberater, unter der Internetadresse www.vermittlerregister.info, können Sie sich informieren, ob ein Versicherungsvermittler/-berater zugelassen ist. Erkennbar ist auch die Einordnung als Makler oder Vertreter.

Die Ausübung einiger Freier Berufe (z. B. Ärzte, Rechtsanwälte) unterliegt ebenfalls bestimmten Zugangsvoraussetzungen. Hier kennen jedoch Existenzgründer üblicherweise aufgrund ihrer Ausbildung (Studium) die entsprechenden Voraussetzungen zur Ausübung der selbständigen Tätigkeit sehr genau. Bei Fragen helfen die zuständigen Kammern weiter.

Bürokratische Hürden belasten nicht nur angehende Unternehmer, sondern auch und vor allem bestehende Unternehmen. Einer Studie des Instituts für Mittelstandsforschung aus dem Jahr 2003 zufolge entstehen deutschen Unternehmen jährlich Bürokratiekosten in Höhe von rund 46 Milliarden €. Dies ist ein Anstieg um 25,8% seit der letzten Erhebung im Jahre 1994. Als besonders belastend und Hauptverursacher der hohen Kosten wurden von den befragten Unternehmen die bürokratischen Belastungen in den Bereichen Sozialversicherungen, Arbeitsrecht/-schutz sowie Steuern befunden. Sie bemängelten die häufigen Änderungen von Vorschriften, deren Unverständlichkeit und die schlechte Informationslage. Fast 80% der Unternehmen fühlen sich durch bürokratische Anforderungen und Aufgaben, die unentgeltlich für den Staat zu erbringen sind, hoch bis sehr hoch belastet. Diese Quote lag im Vergleichszeitraum bei „nur" 48%.

Noch weitaus höher liegen die (Bürokratie-)kosten für 348 Regelungsvorhaben, die der „Nationale Normenkontrollrat" (NKR) für den Zeitraum 1. Juli 2012 bis 30. Juni 2013 ermittelt hat, weil hier unter dem Begriff des „Erfüllungsaufwands" auch die voraussichtlichen Folgekosten ermittelt werden. Die Aufwand hat lt. dem jüngsten Bericht des NKR per Saldo von Mitte 2012 bis Mitte 2013 um 1,5 Milliarden Euro zugenommen.

Bezogen auf die Wirtschaft heißt es in dem Bericht:

„Für die Wirtschaft verzeichnet der NKR im Berichtszeitraum einen Anstieg beim jährlichen Erfüllungsaufwand von im Saldo rund 950 Mio. Euro sowie einen einmaligen Erfüllungsaufwand von 4,26 Mrd. Euro. Zudem ergeben sich sonstige jährliche Kosten in einem Gesamt umfang von 709 Mio. Euro. Beim jährlichen Erfüllungsaufwand führen insgesamt 71 Regelungsvorhaben zu einer Bruttobelastung von 1,54 Mrd. Euro. Dem gegenüber stehen 32 Regelungsvorhaben mit einer jährlichen Entlastung von 0,60 Mrd. Euro. Die größte belastende Maßnahme ist die Zweite Verordnung zur Änderung der Energieeinsparverordnung ..."

Auch Bürger und Verwaltungen müssen erhebliche Mehrbelastungen tragen und das alles trotz seit Jahren andauerndem „Bürokratieabbau" und diverser Initiativen verschiedener Bundesregierungen. So ganz scheint die Sache nicht gelingen zu wollen – jedenfalls nicht mit spürbaren ökonomischen Auswirkungen für Wirtschaft, Verwaltung und Bürger, auch wenn der NKR in seinem Bericht im Ergebnis zu dem Schluss kommt:

„Heute – sieben Jahre später – (Anmerkung: nach dem Start der jüngsten Initiative zum Bürokratieabbau) ist festzustellen, dass Deutschland das Erfolgsmodell der Niederlande nicht nur konsequent angewendet, sondern auch systematisch weiterentwickelt hat. Deutschland ist damit von einem interessierten Zuschauer zu einem relevanten Player auf dem Gebiet des Bürokratieabbaus und der besseren Rechtsetzung geworden."

Insbesondere Existenzgründer sowie kleine und mittlere Unternehmen sind nach wie vor stark belastet, weil sie aus Kostengründen die anfallenden, bürokratischen Aufgaben oft nicht auslagern und auch innerhalb des Unternehmens keine Spezialisten hierfür beschäftigen können. Der Unternehmer selbst wird demnach über Gebühr mit administrativen Aufgaben belastet, die ihn von seinen eigentlichen Führungsaufgaben abhalten. In einer eigenen – nicht repräsentativen – Umfrage unter kleinen und mittelständischen Unternehmen konnte keiner der Befragten eine *spürbare* Entlastung durch die bisherigen Bemühungen zum Bürokratieabbau verzeichnen oder diese gar finanziell beziffern. Diese „Zeitfalle" wird daher auch künftig trotz aller Bemühungen noch von Existenzgründern einzuplanen und nicht zu unterschätzen sein. Auch die Umsetzung der so genannten „EU-Dienstleistungsrichtline", die Ende 2006 in Kraft getreten und durch die Mitgliedsstaaten bis zum 28. 12. 2009 umgesetzt werden musste, hat zumindest nach Beobachtungen aus der Praxis ihr Ziel bisher weitgehend verfehlt. Sie sollte Hemmnisse im europäischen Dienstleistungsverkehr abbauen. Das Potenzial des Dienstleistungssektors soll besser ausgeschöpft und neue Arbeitsplätze geschaffen werden.

Das für Unternehmer und Existenzgründer interessanteste Kernelement der Dienstleistungsrichtlinie ist der so genannte „Einheitliche Ansprechpartner" (EAP). Diese Stelle soll die Möglichkeit bieten, alle Verfahren und Formalitäten abzuwickeln, die nötig sind, um die Dienstleistung ausüben zu können. Außerdem ist der EAP verpflichtet, darüber zu informieren, welche Anforderungen der Dienstleister erfüllen muss, um die Tätigkeit aufnehmen und ausüben zu müssen. Auf Wunsch soll das gesamte Verfahren unterstützend begleitet werden.

Existenzgründer und Unternehmer können also seit dem 28. 12. 2009 alle benötigten Leistungen quasi „aus einer Hand" erhalten. Faktisch werden in den meisten Fällen verschiedene Stellen und/ oder Behörden zuständig sein und auch nicht von ihren eigenen Pflichten entbunden. Für Dienstleister gibt es aber einen (einheitlichen) Ansprechpartner, der den gesamten Vorgang koordiniert, falls gewünscht. Diese Dienstleistung soll „Hürdenläufe" durch verschiedene Behörden künftig vermeiden helfen. Das Angebot ist im Grunde für den grenzüberschreitenden Dienstleistungsverkehr gedacht. Das Standardbeispiel im Zusammenhang mit der „EU-Dienstleistungsrichtlinie" ist der portugiesische Friseur, der in Deutschland ein Geschäft eröffnen möchte und zahlreiche Anforderungen erfüllen muss. Diese kann er bei dem EAP erfahren, der ihn auch im weiteren Verlauf in seinen behördlichen Angelegenheiten unterstützt. Der portugiesische Friseur muss sich also nicht mehr mühsam und aufwändig alle Informationen zusammen suchen und dann mit den unterschiedlichsten Behörden in Kontakt treten. Er kann nun auch die Hilfe des EAP in Anspruch nehmen.

Diese Leistung ist kostenpflichtig, spart aber auf der anderen Seite viel Zeit und somit Geld. Alternativ kann auch der bisher übliche Weg ohne den EAP gewählt werden. Bestimmte Dienstleistungen fallen nicht unter die Richtlinie wie z. B. solche von Leiharbeitsagenturen, Finanzdienstleistern oder Gesundheitsdienstleistungen. Auch können bestimmte Verfahren nicht über diese Stelle abgewickelt werden. Dies gilt z. B. dann, wenn in den Gesetzestexten ausdrücklich andere Stellen als zuständig benannt sind.

Beispiel: Wer sich in NRW als Versicherungsvermittler niederlassen will, kann das Verfahren zur Erteilung der Erlaubnis nicht über den EAP abwickeln. Hier bestimmt § 34d Absatz 1 Satz 1 ausdrücklich die Industrie- und Handelskammern als zuständige Stellen.

Was ursprünglich für den grenzüberschreitenden Dienstleistungsverkehr gedacht war, gilt nun auch für Inländer. Inländische Existenzgründer oder bestehende Unternehmen können sich mit ihren Anliegen ebenfalls an den EAP wenden. Die Einrichtung dieser Stelle, die Zuständigkeit und die Organisation ist in jedem Bundesland unterschiedlich geregelt.

Das Angebot hat alle Beteiligten wie z. B. Kommunen, Land)Kreise oder Länder vor große Herausforderungen gestellt und erhebliche Ressourcen in Anspruch genommen. Es mussten sozusagen nebenbei Gesetzesänderungen vorgenommen, sämtliche Satzungen mit Blick auf die EU-Dienstleistungsrichtlinie überprüft werden und vieles mehr. Die Umsetzung der EU-Dienstleistungsrichtlinie ist erfolgt, aber die Nachfrage ist nach stichprobenartigen Befragungen und eigenen Erfahrungen kaum vorhanden.

An wen Sie und der portugiesische Friseur sich wenden können erfahren Sie natürlich dennoch unter dem nachstehenden Link.

Links speziell zur EU-Dienstleistungsrichtlinie/dem EAP

http://www.dienstleisten-leicht-gemacht.de – Bundesministerium für Wirtschaft und Energie

Links zum Thema

http://www.berlin.ihk24.de – Recht und Steuern – Gewerberecht – Versicherungsvermittler – u. A., http://www.dihk.de – Adressen der Industrie- und Handelskammern; http://www.zdh.de – Adressen der Handwerkskammern; http://www.normenkontrollrat.bund.de – Nationaler Normenkontrollrat, http://www.gewerbeanmeldung.nrw.de/ – StarterCenter NRW – Infocenter Gewerbeanmeldung (Welche Voraussetzungen für welches Gewerbe …).

10. Kapitel

Alles, was Recht ist

Als Existenzgründer und später als Unternehmer werden Sie mit einer Vielzahl unterschiedlicher Rechtsvorschriften in Berührung kommen. Unwissenheit schützt vor Strafe nicht – dies ist hinlänglich bekannt und gilt natürlich auch hier. Es geht aber nicht um Strafvorschriften allein. Unwissenheit kann zu sehr unliebsamen Überraschungen, ungültigen Verträgen, teuren Abmahnungen und Schlimmerem führen. Darum sind rechtliche Grundkenntnisse für Existenzgründer unerlässlich. Man sagt: „Ein Blick in das Gesetz beseitigt manchen Zweifel." Was für Juristen noch bedingt Gültigkeit haben mag, gilt sicher nicht für den Normalbürger, denn Gesetze regeln keine konkreten Einzelfälle. Sie sind allgemein formuliert und müssen durch die Rechtsprechung interpretiert und ausgelegt werden. Daher reicht ein Blick in die Gesetzestexte nicht aus, um zu erfahren, was zu tun oder zu lassen ist. Andererseits kann man natürlich schon aus finanziellen Gründen nicht jede Frage im Zusammenhang mit der Unternehmensgründung rechtlich einwandfrei klären lassen.

Auch in diesem Ratgeber können und sollen sicher nicht alle denkbaren Rechtsprobleme und deren Lösung aufgezeigt werden. Es werden aber typische Bereiche angesprochen werden, die für die meisten Gründer wichtig sind. So werden Sie für mögliche Probleme sensibilisiert und können diesen im Vorfeld der Gründung begegnen – falls nötig durch das Einholen weiterer Informationen oder einer individuellen Rechtsberatung. Unsere Gesetzesvorschriften und die dazugehörige Rechtsprechung ist mittlerweile derart umfangreich und komplex, dass selbst Kinder und Jugendliche mit dem Gesetz in Konflikt geraten – schlicht und einfach, indem sie Bücher, CD´s oder Ähnliches im Internet zum Kauf anbieten (belegt durch konkrete Fälle, s. auch „Abmahner und Absahner im Internet"). Ich wage zu behaupten, dass niemand davor gefeit ist, geltende Gesetze zu übertreten. Was also können Sie als Existenzgründer tun? Sie können entweder jede unternehmerische Handlung juristisch überprüfen lassen (dies aber wahrscheinlich nicht bezahlen), oder aber sich bestmöglich informieren, um Problemen vorzubeugen und in den wichtigsten Dingen professionellen Rat einholen.

10.1 Gewerbliche Schutzrechte und Urheberrecht

Der so genannte gewerbliche Rechtsschutz und das Urheberrecht schützen bestimmte geistige Leistungen und deren Ergebnisse. Das Urheberrecht schützt Werke der Literatur, Wissenschaft und Kunst sowie gewisse geistige Schöpfungen. Der gewerbliche Rechtsschutz umfasst verschiedene Gesetze, die jeweils unterschiedliche geistige Leistungen im gewerblichen Bereich schützen. Insbesondere für innovative Existenzgründer ist der Schutz Ihrer Leistungen vor Nachahmern von existenzieller Bedeutung. Für alle anderen Gründer sind zumindest Teilbereiche des gewerblichen Rechtsschutzes wichtig. Dazu gehört vor allem das Markenrecht, welches im Zusammenhang mit dem Namen des Unternehmens und seinem Auftreten im Geschäftsverkehr relevant ist. Weil das Namens- bzw. das Markenrecht ausnahmslos jeden Existenzgründer berührt, wird dieses im Vergleich zu den anderen Schutzrechten im Folgenden ausführlicher dargestellt. Das Namensrecht gehört zwar nicht zu den gewerblichen Schutzrechten, hängt aber eng mit dem Markenrecht zusammen. Ihr Geschäftskonzept an sich können Sie jedoch nicht vor Nachahmern schützen.

10.1.1 Ihr guter Name – Marken- und Namensrecht

Schon bei der Namensfindung kommen Sie mit verschiedenen Rechtsnormen in Berührung. Neben dem bürgerlichen Recht sind in der Regel mindestens auch das Markenrecht und das Wettbewerbsrecht sowie oftmals auch das Handelsrecht von Bedeutung. Eine besondere Problematik stellen die Domain-Namen dar.

Wenn Sie sich über die Bezeichnung Ihres Unternehmens Gedanken machen, gilt es also verschiedene Aspekte und rechtliche Rahmenbedingungen zu beachten. Nicht jeder Name, der unter Marketingaspekten (vgl. auch Abschnitt 7.4.7: Marketing) interessant wäre, genügt auch den rechtlichen Anforderungen.

Alles in allem ist somit die Namensfindung ein sehr komplexes Thema, welches allzu häufig unterschätzt wird. Dabei ist eine sorgfältige Auswahl des Namens wichtig, weil dieser für längere Zeit bestehen bleiben soll.

Wie können Sie nun vorgehen, um Probleme bestmöglich zu vermeiden?

Namensrecht

Zunächst einmal ist das Firmenrecht des HGB von Bedeutung, welches im Wesentlichen Namensrecht ist. Darüber hinaus enthält es Vorschriften zum Schutz des Rechtsverkehrs, der über Haftungsverhältnisse informiert und vor Verwechslungen geschützt werden soll.

Umgangssprachlich wird in der Regel das gesamte Unternehmen als „Firma" bezeichnet.

Ist dagegen im Handelsrecht von dem Begriff „Firma" die Rede, so ist hier gemäß § 17 HGB lediglich der Name des Kaufmanns gemeint:

„Die Firma eines Kaufmanns ist der Name, unter dem er seine Geschäfte betreibt und die Unterschrift abgibt. Ein Kaufmann kann unter seiner Firma klagen und verklagt werden."

Unter Berücksichtigung der einschränkenden Regeln der §§ 18 ff. HGB (z. B. keine Irreführung) darf die Firma – also der Name – weitgehend frei gewählt werden. Man kann die Firmenbezeichnungen folgendermaßen gliedern:

- **Personenfirma:** Der bürgerliche Name ist gleichzeitig auch der Name des Unternehmens, z. B. Klaus Meier;

- **Sachfirma:** Der Name des Unternehmens enthält einen Hinweis auf den Geschäftszweck, z. B. Tierbedarf GmbH;

- **Fantasiefirma:** Der Name des Unternehmens wurde frei erfunden, z. B. Fantasia AG;

- **Mischfirma:** eine beliebige Kombination obiger Möglichkeiten, z. B. Klaus Meier Tierbedarf GmbH.

Ihnen stehen bei der Auswahl des Namens also vielfältige Möglichkeiten zur Verfügung. Nach § 18 HGB muss die Firma lediglich zur Kennzeichnung des Kaufmanns geeignet sein und Unterscheidungskraft besitzen. Außerdem darf der Name keine Angaben enthalten, die über wesentliche geschäftliche Verhältnisse in die Irre führen. Was so einfach klingt, kann dennoch im konkreten Einzelfall problematisch sein, weil z. B. aus dem Wortlaut des Gesetzestextes nicht hervorgeht, wann eine Firma zur Kennzeichnung geeignet ist, wann sie Unterscheidungskraft besitzt und wann nicht. Die Rechtsprechung hat jedoch in der Vergangenheit für mehr Klarheit gesorgt.

Die allermeisten Namen sind zur Kennzeichnung des Kaufmanns geeignet. Vorsicht ist jedoch geboten, wenn es um Buchstabenreihen oder Zahlen- und Buchstabenkombinationen geht. Sind diese nicht aussprechbar oder einprägsam, könnte die Eintragung des Namens in das Handelsregister verwehrt werden. Außerdem steht auch das Problem der Rechtsmissbräuchlichkeit im Raum. So käme beispielsweise die Buchstabenfolge „A. A.A. A.A. A." als Name für Ihr Unternehmen nicht in Frage. Diese Kombination ist zur Individualisierung eines Unternehmens nicht geeignet. Außerdem wird offensichtlich auch der Zweck verfolgt, in sämtlichen Verzeichnissen (Telefonbücher, Internetdatenbanken) an erster Stelle genannt zu werden und dies ist rechtsmissbräuchlich, so dass OLG Frankfurt.

Ob ein Name, der das @-Zeichen enthält, in das Handelsregister eingetragen werden kann, wird von Gerichten unterschiedlich beurteilt. Die Einen sind der Ansicht, man könne das Zeichen nicht aussprechen und deswegen dürfe auch keine Handelsregistereintrag erfolgen. Die Anderen stehen auf dem Standpunkt, das Zeichen sei inzwischen so geläufig, dass man es auch aussprechen könne (ät). Das LG München hat unter dem Aktenzeichen AZ: 17 HKT 920/09) in einem Beschluss entschieden, dass das Zeichen eintragungsfähig ist, wenn es synonym für das Wort „at" verwendet wird.

Die Firma muss nicht nur zur Kennzeichnung des Kaufmanns geeignet sein, sondern sie muss auch Unterscheidungskraft besitzen.

Hieran fehlt es beispielsweise, wenn Sie unter Ihrem bürgerlichen Nachnamen tätig werden wollen, dieser jedoch ein Allerweltsname wie Müller, Meier oder Schmidt ist. In diesem Fällen sollte mindestens der Vorname und/oder ein weiterer Zusatz in den Namen aufgenommen werden, damit Ihr Unternehmen von anderen unterschieden werden kann.

Probleme können auch auftreten, wenn Sie Gattungs- oder Branchenbezeichnungen, geografische Bezeichnungen, Worte der Umgangs- oder Fachsprache oder allgemeine Beschreibungen des Unternehmensgegenstandes als Name für Ihr Unternehmen verwenden wollen. Beispielsweise hat das BayObLG entschieden, dass die Firma „Profi-Handwerker-GmbH" mangels Unterscheidungskraft nicht in das Handelsregister eingetragen werden kann.

Derartige Probleme sollten Sie schon deshalb vermeiden, weil im Falle der GmbH auch die Haftungsbeschränkung nicht greift, solange die Firma nicht in das Handelsregister eingetragen ist.

Ist der Name zur Kennzeichnung geeignet und besitzt er auch Unterscheidungskraft, so ist noch darauf zu achten, dass keine Irreführung über wesentliche geschäftliche Verhältnisse zu erwarten ist. Eine solche wäre sowohl handelsrechtlich als auch wettbewerbsrechtlich nicht erlaubt.

Es dürfen bei den angesprochenen Verkehrskreisen also keine falschen Vorstellungen über bedeutsame geschäftliche Verhältnisse hervorgerufen werden. Bei den angesprochenen Verkehrskreisen kann es sich – je nach Art des Unternehmens – um Endverbraucher, Industriekunden, Einzelhändler usw. handeln. Dabei ist es nicht immer zu vermeiden, dass vereinzelt Personen etwas missverstehen und sich in die Irre geführt fühlen. Dies ist jedoch nicht problematisch, sofern es sich tatsächlich um Einzelfälle und nicht die durchschnittliche Auffassung größerer Teile der angesprochenen Verkehrskreise handelt.

Dabei können sowohl unrichtige Angaben irreführend sein, aber auch objektiv richtige Aussagen.

Das Registergericht wird die Irreführung nur beanstanden, wenn sie ersichtlich bzw. offensichtlich ist. Ist dies nicht der Fall und wird das Unternehmen in das Handelsregister eingetragen, bedeutet das jedoch noch keine Sicherheit. Auch nach Aufnahme der Geschäftstätigkeit können Klagen auf Sie zukommen, wenn eine Irreführung im Raume steht.

Es kommt häufiger vor, dass Existenzgründer einen Namen wählen möchten, der nicht gleich auf die Gründereigenschaft und die (geringe) Größe des Unternehmens schließen lässt. Der Name soll einen größeren geschäftlichen Umfang suggerieren und eindrucksvoll klingen. Dieser Wunsch ist natürlich legitim, aber nicht immer problemlos zu realisieren. Zwar entwickelt sich die Rechtsprechung weiter und es wird jeweils der konkrete Einzelfall geprüft und beurteilt, sodass pauschale Aussagen kaum möglich sind, bei den folgenden – nicht abschließenden – Beispielen ist aber auf jeden Fall Vorsicht geboten:

- Betriebsbezeichnungen,
- Geografische Angaben,
- Akademische Grade/Titel,
- Geschützte Bezeichnungen,
- Wissenschaftlicher Charakter,
- Amtlicher Charakter,
- Spezialisierung.

Als Betriebsbezeichnungen können z. B. Begriffe wie Haus, Fabrik oder Werk bedenklich sein. Das Wort „Haus" als Namensbestandteil suggeriert unter Umständen ein im Vergleich zu den Wettbewerbern am Ort größeres und bedeutenderes Geschäft (z. B. Haus der Wäsche). Handelt es sich tatsächlich um ein solch großes Geschäft, darf auch ein derartiger Name geführt werden – ansonsten aber könnte eine Irreführung vorliegen. Der allgemeine Zusatz „Haus" hingegen, der auf eine bestimmte Spezialisierung hinweist, ist eher als unproblematisch anzusehen (z. B. Schuhhaus).

Ein Handwerker, der sein Unternehmen als „Werk" oder „Fabrik" bezeichnet, obwohl keine industrielle Fertigung in größerem Umfang betrieben wird, führt womöglich die angesprochenen Verkehrskreise in die Irre, weil diese zu Recht hinter dem Begriff etwas anderes als einen kleinen Handwerksbetrieb vermuten.

Geografische Angaben und Bezeichnungen wie „Deutsch", „International" usw. können ebenfalls irreführend sein. Die Grenzen vom Erlaubten zur Irreführung sind fließend. Dies wird hier besonders deutlich. So dürfen Ortsbezeichnungen im Namen beispielsweise von allen Unternehmen aus diesem Gebiet als Hinweis auf den Sitz des Unternehmens genutzt werden (z. B. Bahnhofshotel Köln). Problematisch wird die Verwendung geografischer Angaben, wenn z. B. die Waren oder Produkte gar nicht aus diesem Gebiet stammen oder mit der Herkunftsangabe eine bestimmte Qualität oder gewisse Eigenschaften verbunden sind (z. B. Champagner).

Auch könnte eine Irreführung vorliegen, wenn durch die Verwendung eines Ortsnamens (z. B. München) oder einer ganzen Region (z. B. Rhein-Main) eine besondere Bedeutung des Unternehmens in dieser Region vermittelt werden soll, die nicht vorhanden ist (z. B. Münchner Großbäckerei).

Mit Namenszusätzen wie „Deutsch" oder „International" – insbesondere wenn sie vorangestellt werden – gehen gewisse Erwartungen der angesprochenen Verkehrskreise hinsichtlich der Größe, Umsatz usw. eines Unternehmens einher. Die Geschäftätigkeit sollte auf den gesamten nationalen Markt ausgerichtet sein bzw. bei einem Hinweis auf die Internationalität auch grenzüberschreitend tätig sein. Auch hier richtet sich eine Prüfung des Einzelfalles jedoch nach den Erwartungen der angesprochenen Verkehrskreise und nach den branchenüblichen Gegebenheiten. Jedenfalls erscheint es besser, eine Trinkhalle vorsichtshalber nicht mit „International Food Company" zu benennen, nur weil neben Coca-Cola und italienischem Schaumwein auch noch holländische Weingummi angeboten werden.

Es versteht sich im Grunde von selbst, dass akademische Grade und Titel nur von den hierzu berechtigten Personen geführt werden dürfen. In der Praxis ist es jedoch schon vorgekommen, dass nicht gebräuchliche Abkürzungen von Vornamen als Namensbestandteil geführt wurden, die irreführend wirkten, weil sie auf einen akademischen Grad oder eine bestimmte Berufsbezeichnung hindeuteten. Hiervon ist auf jeden Fall abzuraten (z. B. Dr. als Abkürzung für Dieter oder Ing. für Ingo). Ich möchte nicht unerwähnt lassen, dass dies natürlich auch für „gekaufte" Doktorwürden gilt. Im Internet gibt es bereits ab einem „Schnäppchenpreis" von 59 € solche Titel. Sie haben beeindruckend klingende Namen wie z. B. „Doctor of Motivation" oder „Doctor of Religious Science". Es handelt sich um Ehrendoktortitel oder kirchliche Titel, die in Deutschland nicht geführt werden dürfen – auch wenn die Anbieter Gegenteiliges versprechen. So genannte Promotionsberater arbeiten zwar nicht annähernd zu obigen „Schnäppchenpreisen" – seriöser wird die Angelegenheit durch horrende Preise jedoch auch nicht. Satte 44.000 € bezahlten Kunden an eine Kanzlei in Berlin, um den begehrten Doktortitel zu erhalten. Das lukrative Geschäft war betrügerisch von A–Z und die Kunden wollen hiervon nichts gewusst haben. Nicht nur die teuer erworbenen Unterlagen waren gefälscht, sondern auch die beiden „Geschäftsmänner" waren mehr Schein als Sein. Ein Schauspieler trat als Doktorvater auf und ein Maler- und Lackierer als Kanzleidirektor. Beide sind zu mehrjährigen Haftstrafen verurteilt worden.

Nicht immer standen nur finanzielle und berufliche Interessen der Kunden im Vordergrund. So wollte ein Pfarrer später lediglich seinen Grabstein mit dem Titel schmücken. Hier hätte es die preiswerte Version aus dem Internet sicher auch getan.

Im Zuge der EU-Erweiterung sind künftig weitere „Doktoren" zu erwarten, die auf zweifelhaftem Wege zu dieser Doktorwürde gekommen sind. Im EU-Ausland rechtmäßig erworbene – nicht erkaufte! – Doktortitel werden auch im Inland anerkannt. Schon heute bieten finanzschwache, osteuropäische Fakultäten gegen eine großzügige Geldspende die Betreuung bis hin zum Doktortitel an. Tatsächlich ist auch eine Doktorarbeit zu schreiben, die aber nicht annähernd mit dem üblichen Niveau zu vergleichen ist. Es sollen bereits einfache Aufsätze oder Hausarbeiten genügen.

(Nicht nur) als Existenzgründer und Jungunternehmer kann man seine finanziellen Mittel sicher nutzbringender einsetzen.

Neben bestimmten Titeln ist auch eine Vielzahl von Berufsbezeichnungen (wie z. B. Arzt, Rechtsanwalt, Architekt etc.) gesetzlich geschützt. Sie dürfen daher nur von den berechtigten Personenkreisen geführt werden. Andere Berufsbezeichnungen dagegen sind nicht geschützt, lassen aber auch keinen Schluss auf die tatsächliche Qualifikation der betreffenden Person zu. Allerdings verbietet sich hier eine Irreführung schon unter Marketinggesichtspunkten. Kein Kunde wird es gutheißen, wenn er mit eindrucksvollen Bezeichnungen umworben wird und sich später herausstellt, dass keine entsprechende Qualifikation vorhanden ist. Zu den nicht geschützten Berufsbezeichnungen gehören beispielsweise:

- Unternehmensberater,
- Consultant,
- Coach,
- Sachverständiger,
- Journalist,
- Designer (auch Web-Designer),
- Grafiker,
- Kosmetiker,
- Tierpsychologe.

Neben Berufsbezeichnungen sind auch bestimmte Zusätze gesetzlich geschützt und dürfen deshalb nicht von jedermann verwendet werden. Dazu gehören z. B. „Bank", „Invest(ment)" oder „Kapitalanlagegesellschaft". Unproblematisch ist hingegen der Zusatz „bank" in gängigen Begriffen wie „Spielbank", „Holzbank" oder „Datenbank".

Namensbestandteile mit wissenschaftlichem Charakter können eine Irreführung der angesprochenen Verkehrskreise darstellen, wenn z. B. unberechtigt eine wissenschaftliche Tätigkeit mit wissenschaftlichem Personal und entsprechender Ausstattung suggeriert wird.

Auch wenn die Verkehrskreise nicht erkennen können, dass es sich um eine gewerbliche – und nicht etwa öffentliche – Einrichtung handelt, könnte eine Irreführung vorliegen. Bei Begriffen wie „Institut", „Akademie", „Kolleg" usw. ist Vorsicht angebracht. Dies gilt aber wiederum nicht bei so gebräuchlichen Geschäftsbezeichnungen wie „Beerdigungsinstitut" oder „Heiratsinstitut", weil hier die angesprochenen Verkehrskreise nicht getäuscht werden. Niemand würde hinter diesen Begriffen ernsthaft eine wissenschaftliche Einrichtung vermuten.

In die gleiche Richtung gehen Bezeichnungen wie z. B. „Stadt", „Staat", „Land", „öffentlich", „Kammer" oder „Anstalt", wobei hier keine wissenschaftliche Beziehung vermutet wird, wohl aber eine Nähe zu öffentlichen Einrichtungen oder dem Staat.

Den Eindruck einer bestimmten Spezialisierung sowie ein im Vergleich zu „normalen" Geschäften qualitativ besseres Leistungsangebot (wie z. B. speziell geschultes Personal) erwecken Begriffe wie z. B. Fach- oder Spezialgeschäft.

Es ist also schon schwierig genug, einen geeigneten Namen für das eigene Unternehmen zu finden, der rechtlich einwandfrei ist und auch unter Marketingaspekten den Anforderungen genügt. Wenn dies dann schließlich gelungen ist, können immer noch Schwierigkeiten auf Sie zukommen. Dies ist zwar nicht die Regel, dennoch soll das folgende Beispiel zeigen, dass es besser ist, jeden Ansatz, der eine Irreführung im Namen vermuten lassen könnte, möglichst von vornherein zu vermeiden.

Im Jahre 1998 wollte ein Einzelunternehmer sein Unternehmen unter der Firma „MEDITEC" mit Hinweis auf die Rechtsform in das Handelsregister eintragen lassen. Unternehmensgegenstand sollte der Handel mit Computern, EDV-Hard- und Software sowie die Bereitstellung der dazugehörigen Dienstleistungen sein. Sowohl die IHK als auch das Registergericht und später das angerufene Landgericht waren der Auffassung, der Name sei irreführend und nicht eintragungsfähig. Im allgemeinen Sprachgebrauch werde dieser Zusatz in Unternehmen der medizinisch/technischen Branche verwendet. Das BayObLG hat jedoch in einem späteren Beschluss (AZ: 3Z

BR90/99) eine andere Auffassung vertreten. Der Name ist erkennbar ein Fantasiename, der nicht dem Unternehmensgegenstand entlehnt sein muss. Die übrigen Angaben (Rechtsformzusatz und Name des Inhabers) sind richtig und für die angesprochenen Verkehrskreise erkennbar. Selbst wenn sich vereinzelte Personen über den Unternehmensgegenstand täuschen, so führt dies nur dazu, dass der Unternehmer seine Zielgruppe nicht vollständig erreicht, nicht jedoch zu einer Irreführung über wesentliche Umstände.

„Ende gut – alles gut" könnte man sagen. Für Existenzgründer ist es aber alles andere als wünschenswert, schon zu Beginn mit derartigen Problemen konfrontiert zu werden, die neben Geld und Energie auch wertvolle Zeit kosten und eine Handelsregistereintragung ganz erheblich verzögern.

Im Zusammenhang mit der Namensfindung, also der Firmenbildung, sind die folgenden allgemeinen Firmengrundsätze zu beachten:

- Firmenwahrheit,
- Firmeneinheit,
- Firmenausschließlichkeit,
- Firmenöffentlichkeit und
- Firmenbeständigkeit.

Bei der Firmenwahrheit geht es um die bereits oben dargestellten Regelungen bezüglich der Unterscheidungskraft, der Eignung zur Kennzeichnung, des Verbots der Irreführung und des entsprechenden Rechtsformzusatzes. Die Angaben müssen wahr sein.

Mit Firmeneinheit ist gemeint, dass ein Kaufmann für sein Unternehmen nur eine Firma – also einen Namen – führen darf. Dieser Grundsatz ist nicht ganz einfach zu verstehen und führt mitunter auch zu Missverständnissen. Er darf selbstverständlich weitere selbständige Unternehmen gründen, muss diese eigenen organisatorischen Einheiten aber unter jeweils anderen Namen betreiben. Hiermit ist jedoch nicht gemeint, dass ein Unternehmen nicht verschiedene Tätigkeitsbereiche unter einer Firma abdecken darf. Ein Unternehmer kann beispielsweise unter einem Namen mit Hard- und Software handeln sowie zusätzlich PC-Schulungen anbieten. Es handelt sich ja immer noch um eine einzige organisatorische Einheit und nicht etwa um verschiedene, selbständige Unternehmen. Auch die Eröffnung von Filialen unter derselben Firma ist möglich.

Einfacher nachzuvollziehen ist der Grundsatz der Firmenausschließlichkeit. Um eine Verwechslungsgefahr zu vermeiden, muss sich gemäß § 30 HGB jede neue Firma von allen an demselben Ort oder in derselben Gemeinde bereits bestehenden und in das Handelsregister oder in das Genossenschaftsregister eingetragenen Firmen deutlich unterscheiden.

Der Grundsatz der Firmenöffentlichkeit verfolgt den Zweck, Informationen über die Firma öffentlich zugänglich zu machen. Kaufleute müssen daher ihre Firma zur Eintragung in das Handelsregister anmelden und auch Änderungen oder das Erlöschen eintragen lassen (§§ 29 und 31 HGB).

Der Grundsatz der Firmenbeständigkeit erlaubt beispielsweise dem Nachfolger oder Erwerber eines Handelsgeschäfts die Fortführung des bisherigen Namens. Auch darf der bisherige Name fortgeführt werden, wenn sich der Name eines Einzelkaufmanns ändert (z. B. durch Heirat) (§§ 21, 22 und 24 HGB). Dies kann von großem Interesse sein, wenn es sich um ein alteingesessenes, bekanntes Unternehmen mit gutem Ruf handelt. Dieser Grundsatz steht zwar unter Umständen im Widerspruch zu dem Grundsatz der Firmenwahrheit, hat aber Vorrang.

Die Möglichkeiten der Namenswahl werden neben obigen Kriterien auch durch die Rechtsform mitbestimmt. Nicht jeder Name kommt für jede Art von Unternehmen in Frage. Außerdem muss das Unternehmen durch bestimmte Zusätze gekennzeichnet werden, die auf die Haftungsverhältnisse schließen lassen. Diese Zusätze sind zwingender Bestandteil des Namens. Gemäß § 19 HGB müssen Einzelkaufleute den Zusatz „eingetragener Kaufmann", „eingetragene Kauffrau" oder eine allgemein verständliche Abkürzung dieser Bezeichnung verwenden. Als Abkürzung kommen insbesondere in Frage:

- e. K. (eingetragener Kaufmann/eingetragene Kauffrau),

- e. Kfm. (eingetragener Kaufmann – darf von Männern und von Frauen gewählt werden),

- e. Kfr. (eingetragene Kauffrau – darf nur von Frauen gewählt werden).

Offene Handelsgesellschaften (OHG) und Kommanditgesellschaften (KG) müssen jeweils diese Rechtsformbezeichnungen oder eine allgemein verständliche Abkürzung im Namen führen wie z. B. Müller & Meier OHG oder Fantasia KG. Ist keine natürliche Person persönlich haftender Gesellschafter, muss die Firma eine Bezeichnung enthalten, welche diese Haftungsbeschränkung kennzeichnet wie z. B. Exist GmbH & Co. KG.

Gesellschaften mit beschränkter Haftung und Aktiengesellschaften müssen ebenfalls diese Bezeichnungen oder eine allgemein verständliche Abkürzung als Namensbestandteil führen wie z. B. Dolce Vita GmbH oder Anlagenbau AG. Bei der Unternehmergesellschaft sind die Zusätze „Unternehmergesellschaft (haftungsbeschränkt)" oder „UG (haftungsbeschränkt)" erforderlich. Der Name einer britischen „Limited" kann – ebenso wie bei der GmbH – fast frei gewählt werden und muss den Zusatz „Limited" oder dessen Abkürzung „Ltd." enthalten.

Bei den oben genannten Rechtsformen steht Ihnen also ein breites Spektrum an möglichen Namen zur Verfügung. Sie können zwischen einer Personen-, Sach-, Fantasiefirma oder einer Mischform wählen. Für andere Rechtsformen gibt es deutliche Einschränkungen bei der Namenswahl. Sie unterliegen außerdem auch nicht den handelsrechtlichen Vorschriften, weil es sich nicht um Handelsgeschäfte handelt und keine Kaufmannseigenschaft vorliegt.

Kleingewerbetreibende sind keine Kaufleute und daher nicht berechtigt, eine Firma zu führen. Wie bereits oben erwähnt, ist hiermit nicht der umgangssprachliche Begriff „Firma" im Sinne von Unternehmen gemeint. Es geht lediglich um den Namen des Kaufmanns, unter dem er seine Geschäft betreibt, seine Unterschrift abgibt, klagen und verklagt werden kann. Ein Kleingewerbetreibender darf nicht unter einem Fantasienamen auftreten und auch sonst nicht den Eindruck eines im Handelsregister eingetragenen Unternehmens erwecken.

Der Kleingewerbetreibende muss unter seinem Familiennamen mit mindestens einem ausgeschriebenen Vornamen seine Geschäfte tätigen. Er darf jedoch einen Zusatz benutzen, der auf seine Tätigkeit hinweist wie z. B. Elke Müller – Kosmetikerin oder Weinhandel Frank Schmidt.

Ähnliches gilt auch für Freiberufler. Mangels einer Kaufmannseigenschaft kann auch hier keine Firma geführt werden. Der Freiberufler tritt mit seinem bürgerlichen Namen im Geschäftsverkehr auf. Die Art der Tätigkeit und der Geschäftszweck dürfen zusätzlich genannt werden wie z. B. Martina Berger – Fachanwältin für Arbeitsrecht. Eine Irreführung z. B. hinsichtlich der Qualifikation ist natürlich Freiberuflern ebenso wenig erlaubt wie anderen Unternehmern.

Auch die GbR ist nicht berechtigt, eine Firma zu führen und muss stattdessen mit den Nachnamen und jeweils mindestens einem ausgeschriebenen Vornamen der Gesellschafter und ggf. einem Hinweis auf die Tätigkeit ihre Geschäfte tätigen, z. B. Peter Dahlmann und Katrin Kramer Webdesign GbR.

Für die Partnerschaftsgesellschaft regelt § 2 PartGG die Namensgebung der Partnerschaft wie folgt: „Der Name der Partnerschaft muss den Namen mindestens eines Partners, den Zusatz „und Partner" oder „Partnerschaft" sowie die Berufsbezeichnungen aller in der Partnerschaft vertretenen Berufe enthalten. Die Beifügung von Vornamen ist nicht erforderlich. Die Namen anderer Personen als der Partner dürfen nicht in den Namen der Partnerschaft aufgenommen werden."

Zugegeben – die zuletzt genannten Namensmöglichkeiten erscheinen Unternehmern zu Recht oft wenig attraktiv. Tatsächlich lassen sie in aller Regel hinsichtlich ihrer Werbewirksamkeit zu wünschen übrig und sind auch meist nicht besonders einprägsam. In bestimmten Fällen kann der gewünschte Firmenname ein Argument für eine freiwillige Handelsregistereintragung – z. B. durch Kleingewerbetreibende – sein. Meist lässt sich jedoch eine einfachere und preiswertere Lösung finden.

Man unterscheidet zwischen der Firma als handelsrechtlicher Name und anderen Arten von Geschäftsbezeichnungen, die auch von Nichtkaufleuten geführt werden dürfen. Diese bezeichnen dann beispielsweise lediglich das Unternehmen, das Geschäftslokal oder bestimmte Waren bzw. Dienstleistungen. Man spricht in diesem Zusammenhang auch von:

- Etablissementbezeichnungen und
- Markenbezeichnungen.

Etablissementbezeichnungen sind nicht der Name des Kaufmanns, sondern meist der Name des Geschäftslokals, wie z. B. „Gaststätte Zur Post" oder „Pension Meerblick". Vom Namen des Unternehmens abweichende Geschäftsbezeichnungen sind in einigen Branchen üblich und dürfen auch ohne Handelsregistereintragung geführt werden.

Marken wie z. B. Coca-Cola oder Aspirin kennzeichnen einzelne Waren und/oder Dienstleistungen eines Unternehmens. Die rechtlichen Grundlagen bildet nicht das Firmenrecht des HGB, sondern das Markengesetz, das Namensrecht des BGB (§ 12 BGB) und das Wettbewerbsrecht.

Einen passenden Namen für das eigene Unternehmen zu finden ist ebenso wichtig wie schwierig. Der Name soll einige Zeit Bestand haben und wird nicht beliebig geändert. Zwar ist eine spätere Namensänderung möglich, aber mitunter sehr zeit- und kostenintensiv. Hinzu kommt ein möglicher Imageverlust oder aber die Verunsicherung bereits gewonnener Kunden. Noch unangenehmer und teurer wird die Angelegenheit, wenn Sie mit Ihrem Namen die (älteren) Rechte anderer Unternehmer verletzen, abgemahnt werden und sich womöglich vor Gericht verantworten müssen.

Was also ist zu tun, um derartige Probleme möglichst im Vorfeld zu vermeiden?

Die Beauftragung einer aufwendigen Recherche kommt für Existenzgründer in der Regel aus finanziellen Gründen nicht in Betracht. Es versteht sich auch von selbst, dass Sie kaum jede Idee für einen Namen anwaltlich überprüfen lassen können. Dennoch soll mit den vorhandenen Mitteln eine bestmögliche Sicherheit erreicht werden.

Wenn Sie sich im Rahmen Ihrer Gründungsvorbereitung unter Berücksichtigung obiger Regeln für einen oder mehrere mögliche Namen entschieden haben, sollten Sie sich an Ihre zuständige IHK wenden. Diese prüft für Sie zwar nicht, ob Sie möglicherweise die Rechte Dritter verletzen – hier sind Sie selbst in der Verantwortung – die Mitarbeiter der IHK helfen Ihnen aber dabei, den Namen unter Berücksichtigung obiger Firmengrundsätze zu prüfen, beispielsweise auf die Eintragungsfähigkeit im Handelsregister. Was Sie darüber hinaus noch tun können, lesen Sie im nächsten Abschnitt zum Thema Markenrecht.

Links zum Thema

http://www.frankfurt-main.ihk.de/ –Themen – Recht und Steuern – Unternehmensgründung – Der Firmenname, http://www.akademie.de – Artikel meist kostenpflichtig, aber Probemitgliedschaft möglich, http://www.existenzgruender.de – Portal u. A. mit Expertenforum.

Markenrecht

Das Markenrecht ist für Existenzgründer sowohl in der Phase der Namensfindung als auch danach interessant. Zunächst geht es darum zu überprüfen, ob die eigene Namensidee schon existiert, besonders geschützt ist und die Nutzung Rechte Dritter verletzen würde. Ist dies nicht der Fall und ist schließlich ein geeigneter Name gefunden, kann es sinnvoll sein, diesen selbst als Marke schützen zu lassen. Auch bei der Gestaltung Ihres Internetauftritts oder der Geschäftsunterlagen können Sie mit dem Markenrecht in Berührung kommen.

Die Entscheidung für einen Namen ist eine langfristige, manchmal endgültige Entscheidung. Sie ist unter Marketingaspekten zu treffen, aber auch unter Beachtung der rechtlichen Gegebenheiten. Gerade hier gibt es einige Fallstricke, die zu teuren Fehlentscheidungen führen können. Darum und weil diese Problematik jeden Existenzgründer betrifft, wird im Folgenden das Thema etwas ausführlicher behandelt.

Gemäß § 1 Markengesetz (MarkenG) regelt das Markengesetz den Schutz von:

- Marken,
- geschäftlichen Bezeichnungen,
- geografischen Herkunftsangaben.

Neben dem Markengesetz bleiben Vorschriften anderer Gesetze zum Schutz von Kennzeichen anwendbar (§ 2 MarkenG). Marken kennzeichnen Produkte oder Dienstleistungen eines Unternehmens, die geeignet sind, sich von den Produkten bzw. Leistungen anderer Unternehmen zu unterscheiden. Das Markengesetz regelt in § 3 die Vielfalt der als Marke schutzfähigen Zeichen. So können Sie beispielsweise bestimmte Wörter, Abkürzungen, Buchstabenkombinationen, Namen, Logos, Slogans, Farbkombinationen oder Jingles (Hörmarke) als Marke anmelden. Beispiele bekannter Marken sind:

- Coca-Cola,

- Mc Donald's,

- Nivea,

- Der Slogan „Pack den Tiger in den Tank",

- 4711,

- Stern im Kreis (Mercedes-Stern),

- Haribo-Goldbär.

Der Schutz geografischer Herkunftsangaben erstreckt sich gemäß § 126 MarkenG auf „… Namen von Orten, Gegenden, Gebieten oder Ländern sowie sonstige Angaben oder Zeichen, die im geschäftlichen Verkehr zur Kennzeichnung der geografischen Herkunft von Waren oder Dienstleistungen benutzt werden." Beispiele geografischer Herkunftsangaben sind:

- Champagner,

- Lübecker Marzipan.

Weisen bestimmte Angaben zwar auf die Herkunft eines Produktes hin, sind aber als Gattungsbezeichnungen anzusehen, so können sie nicht geschützt werden. Es ist möglich, dass die Bezeichnungen zur geografischen Herkunft zunächst schutzfähig sind, diese Schutzfähigkeit aber später verlieren, weil sie zur reinen Gattungsbezeichnung geworden sind (z. B. Dresdner Stollen). Bei der Prüfung derartiger Fälle kommt es auf die beteiligten Verkehrskreise an. Sind diese z. B. überwiegend der Ansicht, die Bezeichnung deute nicht auf die konkrete Herkunft, sondern auf eine bestimmte Herstellungsart hin, ist die geografische Angabe zu einer Gattungsbezeichnung geworden.

Für Existenzgründer ist neben dem Schutz der Marken vor allem der Schutz der geschäftlichen Bezeichnungen gemäß § 5 MarkenG von Bedeutung. Hiernach sind schutzfähig:

- Unternehmenskennzeichen (wie z. B. der Name des Unternehmens),

- Werktitel (wie z. B. Druckschriften, Bühnenwerke oder Filme) und

- Geschäftsabzeichen (wie z. B. bestimmte Symbole oder Farben).

Während § 12 BGB den Namen allgemein – also unabhängig von seiner Verwendung schützt – setzt § 5 MarkenG die Verwendung im geschäftlichen Verkehr voraus. Der Inhaber einer geschützten geschäftlichen Bezeichnung kann – wenn er die älteren Rechte hat – Dritten die unbefugte Benutzung im geschäftlichen Verkehr verbieten und ggf. auch Schadensersatz verlangen. Dies gilt auch für ähnliche Bezeichnungen, wenn hierdurch eine Verwechslung hervorgerufen werden kann.

Markenschutz kann gemäß § 4 MarkenG auf unterschiedliche Weise entstehen:

- durch die Eintragung eines Zeichens als Marke in das vom Patentamt geführte Register,

- durch die Benutzung eines Zeichens im geschäftlichen Verkehr, soweit das Zeichen innerhalb beteiligter Verkehrskreise als Marke Verkehrsgeltung erworben hat oder

- durch die im Sinne der Pariser Verbandsübereinkunft zum Schutz des gewerblichen Eigentums (Pariser Verbandsübereinkunft) notorische Bekanntheit einer Marke.

Die letzten beiden Möglichkeiten sind für Existenzgründer irrelevant, weil zu Beginn noch kein nennenswerter Bekanntheitsgrad vorhanden ist, der einen besonderen Schutz rechtfertigen kann. Sofern also eine Marke geschützt werden soll, verbleibt nur die Möglichkeit der Eintragung in das vom Patentamt geführte Register. Das Amt nimmt von sich aus eine Prüfung der Anmeldung vor – z. B.

auf formelle Mängel und so genannte absolute Eintragungshindernisse. Es erfolgt aber keine Prüfung dahingehend, ob bereits ältere Rechte anderer Markeninhaber bestehen. Diese Prüfung müssen Sie im eigenen Interesse selbst vornehmen, um zu vermeiden, dass nach der Eintragung ein Dritter ältere Rechte geltend macht und „Ihre" Marke gelöscht werden muss. Formelle Mängel können zur Ablehnung Ihres Antrages führen – die Kosten werden nicht erstattet. Die Kosten für das Anmeldeverfahren inkl. der so genannten Klassengebühr für drei Klassen betragen für einen zunächst 10 Jahre währenden Schutz einer Marke im Inland aktuell 290 € (elektronische Anmeldung; Stand: Januar 2014). Bis zur Eintragung der Marke vergehen in der Regel mehrere Monate. Im beschleunigten Verfahren erhalten Sie den Schutz schneller, müssen aber zusätzlich 200 € zahlen. Die bisherigen Ausführungen gelten für den nationalen Schutz. Darüber hinaus können Marken auch international geschützt werden.

Die wohl wichtigste Aufgabe im Hinblick auf eine Markenanmeldung und auch die Suche nach einem geeigneten Namen für das Unternehmen ist die Recherche nach identischen und ähnlichen Bezeichnungen, weil in der unbefugten Verwendung geschützter Bezeichnungen ein erhebliches (Kosten-)Risiko liegt. Neben einem Gespräch mit Ihrer zuständigen IHK sollte der Wunschname zumindest in die gängigen Suchmaschinen eingegeben werden, um identische Namen zu überprüfen. Dies reicht jedoch nicht aus, um auch nur einigermaßen Sicherheit zu erlangen, dass der Name benutzt werden kann und/oder als Marke schutzfähig ist.

Das Deutsche Patent- und Markenamt bietet die Möglichkeit, über das elektronische Schutzrechtsauskunftssystem „DPMAregister" (früher: „DPINFO") nach deutschen Marken oder solchen mit Schutzwirkung für Deutschland zu recherchieren. Außerdem gibt es weitere hilfreiche Informationen und Angebote zur Recherche auf der Homepage des DPMA, die Sie auf jeden Fall nutzen sollten. Absolute Sicherheit können Sie hierdurch nicht erlangen, etwa wegen nur bedingter Eignung für Ähnlichkeitsabfragen. Allerdings gibt es die absolute Sicherheit ohnehin nicht und mehr als die größtmögliche Sorgfalt walten lassen können Sie mit vertretbarem Aufwand kaum tun.

Empfehlenswert sind auf jeden Fall Ähnlichkeitsabfragen, die zwar nicht kostenfrei sind, aber mehr Sicherheit bieten und mit Preisen ab 49 € für Identitäts- und Ähnlichkeitsabfragen absolut bezahlbar sind.

Sofern es Ihnen um die Eintragung und den Schutz einer eigenen Marke geht, ist es empfehlenswert, professionelle Hilfe in Anspruch zu nehmen, z. B. durch einen erfahrenen Rechtsanwalt, der auch gleichzeitig die Eintragungsfähigkeit der Marke prüfen kann. Lassen Sie nicht nur nach identischen, sondern auch nach ähnlichen Marken suchen. Die Kosten hierfür sollten Sie vorher erfragen und verbindlich vereinbaren. Rechnen Sie mit ungefähr 50 €. Vermeintlich günstige Angebote, bei denen die Kosten je Suchbegriff angegeben werden, können später zu einer teuren Überraschung werden, wenn Sie nach ähnlichen Bezeichnungen suchen lassen.

Auch die Industrie- und Handelskammern bieten entsprechende Recherchen in etwa obiger Preisklasse an – allerdings wie viele andere Anbieter ohne eine juristische Bewertung!

Eine zusätzliche Firmenrecherche nach im Handelsregister eingetragenen Marken bietet noch ein Stück mehr Sicherheit, dass der Eintragung Ihrer Marke keine älteren Rechte entgegenstehen. Kombinieren Sie die Recherche nach Firmen und Marken noch mit einer Domainnamenprüfung, müssen Sie bei der IHK mit Kosten in Höhe von insgesamt rund 90 € rechnen.

Wichtig ist es zu wissen (und noch einmal zu erwähnen), dass Sie sich auch bei Nutzung aller kostenpflichtigen Angebote absolute Sicherheit in wettbewerbs-, marken- oder namensrechtlicher Hinsicht nicht erkaufen können. Sie können allerdings das Risiko deutlich reduzieren und auch einem eventuellen, späteren Vorwurf der Fahrlässigkeit entgegentreten.

Wenigstens einigermaßen sicher können Sie sein, wenn Sie zunächst eine kostenpflichtige, umfassende Recherche in Auftrag geben und anschließend eine juristische Beratung in Anspruch nehmen.

Das Rechercheergebnis wird in aller Regel noch zu interpretieren sein, das heißt, es muss noch rechtlich beurteilt werden, welche Bezeichnungen aller Voraussicht nach unbedenklich sind und welche nicht. Daher ist die zusätzliche Rechtsberatung erforderlich. Aus diesem Grunde sollten Sie bei der Auswahl eines Rechercheinstituts nicht nur auf den Preis, sondern auch auf eine gute und übersichtliche Aufbereitung der Ergebnisse achten. Ansonsten verschlingt die anschließende, zeitaufwendige Auswertung womöglich ein Vielfaches der – zunächst – gesparten Kosten.

Allerdings bietet selbst diese Vorgehensweise keine abschließende Sicherheit. Auch ein Jurist, der die Rechercheergebnisse interpretiert, muss dies auf der Basis der aktuellen Rechtslage und Rechtsprechung tun. Er wird oftmals seine Rechtsauffassung nicht auf eine klare Rechtslage und identische Fälle, sondern allenfalls auf ähnliche Fälle aus der Rechtsprechung stützen können. Diese Rechtsprechung befindet sich jedoch im Wandel, es ist der konkrete Einzelfall zu beurteilen und im Zweifel trifft ein Richter die letzte Entscheidung. Dieser kann ganz anderer Ansicht sein, als Sie selbst oder auch der von Ihnen beauftragte Rechtsanwalt.

Wenn eine letzte Sicherheit aber auch mithilfe teurer Beratung und Recherchen nicht erreicht werden kann, stellt sich die Frage, ob man sich das Geld hierfür nicht besser sparen kann. Wie immer im Bereich des Rechts gibt es hier nur eine Standardantwort: „Es kommt darauf an."

Eine Beratung und für Kaufleute eine zusätzliche Recherche im Handelsregister durch die IHK reicht sicherlich aus, wenn Sie nur regional tätig sein wollen. Dies gilt insbesondere, wenn Sie unter Ihrem eigenen Namen auftreten und sich auch im Internet unter diesem Namen präsentieren wollen. Ist Ihr Name jedoch mit einem sehr bekannten Unternehmen identisch, stehen die Chancen gut, dass Sie eine auf Ihren Namen registrierte Internetadresse wieder herausgeben müssen, auch wenn Sie sich zuerst registriert haben. Beispiele hierfür sind ehemalige Rechtsstreitigkeiten um die Namen „Krupp" und „Shell".

Ansonsten sind umfassendere Recherchen eher nötig bei Fantasienamen, insbesondere, wenn diese auch im Internet benutzt werden sollen und natürlich für den Fall, dass Sie selbst eine Marke schützen lassen wollen.

Links zum Thema

Rechercheanbieter (Beispiele): http://www.kcm-online.de, http://www.domain-guard.de, http://www.researcher24.de, http://www.markenplatz.de,; http://www.dpma.de – Deutsches Patent- und Markenamt.

Domainnamen

Wenn Sie einen passenden Namen für Ihr Unternehmen gefunden haben, werden Sie Ihr Unternehmen wahrscheinlich auch im Internet präsentieren wollen. Selbst wenn Sie keine Produkte oder Dienstleistungen über das Internet vertreiben wollen, erwarten die Kunden und Geschäftspartner zumindest die Möglichkeit der raschen Information und Kontaktaufnahme über das Internet. Ein kleiner, aber professionell gestalteter und regelmäßig gepflegter Internetauftritt ist die Visitenkarte Ihres Unternehmens und kann sehr viel zur Kundenbindung beitragen.

In diesem Zusammenhang stellt sich dann die Frage nach der Auswahl eines Domainnamens, also Ihrer Internetadresse. Dieser sollte unter Marketingaspekten in der Regel mit dem Namen Ihres Unternehmens identisch sein, auf jeden Fall aber kurz und einprägsam. Die obigen Ausführungen zur Firma bzw. zum Namen eines Unternehmens haben natürlich auch im Bereich des Internets Gültigkeit.

Allerdings kommen hier weitere Aspekte und das Problem hinzu, dass sehr vieles im Bereich des Internets rechtlich noch immer mit vielen Unsicherheiten behaftet ist. Das Internet ist ein sehr schnelllebiges Medium, welches sich kontinuierlich weiterentwickelt und regelmäßig neue Fragestellungen aufwirft. Außerdem gibt es auch kein „Internetrecht" im Sinne eines Gesetzbuches mit speziellen Regelungen zu diesem Bereich. Vielmehr muss die Rechtsprechung in den meisten Fällen vorhandene Normen auf die Besonderheiten des Internets ausrichten. Wegen dieser Problematik sind Informationen mitunter schon kurz nach ihrer Veröffentlichung wieder veraltet. Das Internet ist auch ein Medium, welches sich erstklassig dafür eignet, Verstöße gegen das Namens-, Wettbewerbs- oder Markenrecht innerhalb kürzester Zeit durch einfache Eingaben in Suchmaschinen aufzudecken. Die anschließende Verfolgung solcher Verstöße z. B. durch das Versenden von Abmahnungen kann ein lukratives Geschäft sein. Aus diesen Gründen ist es umso wichtiger, sich mit der Thematik Domainnamen zu befassen und teure Fehler so weit wie möglich zu vermeiden, denn schon durch die bloße Registrierung einer Domain können fremde Rechte verletzt werden.

In einem ersten Schritt sollten Sie überprüfen, ob Ihre Wunsch-Domain überhaupt noch frei ist – angesichts von weltweit über 230 Millionen registrierter Domains nicht unbedingt eine Selbstverständlichkeit. Die Recherche ist jedoch einfach. Verschiedene Anbieter stellen kostenfreie Abfragemöglichkeiten zur Verfügung. In der Regel besteht auch die Möglichkeit, den Inhaber registrierter Domainnamen zu erfragen. So weit, so einfach.

Ist Ihr Wunschname noch frei, können Sie den Domainnamen unproblematisch, schnell und preiswert registrieren. Es gilt der Grundsatz: „first come, first served". Wer also zuerst kommt, wird zuerst bedient. Dieser Grundsatz vermittelt Existenzgründern häufig die Sicherheit, durch die Registrierung der Domain und die Bezahlung der Gebühr auch das Recht an diesem Domainnamen innezuhaben. Diese Sicherheit ist aber trügerisch, weil die Vergabestellen nicht prüfen, ob die Nutzung der Domain durch den Anmelder rechtmäßig ist. Es liegt wiederum in Ihrem eigenen Verantwortungsbereich zu prüfen, ob Sie mit der Nutzung der Domain fremde Rechte verletzen könnten. Unterlassen Sie diese Prüfung, kann es sein, dass Sie – kurz nachdem Sie stolzer Besitzer der Domain geworden sind – bereits die erste teure Abmahnung erhalten und die Domain wieder freigeben müssen. Beispielsweise ist die Domain „www.haribo-machtkinderfroh.de" nicht registriert. Abgesehen davon, dass der Name unter Marketingaspekten zu lang ist, kann die Registrierung nicht empfohlen werden. Es ist wohl offensichtlich, dass hier ältere Rechte entgegenstehen dürften.

Eine Domain kann mit verschiedenen Endungen registriert werden, wie z. B. mit der gebräuchlichen Länderkennung für Deutschland „de" – „name.de". Domainendungen für Länder bestehen immer aus 2 Buchstaben und werden nach einem weltweit gültigen System vergeben. Darüber hinaus gibt es eine Vielzahl weiterer allgemeiner Endungen, so genannter „generic Top Level Domains (gTLD)", die zum Teil nur für bestimmte Kreise gedacht waren aber faktisch für jeden frei zugänglich sind:

Wichtige allgemeine Endungen:	
.com	steht für „kommerzielle Angebote" und war zunächst nur für Unternehmen gedacht.
.net	steht für „Netzbetreiber und Provider", eine Domain mit der Endung kann weltweit von Personen, Firmen, Vereinen und Institutionen registriert werden.
.org	steht für „(gemeinnützige) Organisationen", eine Domain mit der Endung kann weltweit von Personen, Firmen, Vereinen und Institutionen registriert werden.
.info	steht für „Informationsangebote", eine Domain mit der Endung kann weltweit von Personen, Firmen, Vereinen und Institutionen registriert werden.
.biz	steht für „Business" (Geschäfte, Handel), aber faktisch auch für jeden offen.

Darüber hinaus gibt es inzwischen eine Vielzahl weiterer Endungen, die zum Teil nur unter strengen Auflagen benutzt werden dürfen, z. B. von bestimmten Universitäten oder bestimmten militärischen Einrichtungen. Für Existenzgründer haben diese Endungen faktisch keine Bedeutung.

Andere, neue Endungen können durchaus eine interessante Alternative zu den „Klassikern" sein. Hier gibt es inzwischen fast nichts mehr, was es nicht gibt, wie z. B.:

- .ninja: diese Domainendung soll nicht nur Kampfsportfans ansprechen, sondern auch für besondere Expertise stehen;

- .sucks (von „that sucks" = z. B. „das nervt): Hätten Sie es geahnt? Die Endung soll eine offene Beschwerdekultur signalisieren oder

- .xyz: Das ist doch eindeutig, oder? Die Endung soll für Offenheit und Vielfalt stehen (könnte aber auch leicht Beliebigkeit signalisieren).

Dies ist nur ein kleiner Einblick in die mittlerweile (fast) unbegrenzten Möglichkeiten der Domainendungen.

Besonderer Beliebtheit erfreuen sich auch bestimmte Länderendungen, die gemeinhin nicht als solche verstanden werden, sondern eher auf andere, gebräuchliche Abkürzungen hindeuten. Hervorzuheben sind hier die Endungen „.tv" und „.ag" – die üblichen Abkürzungen für „Television" und „Aktiengesellschaft". Tatsächlich handelt es sich aber um die Länderkennzeichnungen von Antigua (ag) bzw. Tuvalu (tv).

Obwohl Domains mit diesen Endungen von jedermann registriert werden können, sollten Sie darauf in der Regel verzichten, es sei denn, es liegen besondere Voraussetzungen vor. Nach einer Entscheidung des Landgerichts Hamburg dürfen nur Aktiengesellschaften in Deutschland die Endung.ag benutzen. Das Urteil betraf wie immer einen speziellen Einzelfall. In anderen Einzelfällen kann die Situation ebenso anders aussehen und auch die Einschätzung des Gerichts anders ausfallen. Trotzdem muss man sich als Gründer ja nicht ohne Not auf dieses Glatteis begeben. Das schafft mitunter nur zusätzliche, unnötige Probleme.

Mindestens sollten Sie mit besonderer Sorgfalt darauf achten, dass das Gesamtbild nicht zu einer Verwechslungsgefahr führt, weder durch die Domainendung, noch durch die Bezeichnung davor.

Im Übrigen ist es unter Marketinggesichtspunkten empfehlenswert, von unbekannten Länderendungen Abstand zu nehmen, nur weil die Wunschdomain mit der Endung „.de" schon vergeben ist. Wählen Sie seriöse Endungen wie z. B. „.biz", „.info" oder „.de", weil sich hinter exotischen Endungen oftmals dubiose Briefkastenfirmen verbergen.

Haben Sie im Zusammenhang mit dem Namen für Ihr Unternehmen eine Recherche durchführen lassen oder zumindest mit großer Sorgfalt selbst durchgeführt, die sich auch auf Internetadressen erstreckt hat und ist Ihr Wunschname mit einer seriösen Endung noch zu vergeben, sollten Sie Ihre Domain registrieren lassen.

Ist Ihre Wunschdomain vergeben, können Sie unter www.denic.de kostenfrei abfragen, wer Inhaber einer Domain ist. So besteht die Chance, Kontakt aufzunehmen und evtl. doch noch zu der Wunschdomain zu kommen – insbesondere, wenn diese von dem aktuellen Inhaber nicht genutzt wird. Es kommt gar nicht so selten vor, dass Domains zwar registriert, später dann aber doch nicht genutzt werden.

Es kommt jedoch häufig vor, dass ausschließlich oder zusätzlich ein Name registriert werden soll, der einen größeren Zulauf von Internetnutzern verspricht, wie z. B. „spielzeug.de" oder „rechtsanwalt.

info". Diese Thematik ist schwierig und durch die Rechtsprechung weder eindeutig noch einheitlich geregelt. Es kommt auch hier im Streitfall auf die Beurteilung des konkreten Einzelfalls an. Ein wesentlicher Maßstab ist in derartigen Streitigkeiten die Erwartungshaltung der Internetnutzer. Ohne exakte Erhebungen kennt diese aber niemand so genau und erschwerend kommt hinzu, dass sich die Erwartungshaltung auch im Laufe der Zeit ändert.

Deshalb sind allgemeine Aussagen kaum möglich, wohl aber die Sensibilisierung für mögliche Problembereiche:

- Gattungsnamen,
- Branchenbezeichnungen,
- Städtenamen,
- Öffentliche Institutionen, Behörden und Ähnliches,
- Domain-Grabbing.

Bei Gattungsdomains handelt es sich um allgemeine Bezeichnungen wie z. B. auto.de oder buch.de. Mittlerweile hat der BGH entschieden, dass die Benutzung dieser Gattungsbezeichnungen in Domainnamen nicht *grundsätzlich* rechtswidrig ist – im *konkreten Einzelfall* kann dies aber immer noch der Fall sein.

Bei Branchendomains handelt es sich um allgemein gebräuchliche Bezeichnungen für bestimmte Branchen oder Berufe wie z. B. „Drogerie". Bei den Gattungsbezeichnungen stellte sich die Frage, wer die Domains registrieren darf, nicht. Dies ist bei Branchendomains oder solchen, die eng mit einer bestimmten Branche zusammenhängen, anders. Zu unterschiedlichen Auffassungen kamen die Richter in erster und zweiter Instanz im Zusammenhang mit der Domain „drogerie.de" bei der Frage, ob ein Drogist dahinter erwartet werde oder nicht. Sicherheitshalber empfiehlt es sich, derartige Domains nur zu nutzen, wenn federführend ein Vertreter der Branche an dem Internetangebot beteiligt ist. Entsprechende Urteile gibt es z. B. zu den Domains „steuererklaerung.de" und „rechtsanwalt.com".

Wie der bürgerliche Name eines Menschen sind auch Städtenamen durch das Namensrecht in § 12 BGB geschützt. Daher gilt der Grundsatz, keine Städtenamen zu registrieren.

Die Registrierung von Namen öffentlicher Institutionen, Behörden etc. sollte ebenfalls unterbleiben, um Probleme zu vermeiden. Einem Auszubildenden ist beispielsweise untersagt worden, die Domain „verteidigungsministerium.de" zu nutzen, um Anleitungen zur Wehrdienstverweigerung und dergleichen zu veröffentlichen.

Das Thema Domain-Grabbing ist deshalb erwähnenswert, weil grundsätzlich Geschäfte mit Domainnamen erlaubt sind – nicht jedoch in jedem Fall. Sie können z. B. verkauft, vermietet oder verschenkt werden. Nicht erlaubt ist jedoch das so genannte Domain-Grabbing. Dieser Begriff bezeichnet das Registrieren von Domainnamen in der Absicht, die Domain später dem Inhaber eines Namens- bzw. Markenrechts zu verkaufen oder diese Domain zu blockieren. Ein solches Vorgehen ist sogar strafbar, wenn dem Inhaber des Rechts die Sperrung der Domain angedroht und ein Entgelt für die Freigabe verlangt wird (Domain-Erpressung). Beispielsweise hatte ein junger Mann sich zahlreiche Domains – darunter „tagesschau.com", „bitburger.com" und „opel.cc" – registrieren lassen. Mit einigen Inhabern der Namens- bzw. Markenrechte war er bereits in geschäftliche Verhandlungen getreten, in anderen Fällen war dies noch geplant. Eine gerichtliche Verurteilung kam jedoch dazwischen.

Die united-Domains AG nennt auf Ihrer Homepage „Sieben Goldene Domain-Regeln":

- keine Marken, keine Namen von Unternehmen
- keine Namen von Prominenten
- keine Titel von Zeitschriften, Filmen, Software
- keine Städtenamen und Kfz-Kennzeichen
- keine Bezeichnungen von staatl. Einrichtungen
- keine Tippfehler-Domains
- Handel nur mit „ungefährlichen" Domains

Wie bei allen goldenen, silbernen oder andersfarbigen Regeln handelt es sich auch hier um vereinfachende Tipps, die man sich gut merken kann und auch beherzigen sollte.

Die Problematik von Domainnamen ist aber weitaus komplexer als sie in „Goldenen Regeln" oder einem Ratgeber für Existenzgründer dargestellt werden kann. Im Internet ist immer besondere Vorsicht geboten, weil Verstöße (nicht nur) gegen das Namens- und Markenrecht mit nur wenigen Mausklicks ausfindig gemacht werden können. Absolute Sicherheit können Sie kaum erlangen. Darum können Sie mit vertretbaren Mitteln kaum mehr tun, als die wichtigsten Grundregeln zu beachten und Ihr Wissen so gut wie möglich auf dem Laufenden zu halten, um aktuellen Entwicklungen Rechnung tragen zu können. Wenn Sie die obigen Hinweise beachten, haben Sie in der Regel genug, sicher aber deutlich mehr als das „Gros" der Existenzgründer getan, um sich vor teuren Fehlern zu schützen.

Links zum Thema

http://www.denic.de – Domainrecherche; http://www.united-domains.de – Domainrecherche; http://www.kanzlei.de/domain-schulenberg.htm – umfassende rechtliche Informationen; http://www.uni-muenster.de/Jura.itm/hoeren/lehre/materialien – großartiges Angebot von Prof. Hoeren: u. A. umfangreiches Skript zum Download, kleine Spende für die Uni auf freiwilliger Basis erbeten.

10.1.2 Erfindergeist – Patente und andere Schutzrechte

Für Existenzgründer, die nicht gerade eine innovative, technologieorientierte Gründung anstreben, ist der gewerbliche Rechtsschutz in der Regel kein besonders populäres Thema. Dabei ist die wirtschaftliche Bedeutung der Schutzrechte nicht zu unterschätzen. Deshalb sollen die folgenden Ausführungen dazu anregen, eigene Leistungen zu schützen, wirtschaftlich zu verwerten und sich somit einen Wettbewerbsvorteil zu sichern. Sie verschaffen einen kurzen Überblick darüber, was unter welchen Voraussetzungen geschützt werden kann. Hilfreiche, vertiefende Informationen zu Patenten und anderen Schutzrechten bietet z. B. das Deutsche Patent- und Markenamt auf seinen Internetseiten.

Link zum Thema

http://www.dpma.de – Deutsches Patent- und Markenamt

Patente

Das Patent ist ein technisches Schutzrecht, welches seinem Erfinder bei Vorliegen der Voraussetzungen gewährt wird. Erfindungen können sich auf Sachen wie z. B. Maschinen (Erzeugnispatent) und Herstellungsverfahren (Verfahrenspatent) beziehen. Allerdings kann nicht jede Erfindung durch ein Patent geschützt werden. Eine Definition des Begriffs „Erfindung" enthält das Patentgesetz (PatG) nicht. In § 1 AbsatzPatG heißt es dazu:

„Patente werden für Erfindungen auf allen Gebieten der Technik erteilt, sofern sie neu sind, auf einer erfinderischen Tätigkeit beruhen und gewerblich anwendbar sind."

Es muss sich bei der Erfindung also um eine Neuheit handeln. Als neu gilt eine Erfindung gemäß § 3 Absatz 1 PatG, wenn sie nicht zum Stand der Technik gehört. Das Gesetz regelt auch, was unter dem Stand der Technik zu verstehen ist: „Der Stand der Technik umfasst alle Kenntnisse, die vor dem für den Zeitrang der Anmeldung maßgeblichen Tag durch schriftliche oder mündliche Beschreibung, durch Benutzung oder in sonstiger Weise der Öffentlichkeit zugänglich gemacht worden sind."

Hat ein Erfinder also ein technisches Problem gelöst, kann er seine Erfindung nicht unmittelbar zum Patent anmelden. Er muss zunächst sicher stellen, ob diese vermeintlich neue Problemlösung nicht bereits früher im In- oder Ausland entdeckt und öffentlich gemacht worden ist und somit zum Stand der Technik gehört. Eine solche recht aufwändige Recherche übernehmen Patentanwälte. Die Kosten bis zur Erteilung eines Patentes hängen stark vom konkreten Einzelfall ab, können aber durchaus 5-stellige Eurobeträge ausmachen. Damit Innovationen möglichst nicht an den Kosten scheitern, gibt es bestimmte Förder- und Zuschussmöglichkeiten für Erfinder (vgl. hierzu auch Kapitel 16: Fördermittel).

Darüber hinaus darf sich die Problemlösung für Fachleute nicht ohne Weiteres aus dem bekannten Stand der Technik ergeben, weil sie sonst nicht als erfinderische Tätigkeit im Sinne des Patentgesetzes gilt.

Eine einmalige – eher zufällige – Problemlösung kann ebenfalls nicht zum Patent angemeldet werden. Wichtige Voraussetzung ist, dass ein Fachmann aufgrund der Patentbeschreibung jederzeit in der Lage ist, das Ergebnis zu wiederholen.

Hat ein Arbeitnehmer im Rahmen seiner dienstlichen Tätigkeit eine Erfindung gemacht, steht unter Umständen dem Arbeitgeber das unbeschränkte Nutzungsrecht gegen Zahlung einer Vergütung zu. Näheres hierzu regelt das Gesetz über Arbeitnehmererfindungen.

Ein Patent wird beim Deutschen Patent- und Markenamt angemeldet. Um nicht schon durch formelle Fehler zeitliche Verzögerungen und unnötige Kosten zu verursachen, empfiehlt es sich, die Anmeldung mithilfe eines erfahrenen Patentanwalts vorzunehmen. Eine Verpflichtung hierzu besteht aber nicht.

Gebrauchsmuster

Auch das Gebrauchsmuster schützt – ebenso wie das Patent – eine technische Erfindung.

Das Gebrauchsmustergesetz (GebrMG) regelt in § 1 Absatz 1:

> „Als Gebrauchsmuster werden Erfindungen geschützt, die neu sind, auf einem erfinderischen Schritt beruhen und gewerblich anwendbar sind."

Diese Formulierung entspricht nahezu der Regelung in § 1 des Patentgesetzes und die Voraussetzungen sind vergleichbar. Das Gebrauchsmuster wird deshalb auch „das kleine Patent", „die kleine Münze" oder „der Bruder des Patents" genannt.

Die Anforderungen an den „erfinderischen Schritt" beim Gebrauchsmuster sind niedriger als beim Patent. Der Abstand zum Stand der Technik muss nicht so groß sein, auch „kleinere" Erfindungen sind schutzfähig. Es muss sich aber immer noch um eine Leistung handelt, die über eine übliche, durchschnittliche Leistung hinausgeht. Geschützt werden können technische Geräte, aber keine technischen Verfahren. Anders als bei einem Patent prüft das Deutsche Patent- und Markenamt bei einer zum Gebrauchsmuster angemeldeten Erfindung den Stand der Technik nicht. Eine solche Prüfung findet nur dann statt, wenn ein Dritter seine Rechte verletzt sieht. Geprüft wird aber, ob es sich um eine technische Erfindung handelt. Die Kosten für ein Gebrauchsmuster fallen kaum ins Gewicht. Der Schutz für 3 Jahre kostet derzeit lediglich 30 € für die elektronische Anmeldung und anschließende Eintragung. Weitere Kosten werden erst bei Verlängerung fällig. Allerdings ist zu beachten, dass diese Kosten keine Recherche zum Stand der Technik enthalten und auch keine Prüfung, ob Rechte Dritter verletzt werden. Wird eine Recherche beim Deutschen Patent- und Markenamt beantragt und anschließend durch einen Juristen eine Interpretation der Ergebnisse vorgenommen, werden auch hier schnell 4-stellige Eurobeträge erreicht.

Design

Seit dem 1. Januar 2014 heißt das Geschmacksmuster" in Anlehnung an internationale Gepflogenheiten eingetragenes Design". Das Geschmacksmustergesetz heißt jetzt Designgesetz".

Die grundlegenden Schutzvoraussetzungen sind unverändert geblieben.

Geschmacksmuster/Eingetragenes Design

Das Geschmacksmuster/Eingetragenes Design ist kein technisches Schutzrecht, sondern schützt eine gestalterische Leistung. Schutzfähig sind die Farb- und Formgebung von Erzeugnissen oder Teilen davon wie z. B. Zwiebelmuster oder die besondere Form eines WC-Deckels. Es handelt sich bei dem Geschmacksmuster also um einen „Designschutz".

Der Schutz als Geschmacksmuster setzt gemäß § 2 Absatz 1 Geschmacksmustergesetz (GeschmMG) (neu: § 2 Abs. 1 Designgesetz (DesignG)) voraus, dass ein Muster „neu ist und Eigenart hat". Was sich so einfach anhört, ist tatsächlich jedoch schwer zu beurteilen. Neu ist ein Muster oder Modell, welches zum Zeitpunkt der Anmeldung nicht bekannt und auch bei *sorgfältiger* Recherche nicht bekannt sein konnte. Hinsichtlich der Eigentümlichkeit ist der konkrete Einzelfall zu beurteilen. Es kommt auch hier wieder darauf an, dass es sich um eine Leistung handelt, die über das durchschnittliche Mittelmaß hinausgeht.

Der Schutz ist beim Deutschen Patent- und Markenamt zu beantragen.

Bei einer Schutzdauer von 5 Jahren betragen die Anmeldekosten für ein Muster oder Modell derzeit 60 € bei elektronischer Anmeldung. Auch hier beinhalten diese Kosten aber keinerlei Prüfung dahingehend, ob Schutzrechte Dritter verletzt werden. Wer rechtliche Hilfe in Anspruch nehmen und mehr Sicherheit haben möchte, muss mit Kosten von rund 1.000 € auf jeden Fall rechnen. Die maximale Schutzdauer beträgt 25 Jahre.

Mit der Umbenennung des Gesetzes und des Geschmacksmusters in „Eingetragenes Design" wurde auch ein so genanntes „Nichtigkeitsverfahren" eingeführt. Das ermöglicht Rechtssuchenden die Feststellung der „Nichtigkeit" eines Designs durch das DPMA statt auf dem bisherigen Klageweg, was das Verfahren beschleunigt, Aufwand und Kosten reduziert.

Für Existenzgründer kann der Designschutz im Zusammenhang mit Produkten, aber auch mit dem eigenen Logo interessant sein. Dieses kann marken- und/oder designrechtlich geschützt werden.

Topographien

Als Topographie bezeichnet man geometrische Strukturen von „Mikro-Chips" oder – genauer – von mikroelektronischen Halbleitererzeugnissen. Die Funktion ist hierbei unbedeutend. Eine Topographie muss nicht unbedingt komplett neu sein, es darf sich aber auch um keine bloße Kopie handeln. Eine eigene Entwicklungsleistung ist erforderlich.

Zur Erlangung des Schutzes nach dem Halbleiterschutzgesetz sind eine Anmeldung beim Deutschen Patent- und Markenamt und die Eintragung in das dort geführte Register, die Rolle für Topographien, erforderlich. Die Anmeldekosten – wiederum ohne eingehende Prüfung – betragen derzeit 300 €.

Pflanzensorten

Für den Schutz und die Zulassung von Pflanzensorten ist das Bundessortenamt der richtige Ansprechpartner. Der Sortenschutz ist ein Schutzrecht, welches das geistige Eigentum an Pflanzensorten schützt. Er soll der Pflanzenzüchtung und dem züchterischen Fortschritt im Gartenbau und in der Landwirtschaft dienen. Eine Pflanzensorte ist nach § 1 Sortenschutzgesetz (SortenschutzG) schutzfähig, wenn sie unterscheidbar, homogen, beständig und neu ist und zudem durch eine eintragbare Sortenbezeichnung bezeichnet ist. Näheres zu den Voraussetzungen regeln die §§ 2–7 SortenschutzG. Die im Zusammenhang mit dem Sortenschutz anfallenden Gebühren sind unterschiedlich und richten sich u. A. nach der Eingruppierung in bestimmte Artengruppen. Weitere Informationen sind über die Internetseiten des Bundessortenamtes erhältlich.

Link zum Thema

http://www.bundessortenamt.de – Bundessortenamt

10.1.3 Urheberrecht

Als Existenzgründer werden Sie auf jeden Fall auch mit dem Urheberrecht in Berührung kommen. Im Rahmen der Finanzierungsplanung beginnt es schon damit, dass allzu häufig die Aufwendungen für Software komplett außer Acht gelassen werden – schlimmstenfalls ganz bewusst mit dem Argument: „Die Software kann ich mir brennen lassen." Können schon – dürfen nicht! Software ist im so genannten geistigen Eigentum derjenigen, die sie entwickelt haben und genießt urheberrechtlichen Schutz – ebenso wie Werke der Literatur oder Kunst. Sie sollten daher besser nicht auf die Idee kommen, „Kosten sparend" illegale Software einzusetzen. Dies wäre keine gute Basis für Ihren Geschäftsbetrieb und kann zu höchst unliebsamen und teuren Konsequenzen führen. Wünschte man denjenigen, die sich an geistigem Eigentum vergriffen, im Mittelalter „Aussatz und Hölle", bleibt es in unserer Zeit nicht bei wenig frommen Wünschen. Vielmehr werden Urheberrechtsverletzungen mit konkreten Taten geahndet.

Schadensersatzforderungen, Anwalts- und Gerichtskosten sowie Gebühren für die spätere Nachlizensierung machen ein Vielfaches des Kaufpreises legaler Software aus. Darüber hinaus sollten Sie auch verhindern, dass ohne Ihr Wissen und vielleicht sogar in bester Absicht unlizensierte Software eingesetzt wird – z. B. durch Mitarbeiter.

Nahezu jedem Gründer ist bekannt, dass der Einsatz nicht lizensierter Software illegal ist, allerdings wird vielfach das „Entdeckungsrisiko" ganz erheblich unterschätzt. Auch die Möglichkeit, von (ehemaligen) Mitarbeitern, Partnern etc. „angeschwärzt" zu werden – zu Recht oder Unrecht – wird regelmäßig verkannt.

Beispielsweise bietet die „BSA, The Software Alliance" (früher: Business Software Alliance (BSA)), ein Verband von Softwareherstellern, auf Ihrer Homepage einen ganz besonderen „Service" an. Jeder kann über das Internet – auch anonym – Privatpersonen oder Unternehmen als „Softwarepiraten" melden. Eine gebührenfreie Hotline, eine Broschüre zum Thema Softwaremanagement und weitere Informationen runden das Angebot ab. Tatsächlich besteht also jederzeit eine durchaus realistische Chance, Softwarepiraterie aufzudecken.

Zudem sind die gesetzlichen Bestimmungen verschärft worden. Schon das Umgehen des Kopierschutzes kann bei Vorliegen der sonstigen Voraussetzungen nach § 108b Urheberrechtsgesetz UrhG mit einer Geld- oder Freiheitsstrafe geahndet werden. Private Sicherheitskopien sind erlaubt, allerdings nur dann, wenn die Vorlage nicht offensichtlich rechtswidrig hergestellt oder öffentlich gemacht worden ist. Kopien von (offensichtlichen) Raubkopien sind also nicht erlaubt(§ 53 UrhG). Wie (fast) immer bleibt auch hier offen, was aus wessen Sicht „offensichtlich" ist.

Die Tatsache, dass das Urheberrecht fast permanent diskutiert, kritisiert und reformiert wird, macht es nicht gerade einfacher, sich stets an alle Regeln zu halten.

Nicht nur im Zusammenhang mit Ihrer Software werden Sie mit dem Urheberrecht in Berührung kommen, sondern es gibt zahlreiche weitere Schnittstellen. Aus diesem Grund lohnt es, sich ein wenig näher mit dem Thema zu beschäftigen, denn auch hier schützt Unwissenheit nicht.

Was ist urheberrechtlich geschützt?

Der so genannte Schutzgegenstand des Gesetzes über Urheberrecht und verwandte Schutzrechte (Urheberrechtsgesetz – UrhG) sind *Werke* der Literatur, Wissenschaft und Kunst. Für Computerprogramme enthält das Urheberrechtsgesetz besondere Schutzbestimmungen.

In § 2 UrhG sind geschützte Werke beispielhaft aufgeführt:

> **§ 2 UrhG.** (1) Zu den geschützten Werken der Literatur, Wissenschaft und Kunst gehören insbesondere:
> 1. Sprachwerke, wie Schriftwerke, Reden und Computerprogramme;
> 2. Werke der Musik;
> 3. pantomimische Werke einschließlich der Werke der Tanzkunst;
> 4. Werke der bildenden Künste einschließlich der Werke der Baukunst und der angewandten Kunst und Entwürfe solcher Werke;
> 5. Lichtbildwerke einschließlich der Werke, die ähnlich wie Lichtbildwerke geschaffen werden;
> 6. Filmwerke einschließlich der Werke, die ähnlich wie Filmwerke geschaffen werden;
> 7. Darstellungen wissenschaftlicher oder technischer Art, wie Zeichnungen, Pläne, Karten, Skizzen, Tabellen und plastische Darstellungen.
> (2) Werke im Sinne dieses Gesetzes sind nur persönliche geistige Schöpfungen."

Geschützt sind also Werke, die eine persönliche, geistige Schöpfung darstellen.

Was genau darunter zu verstehen ist, kann ein juristischer Laie auch hier aus dem Gesetzestext allein nicht entnehmen.

Von einer geistigen, persönlichen Schöpfung kann nur dann gesprochen werden, wenn ein Mensch (kein Computer) etwas Neues geschaffen hat. Die bloße Wiedergabe z. B. durch Abschreiben oder Kopieren ist dagegen keine Schöpfung, weil Vorhandenes lediglich reproduziert wurde. Das Werk muss darüber hinaus eine gewisse Eigentümlichkeit aufweisen und sinnlich wahrnehmbar sein. Eigentümlichkeit heißt hier jedoch nicht, dass ein Rückschluss auf den konkreten Urheber möglich sein muss, auch ein geringer Grad an Individualität reicht bereits aus. Die sinnliche Wahrnehmbarkeit ist in der Regel gegeben, dann nämlich, wenn z. B. ein Text geschrieben oder eine Rede gehalten wurde. Die Voraussetzungen sind also vergleichsweise gering. Auch einfache Werke genießen daher in der Regel bereits urheberrechtlichen Schutz.

Wie entsteht der Schutz?

Ein besonderes Anmeldeverfahren wie bei den obigen Schutzrechten ist nicht erforderlich. Auch das Anbringen von Zeichen wie der Copyright-Vermerk ist nicht erforderlich. Der Schutz entsteht bereits mit der Schaffung des Werkes.

Wie lange gilt der Schutz?

Das Urheberrecht erlischt erst 70 Jahre nach dem Tod des Urhebers (§ 64 UrhG) und kann auch vererbt werden. Sind mehrere Personen an einem Werk beteiligt, beispielsweise an einem Bühnenstück (Musik, Texte etc.), erlischt das Recht 70 Jahre nach dem Tod des längstlebenden Miturhebers (§ 65 UrhG). Bei anonymen und pseudonymen Werken erlischt das Recht 70 Jahre nach Veröffentlichung bzw. 70 Jahre nach dessen Schaffung, wenn es nicht veröffentlicht wurde. Wer sein Werk unter einem Pseudonym veröffentlicht hat, kann die Schutzdauer (bis 70 Jahre nach dem Tod) durch Eintragung in das Register für anonyme und pseudonyme Werke verlängern. Dieses Register wird bei dem Deutschen Patent- und Markenamt (DPMA) geführt.

Muss jede Nutzung fremder Rechte bezahlt werden?

Die so genannten Schranken – also Einschränkungen – des Urheberrechts finden sich in den §§ 44 a ff. Hier ist geregelt, in welchen Fällen und unter welchen Voraussetzungen der Urheber die Nutzung seines Werkes gestatten muss, ohne dass ein Vergütungsanspruch entsteht, z. B. bei Nutzung für schulische bzw. kirchliche Zwecke oder bei bloßem Zitieren.

Zitate sind grundsätzlich unter Angabe der Quelle erlaubt. Auch spricht nichts dagegen, sich von den geistigen Schöpfungen anderer „inspirieren" zu lassen. Nicht erlaubt ist dagegen das „Abkupfern".

Die Grenzen sind allerdings fließend und das Überschreiten kann wiederum nur im Einzelfall entschieden werden. Ein reines Kopieren jedenfalls ist sicher zu beanstanden, weil in diesem Fall keine eigene, geistige Schöpfung vorliegt. Gerade in Zeiten des Internets sind einerseits Verstöße gegen das Urheberrecht an der Tagesordnung, können andererseits aber auch sehr schnell aufgedeckt werden.

BEISPIELE für Verstöße gegen das Urheberrecht (jeweils vorausgesetzt, es liegt keine Genehmigung des Urhebers vor):

- Einbinden von fremden Fotos, Grafiken oder Texten in die eigene Homepage,
- Kopieren eines Stadtplans oder einer Wegbeschreibung von einer anderen Homepage auf die eigene,
- Bloße Übernahme „Allgemeiner Geschäftsbedingungen" eines anderen Anbieters,
- Vervielfältigung und/oder Verbreitung nicht selbst erstellter Schriftstücke wie z. B. Seminarunterlagen,
- Verbreitung von Programmen und/oder Musikstücken.

Was kann ich tun, wenn jemand gegen mein Urheberrecht verstößt?

Es stellt sich einerseits die Frage: „Was kann ich tun?" und andererseits: „Was soll ich tun?" Nicht alles, was Sie tun können, ist auch wirtschaftlich und rechtfertigt den Aufwand. Das Urheberrechtsgesetz regelt die verschiedenen zivil- und strafrechtlichen Möglichkeiten. Sie können z. B. bei Vorliegen der jeweiligen Voraussetzungen Unterlassung für die Zukunft, Schadensersatz und Herausgabe oder Vernichtung der zu Unrecht angefertigten Kopien verlangen. Sie können auch in den im Gesetz vorgesehenen Fällen Strafantrag stellen. Allerdings sollten unter wirtschaftlichen Aspekten auch die Kosten der jeweiligen Maßnahmen gegen den Nutzen abgewogen werden. Ein langwieriger und zeitraubender Rechtsstreit bringt Ihnen bei „kleineren" Verstößen in der Regel mehr Nach- als Vorteile.

Hier reicht es oft aus, den Verletzer des Schutzrechts auf die Verletzung hinzuweisen und um Unterlassung zu bitten.

Anders sieht die Sache aus, wenn Sie Ihren Lebensunterhalt durch Ihre geistigen Schöpfungen verdienen – z. B. als Fotograf, Designer,

Künstler, Schriftsteller etc. – und (potenzielle) Kunden nutzen Ihre Werke, ohne dazu berechtigt zu sein. Dies ist gar nicht so selten. Gerade bei Designern kommt es häufiger vor, dass Interessenten sich Entwürfe vorlegen lassen und diese angeblich nicht passend finden. Später stellen die betroffenen Designer dann mitunter fest, dass exakt der eigene Entwurf doch umgesetzt wurde – natürlich ohne ein Entgelt für die Nutzung zu entrichten (das Urheberrecht selbst kann nicht verkauft werden – nur das Nutzungsrecht). Das Gleiche kann mit Textentwürfen oder Fotos passieren und auch Architekten stehen hinsichtlich Ihrer Entwürfe regelmäßig vor dem gleichen Problem.

Hiervor müssen Sie sich im eigenen Interesse durch klare, schriftliche Vereinbarungen schützen, soweit dies möglich ist. Lassen Sie sich auch als Existenzgründer, der dringend Aufträge benötigt, nicht dazu hinreißen, allzu viele Vorleistungen ohne Berechnung zu erbringen. Je nach Branche sind die Gepflogenheiten unterschiedlich – in vielen Fällen werden aber auch Entwürfe berechnet.

Außerdem sollten Sie konsequent an die Sicherung von Beweisen denken, die belegen, dass es sich tatsächlich um Ihr Werk handelt. Wer also berufsmäßig mit dem Urheberrecht nicht nur am Rande, sondern regelmäßig in Berührung kommt, sollte sich auf jeden Fall noch eingehender informieren. Beispielsweise stellen Berufsverbände ihren Mitgliedern Musterverträge und ähnliche Hilfen zur Verfügung.

Die meisten Existenzgründer kommen allerdings mit einem soliden Basiswissen aus, welches sie selbst vor ungewollten Fehltritten schützt. Allerdings sollte dieses Wissen auch von Zeit zu Zeit überprüft und aktualisiert werden. Gerade im Bereich des Urheberrechts hat es in den vergangenen Jahren zahlreiche Änderungen gegeben. Wer also z. B. als Existenzgründer künftig von der Vergütung seiner geistigen Werke leben möchte oder muss, sollte sich auf jeden Fall eingehender mit dem Thema befassen.

Links zum Thema

http://www.beck.de – Verlag C. H. Beck oHG mit zahlreichen Informationen (auch) zu neuen Gesetzgebungen, wie z. B. Entwicklungsgeschichte usw.; http://www.urheberrecht.org/ – Institut für Urheber- und Medienrecht; http://www.heise.de u. A. Artikel zur Urheberrechtsreform mit weiterführenden Links; http://www.musikindustrie.de – Bundesverband Musikindustrie.; http://www.mediafon.net – Projekt der Dienstleistungsgewerkschaft „Verdi" – kostenpflichtige Informationen für Selbständige in Medienberufen, u. a. zum Thema Urheberrecht (kostenfrei für (künftige) Mitglieder).

10.2 Arbeitsrecht und arbeitsrechtliche Sonderregelungen

Das Arbeitsrecht umfasst eine Vielzahl einzelner Gesetze und ist ein sehr komplexes Themengebiet, mit dem sich jeder Existenzgründer schon *vor* der geplanten Gründung auseinander setzen sollte, wenn die Einstellung von Mitarbeitern geplant ist. Dies gilt umso mehr, seitdem das gesamte Arbeitsrecht dem Allgemeinen Gleichbehandlungsgesetz unterstellt ist (s. folgender Abschnitt).

Das Arbeitsrecht ist Arbeitnehmerschutzrecht. Daher muss zunächst die Frage geklärt werden, wer Arbeitnehmer ist. Die Beantwortung dieser Frage ist deshalb schwierig, weil es keine eindeutige Definition des Arbeitnehmerbegriffs gibt und zudem der Begriff „Arbeitnehmer" für das Arbeitsrecht, das Sozialrecht und das Steuerrecht unterschiedlich bestimmt wird. An dieser Stelle geht es ausschließlich um den Arbeitnehmerbegriff im Sinne des Arbeitsrechts und die Frage, ob und für wen arbeitsrechtliche Sonderregelungen gelten.

Selbständige werden als nicht in gleicher Weise schutzbedürftig angesehen wie Arbeitnehmer. In Wahrheit genießen sie kaum besonderen Schutz, auch nicht vor Selbstausbeutung aus der Not heraus, Dumpinghonoraren … aber das ist ein anderes Thema. Jedenfalls gelten für Selbständige die Sonderregelungen des Arbeitsrechts nicht. Allerdings kommt es nicht auf die Bezeichnung (z. B. Arbeitsvertrag oder „Freier-Mitarbeiter-Vertrag") des Vertrages an, sondern auf die tatsächliche Ausgestaltung des Vertragsverhältnisses. Ansonsten wäre es ein Leichtes, durch bestimmte Angaben auf dem Papier wesentliche Arbeitnehmerrechte zu umgehen und das ist nicht gewollt.

Üblicherweise werden Sie Verträge mit Mitarbeitern mit dem Begriff „Arbeitsvertrag" überschreiben und die Mitarbeiter werden weisungsgebunden für Sie tätig werden. Der Arbeitsvertrag ist eine Sonderform des in § 611 BGB geregelten „Dienstvertrages". Danach wird durch den Dienstvertrag derjenige, welcher Dienste zusagt, zur Leistung und der andere Teil zur Gegenleistung in Form der vereinbarten Vergütung verpflichtet.

Der Dienstvertrag an sich unterscheidet sich vom Arbeitsvertrag durch den Grad der persönlichen Abhängigkeit des Dienstverpflichteten vom Dienstberechtigten. Ein Arbeitnehmer ist persönlich abhängig, d. h. er ist in allen wesentlichen Punkten an die Weisungen des „Diensttherrn" gebunden (z. B. hinsichtlich Arbeitsort, -zeit und Durchführung der Arbeit).

Ein Vertrag mit einem freien Mitarbeiter ist üblicherweise ein Dienstvertrag, aus dem Dienste gegen Entgelt geschuldet werden, ohne dass eine persönliche Abhängigkeit vorliegt. Der freie Mitarbeiter ist persönlich und wirtschaftlich unabhängig von dem Dienstberechtigten. Schließlich kommt noch ein Dienstvertrag in Frage, bei dem zwar keine persönliche, wohl aber eine wirtschaftliche Abhängigkeit vorliegt. Der freie Mitarbeiter ist nicht weisungsgebunden, er ist aber wirtschaftlich von dem Dienstberechtigten abhängig, etwa weil dieser sein einziger Auftraggeber ist. Ein typisches Beispiel hierfür ist ein freier Mitarbeiter beim Rundfunk. In diesem Fall liegt ein Dienstvertrag und kein Arbeitsvertrag vor, der freie Mitarbeiter ist also kein Arbeitnehmer, sondern selbständig. Er ist aber aufgrund der wirtschaftlichen Abhängigkeit vergleichbar einem Arbeitnehmer schutzwürdig – es handelt sich um einen arbeitnehmerähnlichen Selbständigen, für den nicht alle, wohl aber einige arbeitsrechtliche Sonderregelungen, wie z. B. das Bundesurlaubsgesetz (BUrlG), gelten. Danach hat jeder Arbeitnehmer in jedem Kalenderjahr Anspruch auf mindestens 24 Werktage bezahlten Erholungsurlaub. Dies gilt gemäß § 2 BUrlG auch für arbeitnehmerähnliche

Selbständige und Heimarbeiter, wohingegen „echte" Selbständige natürlich keinen Anspruch auf bezahlten Urlaub haben.

Von dem Dienstvertrag und dessen Sonderform – dem Arbeitsvertrag – sind der Auftrag und der Werkvertrag zu unterscheiden. Während beim Arbeitsvertrag und beim Dienstvertrag Leistungen gegen Entgelt geschuldet werden, geht es bei dem Auftrag um unentgeltliche Leistungen. Gemäß § 662 BGB verpflichtet sich der Beauftragte durch die Annahme des Auftrages, „… ein ihm von dem Auftraggeber übertragenes Geschäft für diesen unentgeltlich zu besorgen".

Bei einem Werkvertrag reicht es nicht aus, seine Dienste zur Verfügung zu stellen, sondern es wird ein bestimmter Erfolg geschuldet. Soll z. B. ein Bauunternehmer ein 1-Familien-Haus errichten, genügt es nicht, dass die Mitarbeiter dienstbereit auf der Baustelle sind und verschiedene Dienste verrichten, sondern es wird der Erfolg – das fertige Haus – geschuldet. Bei einem typischen Dienstvertrag reicht es aus, die versprochenen Dienste zu erbringen. Ein Arzt etwa, der einen Vertrag mit einem Patienten schließt, muss diesen nach bestem Wissen und Gewissen behandeln, kann aber nicht den Erfolg – die vollständige Genesung – garantieren. Ein Rechtsanwalt, der einen Mandanten vor Gericht vertritt, schuldet ebenfalls keinen bestimmten Erfolg, etwa den Prozess zu gewinnen. Ein Unternehmensberater, der seine Dienste zur Verfügung stellt, um gemeinsam mit einem Existenzgründer einen Businessplan zu erarbeiten, kann ebenfalls nicht den Erfolg garantieren, dass anschließend eine langfristig tragfähige Existenz gegründet werden kann oder das der Businessplan auch die Banken überzeugt – zumal der Erfolg ganz maßgeblich von der Gründerperson selbst abhängt.

Auch hier kommt es überhaupt nicht darauf an, wie ein Vertrag bezeichnet wird. Ist ein Vertrag mit dem Begriff „Auftrag" überschrieben, heißt dies natürlich nicht automatisch, dass die Leistung unentgeltlich zu erbringen ist. Welcher Unternehmer würde sich auch sonst „Aufträge" wünschen?

Bezeichnet man einen Vertrag als „Dienstvertrag", kann es dennoch sein, dass es sich tatsächlich um einen Werkvertrag handelt und somit ein bestimmter Erfolg und eben nicht nur die Bereitstellung von

Diensten geschuldet wird. Wird ein Vertrag als „Dienstvertrag" deklariert, kann es sich aufgrund der konkreten Umstände des Einzelfalls dennoch um einen Arbeitsvertrag handeln – verbunden mit der Pflicht, sämtliche arbeitsrechtliche Sonderregelungen zu beachten. Daher ist es unbedingt zu empfehlen, zumindest rechtssichere Musterverträge zu benutzen oder aber Verträge vor deren Verwendung anwaltlich prüfen zu lassen.

Mit Fragen des Arbeitsrechts werden Sie – wie bereits weiter oben erwähnt – schon dann konfrontiert, wenn Sie ein Stellenangebot inserieren, weil dieses in der Regel geschlechtsneutral ausgeschrieben werden muss.

Des Weiteren begründet bereits die Aufnahme von Vertragsverhandlungen gegenseitige Rechte und Pflichten. So wird die Einladung zu einem Vorstellungsgespräch als Auftrag angesehen. Der Arbeitgeber muss dem Bewerber die entstandenen Kosten erstatten, auch wenn es später zu keiner Einstellung kommt. Zu erstatten sind jedoch nur Aufwendungen in „angemessener" Höhe, d. h. es sind lediglich die Kosten zu erstatten, die der Bewerber den Umständen nach für erforderlich halten darf. Was genau als erforderlich gilt, bestimmt sich nach dem konkreten Einzelfall und hängt z. B. von der Bedeutung der zu besetzenden Stelle und der Länge des Reiseweges ab. So kann beispielsweise bei einem längeren Fahrtweg und der Besetzung einer Führungsposition eine Bahnfahrt in der 1. Klasse erstattungsfähig sein, während in anderen Fällen nur die Kosten für die 2. Klasse übernommen werden müssen. Auch Übernachtungskosten sind zu ersetzen, wenn dem Bewerber die Heimfahrt an demselben Tag nicht mehr zugemutet werden kann. Die Kostenerstattung für die Erstellung oder Beschaffung von Bewerbungsunterlagen und den eventuellen Verdienstausfall kann der Bewerber allerdings nicht verlangen. Auch muss der Arbeitgeber die Bewerbungskosten nicht erstatten, wenn er etwa in einer Annonce ganz allgemein interessierte Bewerber dazu aufgerufen hat, sich an einem bestimmten Termin in der Zeit von … bis … persönlich vorzustellen. Der Anspruch auf Erstattung der Kosten ist auch ausgeschlossen, wenn der Bewerber ganz offensichtlich für die ausgeschriebene Stelle überhaupt nicht in Frage kommt.

In der Praxis kennen die meisten Bewerber ihr Recht auf Kostenerstattung nicht, sodass sie die Übernahme üblicherweise nicht verlangen. Sicherheitshalber kann der Arbeitgeber in der Einladung zum Vorstellungsgespräch die Kostenübernahme ausdrücklich und unmissverständlich ausschließen. Ein Hinweis auf die Unverbindlichkeit des Vorstellungsgesprächs reicht jedoch nicht aus, weil nach der Rechtsprechung jedes Vorstellungsgespräch typischerweise unverbindlich ist.

Der nächste Schritt ist üblicherweise das Bewerbungsgespräch zur Auswahl eines geeigneten Mitarbeiters. Verständlicherweise möchte der künftige Arbeitgeber möglichst viele relevante Informationen über seinen potenziellen Mitarbeiter erhalten. Dies ist einerseits auch sein gutes Recht – aber es gibt Grenzen, denn auch der künftige Mitarbeiter hat ein berechtigtes Interesse daran, sein Persönlichkeitsrecht zu wahren und gerade nicht alles von sich zu erzählen. Aus diesem Grunde sind nicht alle Fragen in einem Vorstellungsgespräch zulässig. Werden sie dennoch gestellt, darf der Bewerber hierauf lügen, ohne dass er negative Konsequenzen befürchten muss. Sagt der Bewerber hingegen auf eine zulässige Frage die Unwahrheit, kommt später die Anfechtung des Vertrages wegen arglistiger Täuschung in Betracht. Der Lohn oder das Gehalt für die bis dahin geleistete Arbeit ist aber natürlich zu bezahlen.

Grundsätzlich gilt, dass der Arbeitgeber alles erfragen muss, was ihn interessiert. Nur in engen Grenzen muss der Mitarbeiter von sich aus bestimmte Informationen preisgeben, wenn er z. B. weiß, dass er krankheitsbedingt oder wegen einer fehlenden Arbeitserlaubnis die ausgeschriebene Tätigkeit überhaupt nicht ausüben kann. Außerdem muss die Frage einen Zusammenhang zu der späteren Tätigkeit aufweisen. Sie darf sich also nicht in unzulässiger Weise auf das Privatleben des künftigen Mitarbeiters erstrecken.

Ob eine Frage zulässig oder unzulässig ist, bestimmt sich wiederum maßgeblich nach dem konkreten Einzelfall. So darf z. B. eine künftige Krankenschwester eines katholischen Krankenhauses nach ihrer Religionszugehörigkeit gefragt werden, bei einem KFZ-Mechaniker hingegen geht den späteren Arbeitgeber der Glaube nichts an. Eine Diskriminierung bei der Besetzung von Stellen ist nicht erlaubt, die

Frage nach der Religionszugehörigkeit bei einem kirchlichen Arbeitgeber (so genannter Tendenzbetrieb) wird jedoch nicht als Diskriminierung angesehen. Diese Betriebe dürfen demnach bei der Einstellung von Mitarbeitern nach der Religionszugehörigkeit differenzieren, wenngleich sicher die Frage erlaubt sein muss, ob tatsächlich etwa ein evangelischer Buchhalter zur Verbreitung des Glaubens beiträgt und deshalb für die Tätigkeit besser geeignet ist als eine Person mit anderer Religionszugehörigkeit.

Unzulässig sind in der Regel auch folgende Fragen:

- Vorstrafen allgemein,

- Krankheit allgemein (wohl aber z. B. wenn eine Infektionsgefahr besteht),

- Gewerkschaftszugehörigkeit (Frage könnte erlaubt sein zur Feststellung der Tarifbindung, also etwa zur Klärung, ob der Mitarbeiter Anspruch auf das tarifliche Entgelt hat),

- Betriebsratstätigkeit,

- Familienplanung und

- bestehende Schwangerschaft.

Grundsätzlich zulässige Fragen (auch hier gibt es Ausnahmen):

- beruflicher Werdegang,

- Vorstellungen über die künftige Tätigkeit,

- Schwerbehinderung,

- Wettbewerbsverbote (nicht immer aber ist das Wettbewerbsverbot an sich zulässig),

- bisheriges Gehalt (wenn es zur Berechnung des neuen Gehalts darauf ankommt),

- gezielte Frage nach bestimmten Krankheiten, die für die Tätigkeit relevant sind und

- gezielte Frage nach Vorstrafen, die für die künftige Tätigkeit von Bedeutung sind (z. B. wegen Betrugs/Diebstahls bei einem potenziellen Bankangestellten).

Aktuelle Lohn- oder Gehaltspfändungen sind mit nicht unerheblichem Mehraufwand für den Arbeitgeber verbunden und deshalb hat der Arbeitgeber ein berechtigtes Interesse an der Information. Auch bestehende Schulden dürfen in bestimmten Fällen nicht verschwiegen werden, z. B. bei besonderen Vertrauenspositionen. Grundsätzlich sind Schulden aber Privatsache.

Neben den obigen Regeln gibt es zahlreiche arbeitsrechtliche Sonderregelungen. Im Folgenden sollen einige wichtige Sonderregelungen näher betrachtet werden, die bereits im Rahmen Ihrer Gründungsplanung von Bedeutung sein können. Es sind unter Umständen nicht unerhebliche Kosten und Investitionen zu berücksichtigen. Zudem sollte jeder Gründer eine klare Entscheidung treffen können, ob er der Verantwortung gerecht werden kann und will, die mit der Beschäftigung von Personal einhergeht. Diese Sonderregelungen gelten jedoch nicht, wenn Sie nur mit freien Mitarbeitern zusammenarbeiten und diese keine arbeitnehmerähnlichen Selbständigen sind.

Links zum Thema

http://www.arbeitsrecht.de – Bund-Verlagsgruppe mit Informationen zum Arbeits- und Sozialrecht und insbesondere weiterführenden Links, z. B. zum Thema Recht und zu nützlichen Tools, http://www.hensche.de – u. A. Handbuch Arbeitsrecht, http://www.bmas.de – Informationen des Bundesministerium für Arbeit und Soziales, http://www.janolaw.de – Vorlagen und rechtssichere Muster – Suchbegriff Arbeitsrecht, http://www.wiwi4u.de – Studentenportal, Skripte,

10.2.1 Betriebsverfassungsgesetz (BetrVG)

Das Betriebsverfassungsgesetz enthält Regelungen zur Zusammenarbeit zwischen Arbeitgebern und Arbeitnehmern. Der Begriff „Arbeitnehmer" wird in § 5 BetrVG näher erläutert. Der Betriebsrat repräsentiert die Belegschaft und hat verschiedene Rechte, die von einem bloßen Informationsrecht bis zur Mitbestimmung reichen. Die den Betriebsrat betreffenden Vorschriften gelten nur für Betriebe, die regelmäßig mehr als 5 Arbeitnehmer beschäftigen. Andere Vorschriften setzen jedoch das Bestehen eines Betriebsrates nicht voraus und sind darum auch auf kleinere Betriebe anwendbar. Dazu gehören die in den §§ 81 ff. geregelten Rechte der Arbeitnehmer:

■ Unterrichtungs- und Erörterungspflicht des Arbeitgebers (§ 81 BetrVG): Der Arbeitnehmer ist über alle ihn betreffenden wichtigen Angelegenheiten (z. B. Aufgabengebiet, Verantwortungsbereich, Unfall- und Gesundheitsgefahren, Arbeitsplatzgestaltung etc.) zu unterrichten und Änderungen sind ggf. mit ihm zu erörtern.

■ Anhörungs- und Erörterungsrecht des Arbeitnehmers (§ 82 BetrVG): „Der Arbeitnehmer hat das Recht, in betrieblichen Angelegenheiten, die seine Person betreffen, von den nach Maßgabe des organisatorischen Aufbaus des Betriebs hierfür zuständigen Personen gehört zu werden." Er kann auch z. B. verlangen, dass die Zusammensetzung seines Entgelts und seine beruflichen Entwicklungschancen erörtert werden.

■ Einsicht in die Personalakte (§ 83 BetrVG): „Der Arbeitnehmer hat das Recht, in die über ihn geführten Personalakten Einsicht zu nehmen."

■ Beschwerderecht (§ 84 BetrVG): „Jeder Arbeitnehmer hat das Recht, sich bei den zuständigen Stellen des Betriebs zu beschweren, wenn er sich vom Arbeitgeber oder von Arbeitnehmern des Betriebs benachteiligt oder ungerecht behandelt oder in sonstiger Weise beeinträchtigt fühlt." Bei berechtigten Beschwerden muss der Arbeitgeber für Abhilfe sorgen und darf den Arbeitnehmer wegen seiner Beschwerde nicht benachteiligen.

Gemäß § 1 Absatz 1 Betriebsverfassungsgesetz werden ab einer bestimmten Mitarbeiterzahl Betriebsräte gewählt:

> „In Betrieben mit in der Regel mindestens fünf ständigen wahlberechtigten Arbeitnehmern, von denen drei wählbar sind, werden Betriebsräte gewählt. Dies gilt auch für gemeinsame Betriebe mehrerer Unternehmen."

Die Praxis sieht jedoch anders aus. In den meisten Kleinbetrieben gibt es keinen Betriebsrat. Dies dürfte wohl vor allem gute praktische und wirtschaftliche Gründe haben. Die Arbeit der Betriebsräte kostet Zeit und Geld. Gerade Kleinbetriebe sind aber in besonderem Maße darauf angewiesen, dass „Hand in Hand" gearbeitet wird und sich jeder im Tagesgeschäft mit seiner ganzen Arbeitskraft einsetzt.

Für andere Aufgaben fehlen oft einfach die zeitlichen Ressourcen bzw. die übrigen Mitarbeiter müssten durch erhöhten Arbeitseinsatz einen Ausgleich schaffen. Zudem sind in kleinen Betrieben die Hierarchien flach und Probleme können bei einem entsprechenden Führungsstil unbürokratisch und einvernehmlich gelöst werden. Bei einem eher autoritären Führungsstil und einem schlechten Betriebsklima ist eher die Angst vor Repressalien und dem Verlust des Arbeitsplatzes der Grund dafür, keinen Betriebsrat zu wählen.

Wie auch immer die konkrete Situation im Betrieb aussieht – die Arbeitnehmer haben bei Vorliegen der im Gesetz genannten Voraussetzungen das Recht – nicht die Pflicht –, einen Betriebsrat zu wählen. Die Anzahl der Betriebsräte ist gestaffelt nach der Anzahl der Mitarbeiter. In Betrieben mit 5–20 Arbeitnehmern besteht der Betriebsrat aus einer Person. Bestimmte Personengruppen gelten nicht als Arbeitnehmer im Sinne des Betriebsverfassungsgesetzes. Dazu zählen z. B. Gesellschafter, Geschäftsführer und Ehegatten bzw. Lebenspartner. Sind in einem Betrieb also z. B. nur der Inhaber, seine Ehefrau und 4 Mitarbeiter tätig, sind zwar regelmäßig mehr als 5 Personen beschäftigt, wovon 2 jedoch nicht als Arbeitnehmer gelten. Daher ist der Betrieb auch nicht „betriebsratsfähig", es kann aber ein Vertrauensmann gewählt werden.

Mitunter reagieren Arbeitgeber in der Praxis mit Drohungen, Druck oder sogar Kündigungen auf die Ankündigung einer erstmaligen Betriebsratswahl. Abgesehen davon, dass dies nicht erlaubt ist, muss auch deshalb davon abgeraten werden, weil durch ein solches Verhalten der Ruf des Unternehmens in der Öffentlichkeit erheblich geschädigt werden kann.

Sorgen Sie besser von Beginn an für ein gutes Betriebsklima und dafür, dass die Kommunikation im Unternehmen stimmt. Dann wird sich die Frage nach Betriebsratswahlen voraussichtlich erst gar nicht stellen, weil die Mitarbeiter zufrieden sind und ihre Interessen auch ohne Betriebsrat gewahrt wissen.

Bei Vorliegen der Voraussetzungen kann gemäß § 60 Absatz 1 BetrVG neben dem Betriebsrat zu dessen Unterstützung auch eine Jugend- und Auszubildendenvertretung gebildet werden:

> „In Betrieben mit in der Regel mindestens fünf Arbeitnehmern, die das 18. Lebensjahr noch nicht vollendet haben (jugendliche Arbeitnehmer) oder die zu ihrer Berufsausbildung beschäftigt sind und das 25. Lebensjahr noch nicht vollendet haben, werden Jugend- und Auszubildendenvertretungen gewählt."

Ob mit oder ohne Interessenvertretung der Arbeitnehmer: Das Thema Arbeitsrecht wird für Sie stets aktuell sein, wenn Sie Mitarbeiter beschäftigen. Das Arbeitsrecht ist einem ständigen Wandel unterworfen und wohl in kaum einem anderen Rechtsgebiet gibt es derart häufige Änderungen und Rechtsprechung. Das noch vor einigen Jahren vieldiskutierte Allgemeine Gleichbehandlungsgesetz (AGG) ist 2006 in Kraft getreten. Ziel ist es, Benachteiligungen und Diskriminierungen zu beseitigen und zu verhindern. In § 75 Abs. 1 BetrVG heißt es seitdem:

> „(1) Arbeitgeber und Betriebsrat haben darüber zu wachen, dass alle im Betrieb tätigen Personen nach den Grundsätzen von Recht und Billigkeit behandelt werden, insbesondere, dass jede Benachteiligung von Personen aus Gründen ihrer Rasse oder wegen ihrer ethnischen Herkunft, ihrer Abstammung oder sonstigen Herkunft, ihrer Nationalität, ihrer Religion oder Weltanschauung, ihrer Behinderung, ihres Alters, ihrer politischen oder gewerkschaftlichen Betätigung oder Einstellung oder wegen ihres Geschlechts oder ihrer sexuellen Identität unterbleibt."

Aber nicht nur die Änderung im Betriebsverfassungsgesetz und anderen Gesetzen im Zusammenhang mit dem AGG ist von Bedeutung, sondern insbesondere das AGG selbst mit den zahlreichen noch auslegungsbedürftigen Begriffen und offenen Fragen. Sowohl Arbeitnehmer als auch Stellenbewerber sind in hohem Maße geschützt, wogegen sicher nichts zu sagen ist. Nur sind Arbeitgeber und insbesondere wenig erfahrene Existenzgründer nicht in gleichem Maße davor geschützt, unwissend und ungewollt mit dem Diskriminierungsvorwurf und hohen Schadensersatzforderungen oder Schmerzensgeld konfrontiert zu werden. Verboten sind nach dem AGG Benachteiligungen aufgrund folgender Merkmale:

- Geschlecht
- Lebensalter

- Behinderung
- Rasse und ethnische Herkunft
- Religion und Weltanschauung)
- sexuelle Identität

Der Arbeitgeber hat die erforderlichen Maßnahmen zu treffen, dass Benachteiligungen aufgrund der genannten Merkmale unterbleiben. Was aber ist „erforderlich"? Dies ist nur eine der noch nicht geklärten Fragen. Hier dürfte es bei künftigen Rechtsstreitigkeiten auf die Betriebsgröße ankommen. Der Arbeitgeber muss das Gesetz im Betrieb bekannt machen und über die Beschwerdestelle informieren. Diese ist also zuvor einzurichten. Darüber hinaus reicht es nicht unbedingt aus, sich „AGG-gerecht" zu verhalten, z. B. in Vorstellungsgesprächen. Sie suchen für Ihren neu eröffneten Friseursalon doch nicht etwa ohne wirklich gute sachliche Gründe eine Friseurin mittleren Alters mit guten Deutschkenntnissen? Oder für Ihren KFZ-Betrieb einen jungen kräftigen Mann? Oder einen älteren, erfahrenen Versicherungsfachmann?…. Vielmehr sollte dieses Verhalten auch im eigenen Interesse zu Beweiszwecken dokumentiert werden, denn wenn aufgrund von Indizien eine Benachteiligung vermutet wird, sind Sie in der Pflicht, zu beweisen, dass dies nicht zutrifft. Alles gute Gründe, um sich frühzeitig mit den neuen Regelungen vertraut zu machen. Das Gesetz ist übrigens am 18. August 2006 in Kraft getreten und bereits im Dezember 2006 erstmalig und zuletzt im April 2013. Die seinerzeit befürchtete und prophezeite Klageflut ist ausgeblieben. Wer mit Verstand und der nötigen Sensibilität mit dem Thema umgeht, hat alles getan, um Probleme bestmöglich zu vermeiden. Wer das nicht tut, hat allerdings meist auch nichts zu befürchten. Wer einmal interessiert die Stellenangebote in den Tageszeitungen verfolgt wird feststellen, dass Verstöße an der Tagesordnung sind – meist ohne Konsequenzen. Allerdings sollte sich darauf natürlich niemand verlassen. Das Vermeiden von Fehlern und Rechtsverstößen lässt doch die meisten Existenzgründer zumindest ruhiger schlafen als die Hoffnung auf das „Nicht-entdeckt-werden."

Links zum Thema

http://www.allgemeines-gleichbehandlungsgesetz.de/–Rechtsanwälte mit Urteilen und Informationen zum Thema; http://de.wikipedia.org – Allgemeines_ Gleichbehandlungsgesetz; http://www.agg-ratgeber.de/ – Gleichbehandlungsbüro. Die meisten IHK's haben ebenfalls kurze Merkblätter zum Thema im Internet zur Verfügung gestellt.

10.2.2 Nachweisgesetz (NachwG)

Das Nachweisgesetz gilt für alle Arbeitnehmer, die nicht nur für höchstens einen Monat zur Aushilfe eingestellt werden (§ 1 NachwG). Gemäß § 2 NachwG hat der Arbeitgeber

„spätestens einen Monat nach dem vereinbarten Beginn des Arbeitsverhältnisses die wesentlichen Vertragsbedingungen schriftlich niederzulegen, die Niederschrift zu unterzeichnen und dem Arbeitnehmer auszuhändigen. In die Niederschrift sind mindestens aufzunehmen:

1. der Name und die Anschrift der Vertragsparteien,
2. der Zeitpunkt des Beginns des Arbeitsverhältnisses,
3. bei befristeten Arbeitsverhältnissen: die vorhersehbare Dauer des Arbeitsverhältnisses,
4. der Arbeitsort oder, falls der Arbeitnehmer nicht nur an einem bestimmten Arbeitsort tätig sein soll, ein Hinweis darauf, dass der Arbeitnehmer an verschiedenen Orten beschäftigt werden kann,
5. eine kurze Charakterisierung oder Beschreibung der vom Arbeitnehmer zu leistenden Tätigkeit,
6. die Zusammensetzung und die Höhe des Arbeitsentgelts einschließlich der Zuschläge, der Zulagen, Prämien und Sonderzahlungen sowie anderer Bestandteile des Arbeitsentgelts und deren Fälligkeit,
7. die vereinbarte Arbeitszeit,
8. die Dauer des jährlichen Erholungsurlaubs,
9. die Fristen für die Kündigung des Arbeitsverhältnisses,
10. ein in allgemeiner Form gehaltener Hinweis auf die Tarifverträge, Betriebs- oder Dienstvereinbarungen, die auf das Arbeitsverhältnis anzuwenden sind."

Der Nachweis der wesentlichen Vertragsbedingungen in elektronischer Form ist ausgeschlossen. Wird der Arbeitnehmer länger als einen Monat im Ausland beschäftigt, gelten weitere Pflichten (z. B. Angabe der Währung, in der das Entgelt ausgezahlt wird).

Änderungen der Vertragsbedingungen, die nicht auf Gesetzesänderungen beruhen, sind dem Arbeitnehmer spätestens einen Monat nach der Änderung schriftlich mitzuteilen (§ 3 NachwG).

Zur Vermeidung von Missverständnissen ist zu erwähnen, dass diese Nachweispflichten *nicht* die Gültigkeit von Arbeitsverträgen berühren. Für den Abschluss eines Arbeitsvertrages ist grundsätzlich keine Schriftform vorgeschrieben. Ein Arbeitsvertrag setzt – wie jeder andere Vertrag – zwei übereinstimmende Willenserklärungen voraus. Wenn Arbeitnehmer und Arbeitgeber sich über die zu erbringende Leistung und die Vergütung einig sind, ist der Arbeitsvertrag zustande gekommen – ganz gleich, ob er mündlich oder schriftlich geschlossen wurde. Zur Vermeidung von Missverständnissen und zu Beweiszwecken ist aber unbedingt ein schriftlicher Arbeitsvertrag zu empfehlen. Daher genügt der Arbeitgeber in der Regel schon im eigenen Interesse den obigen Pflichten.

10.2.3 Arbeitszeitgesetz (ArbZG)

Gemäß § 3 ArbZG darf die regelmäßige Arbeitszeit pro Werktag acht Stunden nicht überschreiten. Sie kann auf bis zu zehn Stunden nur verlängert werden, wenn innerhalb von sechs Kalendermonaten oder innerhalb von 24 Wochen im Durchschnitt acht Stunden werktäglich nicht überschritten werden. Abweichende Regelungen können jedoch Tarifverträge oder Betriebsvereinbarungen regeln. Außerdem sind in § 7 ArbZG zahlreiche abweichende Regelungen enthalten, die flexiblere Lösungen erlauben. Der Gesundheitsschutz der Arbeitnehmer darf jedoch nicht gefährdet werden. Hier wird ein Widerspruch zwischen (rechtlicher) Theorie und gängiger Praxis deutlich. Es ist z. B. unbestritten, dass Nachtarbeit gesundheitsschädlich und ein Risikofaktor ist. Erlaubt ist sie dennoch. Auch die Probleme von Schichtarbeit sind hinlänglich bekannt. Beide Varianten sind ebenfalls im ArbZG geregelt. Es gibt so genannte „ergonomische Schichtpläne" mit denen der Arbeitgeber (auch) im eigenen Interesse die Folgen der erhöhten Belastung zumindest reduzieren kann. Schließlich sollte jedem Arbeitgeber an langfristig leistungsfähigen Mitarbeitern gelegen sein.

Eine Verbesserung für Arbeitnehmer ist inzwischen bei den Bereitschaftsdiensten erfolgt. Sie werden gemäß ArbZG als Arbeitszeit gewertet.

Die gesetzlichen Ruhepausen regelt § 4 ArbZG wie folgt: „Die Arbeit ist durch im Voraus feststehende Ruhepausen von mindestens 30 Minuten bei einer Arbeitszeit von mehr als sechs bis zu neun Stunden und 45 Minuten bei einer Arbeitszeit von mehr als neun Stunden insgesamt zu unterbrechen. Die Ruhepausen nach Satz 1 können in Zeitabschnitte von jeweils mindestens 15 Minuten aufgeteilt werden. Länger als sechs Stunden hintereinander dürfen Arbeitnehmer nicht ohne Ruhepause beschäftigt werden."

Zwischen Beendigung der Arbeitszeit und dem Neubeginn muss in der Regel eine Ruhezeit von mindestens 11 Stunden liegen (§ 5 ArbZG).

An Sonn- und gesetzlichen Feiertagen dürfen Arbeitnehmer grundsätzlich von 0 bis 24 Uhr nicht beschäftigt werden (§ 9 ArbZG).

Abweichend von diesen Regeln enthält das Arbeitszeitgesetz zahlreiche Ausnahmen und Sonderregelungen z. B. für Nacht- und Schichtarbeit, gefährliche Arbeiten und bestimmte Bereiche, in denen andere Arbeitszeiten erforderlich sind (Landwirtschaft, Pflege, Gesundheitsleistungen, Gastronomie etc.).

10.2.4 Bundesurlaubsgesetz (BUrlG) (Mindesturlaubsgesetz für Arbeitnehmer)

Nach dem Bundesurlaubsgesetz hat jeder Arbeitnehmer Anspruch auf bezahlten Erholungsurlaub von mindestens 24 Werktagen. Der volle Urlaubsanspruch wird erstmalig nach 6-monatiger Betriebszugehörigkeit erworben. In der Praxis ist es üblich, dem Arbeitgeber mehr Urlaubstage zu gewähren als nur den gesetzlichen Mindesturlaub. Unterschritten werden darf dieser jedoch nicht. Es sind nur für den Arbeitnehmer günstigere Abweichungen erlaubt, nicht aber eine Schlechterstellung.

Der Arbeitnehmer hat keinen Anspruch auf doppelte Gewährung des Urlaubs. Bei einer Neueinstellung sollten Sie daher klären, ob und wie viel Urlaub der frühere Arbeitgeber bereits für das laufende Kalenderjahr gewährt hat.

Erkrankt der Arbeitnehmer während des Urlaubes, so dürfen die durch ärztliches Attest nachgewiesenen Tage nicht auf den Urlaub angerechnet werden.

Da der Urlaub der Erholung und Erhaltung der Arbeitskraft dient, darf der Arbeitnehmer während des Urlaubs keiner Erwerbstätigkeit nachgehen.

In welchen Fällen von den Vorschriften abgewichen werden darf, regelt § 13 BurlG, z. B. im Baugewerbe. Sonderregelungen gelten für Heimarbeiter.

10.2.5 Arbeitsschutzgesetz (ArbSchG)

Das Arbeitsschutzgesetz „dient dazu, Sicherheit und Gesundheitsschutz der Beschäftigten bei der Arbeit durch Maßnahmen des Arbeitsschutzes zu sichern und zu verbessern. Es gilt in allen Tätigkeitsbereichen. Dieses Gesetz gilt nicht für den Arbeitsschutz von Hausangestellten in privaten Haushalten. Es gilt nicht für den Arbeitsschutz von Beschäftigten auf Seeschiffen und in Betrieben, die dem Bundesberggesetz unterliegen, soweit dafür entsprechende Rechtsvorschriften bestehen" (§ 1 ArbSchG).

Das Gesetz regelt in § 3 sehr allgemein die Grundpflichten des Arbeitgebers:

(1) Der Arbeitgeber ist verpflichtet, die erforderlichen Maßnahmen des Arbeitsschutzes unter Berücksichtigung der Umstände zu treffen, die Sicherheit und Gesundheit der Beschäftigten bei der Arbeit beeinflussen. Er hat die Maßnahmen auf ihre Wirksamkeit zu überprüfen und erforderlichenfalls sich ändernden Gegebenheiten anzupassen. Dabei hat er eine Verbesserung von Sicherheit und Gesundheitsschutz der Beschäftigten anzustreben.

(2) Zur Planung und Durchführung der Maßnahmen nach Absatz 1 hat der Arbeitgeber unter Berücksichtigung der Art der Tätigkeiten und der Zahl der Beschäftigten

1. für eine geeignete Organisation zu sorgen und die erforderlichen Mittel bereitzustellen sowie
2. Vorkehrungen zu treffen, dass die Maßnahmen erforderlichenfalls bei allen Tätigkeiten und eingebunden in die betrieblichen Führungsstrukturen beachtet werden und die Beschäftigten ihren Mitwirkungspflichten nachkommen können.

(3) Kosten für Maßnahmen nach diesem Gesetz darf der Arbeitgeber nicht den Beschäftigten auferlegen.

Die weiteren Regeln enthalten Konkretisierungen und zusätzliche Pflichten des Arbeitgebers. Dazu gehören insbesondere:

- Beurteilung der mit der Beschäftigung verbundenen Gefährdung der Arbeitnehmer je nach Tätigkeit,

- Feststellung geeigneter Maßnahmen des Arbeitsschutzes,

- Schriftliche Dokumentation der Gefährdungsbeurteilung und der Maßnahmen,

- Übertragung von Aufgaben nur an Mitarbeiter, die befähigt sind, die Schutzbestimmungen einzuhalten,

- Besonderer Schutz für gefährdete Bereiche,

- Maßnahmen zur ersten Hilfe und sonstige Notfallmaßnahmen (Brandschutz etc.),

- Regelmäßige arbeitsmedizinische Vorsorge, es sei denn, dass mit Gesundheitsrisiken nicht zu rechnen ist,

- Unterweisung der Beschäftigten über Sicherheit und Gesundheitsschutz während der Arbeitszeit.

Der Arbeitgeber ist berechtigt, eine zuverlässige und fachkundige Person mit der Erfüllung dieser Pflichten zu beauftragen. Von diesem Recht machen Arbeitgeber in der Praxis regelmäßig Gebrauch, um sich den eigentlichen Führungsaufgaben widmen zu können. Ein besonders geschulter Sicherheitsbeauftragter aus der Belegschaft nimmt in der Regel derartige Aufgaben wahr.

10.2.6 Verordnung über Arbeitsstätten (ArbStättV)

Die Arbeitsstättenverordnung verfolgt die gleiche Zielrichtung wie das Arbeitsschutzgesetz und gilt für Arbeitsstätten in Betrieben, in denen auch das Arbeitsschutzgesetz Anwendung findet. Unter die Arbeitsstättenverordnung fallen nicht nur die eigentlichen Arbeitsplätze der Arbeitnehmer, sondern auch die dazugehörigen Bereiche wie z. B. Verkehrswege, Sanitär-, Lager-, Maschinen-, Neben- und Pausenräume.

Die Verordnung gilt nicht in Betrieben, die dem Bundesberggesetz unterliegen und – mit Ausnahme der Regelung zum Nichtraucherschutz – nicht für Arbeitsstätten in folgenden Betrieben:

- im Reisegewerbe und Marktverkehr,
- in Transportmitteln, sofern diese im öffentlichen Verkehr eingesetzt werden,
- für Felder, Wälder und sonstige Flächen, die zu einem land- und forstwirtschaftlichen Betrieb gehören, aber außerhalb seiner bebauten Fläche liegen.

Gemäß § 3a Absatz 1 ArbStättV hat der Arbeitgeber dafür Sorge zu tragen, dass von der Arbeitsstätte keine Gefährdungen für die Sicherheit und Gesundheit der Beschäftigten ausgeht.

Diese allgemeinen Pflichten werden in den einzelnen Regelungen des Gesetzes konkretisiert und zum Teil sehr detailliert ergänzt – insbesondere im Anhang. Der Gesetzestext enthält eine Vielzahl von Anforderungen z. B. an die Lüftung, Raumtemperatur, Fußböden, Laderampen, Sanitärräume, Pausenräume und noch deutlich mehr.

Es ist auf jeden Fall zu empfehlen, rechtzeitig ein diesbezügliches Gespräch mit dem Gewerbeaufsichtsamt zu führen, weil eventuell notwendige Maßnahmen zur Einhaltung der Vorschriften aufwendig und (zu) teuer sein können, so dass sich (erneut) die Standortfrage stellt.

10.2.7 Bildschirmarbeitsverordnung (BildscharbV)

Ebenfalls der Prävention von Gesundheitsschäden dient die Bildschirmarbeitsverordnung. Sie gilt für die Arbeit an Bildschirmgeräten und soll Beschäftigte schützen, „die gewöhnlich bei einem nicht unwesentlichen Teil ihrer normalen Arbeit ein Bildschirmgerät benutzen."

Auch hier hat der Arbeitgeber die Sicherheits- und Gesundheitsbedingungen zu ermitteln und zu beurteilen, „insbesondere hinsichtlich einer möglichen Gefährdung des Sehvermögens sowie körperlicher Probleme und psychischer Belastungen".

Die Tätigkeit der Beschäftigten an Bildschirmarbeitsplätzen ist regelmäßig durch andere Tätigkeiten oder Pausen zu unterbrechen, um die Belastung zu verringern.

Vor der Aufnahme einer Tätigkeit an Bildschirmgeräten hat der Arbeitgeber dem Arbeitnehmer eine augenärztliche Untersuchung zu ermöglichen. Diese ist in regelmäßigen Abständen und bei Auftreten von Sehschwierigkeiten, die auf die Bildschirmarbeit zurückgeführt werden können, zu wiederholen. Ergibt das Untersuchungsergebnis, dass der Arbeitnehmer eine spezielle Sehhilfe benötigt, ist diese vom Arbeitgeber zur Verfügung zu stellen.

Die konkreten Anforderungen an Bildschirmarbeitsplätze sind im Gesetzestext aufgeführt.

In der Praxis ist es (auch hier) so, dass die Einhaltung dieser Vorschrift kaum kontrolliert wird. Arbeitgeber – aber auch die Arbeitnehmer selbst – nehmen es mit den Vorschriften alles andere als genau. Zur Nachahmung zu empfehlen ist dies dennoch nicht. Gesundheitsschäden wie Rückenleiden aufgrund falscher Sitzpositionen verursachen in den Unternehmen hohe Kosten und schon deshalb ist die Vermeidung sinnvoll, von der sozialen Verantwortung und menschlichen Verpflichtung einmal ganz abgesehen. Gerade als Existenzgründer haben Sie die Chance, von vornherein Arbeitsplätze einzurichten, die den gesetzlichen Regelungen entsprechen und Ihre wichtigsten Ressourcen schützen – die eigene Gesundheit und die der Mitarbeiter.

10.2.8 Kündigung und Kündigungsschutzgesetz (KSchG)

Zum 1. 1. 2004 sind einige für Gründer und Jungunternehmer interessante Änderungen im Kündigungsschutzgesetz in Kraft getreten. Insbesondere die Neuregelung des § 23 KSchG dürfte von Interesse sein. Galt das Gesetz früher bereits für Betriebe, in denen mehr als 5 Arbeitnehmer beschäftigt waren, ist die Anzahl der Arbeitnehmer auf 10 angehoben worden. Sie können somit bis zu 10 Arbeitnehmer beschäftigen, ohne dass für diese das Kündigungsschutzgesetz Anwendung findet. Da der ganz überwiegende Teil der Existenzgründer diese Grenze zumindest zu Beginn der selbständigen Tätigkeit nicht überschreitet, kann an dieser Stelle auf Einzelheiten zum Kündigungsschutzgesetz verzichtet werden.

Stattdessen genügt ein Hinweis auf die gesetzlichen Kündigungsfristen nach dem bürgerlichen Gesetzbuch (BGB). Diese sind für Arbeitsverhältnisse in § 622 BGB geregelt.

Die Kündigung bedarf der Schriftform und muss dem Arbeitnehmer zugegangen sein. In der Praxis kommt es des Öfteren zu Beweisproblemen, wenn der Arbeitnehmer behauptet, die Kündigung nicht erhalten zu haben. Sie sollten diese deshalb mindestens per Einschreiben mit Rückschein versenden, besser aber unter Zeugen persönlich übergeben. Selbst dies reicht aber im Falle von Rechtsstreitigkeiten nicht immer aus. Kann eine weitere Person lediglich bezeugen, dass Sie einen Umschlag übergeben haben, könnte dies immer noch zu Zweifeln am Zugang der Kündigung führen. Der Arbeitnehmer könnte die kaum zu widerlegende Schutzbehauptung aufstellen, er habe lediglich einen leeren Umschlag erhalten. Sichern Sie sich daher ab und lassen Ihren Zeugen das Schriftstück lesen und dabei sein, wenn Sie den Umschlag verschließen und später übergeben. Es sei nur am Rande erwähnt, dass dieses Beispiel nicht erdacht ist, sondern aus der Praxis stammt und zeigt, dass die Beweissicherung gerade für Unternehmer kein überzogenes Misstrauen sondern eine Notwendigkeit darstellt.

Gemäß § 626 BGB kann eine Kündigung aus wichtigem Grund ohne Einhaltung einer Frist von beiden Seiten ausgesprochen werden, wenn eine Fortsetzung des Arbeitsverhältnisses nicht mehr zumutbar ist. Zur Beurteilung sind alle Umstände des Einzelfalls heranzuziehen und die beiderseitigen Interessen abzuwägen. Eine fristlose (außerordentliche) Kündigung darf immer nur das letzte Mittel sein, um einen schweren Verstoß zu ahnden – andere Mittel (z. B. Abmahnung) müssen ausgeschöpft oder unzumutbar sein. Die Kündigung muss zudem innerhalb von 2 Wochen nach bekannt werden des wichtigen Grundes erfolgen. Ob eine fristlose Kündigung gerechtfertigt ist, muss im Zweifel wie immer das (Arbeits-) Gericht entscheiden. Als schwere Verstöße werden aber grundsätzlich solche im Vertrauensbereich angesehen wie z. B. Diebstahl oder der Verrat von Betriebsgeheimnissen an die Konkurrenz. Wie weit das gehen kann zeigen einige Kündigungsfälle aus der jüngeren Vergangenheit, bei denen Mitarbeitern wegen vermeintlicher Kleinigkeiten gekündigt worden ist. Ein unterschlagener Pfandbon, ein übrig gebliebenes Brötchen vom Buffet oder der Belag für ein Brötchen waren für den jeweiligen Arbeitgeber mindestens zunächst Grund genug, langjährigen Mitarbeitern zu kündigen. Bei Diebstählen verstehen auch die Gerichte keinen Spaß. Der gesunde Menschenverstand könnte jedoch auch fragen, ob mitunter nicht zu kleinlich reagiert wird. Mitarbeitern wird immer mehr abverlangt. Unbezahlte Mehrarbeit, Lohnverzicht, die unentgeltliche Übernahme zusätzlicher Aufgaben bis hin zu sittenwidrigen Löhnen sind keine Ausnahmen. Hier nehmen es Arbeitgeber oftmals nicht so genau mit dem korrekten Verhalten. „Zeitdiebstahl" kennen sie oft nur aus ihrer Sichtweise. Über die (Frei-)zeit der Mitarbeiter verfügt man mitunter jedoch mit der größten Selbstverständlichkeit. Angemessene Löhne? Sollen doch die Behörden das magere Gehalt aufstocken, so dass es zum Leben reicht. Aus Unternehmersicht ist es nun einmal wirtschaftlicher, wenn die Allgemeinheit einen Teil der Lohnkosten trägt, als wenn diese zu Lasten des eigenen Gewinns gehen. Jedenfalls dann, wenn das Image und der gute Ruf eines Unternehmens keine wesentliche Rolle spielen. Kann man bei solchen Vorbildern aus den Führungsebenen der Wirtschaft bei Mitarbeitern tatsächlich einen so strengen Maßstab anlegen? Ist jemand wirklich ein schäbiger Dieb, der sich etwas nimmt, das sonst im Müll landen würde?

Gerade Existenzgründer sind häufiger als andere Arbeitgeber auf gute, verlässliche und eben nicht zu kleinliche Mitarbeiter angewiesen. Mitarbeiter, die voller Elan helfen, das Unternehmen aufzubauen ohne ständig auf die Uhr zu sehen. Oft genug reichen auch zunächst die Einnahmen von Existenzgründern einfach nicht aus für eine angemessene Vergütung der Überstunden und nicht einmal für den eigenen Lebensunterhalt. So mancher Existenzgründer ist in solchen Fällen froh, Mitarbeiter zu haben, für die auch ein ehrlich gemeintes „Danke" oder eine Einladung zum Abendessen zählt. Deshalb ist unabhängig von der Rechtslage ein faires und gerade nicht zu kleinliches Miteinander für beide Seiten von Vorteil.

Jedenfalls gibt es „unkündbare Mitarbeiter" nicht, auch wenn sich dieses „Gerücht" noch so hartnäckig hält. Zudem ist Kündigungsschutz auch in aller Regel kein „Arbeitsplatzerhaltungsschutz" – es geht meist viel eher um die Frage, wann und zu welchen Bedingungen der Mitarbeiter das Unternehmen verlassen wird. Vor Gericht kommt es häufig zu einem Vergleich, bei dem beide Seiten Kompromisse eingehen. Schon weil das persönliche Verhältnis zwischen Arbeitgeber und Arbeitnehmer in der Regel im Falle von Rechtsstreitigkeiten zerrüttet ist, kommt meist die Rückkehr an den Arbeitsplatz nicht in Frage.

Bei einem Betriebsübergang hat der neue Inhaber nicht das Recht, Kündigungen gegen die bisherigen Arbeitnehmer auszusprechen. Er tritt in alle Rechte und Pflichten aus dem Arbeitsverhältnis ein. Bei einer Betriebsübernahme ist darum der Bereich Personal immer auch ein Risikofaktor. Es ist mit besonderer Sorgfalt darauf zu achten, ob die Mitarbeiter geeignet erscheinen, bezahlbar sind und ob keine Akzeptanzprobleme zu erwarten sind.

Neben den bereits genannten Vorschriften gibt es noch eine Vielzahl von Gesetzen, die sich u. a. mit bestimmten Gruppen von Arbeitnehmern befassen wie z. B. Schwerbehinderte, Jugendliche, Auszubildende etc.

Bestimmte Gesetze und Verordnungen zum Schutz von Arbeitnehmern müssen an geeigneter Stelle im Betrieb ausgehängt werden, damit die Beschäftigten sie zur Kenntnis nehmen können. Hält der Unternehmer sich nicht daran, kann er mit einem Bußgeld belegt werden. Allerdings kann jeder Unternehmer dieser Pflicht unproblematisch nachkommen, da die aushangpflichtigen Regelungen zusammengefasst über den Buchhandel bezogen werden können.

Die obigen Ausführungen zum Arbeitsrecht sind bei weitem nicht vollständig. Sie lassen aber erahnen, welche Verantwortung und welche Pflichten mit der Beschäftigung von Personal einhergehen. Auch fällt es wohl nicht (mehr) schwer nachzuvollziehen, warum Arbeitgeber die hohen Kosten für den Faktor Arbeit am Standort Deutschland beklagen während gleichzeitig immer mehr Arbeitnehmer einen Nebenjob benötigen, um „über die Runden" zu kommen oder auf zusätzliche Sozialleistungen angewiesen sind.

Paradox wird es, wenn Politik und auch Unternehmen, die ihre Mitarbeiter zu Hungerlöhnen beschäftigen, über die schwache Binnennachfrage klagen. Unternehmen kalkulieren zum Teil bewusst die Möglichkeit der Aufstockung des mageren Einkommens durch den Staat ein. Der Mitarbeiter bekommt ein Entgelt, von dem er nicht leben kann. Die Behörden stocken es bis auf das Existenzminimum auf. Menschlich nachvollziehbar ist es, wenn ein zeitweise niedriges Entgelt der wirtschaftlichen Situation eines Unternehmens, z. B. in der Gründungsphase, geschuldet ist. Aber auch nur dann. Ökonomisch ist es immer nachvollziehbar: Gewinnmaximierung ist i. d. R. das wichtigste Unternehmensziel. Für Sie als Existenzgründer gibt es jedenfalls Möglichkeiten, flexibel zu agieren, auch wenn die geltenden Regeln oft als zu starr kritisiert werden.

Um Existenzgründern die Entscheidung für die Einstellung von Personal zu erleichtern, besteht seit dem 1. 1. 2004 die Möglichkeit, in den ersten vier Jahren nach der Gründung befristete Arbeitsverträge ohne zusätzlichen Befristungsgrund bis in den ersten vier Jahren nach der Gründung zur Dauer von vier Jahren abzuschließen (§ 14 Absatz 2 a Teilzeit- und Befristungsgesetz (TzBfG)).

Wer die Einstellung von Personal plant, sollte sich dennoch angesichts dieser höchst komplexen Problematik zunächst mithilfe von Literatur oder Seminaren wenigstens einen groben Gesamtüberblick über das Thema verschaffen und dann dafür sorgen, dass wenigstens aktuelles Basiswissen im Unternehmen vorhanden oder jederzeit zugänglich ist.

10.3 Verbraucherschutz

Regeln des Verbraucherschutzes sind für diejenigen Existenzgründer von Bedeutung, zu deren Zielgruppe auch oder ausschließlich Verbraucher gehören. Den Begriff des Verbrauchers hat der Gesetzgeber in § 13 BGB geregelt: „Verbraucher ist jede natürliche Person, die ein Rechtsgeschäft zu einem Zwecke abschließt, der weder ihrer gewerblichen noch ihrer selbständigen beruflichen Tätigkeit zugerechnet werden kann."

Der Verbraucherschutz ist ein rechtlicher „Dauerbrenner" und unterliegt wie einige andere Rechtsbereiche besonders häufigen Änderungen. Ein umfassender Überblick ist hier weder sinnvoll, noch möglich und Ziel führend; ein Sensibilisieren für relevante, potenzielle „Fallstricke" dagegen schon.

10.3.1 Haustürgeschäfte

Bei so genannten Haustürgeschäften besteht immer die Gefahr, dass der Verbraucher eine voreilige, unüberlegte Entscheidung trifft, weil er auf den Abschluss des Vertrages nicht vorbereitet war. Hiervor soll er gemäß § 312 BGB durch ein Widerrufsrecht verbunden mit Informationspflichten des Anbieters geschützt werden. Der häufigste Fall des Haustürgeschäftes ist der unangemeldete Vertreterbesuch oder auch der Besuch so genannter „Drückerkolonnen", die mit rührseligen – in der Regel erdachten – Geschichten Ihre Zeitschriftenabos oder Produkte vertreiben. Auch Verträge, die am Arbeitsplatz, in öffentlichen Verkehrsmitteln, bei Freizeitveranstaltungen (Kaffeefahrten) oder im Bereich öffentlich zugänglicher Verkehrsflächen abgeschlossen werden, fallen unter die Haustürgeschäfte. Das Widerrufsrecht gilt nicht, wenn der Verbraucher um einen Besuch gebeten hat. Es gilt weiterhin nicht für Versicherungsverträge, für Verträge, die notariell beurkundet wurden und auch nicht wenn das Entgelt 40 € nicht übersteigt und sofort bezahlt wurde.

10.3.2 Teilzeit-Wohnrechteverträge

Auch Teilzeit-Wohnrechteverträge kommen oft durch voreilige Entscheidungen zustande. Es handelt sich um so genannte „Time-Sharing"-Verträge. Gegen Zahlung eines Gesamtpreises wird z. B. für eine bestimmte Dauer das Recht versprochen oder eingeräumt, eine bestimmte (Ferien-)Wohnung für eine gewisse Zeit des Jahres zu Erholungszwecken zu nutzen. Derartige Verträge sind in der Regel unattraktiv. Sie schränken den Verbraucher in der Wahl seines Urlaubsortes ein, verursachen nicht selten noch hohe Nebenkosten und auch finanziell steht sich der Verbraucher meist besser, seine Ferienwohnung oder sonstige Unterkunft jedes Jahr individuell zu buchen. Gemäß § 485 BGB steht dem Verbraucher bei Abschluss derartiger Verträge ein Widerrufsrecht zu.

10.3.3 Verbraucherdarlehensverträge

Die Vorschriften über Verbraucherdarlehensverträge gelten gemäß § 491 BGB für entgeltliche Darlehensverträge zwischen einem Unternehmer als Darlehensgeber und einem Verbraucher als Darlehensnehmer. Diese Vorschriften werden Sie eher nicht aus der Sicht des Unternehmers betreffen. Existenzgründer haben üblicherweise im Rahmen ihrer geschäftlichen Tätigkeit keine Darlehen zu vergeben, sondern benötigen diese, sind also Darlehensnehmer. Allerdings sind Existenzgründer keine Verbraucher im Sinne des BGB, wenn der Vertragszweck der selbständigen oder gewerblichen Tätigkeit zuzurechnen ist. Sie handeln also nur dann als Verbraucher, wenn Sie das Darlehen zu privaten Zwecken aufnehmen. Bis zum 11. 6. 2010 enthielt § 507 BGB noch eine Ausnahmeregelung zum Schutz von Existenzgründern, die aber (weitgehend unbemerkt) abgeschafft worden ist.

Es gelten für Existenzgründer diesbezüglich also *nicht mehr* die gleichen Schutzrechte, die auch Verbrauchern zustehen, wie z. B. das Widerrufsrecht.

10.3.4 Fernabsatzverträge

Nach § 312b BGB sind Fernabsatzverträge:

> „... Verträge über die Lieferung von Waren oder über die Erbringung von Dienstleistungen, einschließlich Finanzdienstleistungen, die zwischen einem Unternehmer und einem Verbraucher unter ausschließlicher Verwendung von Fernkommunikationsmitteln abgeschlossen werden, es sei denn, dass der Vertragsschluss nicht im Rahmen eines für den Fernabsatz organisierten Vertriebs- oder Dienstleistungssystems erfolgt.
> Finanzdienstleistungen im Sinne des Satzes 1 sind Bankdienstleistungen sowie Dienstleistungen im Zusammenhang mit einer Kreditgewährung, Versicherung, Altersversorgung von Einzelpersonen, Geldanlage oder Zahlung.
> Fernkommunikationsmittel sind Kommunikationsmittel, die zur Anbahnung oder zum Abschluss eines Vertrags zwischen einem Verbraucher und einem Unternehmer ohne gleichzeitige körperliche Anwesenheit der Vertragsparteien eingesetzt werden können, insbesondere Briefe, Kataloge, Telefonanrufe, Telekopien, E-Mails sowie Rundfunk, Tele- und Mediendienste ... "

Danach handelt es sich grundsätzlich um Fernabsatzverträge, wenn bei Vertragsabschluss nicht beide Vertragsparteien gleichzeitig anwesend sind. Dies ist im Falle von Bestellungen über das Internet der Fall, gilt aber ebenso für Katalogbestellungen, telefonische Bestellungen, Teleshopping, Faxbestellungen usw. Die Ausnahme („es sei denn") regelt der Gesetzgeber wiederum recht unbestimmt. Es wird nicht näher erläutert, was mit einem für den Fernabsatz organisierten Vertriebs- oder Dienstleistungssystem gemeint ist. Den Regeln über Fernabsatzverträge dürften aber wohl kleine Geschäfte, die nur im Ausnahmefall und nicht planmäßig eine telefonische Bestellung entgegennehmen, nicht unterliegen. Wer jedoch mit den Möglichkeiten wirbt, Fernabsatzverträge zu schließen (z. B. per Fax oder Telefon), muss sich auch an die entsprechenden Regeln halten.

Dazu gehören insbesondere die Pflichten im elektronischen Geschäftsverkehr, recht weitgehende Informationspflichten *vor* Vertragsabschluss und das Widerrufsrecht des Verbrauchers gemäß § 355 BGB bzw. das Rückgaberecht gemäß § 356 BGB. Der Verbraucher kann innerhalb von 2 Wochen durch Absenden eines Widerrufs oder durch Rücksendung der Ware den Vertrag widerrufen. Aber Achtung: Nach einem Urteil des Landgerichts Frankfurt vom 1. 11. 2006 ist die gleichzeitige Einräumung von Widerrufs- und Rückgaberecht unzulässig. Zulässig ist hingegen ein uneingeschränktes Rückgaberecht *anstelle* eines Widerrufsrechts (§ 312d Abs. 1 BGB).

Der Widerruf ist nicht mit bestimmten Gewährleistungsrechten der Verbraucher zu verwechseln. Der Widerruf kann ohne Angabe von Gründen erfolgen, auch wenn die gelieferte Ware einwandfrei ist. Es genügt, wenn der Verbraucher die Ware zurücksendet – und zwar auf Kosten und Gefahr des Unternehmers. Bei einer Bestellung bis zu einem Betrag von 40 € dürfen jedoch dem Verbraucher die Kosten vertraglich auferlegt werden. Ist dies nicht geschehen, so muss auch hier der Unternehmer die Kosten übernehmen (§ 357 BGB).

Bei bestimmten Arten von Fernabsatzverträgen wäre dieses Widerrufsrecht dem Unternehmer jedoch nicht zuzumuten. Daher regelt § 312d BGB, in welchen Fällen das Widerrufsrecht für Fernabsatzverträge nicht gilt, wie z. B.:

- Lieferung von Waren, die nach Kundenspezifikation angefertigt werden oder eindeutig auf die persönlichen Bedürfnisse zugeschnitten sind oder die aufgrund ihrer Beschaffenheit nicht für eine Rücksendung geeignet sind oder schnell verderben können oder deren Verfalldatum überschritten würde,

- Lieferung von Audio- oder Videoaufzeichnungen oder von Software, sofern die gelieferten Datenträger vom Verbraucher entsiegelt worden sind,

- Lieferung von Zeitungen, Zeitschriften und Illustrierten,

- Erbringung von Wett- und Lotterie-Dienstleistungen oder

- Lieferungen, die in der Form von Versteigerungen (§ 156) geschlossen werden.

Es dürfte auf der Hand liegen, warum verderbliche Waren wie Lebensmittel von dem Widerrufsrecht ausgeschlossen sind. Auch kann natürlich niemand Lotto spielen und – sofern kein Gewinn erzielt wurde – den Vertrag widerrufen oder Zeitschriften bestellen und diese, nachdem sie gelesen wurden, wieder zurücksenden. Nicht ganz so eindeutig ist die Regelung zu den nach Kundenspezifikation angefertigten Waren. Für einen maßgeschneiderten Anzug in Übergröße wird hier sicher kein Widerrufsrecht gelten. Anders könnte die Situation jedoch aussehen, wenn sich der Kunde das Produkt zwar nach seinen Wünschen zusammengestellt hat, das Produkt aber aus Standardbausteinen besteht, wie z. B. ein Computer mit gängigen Komponenten. Es kommt hier auf die Zumutbarkeit für den Unternehmer an. Kann dieser problemlos die Komponenten anderweitig verwenden und veräußern, kommt ein Widerrufsrecht für den Kunden in Frage. Eine entsprechende Entscheidung ist zugunsten eines Kunden gefällt worden, der ein Notebook nach seinen Vorstellungen bestellt, diesen Vertrag dann später aber widerrufen hatte.

Das Widerrufsrecht ist nicht nur rechtlich, sondern auch im Zusammenhang mit Ihrer Ergebnis- und Liquiditätsplanung von Bedeutung, weil es nicht unerhebliche Risiken birgt. Solange die Widerrufsfrist nicht abgelaufen ist, müssen Sie jederzeit mit der Rücksendung der Ware und zusätzlichen Kosten hierfür rechnen. Diesem Risiko muss im Rahmen der Planung Rechnung getragen werden.

Der Unternehmer muss weiterhin die besonderen Pflichten im elektronischen Geschäftsverkehr beachten. So hat er z. B. nach § 312g BGB dem Kunden:

> „… 1. angemessene, wirksame und zugängliche technische Mittel zur Verfügung zu stellen, mit deren Hilfe der Kunde Eingabefehler vor Abgabe seiner Bestellung erkennen und berichtigen kann,
>
> 2. die in Artikel 246 § 3 des Einführungsgesetzes zum Bürgerlichen Gesetzbuche bestimmten Informationen rechtzeitig vor Abgabe von dessen Bestellung klar und verständlich mitzuteilen,
>
> 3. den Zugang von dessen Bestellung unverzüglich auf elektronischem Wege zu bestätigen und
>
> 4. die Möglichkeit zu verschaffen, die Vertragsbestimmungen einschließlich der Allgemeinen Geschäftsbedingungen bei Vertragsschluss abzurufen und in wiedergabefähiger Form zu speichern.
>
> Bestellung und Empfangsbestätigung im Sinne von Satz 1 Nr. 3 gelten als zugegangen, wenn die Parteien, für die sie bestimmt sind, sie unter gewöhnlichen Umständen abrufen können … ."

Zu den besonderen Informationspflichten gehören z. B. bei Telefongesprächen auch die ausdrückliche Angabe der Identität und des Vertragszwecks bereits zu Beginn des Gesprächs. Darüber hinaus sind weitere Pflichtangaben nach der „Verordnung über Informations- und Nachweispflichten nach bürgerlichem Recht" (BGB-Informationspflichten-Verordnung – BGB-InfoV) und nach dem bereits erwähnten Einführungsgesetz zum BGB (EGBGB) erforderlich.

Das liest sich im Moment ungeheuer aufwändig und komplex und ist es im Grunde auch. Allerdings gibt es in der Anlage zum EGBGB Muster, mit denen Sie Ihre allgemeinen Informationspflichten standardisiert erfüllen und den Aufwand ganz erheblich reduzieren können.

Zum Rechtsstand ab dem 13. Juni 2014 informiert das Bundesjustizministerium auf seiner Homepage:

„Der Deutsche Bundestag hat das Gesetz am 14. Juni 2013 verabschiedet; der Bundesrat hat keine Einwände gegen den Gesetzesbeschluss erhoben. Das Gesetz wurde am 27. September 2013 im Bundesgesetzblatt verkündet. Die neuen Vorschriften treten am 13. Juni 2014 in Kraft.

Das Gesetz sieht insbesondere folgende Regelungen vor:

– Schließt ein Unternehmer mit Verbrauchern Verträge im stationären Handel, muss er grundlegende Informationspflichten erfüllen. Eine Ausnahme gilt für gängige Geschäfte des täglichen Lebens.

– Mit der Einführung allgemeiner Pflichten und Grundsätze für Verträge mit Verbrauchern, die unabhängig von der Vertriebsform gelten, wird der Verbraucher vor versteckten und unangemessenen Zusatzkosten geschützt. So muss eine Vereinbarung über eine Zahlung, die über das Entgelt für die Hauptleistung des Unternehmers hinausgeht, etwa eine Bearbeitungsgebühr oder ein Entgelt für eine Stornoversicherung, künftig ausdrücklich getroffen werden. Eine Vereinbarung im Internet darüber ist nur wirksam, wenn der Unternehmer sie nicht durch eine sog. Voreinstellung herbeiführt (Kreuz oder „Häkchen" ist bereits gesetzt und soll vom Verbraucher gelöscht werden, wenn er die Vereinbarung nicht möchte). Darüber hinaus schränkt das neue Gesetz die Möglichkeit ein, vom Verbraucher ein Entgelt für die Zahlung mit einem bestimmten Zahlungsmittel, etwa einer Kreditkarte, zu verlangen. Ruft der Verbraucher bei einer Kundendienst-Hotline des Unternehmers an, muss der Verbraucher künftig nur noch für die Telefonverbindung bezahlen. Ein darüber hinausgehendes Entgelt für die Information oder Auskunft darf nicht mehr verlangt werden.

– Für Fernabsatzverträge und außerhalb von Geschäftsräumen geschlossene Verträge gelten im Wesentlichen gleiche Regelungen. Dies gilt auch für Verträge über Finanzdienstleistungen, die von der Verbraucherrechterichtlinie nicht erfasst werden. Die bislang allein für Fernabsatzverträge geltenden Vorgaben der Richtlinie 2002/65/EG vom 23. September 2002 über den Fernabsatz von Finanzdienstleistungen an Verbraucher sollen zukünftig grundsätzlich auch für außerhalb von Geschäftsräumen geschlossene Verträge über Finanzdienstleistungen gelten. Auch für diese bestehen dementsprechend Informationspflichten und ein Widerrufsrecht.

– Die Vorschriften über das Widerrufsrecht bei Verbraucherverträgen sind grundlegend neu gefasst. Das Widerrufsrecht bei fehlender oder falscher Belehrung erlischt wie von der Richtlinie vorgesehen nach zwölf Monaten und vierzehn Tagen. Grundsätzlich hat der Verbraucher nach einem Widerruf die Kosten für die Rücksendung der Ware zu tragen. Voraussetzung ist, dass der Unternehmer den Verbraucher von dieser Pflicht unterrichtet hat. Der Unternehmer kann sich jedoch auch bereit erklären, die Rücksendekosten zu übernehmen. Das Gesetz enthält sowohl ein Muster-Widerrufformular als auch ein Muster für die Widerrufsbelehrung und erleichtert so Unternehmen wie Verbrauchern die Einhaltung der gesetzlichen Vorgaben.

– Die sog. Buttonlösung zum Schutz vor Kostenfallen im Internet gilt fort. Einzelheiten zur Buttonlösung enthält die Seite ‚Kostenfallen im Internet'."

Link zum Thema

http://www.jurpc.de – JurPC – Internet-Zeitschrift für Rechtsinformatik; http://www.internetrecht-rostock.de – Anwaltshomepage mit umfangreichen Informationen; http://www.jm.nrw.de – Justizportal NRW: Bürgerservice – Verbraucherschutz; http://www.bmj.de – Bundesministerium der Justiz und für Verbraucherschutz: Suchbegrif „EGBGB" – Musterbelehrung und „Verbraucherrechterichtlinie".

10.3.5 Allgemeine Geschäftsbedingungen (AGB)

Die besonderen Regelungen zur Gestaltung rechtsgeschäftlicher Schuldverhältnisse durch Allgemeine Geschäftsbedingungen sind in den §§ 305–310 BGB enthalten und betreffen eine Vielzahl von Existenzgründern.

Um gleich ein häufiges Missverständnis vorwegzunehmen: Es ist keine Pflicht, Allgemeine Geschäftsbedingungen zu formulieren und sie sind nur dann sinnvoll, wenn Sie nicht mit jedem Kunden individuelle Einzelverträge aushandeln.

Bei Allgemeinen Geschäftsbedingungen handelt es sich um vorformulierte Vertragsbedingungen, die vom Verwender gestellt werden und für eine Vielzahl von Verträgen (min. 3) gelten. Sie bieten sich an, wenn Sie mit Ihren Kunden immer wieder die gleiche Art von Geschäften tätigen und einmalig bestimmte Regeln aufstellen wollen, die für all diese Geschäfte gelten sollen. Als Versandhändler werden Sie beispielsweise nicht mit jedem Kunden individuelle Liefer- und Zahlungsbedingungen sowie Regeln zum Datenschutz vereinbaren, sondern dies einmalig in Ihren AGB regeln. Schulungsanbieter werden nicht individuell, sondern einmalig für alle Kunden regeln, unter welchen Voraussetzungen die Teilnahme möglich ist und welche Rücktrittsrechte bestehen.

Handwerker werden nicht mit jedem Kunden die Anfahrtskosten aushandeln, sondern dies allgemein in ihren AGB regeln.

Die Anwendungsmöglichkeiten sind vielfältig. Auch Formularmietverträge gelten beispielsweise als Allgemeine Geschäftsbedingungen, auch wenn sie nicht so überschrieben sind. Auf die Bezeichnung kommt es nicht an. Allgemeine Geschäftsbedingungen liegen *nicht* vor, wenn die Vertragsbedingungen zwischen den Parteien individuell ausgehandelt wurden. Individualabreden haben zudem immer Vorrang vor den AGB.

AGB erfüllen nur dann ihren Zweck, wenn sie wirksam in den Vertrag einbezogen werden, wenn sie also Bestandteil des Vertrages werden. Dies ist nur dann der Fall, wenn die in § 305 Absatz 2 BGB geregelten Voraussetzungen erfüllt sind. Dazu heißt es im Gesetzestext:

> „**Allgemeine Geschäftsbedingungen** werden nur dann Bestandteil eines Vertrags, wenn der Verwender bei Vertragsschluss
> 1. die andere Vertragspartei ausdrücklich oder, wenn ein ausdrücklicher Hinweis wegen der Art des Vertragsschlusses nur unter unverhältnismäßigen Schwierigkeiten möglich ist, durch deutlich sichtbaren Aushang am Ort des Vertragsschlusses auf sie hinweist und

> 2. der anderen Vertragspartei die Möglichkeit verschafft, in zumutbarer Weise, die auch eine für den Verwender erkennbare körperliche Behinderung der anderen Vertragspartei angemessen berücksichtigt, von ihrem Inhalt Kenntnis zu nehmen,
>
> und wenn die andere Vertragspartei mit ihrer Geltung einverstanden ist."

Mit Verwender ist der Unternehmer gemeint, der die AGB einseitig in den Vertrag einbringt. Die andere Partei muss ausdrücklich auf die AGB hingewiesen werden. Dies kann mündlich geschehen, wird aber in vielen Fällen in schriftlicher Form erfolgen, was sich schon zur Beweissicherung empfiehlt. Es reicht nicht aus, die AGB nach Vertragsschluss zugänglich zu machen. Sofern Ihre AGB etwa auf der Rückseite eines Angebotsschreibens abgedruckt sind, muss auf der Vorderseite ein deutlicher Hinweis hierauf erfolgen.

Der Kunde sollte durch seine Unterschrift bestätigen, dass er von den AGB Kenntnis genommen hat und mit diesen einverstanden ist. Bei Geschäften, die über das Internet getätigt werden, erfolgt regelmäßig ein Hinweis auf die AGB und nur wenn das Einverständnis bestätigt wird, kann der Bestellvorgang fortgesetzt werden. Auf jeden Fall sollten Sie darauf achten, dass der Hinweis so deutlich erfolgt, dass er auch bei flüchtiger Betrachtung und nur durchschnittlicher Aufmerksamkeit nicht übersehen werden kann – z. B. wegen der Schriftgröße oder der besonderen Farbgestaltung.

Ist ein ausdrücklicher Hinweis nur unter unverhältnismäßigen Schwierigkeiten möglich, reicht ein deutlich sichtbarer Aushang. Dies ist z. B. regelmäßig der Fall, wenn der persönliche Kontakt zum Kunden fehlt, wie z. B. beim Automatenverkauf oder in Parkhäusern. Auch im Massengeschäft mit Artikeln von geringem Wert wie z. B. im Lebensmitteleinzelhandel ist ein ausdrücklicher Hinweis wohl kaum zumutbar. Der Vertragspartner muss weiterhin in zumutbarer Weise von dem Inhalt der AGB Kenntnis nehmen können und der Verwender hat darauf zu achten, dass dies auch für Menschen mit Behinderungen gilt. Letzteres ist z. B. im Zusammenhang mit Sehbehinderungen von Bedeutung. Diese Voraussetzung ist in besonderem Maße auslegungsbedürftig, weil nicht näher bestimmt ist, was denn genau für die Vertragspartner „zumutbar" ist.

Die Beurteilung der Zumutbarkeit richtet sich einerseits nach den Umständen des Vertragsschlusses und andererseits nach den Bedürfnissen der beteiligten Kundenkreise.

Sofern Sie Ihre AGB dem Kunden persönlich überreichen, ist diese Regelung eher unproblematisch. Ihre AGB sollten verständlich formuliert, nicht zu umfangreich, übersichtlich gegliedert und gut lesbar sein. Geben Sie außerdem Ihrem Kunden Zeit, die AGB zu lesen und offene Fragen zu klären. Tut er dies nicht, ist das seine freie Entscheidung. Er muss in zumutbarer Weise von dem Inhalt Kenntnis nehmen *können*. Er *muss* es nicht *tun* und kann auch darauf verzichten. Achten Sie als Unternehmer jedoch darauf, später nicht in Beweisnot zu geraten. Bei telefonischen Aufträgen sollten Sie auf die nachträgliche Genehmigung der AGB achten.

Bei Aushängen im Geschäft gelten die gleichen Grundsätze und zudem sollte der Aushang an gut sichtbarer Stelle in Augenhöhe platziert werden. Ein 2. Aushang könnte etwas tiefer angebracht werden, sofern Ihr Geschäft behindertengerecht und auch für Rollstuhlfahrer zugänglich ist.

Im Bereich des Internets ist die Situation etwas schwieriger. Die Frage der Zumutbarkeit von AGB, die per Bildschirm übermittelt werden, hat in der Vergangenheit schon häufig die Gerichte beschäftigt. Zwar ist immer noch nicht abschließend geklärt, was genau zumutbar ist und was nicht, doch auf Basis der bisherigen Rechtsprechung kann man Schlüsse ziehen und so wenigstens einigermaßen Problemen vorbeugen. Klar ist, dass die Rechtsprechung an AGB, die per Bildschirm übermittelt werden, höhere Anforderungen stellt. Dies liegt daran, dass die sinnliche Wahrnehmbarkeit ohnehin schon erschwert ist, wenn die AGB nicht in Papierform vorliegen.

Wichtig ist zunächst, dass die AGB beim Vertragsabschluss verfügbar sind und auch danach noch eingesehen werden können. Sorgen Sie dafür, dass der Kunde die AGB speichern und ausdrucken kann. Achten Sie auch darauf, dass die AGB so einfach wie irgend möglich zugänglich sind, der Kunde also nicht unnötig navigieren muss. Er sollte bei Vertragsschluss die AGB mit einem Mausklick abrufen können. Verzichten Sie auch auf umfangreiche Klauselwerke, sondern formulieren kurz, knapp, übersichtlich und verständlich die wichtigsten Bedingungen. Die Gliederung sollte übersichtlich, die Schrift klar und ausreichend groß und die Farben kontrastreich sein, sodass alles in allem eine gute Lesbarkeit gewährleistet ist. Dies gilt nicht nur – aber in besonderem Maße – für AGB, die nur über das Internet veröffentlicht werden.

Die dritte Voraussetzung für die wirksame Einbeziehung der AGB in den Vertrag ist das Einverständnis des Vertragspartners. Dies liegt vor, wenn obige Bedingungen erfüllt sind und er daraufhin den Vertrag mit Ihnen schließt, z. B., indem er in Ihrem Geschäft einkauft oder eine schriftliche Bestellung aufgibt.

Inhaltlich ist nicht unbedingt alles wirksam, was vereinbart wird. Die AGB unterliegen der Inhaltskontrolle des § 307 BGB und dürfen den Vertragspartner nicht unangemessen benachteiligen und seine Rechte einschränken. Das BGB regelt auch in den §§ 308 und 309 ausdrücklich bestimmte Klauselverbote. Unwirksam sind danach z. B. Klauseln mit folgendem Inhalt:

- **(Rücktrittsvorbehalt):** Die Vereinbarung eines Rechts des Verwenders, sich ohne sachlich gerechtfertigten und im Vertrag angegebenen Grund von seiner Leistungspflicht zu lösen; dies gilt nicht für Dauerschuldverhältnisse.

- **(Änderungsvorbehalt):** Die Vereinbarung eines Rechts des Verwenders, die versprochene Leistung zu ändern oder von ihr abzuweichen, wenn nicht die Vereinbarung der Änderung oder Abweichung unter Berücksichtigung der Interessen des Verwenders für den anderen Vertragsteil zumutbar ist.

- **(Fiktion des Zugangs):** Eine Bestimmung, die vorsieht, dass eine Erklärung des Verwenders von besonderer Bedeutung dem anderen Vertragsteil als zugegangen gilt.

- **(Kurzfristige Preiserhöhungen):** Eine Bestimmung, welche die Erhöhung des Entgelts für Waren oder Leistungen vorsieht, die innerhalb von vier Monaten nach Vertragsschluss geliefert oder erbracht werden sollen; dies gilt nicht bei Waren oder Leistungen, die im Rahmen von Dauerschuldverhältnissen geliefert oder erbracht werden.

- **(Haftungsausschluss):** Bei Verletzung von Leben, Körper, Gesundheit und bei grobem Verschulden.

Darüber hinaus hat der Gesetzgeber in § 305c BGB geregelt, dass überraschende und mehrdeutige Klauseln nicht Vertragsbestandteil werden und Zweifel bei der Auslegung zulasten des Verwenders gehen. Diese Regelung ist wohl in vollem Bewusstsein der Tatsache erfolgt, dass AGB gemeinhin gar nicht oder nur oberflächlich gelesen werden. Es dürfen sich keine Überraschungsklauseln im „Kleingedruckten" (AGB) befinden, die so ungewöhnlich sind, dass der Vertragspartner mit ihnen nicht zu rechnen braucht. Ein „Überrumpelungseffekt" soll ausgeschlossen werden. Was genau so ungewöhnlich ist, dass der Vertragspartner damit nicht rechnen muss, bestimmt sich wiederum nach den Umständen des Einzelfalls. Sicher könnten Sie jedoch durch Ihre AGB einen Kunden, der einen Computer bei Ihnen kauft, nicht dazu verpflichten, fortan regelmäßig auch noch bestimmte Softwarepakete abzunehmen. Selbst wenn der Kunde diese AGB unterschreibt, wäre das wohl nicht wirksam.

Eine verständliche Formulierung, die von Ihren Durchschnittskunden verstanden wird, liegt daher in Ihrem eigenen Interesse, wenn die AGB im Streitfall auch vor Gericht bestehen sollen.

Für die Verwendung von AGB zwischen Unternehmern gelten nicht ganz so strenge Regeln. Allerdings sollte auch hier immer deutlich auf die AGB hingewiesen und das möglichst schriftliche Einverständnis des Vertragspartners zu Beweiszwecken eingeholt werden. Darüber hinaus ist eine unangemessene Benachteiligung auch unter Geschäftsleuten nicht erlaubt.

Das BGB enthält nur wenige Regelungen zu diesem Thema, diese haben es aber in sich. Sehr viele AGB, die in der Praxis Verwendung finden, sind alles andere als rechtssicher. Ein häufiger Rat an Existenzgründer lautet: „Lassen Sie Ihre AGB von einem erfahrenen Juristen rechtssicher ausarbeiten." So weit, so richtig. Nur sieht die Praxis in der Regel anders aus. Das Budget ist ohnehin oftmals eher bescheiden und die Finanzierungsmöglichkeiten begrenzt. Die vollständige Ausarbeitung Allgemeiner Geschäftsbedingungen durch einen Juristen kann – je nach den Anforderungen des Einzelfalls – eine teure Angelegenheit werden. Also wird nach preiswerteren Lösungen gesucht, an AGB zu kommen. Was liegt da näher, als sich im Internet „zu bedienen"?

Bedenken Sie aber hierbei, dass auch andere Unternehmer schon diese nahe liegende Idee hatten und es gang und gäbe ist, AGB von anderen Anbietern zu übernehmen und individuell anzupassen. Was dabei herauskommt, beschäftigt nur allzu oft die Justiz. Selbst große und bekannte Anbieter verwenden häufig Klauseln, die gegen geltendes Recht verstoßen. So sind beispielsweise durch das Landgericht und später auch das Oberlandesgericht Köln gleich mehrere Klauseln – u. A. zum Haftungsausschluss – in den AGB des Billigfliegers Ryanair für unzulässig erklärt worden. Andere Anbieter wiederum erstellen einmalig ihre AGB – auf welchem Wege auch immer – und rühren diese dann nie wieder an. Hinweise auf längst nicht mehr existierende Gesetze sind regelmäßig ein untrügliches Zeichen hierfür. Es hinterlässt bei dem Betrachter keinen besonders guten und Vertrauen erweckenden Eindruck, wenn ersichtlich ist, dass die AGB aus verschiedenen, womöglich uralten Quellen stammen. Woher kann aber nun ein Existenzgründer mit kleinerem Budget seine AGB nehmen, wenn nicht stehlen?

Verschiedene Anbieter stellen rechtssichere Muster-AGB zur Verfügung, die einen Bruchteil der Kosten einer individuellen Erstellung betragen. Genügen diese Muster Ihren Anforderungen nicht, sollte eine individuelle Anpassung vorgenommen werden. Allerdings ist es in diesem Fall unbedingt empfehlenswert, die geänderten oder ergänzten Klauseln noch einmal auf deren Rechtssicherheit prüfen zu lassen. Die Kosten einer Prüfung sind ebenfalls erschwinglich und nicht annähernd so hoch, als wenn Sie die AGB vollständig von einem Juristen ausarbeiten lassen.

Links zum Thema

http://www.janolaw.de – Janolaw AG – z. B. Allgemeine Liefer- und Zahlungsbedingungen; http://www.kanzlei.biz/ – Erarbeitung, Überarbeitung und Überwachung von AGB und Internetseiten, viele Informationen; http://www.gruendungskatalog.de/ – Gründungskatalog u. A. mit zahlreichen Linktipps z. B. zum Suchbegriff AGB (unbedingt auf Aktualität achten!); https://www.haendlerbund.de – Onlinehandelsverband mit verschiedenen Serviceangeboten für Mitglieder wie z. B. rechtssichere AGB für Onlineshops.

10.4 Informationspflichten im Internet

Wer sein Unternehmen im Internet präsentiert, hat zahlreiche weitere (Informations-) Pflichten zu beachten, wie z. B. die Impressumspflicht. Obwohl sich diese Pflicht bei den meisten Anbietern mittlerweile herumgesprochen haben sollte, sind Verstöße immer noch an der Tagesordnung. Für Konkurrenten und Abmahnvereine ist es durch die guten Suchmöglichkeiten und die Transparenz im Internet ein Leichtes, derartige Verstöße aufzudecken und kostenpflichtig abzumahnen. Dabei ist es gar nicht so schwierig, sich an die gesetzlichen Regelungen zu halten und so teuren Abmahnungen und Rechtsstreitigkeiten bestmöglich vorzubeugen.

Impressum

Seit dem 1. März 2007 ist das neue Telemediengesetz (TMG) in Kraft, das u. a. besondere Informations- und Kommunikationspflichten wie die so genannte „Impressumspflicht" zum Schutz der Verbraucher regelt. Gleichzeitig sind das Teledienstegesetz (TDG), das Teledienstedatenschutzgesetz (TDDSG) und der Mediendienstestaatsvertrag (MDStV) außer Kraft getreten.

Noch heute findet man im Internet jedoch häufig einführende Hinweise zu den Pflichtangaben im so genannten Impressum wie z. B.: „Pflichtangaben nach § 6 TDG … ." Oft verlassen sich Existenzgründer, aber auch gestandene Unternehmer, auf die Kenntnisse von Webdesignern oder sie nehmen die Gestaltung der Homepage selbst in die Hand. So oder so wird häufig sehr unkritisch von anderen Seiten kopiert – inklusive sämtlicher Fehler. Anders sind die vielen groben und mitunter teuren Fehler gerade bei den Informationspflichten nicht zu erklären. „Abmahner und Absahner" haben es angesichts dieser „paradiesischen" Zustände mitunter sehr leicht.

Auch wenn es keinen 100%igen Schutz vor Abmahnungen gibt kann doch jeder Homepagebetreiber durch mehr Sorgfalt sein Risiko minimieren. Mit nur wenigen Mausklicks kann man z. B. im Internet mit Hilfe kleiner Programme rechtssichere Muster abrufen, die automatisch den in § 5 TMG geforderten Pflichtangaben genügen:

„§ 5 Allgemeine Informationspflichten

(1) Diensteanbieter haben für geschäftsmäßige, in der Regel gegen Entgelt angebotene Telemedien folgende Informationen leicht erkennbar, unmittelbar erreichbar und ständig verfügbar zu halten:

1. den Namen und die Anschrift, unter der sie niedergelassen sind, bei juristischen Personen zusätzlich die Rechtsform, den Vertretungsberechtigten und, sofern Angaben über das Kapital der Gesellschaft gemacht werden, das Stamm- oder Grundkapital sowie, wenn nicht alle in Geld zu leistenden Einlagen eingezahlt sind, der Gesamtbetrag der ausstehenden Einlagen,

2. Angaben, die eine schnelle elektronische Kontaktaufnahme und unmittelbare Kommunikation mit ihnen ermöglichen, einschließlich der Adresse der elektronischen Post,

3. soweit der Dienst im Rahmen einer Tätigkeit angeboten oder erbracht wird, die der behördlichen Zulassung bedarf, Angaben zur zuständigen Aufsichtsbehörde,

4. das Handelsregister, Vereinsregister, Partnerschaftsregister oder Genossenschaftsregister, in das sie eingetragen sind, und die entsprechende Registernummer,

5. soweit der Dienst in Ausübung eines Berufs im Sinne von Artikel 1 Buchstabe d der Richtlinie 89/48/EWG des Rates vom 21. Dezember 1988 über eine allgemeine Regelung zur Anerkennung der Hochschuldiplome, die eine mindestens dreijährige Berufsausbildung abschließen (ABl. EG Nr. L 19 S. 16), oder im Sinne von Artikel 1 Buchstabe f der Richtlinie 92/51/EWG des Rates vom 18. Juni 1992 über eine zweite allgemeine Regelung zur Anerkennung beruflicher Befähigungsnachweise in Ergänzung zur Richtlinie 89/48/EWG (ABl. EG Nr. L 209 S. 25, 1995 Nr. L 17 S. 20), zuletzt geändert durch die Richtlinie 97/38/EG der Kommission vom 20. Juni 1997 (ABl. EG Nr. L 184 S. 31), angeboten oder erbracht wird, Angaben über
   a) die Kammer, welcher die Diensteanbieter angehören,
   b) die gesetzliche Berufsbezeichnung und den Staat, in dem die Berufsbezeichnung verliehen worden ist,
   c) die Bezeichnung der berufsrechtlichen Regelungen und dazu, wie diese zugänglich sind,

6. in Fällen, in denen sie eine Umsatzsteueridentifikationsnummer nach § 27a des Umsatzsteuergesetzes oder eine Wirtschafts-Identifikationsnummer nach § 139c der Abgabenordnung besitzen, die Angabe dieser Nummer,

7. bei Aktiengesellschaften, Kommanditgesellschaften auf Aktien und Gesellschaften mit beschränkter Haftung, die sich in Abwicklung oder Liquidation befinden, die Angabe hierüber.

> (2) Weitergehende Informationspflichten nach anderen Rechtsvorschriften blei-
> ben unberührt."

In der Praxis sähe z. B. ein „Impressum" für eine Unternehmergesellschaft (haftungsbeschränkt) so aus:

> Musterfirma Unternehmergesellschaft (haftungsbeschränkt)
> Mustermannweg 0
> 00000 Musterstadt
> Telefon: 0 00 00 / 00 00 00
> Telefax: 0 00 00 / 00 00 00
> E-Mail: muster@mustermann.de
> Geschäftsführer: Max Mustermann und Moritz Mustermann
> Registergericht: Amtsgericht Musterstadt
> Registernummer: HRB 00000
> Umsatzsteueridentifikationsnummer gemäß § 27a Umsatzsteuergesetz: DE
> 0000000
> Wirtschaftsidentifikationsnummer gemäß § 139c Abgabenordnung: DE
> 1111111

Hier wurde vorausgesetzt, dass sowohl eine Umsatzsteuer- als auch
eine Wirtschaftsidentifikationsnummer vorhanden sind (s. auch
Kapitel 13: Steuern). Soll die Homepage auch journalistisch-redak-
tionelle Inhalte enthalten, ist auch hierfür eine verantwortliche Person anzugeben. Im Detail gibt es zu jeder der obigen Angaben
Streitpunkte und Gerichtsurteile. Fraglich ist z. B., ob die Angabe
eine Faxnummer an Stelle einer Telefonnummer ausreichend ist.
Hierzu gibt es unterschiedliche Auffassungen, jeweils gestützt auf
das OLG Hamburg bzw. Düsseldorf. Geben Sie sicherheitshalber eine
Faxnummer an, sofern ein entsprechendes Gerät vorhanden ist.

(Nicht nur) Existenzgründer sind in der Regel gut beraten, sich nicht
zu zeitaufwändig mit den juristischen Spitzfindigkeiten zu befassen.
Im Zweifel ist es besser, eine Information zu viel als zu wenig anzugeben und dafür so gut wie möglich auf der „sicheren" Seite zu sein.

Unter den unten stehenden Links finden Sie hilfreiche, weitere Informationen sowie Internettools, mit denen Sie schnell und rechtssicher ein eigenes „Impressum" erstellen können.

Die Informationspflichten an sich sind also bei entsprechender Kenntnis der gesetzlichen Regelung im Grunde leicht zu erfüllen. Für bestimmte Freiberufler, die deutlich weitergehende Angaben vorzuhalten haben, stellen in der Regel die jeweiligen Kammern zusätzliche Informationen zur Verfügung.

Schwieriger ist da schon die Beurteilung, in welcher Art und Weise den Pflichten genügt werden muss. Der Gesetzgeber fordert in § 5 Absatz 1 TMG, dass die Angaben leicht erkennbar, unmittelbar erreichbar und ständig verfügbar gehalten werden müssen. Nähere Erläuterungen hierzu fehlen im Gesetz und so muss wieder die Rechtsprechung im Einzelfall entscheiden, was genau darunter zu verstehen ist.

Es ist nicht erforderlich, das Impressum auch als solches zu bezeichnen. Häufig findet man die entsprechenden Angaben auch unter der Bezeichnung „Kontakt", was als ausreichend angesehen wird. Seien Sie jedoch in der Wahl der Bezeichnung nicht zu kreativ und wählen vorsichtshalber entweder den Hinweis „Impressum" oder „Kontakt". Ein Anbieter von CD-Roms, Handy-Klingeltönen usw. hatte z. B. die erforderlichen Angaben auf seiner Homepage unter der Bezeichnung „Backstage" vorgehalten, wogegen ein Konkurrent geklagt hatte, weil der Begriff aus der Bühnensprache nicht geläufig sei. Zudem waren die Angaben auch nicht bei allen Bildschirmauflösungen leicht erkennbar. Das Landgericht Hamburg sah dies ebenso und erkannte zusätzlich auch einen Verstoß gegen § 1 UWG alter Fassung (Gesetz gegen den unlauteren Wettbewerb) (vgl. auch Abschnitt 10.5: Wettbewerbsrecht).

Während früher ein Verstoß gegen die Impressumspflicht allein noch nicht als wettbewerbswidrig und somit kostenpflichtige Abmahnungen wegen eines Wettbewerbsverstoßes als nicht gerechtfertigt angesehen wurden, hat zwischenzeitlich der Bundesgerichtshof klargestellt, dass ein nicht ordnungsgemäßes Impressum eine Wettbewerbsverletzung darstellt. Das Impressum muss aber nicht zwingend von der Hauptseite aus erreichbar sein. Gelangt man mit zwei Klicks dorthin, wird das als ausreichend betrachtet.

Bei Ihrem Impressum sollten Sie – ebenso wie bei den AGB – darüber hinaus auf eine angemessene Schriftgröße achten und darauf, dass der Nutzer die Angaben problemlos finden kann. Er sollte sich also nicht durch Ihr gesamtes Angebot klicken müssen, um dann in Schriftgröße 2 einen Hinweis auf Ihr Impressum zu finden.

Ein Verstoß kann nun nicht nur als Wettbewerbsverletzung, sondern auch als Ordnungswidrigkeit geahndet werden (bis 50.000 € Geldbuße). Allerdings ist zu erwarten, dass diese Verstöße und leider auch die mitunter völlig überzogenen oder sogar unrechtmäßigen Abmahnungen weiterhin an der Tagesordnung sein werden. Im Übrigen bleiben weitere Informationspflichten unberührt, d. h. sie bestehen ggf. zusätzlich.

So schreibt z. B. die Preisangabenverordnung aus Verbraucherschutzgründen die Angabe von Endpreisen gegenüber Endverbrauchern vor.

Wer sich als Existenzgründer z. B. mit journalistischen Online-Berichterstattungen befassen möchte, sollte sich über die verschärften Sorgfaltspflichten informieren. Auch wenn die Praxis manchmal daran zweifeln lässt, dürften diese Pflichten niemanden vor ein unlösbares Problem stellen (sorgfältige Recherche, Überprüfung des Wahrheitsgehaltes usw.), sollten aber Gründern aus diesem Bereich wenigstens bekannt sein.

Links zum Thema

http://www.janolaw.de – Janolaw AG – Suchbegriff „Impressum"; http://www.bmj.bund.de – Bundesministerium der Justiz und für Verbraucherschutz – Leitfaden – Suchbegriffe: Impressumspflicht oder Anbieterkennzeichnung; http://www.it-recht-kanzlei.de – Rechtsanwaltshomepagemit umfangreichen Informationen; http://www.e-recht24.de/ – u. A. Impressum-Generator.

10.5 Wettbewerbsrecht

Das Wettbewerbsrecht ist nicht in einem einzelnen Gesetz geregelt. Neben den bereits an verschiedenen Stellen angesprochenen Aspekten (z. B. im Markenrecht) ist insbesondere das Gesetz gegen den unlauteren Wettbewerb (UWG) von überragender Bedeutung.

Mit dem UWG werden Sie auf jeden Fall im Zusammenhang mit Ihren Werbe- und sonstigen Marketingmaßnahmen konfrontiert werden.

Wettbewerb ist in unserer freien Marktwirtschaft erwünscht und erforderlich. Dafür, dass dieser Wettbewerb überhaupt stattfinden kann, soll das Gesetz gegen Wettbewerbsbeschränkungen (GWB) sorgen. Das so genannte Kartellrecht verbietet die Bildung bestimmter Vereinbarungen, welche die „Verhinderung, Einschränkung oder Verfälschung des Wettbewerbs bezwecken oder bewirken".

Das Gesetz gegen den unlauteren Wettbewerb soll den bestehenden Wettbewerb, die Wettbewerber, aber auch die Verbraucher und die Allgemeinheit schützen. Es soll für einen lauteren und gesitteten Wettbewerb sorgen und enthält u. a. Regeln zu irreführender, vergleichender und auch strafbarer Werbung.

Die ehemals zentralen Vorschriften, die §§ 1 und 3, haben das Verbot der Sittenwidrigkeit (§ 1 UWG) und der Irreführung (§ 3 UWG) im geschäftlichen Verkehr geregelt. Da das Gesetz weder früher noch heute abschließende Angaben darüber enthält, was als irreführend und was als Verstoß gegen die guten Sitten anzusehen ist – zumal sich diese ja auch im Zeitverlauf ändern – ist es Sache der Rechtsprechung, in jedem konkreten Einzelfall zu entscheiden, ob ein wettbewerbswidriger Verstoß vorliegt oder nicht. Diese Situation birgt viele Unwägbarkeiten und ist auch sicher nicht befriedigend. Andererseits ist es aber nicht möglich, alle denkbaren Einzelfälle in Gesetzen zu regeln. Entsprechende – gescheiterte – Versuche gab es bereits im 19. Jahrhundert. Aufgrund dieser negativen Erfahrungen der Vergangenheit hat der Gesetzgeber die Klauseln des aus dem Jahre 1909 stammenden UWG bewusst unbestimmt formuliert und die Konkretisierung der Rechtsprechung überlassen.

Für Unternehmer birgt das Wettbewerbsrecht große Risiken. Sie wissen nur zum Teil, was sie nicht tun dürfen. Was aber konkret erlaubt ist und was nicht, erfahren Unternehmer im Zweifel erst durch ein Gerichtsurteil. Auch spezialisierte Rechtsanwälte können nicht immer mit Bestimmtheit sagen, ob es sich bei einer bestimmten (Werbe-) Maßnahmen um einen Wettbewerbsverstoß handelt oder nicht. Der Gesetzestext ist auszulegen und dies ist Aufgabe der Rechtsprechung oder – konkreter – der Richter, die aber durchaus in vergleichbaren Fällen zu unterschiedlichen Rechtsauffassungen und Ergebnissen kommen können.

Da Streitigkeiten im Wettbewerbsrecht aufgrund hoher Streitwerte sehr teuer werden können, Sie zudem auf Unterlassung und Schadensersatz in Anspruch genommen werden könnten und es so viele Unsicherheiten bezüglich der Rechtslage gibt, sind einige Grundkenntnisse unbedingt erforderlich, um die Risiken wenigstens so gut es geht zu minimieren. Dies gilt umso mehr, als dass das bestehende Kostenrisiko nicht durch eine betriebliche Rechtsschutzversicherung abgefedert werden kann. Streitigkeiten im Wettbewerbsrecht werden schon seit einigen Jahren aufgrund der hohen Risiken nicht mehr abgedeckt, gleich, für welchen Versicherungsanbieter Sie sich entscheiden.

Das deutsche Wettbewerbsrecht galt im internationalen Vergleich als besonders restriktiv mit den entsprechenden Nachteilen für deutsche Unternehmen gegenüber ausländischen Wettbewerbern, die keine vergleichbar strengen Regeln kannten. Im Zuge einer Modernisierung sind bereits im Jahre 2001 das Rabattgesetz und die Zugabeverordnung abgeschafft worden. Das UWG ist ebenfalls überarbeitet worden. Es bietet Unternehmern seit 2004 etwas mehr Freiheiten in der Werbung und eine verbesserte Transparenz.

Eine weitere Änderung ist zum 30. 12. 2008 in Kraft getreten. Das erste Gesetz zur Änderung des Gesetzes gegen den unlauteren Wettbewerb wurde vor allem zu der Umsetzung der Richtlinie 2005/29/EG des Europäischen Parlaments und des Rates von 11. Mai 2005 über unlautere Geschäftspraktiken im binnenmarktinternen Geschäftsverkehr zwischen Unternehmen und Verbrauchern erlassen.

Im Zuge der UWG-Novelle 2004 sind im Kern folgende Änderungen in Kraft getreten:

- Der Verbraucherschutz wird ausdrücklich im Gesetz erwähnt. Allerdings waren die Belange der Allgemeinheit, der Wettbewerber (Konkurrenten) und auch der Verbraucher schon bisher durch das UWG – oder besser durch die Rechtsprechung hierzu – geschützt. Die schon bislang geltende Rechtsprechung wird nun im Grunde nur in das Gesetz aufgenommen. Der Verbraucher wird aber, wie schon bisher, keine eigenen Ansprüche aus dem UWG herleiten können, weil nur Wettbewerber (Konkurrenten) und bestimmte Institutionen wie z. B. die Verbraucher-verbände klageberechtigt sind.

- Die Regeln zu den Sonderveranstaltungen wie z. B. Schlussverkäu-fen, Räumungsverkäufen und Jubiläumsveranstaltungen wurden ersatzlos gestrichen. Sonderveranstaltungen werden demnach das ganze Jahr über grundsätzlich möglich sein. Sie unterliegen aber dennoch dem in § 5 UWG geregelten Verbot der Irreführung. Eine solche Irreführung wird vermutet, wenn mit Preissenkungen geworben wird, ohne dass der ursprüngliche Preis tatsächlich eine angemessene Zeit verlangt worden wäre.

- Den klageberechtigten Verbänden wird unter bestimmten Vo-raussetzungen ein so genannter „Gewinnabschöpfungsanspruch" zugestanden. Haben sich Unternehmen durch unlautere (Werbe-) Methoden auf Kosten der Verbraucher bereichert, sollen sie von den erzielten Gewinnen nicht noch profitieren – unlautere Me-thoden sollen sich also nicht mehr lohnen.

- Die ursprünglich in § 1 UWG geregelte „Generalklausel" (Verbot der Sittenwidrigkeit) bleibt auch künftig als Kernstück des UWG enthalten – in Form des § 3 UWG (Verbot unlauteren Wettbe-werbs). Auch das Verbot irreführender Werbung bleibt weiterhin bestehen.

Das alte" UWG regelte diese Verbote nur in wenigen Sätzen. Das „neue" UWG sorgt für mehr Transparenz. Die im Laufe der Jahre und Jahrzehnte durch die Rechtsprechung entwickelten „Fallgrup-pen" der Sittenwidrigkeit und der Irreführung sind nun beispielhaft im Gesetz aufgeführt.

Wegen der oben genannten EU-Richtlinie waren weitere Schritte in Richtung eines besseren Verbraucherschutzes erforderlich. Das UWG enthät inzwischen Handlungen, die per se´ stets verboten sind. Diese sind als Anhang zu § 3 UWG (Verbot unlauterer ge-schäftlicher Handlungen) im Gesetz aufgelistet.

Gemäß der „schwarzen Liste" sind die folgenden Handlungen auf jeden Fall verboten:

Unzulässige geschäftliche Handlungen im Sinne des § 3 Abs. 3 UWG sind

1. die unwahre Angabe eines Unternehmers, zu den Unterzeichnern eines Verhaltenskodexes zu gehören;
2. die Verwendung von Gütezeichen, Qualitätskennzeichen oder Ähnlichem ohne die erforderliche Genehmigung;
3. die unwahre Angabe, ein Verhaltenskodex sei von einer öffentlichen oder anderen Stelle gebilligt;
4. die unwahre Angabe, ein Unternehmer, eine von ihm vorgenommene geschäftliche Handlung oder eine Ware oder Dienstleistung sei von einer öffentlichen oder privaten Stelle bestätigt, gebilligt oder genehmigt worden, oder die unwahre Angabe, den Bedingungen für die Bestätigung, Billigung oder Genehmigung werde entsprochen;
5. Waren- oder Dienstleistungsangebote im Sinne des § 5a Abs. 3 zu einem bestimmten Preis, wenn der Unternehmer nicht darüber aufklärt, dass er hinreichende Gründe für die Annahme hat, er werde nicht in der Lage sein, diese oder gleichartige Waren oder Dienstleistungen für einen angemessenen Zeitraum in angemessener Menge zum genannten Preis bereitzustellen oder bereitstellen zu lassen (Lockangebote). Ist die Bevorratung kürzer als zwei Tage, obliegt es dem Unternehmer, die Angemessenheit nachzuweisen;
6. Waren- oder Dienstleistungsangebote im Sinne des § 5a Abs. 3 zu einem bestimmten Preis, wenn der Unternehmer sodann in der Absicht, stattdessen eine andere Ware oder Dienstleistung abzusetzen, eine fehlerhafte Ausführung der Ware oder Dienstleistung vorführt oder sich weigert zu zeigen, was er beworben hat, oder sich weigert, Bestellungen dafür anzunehmen oder die beworbene Leistung innerhalb einer vertretbaren Zeit zu erbringen;
7. die unwahre Angabe, bestimmte Waren oder Dienstleistungen seien allgemein oder zu bestimmten Bedingungen nur für einen sehr begrenzten Zeitraum verfügbar, um den Verbraucher zu einer sofortigen geschäftlichen Entscheidung zu veranlassen, ohne dass dieser Zeit und Gelegenheit hat, sich auf Grund von Informationen zu entscheiden;
8. Kundendienstleistungen in einer anderen Sprache als derjenigen, in der die Verhandlungen vor dem Abschluss des Geschäfts geführt worden sind, wenn die ursprünglich verwendete Sprache nicht Amtssprache des Mitgliedstaats ist, in dem der Unternehmer niedergelassen ist; dies gilt nicht, soweit Verbraucher vor dem Abschluss des Geschäfts darüber aufgeklärt werden, dass diese Leistungen in einer anderen als der ursprünglich verwendeten Sprache erbracht werden;
9. die unwahre Angabe oder das Erwecken des unzutreffenden Eindrucks, eine Ware oder Dienstleistung sei verkehrsfähig;

10. die unwahre Angabe oder das Erwecken des unzutreffenden Eindrucks, gesetzlich bestehende Rechte stellten eine Besonderheit des Angebots dar;

11. der vom Unternehmer finanzierte Einsatz redaktioneller Inhalte zu Zwecken der Verkaufsförderung, ohne dass sich dieser Zusammenhang aus dem Inhalt oder aus der Art der optischen oder akustischen Darstellung eindeutig ergibt (als Information getarnte Werbung);

12. unwahre Angaben über Art und Ausmaß einer Gefahr für die persönliche Sicherheit des Verbrauchers oder seiner Familie für den Fall, dass er die angebotene Ware nicht erwirbt oder die angebotene Dienstleistung nicht in Anspruch nimmt;

13. Werbung für eine Ware oder Dienstleistung, die der Ware oder Dienstleistung eines Mitbewerbers ähnlich ist, wenn dies in der Absicht geschieht, über die betriebliche Herkunft der beworbenen Ware oder Dienstleistung zu täuschen;

14. die Einführung, der Betrieb oder die Förderung eines Systems zur Verkaufsförderung, das den Eindruck vermittelt, allein oder hauptsächlich durch die Einführung weiterer Teilnehmer in das System könne eine Vergütung erlangt werden (Schneeball- oder Pyramidensystem);

15. die unwahre Angabe, der Unternehmer werde demnächst sein Geschäft aufgeben oder seine Geschäftsräume verlegen;

16. die Angabe, durch eine bestimmte Ware oder Dienstleistung ließen sich die Gewinnchancen bei einem Glücksspiel erhöhen;

17. die unwahre Angabe oder das Erwecken des unzutreffenden Eindrucks, der Verbraucher habe bereits einen Preis gewonnen oder werde ihn gewinnen oder werde durch eine bestimmte Handlung einen Preis gewinnen oder einen sonstigen Vorteil erlangen, wenn es einen solchen Preis oder Vorteil tatsächlich nicht gibt, oder wenn jedenfalls die Möglichkeit, einen Preis oder sonstigen Vorteil zu erlangen, von der Zahlung eines Geldbetrags oder der Übernahme von Kosten abhängig gemacht wird;

18. die unwahre Angabe, eine Ware oder Dienstleistung könne Krankheiten, Funktionsstörungen oder Missbildungen heilen;

19. eine unwahre Angabe über die Marktbedingungen oder Bezugsquellen, um den Verbraucher dazu zu bewegen, eine Ware oder Dienstleistung zu weniger günstigen Bedingungen als den allgemeinen Marktbedingungen abzunehmen oder in Anspruch zu nehmen;

20. das Angebot eines Wettbewerbs oder Preisausschreibens, wenn weder die in Aussicht gestellten Preise noch ein angemessenes Äquivalent vergeben werden;

21. das Angebot einer Ware oder Dienstleistung als „gratis", „umsonst", „kostenfrei" oder dergleichen, wenn hierfür gleichwohl Kosten zu tragen sind; dies gilt nicht für Kosten, die im Zusammenhang mit dem Eingehen auf das

Waren- oder Dienstleistungsangebot oder für die Abholung oder Lieferung der Ware oder die Inanspruchnahme der Dienstleistung unvermeidbar sind;

22. die Übermittlung von Werbematerial unter Beifügung einer Zahlungsaufforderung, wenn damit der unzutreffende Eindruck vermittelt wird, die beworbene Ware oder Dienstleistung sei bereits bestellt;

23. die unwahre Angabe oder das Erwecken des unzutreffenden Eindrucks, der Unternehmer sei Verbraucher oder nicht für Zwecke seines Geschäfts, Handels, Gewerbes oder Berufs tätig;

24. die unwahre Angabe oder das Erwecken des unzutreffenden Eindrucks, es sei im Zusammenhang mit Waren oder Dienstleistungen in einem anderen Mitgliedstaat der Europäischen Union als dem des Warenverkaufs oder der Dienstleistung ein Kundendienst verfügbar;

25. das Erwecken des Eindrucks, der Verbraucher könne bestimmte Räumlichkeiten nicht ohne vorherigen Vertragsabschluss verlassen;

26. bei persönlichem Aufsuchen in der Wohnung die Nichtbeachtung einer Aufforderung des Besuchten, diese zu verlassen oder nicht zu ihr zurückzukehren, es sei denn, der Besuch ist zur rechtmäßigen Durchsetzung einer vertraglichen Verpflichtung gerechtfertigt;

27. Maßnahmen, durch die der Verbraucher von der Durchsetzung seiner vertraglichen Rechte aus einem Versicherungsverhältnis dadurch abgehalten werden soll, dass von ihm bei der Geltendmachung seines Anspruchs die Vorlage von Unterlagen verlangt wird, die zum Nachweis dieses Anspruchs nicht erforderlich sind, oder dass Schreiben zur Geltendmachung eines solchen Anspruchs systematisch nicht beantwortet werden;

28. die in eine Werbung einbezogene unmittelbare Aufforderung an Kinder, selbst die beworbene Ware zu erwerben oder die beworbene Dienstleistung in Anspruch zu nehmen oder ihre Eltern oder andere Erwachsene dazu zu veranlassen;

29. die Aufforderung zur Bezahlung nicht bestellter Waren oder Dienstleistungen oder eine Aufforderung zur Rücksendung oder Aufbewahrung nicht bestellter Sachen, sofern es sich nicht um eine nach den Vorschriften über Vertragsabschlüsse im Fernabsatz zulässige Ersatzlieferung handelt, und

30. die ausdrückliche Angabe, dass der Arbeitsplatz oder Lebensunterhalt des Unternehmers gefährdet sei, wenn der Verbraucher die Ware oder Dienstleistung nicht abnehme.

Diese „schwarze Liste" beinhaltet *stets* verbotene Handlungen. Das heißt im Umkehrschluss jedoch nicht, dass nicht gelistete Handlungen ohne Weiteres erlaubt sind. Unter Beachtung der so genannten „Bagatellklausel" in § 3 Abs. 1 UWG sind unlautere Handlungen aber auch nicht per se' verboten. Das sind sie nur dann, „wenn sie geeignet sind, die Interessen von Mitbewerbern, Verbrauchern oder sonstigen Marktteilnehmern spürbar zu beeinträchtigen." Im Folgenden konkretisiert der Gesetzestext dann noch etwas weiter, aber von Rechtssicherheit im Wettbewerbsrecht kann auch in Zukunft nicht die Rede sein. Wie bisher soll auch künftig das Wettbewerbsrecht durch die Rechtsprechung weiterentwickelt werden. Insbesondere die neuen Medien (Internet) und deren rasante Entwicklung werden immer wieder zu neuen Problemstellungen führen, die dann im konkreten Einzelfall zu beurteilen sind. Was über die „schwarze Liste" hinaus als unlauter anzusehen ist, muss ggf. auch in Zukunft individuell im Falle eines Rechtsstreits entschieden werden.

Noch komplizierter wird die Angelegenheit durch das Europa-Recht, konkret durch die seit Ende 2008 abgeschlossene Umsetzung der EU-Richtlinie 2005/29/EG über unlautere

Geschäftspraktiken. Entscheidend ist also nicht allein deutsches Recht, sondern auch die Rage der Vereinbarkeit nationaler Regeln mit EU-Recht. Der Europäische Gerichtshof (EUGH) hat z. B. in einem ersten Urteil dem nationalen, generellen Verbot eine Absage erteilt, die Teilnahme an einem Gewinnspiel von dem Kauf eines Produktes abhängig zu machen (Urteil vom 14. 1. 2010, Az. C-304/08 – Plus Warenhandelsgesellschaft).

In einer rechtlichen Bewertung dazu heißt es im Deutschen Anwalt-Spiegel (Ausgabe 05 v. 10. März 2010):

> „Die materiell-rechtliche Kernfrage, ob Kopplungsgeschäfte im Zusammenhang mit Gewinnspielen grundsätzlich gegen die Generalklausel der Richtlinie in Art. 5 verstoßen, lässt der EuGH unbeantwortet. Er bleibt bei der Feststellung stehen, dass nationale Regelungen, die keine Einzelfallprüfung zulassen, nicht in Übereinstimmung mit den Vorgaben der Richtlinie stehen. Es kann allerdings aus diesem Ergebnis geschlossen werden, dass der EuGH grundsätzlich jedwede Kopplungsgeschäfte als zulässig betrachtet. Wären sie nach Auffassung des EuGH grundsätzlich unzulässig, hätte es nahegelegen, dem nationalen Gesetzgeber in konkretisierender Umsetzung der Richtlinie die Einführung eines ausdrücklichen Verbots zu ermöglichen. Für die Werbewirtschaft lässt sich der Entscheidung daher das erfreuliche Ergebnis entnehmen, dass die Vermarktung von Produkten mit Hilfe einer Gewinnspielwerbung noch flexibler und weitergehend möglich ist als zuvor."

Im Ergebnis läuft es immer auf eine Einzelfallprüfung hinaus. Existenzgründer können also nicht viel mehr tun, als sich im Vorfeld zumindest in Grundzügen über das geltende Recht zu informieren und ein wenig rechtliches „Fingerspitzengefühl" zu entwickeln. Dazu soll dieser Ratgeber beitragen. Bestimmte Aktivitäten wurden immer wieder als wettbewerbswidrig eingestuft und sind relativ klar geregelt. Zumindest in diesen Bereichen kann jeder Werbetreibende eine gewisse Vorsicht walten lassen, um möglichst nicht in unangenehme, teure oder sogar existenziell bedrohliche Wettbewerbsstreitigkeiten verwickelt zu werden. Gänzlich ausschließen kann dieses Risiko aber auch bei größter Vorsicht niemand – es sei denn, auf Werbung wird vollständig verzichtet. In diesem Fall kann Ihnen wettbewerbsrechtlich fast nichts passieren, weil Sie keine oder kaum „geschäftliche Handlungen" im Sinne des § 2 UWG vornehmen. Es kann Ihnen aber auch kaum passieren, dass Sie geschäftlich erfolgreich werden, weil niemand von Ihrem Angebot erfahren wird.

Der Begriff der „geschäftlichen Handlung" ersetzt den früheren Begriff der „Wettbewerbshandlung". Was auf den ersten Blick unbedeutend erscheinen mag, ist für Existenzgründer und Unternehmer dennoch wichtig. Mit dem neuen Begriff wird klar gestellt, dass der Anwendungsbereich nicht mit dem Geschäftsabschluss endet. Vielmehr werden nun Handlungen vor, während und *nach* Vertragsabschluss erfasst.

Für Existenzgründer hat es nicht oberste Priorität, jegliches Risiko zu vermeiden, sondern Kunden zu gewinnen und zu binden. Die rechtlichen Risiken gilt es so gut wie möglich zu minimieren. Die weiter unten aufgeführten Beispiele sollen Ihnen bei der Einschätzung helfen, welche Werbemaßnahmen mit Vorsicht zu genießen sind und wo eventuell weiterer Klärungsbedarf besteht.

Das UWG regelt das Handeln im geschäftlichen Verkehr und klärt in dem neuen § 2 UWG bestimmte Begriffe wie z. B. den der „Mitbewerber". Dies ist interessant, weil Mitbewerber klageberechtigt sind. Erhalten Sie also eine Abmahnung, ist diese schon ernst zu nehmen, aber es ist auch zu prüfen, ob der Versender überhaupt dazu berechtigt ist – entweder weil er als Institution (z. B. Verbraucherverband) ein eigenständiges Klagerecht hat oder weil er Wettbewerber ist.

Wettbewerber sind nicht nur die offensichtlichen Konkurrenten, die vergleichbare Angebote vorhalten, sondern durch bestimmte Aktionen kann man sich auch in Wettbewerb zu Anbietern anderer Branchen setzen. Das wohl bekannteste Beispiel aus der Praxis ist die Werbung „Statt Blumen – Onko Kaffee". Durch eine solche Werbeaussage entsteht Wettbewerb zwischen Anbietern, die nicht derselben Branche angehören – die Verbraucher sollen anstelle von Blumen lieber einen bestimmten Kaffee kaufen. Nun ist es rechtlich nicht problematisch, sich in Wettbewerb zu anderen Anbietern zu setzen, es kommt nur darauf an, in welcher Weise dies geschieht.

Achten Sie also bei Ihrer Marketingplanung auch darauf, zu welchen Anbietern Sie sich in Wettbewerb setzen und wie hoch der Wettbewerbsdruck ist. In stark umkämpften Bereichen werden die Wettbewerber natürlich besonders genau die Maßnahmen ihrer Konkurrenten „im Auge behalten" und eventuell versuchen, diese schnell zu unterbinden.

Wichtig ist auch der neue § 5a UWG, der die so genannte „Irreführung durch Unterlassen" regelt. Konkret geht es um bestimmte, nicht abschließende Informationspflichten gegenüber potenziellen Geschäftskunden und Verbrauchern. Es handelt sich zum Teil um Informationspflichten, die schon aufgrund anderer Regelungen bestehen. Als wesentlich im Sinne dieses Paragrafen werden angesehen:

> „…
> 1. alle wesentlichen Merkmale der Ware oder Dienstleistung in dem dieser und dem verwendeten Kommunikationsmittel angemessenen Umfang;
> 2. die Identität und Anschrift des Unternehmers, gegebenenfalls die Identität und Anschrift des Unternehmers, für den er handelt;
> 3. der Endpreis oder in Fällen, in denen ein solcher Preis auf Grund der Beschaffenheit der Ware oder Dienstleistung nicht im Voraus berechnet werden kann, die Art der Preisberechnung sowie gegebenenfalls alle zusätzlichen Fracht-, Liefer- und Zustellkosten oder in Fällen, in denen diese Kosten nicht im Voraus berechnet werden können, die Tatsache, dass solche zusätzlichen Kosten anfallen können;

4. Zahlungs-, Liefer- und Leistungsbedingungen sowie Verfahren zum Umgang mit Beschwerden, soweit sie von Erfordernissen der fachlichen Sorgfalt abweichen, und

5. das Bestehen eines Rechts zum Rücktritt oder Widerruf.

(4) Als wesentlich im Sinne des Absatzes 2 gelten auch Informationen, die dem Verbraucher auf Grund gemeinschaftsrechtlicher Verordnungen oder nach Rechtsvorschriften zur Umsetzung gemeinschaftsrechtlicher Richtlinien für kommerzielle Kommunikation einschließlich Werbung und Marketing nicht vorenthalten werden dürfen."

Mit der Neuregelung soll gewährleistet werden, dass Käufer alle für sie wesentlichen Informationen rechtzeitig bekommen. Das Bundesministerium für Justiz führte als Beispiel für einen Verstoß an, dass ein Gartencenter exotische Pflanzen für den Garten verkauft ohne darauf hinzuweisen, dass diese nicht in den heimischen Garten gepflanzt werden dürfen.

Fälle von Wettbewerbswidrigkeit aus der Praxis

Sofern die Marketingmaßnahmen geeignet sind, den Verbraucher durch Ausübung von Druck oder unsachlichen Einfluss in seiner Entscheidungsfreiheit zu beeinflussen, handelt es sich um unlauteren Wettbewerb. Nun werden Sie wohl kaum bewusst planen, Ihre Kunden durch Druck zum Kaufabschluss zu bewegen und dennoch können Sie die Grenzen des Wettbewerbsrechts schnell überschreiten, wenn auch ohne Absicht. Der Grad zwischen erlaubter Beeinflussung des Kunden zu Marketingzwecken und der Beeinträchtigung der Entscheidungsfreiheit ist äußerst schmal. Selbstverständlich ist es das erklärte Ziel der Werbung und Verkaufsförderung, den Kunden im Sinne des Unternehmens in seiner Kaufentscheidung zu beeinflussen – nur darf dies nicht mit unlauteren Methoden erfolgen. Der Werbetreibende soll mit der Qualität seines Angebots überzeugen. Er darf auch nicht mit seinen Marketingmaßnahmen in die Irre führen, gegen Gesetze verstoßen oder den Wettbewerb behindern. Das Spektrum der möglichen und in der Praxis bereits festgestellten Wettbewerbsverstöße ist nahezu unerschöpflich. Daher können im Folgenden nur einige Möglichkeiten angesprochen werden.

Kaufzwang

Von Kaufzwang redet man, wenn der Kunde gegen seinen (wahren) Willen zum Kauf „gedrängt" wird. Es versteht sich von selbst, dass körperlicher Zwang nicht erlaubt ist. Weniger selbstverständlich ist aber die Tatsache, dass auch schon „psychologischer Kaufzwang" ausreicht. Auch hier sind die Grenzen vom erlaubten zum wettbewerbswidrigen Handeln wieder fließend. Die psychologische Beeinflussung der Kunden ist fester Bestandteil vieler Werbemaßnahmen und nicht in jedem Fall sittenwidrig im Sinne des Wettbewerbsrechts. Der Kunde soll jedoch frei entscheiden können, ob er ein bestimmtes Geschäft abschließt oder nicht.

Diese Entscheidungsfreiheit könnte bereits durch bestimmte Gratisangebote, Gutscheine, Gewinnspiele oder Ähnliches beeinträchtigt werden. Diese sind nicht grundsätzlich wettbewerbswidrig, sondern es ist jeweils der konkrete Einzelfall zu betrachten. So hat beispielsweise ein Friseur ein Würfelspiel veranstaltet und den Gewinnern kostenlos das Haar geföhnt. Die „Zentrale zur Bekämpfung des unlauteren Wettbewerbs e. V." (Wettbewerbszentrale) sah hierin einen unzulässigen Kaufzwang und ist gerichtlich gegen diese Art der Werbung vorgegangen – mit Erfolg. Weil es vielen Kunden „peinlich" ist, ausschließlich Gratisleistungen in Anspruch zu nehmen, wird oftmals „anstandshalber" wenigstens eine Kleinigkeit gekauft. Hierbei handelt es sich um psychologischen Kaufzwang, weil der Kunde die gekaufte „Kleinigkeit" nicht aus sachlichen Gründen kauft – etwa weil die Qualität so gut ist –, sondern er fühlt sich aus einem Anstandsgefühl heraus verpflichtet. Natürlich gibt es auch Kunden, die regelmäßig auf „Schnäppchenjagd" gehen und denen dies alles andere als peinlich ist. Das ist aber nicht die Mehrheit und auf vereinzelte Verbraucher kommt es hier nicht an.

Übertriebenes Anlocken

Es ist selbstverständlich, dass durch Werbemaßnahmen Kunden angelockt werden sollen. Die Grenzen vom erlaubten „Anlocken" zum wettbewerbswidrigen Verhalten sind wiederum fließend. So gilt etwa ein Gutschein oder ein Geschenk als übertriebenes Anlocken, wenn der Verbraucher hierdurch derart beeinflusst wird, dass er aufgrund des starken Kaufanreizes die Konkurrenzangebote erst gar nicht mehr prüft, sondern nur noch daran interessiert ist, in den Genuss des Werbemittels zu kommen. Wann dies der Fall ist, muss – wie immer – im konkreten Einzelfall entschieden werden. Wie ungewiss der Ausgang eines Rechtsstreits sein kann, zeigt der folgende **Fall:**

Ein Versandhandelsunternehmen verschickte an seine Kunden zu deren Geburtstag jeweils einen Gutschein im Wert von seinerzeit 10 DM. Der Gutschein konnte nur innerhalb von 14 Tagen im Rahmen einer Bestellung zum Mindestwert von 80 DM eingelöst werden.
Der klagende Wettbewerbsverein hat diese Werbung beanstandet, weil sie u. a. ein übertriebenes Anlocken beinhalte und somit sittenwidrig sei. Das beklagte Versandhaus sollte die Werbung künftig unterlassen und eine Abmahnkostenpauschale in Höhe von 290 DM nebst Zinsen entrichten. Das Landgericht Karlsruhe hatte zunächst die Werbung ebenfalls als übertriebenes Anlocken verstanden und dem klagenden Verein im Wesentlichen Recht gegeben. Die Berufung des Versandhändlers blieb ohne Erfolg.

In letzter Instanz hat der Bundesgerichtshof mit seiner Entscheidung vom 18. 12. 2003 (Az.: I ZR84/01) für Klarheit gesorgt. Die Werbung wurde nicht als übertriebenes Anlocken angesehen. In einem nahezu identischen Fall hatte der BGH bereits am 22. 5. 2003 (Az.: I ZR8/01) entschieden, dass eine solche Werbung kein übertriebenes Anlocken darstelle. Der Gutschein sei ein Preisnachlass beim Wareneinkauf und dies könne der verständige Verbraucher auch erkennen, so der BGH. Eine Anlockwirkung aufgrund eines besonders günstigen Preises könne nicht wettbewerbswidrig sein, sondern sei nur die gewollte Folge des Leistungswettbewerbs.

Auch hier hatte zuvor das Landgericht der Klage des Wettbewerbsvereins stattgegeben. Das Landgericht sah in der Werbung ein übertriebenes Anlocken. Das Angebot richte sich in erheblichem Umfang auch an die Bezieher niedriger Einkommen. Diese würden durch den Gutschein über 10 DM derart unsachlich beeinflusst, dass die Kaufentscheidung nicht mehr aufgrund des Preis-, Qualitäts- oder Leistungsangebots getroffen würde, sondern um das „Geldgeschenk" zu realisieren, so das Landgericht.

Ein aktuelleres Beispiel einer Rechtsstreitigkeit zum „Übertriebenen Anlocken" ist der Einsatz so genannter „Stummer Verkäufer", wozu sich der BGH wie folgt geäußert hat:

> „Der Absatz von Tageszeitungen über ungesicherte Verkaufshilfen (stumme Verkäufer) ist selbst bei erheblichem Schwund weder unter dem Gesichtspunkt einer unzulässigen Beeinträchtigung der Kaufinteressenten noch unter dem Gesichtspunkt einer allgemeinen Marktbehinderung wettbewerbswidrig ... "

In einem Online-Kommentar heißt es dazu unter Berücksichtigung des EU-Rechts:

> „BGH, Urt. v. 29. 10. 2009, I ZR 180/07, Tz. 17 – Stumme Verkäufer II
> Die Grenze zur Unlauterkeit ist nach § 4 Nr. 1 UWG erst dann überschritten, wenn eine geschäftliche Handlung geeignet ist, die Rationalität der Nachfrageentscheidung der angesprochenen Marktteilnehmer vollständig in den Hintergrund treten zu lassen (st. Rspr.). Unter dem geltenden, die Vorgaben der Richtlinie 2005/29/EG über unlautere Geschäftspraktiken berücksichtigenden Recht kann zudem darauf abgestellt werden, dass eine Beeinträchtigung der Entscheidungsfreiheit des Verbrauchers i. S. des § 4 Nr. 1 UWG nur dann gegeben ist, wenn der Handelnde diese Freiheit durch Belästigung oder durch unzulässige Beeinflussung i. S. des Art. 2 lit. j der Richtlinie erheblich beeinträchtigt (Köhler in Köhler/Bornkamm, UWG, 28. Aufl., § 4 Rdn. 1.7b)."
> Quelle: www.omels.info

In einem weiteren Fall hat der BGH hat mit Urteil vom 22. Januar 2009 – I ZR 31/06 entschieden:

> „Die Werbung, jeder 100. Kunde erhalte seinen Einkauf gratis, stellt keine unangemessene unsachliche Beeinflussung des Durchschnittsverbrauchers dar, weil die Rationalität seiner Kaufentscheidung auch dann nicht völlig in den Hintergrund tritt, wenn er im Hinblick auf die angekündigte Chance eines Gratiseinkaufs möglichst viel einkauft ... ."

Belästigung

Die Fallgruppe der unzumutbaren Belästigung hat verschiedene Erscheinungsformen, wovon seit 2004 einige im § 7 UWG ausdrücklich genannt werden. Bereits vorher sind aber die unten genannten

Maßnahmen schon von der Rechtsprechung immer wieder als wettbewerbswidrig angesehen worden und werden es auch weiterhin sein. Es handelt sich im Gesetzestext jedoch um keine abschließende Aufzählung.

Folgende Maßnahmen sind z. B. als unzumutbare Belästigung anzusehen:

■ Zustellung von bestimmter Werbung, durch die ein Verbraucher „hartnäckig" angesprochen wird, obwohl der Empfänger diese erkennbar nicht wünscht. Sie ahnen es wohl schon: Was „hartnäckig" genau bedeutet, ist wiederum durch die Rechtsprechung auszulegen;

■ Telefonische Werbung bei Verbrauchern, ohne deren vorherige, ausdrückliche Einwilligung (jedermann weiß, dass diese Art der Werbung an der Tagesordnung ist – nichtsdestotrotz gilt sie als Belästigung und stört ja tatsächlich auch sehr oft die Privatsphäre – vor allem, weil einige Werbetreibende bevorzugt in den Abendstunden ihre Produkte oder Leistungen anpreisen),

■ Telefonische Werbung bei sonstigen Marktteilnehmern (z. B. potenzielle Geschäftskunden) ohne deren ausdrückliche oder zumindest mutmaßliche Einwilligung.

■ Werbung per Fax, E-Mail oder mittels automatischer Anrufmaschinen, ohne dass eine Einwilligung vorliegt (Ausnahmen regelt § 7 Absatz 3 UWG),

■ Werbung mit (elektronischen) Nachrichten (z. B. SMS) (hier muss zumindest die Identität des Absenders klar werden und die Möglichkeit bestehen, die Werbung abzubestellen, ohne dass erhöhte Kosten für die Übermittlung der „Abbestellung" anfallen).

Zwei Urteile präzisieren noch einmal die vergleichsweise hohen Anforderungen an die Zustimmung zu telefonischer und elektronischer Werbung. Danach darf potenziellen Kunden keine Einwilligung z. B. auf Coupons oder Gewinnspielkarten „untergeschoben" werden. Der VZBV (Verbraucherzentrale Bundesverband) berichtet auf seiner Homepage: „Der Bestellcoupon der Berliner Morgenpost enthielt für Werber eines neuen Abonnenten neben der anzukreuzenden Werbeprämie eine vorformulierte Einwilligungserklärung. Darin erklärte sich der Kunde damit einverstanden, dass die Zeitung seine Daten für Werbezwecke nutzt, sie von Dritten verarbeiten lässt und er schriftlich, per Telefon und E-Mail über weitere Angebote des Springer-Verlags informiert werde. Fast die gleiche Klausel stand in einem Teilnahmecoupon für ein Gewinnspiel der Welt am Sonntag.

Die Richter sahen darin Verstöße gegen das Wettbewerbsrecht und das Bundesdatenschutzgesetz. Danach sind Einwilligungsklauseln zur Weitergabe persönlicher Daten nur zulässig, wenn sie vom übrigen Text deutlich hervorgehoben sind. Sie müssen außerdem klar beschreiben, von wem die Daten für welche Zwecke verarbeitet und genutzt werden. Für Telefon- und E-Mail-Werbung reicht eine untergeschobene Erklärung in keinem Fall aus. Diese Werbung ist nur erlaubt, wenn der Kunde eine gesonderte Einwilligungserklärung unterschreibt oder durch Ankreuzen eines Kästchens aktiv zustimmt."

Die telefonische Werbung ist also nur höchst eingeschränkt erlaubt. Nichtsdestotrotz leben viele Dienstleister – z. B. im Bereich Telefonmarketing – ganz gut davon. Sie lassen sich häufig von ihren Auftraggebern schriftlich bestätigen, dass diese die Adressen und Telefonnummern stellen und die Kunden ihr Einverständnis mit der telefonischen Werbung erklärt haben. Dies stimmt jedoch erfahrungsgemäß nur in wenigen Fällen. Häufig gehört es gerade auch zu den Dienstleistungen der Anbieter, dass sie entsprechend qualifiziertes Adressmaterial besorgen. Offensichtlich ist die Gefahr von Abmahnungen hier vergleichsweise gering, weil nur die wenigsten Angerufenen den Aufwand betreiben, sich zu beschweren. So berichtet Markus – ein Telefonmarketinganbieter: „Ich bin nun seit mehr als 4 Jahren in diesem Geschäft tätig und rufe im Namen meiner Auftraggeber fast ausschließlich potenzielle Kunden ohne deren Einverständnis an. Bisher wurde ich erst einmal abgemahnt, was mich seinerzeit ca. 100 DM gekostet hat. Das war es mir wert, schließlich lebe ich ansonsten ganz gut davon."

Auch Anbieter von Versicherungsleistungen haben z. B. kaum eine Chance, sich von dieser wettbewerbswidrigen Werbung loszusagen. Was hilft es, wenn sich ein vereinzelter Anbieter an geltendes Recht hält und in der Konsequenz zusehen muss, wie seine Konkurrenten Geld verdienen, er selbst als gesetzestreuer Unternehmer aber wirtschaftlich „auf der Strecke" bleibt? So lange bestimmte Verbote nicht wirksam kontrolliert und auf breiter Front durchgesetzt werden können, bleibt vielen Unternehmern kaum eine andere Möglichkeit, als sich derselben wettbewerbswidrigen Werbeformen zu bedienen wie die Konkurrenz, wenn sie auch weiterhin am Markt bestehen wollen.

Auch das „Ansprechen auf öffentlichen Straßen" kann eine Belästigung darstellen, wenn der Angesprochene sich dem Gespräch nicht ohne weiteres entziehen kann. Es besteht in diesem Fall immer die Möglichkeit, dass er nicht aus sachlichen Gründen einen Vertrag unterschreibt oder ein Produkt kauft, sondern „um Ruhe zu bekommen" und der Belästigung zu entgehen.

Vergleichende Werbung

Bei obigen Beispielen steht hauptsächlich der (potenzielle) Kunde im Mittelpunkt der Betrachtung. Darüber hinaus soll sich der Unternehmer mit unlauteren Methoden auch keinen Vorsprung vor der Konkurrenz verschaffen. Es werden also gleichzeitig auch die Wettbewerber geschützt. Diese dürfen außerdem nicht in ihrem Handeln in unzulässiger Weise behindert werden. Auch die „Behinderung" kennt in der Praxis zahlreiche Erscheinungsformen, die zum Teil nun ausdrücklich unter der Überschrift „Vergleichende Werbung" in § 6 UWG geregelt werden. Vielfach herrscht noch die Meinung vor, vergleichende Werbung sei verboten. Das ist sie aber nur bei Vorliegen weiterer Voraussetzungen (vgl. § 6 UWG). Ein Vergleich muss beispielsweise objektiv nachprüfbar sein. Das wäre er nicht, wenn Sie etwa in Ihrer Werbung behaupten, der „Beste" oder „besser" zu sein. Der „Geschmacksvergleich" zwischen einem „Whopper" (Burger King) und einem Bic Mac (Mc Donald's), aus dem in der Werbung von Burger King der „Whopper" als klarer Sieger hervorging, wurde beispielsweise schon kurz nach Erscheinen der Werbung im Jahre 1998 untersagt. Objektive Preisvergleiche hingegen dürfen angestellt werden. Sie sind ohne Weiteres nachprüfbar.

Durch den Vergleich darf jedoch kein Wettbewerber herabgewürdigt oder verunglimpft werden. Es darf auch kein (i. d. R. guter) Ruf eines Mitbewerbers in unlauterer Weise ausgenutzt und auch eine Verwechslungsgefahr ist zu vermeiden.

Wie sehr es auf die konkrete Wortwahl ankommt, zeigt folgendes **Beispiel:**

> Während der allseits bekannte Werbespruch „Ich bin doch nicht blöd" vor Gericht nicht als Herabwürdigung der Konkurrenz angesehen wurde, lag die Sache anders bei der Werbeaussage „Xtra woanders kaufen ist blöd". Im ersten Fall ging es nach Auffassung des Gerichts nicht darum zu behaupten, wer bei der Konkurrenz kaufe sei blöd, sondern es handele sich lediglich um einen Kaufappell, etwa in der Art: „Sei nicht blöd, kauf bei uns ein." Im zweiten Fall wurde hingegen durch die Wörter „woanders kaufen" direkt auf die Konkurrenz Bezug genommen.

Dies ist sicher richtig, macht aber auch deutlich, wie fließend die Grenzen immer noch sind.

Irreführung

Das Wettbewerbsrecht regelt darüber hinaus das Verbot der Irreführung; in § 5 UWG geht es um das „Tun", konkret um „Irreführende geschäftliche Handlungen" wie z. B. das Täuschen über wesentliche Merkmale einer Ware. In § 5a UWG geht es um das „Unterlassen" („Irreführung durch Unterlassen") wie z. B. das Verschweigen wesentlicher Merkmale.

Mitunter verstößt eine Marketingmaßnahme gleich in mehrfacher Hinsicht gegen das Wettbewerbsrecht. Es könnte beispielsweise eine Irreführung im Sinne des § 5 und/oder 5a UWG und gleichzeitig eine unsachliche Beeinflussung des Verbrauchers vorliegen. Eine Irreführung über den Preis der Ware liegt beispielsweise vor, wenn Ware als im Preis herabgesetzt gekennzeichnet wird, obwohl der angebliche Ursprungspreis nie oder nur sehr kurze Zeit ernsthaft verlangt wurde.

Auch diese Art der Werbung funktioniert in der Praxis oft sehr gut. Die Besitzerin einer Münchner Boutique machte beispielsweise regelmäßig hiervon Gebrauch – völlig ohne Unrechtsbewusstsein, weil ihr das Verbot nicht bekannt war. „Ich ‚reduziere' die Ware regelmäßig mit auffälligen Preisschildern, obwohl ich den höheren Preis nie verlangt habe. Das kommt bei den Kunden gut an und die Teile verkaufen sich ausgezeichnet."

In § 5 Abs. 4 UWG heißt es zu einem ähnlichen Sachverhalt:

„Es wird vermutet, dass es irreführend ist, mit der Herabsetzung eines Preises zu werben, sofern der Preis nur für eine unangemessen kurze Zeit gefordert worden ist. Ist streitig, ob und in welchem Zeitraum der Preis gefordert worden ist, so trifft die Beweislast denjenigen, der mit der Preisherabsetzung geworben hat."

Hier handelt es sich um so genannte Lockvogel-Angebote. Dazu zählen unter Umständen z. B. auch besonders attraktive Angebote in Prospekten, die tatsächlich nur in sehr geringer Menge vorhanden sind. Der Verbraucher wird hier mitunter über die Menge der Vorräte in die Irre geführt. Er erwartet, seinen Bedarf befriedigen zu können, kann dies aber tatsächlich oft nicht, weil das beworbene Angebot nicht (mehr) vorrätig ist.

Lockvogel-Angebote

Wer sich als Kunde von einem Lockvogel-Angebot zunächst anlocken lässt, kauft häufig auch dann etwas, wenn das begehrte „Schnäppchen" nicht (mehr) vorrätig ist. Diese Kaufentscheidung beruht dann aber nicht auf sachlichen Erwägungen, denn ursprünglich hatte sich der Kunde ja nur für das Sonderangebot interessiert und ist durch dieses Angebot erst „angelockt" worden. Zu Recht werden Sie nun vielleicht sagen: „Diese Lockvogel-Angebote sind doch gängige Praxis und kommen regelmäßig vor." Das ist richtig, nur erlaubt sind sie dennoch nicht. Wenn aber niemand gegen derartige Angebote vorgeht (z. B. ein Wettbewerber oder Verbraucherverband), kann der Werbetreibende diese Praxis unbehelligt fortsetzen. Mitunter wehren sich Wettbewerber schon deshalb nicht, weil sie selbst regelmäßig mit ähnlichen Mitteln werben. Der Verbraucher kann wettbewerbsrechtlich nichts unternehmen.

Wer ein besonders preisgünstiges Angebot bewirbt, muss dafür sorgen, dass die Ware im Zeitpunkt der Werbung auch in ausreichender Menge und für eine angemessene Zeit vorhanden ist. Die Beurteilung der Frage, was „ausreichend" und „angemessen" ist, muss wiederum im Einzelfall erfolgen. Während man früher davon ausging, die beworbene Ware müsse für eine Woche ausreichen, reichten später unter Umständen auch 3 Tage und der neue Gesetzestext enthält im Anhang zu § 3 Abs. 3 UWG Folgendes: „Ist die Bevorratung kürzer als zwei Tage, obliegt es dem Unternehmer, die Angemessenheit nachzuweisen …"

Das bedeutet nicht, dass zwei Tage in jedem Fall angemessen sind. Es bleibt also min. schwierig, sich regelkonform zu verhalten, weil es keine eindeutigen Regeln gibt.

Die obigen Beispiele konnten nur einen kleinen Einblick in das Thema bieten, lassen aber bereits erkennen, dass Marketing immer auch eine gefährliche Gratwanderung im Hinblick auf das Wettbewerbsrecht bedeutet.

Für den Laien ist es kaum abzuschätzen, ob eine Werbemaßnahme bedenklich sein könnte oder nicht. Ihre erste Marketingstrategie und die einzelnen Maßnahmen sollten Sie daher mindestens mit einem fachkundigen Vertreter Ihrer zuständigen Kammer besprechen. Zumindest grobe Fehler und offensichtliche Wettbewerbsverstöße können auf diese Weise vermieden werden.

Links zum Thema

http://www.wettbewerbszentrale.de – Zentrale zur Bekämpfung des unlauteren Wettbewerbs e. V. – u. A. Informationen zu neuen Entscheidungen im Wettbewerbsrecht; http://www.bundesgerichtshof.de – Bundesgerichtshof – u. A. mit den veröffentlichten Urteilen zu den oben erwähnten Einkaufsgutscheinen; http://www.frankfurt-main.ihk.de – IHK Frankfurt am Main – Suchbefriffe: UWG oder UWG-Reform; http://www.deutscheranwaltspiegel.de/ – Onlinemagazin für Recht, Wirtschaft, Steuern; http://www.omsels.info/ – Online-Kommentar zum UWG.

10.6 Abmahner und Absahner im Internet

Die oben erwähnten Beispiele haben bereits einen kleinen Einblick in die „Abmahnpraxis" gewährt. Sie sind aber nur die Spitze des Eisbergs. Die Gefahr von Abmahnungen ist allgegenwärtig – insbesondere, wenn Sie Ihr Unternehmen – in welcher Form auch immer –

im Internet präsentieren. Es reicht aus, einen bestimmten Begriff in eine Suchmaschine einzugeben, und schon präsentieren sich Hunderte von potenziellen Abmahnopfern auf dem Silbertablett – ein lukratives Geschäft für „Abmahnvereine", Arbeit suchende Juristen und andere Spezies.

Man könnte annehmen, die Abmahnung sei eine gute Sache – soll sie doch helfen, Rechtsstreitigkeiten zu vermeiden. Derjenige, der einen (angeblichen) Rechtsverstoß begeht, wird (freundlicherweise) durch die Abmahnung darauf hingewiesen und hat die Möglichkeit, den Verstoß künftig zu unterlassen. Natürlich ist diese Dienstleistung – also der Hinweis auf den Rechtsverstoß – nicht kostenlos zu haben. Allerdings führen Abmahnungen in der Praxis ganz und gar nicht zu einer Ent- sondern vielmehr zu einer verstärkten Belastung der Gerichte. Die Kreativität der Abmahner scheint grenzenlos zu sein und immer wieder werden vermeintliche Rechtsverstöße ausfindig gemacht, an die kaum ein vernünftig denkender Unternehmer auch nur im Traum denkt:

- Wer wähnt sich schon als „Gesetzesbrecher", nur weil seine Internetadresse ein Kfz-Kennzeichen (z. B. „HH" für Hamburg) enthält? Die sich auf eine angeblich patentrechtliche Verletzung stützenden Abmahnungen in großer Anzahl bescherten auch dem Abmahner selbst rechtliche Probleme, weil die Vorwürfe missbräuchlicher Massenabmahnungen und Betrugsversuch in großem Stil im Raum standen.

- Wer lässt sich schon juristisch beraten, bevor er bei Ebay eine gebrauchte Computerzeitschrift mit CD-Rom versteigert? Ein 17-jähriger Schüler hätte dies besser getan. Er wollte arglos bei Ebay einige alte CD verkaufen, die vor der Änderung des Urheberrechts der Zeitschrift „Computerbild" beigelegen hatten. Die erwünschte Aufbesserung des Taschengeldes ist allerdings gründlich fehlgeschlagen. An Stelle der erhofften Interessenten meldete sich eine Anwaltskanzlei mit der Aufforderung, eine Unterlassungserklärung zu unterschreiben und eine Rechnung über mehr als 2.000 € zu begleichen. Seine Erfahrung als „Ebayer" kostete den Schüler bzw. dessen Eltern letzten Endes rund 2.500 €. Die abmahnende Kanzlei reduzierte zwar die Gebührenforderung auf

„nur" 700 €, hinzu kamen aber die Kosten für den eigenen Anwalt. Die Abmahner selbst sehen sich in ihrem Vorgehen absolut
gerechtfertigt. In einer Pressemitteilung der deutschen Landes-
gruppe der „IFPI" (International Federation of the Phonographic
Industry) vom 4. 12. 2003 hieß es dazu: „Das Angebot von Software zum Knacken eines Kopierschutzes ist verboten, und wer
dagegen verstößt, bekommt Ärger", erklärt Gerd Gebhardt, Vor-
sitzender der deutschen Phonoverbände. „In den letzten Wochen
wurden mehr als 100 Fälle ermittelt. Die Rechtsverletzer erhalten
jetzt kostenpflichtige Abmahnungen, auch eine einstweilige Verfügung gegen einen Anbieter wurde bereits erwirkt". Gerd Gebhardt: „Wir nehmen illegale Angebote zum Kopierschutzknacken
nicht hin und werden das neue Urheberrecht in der Praxis
durchsetzen. Wer den Diebstahl von Musik mithilfe illegaler
Technik unterstützt, muss schon mal für Schadensersatz sparen."

Dabei stört es offenbar wenig, wenn mit Kanonen auf Spatzen ge-
schossen wird. Zunehmend weicht scheinbar in Zeiten des Internet
eine „normale" und von Menschenverstand geprägte Kommunikation den juristischen Spitzfindigkeiten und finanziellen Interessen
einiger Zeitgenossen.

- Wer könnte ahnen, mit dem Gesetz (bzw. dessen eifrigen Hü-
  tern) in Konflikt zu geraten, weil er ein doppelt vorhandenes,
  neues Buch unter dem Originalpreis über das Internet verkauft
  (und damit angeblich die Preisbindung für Bücher umgeht)? Das
  Gesetz über die Preisbindung für Bücher richtet sich jedoch nicht
  an Privatpersonen, sondern an Geschäftsleute. In § 3 heißt es
  hierzu: „Wer gewerbs- oder geschäftsmäßig Bücher an Letztab-
  nehmer verkauft, muss den nach § 5 festgesetzten Preis einhalten.
  Dies gilt nicht für den Verkauf gebrauchter Bücher."

- Wer denkt schon daran, bei einer Homepage „Under Construc-
  tion" mit nicht viel mehr als einem Baustellenschild zuerst an ein
  ordnungsgemäßes Impressum? Das sollten Sie auf jeden Fall dann
  tun, wenn die Homepage (irgendwie) bereits gewerblich-werb-
  lichen Charakter hat, etwa durch Ihr bereits eingefügtes Logo.

- Das Impressum ist nur kurz, z. B. wegen einer Überarbeitung
  nicht erreichbar? Kein Problem, sollte man meinen. Das meinen

auch die Gerichte; vor einer Abmahnung hat es Betroffene zunächst trotzdem nicht geschützt.

Bevorzugt werden oft kleine Unternehmen oder sogar Privatpersonen abgemahnt – in der Hoffnung, dass diese einen teuren Rechtsstreit mit ungewissem Ausgang scheuen und stattdessen lieber die preiswertere Variante wählen, also die Forderung des Abmahners begleichen.

Ein Beispiel: Media-Markt kämpft gegen die Kleinen

Welle von Abmahnungen

Im Elektrohandel tobt zumindest zeitweise ein erbitterter Kampf zwischen dem Media-Markt und kleineren Händlern. Der Konzern überzog einem Zeitungsbericht zufolge vor allem Internet-Shops mit einer Welle von Abmahnungen. Media-Markt machte die Wettbewerber dafür verantwortlich.

Frankfurt/Main – „Mehrere Hundert Online-Händler werden von Media-Märkten mit bösartigen Methoden verfolgt. Denen geht es um eine Marktbereinigung", sagte Carsten Föhlisch, Justiziar bei Trusted Shops, laut einem Bericht der „Frankfurter Allgemeinen Sonntagszeitung". Trusted Shops hat an 1.600 Internethändler Gütesiegel vergeben.

Von einer massiven Welle mit bestimmt 1.000 Fällen spricht auch der Kölner Anwalt Rolf Becker, der fünf Dutzend Firmen gegen Media-Märkte vertritt. „Manche Mandanten erhalten fünf Abmahnungen von drei verschiedenen Media-Märkten", sagte er der Zeitung. Das Ziel von Media-Markt und Saturn seien „monopolistische Strukturen", meinte Reiner Heckel, Chef des Online-Shops redcoon.

Die Media-Saturn-Holding wollte keine Angaben zu der Zahl der Verfahren machen. Ein Konzernsprecher machte in der „F.A.S." für die juristischen Auseinandersetzungen die Wettbewerber verantwortlich, „die gegen ordentliches Kaufmannsgebaren und geltendes Recht gleichermaßen verstoßen, dadurch ihre Kunden täuschen und sich unrechtmäßig einen Wettbewerbsvorteil erschwindeln". *kai/AP*

Hierzu ein kleines, aber leider wahres **Praxisbeispiel**:

Viele Gründer handeln nach dem Motto: „Es trifft immer nur die anderen." Dass dies ein Trugschluss ist, musste ein Existenzgründer aus dem Ruhrgebiet am eigenen Leib erfahren. Als erfahrener, engagierter, aber arbeitsloser IT-Systemelektroniker hat sich Manfred nach langer Vorbereitungszeit mangels Erwerbsalternativen selbständig gemacht. Glücklicherweise konnte die ebenfalls selbständige Ehefrau den Lebensunterhalt für die Familie mit ihrem Kiosk bestreiten. Es waren keine großen Sprünge möglich, aber Manfred konnte sich immerhin vollständig auf den Aufbau seines Geschäftes konzentrieren. Für den Anfang sollten PCs und Zubehör über das Internet angeboten werden – inkl. Beratung. Von Abmahnwellen usw. hatte Manfred bereits gehört. Wer aber sollte sich ausgerechnet an seiner kleinen Internetseite stoßen (einer von mehr als 60 Mio.)? Wem war er schon eine ernsthafte Konkurrenz? Die Antwort ließ nicht lange auf sich warten: Media Markt! Manfred konnte es nicht glauben und zog vor Gericht und… unterlag! Zu Recht! Rechtlich gesehen war Media Markt auf der sicheren Seite, weil Manfred z. B. unwissentlich keine Brutto-, sondern Nettopreise auf der Homepage angegeben hat, obwohl sich sein Angebot auch an Endverbraucher richtete. Das war aufgrund fehlender Liquiditätsreserven das „Aus" für Manfreds kleines Unternehmen.

Seit 2007 bemüht sich der Media-Saturn-Konzern nach einem Bericht der Frankfurter Allgemeinen Zeitung (FAZ) jedoch um ein besseres Image und ein besseres Verhältnis zur Konkurrenz.

Abmahnungen sind aber keineswegs immer primär durch den Wunsch nach „Abkassieren in großem Stil" oder „Monopolwünschen" geprägt. Mitunter sind sie auch absolut berechtigt oder aber sie werden durch Mitbewerber verfasst, die Ihnen Ihren Erfolg neiden bzw. Ihnen aus anderen Gründen „Steine in den Weg" legen wollen.

Längst nicht jede Abmahnung ist gerechtfertigt – auch dann nicht, wenn sie von einem Juristen formuliert wurde. Bewahren Sie also in jedem Fall einen „kühlen Kopf" und lassen sich nicht zu übereilten Handlungen verleiten. Auch eine noch so professionell aussehende Abmahnung hält einer Überprüfung womöglich nicht stand. Ignorieren ist jedoch auch der falsche Weg.

Abmahnungen, bei denen es z. B. offensichtlich nicht um die Rechtsverstöße an sich, sondern nur um das reine „Abkassieren" wie bei Massenabmahnungen geht, sind nicht erlaubt.

Auch sonst gibt es einige Gründe, aus denen eine Abmahnung ungerechtfertigt sein kann, z. B. wenn der Versender überhaupt nicht zur Abmahnung berechtigt ist.

Sie sollten darum keine, mit einer Abmahnung verbundene, Forderung ungeprüft bezahlen. Das Ignorieren ist jedoch ebenso wenig zu empfehlen. Wichtig ist es zunächst, dass Sie unliebsamen Überraschungen bestmöglich vorbeugen – durch Selbstinformation und Beachtung der „Spielregeln" (s. o. Preisangabenverordnung, Impressum usw.). Haben Sie dies getan und werden dennoch abgemahnt, sollten Sie die Abmahnung prüfen lassen. Hilfe zur Selbsthilfe bietet z. B. der Verein Abmahnwelle e. V.. Die zuständige Kammer kann eine gute Anlaufstelle sein für ein erstes persönliches Gespräch und ist die Angelegenheit auf diesem Wege nicht zu klären, sollten Sie von eigenen Aktivitäten besser absehen und stattdessen einen erfahrenen Juristen mit der Angelegenheit betrauen.

Der wohl populärste Fall einer aktuellen Abmahnwelle betrifft (vorläufig) mehr als 20.000 abgemahnte Personen, die sich auf der Plattform „Redtube" Sexfilme herunter geladen haben und damit eine Urheberrechtsverletzung begangen haben sollen. Das Landgericht hatte Provider dazu verpflichtet, die relevanten Daten der Anschlussinhaber hinter den IP-Adressen heraus zu geben. Dabei soll es um rund 60.000 Fälle gegangen sein. Das Justizministerium sieht keine Urheberrechtsverletzung, während die Anwälte „fleißig" weiter Nutzer abmahnen. Auch datenschutzrechtliche Probleme stehen im Raum. Ende offen (Stand: Januar 2014).

Links zum Thema

http://www.heise.de – Heise Suche: „Das Internet als Geldmaschine für Juristen"; „Weitere Abmahnwelle wegen unzureichendem Web-Impressum" und „Der Bundespostminister warnt: Telefonieren schadet Ihrem Geldbeutel"; http://www.it-news-world.de – Suche: „Teures Erwachen" – Artikel „Teures Erwachen für arglosen eBay-Kunden"; http://www.wettbewerbszentrale.de – Zentrale zur Bekämpfung unlauteren Wettbewerbs e. V. – Existenzgründer und Unternehmer sind in der Regel froh, wenn sie von einem Kontakt mit dem gemeinnützigen Verein (etwa aufgrund einer Abmahnung) verschont bleiben, allerdings bietet der Verein auf seiner Internetseite auch hilfreiche Informationen an.

11. Kapitel

Markt und Wettbewerb

Es gibt verschiedene Anlässe, die eine Marketingkonzeption erforderlich machen. Immer dann, wenn Unternehmen größere Marktvorhaben planen, die für den späteren Erfolg von Bedeutung sind, ist ein schlüssiges Marketingkonzept unerlässlich. Für Existenzgründer ist dies sogar überlebenswichtig, um nicht an den Bedürfnissen des Marktes vorbeizuplanen. Selbst die beste Dienstleistung und das beste Produkt verkaufen sich nicht von allein. Qualität allein macht noch keinen Markterfolg aus. Leider sind oft gute Verkäufer mit qualitativ schlechten Produkten erfolgreicher als Unternehmer, bei denen Kunde und Qualität an erster Stelle stehen, die aber Schwächen in der (Selbst-)Vermarktung aufweisen. Mitunter honoriert der Markt Fairness und Qualität leider nicht so wie es wünschenswert wäre. Erst durch die systematische Planung aller relevanten Erfolgsfaktoren werden dem Gründer solche und andere Probleme und Schwächen bewusst, um im nächsten Schritt Lösungsideen zu entwickeln. Fehlende Marktkenntnisse und unprofessionelle Vermarktung des Angebotes führen bei Existenzgründern häufig sehr schnell zu Problemen, die aber nur selten als selbst verschuldet erkannt werden. Viel häufiger werden die Ursachen in äußeren Einflüssen, wie z. B. der schlechten konjunkturellen Lage gesehen. Eine fehlende Kundenakzeptanz und die daraus resultierende Umsatz- und Liquiditätsschwäche sind für jeden Existenzgründer fatal und können in kürzester Zeit das „Aus" bedeuten. Aus diesem Grunde darf eine solide Marketingkonzeption keinesfalls vernachlässigt werden.

Selbst das professionellste Marketingkonzept kann jedoch dann nicht zum Erfolg führen, wenn es nicht konsequent umgesetzt und – falls erforderlich – den Marktbedingungen angepasst wird. Erfahrungsgemäß neigen sehr viele Existenzgründer dazu, ein Konzept hauptsächlich für die Kapitalgeber zu erstellen. Sobald die Finanzierungszusage erfolgt ist, verschwindet das Konzept in der Schublade. Marketing jedoch ist eine der wichtigsten kontinuierlichen Aufgaben im Unternehmen. Es handelt sich um einen kontinuierlichen Prozess, der sich in die folgenden Phasen einteilen lässt:

- Zielsetzung,
- Planung,
- Realisation und
- Kontrolle.

Viele Existenzgründer und auch Unternehmer benutzen ganz selbstverständlich den Begriff Marketing, wissen aber oft nicht, was Marketing genau bedeutet.

Marketing wird häufig gleichgesetzt mit Werbung oder Verkaufsförderung. Tatsächlich sind dies jedoch nur Teilaspekte des Marketing.

In der Literatur wird der Begriff nicht einheitlich definiert und zudem hat das Marketing im Laufe der Jahrzehnte auch einen Entwicklungsprozess durchlaufen. Standen früher die Verteilung von Gütern und Dienstleistungen vom Unternehmer zum Verbraucher im Mittelpunkt, so wird Marketing heutzutage als marktorientiertes Führungskonzept angesehen. Das gesamte Unternehmen wird also optimalerweise marktorientiert geführt – das gesamte unternehmerische Denken und Handeln geht von den Anforderungen des Marktes aus. Der Begriff „Marketing" beinhaltet ja auch schon die englische Bezeichnung für Markt: „market".

Über das Verkaufen und Verteilen von Gütern und Leistungen hinaus hat mittlerweile die Gestaltung oder das Management von Beziehungen eine überragende Bedeutung. Dabei geht es keineswegs nur um das so genannte Customer Relationship Management, welches die Beziehungen zum Kunden und dessen Bindung an das Unternehmen verbessern soll. Auch die Beziehungen zu Wettbewerbern, Mitarbeitern, Partnern und der Gesellschaft spielen im modernen Marketing eine wesentliche Rolle. Die zentrale Frage des Marketing lautet: Wie kann ich die Bedürfnisse meiner Kunden bestmöglich befriedigen?

Der Kunde mit seinen Wünschen steht also im Mittelpunkt sämtlicher Marketingaktivitäten. Jeder (künftige) Unternehmer muss im Rahmen seiner Marketingplanung bestimmte Marketingziele formulieren wie z. B. Steigerung des Absatzes um 10% innerhalb des nächsten Jahres oder Erhöhung der Kundenzufriedenheit auf 95% innerhalb von 6 Monaten. Die Marketingziele dienen der Erreichung der übergeordneten unternehmerischen Ziele.

Einen Marketingplan erarbeiten Sie schrittweise und er wird im Allgemeinen wie folgt aufgebaut:

- Marktsituation des Unternehmens,
- Marketingziele,
- Marketingstrategie,
- Marketingmaßnahmen,
- Kosten des Marketing und
- Erfolgskontrolle.

Als Basis für ein solides Marketingkonzept benötigen Sie marktbezogene Informationen. Auch bei sorgfältiger Marktbeobachtung werden die vorhandenen Informationen allerdings immer unvollkommen bleiben. Sie werden im Vorfeld nie mit Sicherheit abschätzen können, wie und wann Ihre Kunden auf die einzelnen Marketingaktivitäten reagieren, zumal dies auch noch von weiteren Faktoren, wie z. B. den Aktivitäten der Konkurrenten, abhängt. Allerdings führt gänzlich fehlende Marktkenntnis mit großer Wahrscheinlichkeit zum Misserfolg. Viele Existenzgründer scheitern, weil sie nicht ausreichend über den Markt informiert sind und darum ihre Absatzmöglichkeiten überschätzen, die Konkurrenz unterschätzen und/oder die wirklichen Bedürfnisse der Kunden nicht kennen. Marktbezogene Informationen werden nicht nur vor der eigentlichen Gründung benötigt, sondern die sorgfältige Marktbeobachtung ist eine laufende Aufgabe, weil sich die Marktsituation und die

Kundenwünsche verändern. Die Beschaffung und Bereitstellung marktbezogener Informationen ist Aufgabe der Marktforschung. Dabei kommt es nicht darauf an, alle erdenklichen Informationen einzuholen, sondern nur die für Ihre späteren Entscheidungen bedeutsamen Informationen – die relevanten Informationen – möglichst vollständig zu erfassen. Dabei müssen die Informationen den folgenden Anforderungen genügen:

■ Die Informationen sollten zuverlässig und das Ergebnis reproduzierbar sein, d. h., bei späteren Untersuchungen unter gleichen Bedingungen sollte es zu demselben Ergebnis kommen.

■ Die Informationen müssen gültig sein, das heißt, bestimmte Ergebnisse müssen auch einen tatsächlichen Bezug zu der untersuchten Fragestellung aufweisen.

■ Die Informationen müssen aktuell und in angemessener Zeit zu beschaffen sein.

■ Die Kosten und der Nutzen der Informationsbeschaffung sind gegeneinander abzuwägen.

Es gibt verschiedene Verfahren der Informationsgewinnung. Man unterscheidet zwischen der Primär- und der Sekundärforschung. Bei der Primärforschung wird der Informationsbedarf unmittelbar durch Erhebungen im Markt gedeckt, z. B. durch Befragung und Beobachtung von Marktteilnehmern. Sie können grundsätzlich ein Marktforschungsinstitut mit der Informationsbeschaffung beauftragen. Für Existenzgründer kommt dies jedoch aufgrund der hohen Kosten in aller Regel nicht in Betracht. Wenn Sie allerdings eine sehr innovative Gründung anstreben, ist oft eine individuell auf das Vorhaben ausgerichtete Primärforschung unumgänglich. Da in Deutschland innovative Gründungen besonders erwünscht sind und nicht an den Kosten scheitern sollen, gibt es hierfür bestimmte Fördermöglichkeiten. Beispielsweise können die Kosten für ein so genanntes Markt-Monitoring bezuschusst werden, welches einen Überblick über Markttrends und technologische Entwicklungen sowie Informationen zum Wettbewerb bietet und damit der Vorbereitung strategischer Entscheidungen dient. Im Kapitel 16: Fördermittel finden Sie nähere Informationen (auch) zu innovativen und technologieorientierten Gründungen. Unter Umständen kommt auch eine Förderung von Marktuntersuchungen in Betracht, wenn Sie ausländische Märkte erschließen wollen.

Wie bereits erwähnt, kommt aber ansonsten die Primärforschung für Existenzgründer aus Kostengründen eher nicht in Frage. Hier eignet sich eher die Sekundärforschung, bei der man bereits vorhandenes Datenmaterial zusammenstellt und analysiert – z. B. aus Datenbanken, Zeitungen und Zeitschriften, Veröffentlichungen von Verbänden, Kammern und (statistischen) Ämtern etc.

Bei der Markt- oder Marketingforschung unterscheidet man zwischen objektiven und subjektiven Marktdaten. Die Ermittlung objektiver Daten ist noch vergleichsweise einfach. Hierbei handelt es sich z. B. um folgende Marktdaten:

- Marktpotenzial (die von allen Wettbewerbern zusammen theoretisch erzielbare Absatzmenge),

- Anzahl der Konkurrenten und weitere Informationen wie Marktanteile, Anzahl der Mitarbeiter usw.,

- Anzahl der potenziellen Kunden und weitere Informationen wie deren Alter, Geschlecht, Beruf, Einkommen usw.

Schwieriger ist die Ermittlung subjektiver Marktdaten, wie z. B.:

- Einstellungen, Emotionen und Meinungen der Marktteilnehmer,

- Bedürfnisse,

- Kaufmotive und

- Reaktionen auf bestimmte Maßnahmen.

Als Existenzgründer müssen Sie im Rahmen Ihrer Marketingplanung und der Situationsanalyse vor allem folgende Fragen beantworten:

- Welches ist der relevante Markt?

- Wer sind die potenziellen Kunden für Ihr Produkt/Ihre Leistung?

- Aus welchen Gründen entscheiden sich die Kunden hierfür und was ist Ihnen wichtig (Service, Qualität, Preis …)?

- Welchen Nutzen erwarten die Kunden und wann würden sie den Anbieter wechseln?

- Wie groß ist das Marktpotenzial für Ihr Produkt/Ihre Leistung?

- Wer sind die wichtigsten Konkurrenten?

- Was genau haben die Konkurrenten zu bieten (Liefer- und Zahlungsbedingungen, Garantien, Serviceleistungen, Preise, besondere Angebote, Öffnungszeiten, Größe, Mitarbeiterzahl, Marktanteil etc.)?

- Wie treten die Konkurrenten am Markt auf (welches Image, welche Werbemaßnahmen, Öffentlichkeitsarbeit etc.)?

- Wie setzen die Konkurrenten ihre Produkte ab oder wie bringen sie ihre Leistungen „an den Mann" (Direktvertrieb, Ladengeschäfte, Telefonverkauf etc.)?

- Wie entwickeln sich voraussichtlich die Kundenwünsche in der Zukunft (gibt es bereits erkennbare Veränderungen im Kundenverhalten und in den Bedürfnissen, gibt es Trends im Ausland, die mit einer Zeitverzögerung auch hierzulande wichtig werden könnten)?

Diese Informationsbeschaffung ist aufwendig. Sie müssen etliche Quellen durchforsten, wie z. B. Wirtschaftsdatenbanken, Veröffentlichungen von Universitäten, Bibliotheken, schriftliche Informationen der Kammern und Verbände, Fachzeitungen und -zeitschriften, ggf. Messen besuchen, Gespräche mit potenziellen Kunden, Lieferanten und Branchenexperten führen.

Aber der Aufwand lohnt sich, denn nur wenn Sie die Ist-Situation sorgfältig analysiert haben, können Sie ein marktgerechtes Angebot entwickeln. Sie kennen die Stärken, aber auch die Schwächen der Konkurrenz und haben somit die Chance, es selbst besser zu machen. Sie können Ihr Angebot von vornherein besser als Ihre Wettbewerber an den Kundenbedürfnissen ausrichten.

Auf Basis der ermittelten Informationen können Sie nun Ihre Marketingziele festlegen. Eine Vielzahl von Existenzgründern und Unternehmern konzentriert sich dabei lediglich auf kurzfristige Maßnahmen und die Erreichung kurzfristiger Ziele, wie z. B. der Erhöhung des Umsatzes durch Sonderaktionen. Bestimmte Ziele aber können nur mittel- bis langfristig erreicht werden. Denken Sie daran, auch diese Ziele in Ihre Planung einzubeziehen. Dazu gehören beispielsweise die Festlegung des Marktauftritts und die Schaffung eines bestimmten Images des Unternehmens in der Öffentlichkeit. Man spricht in diesem Zusammenhang von operativem und strategischem Marketing. Bei dem strategischen und eher langfristig orientierten Marketing geht es darum, die richtigen Dinge zu tun – „To do the right things". Bei dem kurz- bis mittelfristig orientierten, operativen Marketing geht es um die konkrete Festlegung einzelner, aufeinander abgestimmter Maßnahmen, die Sie Ihren langfristigen Zielen näher bringen. Es geht darum, die Dinge richtig zu tun – „To do things right." Zunächst müssen also übergeordnete Ziele formuliert werden, um sich diesen dann schrittweise zu nähern.

Immer dann, wenn man große Ziele verfolgt, die nicht in einem Schritt erreichbar sind, unterteilt man diese in Unterziele und nähert sich ihnen Stück für Stück. Auch Ihre erste Million werden Sie nicht in einem Schritt erarbeiten, sondern Sie können sich diesem Ziel nur schrittweise näher. Das Ziel ist also klar: Die erste Million innerhalb einer bestimmten Zeit zu erwirtschaften. Sie wissen auch, dass Ihnen dieses mit einer abhängigen Beschäftigung im Laufe Ihres gesamten Lebens wahrscheinlich nicht gelingen wird. Also müssen Sie eine langfristige Strategie entwickeln, mit der dieses Ziel erreicht werden könnte: Sie planen, sich selbständig zu machen. Im nächsten Schritt geht es dann um die konkrete Ausgestaltung und die Festlegung der einzelnen Maßnahmen zur Umsetzung des Vorhabens. Sie legen beispielsweise fest, bis wann und wie genau Sie die ersten 10.000 € als Grundstock Ihrer Million erarbeiten werden.

Wenn Sie 50 kg an Gewicht verlieren wollen, benötigen Sie ebenfalls einen Plan, bis wann und wie dies erreichbar ist, ohne gesundheitliche Schäden davonzutragen. Das Ziel steht also fest. Als Strategie bietet sich die Reduzierung der Kalorienzufuhr und sportliche Betätigung an („To do the right things"). Sie erarbeiten anschließend monatliche oder wöchentliche Diät- und Sportpläne, die gewährleisten, dass Sie ausreichend mit Nährstoffen versorgt werden und sich als ungeübter Sportler nicht überanstrengen und verletzen („To do things right.").

Im Marketing ist dies grundsätzlich ebenso. Zunächst muss klar sein, was erreicht werden soll, dann wird die Strategie festgelegt und anschließend können einzelne Maßnahmen erarbeitet werden. In Ihre Planung nehmen Sie dann alle Maßnahmen auf, die Sie zur Erreichung Ihrer Ziele umsetzen wollen. Dabei sind es nicht vereinzelte Maßnahmen, die zum Erfolg führen, sondern die bestmögliche Kombination verschiedener Marketinginstrumente – der so genannte „Marketing-Mix." Ein optimaler „Marketing-Mix" basiert immer auf den folgenden „4 Säulen" des Marketing:

- Produktpolitik,
- Kontrahierungspolitik,
- Distributionspolitik und
- Kommunikationspolitik.

Jeder dieser Bereiche umfasst eine Vielzahl verschiedener Marketinginstrumente, die Sie je nach Vorhaben sinnvoll miteinander kombinieren sollten.

Bei der Produktpolitik steht das Leistungsangebot des Unternehmens – also das Produkt oder die Dienstleistung – im Mittelpunkt der Betrachtung. Es sind Basisentscheidungen zu treffen über:

- die Aufnahme neuer Produkte (Produktinnovation),
- die Aufnahme bereits vorhandener, vergleichbarer Produkte (Me-too-Produkte – „ich (möchte es) auch"),
- die Modifizierung vorhandener Produkte (Produktvariation) und
- die Aufgabe nicht mehr erfolgreicher Produkte (Produktelimination).

Die Kontrahierungspolitik hängt unmittelbar mit den Kaufakten der Kunden zusammen. Sie umfasst die Bereiche Preis- und Rabattpolitik und darüber hinausgehende Liefer-, Zahlungs- und Kreditierungsbedingungen.

Die Distributionspolitik umfasst alle Maßnahmen, die den Weg eines Produktes oder einer Leistung vom Hersteller zum Endverbraucher betreffen. Ihre Produkte bzw. Leistungen müssen zur richtigen Zeit, in der vereinbarten Qualität und Menge, am richtigen Ort dem Abnehmer zur Verfügung stehen.

Mit Kommunikationspolitik schließlich sind all die Instrumente und Maßnahmen gemeint, welche auf den Absatzmarkt gerichtete Informationen transportieren, die also dafür sorgen, dass die entsprechenden Zielgruppen wichtige Informationen über die Produkte und Leistungen und das Unternehmen selbst erhalten.

Zum besseren Verständnis sind in der folgenden Tabelle einige Beispiele aus dem Bereich Marketing und deren Zuordnung zu einer der vier Säulen aufgelistet.

Produktpolitik	Kontrahierungs-politik	Distributionspolitik	Kommunikations-politik
Produktqualität	Preisbildung	Handelsvertreter	Einführungswerbung
Produktnutzen	Preisniveau	Makler	Produkt-/Leistungs-werbung
Zusatznutzen	Preisdifferenzierung	Automatenverkauf	Firmenwerbung
Verpackung	Treuerabatte	Partyverkauf	Sponsoring
Produktimage	Mengenrabatte	Telefonverkauf	Direktwerbung
Markenpolitik	Personalrabatte	Katalogverkauf	Schaufenstergestaltung
Sortiments-gestaltung	Lieferbedingungen	Ladenlokal	Firmenauftritt
Servicepolitik	Zahlungsbedingungen	Internetversand	Events
Garantie	Allgemeine Ge-schäftsbedingungen	Franchising	Internetauftritt
Beschwerde-management	Individuelle Vertrags-bedingungen	Eigentransport	Presseinformation
Reklamations-bearbeitung	Leasingangebote	Fremdtransport	Vortragsveranstaltung

Wenn Sie auf der Basis Ihrer vorhandenen Informationen und in Abstimmung mit den Unternehmenszielen Ihre Marketingziele, Ihre Strategie und einzelne Maßnahmen zu deren Umsetzung erarbeitet haben, gilt es die Kosten für diese Marketingaktivitäten zu ermitteln und in den Businessplan aufzunehmen. Spätestens an dieser Stelle wird deutlich, dass es sich bei Ihrem Businessplan im Grunde um mehrere, aufeinander abgestimmte Teilpläne handelt, die untrennbar miteinander verknüpft sind. Dazu gehört auch der Absatzplan, dessen Ziele aus den Marketingzielen abgeleitet und mit den

Produktionszielen und -kapazitäten abgestimmt werden. Enthält Ihre Marketingplanung beispielsweise als Ziel einen Marktanteil von 1% innerhalb eines Jahres zu erreichen, müssen Sie hierauf auch Ihre Absatzplanung ausrichten. Nur wenn Sie eine bestimmte Anzahl von Produkten absetzen, können Sie diesen Marktanteil erreichen. Allerdings ist auch eine Abstimmung mit der Produktion erforderlich, um zu überprüfen, ob die Kapazitäten ausreichen. Diese Plandaten werden an verschiedenen Stellen Ihres Konzeptes berücksichtigt, insbesondere bei der Personalplanung, der Ergebnisplanung und der Marketingplanung. Im Rahmen der Absatzplanung müssen insbesondere die folgenden Fragen beantwortet werden:

- Welche Produkte bzw. Leistungen sollen angeboten werden?
- Wer soll die Produkte kaufen bzw. die Leistungen in Anspruch nehmen?
- Was sollen/dürfen die Produkte bzw. Leistungen kosten?
- Welches Ergebnis soll erzielt werden?

Bei der Beantwortung der Frage, wer die Produkte kaufen oder die Dienstleistungen in Anspruch nehmen soll, geht es um die wichtige Bestimmung Ihrer künftigen Zielgruppe. Hierbei, aber auch bei der Preisgestaltung, auf die später noch eingegangen wird, unterlaufen Existenzgründern häufig gravierende und teure, wenn nicht Existenz bedrohende Fehler. Sehr oft wird die Zielgruppe deutlich zu weit gefasst oder überhaupt nicht bestimmt. Der Gedanke hinter diesem Verhalten ist auf den ersten Blick nachvollziehbar. Die meisten Gründer möchten sich nicht von vornherein nur auf bestimmte Zielgruppen festlegen, weil sie glauben, dies sei eine unnötige Einschränkung.

Warum sollten Sie beispielsweise Finanzdienstleistungen nur speziell für Akademiker anbieten, wenn doch eigentlich jeder am Thema Geld interessiert ist? Warum sollten Sie PC-Schulungen ausgerechnet nur für Senioren anbieten, wenn Ihnen die Teilnahme und die Seminargebühren von jüngeren Menschen ebenso willkommen sind? Warum sollten Sie eine Gaststätte eröffnen mit Angeboten und Veranstaltungen für die Zielgruppe der über 30-Jährigen –

schließlich bringen auch jüngere Gäste Geld? Kann man da nicht lieber für jeden etwas anbieten?

Tatsächlich ist die möglichst exakte Bestimmung der Hauptzielgruppe keine Einschränkung, sondern eine überlebenswichtige Notwendigkeit. Die Festlegung der Zielgruppe bedeutet ja nicht, dass Sie niemanden bedienen oder beliefern, der nicht zu dieser Zielgruppe gehört. Natürlich ist Ihnen jeder Kunde erst einmal willkommen. Nur können Sie sich nicht auf die Bedürfnisse aller möglichen Kunden einrichten und Sie können auch nicht jeden Kunden gleichermaßen bewerben. Ihre Marketingaktivitäten werden weitgehend ins Leere laufen, wenn Sie nicht die richtige Zielgruppe ansprechen oder im Grunde überhaupt keine bestimmte Zielgruppe ansprechen. Ihr Marketing muss „den Nerv" Ihrer Zielgruppe treffen und die richtigen Personen ansprechen. Dies wird aber nicht geschehen, wenn Sie selbst nicht wissen, wer diese Personen sind. Jugendliche beispielsweise müssen anders umworben werden als Senioren, Männer unter Umständen anders als Frauen, Kinder anders als Unternehmer und Menschen mit hohem Einkommen interessieren sich eher für teure Produkte und Dienstleistungen als Menschen, die gerade mit dem Existenzminimum „über die Runden" kommen müssen, um nur ein paar ganz deutliche Gegensätze zu nennen. Es spricht nichts dagegen, sich auf mehrere Zielgruppen zu konzentrieren – aber nicht mit den gleichen Marketingmaßnahmen.

Mit dieser Problematik hängt auch die Produktpolitik eng zusammen. Gerade Existenzgründer neigen häufig dazu, einen ganzen „Bauchladen" mit Produkten und Leistungen vor sich herzutragen, um möglichst nach allen Seiten offen zu sein und „für jeden etwas" zu bieten. Dies führt in der Praxis aber nicht zu dem gewünschten Erfolg, sondern bewirkt das Gegenteil. Wer zu viel – insbesondere zu vielfältige Dienstleistungen – gleichzeitig anbietet, vermittelt schnell das Gefühl, keine dieser Leistungen wirklich in guter Qualität anbieten zu können. Niemand kann Experte auf unzähligen Gebieten sein und darum machen Sie sich schnell unglaubwürdig und lassen Zweifel an Ihrer Kompetenz aufkommen, wenn Sie sich nicht spezialisieren, sondern das Angebot sehr breit fächern.

Die letzte Maßnahme im Rahmen Ihrer Marketingaktivitäten ist die Erfolgskontrolle. Sie müssen wissen, ob und welchen Erfolg Ihre Maßnahmen gebracht haben, um künftig Ihr Marketing zu optimieren. Dabei kann jedoch nicht immer der Erfolg unmittelbar gemessen werden. Sie können zwar problemlos feststellen, wie viele Interessenten sich auf eine Annonce gemeldet haben und wie viele davon tatsächlich zu Kunden geworden sind, Sie können aber nicht unmittelbar messen, ob und wie sich Ihr Bekanntheitsgrad durch Pressemitteilungen, Tage der offenen Tür etc. gesteigert oder Ihr Image verbessert hat. Hier kann nur durch kontinuierliche Aktivitäten und auf längere Sicht ein Erfolg eintreten. Zumindest die messbaren Erfolge sollten Sie aber auf jeden Fall kontrollieren, um dann wiederum aufgrund der neuen Erkenntnisse Ihre Marketingplanung zu überarbeiten und zu optimieren.

Im Folgenden möchte ich auf einige wichtige Teilbereiche des Marketing noch etwas näher eingehen. Grundsätzlich ist der Bereich Marketing ungeheuer vielfältig und bietet nahezu unerschöpfliche Möglichkeiten, potenzielle Kunden anzusprechen. Allerdings stehen Existenzgründern aufgrund des beschränkten Budgets in der Regel keineswegs alle Möglichkeiten offen. So werden Sie voraussichtlich keine teure Agentur mit der Erarbeitung einer Marketingkampagne beauftragen. Auch Fernsehwerbung kommt meist ebenso wenig in Frage wie die Einrichtung und Bekanntmachung einer Firmenhomepage, die 5- oder gar 6-stellige Euro-Beträge verschlingt. Dies ist auch gar nicht nötig. Für Existenzgründer kommt es vielmehr darauf an, kreativ zu sein, um auch mit einem geringeren Budget wirksames Marketing zu betreiben. Darum möchte ich Ihnen im Folgenden einige Anregungen hierzu geben. Ganz ohne ein Marketingbudget geht es allerdings nicht.

Gerade Existenzgründer können nicht nur mit laufenden Werbeausgaben planen, sondern müssen auch die Kosten für ihre Eröffnungswerbung und die erste Zeit nach der Gründung berücksichtigen. Es sollte keinesfalls am falschen Ende gespart werden. Man sagt zu Recht: „Marketing kostet Geld – kein Marketing kostet Kunden!"

11.1 Preisgestaltung

Eine ganz zentrale Frage im Marketing ist die des richtigen Preises. Der Preis muss einerseits kalkuliert werden, um zu gewährleisten, dass nicht nur Ihre Selbstkosten gedeckt sind, sondern auch ein angemessener Gewinn erwirtschaftet werden kann. Andererseits hilft Ihnen aber auch die sorgfältigste Kalkulation nicht weiter, wenn der kalkulierte Preis nicht marktgerecht ist. Ihre Preispolitik muss darum auf Ihre Ziele abgestimmt werden, sie muss aber vor allem auch auf Ihre Zielgruppe(n) abgestimmt werden. Existenzgründer neigen sehr häufig dazu, den Einstieg in den Markt über besonders niedrigere Preise zu versuchen, weil sie wissen, dass der Preis und die Absatzmenge zusammenhängen. Bei sinkenden Preisen kann in der Regel mehr abgesetzt werden, bei steigenden Preisen schrumpft der Absatz. Dies kann aber auch umgekehrt sein – insbesondere, wenn Sie hochwertige Produkte bzw. Leistungen anbieten wollen.

Wenn Sie sich nicht gerade systematisch und auf lange Sicht ganz bewusst als Discounter etablieren wollen, kann vor allzu niedrigen Einstiegspreisen nur gewarnt werden. Gerade in der heutigen Zeit ist der Verbraucher besonders preissensibel. Die Tageszeitung „Die Welt" zitierte eine Einzelhandelssprecherin mit den Worten: „Wenn man dem Kunden die Ware nicht schenkt, nimmt er sie nicht." Gerade im Einzelhandel muss darum mit besonders spitzem Bleistift gerechnet und geprüft werden, ob sich eine Existenzgründung überhaupt rentiert. Nichtsdestotrotz sind Niedrigpreise der falsche Weg, wenn Sie hierüber nur den Markteintritt bewältigen wollen. Es wird nur sehr schwer oder gar nicht möglich sein, diese Preise später zu revidieren und anzuheben. Orientieren Sie sich nicht an dem „Preisführer" Ihrer Branche, weil Sie preislich hier nicht mithalten können, ohne Ihre wirtschaftliche Existenz zu gefährden. Einen Preiskampf können die meisten Existenzgründer nicht überleben, weil sie in der Regel aufgrund ihrer Größe zu ungünstigeren Konditionen einkaufen müssen und auch keine nennenswerten Rücklagen besitzen. Konzentrieren Sie sich auf andere Verkaufsargumente als den Preis, z. B. den Service, kundenfreundlichere Öffnungszeiten etc.

Bestimmte Zielgruppen werden Sie auch mit Ihren Niedrigpreisen überhaupt nicht ansprechen. Neben der großen Preissensibilität existiert nach wie vor noch die Meinung: „Was nichts kostet, ist nichts." Wollen Sie also qualitativ hochwertige Produkte bzw. Dienstleistungen anbieten, sollte sich dies auch in Ihrem Preis widerspiegeln. Für viele Kunden sind eine hohe Qualität und ein niedriger Preis immer noch ein Widerspruch.

Und schließlich gibt es zahlreiche Beispiele aus der Praxis, die belegen, dass Unternehmer ihre Ergebnisse erheblich verbessern konnten, als sie sich auf neue Zielgruppen konzentriert und die Preise dramatisch angehoben haben.

So konnte beispielsweise ein Seminaranbieter im süddeutschen Raum von seinen Seminaren zu den Themen Kommunikation, Mitarbeiterführung, Teamgeist leidlich leben. Die Seminare waren gut organisiert und lagen preislich zwischen 70–120 € je Seminartag. Als sich dieser Anbieter aber auf Führungskräfte konzentrierte, die Seminare in einer Berghütte mit sehr bescheidener Verpflegung abhielt und die Preise auf 1.000–1.500 € für ein Wochenende anhob, bescherten ihm diese Maßnahmen eine Vielzahl neuer Kunden und verbesserten seine wirtschaftliche Lage erheblich. Man spricht in diesem Zusammenhang auch von dem so genannten „Snob-Effekt". Mitunter schenken Nachfrager Produkten oder Dienstleistungen erst dann ihre Aufmerksamkeit, wenn der Preis besonders hoch ist. Nur durch hochpreisige Güter und Leistungen können sie ihre eigene Exklusivität auch nach außen hin zeigen. Wollen Sie also einer exklusiven Zielgruppe etwas anbieten, müssen die Preise unter Marketingaspekten entsprechend hoch sein.

Es ist unerlässlich, die späteren Kunden und deren Bedürfnisse zu kennen. Sie müssen von Beginn an ein bestimmtes Preisniveau festlegen und darum müssen Sie wissen, welche Preise Ihre Kunden akzeptieren werden und wie sie sich bei Preisänderungen verhalten. Gerade für Dienstleister ist oft die Versuchung groß, einen Auftrag auch bei einem sehr niedrigen Honorar anzunehmen. Widerstehen Sie dieser Versuchung und verkaufen sich nicht unter Wert – dies kann Sie früher oder später teuer zu stehen kommen, wenn es sich herumspricht, dass Sie derart mit sich handeln lassen.

Dies beeinträchtigt nicht nur Ihre Gewinnsituation, sondern auch Ihr Image.

Es spricht nichts dagegen, mit bestimmten Eröffnungs- oder Testangeboten zu werben. Auch können Dienstleister ihren ersten Kunden beispielsweise Preisnachlässe gewähren, wenn sich diese als Referenzkunden zur Verfügung stellen. Außerdem können Sie auch Ihre Preise nach verschiedenen Kriterien differenzieren. Beispielsweise könnten Produkte oder Leistungen in einer „Standardversion" und in einer Version mit besseren Leistungsmerkmalen zu unterschiedlichen Preisen angeboten werden. Zudem sollten Sie berücksichtigen, dass je nach Art der angebotenen Produkte die Preissensibilität unterschiedlich ist. Bei unbedingt benötigten Produkten des täglichen Bedarfs wie z. B. Brot, Milch etc. vergleicht der Verbraucher die Preise recht genau. Produkte, die er sich hin und wieder „gönnt" und die ein bestimmtes Einkaufserlebnis mit sich bringen wie z. B. Snacks, Eis etc. dürfen ruhig etwas mehr kosten, weil hier nicht der wirkliche Bedarf, sondern das „Erlebnis" im Vordergrund steht. Nach der Zielgruppe können Sie Ihre Preise differenzieren und beispielsweise besondere Angebote für Existenzgründer, Schüler, Studenten, Senioren etc. vorhalten. Sie können Ihre Preise auch entsprechend der Nachfrage variieren – eine gängige Praxis bei Reiseveranstaltern, Hotels etc. Findet in einer großen Stadt eine Messe statt, steigt die Nachfrage nach Hotelzimmern stark an und somit sind auch höhere Preise durchsetzbar. Wollen Sie in den Urlaub fahren, kostet Sie dies in Ferienzeiten deutlich mehr als in der Nebensaison.

In jüngerer Zeit sind sogar Unternehmer dazu übergegangen, ihre Kunden den Preis selbst bestimmen zu lassen. So bestimmt etwa der Inhaber eines Hotels zwar einen „Richtpreis" zur Orientierung, der Kunde aber entscheidet letztendlich, was er bezahlt. Die Erfahrungen sind ausgesprochen gut. Die meisten Kunden bezahlen den angegebenen Richtpreis. Auch in anderen Bereichen, in denen der Kunde selbst den Preis festlegen darf – z. B. der Gastronomie – liegen gute Erfahrungen vor. Unter psychologischen Gesichtspunkten ist hier jedoch die Angabe eines „Richtpreises" entscheidend, weil der Kunde eine Orientierung benötigt. Vielen Kunden bzw. Gästen ist es peinlich, diesen Wert zu unterschreiten, wenn sie zufrieden waren. Haben Sie es jedoch mit einem sehr anonymen Geschäft zu tun – wie z. B. dem Internethandel – muss von solchen Experimenten abgeraten werden. Die Anonymität senkt in der Regel auch die Hemmschwelle, eben keinen angemessenen Preis zu bezahlen.

Auch die Endpreise Ihrer Produkte und Leistungen können unter psychologischen Gesichtspunkten gestaltet werden. Es ist wichtig zu wissen, wie der Kunde einen Preis wahrnimmt, um mit legalen Mitteln einen Preis günstiger erscheinen zu lassen, als er ist. Dies gelingt mit so genannten Schwellenpreisen, z. B. 0,99 € statt 1 €. Preise, die unterhalb glatter Zahlen liegen, werden als preiswerter empfunden, als „runde" Preise. Für Kunden macht es einen Unterschied, ob ein Produkt 203 € kostet oder 199 €.

Sie können auch bestimmte „Paketpreise" anbieten, die in den Köpfen der Kunden wesentlich preiswerter erscheinen als die Summe der Einzelpreise und den Kunden darum zum Kauf größerer Mengen animiert – z. B. 3 Pakete Kaffee für „nur" 9,99 € (statt zum Einzelpreis von 3,33 €). Auch Preise, die lediglich abfallende Zahlen enthalten, wirken günstiger – z. B. 765 € statt 789 €.

Zu den beliebten Methoden zählt auch das Angebot günstiger „Signalartikel". Verbraucher schließen von bestimmten Standardartikeln (Brot, Milch, Butter etc.) auf das gesamte Preisniveau des Anbieters. Sind diese Signalartikel günstig, wird von einem insgesamt niedrigen Preisniveau ausgegangen. Möglicherweise sind auch Sie selbst schon diesem legalen „Trick" aufgesessen. Aufgrund günstiger Angebote in einem Prospekt haben Sie ein bestimmtes Geschäft aufgesucht. Dort aber haben Sie nicht nur die Angebote gekauft, sondern gleich den gesamten Wocheneinkauf erledigt, um dann an der Kasse festzustellen, dass Ihr Einkauf nicht gerade ein „Schnäppchen" war.

Sie sehen, dass der Preis ein wichtiges Marketinginstrument ist und äußerst vielfältig genutzt werden kann. Allerdings ist dennoch eine Grundsatzentscheidung über das Preisniveau zu treffen. Vereinzelte Sonderaktionen können sehr erfolgreich durchgeführt werden – dauerhafte Niedrigpreise aber sind nur für Discounter mit der entsprechenden Zielgruppe zu empfehlen.

11.2 Nicht ohne meinen Psychologen

„Nicht ohne meinen Psychologen" – so könnte das Motto nicht nur im Zusammenhang mit der Preisgestaltung lauten. Auch der Erfolg anderer Marketingaktivitäten basiert ganz wesentlich auf psychologischen Erkenntnissen.

Verkaufen Sie Produkte in einem Ladengeschäft, ist die richtige Platzierung ein sehr wesentlicher Faktor. Nicht ohne Grund finden Sie in Supermärkten die teuren Produkte eher in Augenhöhe, für die preiswerteren Artikel aber müssen Sie sich bücken.

Werden Waren an mehreren Stellen im Geschäft platziert, suggeriert dies dem Verbraucher, es handele sich um Aktionsware, die besonders günstig angeboten wird – auch wenn die Preise identisch sind. Vielleicht achten Sie bei Ihren nächsten Einkäufen einmal darauf – oft wird die Ware an ihrem üblichen Platz im Regal und zusätzlich in einem Behälter in Kassennähe platziert. In Kassennähe befinden sich darüber hinaus auch Artikel, die zu so genannten „Impulskäufen" verleiten. Der Kunde greift spontan zu, obwohl er den Artikel nicht unbedingt benötigt.

Die Einrichtung des Geschäftes und das Ambiente spielen ebenfalls eine Rolle. In guter Stimmung wird der Kunde geneigt sein, mehr zu kaufen, als er benötigt. Das Einkaufen macht Spaß und wird zum Erlebnis – in dieser Situation wird nicht mehr so genau abgewogen, ob das Produkt wirklich benötigt wird. Experimente haben zudem gezeigt, dass gut gelaunte Menschen dazu neigen, ihre Umgebung positiver zu beurteilen als schlecht gelaunte Menschen. Es spricht also viel dafür, dass auch Ihre Angebote besser angenommen werden, wenn die Kunden in guter Stimmung sind. Darum halten Sie Ihre Kunden bei Laune und sorgen Sie für eine angenehme Umgebung durch entsprechende Farbgestaltung, eventuelle Düfte, Hintergrundmusik und natürlich kundenfreundliches Auftreten. Allerdings kommt es auch hier darauf an, dass Sie Ihre Zielgruppe kennen. Besteht Ihre Zielgruppe aus Jugendlichen, können Sie durch moderne, schnelle und ruhig auch etwas lautere Musik den Absatz steigern. Bei anderen Zielgruppen kann diese Musik das genaue Gegenteil bewirken. In Versuchen ist festgestellt worden, dass Hintergrundmusik nicht nur die Stimmung, sondern auch die Gehgeschwindigkeit der Verbraucher beeinflussen kann. Bei ruhiger Musik passen die Verbraucher ihre Schrittgeschwindigkeit an und gehen eher langsam, sie nehmen sich also mehr Zeit für ihren Einkauf und geben mehr Geld aus. Schnelle Musik dagegen erhöht die Schrittgeschwindigkeit und lässt die Kunden ihren Einkauf schneller erledigen. Bei bestimmten Waren könnte klassische Musik Ihre Kunden dazu verleiten, teurere und exklusivere Produkte auszuwählen, z. B. hochwertige Geschenkartikel, Feinkost, Wein und Sekt etc.

In der Werbepsychologie ist auch die Attraktivität knapper Produkte ein bekanntes Phänomen. Ist ein Artikel nicht jederzeit und unbegrenzt verfügbar, gewinnt er an Attraktivität – denken Sie beispielsweise an die Piemontkirsche von „Mon Chéri". Dies bedeutet jedoch nicht, dass Sie Ihr Geschäft von vornherein nur knapp mit Waren ausstatten sollten. Das hätte negative Folgen, weil halb leere Regale den Kunden eher vom Kauf abhalten. Eine andere Variante, Knappheit künstlich zu produzieren, um die Attraktivität zu erhöhen, ist das Angebot „limitierter Auflagen".

In manchen Branchen ist es üblich, den Verkaufspreis bestimmter Produkte mit dem Kunden auszuhandeln, z. B. im Kfz-Handel. Hier haben Untersuchungen gezeigt, dass der durchschnittliche Kaufpreis niedriger ausfällt, wenn zuerst der Kunde einen Preis nennt. Formuliert dagegen der Händler den ersten Preisvorschlag, hemmt dies offenbar den Kunden in seiner weiteren Verhandlung – er bezahlt im Durchschnitt einen höheren Preis.

„Exklusivangebote" wecken Begehrlichkeiten. Angebote, die nur bestimmten Kreisen zugänglich sind, wirken attraktiv und vermitteln dem Kunden darüber hinaus das Gefühl, privilegiert zu sein. Es kann sich hierbei sowohl um bestimmte Serviceleistungen, Produktangebote oder auch Informationen handeln.

11.3 Marktauftritt

Auch über Ihren Marktauftritt müssen Sie sich rechtzeitig Gedanken machen. Überlegen Sie sich, wie Sie auf Ihre Kunden wirken wollen, was Sie Ihnen vermitteln wollen und welches Image Sie aufbauen möchten. Ob potenzielle Kunden ein bestimmtes Produkt bei Ihnen oder Ihren Wettbewerbern kaufen, wessen Dienstleistungen sie in Anspruch nehmen und in welchem Unternehmen qualifizierte Personen gern arbeiten wollen, hängt nicht nur vom Produkt selbst ab, sondern maßgeblich auch von dem Image und dem Erscheinungsbild des Unternehmens in der Öffentlichkeit. Ihr Auftreten am Markt muss darum auf Ihre Ziele, Ihr Angebot und Ihre Zielgruppe ausgerichtet werden.

Planen Sie beispielsweise, hochwertige und teure Dienstleistungen für Geschäftskunden anzubieten, können Sie potenziellen Kunden keine schrillen, unprofessionellen und selbst „gestrickten" Visitenkarten oder Broschüren „in die Hand drücken". Sind Sie nachlässig gekleidet, könnte Ihr Gesprächspartner dies als Geringschätzung seiner Person und Unhöflichkeit auslegen. Lassen Sie Ihre Homepage vermeintlich preiswert von einem 14-jährigen Hobby-Web-Designer aus der Nachbarschaft erstellen, werden das auch Ihre potenziellen Kunden erkennen und quittieren. Sie haben nur eine einzige Chance, einen guten ersten Eindruck zu hinterlassen und diese Chance muss konsequent genutzt werden. Eine Zweite gibt es in der Regel nicht.

Gerade in Zeiten, in denen die wirtschaftliche Lage schlecht ist, die Konkurrenz groß und die Produkte und Leistungen zum großen Teil austauschbar sind, kommt es für Unternehmen darauf an, sich vom Wettbewerb zu unterscheiden und eine unverwechselbare Identität zu schaffen. In diesem Zusammenhang taucht immer wieder der Begriff „Corporate Identity" oder schlicht „CI" auf. Übersetzt heißt das „Identität eines Unternehmens", was genau „CI" aber bedeutet, wissen die meisten Unternehmer nicht und auch in der Literatur ist man sich nicht einig. Da es hier aber nicht um die wissenschaftliche Diskussion von Begriffen und spitzfindigen Details geht, ist das nicht weiter tragisch. Für Sie als Existenzgründer reicht es aus zu wissen, dass Ihre „CI" – Ihre Unternehmenspersönlichkeit – geprägt wird durch 3 Bereiche:

- Design (Corporate Design – z. B. Firmenlogo, Einrichtung, Farben, Maskottchen, Schriftart),

- Verhalten (Corporate Behaviour – z. B. soziales Engagement, Verhalten nach außen (z. B. gegenüber der Konkurrenz), Verhalten nach innen (z. B. gegenüber Mitarbeitern),

- Kommunikation (Corporate Communication – z. B. intern durch eine Mitarbeiterzeitung oder das Intranet, extern z. B. durch Werbung, Verkaufsförderung, Öffentlichkeitsarbeit).

Ihr Design, Ihr Verhalten und Ihre Kommunikation prägen Ihr Gesamtbild und sorgen – richtig geplant und umgesetzt – für eine unverwechselbare Identität Ihres Unternehmens. Hier wird erneut deutlich, dass Sie klare Zielsetzungen benötigen. Wenn Sie nicht wissen, was Sie vermitteln wollen und welches Image Sie sich aufbauen wollen, wird dies eine Sache des Zufalls sein und bleiben. Weil Unternehmer jedoch „unternehmen", sollten Sie Ihr Image nicht dem Zufall überlassen, sondern gezielt daran arbeiten. Für den Anfang kann hier durchaus schon mit einfachen Mitteln viel erreicht werden. Die Hauptsache ist, Sie wissen was Sie erreichen wollen und arbeiten konsequent darauf hin.

Ihr Corporate Design wird in der Öffentlichkeit besonders schnell wahrgenommen und gedanklich verarbeitet, weil es sich um optische Signale wie z. B. einen Schriftzug, bestimmte Farben und/oder ein Logo handelt. Ein Beispiel hierfür ist das pink- bzw. magentafarbene „T" der Deutschen Telekom. Es reicht aus, diesen Buchstaben zu sehen, um damit ein bestimmtes Unternehmen zu verbinden. Das Corporate Design soll einen Wiedererkennungswert haben und die rasche Identifikation Ihres Unternehmen ohne große Worte ermöglichen. Aus diesem Grund wäre es fatal, das Erscheinungsbild nicht einheitlich zu gestalten – z. B. Visitenkarten mit bunten Clip-Art-Motiven, rein weiße Geschäftsbriefe, wechselnde Schriftarten, ein selbst erstelltes Logo auf der Internetpräsenz usw. Der Wiedererkennungswert wäre gleich null.

In einem ersten Schritt sollten Sie sich überlegen, welche Farbe(n) zu Ihrem Vorhaben passen und welche Empfindungen Menschen mit den jeweiligen Farben verbinden. Wollen Sie im künstlerischen Bereich tätig werden oder haben eine sehr junge Zielgruppe, darf Ihre Farbgestaltung ruhig etwas bunter und schriller ausfallen. Bieten Sie hingegen seriöse Beratungsleistungen an, sollten Sie sich beim „Griff in den Farbtopf" zurückhalten. Die Farbauswahl ist gar nicht so einfach, denn Farben, Farbtöne und Farbkombinationen können unterschiedliche und auch widersprüchliche Gefühle auslösen. Zur ersten Orientierung können Sie die Farbgestaltungen der Wettbewerber – insbesondere der Marktführer – betrachten.

Wenn Sie sich in einer Branche betätigen wollen, in der es sehr auf das Vertrauen der Kunden und ein seriöses Auftreten ankommt, werden Sie sehr häufig auf die Farbe „blau" stoßen. Dabei soll natürlich nicht vermittelt werden: „Wir lügen das Blaue vom Himmel herunter." Die Farbe „blau" steht vielmehr für Vertrauen, Sympathie, (Pflicht-)Treue, Ruhe und Zuverlässigkeit. Sie eignet sich daher gut für Beratungsunternehmen, Banken, Versicherungen, Finanzdienstleister und Ähnliches. Im Zusammenhang mit Produktdesigns symbolisiert die Farbe auch Frische und/oder Kühle (z. B. „Wick blau").

Auch die Farbe „grün" eignet sich grundsätzlich ebenfalls für die oben genannten Branchen, weil auch diese Farbe Sympathie vermittelt (z. B. „Das grüne Band der Sympathie" – Dresdner Bank). Daneben symbolisiert sie auch Großzügigkeit, Natürlichkeit, Zuversicht, Frische, Umweltverträglichkeit, Gesundheit und Harmonie. Sie ist aufgrund der genannten Assoziationen also auch im Lebensmittelbereich gut geeignet oder dient der Vermittlung einer besonderen Umweltfreundlichkeit. Auch für Anbieter im Gesundheits- und Wellnessbereich kommt die Farbe „grün" sicher in Frage.

Die Farbe „rot" erregt Aufmerksamkeit, wirkt aber auch aufdringlich. Sie muss darum besonders überlegt eingesetzt werden. Für bestimmte Bereiche ist sie gut geeignet, in anderen wiederum sollte sie umso konsequenter gemieden werden (z. B. Ärzte, Seniorengeschäfte, die oben aufgeführten Dienstleister usw.). Sie eignet sich gut, wenn Sie Vitalität, Liebe, Leidenschaft, Glück oder Energie vermitteln wollen (z. B. Coca-Cola). Mitunter wirkt die Farbe aber auch – ungeschickt eingesetzt – aggressiv und aufwühlend. Sie ist beispielsweise nicht geeignet für Ärzte, Heilpraktiker, Psychotherapeuten und ähnliche Berufszweige.

Die Farbe „gelb" vermittelt Freude, Heiterkeit, Aufgeschlossenheit, Optimismus und Kontaktfreude. Sie eignet sich darum gut für Unternehmen, die etwas mit dem Freizeitbereich zu tun haben, wie z. B. Reisebüros oder Sonnenstudios. Gerade hier sollten Sie aber auf den Farbton achten, weil schmutzige Gelbtöne eher negative Assoziationen hervorrufen wie etwa Geiz, Eifersucht oder Neid.

Weitere Informationsmöglichkeiten zum Thema Farbpsychologie finden Sie in den Linktipps.

Die Farbauswahl allein ist schon nicht ganz einfach, sie macht aber noch längst kein gutes „Corporate Design" aus. Zur weiteren Entwicklung des Designs sollten Sie einen Experten hinzuziehen. Dies ist sicher nicht für jedes kleine Gründungsvorhaben erforderlich, aber immer dann, wenn Ihr Erfolg nicht unerheblich von einem wirklich professionellen Auftreten abhängt, sollten Sie an dieser Stelle nicht sparen. Existenzgründer neigen häufig dazu, möglichst viele Aufgaben allein zu erledigen, um Kosten zu sparen. Dies führt oft dazu, dass sie wertvolle Zeit vergeuden und z. B. tage- oder wochenlang an ihren Visitenkarten und Logos feilen – Zeit, die auch besser genutzt werden kann. Dies gilt umso mehr, als dass die Ergebnisse oft unbefriedigend sind und anschließend doch ein externer Dienstleister beauftragt wird. Selbst für „die erste Zeit" sollten Sie sich nicht mit „provisorischen" Lösungen zufrieden geben. Bekanntlich hält nichts länger als ein Provisorium und – wie bereits erwähnt – Sie haben nur einmal die Chance, einen guten Eindruck zu hinterlassen.

Natürlich kostet die Erstellung von Logos, Schriftzügen, Visitenkarten und Briefbögen Geld. Ein schlichtes, aber ordentliches Firmenlogo mit Schriftzug erhalten Sie jedoch schon ab ca. 100 € und müssen bei manchen Anbietern bei Nichtgefallen nicht einmal eine Zahlung leisten – dürfen dann aber natürlich das Logo auch nicht verwenden. Für ein professionelles Basispaket ohne Homepage sollten Sie schon etwa 1.000 € einplanen. Ein Komplettpaket inklusive

Logo, Schriftzug, Briefbögen, Visitenkarten, Stempel und Entwurf einer ersten Annonce ist ab ca. 2.500 € zu haben. Denken Sie daran, dass es sich um keine regelmäßig wiederkehrende Investition handelt. Machen Sie eine Sache lieber nur einmal, dafür aber richtig, als später ständig Änderungen vorzunehmen und somit die Kunden zu verwirren. Wenn Sie ein Firmenlogo in Auftrag geben, bleibt das Urheberrecht bei dem beauftragten Grafiker oder Designer. Sie erwerben lediglich ein Nutzungsrecht. Sehen Sie sich den Vertrag unbedingt genau an, weil hier festgelegt wird, in welchem Umfang Sie das Logo nutzen dürfen. Mitunter ist die Nutzung nur im Inland oder nur für Printmedien (Anzeigen, Briefbögen, Flyer etc.) erlaubt. Treffen Sie hier auf jeden Fall vorausschauende Vereinbarungen, die Ihnen die Nutzung in dem benötigten Umfang garantieren. Prüfen Sie auch, ob Sie das alleinige Nutzungsrecht erhalten oder der Designer sich vorbehält, das erstellte Logo auch anderen Kunden anzubieten. Das alleinige Nutzungsrecht ist teurer. Sie können also Kosten sparen, wenn Sie darauf verzichten, etwa weil Sie ohnehin nur regional tätig sind und dies auch künftig so bleiben soll. Die Kosten werden auch beeinflusst von der Anzahl der vereinbarten Logovorschläge. Je mehr Vorschläge geliefert werden sollen, umso teurer wird die Leistung. Darum sollten Sie Ihre Vorstellungen möglichst genau im Vorfeld besprechen und klar formulieren, welche Aussage das Logo vermitteln soll. Vielleicht können Sie auch bereits Beispiele vorlegen, die Ihnen gefallen und diese zur Grundlage des Beratungsgesprächs machen.

Ihr „Corporate Design" ist so wichtig, weil jeder potenzielle Kunde sich in Sekundenschnelle ein erstes Bild machen kann. Es ist aber nur eines der Instrumente zur Schaffung einer unverwechselbaren Unternehmensidentität. Ihr Verhalten und Ihre Kommunikation – nach innen wie nach außen – prägen ganz entscheidend das Bild mit. Im Folgenden möchte ich darum noch einige Marketingaktivitäten ansprechen, die auch von Existenzgründern mit ein wenig Einsatz aber ohne großen finanziellen Aufwand erfolgreich umgesetzt werden können.

11.4 Anzeigenwerbung

„Ich habe eine sündhaft teure, 4-farbige Anzeige in der Tageszeitung geschaltet und die Resonanz war gleich Null." Von derartigen Enttäuschungen kann nicht nur der betroffene Anbieter von Firmenschulungen ein Lied singen. Gerade Existenzgründer in der Dienstleistungsbranche machen häufig die Erfahrung, dass Anzeigenwerbung nicht zum gewünschten Erfolg führt und nur unnötig Geld kostet. Prüfen Sie darum genau, ob diese Werbeform überhaupt das Richtige für Sie ist. Wenn Sie nicht sicher sind, machen Sie einen Test, der Sie außer etwas Engagement und Arbeit nichts kostet. Versuchen Sie, eine Pressemitteilung in der gewünschten Zeitung oder Zeitschrift zu platzieren und warten Sie die Resonanz ab.

Anzeigen können für unterschiedliche Zielsetzungen geschaltet werden. Auch hier gilt also wieder einmal: Formulieren Sie zunächst, was Sie mit der Anzeige erreichen wollen.

Sollen die Kunden Sie anrufen oder in Ihr Geschäft kommen, weil Sie eine Aktion planen oder besondere Angebote haben? Dann machen Sie den Kunden dies so einfach wie möglich, z. B. durch eine kostenfreie Hotline oder einen kurzen Weghinweis (z. B.: Schillerstr. 7 – direkt neben dem Kino). Bieten Sie auch einen zusätzlichen Anreiz, z. B. einen in die Anzeige integrierten Gutschein. Auf diese Weise können Sie gleich den Erfolg messen und feststellen, wie viele Kunden reagiert haben und welchen zusätzlichen Umsatz Sie auf diese Weise erzielt haben.

Wollen Sie direkt über die Anzeige etwas verkaufen? Dann müssen Sie eine so genannte Response-Anzeige schalten. Die Anzeige könnte also gleichzeitig ein Bestellschein sein, den der Kunde ausfüllt und an Sie schickt.

Wollen Sie kein bestimmtes Produkt verkaufen, sondern Ihr Unternehmen als Ganzes positiv darstellen? Dann schalten Sie eine Imageanzeige, was aber aus Kostengründen für Existenzgründer meist nicht in Betracht kommt.

Der Erfolg einer Anzeige wird wesentlich bestimmt durch:

- die Attraktivität des Angebotes,
- den Anzeigenträger (das richtige Medium für die richtige Zielgruppe),
- den Schaltungszeitpunkt,
- die Anzeigenfrequenz,
- den Anzeigentext,
- die Anzeigengestaltung und -größe sowie
- die Anzeigenplatzierung.

Ein interessantes Angebot ist die Grundvoraussetzung für den Erfolg der Anzeige. Die richtige Zielgruppe kann nur durch sorgfältige Auswahl des richtigen Mediums erreicht werden. Sie müssen also wissen, welche Medien Ihre Zielgruppe interessieren. Nicht jedes Angebot stößt zu jeder Zeit auf die gleiche Resonanz. Der Wochentag ist beispielsweise wichtig, wenn Sie mit Fahrzeugen handeln. Hier wird eine Annonce in der Samstagsausgabe einer Tageszeitung gegenüber der Montagsausgabe den größeren Erfolg versprechen. Die falsche Anzeigenfrequenz ist einer der Hauptgründe, warum die Ergebnisse oft enttäuschend ausfallen. Eine einmalige, große Anzeige können Sie sich in den meisten Fällen sparen. Der Kunde wird diese – wenn überhaupt – nur am Rande wahrnehmen. Schalten Sie lieber häufiger kleinere Anzeigen, damit potenzielle Kunden die Chance haben, Ihr Angebot zur Kenntnis zu nehmen. Durch eine optimale Anzeigengestaltung können Kosten gespart werden, weil nicht allein die Größe darüber entscheidet, ob eine Anzeige auffällt, sondern vielmehr die Gestaltung. Ein Rahmen oder Fettdruck reichen hier manchmal schon aus. Besser und auffälliger, aber auch teurer ist es, wenn ein passendes Bild als Blickfang integriert wird, welches gleichzeitig die Emotionen anspricht. Es könnte z. B. ein witziges, sympathisches, ungewöhnliches oder provozierendes Bild sein, welches Sie durch den Text auf Ihr Angebot beziehen. Oft werden Tiere (Hunde) oder kleine Kinder in der Werbung als Sympathieträger eingesetzt. Als Finanzdienstleister könnten Sie beispielsweise das Bild eines kleinen Jungen mit Regenschirm und 2 Stoffschäfchen auf dem Arm abbilden und texten:

> „‚Er hat seine Schäfchen im Trockenen'", weil seine Eltern für die Zukunft und eine gute Ausbildung vorgesorgt haben – mit dem Vermögenssparplan von XY. Denken auch Sie an die Zukunft Ihrer Kinder und lassen sich kostenfrei beraten!"

Menschlich gesehen nicht nett, aber unter Marketingaspekten positiv ist der zusätzliche Appell an das Verantwortungsbewusstsein und das Spiel mit dem Gewissen der Eltern, ihren Kindern eine sichere Zukunft zu bieten. Existenzgründern ist emotionale Werbung mitunter suspekt und sie mögen sich nicht auf dieses Niveau begeben. Auch rechtlich ist nicht alles einwandfrei, was unter Marketinggesichtspunkten „funktioniert". Gründer formulieren oft zu Beginn besonders seriös, nüchtern und sachlich sehr ausführlich die Vorteile Ihres Angebots in Broschüren, auf der Homepage und in Werbebriefen. Früher oder später jedoch folgt die Erkenntnis, dass sich der Kunde nicht für langatmige Ausführungen zu technischen Details, Produkteigenschaften usw. interessiert. Je früher Sie sich diese Erkenntnis zu eigen machen, desto preiswerter und weniger enttäuschend wird es für Sie. Die teuren Werbeträger landen sonst nur allzu rasch im Papierkorb. Die wenigsten Menschen haben Zeit und Lust, sich intensiv mit einem Angebot auseinander zu setzen. Sie wollen stattdessen in aller Kürze erfahren, wo der konkrete Nutzen liegt.

Erste Erkenntnisse zur optimalen Anzeigenplatzierung können die Preise der einzelnen Printmedien bieten. In Zeitschriften ist z. B. regelmäßig die Werbefläche auf der Rückseite sehr teuer, weil sie von Kunden besonders beachtet wird. Anzeigen im reinen Anzeigenteil einer Tageszeitung können schnell übersehen werden. Sie fallen eher im redaktionellen Teil auf und kosten darum auch mehr.

Und schließlich bestimmt natürlich auch der Anzeigentext den Erfolg entscheidend mit. Es wird niemanden ernsthaft interessieren, dass Sie das 10. Reisebüro in Ihrer Stadt eröffnet haben, künftig mit Elektrogeräten handeln werden oder ein Handwerksmeister sind, der auch ins Haus kommt. Der Kunde wird sich aber sehr wohl für Ihr Angebot interessieren, wenn er sich davon einen besonderen Nutzen oder die Lösung eines Problems verspricht. Diesen Nutzen müssen Sie ihm in Ihrer Anzeige vermitteln, durch eine geeignete

Formulierung, aber z. B. auch durch einen entsprechenden Aufbau der Anzeige. Häufig wird hierzu das so genannte „AIDA"-Schema verwendet:

A = Attention (Aufmerksamkeit erregen)

I = Interest (Interesse wecken)

D = Desire (Wunsch auslösen)

A = Action (die gewünschte Handlung herbeiführen).

Die Aufmerksamkeit des Kunden erregen Sie durch einen Blickfang wie z. B. ein Bild, einen auffälligen Rahmen, einen besonders herausgestellten Preis oder ein Schlagwort. Ist dem Kunden die Annonce aufgefallen, gilt es, sein näheres Interesse zu wecken. Dies erreichen Sie sehr gut durch eine passende Schlagzeile, die alternativ auch gleichzeitig als Blickfang eingesetzt werden kann. Stellen Sie in der Schlagzeile einen besonderen Kundennutzen heraus, der Sie von der Konkurrenz abhebt.

BEISPIELE: „Die besten Tipps für ihr nächstes Vorstellungsgespräch" (Werbung für Bewerbungstraining).
Kundennutzen: Die *besten* Tipps werden zu der neuen Stelle verhelfen.
„Alles wird teurer – wir holen Ihnen Ihr Geld zurück" (Werbung für Finanz-/Wirtschaftsberatung).
Kundennutzen: mehr Geld im Portemonnaie und weniger Ärger über steigende Ausgaben.
„Reif für die Insel? – Wir suchen für Sie Ihre Trauminsel zu Traumpreisen" (Werbung für ein Reisebüro).
Kundennutzen: erholsamer Traumurlaub, der bezahlbar ist.
Im laufenden Text der Anzeige geht es dann darum, den Wunsch auszulösen, das Produkt zu besitzen oder die Leistung in Anspruch zu nehmen. Auch hier sollten Sie auf den Kundennutzen eingehen. Der Kunde interessiert sich schließlich nicht für Sie und Ihr Angebot, sondern nur für seinen eigenen Vorteil.
Bei dem Beispiel des Bewerbungstrainings könnten Sie beispielsweise Ihre Erfolgsquote herausstellen – „mehr als 80% meiner Teilnehmer finden innerhalb der nächsten 3 Monate eine neue Stelle".
Der Wirtschaftsberater könnte den Leser wissen lassen, wie viel Geld er sparen könnte – „1.000 € oder mehr kann ein durchschnittlicher 4-Personen-Haushalt durch unsere Hilfe sparen – Jahr für Jahr".

Das Reisebüro könnte seinen besonderen Service und günstige Preise herausstellen – „Sie werden überrascht sein, wie viel Urlaub Sie sich leisten können. Unsere Broschüre ‚Die 20 besten Insidertipps' zu Ihrer Trauminsel bekommen Sie gratis dazu."

Wenn der Kaufwunsch ausgelöst wurde, soll der Kunde aktiv werden („Action"). Sie fordern ihn im letzten Teil der Anzeige zu einer bestimmten Handlung auf, wie z. B.: „Am besten Sie rufen noch heute an, Tel.: …" oder „Fordern Sie unsere kostenfreie Broschüre mit den aktuellen Seminarangeboten an" usw.

11.5 Pressemitteilung

Eine Pressemitteilung setzen Sie – ebenso wie eine Anzeige – zu Marketingzwecken ein. Sie dient ebenfalls dazu, eine bestimmte Aussage zu kommunizieren. Anders als bei der Anzeige können Sie aber nicht sicher sein, ob Ihre Botschaft gedruckt wird. Sie texten zunächst einmal für den zuständigen Redakteur, der Ihre Mitteilung lesen und eventuell verändern wird. Mit Übung, Erfahrung und Geschick können Sie es erreichen, dass Ihre Mitteilung exakt so gedruckt wird, wie Sie sie formuliert haben. Eine Pressemitteilung unterliegt ganz anderen Regeln als eine Anzeige. Der verantwortliche Redakteur ist seinem journalistischen Gewissen verpflichtet (und natürlich den wirtschaftlichen Interessen des Arbeitgebers) und wird sich nicht für Ihre Werbezwecke „einspannen" lassen. Niemand wird plumpe Werbung – als Pressemitteilung getarnt – drucken. Für diese Zwecke gibt es ja schließlich die Möglichkeit, kostenpflichtige Annoncen zu schalten. Darum sollte der Inhalt Ihrer Pressemitteilung:

- wahr sein,
- für einen größeren Teil der Leser von Interesse sein,
- informativ sein,
- aktuell sein und
- sachlich sein (kein zu starkes Eigenlob, keine Herabsetzung anderer Personen etc.).

Für die äußere Form gibt es keine klaren und einheitlichen Regeln. Allerdings haben Sie einen Wunsch – die Pressemitteilung soll gedruckt werden. Daher sollten Sie es dem jeweiligen Redakteur möglichst einfach machen, Ihrem Wunsch nachzukommen. Es erleichtert die Arbeit, wenn der Text übersichtlich gegliedert und gut lesbar ist. Eine Pressemitteilung kann sehr kurz sein und nur wenige Zeilen umfassen oder auch ausführlichere Informationen auf maximal einer DIN A4-Seite enthalten. Welche Form der Übermittlung – Fax oder E-Mail – in der jeweiligen Redaktion bevorzugt wird, ist unterschiedlich. In der Regel spricht aber nichts gegen den Versand der Mitteilung per E-Mail. Eine „Todsünde" ist aber in aller Regel der Versand als Dateianhang – womöglich noch mit umfangreichem Bildmaterial und Grafiken. In manchen Redaktionen gehen täglich mehrere Tausend Pressemitteilungen ein. Niemand hat die Zeit und Lust, sich zeitaufwendig mit diversen Anhängen zu beschäftigen. Schreiben Sie Ihren Text schlicht und einfach als normale E-Mail.

Eine Pressemitteilung sollte die folgenden „W-Fragen" beantworten:

- Wer
- Was
- Wann
- Wo
- Wie
- Warum

Formulieren Sie auch eine originelle Schlagzeile, die das Interesse des Redakteurs weckt. Denken Sie daran, dass nur wenige Sekunden darüber entscheiden, ob Ihre Mitteilung komplett gelesen wird. Ist schon die Schlagzeile nicht interessant oder zu reißerisch, wird der weitere Text oft gar nicht erst beachtet. Der Inhalt und der Stil der Pressemitteilung müssen sich an dem jeweiligen Blatt orientieren, in dem die Mitteilung veröffentlicht werden soll. Grundsätzlich aber gilt es, möglichst einfach zu formulieren und eher kurze Sätze zu wählen. Vermeiden Sie möglichst Fachausdrücke und Fremdwörter, erklären diese aber zumindest.

Es gibt Agenturen, die Ihnen das Texten und den Versand von Pressemitteilungen an mehrere Tausend Redaktionen anbieten. Eine derartige Leistung in Auftrag zu geben ist jedoch meist nichts als Geldverschwendung, wenn die Mitteilung nicht auf das Blatt und dessen Zielgruppe abgestimmt wird. Es ist völlig sinn- und chancenlos, denselben Text an Tageszeitungen, Frauenzeitschriften, Computermagazine, Boulevardblätter und Wirtschaftsmagazine zu schicken. Sie können allenfalls Blätter mit ähnlichem Schreibstil und vergleichbarer Zielgruppe mit einer einzigen Pressemitteilung versorgen. Wenn Sie externe Hilfe in Anspruch nehmen wollen, suchen Sie sich darum professionelle Dienstleister, die wissen, worauf es ankommt und Ihre Texte individuell erarbeiten und versenden.

Sie wissen nun grundsätzlich, worauf es bei einer Pressemitteilung ankommt. Schwierig ist für Existenzgründer aber nicht nur das Verfassen der Mitteilung, sondern auch die Suche nach einem passenden Anlass für die Mitteilung. Die bevorstehende Geschäftseröffnung allein ist in der Regel nicht interessant genug. Hierüber berichten aber häufiger die in jeder Stadt existierenden Anzeigenblätter – bevorzugt (natürlich) in Verbindung mit einem Anzeigenauftrag. Es kommt auf Ihr Geschick und/oder Ihre Kontakte, aber auch auf die Seriosität und Geschäftspolitik des Medienanbieters an, ob über Ihre Eröffnung berichtet wird, ohne dass man gleich einen Vertragsabschluss erwartet. Ein so genanntes „Kopplungsgeschäft", bei dem Ihnen neben einer bezahlten Werbung ein redaktioneller Beitrag angeboten wird oder gar die bezahlte Werbung die Voraussetzung für einen solchen Beitrag sein soll, ist wettbewerbsrechtlich verboten. Das heißt nicht, dass es bestellte Beiträge oder solche, die nur der Akquise von Anzeigenkunden dienen nicht gibt. Im Gegenteil. Mitunter heißt es sogar, das sei „gängige Praxis" – zulässig ist es deshalb trotzdem nicht. In der Praxis sind allerdings kaum Probleme bekannt, wenn sich Anzeigenkunde und Medienvertreter trotzdem zum beiderseitigen Nutzen auf ein solches Geschäft verständigen. Als Anlass für eine Pressemitteilung bietet sich immer ein besonderes, soziales Engagement an. Diesbezüglich haben Existenzgründer oft Berührungsängste. „Ich soll mich sozial engagieren, nur um in die Zeitung zu kommen?" Nein, natürlich nicht. Dies würde auch möglicherweise schnell unglaubwürdig wirken. Allerdings kann jeder Mensch in seinem näheren Umfeld etwas tun, um zu helfen. Viele Menschen haben auch schon darüber nachgedacht, wie sie sich im Rahmen ihrer Möglichkeiten nützlich machen könnten – hatten nur noch nicht die richtige Gelegenheit. Eine Existenzgründung ist eine erstklassige Gelegenheit, weil Sie als Unternehmer und Arbeitgeber ohnehin auch eine soziale Verantwortung tragen (sollten). Nutzen Sie diese Gelegenheit, wenn Sie es wollen, sich als sozialen Menschen einschätzen und auch möchten, dass Ihr Umfeld Sie als solchen Menschen kennen lernt. Es kommt wiederum auf die individuellen Ziele an. *Wenn* Sie sich aber mit sozialem Engagement identifizieren können und sich engagieren, dürfen Sie auch guten Gewissens darüber reden, nach dem Motto „Tue Gutes und rede darüber". Solange allen Beteiligten mit Ihrem Engagement geholfen ist, spricht nichts dagegen, die eigene Leistung in das rechte Licht zu rücken – wer sonst sollte dies tun? Denken Sie daran, wie oft Sie in der Tageszeitung Lokalpolitiker oder Unternehmer sehen, die einer sozialen Einrichtung einen Scheck überreichen oder sich persönlich engagieren. Ihnen wird es womöglich zunächst peinlich sein, über Ihre Aktivitäten zu berichten. Das muss es aber nicht und das sollte es auch nicht sein. Immerhin wird die Öffentlichkeitsarbeit künftig zu Ihren regelmäßigen Aufgaben gehören.

Engagieren können Sie sich in vielfältiger Weise. Was immer Sie im Rahmen Ihres Unternehmens tun wollen, können Sie auch einen Tag lang z. B. für eine Hilfseinrichtung oder einen gemeinnützigen Verein Ihrer Region tun.

Auch ein kleines „Eröffnungsevent" ist gut geeignet für eine Pressemitteilung. Lassen Sie in Ihrer Gaststätte Nachwuchsmusiker, Künstler etc. aus Ihrer Region/Ihrem Bekanntenkreis auftreten. Vielleicht veranstalten Sie auch eine kleine Modenschau in Ihrem Textilgeschäft – natürlich brauchen Sie keine teuren Profimodels. Planen Sie eine Ausstellung in Ihren Schulungsräumen oder Ihrem Büro, bei der Nachwuchskünstler ihre Werke der Öffentlichkeit präsentieren können. Oder Sie laden Interessierte zu einer „Beach Party" mit echtem Sand und Cocktails in Ihr Sonnenstudio ein. Die Möglichkeiten sind vielfältig. Mit ein wenig Kreativität fällt Ihnen bestimmt etwas Passendes ein, was Sie auch mit geringen Mitteln umsetzen können. Hilfreich sind hier oft Gespräche mit Freunden und ein gemeinsames „Brainstorming", um ausgefallene Anregungen zu bekommen.

Mitunter reichen auch kleine Variationen des ganz normalen Tagesgeschäfts für eine Pressemitteilung aus. Tun Sie einfach das, was Sie immer tun – aber z. B. an einem ungewöhnlichen Ort oder zu einer ungewöhnlichen Zeit. Ich selbst habe beispielsweise schon „Vollmond-Seminare für Nachtschwärmer" angeboten – bei Vollmond und in der Zeit von 20–2 Uhr. Viele Menschen können bei Vollmond ohnehin schlecht schlafen und was spricht dagegen, die Zeit sinnvoll zu nutzen und sich fortzubilden?

Hilfreich ist es, sich zunächst bereits abgedruckte Pressemitteilungen in der örtlichen Tageszeitung anzusehen, um sich an dem entsprechenden Stil zu orientieren. Sie erkennen Pressemitteilungen in der Regel daran, dass der Artikel keinen Namen oder Namenskürzel des Autors enthält.

11.6 Weitere Aktivitäten für das kleine Budget

Wenn Sie Experte auf Ihrem Gebiet sind, könnten Sie durch öffentliche Vorträge von Ihrer Kompetenz überzeugen. Sofern Sie sich ein großes Publikum noch nicht zutrauen, versuchen Sie es in kleinerem Rahmen, z. B. bei einem themenspezifischen Stammtisch. Bereiten Sie aber auch einen Vortrag in kleinem Rahmen sorgfältig vor. Sie haben es mit wichtigen Multiplikatoren zu tun, die von Ihrer Kompetenz überzeugt werden wollen.

Auch Fachartikel bieten sich an, wenn Sie sich in einem Bereich sehr gut auskennen. Schreiben Sie verschiedene Redaktionen an, nachdem Sie sich ein aktuelles Thema und einen Aufhänger überlegt haben, zu dem Sie etwas zu sagen haben. Sie müssen den kompletten Artikel aber nicht schon vorher schreiben.

Einige Unternehmer versuchen immer wieder, kostenlos im Radio erwähnt zu werden. Mit Charme und Humor gelingt dies häufig auch, wenn Sie sich z. B. ein bestimmtes Lied für „den besten Chef/ die beste Chefin – Hr./Fr. XY von der Fa. XY" wünschen. Dass Sie selbst dieser beste Chef sind, versteht sich von selbst.

Das für viele Unternehmer mit Abstand wirkungsvollste und preiswerteste Marketinginstrument ist und bleiben persönliche Kontakte sowie Empfehlungen zufriedener Kunden. Hierauf können Sie als Existenzgründer in der Regel noch nicht zurückgreifen. Sie sollten sich aber unbedingt darum bemühen. Knüpfen Sie systematisch Kontakte und – vor allem – pflegen Sie diese sorgfältig. Auch um Ihre Kunden sollten Sie ehrlich bemüht sein. Es ist erheblich einfacher und preiswerter, bestehende Kunden zu halten als neue Kunden zu gewinnen. Gerade für Dienstleister sind gute Kontakte überlebenswichtig. Erfolgreiche Dienstleister erhalten zu 80% oder mehr ihre Aufträge durch Empfehlungen. Bequemer und preiswerter können Sie nicht an neue Kunden kommen. Auch wenn der Aufbau und die Pflege von Kontakten sehr zeitaufwändig ist – es lohnt sich.

Ein guter Teil dieser Marketingaktivitäten wird natürlich nicht unmittelbar zu neuen Kunden und neuen Aufträgen führen. Darauf sind diese Maßnahmen allerdings auch nicht ausgerichtet. Sie tragen aber in ihrer Gesamtheit zu Ihrem langfristigen, unternehmerischen Erfolg bei, weil Sie Ihr Image stärken und Ihren Bekanntheitsgrad erhöhen.

Im Marketing und speziell in der Werbung wird sehr viel mit den Emotionen der Menschen gearbeitet. Bei Gebrauchsgütern stehen bei der Kaufentscheidung häufig nicht sachliche Gründe im Vordergrund, sondern Emotionen. Es ist nicht selten so, dass Menschen aus emotionalen Motiven kaufen und ihre Entscheidung dann später rational rechtfertigen. Wer hätte das nicht schon einmal erlebt – man sieht ein schönes Produkt, gleich ob Kleidung oder etwas anderes, greift zu und rechtfertigt den Kauf später mit der doch wirklich einmaligen Verarbeitung, Qualität und dem besonderen „Schnäppchenpreis" vor sich selbst. Es ist ein probates und legitimes Mittel mit Emotionen zu arbeiten – aber in Grenzen. Nicht alles ist erlaubt. Bei all Ihren Marketingaktivitäten müssen Sie immer auch die rechtlichen Rahmenbedingungen – insbesondere das Wettbewerbsrecht – beachten. Freier Wettbewerb ist erwünscht, auch wenn hierdurch einige Unternehmen vom Markt verdrängt werden. Auch das Werben um Kunden und die Gewinnung von Kunden der Konkurrenten gehören zur freien Marktwirtschaft. Allerdings soll dies mit lauteren Methoden geschehen.

Auch Ihre Liefer- und Vertragsbedingungen sowie die Allgemeinen Geschäftsbedingungen sind nicht nur unter Marketingaspekten zu erstellen, sondern müssen auch den rechtlichen Anforderungen genügen. Und schließlich kann im Zusammenhang mit der Produktpolitik auch der Schutz von Patenten, Erfindungen und Namen ein wesentlicher Erfolgsfaktor sein.

Links zum Thema

http://www.farbenundleben.de – Farben in der Werbung und anderen Bereichen des Lebens; http://www.beta45.de – Diplomprojekt „Farbcodes" an der Filmakademie Baden-Württemberg; http://www.metacolor.de – Ausführliche Informationen, auch speziell zur Problematik der Farbauswahl für die Homepage; http://www.textelle.de – professionelle Texte für die Homepage, Werbebroschüren, Pressemitteilungen usw.; http://www.ib-klartext.de – professionelle Texte usw.; http://www.webgrrls.de – u. a. Marktplatz von Frauen in den Neuen Medien; http://www.genios.de – Wirtschaftsdatenbank mit größtenteils kostenpflichtigen Informationen zu Branchen, Märkten usw.; http://www.gfk.de – Gesellschaft für Konsumforschung, bietet auch Kurzstudien zum kostenfreien Download an, http://www.destatis.de – Statistisches Bundesamt; http://www.marketing-boerse.de/ – Dienstleisterverzeichnis rund um Marketing, IT und Vertrieb; http://www.fiona-die-texterin.de/ – Dienstleistungen und Tipps rund um das Thema Marketing und Kommunikation; http://www.thyret.de – Andre´ Thyret, Grafik und Design; http://www.lenner-marketing.de – Christian Lenner – Online-Marketing..

11.7 Einige Besonderheiten des Internetmarketing

Das Internetmarketing ist ein spezielles Thema, weil hier besondere Regeln gelten – sowohl rechtlich als auch unter Marketingaspekten. Der Internetnutzer ist ungeduldig und will in kurzer Zeit die gewünschten Informationen und Angebote finden. Darum kommt es hier in besonderem Maße darauf an, die Werbebotschaft „auf den Punkt" zu bringen. Mit Selbstverständlichkeiten wie der guten Qualität eines Produktes sollten Sie darum den Leser nicht (mehr als nötig) langweilen, sondern punktgenau und in aller Kürze herausstellen, welchen besonderen Nutzen Sie bieten. Mit kostenfreien Zusatzangeboten, z. B. interessante Newsletter für Ihre Zielgruppe, exklusive, nützliche Informationen für registrierte Nutzer, je nach Branche auch Gewinnspiele usw. können Sie Besucher auf Ihre Seiten „locken". Auch hier kommt es aber darauf an, die richtige Zielgruppe anzusprechen. Gratisspiele und ähnliche Angebote ziehen zwar Besucher auf Ihre Seite, bringen aber keinen einzigen Cent zusätzlichen Umsatz, wenn Sie die falsche Zielgruppe ansprechen und deshalb nur „Schnäppchenjäger" Ihre Homepage besuchen. Das kostenfreie Angebot muss darum einen engen Bezug zu Ihrer Hauptleistung haben. Sie können mit Gratisangeboten von Ihrer Kompetenz überzeugen und Vertrauen schaffen. Der Kunde muss nicht „die Katze im Sack" kaufen. Die logische Steigerung des Gratisangebots muss jedoch immer Ihre kostenpflichtige Leistung sein. Beispielsweise bietet das Unternehmen „Vistaprint B. V." seit Jahren über seine Homepage u. a. kostenlose Visitenkarten an. Der Kunde zahlt lediglich die allerdings nicht unerheblichen Versandkosten. Diese Visitenkarten sind auf der Rückseite mit einem Werbeaufdruck der Firma Vistaprint versehen. Wer werbefreie Visitenkarten oder eine größere Auswahl von Vorlagen wünscht, muss diese Leistungen bezahlen. Noch immer nutzen gerade kleine und mittelständische Unternehmen das Internet mit seinen Möglichkeiten nur unzureichend. Dabei bietet der elektronische Geschäftsverkehr – E-Commerce – vielfältige Möglichkeiten. Er dient nicht nur dem Verkauf von Ware, sondern auch der Kommunikation mit dem Kunden und der Kundenbindung.

Zum 1. Januar 2003 wurde die deutsch-französische Verbraucherberatungsstelle „Euro-Info-Verbraucher e. V." durch eine Entscheidung des Bundesministeriums der Justiz zur nationalen Verbindungsstelle für den elektronischen Geschäftsverkehr in Deutschland ernannt. Mit der Ernennung wurde eine europäische Richtlinie in nationales Recht umgesetzt, welche von allen Mitgliedstaaten die

Einrichtung einer solchen Verbindungsstelle verlangt. Die Beratungsstelle heißt inzwischen „Zentrum für Europäischen Verbraucherschutz e. V." und bietet kostenfreie Informationen und Beratung sowohl für Verbraucher als auch für Unternehmer zu Fragen des elektronischen Geschäftsverkehrs an – online, per E-Mail oder telefonisch. Dieser Service soll dazu beitragen, Verbrauchern und Anbietern durch Informationen mehr Rechtssicherheit zu verschaffen und somit den elektronischen Geschäftsverkehr zu fördern. Im Falle einer Beschwerde gegen einen Online-Händler kann die elektronische Schlichterstelle angerufen werden („Online-Schlichter"). Letzteres ist aber nur möglich bei einem Bezug zu einem dieser Bundesländer: Baden-Württemberg, Bayern, Berlin, Hessen oder Rheinland-Pfalz, d. h. der Verbraucher oder Händler muss seinen Sitz in einem dieser Bundesländer haben.

Ob und, wenn ja, inwieweit der genannte, weitgehend unbekannte und in seiner Öffentlichkeitsarbeit nicht sehr aktive Verein tatsächlich den elektronischen Geschäftsverkehr fördert dürfte zumindest fraglich sein.

Soll ihre Homepage im Internet von Kunden gefunden werden, kommen sie um entsprechende Marketingmaßnahmen nicht umhin – schließlich existieren allein mit der Länderkennung „de" mehr als 15 Mio. Domains (Stand: Januar 2014). Während früher das so genannte Pop-Up-Advertising und Bannerwerbung gefragt waren, geht man heute neue – effizientere – Wege, um potenzielle Kunden auf das eigene Angebot aufmerksam zu machen.

Wer hat es nicht schon selbst erlebt? Genervt klickt man ein buntes Pop-Up-Fenster nach dem anderen weg oder lässt sie gleich ganz unterdrücken und die Werbebanner ignoriert man so gut es geht.

Aus diesen Gründen entfalten obige Maßnahmen zumindest allein nicht mehr die gewünschte Wirkung. Wichtiger ist z. B. das Suchmaschinen-Marketing, auch geläufig unter der Bezeichnung SEO (**S**earch **E**ngine **O**ptimization). Ziel ist es, innerhalb der Ergebnislisten aufzufallen, z. B. durch eine gute Position weit oben oder eine bessere Sichtbarkeit. Die meisten User werden mittlerweile durch Suchmaschinen auf Internetseiten aufmerksam. Anstelle von Werbefenstern werden zunehmend – passend zu den Suchbegriffen der Nutzer – kleine Textlinks eingefügt – eine effiziente und nutzerfreundliche Möglichkeit. Der Werbetreibende erstellt seine eigene Textanzeige, wählt die gewünschten Schlüsselwörter (Keywords) aus wie z. B. Existenzgründung und bezahlt üblicherweise für die Klicks der User nach dem so genannten Cost-per-Click-Modell. Wird also die Anzeige nicht zur Kenntnis genommen und nicht angeklickt, kostet diese Werbeform auch kaum Geld – allenfalls eine geringe, einmalige Gebühr. Um die Kosten im Vorfeld kontrollieren und kalkulieren zu können – schließlich kann nicht abgeschätzt werden, wie viele Klicks tatsächlich erfolgen werden – gibt es die Möglichkeit, den Preis je Click mitzubestimmen und zusätzlich ein maximales Tagesbudget festzulegen. Hiervon wiederum hängt ab, an welcher Position ihre Anzeige erscheint und wie häufig sie eingeblendet wird.

Das so genannte „Display-Advertising", also die Bildschirmwerbung mit Werbebannern & Co., wird mitunter als das grafische „Gegenstück" zur überwiegend textbasierten Suchmaschinenoptimierung bezeichnet, sollte aber nicht als Alternative sondern ergänzend betrachtet werden. Darüber hinaus ist aus dem schier unerschöpflichen Thema „Online-Marketing" für Existenzgründer noch die so genannte „Affiliate-Werbung" erwähnenswert. Dabei geht es, vereinfacht ausgerückt, um eine Internetvariante des „Empfehlungsmarketing". Ein „Partner" bekommt von einem i. d. R. kommerziellen Anbieter unter bestimmten eine Vergütung, z. B. je Klick auf einen Link, für jedes verkaufte Produkt, für das Registrieren auf einer Homepage etc.

Kommunikation als Teil des Marketing

Vielen Internetbenutzern wird die so genannte „Netiquette" bereits ein Begriff sein, vor allem dann, wenn sie sich aktiv in virtuellen Foren oder Newsgroups bewegen. Es handelt sich sozusagen um den E-Knigge, also besondere Benimm- und Kommunikationsregeln für Internetnutzer. Der Begriff setzt sich zusammen aus den Wörtern „net" (Netz) und „Etiquette" (Anstandsregeln).

Die allgemein akzeptierten Anstandsregeln sollten selbstverständlich im Internet wie im täglichen Umgang mit Menschen beachtet werden. Allerdings weist die rein schriftliche Kommunikation einige Besonderheiten auf. Wenn Menschen sich im „Gespräch" nicht ansehen und auch keine Stimme hören können, bilden sie sich eine Meinung allein aufgrund der schriftlichen Aussagen. Unterschiede in der Stimmlage oder der Mimik des Gegenübers können nicht mehr helfen, eine Situation richtig einzuschätzen. Daher sind Missverständnisse keine Seltenheit, weil z. B. eine ironische Äußerung nicht als solche erkannt wurde oder unterschiedliche Formen von Humor aufeinander treffen.

Was schon für das private Verhalten gilt, z. B. in interaktiven Foren, sollte im eigenen Interesse im Geschäftsverkehr umso mehr beachtet werden. Schließlich ist die Kommunikation eine ganz wesentliche Säule des Marketing und prägt entscheidend das Bild Ihres Unternehmens bei Geschäftspartnern und in der Öffentlichkeit mit.

Links zum Thema

http://www.eu-verbraucher.de – Europäisches Verbraucherzentrum Deutschland; http://www.cec-zev.eu – Zentrum für Europäischen Verbraucherschutz; http://www.netplanet.org – Rubrik: „Netiquette", – Netiquette in E-Mails; http://www.vistaprint.de – u. a. kostenlose Visitenkarten (es fallen jedoch Versandkosten an).

Anbieter von Domain- und Suchmaschinenmarketing

http://www.google.de. Suchbegriff: „Adwords"; http://www.trafficmaxx.de/; http://www.cyberpromote.de/; http://www.metapeople.de/; http://www.vitango.de.

11.8 Social Media

Es gibt für Existenzgründer/Unternehmer weder *die* Marketing-Strategie noch *das* „Social Media-Rezept". Welche Strategie, welche Plattform, welche Zielgruppe, welche Inhalte usw. zielführend sind, hängt von verschiedenen Faktoren ab. Oft kann diese Frage erst oder sogar am besten durch „Experimentieren" beantwortet werden.

Ein paar Regeln, Grundsätze und Hilfreiches für Ihre „Experimente" gibt es aber schon, wie z.B.:

- Ziele formulieren (aus dem Businessplan ableiten),

- die geeignete Plattform für das eigene Produkt und die eigene Zielgruppe auswählen,

- sich Zeit nehmen (z. B. zum Beobachten und Lesen, was die eigene Zielgruppe zu „sagen" hat, was sie bewegt ...),

- sich informieren, Regeln und rechtliche Rahmenbedingungen kennen und beachten sowie

- Beständigkeit, Authentizität und Geduld an den Tag zu legen.

Trotz der immensen Reichweite der sozialen Netzwerke stellt sich Erfolg nicht automatisch und nicht über Nacht ein.

Das wohl bekannteste „Soziale Netzwerk" ist Facebook und soll deshalb hier stellvertretend für andere Optionen stehen, auch wenn die Plattform nicht für jedes Unternehmen zu Marketingzwecken geeignet ist.

Es gibt verschiedene Möglichkeiten, das eigene Unternehmen auf Facebook zu präsentieren, die auch kombiniert werden können wie z. B. Unternehmensseiten, Orte oder auch themenspezifische Gruppen.

Eine Facebook-Seite kann jede Privatperson und jedes Unternehmen kostenfrei anlegen. Die Funktionen sind weitgehend vergleichbar, leicht erlernbar und die potenzielle Reichweite bei mehreren hundert Millionen Nutzern enorm.

So leicht das Einrichten und Bedienen einer Seite ist, so schnell passieren aber auch vermeidbare Anfängerfehler. Achten Sie z. B. von vornherein unbedingt auf eine professionelle Präsentation, also keine Privatseite für das Unternehmen. Trennen Sie strikt zwischen privaten und öffentlichen Inhalten. Der erste Eindruck zählt natürlich auch in sozialen Netzwerken. Achten Sie also auch bei Bildern auf einen möglichst guten, professionellen, ersten Eindruck.

Ziele

Die Ziele sollten das Erreichen der bereits im Businessplan formulierten Ziele unterstützen. „Selbstverständlich", werden sie vielleicht denken. Tatsächlich laufen manche Aktivitäten in den sozialen

Netzwerken den unternehmerischen Zielen aber ebenso ungewollt wie deutlich entgegen. Darum ist z. B. das Pflegen einer Facebook-Seite inklusive der Kommunikation mit Besuchern der Seite ganz sicher kein „Praktikantenjob", nur weil der Praktikant sich bestens im Internet auskennt. Unternehmenskommunikation ist Chefsache!

Legen Sie solche Ziele fest, die zu Ihren Unternehmenszielen passen und unterteilen diese in gut erreichbare, überschaubare Unterziele. Das motiviert durch rasche Erfolgserlebnisse.

BEISPIEL: Sie haben sich vorgenommen, im Jahr Ihrer Gründung eine Anzahl X von Kunden zu gewinnen und möchten diese auch an Ihr Unternehmen binden, zu Stammkunden machen. Dazu müssen Sie auf sich und Ihre Produkte aufmerksam machen und Kundenpflege betreiben, „im Gespräch bleiben" – als Unternehmen und mit Ihren Kunden. Soziale Netzwerke können, je nach Produkt und Branche, einen wertvollen Beitrag dazu leisten. Konkrete Ziele könnten z.B. sein, im ersten Quartal:

20 „Fans" der eigenen Seite gewinnen, die aus der Zielgruppe, aber nicht dem eigenen persönlichen Umfeld kommen,

die ersten 10....Fragen/Anmerkungen zu dem eigenen Produkt von Facebook-Usern erhalten,

die ersten X Besuche auf der eigenen Homepage, dem eigenen Onlineshop etc., die über soziale Netzwerke kommen,

das erste Beratungsgespräch, das erste Angebot, der erste Geschäftsabschluss, die über das soziale Netzwerk zustande gekommen sind usw.

Kommunikation

Nehmen Sie sich Zeit, zu beobachten, was Ihre Zielgruppe in den sozialen Netzwerken besonders interessiert. Man sagt nicht ohne Grund: Die besten Verkäufer sind nicht die, die am meisten reden, sondern diejenigen, die am besten zuhören. Wer die Interessen und Bedürfnisse seiner potenziellen Kunden kennt, kann dies im Sinne der Kunden und im Sinne des eigenen Unternehmens nutzen, z. B. für eine zielgerichtete Ansprache ohne allzu große Streuverluste.

Sehen Sie sich auch vor eigenen Aktivitäten in aller Ruhe an, was Ihre Mitbewerber tun, wie diese sich präsentieren, mit ihren Kunden kommunizieren, was gut ankommt und was weniger. Nutzen Sie die Chance, lernen von anderen und machen es dann dank der gewonnenen Erkenntnissen nach Möglichkeit besser.

Recht

Soziale Netzwerke sind – natürlich – kein rechtsfreier Raum. Im Gegenteil, könnte man sagen, denn Rechtsverstöße werden hier quasi auf dem „Silbertablett" präsentiert – ein „Paradies" für Abmahner & Co. So brauchen Sie z. B. auch für Ihre „Unternehmens-Fanseite" ein korrektes Impressum. Es gelten alle wettbewerbsrechtlichen Regeln z. B. zur Irreführung usw.

Außerdem gibt es über die üblichen rechtlichen Rahmenbedingungen hinaus auch jeweils eigene Regeln der Anbieter. Bei Facebook sind das z. B. recht strenge Regularien im Hinblick auf Namen von Facebook-Seiten.

Sehr anschaulich haben die Seitenbetreiber von „Allfacebook" (s. Linktipps) einige Regeln anhand von fiktiven Beispielen verdeutlicht:

- „Pizza" (verboten), „Pizzeria Di´Angelo" (erlaubt)
- „Fotografie" (verboten), „Werners Hochzeitsfotografie" (erlaubt)
- „Red Hot Chili Peppers Official" (verboten), „Red Hot Chili Peppers" (erlaubt)
- „Reisen" (verboten), „Reisebüro Müller" (erlaubt)
- „SONNENBRILLEN" (verboten)
- „Sommer!!!!!" (verboten)
- „Automarktxyz.de, Neuwagen, Gebrauchtwagen" (verboten), „Automarktxyz.de" (erlaubt)
- „Tageszeitung ABC – Die beste News der Region ABC" (verboten), „Tageszeitung ABC" (erlaubt)
- „Pension Vogel, Ferienwohnung" (verboten), „Pension Vogel" (erlaubt)
- „Fußball Spanien" (verboten), „Nike Fußball Spanien" (erlaubt)
- „Brand XY Deutschland" (erlaubt)
- „Karriere" (verboten), „Brand XY Karriere" (erlaubt)

Diese kurze Einführung soll ein wenig dafür sensibilisieren, dass ein Profil in „Sozialen Netzwerken" zwar schnell erstellt ist, aber zu einem professionellen Auftritt, der die Unternehmensziele unterstützt, mehr gehört. Zahlreiche weitere, nützliche Informationen finden Sie unter den folgenden Linktipps.

Links zum Thema

Sehr informative Seiten u. a. zu den neuen Regeln für Namen von Facebook-Seiten und vielem mehr: http://allfacebook.de/news/regeln-fuer-namen-von-facebook-seiten, http://www.futurebiz.de

11.9 Selbstmarketing

Die Duden-Empfehlung zur Schreibweise des Begriffs „selbständig" lautet: selbst*st*ändig. Hierdurch wird noch deutlicher als bisher schon, was Selbständigkeit nur allzu oft bedeutet: selbst und ständig (arbeiten). Dazu gehört auch – insbesondere für Dienstleister – sich selbst ständig zu vermarkten.

Die meisten Dienstleister sind austauschbar und der Kunde hat aufgrund der großen Anzahl von Anbietern die Qual die Wahl. Welchen Anbieter von Schulungen soll er wählen, welchen Rechtsanwalt, welchen Steuerberater, welchen Arzt, welchen Architekt, welchen Handwerker, welchen Gründungsberater, welchen Friseur, welchen Büroservice …? Die Leistungen gleichen sich stark, die Preise oftmals ebenso, so dass diese Kriterien häufig für potenzielle Kunden nicht ausschlaggebend sein können. Sehr viel besser eignen sich da schon Referenzen, Empfehlungen und der persönliche Eindruck. Gerade Existenzgründer, die noch nicht über geeignete Referenzen und zufriedene Kunden verfügen, die sie weiterempfehlen könnten, sind in besonders hohem Maße darauf angewiesen, sich gut „zu verkaufen". Diese Kunst ist aber nicht jedem Menschen in die Wiege gelegt worden und muss deshalb häufig erst erlernt werden.

In vielen Fällen tun sich gerade zurückhaltende Menschen äußerst schwer, wenn es darum geht, die eigene Dienstleistung „an den

Mann oder die Frau" zu bringen – und das, obwohl sie im Grunde eine ganz wesentliche Voraussetzung guter „Selbstvermarkter" bereits mit bringen. Zurückhaltende Menschen zeichnen sich oftmals dadurch aus, dass sie gut zuhören können. Vielleicht fragen Sie sich jetzt: Muss ein erfolgreicher Verkäufer nicht vielmehr ein guter Redner und weniger ein guter Zuhörer sein? Sicher spielt auch das rhetorische Geschick eine wichtige Rolle. Den größeren Anteil des Verkaufsgesprächs sollte aber das Zuhören ausmachen, um die wirklichen Bedürfnisse des Kunden zu erforschen. Diese sind keineswegs immer identisch mit den geäußerten Vorstellungen. Schon so manches „todsichere" Geschäft ist durch die allzu große Redseligkeit der Verkäufer gerade nicht zustande gekommen, sondern förmlich zerredet worden, wie das folgende **Praxisbeispiel** zeigt:

Christian ist ein „EDV-Freak" wie er im Buche steht. Schon seit vielen Jahren ist das Thema seine große Leidenschaft – beruflich wie privat hat er sich in der Vergangenheit fast ausschließlich damit befasst. Sein Rat war und ist im Freundes- und Bekanntenkreis gefragt und Christian verwendete stets einen guten Teil seiner Freizeit darauf, anderen Menschen bei der Lösung ihrer Hard- oder Softwareprobleme zu helfen. „Warum sollte sich diese Dienstleistung nicht auch vermarkten lassen?", dachte Christian und meldete kurzerhand ein Gewerbe an, um künftig im Nebenberuf auf selbständiger Basis sein Einkommen aufzubessern. Ausreichend Bedarf war ja ganz offensichtlich vorhanden. Während jedoch kostenlose „Problemlöser" immer gern in Anspruch genommen werden, gestaltet es sich deutlich schwieriger, Kunden zu finden, die bereit sind, eine Leistung angemessen zu bezahlen. Christian konzentrierte sich in seinen telefonischen Akquisebemühungen auf kleinere Unternehmen, die aus Kostengründen keine eigene EDV-Abteilung unterhalten können und deshalb bei Problemen auf externe Hilfe angewiesen sind. Außerdem bekam er von seinen Bekannten dann und wann Adressen interessierter Unternehmer. Christian ist ein freundlicher, entgegenkommender und offener Mensch, der gern auf Menschen zugeht und nach seiner Einschätzung verliefen die Gespräche mit potenziellen Kunden durchweg positiv. Die Sache hatte nur einen Haken: Keines der Gespräche führte zu einem Auftrag. Nach unzähligen Versuchen war Christian völlig entnervt und ratlos. Während eines Seminars schilderte er seine Situation wie folgt:

„Ich komme mit den Leuten immer gut zurecht und ich spüre auch, dass ich ihnen sympathisch bin. Es gibt wohl niemanden, der mehr auf seine künftigen Kunden eingeht als ich und ich weiß, dass die Leute dies zu schätzen wissen. Jedes Mal gebe ich absolut mein Bestes und jeder kann sich davon überzeugen, wie fit ich in meinem Job bin. Entweder helfe ich den Leuten direkt vor Ort im Unternehmen oder ich überzeuge im Gespräch. Die Interessenten stellen mir jede Menge Fragen und es ist noch nicht einmal vorgekommen, dass ich eine Frage nicht beantworten konnte. Manchmal werde ich sogar zum Essen in ein Restaurant eingeladen. Dann denke ich immer, der Auftrag ist ‚in der Tasche'. Und wieder nichts! Ich kann mich auf den Kopf stellen, es klappt einfach nicht mit den Aufträgen. Ich weiß nicht, was ich noch machen soll."

Auf Nachfrage bestätigte Christian die Vermutung, dass die Kundengespräche in aller Regel mehrere Stunden dauerten.

Wo lag nun das Problem?

Christian gab tatsächlich in den Gesprächen sein Bestes – nämlich sein Know-how. Er ließ sich von den Kunden sein gesamtes Wissen entlocken, er löste all ihre Probleme, ohne auch nur einen einzigen Cent dafür zu verlangen. Mit etwas Glück „verdiente" er sich gerade einmal eine warme Mahlzeit, wenn der „Interessent" ihn – wie geschildert – zum Essen einlud. Unter diesen Umständen war es überhaupt nicht verwunderlich, dass niemals ein Auftrag zustande kam. Aus welchem Grunde sollte jemand für eine Leistung bezahlen, die er auch kostenlos bekommen konnte?

Nicht einmal Christian selbst konnte auch nur einen guten Grund nennen, warum ihn jemand bezahlen sollte, nachdem er sich in die Situation seiner Gesprächspartner versetzt hatte: „Eigentlich klar! Ich würde auch nicht unnötig Geld ausgeben, nur weil jemand ein netter Typ ist."

Christian musste feststellen, dass er offensichtlich wieder und immer wieder mögliche Vertragsabschlüsse „kaputt geredet" hatte. Er glaubte stets an das Gute im Menschen und konnte sich nicht vorstellen, dass ihn potenzielle Kunden ausnutzen könnten. Allerdings musste er auch eingestehen, dass er selbst nicht anders gehandelt hätte. Es stand also fest, dass die Strategie für die Zukunft geändert werden musste. Aber wie?

„Ich muss doch meine Interessenten von meiner Kompetenz überzeugen. Soll ich künftig überhaupt keine Fragen mehr beantworten oder was soll ich tun?"

Sicher erwartet der Kunde, dass seine Fragen beantwortet werden. Es ist aber zu differenzieren zwischen Fragen, die bereits ein Problem lösen und Grundsatzfragen. Jede Frage zu den Kosten der Dienstleistung, zu den konkreten Angeboten, der Vorgehensweise usw. sollte selbstverständlich beantwortet werden. Der Kunde muss schließlich wissen, worauf er sich einlässt.

Auch kann und soll Christian künftig weiterhin einige Tipps geben, die dem Kunden weiterhelfen und seine eigene Kompetenz dokumentieren. Diese Tipps und Informationen dürfen aber nicht das Kernproblem lösen.

Will beispielsweise der Kunde die Datensicherheit im Unternehmen verbessern, könnte Christian geeignete Softwareprodukte empfehlen, die z. B. durch das Bundesamt für Sicherheit in der Informationstechnik zertifiziert wurden. Die Software allein kann niemals das Problem lösen. Er könnte den Kunden außerdem wissen lassen, dass Datensicherheit auch für kleine Unternehmen wichtig ist und nicht an der Kostenfrage scheitern muss, weil schon mit einfachen Mitteln gute Ergebnisse erzielt werden können – vorausgesetzt die Umsetzung erfolgt professionell. Ein geeignetes Sicherheitsniveau muss bestimmt und ein Maßnahmekatalog erstellt werden, die Software ist auf die Hardware abzustimmen, die Abläufe im Unternehmen müssen in geeigneter Weise organisiert und die Mitarbeiter entsprechend geschult werden, um nur einige Beispiele zu nennen.

Mit diesen Aussagen dokumentiert Christian durchaus, dass er weiß, wovon er redet. Er macht dem Kunden aber auch gleichzeitig klar, dass es keine Lösung „von der Stange" gibt, die für jedes Unternehmen gleichermaßen geeignet ist. Darum muss in einem ersten Schritt die Situation vor Ort in Augenschein genommen und analysiert werden. Das dies eine kostenpflichtige Leistung ist, versteht sich von selbst. Kein Unternehmer kann es sich auf Dauer erlauben, seine Arbeitskraft unentgeltlich anzubieten.

Tina ist aus einem anderen „Holz geschnitzt" als Christian. Auch sie ist freundlich, sympathisch und absolut kundenorientiert. Sie ist aber auch ein Profi, was ihr „Selbstmarketing" angeht. Trotzdem lief ihre Existenzgründung etwas schleppend an, was aber kein Anlass zur Sorge, sondern völlig normal war. Ebenso wie Christian bemühte sich auch Tina sehr intensiv darum, Kunden für ihre Dienstleistungen rund um die Kommunikation im Unternehmen zu gewinnen. Sie ging jedoch anders an die Sache heran. Einen Teil ihrer Zeit verwendete sie auf die klassische Kundenakquise, den Großteil der Zeit verbrachte sie jedoch damit, Kontakte zu knüpfen und vor allem auch zu pflegen. Sie war auf allen interessanten Veranstaltungen präsent, engagierte sich aktiv in einem Verein, dessen Mitglieder zu ihrer Zielgruppe gehörten, hielt kurze Vorträge und dergleichen mehr. Keine dieser Aktivitäten brachte ihr unmittelbar Aufträge ein. Das hatte sie aber auch nicht erwartet. Vielmehr ging es darum, den Bekanntheitsgrad zu erhöhen, von der eigenen Kompetenz zu überzeugen und die Chance auf positive Empfehlungen durch die vorhandenen Kontakte zu erhöhen. Tina vermied es bei allem Engagement konsequent, potenziellen Kunden ihre Leistung kostenfrei anzubieten, so wie Christian es getan hatte. Zwar hielt sie ihre Kurzvorträge unentgeltlich, diese vermittelten aber nicht ihr gesamtes Knowhow zum Thema. Es handelte sich lediglich um „Appetithäppchen", die Lust auf „mehr" machen sollten. Mittlerweile musste Tina in ihrem ehrenamtlichen Engagement deutlich kürzer treten, weil sie auf Monate im Voraus ausgebucht ist. Tina hat nicht den schnellen Erfolg gesucht, sondern sukzessive das betrieben, was man als „Networking" bezeichnet. Sie hat systematisch und methodisch Kontakte gesucht und gepflegt, auch wenn dies zunächst nur Zeit und Geld gekostet hat. Ihr war aber klar, dass sie als Dienstleisterin in besonderem Maße auf ein funktionierendes Netz aus sozialen Beziehungen angewiesen sein würde.

Jeder erfolgreiche Dienstleister verfügt über ein solches Netz, in das er sich natürlich einbringen muss, von dem er aber auch ganz erheblich profitieren kann. Erfolgreiche Netzwerker kommen schneller an ihr Ziel. Sie erhalten häufig schneller und unbürokratischer benötigte Informationen als „Einzelkämpfer". Sie verfügen oft über besonders verlässliche oder nicht allgemein zugängliche Informationen. Sie kommen schneller, leichter und preiswerter an Aufträge, weil ihre Netzwerkpartner auch gleichzeitig Multiplikatoren sind, die gern Empfehlungen aussprechen werden, wenn dieses „Empfehlungsmarketing" auf Gegenseitigkeit beruht. Gut funktionierende Netzwerke haben noch zahlreiche weitere Vorteile. Sie setzen aber auch voraus, dass die Netzwerkpartner keine bloße „Nehmermentalität" an den Tag legen, sondern das Verhältnis zwischen Geben und Nehmen einigermaßen ausgewogen ist. Einige Netzwerke arbeiten nach dem Motto „First give – then take" – erst geben, dann nehmen. Es ist absolut in Ordnung, diesen Grundsatz zu beherzigen. Pflegen Sie z. B. den Kontakt zu einer neuen, interessanten Bekanntschaft, indem Sie ihr Informationen zu einem Thema zukommen lassen, mit dem sich diese Person gerade beschäftigt. Dies setzt natürlich voraus, dass Sie nicht nur wahllos Visitenkarten sammeln, sondern sich auch etwas über die jeweilige Person notieren (Beruf, Firma, Hobby, Familie usw.).

Das gleiche Vorgehen bietet sich übrigens auch zur Verbesserung von Kundenbeziehungen an. Jeder Kunde wird angenehm überrascht und beeindruckt sein, wenn Sie sich bei dem nächsten Gespräch noch an bestimmte Details erinnern.

Der Grundsatz „First give – then take" im Networking birgt jedoch immer auch die Gefahr, von anderen Menschen nur als Lieferant kostenloser Informationen oder Dienstleistungen missbraucht zu werden. Nicht jeder Mensch ist ein guter „Networker" und in fast jedem Netzwerk gibt es Personen, die ausschließlich den eigenen Vorteil suchen und nicht im Traum daran denken, sich für erhaltene Leistungen bei passender Gelegenheit auch einmal zu revanchieren. Suchen Sie sich darum zumindest Ihre engeren Netzwerkpartner sorgfältig aus. Gehen Sie nicht zu großzügig in Vorleistung und brechen rechtzeitig den Kontakt zu Personen ab, die nur Ihre wertvolle Zeit in Anspruch nehmen, ohne an echter Netzwerkarbeit interessiert zu sein.

Hiermit ist natürlich nicht gemeint, dass auf eine Leistung sofort eine Gegenleistung zu erfolgen hat. Es geht vielmehr darum zu erkennen, ob sich jemand *grundsätzlich* als Netzwerkpartner eignet. Dies können Sie mit ein wenig Übung und Menschenkenntnis sehr schnell bereits an vermeintlich banalen Gesten und Verhaltensweisen ausmachen. Fühlen Sie sich ernst genommen und respektiert, weil Ihr Gegenüber sich freundlich für eine Information oder Leistung bedankt? Oder wird Ihr Entgegenkommen stets als Selbstverständlichkeit aufgefasst? Bietet ihr potenzieller Netzwerkpartner von sich aus an, sich bei Gelegenheit zu revanchieren (es kommt in diesem Fall nicht darauf an, ob und wann sich eine solche Gelegenheit ergibt)? Haben Sie das Gefühl, die betreffende Person zeigt *ehrliches* Interesse an Ihnen und Ihrer Arbeit oder redet sie ausschließlich von eigenen Bedürfnissen? Gibt Ihnen die Person das Gefühl, sie zu belästigen, wenn Sie mit ihr telefonieren und vielleicht ein Anliegen oder eine Frage haben?

Erfolgreiche Netzwerker zeichnet aus, dass sie Freude an der Gestaltung von Beziehungen haben und auch gern bereit sind, etwas für Andere zu tun. Sie wissen, dass es bei erfolgreichem Networking darum geht, sich gegenseitig Vorteile zu verschaffen. Was in dem immer noch von Männern dominierten Wirtschaftsleben seit ewigen Zeiten gang und gäbe ist – vorhandene Kontakte und Beziehungen zu nutzen –, hat für Frauen manchmal noch eher negative Aspekte – allerdings völlig zu Unrecht. „Richtiges" Networking schadet niemandem, sondern hilft allen Beteiligten.

12. Kapitel

Standort

Die Entscheidung für einen bestimmten Standort ist eine Grundsatzentscheidung, die in der Regel kurzfristig nicht mehr revidiert werden kann. Für bestimmte Betriebe hängt außerdem der unternehmerische Erfolg ganz entscheidend von dem richtigen Standort ab.

Es gibt durchaus auch Gründungsvorhaben, für die der spätere Standort nebensächlich ist, wie z. B. für Online-Redakteure, aber immer sind bestimmte Kriterien zu beachten. Selbst wenn Sie keine externen Räumlichkeiten benötigen, sondern vom häuslichen Arbeitszimmer aus tätig werden wollen, müssen Sie sich mit dem Thema Standort zumindest am Rande auseinander setzen, weil nicht jede Tätigkeit an jedem Standort betrieben werden darf.

Aus diesen Gründen ist die Standortfrage schon im Rahmen der Gründungsplanung sorgfältig zu klären.

Es sind immer verschiedene Faktoren, welche die Standortqualität für ein bestimmtes Gründungsvorhaben beeinflussen, die auch miteinander konkurrieren können. So können beispielsweise die Kosten an einem bestimmten Standort besonders niedrig – dafür aber die Absatzmöglichkeiten schlecht sein. Deshalb ist in einem ersten Schritt zu prüfen, welche Faktoren entscheidend für den geschäftlichen Erfolg des konkreten Gründungsvorhabens sein werden, um dann im nächsten Schritt alternative Standorte hinsichtlich ihrer Eignung bewerten zu können.

Wichtige Standortfaktoren sind:

- Standortkosten (auch Fördermöglichkeiten berücksichtigen),
- Lage,
- Arbeitsmarktsituation,
- Behördliche Auflagen,
- Kundennähe und Kaufkraft/Absatzmöglichkeiten,
- Konkurrenz,
- Infrastruktur und Verkehrsanbindung,
- Versorgung,
- Zukunftsfähigkeit (z. B. Erweiterungsmöglichkeiten) und nicht zuletzt auch
- eine wirtschaftsfreundliche Verwaltung mit kurzen Wegen und einer professionellen Beratung und Betreuung von Existenzgründern und Unternehmern.

12.1 Standortkosten

Die Kosten an dem jeweiligen Standort spielen bei jedem Gründungsvorhaben eine wichtige Rolle. Allerdings kann es fatal sein, an der falschen Stelle zu sparen. Die vordergründigen „Kostenvorteile" eines Standortes können schnell zur Kosten- oder Absatzfalle werden. Wenn Sie z. B. aus Kostengründen Ihr Einzelhandelsgeschäft nicht in der gut frequentierten Fußgängerzone in der Innenstadt, sondern in einer preiswerten Randlage eröffnen, werden Sie deutlich mehr Geld für Werbung ausgeben müssen, um auf Ihre Angebote aufmerksam zu machen. Außerdem könnte eine schlechte Kundenfrequenz zu großen Absatzproblemen führen. Eine Standortentscheidung darf daher nicht ausschließlich unter Kostenaspekten getroffen werden.

Die Standortkosten werden z. B. beeinflusst von den ortsüblichen Mieten, Nebenkosten, Grundstückspreisen, Energiekosten, behördlichen Auflagen, Umbaukosten, Personalkosten, Transportkosten und Steuern (insbesondere Gewerbesteuer). Listen Sie für jeden in

Frage kommenden Standort die künftigen Kosten möglichst genau auf, um später einen Vergleich durchführen zu können. Übliche Mieten können Sie beispielsweise über ortsansässige, erfahrene Makler in Erfahrung bringen. Über behördliche Auflagen können Sie sich bei Ihrer Stadtverwaltung, z. B. dem Bauamt und oder dem Amt für Wirtschaftsförderung informieren. Transportkosten werden nicht für jedes Gründungsvorhaben relevant sein, spielen aber z. B. im Handel und der Produktion eine wichtige Rolle. Hier ist es wichtig, dass die Kosten für die Beschaffung von Waren oder Roh-, Hilfs- und Betriebsstoffen nicht zu hoch sind und später Ihre Gewinnsituation negativ beeinflussen. Die Personalkosten sind nicht an jedem Standort gleich. In unterschiedlichen Regionen des Landes gibt es auch unterschiedliche Lohn- bzw. Gehaltsstrukturen. Auskunft hierüber kann Ihnen beispielsweise Ihre örtliches Arbeitsagentur geben. Bedenken Sie allerdings auch die niedrigere Kaufkraft der Regionen mit einer für Unternehmen „günstigen" Lohn- und Gehaltsstruktur.

Beziehen Sie in Ihre Kostenanalyse auch öffentliche Fördermittel ein. Gerade strukturschwache Regionen bieten unter Umständen attraktive Fördermöglichkeiten, die bei der Standortwahl nicht unberücksichtigt bleiben sollten (vgl. hierzu auch Kapitel 16: Fördermittel).

Denken Sie auch daran, dass in der Regel Miet- oder Pachtverträge mit Unternehmern eine längere Laufzeit von mindestens 3–5 Jahren haben. Dies ist für Existenzgründer ein recht langer Zeitraum, der nur schwer zu überschauen ist. Es sollten also keinesfalls voreilig Verträge geschlossen werden. Auch sollte die Größe des Mietobjektes angemessen sein. Nicht ausgelastete Kapazitäten wie z. B. Büros, Lager- oder Verkaufsräume bedeuten zusätzliche finanzielle Belastungen, denen keine angemessenen Erlöse gegenüberstehen. Denken Sie aber auch an den Fall des späteren unternehmerischen Wachstums. Daher kann es sinnvoll sein, von vornherein auf Erweiterungsmöglichkeiten zu achten, auch wenn die Erweiterung des Geschäftsbetriebes zunächst noch in weiter Ferne zu sein scheint.

Ähnlich hat auch Thomas gedacht, als er seinerzeit seine GmbH gründete, die sich u. a. mit dem Vertrieb von Verpackungen und anderer Papierprodukte beschäftigen sollte. Schon nach kurzer Zeit reichten die vorhandenen Kapazitäten nicht mehr aus, um die Produkte zu lagern. Größere und vor allem bezahlbare Räumlichkeiten mussten erst einmal gesucht und gefunden werden. „Dann werde ich halt vorübergehend die Garage zum Lagerraum umfunktionieren und den Wagen auf der Straße parken", dachte sich Thomas. Er hatte aber die Rechnung ohne seinen Nachbarn und die Garagenverordnung des Landes gemacht. Danach dürfen brennbare Stoffe in Garagen nur aufbewahrt werden, wenn sie zum Fahrzeugzubehör zählen oder der Unterbringung von Zubehör dienen. „Ich weiß bis heute nicht, wie mein Nachbar so schnell davon erfahren hat, dass ich meine Garage als Lagerplatz genutzt habe. Vermutlich hat er mitbekommen, wie ich die Garage eingeräumt habe. Jedenfalls hatte er nichts Besseres zu tun, als die Gewerbeaufsicht zu informieren und somit hatte sich die Lagermöglichkeit in der Garage erledigt. Glücklicherweise sind ansonsten keine Konsequenzen auf mich zukommen, außer dass ich für teures Geld meine Ware erst einmal bei einer Spedition unterbringen musste", berichtet Thomas. Das Beispiel zeigt, dass es sinnvoll sein kann, bereits im Vorfeld Erweiterungsmöglichkeiten auszuloten – natürlich ohne übereilt verbindliche Verträge abzuschließen.

Empfehlenswert ist es schließlich auch, sich im Mietvertrag eine Option auf Verlängerung einräumen zu lassen. Dies bedeutet, dass Sie nach Ablauf der Mietzeit die Möglichkeit, nicht aber die Pflicht, haben, den Vertrag zu verlängern. Handelt es sich tatsächlich um einen optimalen Standort, können Sie auf diese Weise sicher stellen, mittel- bis langfristig Ihr Unternehmen dort betreiben zu können.

12.2 Lage

Die „richtige Adresse" ist für manche Gründungsvorhaben von ganz entscheidender Bedeutung. Für bestimmte Betriebe ist eine gut frequentierte Innenstadtlage unabdingbar, auch wenn hier die Kosten natürlich entsprechend hoch sind.

Der Einzelhandel muss sich primär an den Absatzmöglichkeiten orientieren und benötigt die unmittelbare Kundennähe. Die Kostenfrage muss dahinter zurückstehen. Allerdings sollten Sie klären, ob es unbedingt eine so genannte 1A-Lage sein muss – etwa mitten in einer großen Fußgängerzone. Spezielle Fachgeschäfte beispielsweise können sich auch sehr erfolgreich in 1B-Lagen ansiedeln. Dies sind preiswertere, aber immer noch gut frequentierte Lagen, z. B. in Nebenstraßen. Für Fachgeschäfte nehmen die Kunden gern auch einen – kleinen – Umweg in Kauf und deshalb muss es hier nicht immer die teuerste Innenstadtlage sein.

Wollen Sie mit Waren des täglichen Bedarfs handeln und beispielsweise ein Lebensmittelgeschäft oder einen Kiosk eröffnen, sind Sie nicht auf teure Innenstadtlagen angewiesen. Derartige Geschäfte gibt es in allen Stadtteilen, allerdings leben Sie von den unmittelbaren Anwohnern. Das Einzugsgebiet ist also recht klein und darum spielt die Konkurrenzsituation hier eine entscheidende Rolle.

Bestimmte Einzelhandelsbetriebe siedeln sich mitunter auf der so genannten „grünen Wiese" an. Dies sind gut erreichbare Randgebiete mit ausgezeichneten Parkmöglichkeiten. Zu diesen Betrieben gehören z. B. Baumärkte, Möbeldiscounter, Lebensmitteldiscounter usw.

Diese Ansiedlungen können zur Verdrängung kleinerer Einzelhandelsbetriebe führen. Daher kann es von entscheidender Bedeutung sein, rechtzeitig bei den zuständigen Stellen Ihrer Gemeinde zu erfragen, ob und welche Ansiedlungs- oder Bauvorhaben an Ihrem bevorzugten Standort geplant sind.

Allerdings ist es nicht immer ratsam, die Konkurrenz zu meiden. In der Beratungspraxis erlebe ich es häufiger, dass Existenzgründer sich an einem Standort ansiedeln wollen, der konkurrenzfrei ist. Dies kann – muss aber nicht – eine gute Entscheidung sein. Es *könnte* der Ausspruch zutreffen: „Wo kein Wettbewerb ist, da ist auch kein Markt." Mit anderen Worten: Wo noch keine Konkurrenz ist, ist das Produkt oder die Leistung auch nicht in ausreichendem Maße gefragt. Darum sollten Sie versuchen in Erfahrung zu bringen, ob bereits einmal oder mehrmals vergleichbare Gründungsvorhaben an dem konkreten Standort gescheitert sind. Ansprechpartner für diese Recherchen können die zuständigen Kammern oder Wirtschaftsförderer sein.

Manche Existenzgründer sind gut beraten, einen bestimmten Standort gerade deshalb auszuwählen, weil sich dort schon Konkurrenten
erfolgreich angesiedelt haben. Schließlich bedienen Sie die gleiche
Zielgruppe und Sie können dann zumindest sicher sein, dass grundsätzlich die Nachfrage vorhanden ist. Ein Beispiel hierfür sind bekannte, konkurrierende Fastfood-Ketten. In Innenstädten, großen
Bahnhöfen etc. finden Sie diese häufig in unmittelbarer Nähe zueinander. Das Gleiche gilt auch für Lebensmitteldiscounter. Ein anderes Beispiel ist die Gastronomiebranche. Es muss nicht unbedingt
eine gute Idee sein, in konkurrenzloser, ländlicher Lage die erste
und einzige Gaststätte am Ort zu eröffnen. Möglicherweise zieht es
die Menschen vielmehr in die „Kneipenmeilen" der nächst großen
Nachbarstadt, wo sie einen gastronomischen Betrieb neben dem anderen finden.

Ob Sie den Wettbewerb also eher suchen oder meiden sollten, ist
eine wichtige Entscheidung bei der Standortwahl. Auch die Kaufkraft an dem geplanten Standort spielt eine Rolle. Hierüber können
Sie sich bei Ihrer Wirtschaftsförderung informieren.

Für Dienstleister ist – ebenso wie bei Händlern – die Nähe zum
Kunden besonders wichtig. Darüber hinaus benötigen manche Vorhaben einen repräsentativen Standort. Dies ist z. B. der Fall, wenn
Sie hochwertige Waren oder Dienstleistungen anbieten. Mitunter
können die Kosten hier durch Bürogemeinschaften gesenkt werden.

Die Ansiedlung in Gründerzentren oder Gewerbegebieten kann
einige Vorteile bieten. Die Verkehrsanbindung ist in der Regel gut
und die benötigten Dienstleistungen in der Nähe. Gründerzentren
bieten darüber hinaus die Vorteile einer meist günstigen Miete und
der gemeinsamen Nutzung z. B. von Besprechungsräumen, Sekreta-
riats- oder Kopierservice. Auch gemeinsame Messeauftritte und Öffentlichkeitsarbeit ist möglich. Mitunter erfolgt eine Zusammenarbeit mit Hochschulen und Forschungseinrichtungen. Vorwiegend
werden Gründerzentren von innovativen, technologieorientierten
Unternehmen genutzt. Aber auch wer Dienstleistungen für diese
Zielgruppe anbieten will, kann hier an der richtigen Adresse sein.
Über die Ansiedlung in Gewerbegebieten und Gründerzentren kann
Sie Ihre Wirtschaftsförderung informieren. Auch hier gilt jedoch –

entscheiden Sie nicht vorschnell. Natürlich ist jede Gemeinde an der Ansiedlung neuer Unternehmen und der Schaffung von Arbeitsplätzen interessiert und wird Ihnen gern alle Vorteile nennen. Bleiben Sie aber kritisch und prüfen den Standort genau auf seine Eignung. Informationen zu Gründerzentren, aber auch zu Veranstaltungen und interessanten Projekten für Existenzgründer finden Sie auf der Internetseite der Arbeitsgemeinschaft Deutscher Technologie- und Gründerzentren (ADT e. V.).

Link zum Thema

http://www.adt-online.de – Bundesverband Deutscher Innovations-Technologie- und Gründerzentren.

12.3 Arbeitsmarktsituation und Attraktivität des Standortes

Die Arbeitsmarktsituation an dem künftigen Standort wirkt sich zum einen auf den Bedarf und die Kaufkraft der Menschen in der Region aus, ist aber zum anderen auch wichtig, wenn es um Ihre Personalplanung geht. Auch die Attraktivität des Standortes ist für manche Unternehmen von Bedeutung – insbesondere dann, wenn hoch qualifizierte Mitarbeiter benötigt werden. Im Rahmen Ihrer Personalplanung müssen Sie sich frühzeitig darüber Gedanken machen, ob Sie Mitarbeiter mit den benötigten Qualifikationen auch gewinnen und bezahlen können. Benötigen Sie hoch qualifizierte Mitarbeiter, müssen Sie diesen besondere Anreize zur Mitarbeit bieten, was an einem unattraktiven Standort mit wenig Freizeitangeboten etc. nur mit höheren finanziellen Anreizen gelingen wird, wenn überhaupt. Für die meisten Gründungsvorhaben ist dieser Faktor zwar weniger wichtig oder sogar völlig unbedeutend, für andere aber wiederum entscheidend. In innovativen, technologieorientierten Unternehmen ist es auch nicht unüblich, dass potenzielle oder tatsächliche Investoren Einfluss auf die Standortwahl nehmen und einen attraktiven Standort erwarten.

Auch die Aus- und Weiterbildungsangebote an dem entsprechenden Standort können ein Kriterium sein, denn gut ausgebildete Mitarbeiter gehören zu den wichtigsten Ressourcen eines jeden Unternehmens.

12.4 Behördliche Auflagen/Genehmigungen

Wegen der Vielzahl von gewerbe- und baurechtlichen Vorschriften ist jeder Gründer gut beraten, sich bei dem Bauamt seiner Gemeinde zu erkundigen, wie der avisierte Standort im Bebauungsplan ausgewiesen ist. In einem Gewerbe- oder sogar Industriegebiet gibt es die wenigsten Einschränkungen, sodass einer Ansiedlung in der Regel nichts entgegensteht. In allen übrigen Gebieten muss noch sorgfältiger vorab geprüft werden, ob die Ansiedlung möglich ist. Die größten Einschränkungen gelten für reine Wohngebiete.

Wollen Sie eine freiberufliche oder ähnliche – nicht störende – Tätigkeit ausüben, ist dies grundsätzlich in allen Gebieten möglich. Unternehmer, die Ihren Firmensitz in den eigenen 4 Wänden begründen wollen, können dies in aller Regel tun, wenn nur ein Teil des Gebäudes freiberuflich oder gewerblich genutzt wird und keine Störungen von dem Unternehmen ausgehen wie z. B. regelmäßiger Kundenverkehr, Anlieferung von Waren, Lagerhaltung etc. Wer also maßgeblich vor seinem Telefon und PC arbeitet, muss in der Regel keine Einschränkungen befürchten. Nichtsdestotrotz müssen Sie auch hier einige Regeln beachten.

Sofern Sie in einem Mietobjekt (Wohnung oder Haus) wohnen und dieses auch der künftige Firmensitz sein soll, könnte die Zustimmung des Vermieters erforderlich sein. Da die Wohnung zu Wohnzwecken und nicht zu gewerblichen oder freiberuflichen Zwecken angemietet wurde, ist es empfehlenswert, in jedem Fall die schriftliche Zustimmung des Vermieters zur Ausübung der geplanten Tätigkeit einzuholen. In diesem Fall sind Sie auf der sicheren Seite, auch wenn nicht jede berufliche Tätigkeit der Erlaubnis bedarf.

Der Vermieter muss die berufliche Nutzung dulden, wenn keine Beeinträchtigungen oder gar unzumutbare Belästigungen hiervon ausgehen.

Wer beispielsweise als Journalist in seinem Arbeitszimmer schreibt, als Architekt Baupläne anfertigt, als Webdesigner Internetseiten erstellt usw. stört in der Regel niemanden. Auch gutachterliche Tätigkeiten, Handarbeiten wie z. B. das Anfertigen von Schmuck oder Übersetzungen sind unproblematisch. Diese Tätigkeiten dürfen nicht versagt werden.

Wer die Wohnung intensiver nutzt, muss mit einer Ablehnung des Vermieters oder höheren Kosten rechnen. Der Vermieter kann einen Zuschlag auf die Miete verlangen, wenn die Wohnung besonders strapaziert wird. Die Orientierung erfolgt hierbei an den ortsüblichen Gewerbemieten.

Seltene Kundenbesuche sind noch kein Ablehnungsgrund, Laufkundschaft muss jedoch nicht mehr geduldet werden. Auch Geruchs- oder Lärmbelästigungen müssen nicht geduldet werden. Dies heißt aber wiederum nicht, dass kein Laut nach außen dringen darf. Eine Tagesmutter etwa darf durchaus Kinder auch in den eigenen 4 Wänden beaufsichtigen – jedoch keine unbegrenzt hohe Anzahl von Kindern. Auch Musikunterricht in den eigenen 4 Wänden ist unter Umständen möglich.

Um Klarheit zu schaffen und spätere Rechtsstreitigkeiten zu vermeiden, sollten Sie rechtzeitig mit dem Vermieter reden.

Die gesetzlichen Bestimmungen im Bereich Umweltschutz und auch die Kosten zur Erfüllung von Auflagen werden oft erheblich unterschätzt. Dabei kann es sich hier um einen erheblichen Standortfaktor handeln. Zunächst müssen Sie natürlich ggf. wissen, ob der geplante Standort frei ist von Baulasten, Altlasten usw., etwa, wenn Sie ein Gewerbegrundstück kaufen und bebauen wollen. Hier können Ihnen Kammern mit Anschriften von Sachverständigen weiterhelfen, wenn der Eigentümer selbst keine Unterlagen dazu zur Verfügung stellen kann (oder will).

Dann aber geht es auch darum, selbst eventuell bestehende Auflagen zu erfüllen. Und schließlich ist das Thema Umweltschutz auch ein Kosten- und Marketingfaktor. Ein professionelles Umweltmanagement kann Ihre Kosten deutlich reduzieren, natürlich in Abhängigkeit von der Branche und der Größe Ihres Unternehmens. Eine Umweltberatung für Existenzgründer, die als Freiberufler im häuslichen Arbeitszimmer tätig sind, ist sicher erheblich übertrieben. In anderen Unternehmen kann dies aber sehr lohnend sein. Einige Kammern können Ihnen mit speziellen Umweltberatungen helfen. Darüber hinausgehende Umweltberatungen können finanziell gefördert werden und auch sonst gibt es umweltspezifische Förderprogramme, z. B. das KfW-Umweltprogramm. Dieses ist interessant, wenn Sie Investitionen zur maßgeblichen Verbesserung der Umweltsituation im Inland oder auch im Ausland planen. Nähere Informationen erhalten Sie bei der KfW-Bankengruppe.

Wenn es um Fragen der effizienten Verwendung von Energie und entsprechende Förderprogramme geht, können Sie sich auch z. B. an die Deutsche Energie Agentur wenden.

Links zum Thema

http://www.kfw.de – KfW Mittelstandsbank, http://www.dena.de – Deutsche Energie Agentur.

12.5 Infrastruktur und Verkehrsanbindung

Eine gute Infrastruktur und Verkehrsanbindung ist wichtig, wenn Sie beliefert werden und selbst Ihre Kunden beliefern. Die jederzeitige rasche und kostengünstige Lieferfähigkeit ist ein wesentlicher Erfolgsfaktor.

Wenn nicht Sie Ihre Kunden besuchen, sondern die Kunden zu Ihnen kommen, ist es darüber hinaus wichtig, Ihren Kunden den Besuch so einfach und angenehm wie möglich zu gestalten. Dazu gehören neben der einfachen Erreichbarkeit auch gute Parkmöglichkeiten. Für manche Gründungsvorhaben müssen Sie sogar eine bestimmte Anzahl von Parkplätzen und Abstellmöglichkeiten für Fahrräder auf dem Betriebsgrundstück oder in der Nähe nachweisen. Fehlen diese Parkplätze, müssen zumindest hohe Ausgleichsbeträge gezahlt werden. Parkmöglichkeiten für Ihre Kunden stehen Ihnen dann zwar immer noch nicht zur Verfügung, Sie erfüllen aber die Anforderungen, weil in Abstimmung mit der Gemeinde Ausgleichsbeträge für die Nutzung öffentlich vorhandener Parkflächen gezahlt werden.

Diese Ausgleichsbeträge fallen erheblich ins Gewicht und müssen in Ihren Planzahlen berücksichtigt werden, wenn nicht ein besserer Standort gefunden werden kann. Nach den Landesbauordnungen legen die Gemeinden die Höhe des zu zahlenden Geldbetrages fest.

Dieser Betrag ist also nicht in jeder Gemeinde gleich hoch und selbst innerhalb der Gemeinde gibt es in der Regel Unterschiede. Der Ablösebetrag je Stellplatz kann rund 200 €, aber auch 1000 € oder sogar noch deutlich mehr betragen. Dieser Aspekt kann also auch ein ganz erheblicher Kostenfaktor sein, der bei der Standortwahl zu berücksichtigen ist. Nähere Informationen erhalten Sie bei Ihrem zuständigen Ordnungsamt.

12.6 Versorgung/Entsorgung

Die Versorgung mit Waren, Rohstoffen, Energie usw. muss natürlich jederzeit gewährleistet sein – das ist sie in der Regel jedoch auch. Das Gleiche gilt normalerweise auch für die Entsorgung. Gehen vom Betrieb jedoch Umweltbelastungen aus oder wird mit bestimmten Stoffen gearbeitet, muss die Erfüllung von Umweltauflagen und die ordnungsgemäße Entsorgung der Abfälle bereits in die Planung einbezogen werden.

Einflussfaktoren	Gewich-tung	Standort 1		Standort 2		Standort 3	
		Bewer-tung	Punkte	Bewer-tung	Punkte	Bewer-tung	Punkte
Standortkosten	3	3	9	6	18	3	9
Lage	3	6	18	2	6	5	15
Fachkräfte	2	5	10	3	6	5	10
Kundennähe	3	6	18	3	9	5	15
Konkurrenz	3	3	9	3	9	3	9
Auflagen	2	3	6	5	10	4	8
Verkehrs-anbindung	2	5	10	3	6	3	6

Einflussfaktoren	Gewich-tung	Standort 1		Standort 2		Standort 3	
		Bewer-tung	Punkte	Bewer-tung	Punkte	Bewer-tung	Punkte
Versorgung/-Entsorgung	0	6	0	6	0	6	0
Erweiterungs-möglichkeiten	1	1	1	2	2	3	3
Sonstiges	0	0	0	0	0	0	0
Summe			81		66		75
Rang			1		3		2

Gewichtung: 0 = unwichtig, 1 = eher unwichtig, 2 = wichtig, 3 = sehr wichtig Bewertung in Punkten: 6 = sehr gut, 5 = gut, 4 = befriedigend, 3 = ausreichend, 2 = mangelhaft, 1 = ungenügend

12.7 Beispiel Standortbewertung

Wenn Sie die wichtigsten Standortfaktoren ermittelt und alternative Standorte analysiert haben, sollte eine Bewertung vorgenommen werden. Dazu werden die einzelnen Faktoren aufgelistet und nach ihrer Bedeutung gewichtet – von 0 = unwichtig bis 3 = sehr wichtig. Anschließend werden Sie für jeden Standort einzeln bewertet. In einem nächsten Schritt werden der Gewichtungsfaktor und die Bewertung miteinander multipliziert. Der Standort mit der höchsten Punktzahl ist somit für das Vorhaben am besten geeignet.

Im auf der umliegenden Seite vorgestellten Beispiel wäre Standort 1 der optimale Standort, gefolgt von Standort 3. An Standort 2 sind zwar die Kosten am geringsten, dieser Vorteil wird jedoch durch die schlechtere Bewertung anderer wesentlicher Faktoren zunichte gemacht.

13. Kapitel

Das Finanzamt und Steuern – treue Begleiter

Vielleicht kennen Sie auch die abschreckenden Geschichten ehemaliger Unternehmer, die angeblich nur durch das Finanzamt und Steuerforderungen gescheitert sind? „Es lief alles gut, bis das Finanzamt mich kaputt gemacht hat", solche oder ähnliche Aussagen sind gar nicht so selten. Bei näherem Hinsehen stellt sich die Lage jedoch in den meisten Fällen anders dar. Kaum eine spätere Auszahlung ist so berechenbar wie Ihre laufenden Steuerzahlungen. Wer allerdings keine Steuerzahlungen einplant, für Nachzahlungen keine Rücklagen bildet und schlimmstenfalls die Tageseinnahme als Gewinn betrachtet, wird mit großer Sicherheit bald in finanzielle Schwierigkeiten geraten und seine Steuerschulden nicht begleichen können. Kommt dann noch hinzu, dass die Angelegenheit nicht mit dem Finanzamt besprochen und nach einem Lösungsweg gesucht wird, kann dies ganz schnell das „Aus" bedeuten. Was allerdings tatsächlich sehr leidig sein und ausgehen kann sind Betriebsprüfungen. Angesichts von über 70.000 Normen im deutschen Steuerrecht, die zum Teil permanenten Änderungen unterliegen und auslegungsbedürftig sind, kann kein Mensch mehr stets DEN absoluten Überblick haben und behalten. Das kann im Tagesgeschäft kein Finanzbeamter, kein Steuerberater und schon gar kein Unternehmer, dessen Kerngeschäft etwas ganz Anderes ist. Im Ergebnis können Sie also auch bei allergrößter Sorgfalt und auch bei Unterstützung durch den erfahrensten Steuerberater, den Sie finden können, nie 100%ig sicher sein, dass eine Betriebsprüfung nicht mit einer Nachforderung endet. Das ist zweifelsohne sehr unbefriedigend, aber die Realität, auf die man sich besser einstellt als später überrascht zu werden. Auch der Begriff der „Steuergerechtigkeit" ist sicher mindestens diskussionswürdig, aber es hilft alles nichts:

Mit dem (leidigen) Thema Steuern müssen Sie sich deshalb bereits während der Erstellung Ihres Businessplans befassen, weil sich die regelmäßigen Zahlungen zumindest auf Ihre Liquiditätsplanung auswirken. Möglicherweise müssen Sie auch zunächst überhaupt keine Steuern zahlen, weil Ihre Umsätze und Gewinne noch gering sind. Bei einer geplanten Vollexistenz wird sich dies in der Regel jedoch spätestens ab dem 2. Geschäftsjahr ändern. Mit dem Thema Steuern müssen Sie sich auch deshalb schon im Rahmen der Gründungsplanung befassen, weil Sie sonst womöglich aus Unwissenheit Fakten schaffen, die steuerlich ungünstig und später nur mit erhöhtem Aufwand wieder zu korrigieren sind – z. B. die Wahl der Rechtsform.

Die Bereiche Steuern und Buchführung werden höchstwahrscheinlich nicht gerade zu Ihren Kernkompetenzen zählen und deshalb bietet es sich an, zumindest die steuerlichen Angelegenheiten einem Steuerberater zu übertragen. Dies gilt ganz besonders auch für den Bereich der Lohnsteuer. Der Elektronische Entgeltnachweis (das sogenannte ELENA-Verfahren), in dessen Rahmen Arbeitgeber seit dem 1.1.2010 verpflichtet waren, monatlich Daten an eine zentrale Speicherstelle zu liefern, war von Beginn an von Pleiten, Pech und Pannen gekennzeichnet. Es ist inzwischen eingestellt worden.. Auch die Einführung der „Elektronischen Steuerkarte" verlief mehr als holprig. Im Verlauf des Jahres 2013 mussten Arbeitgeber in ihrem Betrieb jedoch die Umstellung auf „ELStAM" (Elektronische Lohn Steuer Abzugs Merkmale), wie die E-Steuerkarte korrekt heißt, vornehmen. Der Zeitpunkt konnte selbst bestimmt werden.

Sie können als Existenzgründer bei der Einstellung von Mitarbeitern grundsätzlich das Anmeldeverfahren usw. selbst erledigen. Zu empfehlen ist das aber ohne entsprechende Vorkenntnisse meist nicht. Gerade am Anfang, wenn noch alles neu für Sie ist, besteht die Gefahr, dass Sie sich „übernehmen" und insbesondere wenn es um Sozialversicherungsbeiträge und Steuerzahlungen geht, können Fehler schnell zu erheblichen Problemen führen. Leichter ist es oft, nach und nach in die Aufgaben herein zu wachsen und sich wenigstens zunächst professionelle Hilfe zu holen.

Die zahlreichen Grundsätze, noch umfangreicheren Besonderheiten und ständigen Änderungen im Bereich des Lohnsteuerrechts sind für Existenzgründer mit vertretbarem Aufwand nicht zu überblicken. Sofern hierfür kein kompetenter Mitarbeiter eingestellt werden soll und Sie es nicht nur mit einfachen Abrechnungen, wie z. B. den von „Minijobbern" zu tun haben, ist es dringend empfehlenswert, die im Zusammenhang mit den Lohn- und Gehaltsabrechnungen anfallenden Tätigkeiten einem externen Dienstleister zu übertragen.

Damit ist das Thema Steuern für Sie aber noch nicht erledigt. Sie selbst sind der Steuerpflichtige und bleiben in der Verantwortung – auch dann, wenn Sie mit ihren Steuerangelegenheiten nicht mehr zu tun haben, als nur hin und wieder eine Unterschrift zu leisten. Aus diesem Grund sollten Sie auf jeden Fall in der Lage sein, Ihre steuerlichen Angelegenheiten im Wesentlichen nachzuvollziehen und zu überschauen. Im Detail wird dies allerdings nicht gelingen. Immerhin gibt es rund 70.000! Gesetze und Verordnungen im Bereich des Steuerrechts und fast zwei Drittel der Weltliteratur befasst sich mit unserem deutschen Steuerrecht. Sie können sich also leicht vorstellen, dass die folgenden Ausführungen nur einige wenige Aspekte aufgreifen können. Diese aber sind für nahezu jeden Gründer relevant.

Die Themen Einkommensteuer und Umsatzsteuer werden im Folgenden etwas ausführlicher behandelt. Der Grund liegt darin, dass Sie in einfachen Fällen und nach entsprechender Einarbeitung in das Thema diese Problematik ganz gut selbst in den Griff bekommen könnten. Andererseits aber handelt es sich um steuerliche Bereiche, die oft unterschätzt werden und womöglich schon nach kurzer Zeit nur noch mit professioneller Hilfe bewältigt werden können.

Deshalb ist es für Sie wichtig, zumindest einen groben Überblick zu erhalten, um anschließend zu entscheiden, ob und wofür Sie externe Hilfe benötigen. Hinzu kommt, dass seit dem 1. 1. 2002 die Finanzbehörden in den Unternehmen (und an den firmeneigenen

Computern) elektronische Steuerprüfungen vornehmen dürfen. Hierauf ist noch immer kaum ein Unternehmen angemessen vorbereitet und selbst wenn die neue Regelung bekannt ist, bereitet die (technische) Umsetzung Schwierigkeiten. Ein Themenportal zum digitalen Datenzugriff der Finanzverwaltung sorgt für mehr Transparenz und bietet Lösungsvorschläge, wie Unternehmer schnell und kostengünstig die Voraussetzungen für die elektronische Prüfung schaffen können.

Link zum Thema

http://www.elstam-info.de/ – „Elektronische Steuerkarte"

13.1 Einkommensteuer

Gemäß § 1 Einkommensteuergesetz (EStG) muss die Einkommensteuer von natürlichen Personen entrichtet werden. Demnach muss eine juristische Person, wie z. B. eine GmbH, keine Einkommensteuer zahlen, wohl aber die Gesellschafter. Deren Einkommen ist wie bei jeder anderen natürlichen Person die Grundlage für die Einkommensteuer. Auch Personengesellschaften sind nicht einkommensteuerpflichtig. Die Einkünfte der Gesellschaft werden den Gesellschaftern zugerechnet. Innerhalb einer Familie ist jedes Familienmitglied selbst steuerpflichtig. Ehegatten können allerdings mit ihrem gemeinsamen Einkommen herangezogen werden, wenn sie sich für eine Zusammenveranlagung entscheiden. Was für den Steuerpflichtigen günstiger ist, muss im konkreten Einzelfall geprüft werden.

13.1.1 Ermittlung der Einkommensteuer

Die Einkommensteuer ist eine Jahressteuer und richtet sich nach der Höhe Ihres Einkommens im Kalenderjahr. Je höher Ihr zu versteuerndes Einkommen ist, desto mehr Einkommensteuer ist zu entrichten. Erwirtschaften Sie nur ein geringes Einkommen oder sogar Verluste, fällt auch keine Einkommensteuer an. Die Rechtsgrundlagen bilden das Einkommensteuergesetz und die Einkommensteuerdurchführungsverordnung (EStDV). Daneben sind noch die Einkommensteuerrichtlinien erwähnenswert, die aber lediglich Verwaltungsanweisungen an die Finanzbehörden darstellen, um eine möglichst einheitliche Anwendung des Steuerrechts zu gewährleisten. Sie haben jedoch keine rechtliche Wirkung und sind nur für die Finanzbehörden bindend, nicht aber für den Steuerpflichtigen. Nichtsdestotrotz hilft ein Blick in die Richtlinien oft viel weiter als der Blick ins Gesetz, weil bestimmte Fälle beispielhaft beschrieben und erläutert werden.

Der Einkommensteuer unterliegt nicht nur Ihr Einkommen aus der gewerblichen oder freiberuflichen Tätigkeit, sondern das EStG kennt insgesamt 7 Einkunftsarten. Im Extremfall kann sich das Einkommen einer Person aus den folgenden Einkunftsarten zusammensetzen:

- – Einkünfte aus Land- und Forstwirtschaft,
- – Einkünfte aus Gewerbebetrieb,
- – Einkünfte aus selbständiger Arbeit,
- – Einkünfte aus nichtselbständiger Arbeit,
- – Einkünfte aus Kapitalvermögen,
- – Einkünfte aus Vermietung und Verpachtung,
- – sonstige Einkünfte im Sinne des § 22 (z. B. Gewinne aus Wertpapierverkäufen),
- = Summe der Einkünfte (§ 2 Abs. 1EStG).

Im Rahmen dieser Einkunftsarten sind nicht nur die Einnahmen steuerlich relevant, die Ihnen in Form von Geld zufließen, sondern auch so genannte Sachbezüge wie z. B. Waren (§ 8 EStG). Haben Sie z. B. einen Umsatz mit einem Geschäftsinhaber getätigt und ein Teil der Leistung wird nicht in Geld, sondern in Form von Waren vergütet, handelt es sich auch hierbei um einen steuerpflichtigen Vorgang.

Allerdings sind nicht alle Einnahmen steuerpflichtig. Bestimmte Einnahmen hat der Gesetzgeber aus wirtschafts- oder sozialpolitischen Gründen von der Einkommensteuer befreit. Sie sind im Wesentlichen in § 3 EStG geregelt. Für Existenzgründer sind hier vor allem die Zuschüsse für Gründungen aus der Arbeitslosigkeit erwähnenswert.

Die Einnahmen sind nicht identisch mit dem zu versteuernden Einkommen, weil hiervon noch bestimmte Beträge abgezogen werden, wie z. B. Sonderausgaben, etwa in Form von Versicherungsbeiträgen. Durch Anwendung des entsprechenden Steuertarifs nach der Grund- oder Splittingtabelle wird dann auf Basis des zu versteuernden Einkommens die Einkommensteuer ermittelt. Die schematische Ermittlung der ESt ist in § 2 EStG geregelt.

Weil die Einkommensteuer eine Jahressteuer ist, erfährt das Finanzamt regelmäßig erst nach Ende eines Jahres, wie hoch das zu versteuernde Einkommen ist. Erst dann kann auch die endgültige Steuerlast ermittelt werden. So lange wollen die Finanzbehörden jedoch nicht warten und Ihnen vor allem nicht über die gesamte Zeit quasi einen zinslosen Kredit zur Verfügung stellen. Darum werden Sie schon kurz nach Ihrer Gründung einen Fragebogen von Ihrem zuständigen Finanzamt erhalten. Dieser beinhaltet unter anderem die Frage nach Ihrem voraussichtlichen Einkommen. Auf dieser Basis werden dann – vorausgesetzt das Einkommen ist nicht zu niedrig – entsprechende Einkommensteuervorauszahlungen festgesetzt.

Es spricht nichts dagegen, das voraussichtliche Einkommen zunächst vorsichtig und niedrig anzusetzen. Schließlich möchte niemand Steuerzahlungen leisten, ohne zu wissen, ob das geschätzte Einkommen auch wirklich erzielt werden kann. Fällt andererseits das tatsächliche Einkommen höher aus als zunächst angenommen, ist es umso wichtiger, Rücklagen für die spätere Einkommensteuerforderung des Finanzamtes zu bilden. Wer also dazu neigt, vorhandene Mittel auch umgehend wieder auszugeben, sollte vorsichtshalber das voraussichtliche Einkommen eher zu hoch als zu niedrig ansetzen. Monatliche Zahlungen fallen dann nicht so ins Gewicht wie eine einmalige Zahlung des gesamten Betrages nach dem ersten Jahr. In den Folgejahren sind dann i. d. R. keine Schätzungen, sondern das tatsächliche Einkommen des Vorjahres die Basis für Ihre Vorauszahlungen.

Verschlechtert sich Ihre Einnahmesituation, z. B. durch Umsatzrückgang, können und sollten Sie einen formlosen, schriftlichen Antrag bei Ihrem zuständigen Finanzamt stellen. In diesem Antrag stellen Sie die neue Situation kurz dar und bitten um Anpassung der Vorauszahlungen.

Umgekehrt kann es jedoch auch sinnvoll sein, rechtzeitig um eine Anpassung der Vorauszahlungsbeträge nach oben zu bitten – nämlich dann, wenn sich die Einkommenssituation deutlich verbessert hat und deshalb mit hohen Steuernachforderungen zu rechnen ist.

13.1.2 Betriebsausgaben verringern die Steuerlast

Angesichts der hohen Last durch Steuern und Abgaben ist es nur allzu verständlich, dass die meisten Steuerpflichtigen bemüht sind, ihre Steuerlast auf legalem Wege zu senken. Während die Betriebseinnahmen Ihr zu versteuerndes Einkommen – und somit auch die spätere Steuerlast – erhöhen, verringern es die so genannten Betriebsausgaben. Gemäß § 4 Abs. 4 EStG sind Betriebsausgaben die Aufwendungen, die durch den Betrieb veranlasst sind. Dazu zählen also keine privat veranlassten Aufwendungen wie z. B. die Kosten für den Lebensunterhalt.

Ansonsten ist im Zusammenhang mit Ihren Aufwendungen stets die Frage zu beantworten, ob und inwiefern diese betrieblich veranlasst sind. In den meisten Fällen wird es sich um Betriebsausgaben handeln. Stellen Sie sich die Frage, ob die Aufwendungen auch dann anfielen, wenn es Ihren Betrieb nicht gäbe. Wenn ja, wird es sich in der Regel um keine Betriebsausgaben handeln.

Bereits vor erfolgter Gründung sollten Sie alle Belege sorgfältig sammeln und aufbewahren, weil Sie die entsprechenden Ausgaben als vorweggenommene Betriebsausgaben steuerlich geltend machen können. Es muss im Zweifel natürlich der Nachweis erbracht werden, dass die Kosten tatsächlich im Zusammenhang mit der künftigen Selbständigkeit entstanden sind. Kommt es wider Erwarten nicht zu der geplanten Gründung, muss der Abzug in der Regel nicht rückgängig gemacht werden.

Hinsichtlich der Betriebsausgaben gibt es weitere Besonderheiten, die Sie kennen sollten. Bestimmte Betriebsausgaben sind nicht bzw. nicht sofort abzugsfähig.

Das können Sie abschreiben

Zu den für Existenzgründer regelmäßig wichtigen, nicht sofort abzugsfähigen Betriebsausgaben gehören insbesondere die Anschaffungskosten abnutzbarer und nicht abnutzbarer Wirtschaftsgüter
des Anlagevermögens. Dies gilt für bilanzierende Unternehmen
ebenso wie für Kleingewerbetriebe und Freiberufler, also unabhängig davon, auf welche Art Sie Ihren Gewinn ermitteln.

Als Anlagevermögen werden die Wirtschaftsgüter bezeichnet, die
langfristig in Ihrem Unternehmen verbleiben sollen und die der
Aufrechterhaltung der Betriebsbereitschaft dienen. Dazu gehören
typischerweise:

- entgeltlich erworbener Geschäfts- oder Firmenwert (bei Übernahme eines bestehenden Unternehmens),

- Gebäude,

- Maschinen,

- Betriebs- und Geschäftsausstattung (z. B. PKW, LKW, Büromöbel, Messestände, Telekommunikationsanlagen usw.).

Sozusagen das Gegenstück zu Ihrem Anlagevermögen bildet das
Umlaufvermögen. Dies ist im Gegenteil zum Anlagevermögen gerade *nicht* dazu gedacht, langfristig in Ihrem Unternehmen zu verbleiben, wie z. B. Ihre Ware.

Während üblicherweise Betriebsausgaben in dem jeweiligen Wirtschaftsjahr von den Betriebseinnahmen abgezogen werden dürfen
und somit die Steuerlast mindern, gelten im Zusammenhang mit
Ihrem Anlagevermögen andere Regeln.

Die Anschaffungskosten nicht abnutzbarer Wirtschaftsgüter dürfen
während ihrer Nutzung im Betrieb überhaupt nicht als Betriebsausgaben geltend gemacht werden. Für Existenzgründer ist diese Tatsache in der Regel allenfalls dann relevant, wenn Betriebsgebäude
erworben werden. In diesem Fall darf zwar das Gebäude abgeschrieben werden, der Grund und Boden jedoch nicht, weil dieser nicht
abnutzbar ist.

Bei abnutzbaren Anlagegütern, deren Verwendung oder Nutzung
sich erfahrungsgemäß auf einen Zeitraum von mehr als einem Jahr

erstreckt, sind die Anschaffungs- oder Herstellungskosten auf die betriebsgewöhnliche Nutzungsdauer des Wirtschaftsguts zu verteilen. In diesem Zusammenhang redet man von Abschreibung oder – im Steuerrecht – von Absetzung für Abnutzung (AfAAbsetzung für Abnutzung (AfA). Damit soll dem Umstand Rechnung getragen werden, dass ein Wirtschaftsgut über einen längeren Zeitraum genutzt werden kann. Deshalb soll sich auch nicht der komplette Anschaffungswert im Jahr der Anschaffung Steuer mindernd auswirken, sondern entsprechend dem Werteverlust und der Abnutzung des Wirtschaftsgutes. Als Betriebsausgabe ist somit nicht der Anschaffungswert eines Wirtschaftsgutes, sondern der Abschreibungsbetrag anzusetzen. Dieser kann nach verschiedenen Methoden ermittelt werden. Für das Verständnis der Thematik reicht es aus, an dieser Stelle nur die zwei gebräuchlichsten Methoden – die lineare und die degressive Abschreibung – kurz zu erläutern. Darüber hinaus kommt eine leistungsbezogene Abschreibung in Betracht z. B. bei ungewöhnlich stark beanspruchten Maschinen.

Die einfachste Methode ist die lineare Abschreibung. Hierbei ergibt sich der jährliche Abschreibungsbetrag, indem man die Anschaffungskosten (ohne Mehrwertsteuer, bei Kleinunternehmern ohne Vorsteuerabzug: mit Mehrwertsteuer) durch die Anzahl der Jahre der betriebsgewöhnlichen Nutzungsdauer dividiert.

BEISPIEL: Die Anschaffungskosten eines am 2. Januar eines Jahres angeschafften PKW betragen inklusive Zulassungs- und Überführungskosten 18.000 €, die voraussichtliche Nutzungsdauer 6 Jahre. Der jährliche Abschreibungsbetrag – und somit Ihre Betriebsausgaben – betragen 3.000 € (18.000/6). Es wirken sich steuerlich also nicht die kompletten 18.000 € im Jahr der Anschaffung aus, sondern im Verlauf von 6 Jahren jährlich 3.000 €.

	Anschaffungskosten:	18.000 €
./.	AfA 1. Jahr:	3.000 €
=	Restbuchwert:	15.000 €
	(mit diesem Wert steht der PKW nun noch in Ihren „Büchern" und in Ihrem Verzeichnis der Anlagegüter)	
./.	AfA 2. Jahr:	3.000 €

=	Restbuchwert:	12.000 €
./.	AfA 3. Jahr:	3.000 €
=	Restbuchwert:	9.000 €
./.	AfA 4. Jahr:	3.000 €
=	Restbuchwert:	6.000 €
./.	AfA 5. Jahr:	3.000 €
=	Restbuchwert:	3.000 €
./.	AfA 6. Jahr:	3.000 €
=	Restbuchwert:	0 €

Nach Ablauf von 6 Jahren ist der PKW komplett abgeschrieben. Soll und kann er nach dieser Zeit noch weiterhin betrieblich genutzt werden, verbleibt er in Ihren Büchern mit einem so genannten „Erinnerungswert" von 1 €. Im 6. Jahr werden in diesem Fall nur 2.999 € abgeschrieben. In den Folgejahren kann keine Steuer mindernde Abschreibung für diesen PKW mehr gebucht werden.

Während bei einem so gebräuchlichen Wirtschaftsgut wie einem PKW die betriebsgewöhnliche oder voraussichtliche Nutzungsdauer noch recht gut geschätzt werden kann, ist dies für andere Wirtschaftsgüter deutlich schwieriger. Wer kann schon genau sagen, wie lange Büromöbel, Maschinen, Teppiche, Reißwölfe, Zeiterfassungsgeräte, Ladentheken usw. genutzt werden können? Die betriebsgewöhnliche Nutzungsdauer ist vorsichtig zu schätzen. Wenn aber noch keine eigenen Erfahrungen vorliegen, wird dies kaum möglich sein. In diesem Fall bietet es sich an, auf die so genannten AfA-Tabellen der Finanzverwaltung zurückzugreifen. Hierin sind nahezu alle erdenklichen Wirtschaftsgüter und ihre gewöhnliche Nutzungsdauer aufgeführt. Sofern Sie sich nach diesen AfA-Tabellen richten, brauchen Sie später im Rahmen einer Betriebsprüfung wegen der angesetzten Nutzungsdauer keine Probleme oder eventuelle Steuernachforderungen befürchten. Diese können aber sehr wohl auftreten, wenn Sie eine kürzere Nutzungsdauer wählen möchten. Mit der richtigen Argumentation – z. B. einer ungewöhnlich hohen Inanspruchnahme des Wirtschaftsgutes und dem entsprechenden Nachweis – ist dies grundsätzlich dennoch möglich, weil die AfA-Tabellen für Sie nicht bindend sind. Allerdings empfiehlt es sich in diesem Fall, vorab steuerlichen Rat einzuholen. Die jeweils aktuelle AfA-Tabelle für nicht branchenspezifische Anlagegüter sowie spezielle, branchenbezogene Tabellen können Sie beispielsweise über die Internetseite des Bundesfinanzministeriums unter dem Suchbegriff „AfA-Tabellen" (auf exakt diese Schreibweise achten) abrufen.

Bewegliche Wirtschaftsgüter (nicht also Immobilien) des Anlagevermögens durften zeitweise (wieder) degressiv in fallenden Beträgen abgeschrieben werden. Inzwischen gilt diesbezüglich wieder die alte Rechtslage aus 2008, wonach die degressive AfA für neu angeschaffte oder hergestellte Güter nicht erlaubt ist.

Die verbleibenden Erinnerungswerte werden ausgebucht, wenn das Anlagegut aus dem Unternehmen ausscheidet, z. B. wegen Verkauf oder Verschrottung. In obigem Beispiel ist es wahrscheinlich, dass der Marktwert des PKW nach 6 Jahren deutlich über dem Buchwert liegt. Erzielen Sie deshalb bei dem Verkauf einen Gewinn, verkaufen das Anlagegut also über dem Restbuchwert, so führt dieser Gewinn zur Erhöhung Ihres zu versteuernden Einkommens. Dies darf auch nicht umgangen werden, indem das Wirtschaftsgut zunächst für private Zwecke entnommen und dann selbst genutzt oder privat verkauft wird.

Steuerliche Wahlrechte können sich für den Steuerpflichtigen positiv auf die Steuerlast auswirken. Mit der Abschaffung der degressiven AfA sind die Gestaltungsmöglichkeiten eingeschränkt worden. Dasselbe gilt für ein weiteres Wahlrecht. Bei Anschaffung eines beweglichen Wirtschaftsgutes innerhalb der 1. Jahreshälfte durfte man die volle Jahresabschreibung als Betriebsausgabe ansetzen. Bei Anschaffung innerhalb der 2. Jahreshälfte durfte immerhin noch die 1/2 Jahresabschreibung berücksichtigt werden. Aus diesem Grunde wurden in zahlreichen Unternehmen zum Jahresende gern noch Investitionen getätigt. Anstelle die finanziellen Mittel für Steuerzahlungen zu verwenden wurde investiert, um mithilfe der Abschreibung die Steuerlast noch legal zu drücken.

Diese Regelung gilt seit 2004 nicht mehr. Die Abschreibung ist nun zeitanteilig und auf den Monat genau zu ermitteln. Daher sollten absehbar erforderliche Investitionen zumindest unter diesem Aspekt möglichst frühzeitig zu Beginn eines Jahres erfolgen.

Der Vereinfachung dienen die gesonderten Regelungen zur Abschreibung so genannter geringwertiger Wirtschaftsgüter (GWG). Hierbei handelt es sich um selbständig nutzbare Wirtschaftsgüter des beweglichen Anlagevermögens bis zu einem Anschaffungswert von maximal 410 € netto, also ohne Mehrwertsteuer. Zwischenzeitlich gab im Rahmen der Unternehmenssteuerreform eine Begrenzung der Sofortabschreibung. Seit 2010 gilt jedoch wieder die Wertgrenze von 410 € (§ 6 Absatz 2 EStG). Diese Änderung ist im Rahmen des „Wachstumsbeschleunigungsgesetzes" umgesetzt worden. Diese GWG dürfen – nicht müssen! –, obwohl Ihre betriebsgewöhnliche Nutzungsdauer in der Regel länger als ein Jahr beträgt, im Jahr der Anschaffung komplett abgeschrieben werden. Dies gilt unter der weiteren Voraussetzung, dass ein gesondertes Verzeichnis über diese Wirtschaftsgüter geführt wird. Sind diese Angaben aus der Buchführung ersichtlich, benötigen Sie dieses Verzeichnis nicht.

Alternativ können GWG auch linear über ihre gewöhnliche Nutzungsdauer abgeschrieben werden.

Außerdem darf ein Sammelposten, ein so genannter „Pool", gebildet werden (§ 6 Absatz 2 a EStG). Das gilt für Wirtschaftsgüter deren Wert 150 € aber nicht 1.000 € übersteigt. Die jeweils in einem Jahr angeschafften GWG dürfen zu einem Posten zusammen gefasst und über 5 Jahre, also mit 20% jährlich, abgeschrieben werden.

Wird in dieser Zeit eines der Anlagegegenstände zerstört oder verkauft, hat das auf die Abschreibung keinen Einfluss. Der „Pool" wird steuerlich wie ein einziges Anlagegut behandelt.

Welche Variante der GWG-Abschreibung die günstigste ist, muss im Einzelfall errechnet werden. In der Regel dürfte die Sofortabschreibung die erste Wahl sein, sofern sie in Frage kommt (bis 410 €). Bei Anlagegütern mit einem Anschaffungswert von mehr als 410 € aber weniger als 1.000 € kommt es auf die gewöhnliche Nutzungsdauer an. Ein PC kann z. B. lt. Afa-Tabelle über 3 Jahre abgeschrieben werden. Wird er Bestandteil eines Pools, beträgt die Abschreibungsdauer 5 Jahre. Wer an einer schnellen Abschreibung und möglichst hohen Abschreibungsbeträgen interessiert ist, „fährt" also mit einer Aufnahme des PC in den „Pool" schlechter. Wer dagegen z. B. als Existenzgründer (noch) gar keine Gewinne macht hat auch nichts von hohen Abschreibungen. Wer keine Einkommensteuer zahlen muss, kann auch seine „Steuerlast" nicht drücken. Er kann allenfalls einen so genannten Verlustvortrag geltend machen und mit späteren Gewinnen verrechnen. Es kann aber auch sinnvoll sein, über einen längeren Zeitraum abzuschreiben und so einen Teil der Steuer mindernden Abschreibungen in kommende, wirtschaftlich hoffentlich bessere Jahre zu „retten".

In der Praxis kommt es immer wieder zu Rechtsstreitigkeiten darüber, ob es sich bei einem Anlagegut um ein selbständig nutzbares GWG oder einen Bestandteil einer größeren Einheit handelt. Ein PC beispielsweise, der aus verschiedenen Komponenten besteht, die einzeln nicht mehr als 410 € kosten, ist als eine Einheit zu sehen und über die gesamte Nutzungsdauer abzuschreiben. Es handelt sich hier also nicht etwa um mehrere GWG, die im Jahr der Anschaffung abgeschrieben werden dürfen. Die Einordnung als selbständig nutzungsfähiges Wirtschaftsgut ist nicht immer einfach und eindeutig. Allerdings kann man sich an der Rechtsprechung orientieren, die in den Einkommensteuerrichtlinien zu § 6 EStG beispielhaft angeführt wird:

Beispiele für selbständig nutzungsfähige Wirtschaftsgüter, die im Jahr der Anschaffung komplett abgeschrieben werden dürfen:

- Anwendersoftware bis zu einem Anschaffungswert in Höhe von 410 € – so genannte Trivialprogramme,
- Wäsche in Hotels,
- Schreibtischkombinationsteile, die nicht fest miteinander verbunden sind (wie z. B. Rollcontainer, Tisch, Computerbeistelltisch usw.),
- Regale, die zu Schrankwänden zusammengesetzt sind,
- Notfallkoffer eines Arztes und darin enthaltene Geräte,
- Bestecke in Gaststätten, Hotels usw.,
- Bibliothek eines Rechtsanwalts,
- Einrichtungsgegenstände in Läden, Werkstätten, Büros etc.

Beispiele für nicht selbständig nutzungsfähige Wirtschaftsgüter:

- Bestuhlung in Kinos und Theatern (auch wenn jeder einzelne Stuhl die Grenze von 410 € nicht überschreitet),

- EDV-Kabel nebst Zubehör zur Vernetzung einer EDV-Anlage,

- Ersatzteile für Maschinen.

Nicht ganz klar war früher, wie im Zusammenhang mit der Anschaffung eines Computers die so genannten Peripheriegeräte (Drucker, Scanner, Monitor) zu behandeln sind. Die Finanzverwaltung war stets der Auffassung, dass diese Wirtschaftsgüter nicht selbständig nutzbar sind und daher nur zusammen mit dem PC abgeschrieben werden dürfen – auch dann, wenn der Anschaffungswert unter 410 € liegt. Eine andere Auffassung hat das Finanzgericht Rheinland-Pfalz in einem Urteil vom 14. 9. 2001 (Az.: 5 K 1249/00) vertreten. Danach können diese Peripheriegeräte als GWG im Jahr der Anschaffung voll abgeschrieben werden. Der Bundesfinanzhof hat mittlerweile entschieden (Az.: VI R 135/01), dass Peripherie-Geräte einer Computer-Anlage in der Regel nicht selbständig nutzbar und somit keine GWG sind. Ausnahmen bilden Kombinationsgeräte und externe Datenspeicher. Sie haben zudem die Möglichkeit, einen beruflich und privat genutzten Computer entsprechend des Anteils der beruflichen Nutzung abzuschreiben. Nutzen Sie Ihren PC als z. B. zu 50% beruflich, dürfen Sie auch die Hälfte der Anschaffungskosten über die Dauer der Nutzung abschreiben.

Sicher haben Sie beim Lesen schon festgestellt, dass die Abschreibung ein Thema für sich ist und einige Gestaltungsmöglichkeiten beinhaltet (wenn auch inzwischen stark eingeschränkt), obwohl dieses Thema hier nur ansatzweise bearbeitet wurde. Weitere Möglichkeiten, die Steuerlast zu drücken, bieten die so genannten Ansparabschreibungen (Investitionsabzugsbeträge und Sonderabschreibungen zur Förderung kleiner und mittlerer Betriebe (§ 7g EStG).

Die Ansparabschreibung soll, wie der Name schon vermuten lässt, die spätere Anschaffung von Wirtschaftsgütern erleichtern. Es dürfen bereits Abschreibungen gebildet werden, obwohl das betreffende Wirtschaftsgut noch gar nicht angeschafft wurde. Mithilfe der hieraus resultierenden Steuerersparnis sollen finanzielle Mittel für die spätere Anschaffung angespart werden. Diese Möglichkeit ist jedoch mit Vorsicht zu genießen. Sie birgt durchaus Vorteile, weil auf diese Weise Gewinne des laufenden Jahres gedrückt und quasi in Folgejahre verschoben werden können. Diese Möglichkeit ist z. B. wegen der Zins- und Liquiditätsvorteile interessant. Andererseits besteht die Gefahr, dass die geplante Investition später nicht – oder nicht innerhalb der nächsten 3 Jahre wie das EStG es vorsieht – realisiert wird und die Steuerersparnis verzinst zurückgezahlt werden muss. Es ist also ein Rechenexempel, ob sich die Ansparabschreibung lohnt oder nicht.

Ein kleines **Praxisbeispiel** soll die Problematik verdeutlichen:

Werner ist Inhaber einer kleinen Spedition und hat sich nach einem Gespräch mit seinem Steuerberater für die Bildung einer Ansparabschreibung entschieden. Irgendwann in nächster Zeit sollte ohnehin ein neuer LKW angeschafft werden und daher hörte sich diese Möglichkeit doch optimal an. Da er in steuerlichen Angelegenheiten wenig versiert war, interessierten ihn die Ausführungen des Steuerberaters und die Details nicht besonders. Er verstand lediglich, dass diese Form der Abschreibung ihm zu einer Steuerersparnis verhelfen würde und war hiermit natürlich absolut einverstanden. „Steuern sparen ist immer gut", dachte er bei sich und damit war das Thema für ihn erledigt. Das anstrengende Tagesgeschäft ließ ihn in kurzer Zeit das Gespräch mit dem Steuerberater vergessen – bis zu dem Tag, als dieser ihn daran erinnerte, dass nun wegen der gebildeten Ansparabschreibung die Anschaffung eines neuen LKW angebracht wäre. Diese Anschaffung stand aber mittlerweile aufgrund der schlechten Auslastung und wirtschaftlichen Lage gar nicht mehr zur Debatte und Rücklagen für die erforderliche Rückzahlung hatte der Unternehmer auch nicht gebildet.

Entscheiden Sie sich also für diese Variante, tun Sie dies unbedingt bewusst, nach professioneller Beratung und in Kenntnis der Konsequenzen. Sorgen Sie dafür, dass die Anschaffung später tatsächlich erfolgt, mindestens aber ausreichend Liquidität für die Rückzahlung vorhanden ist.

Gerade bei Existenzgründern – insbesondere bei Kleinstgründungen – kommt es häufig vor, dass nicht von Beginn an mit neuen Wirtschaftsgütern gearbeitet wird, sondern ehemals privat genutzte, gebrauchte Anlagegüter eingebracht werden, wie z. B. die bereits vorhandene Büroausstattung (Möbel, PC, Software etc.). Grundsätzlich können auch hierfür Abschreibungen angesetzt werden. Das Problem liegt mitunter in der Ermittlung des Anschaffungswertes für das Unternehmen, also in der Bewertung des Anlagegutes und in der Schätzung der Nutzungsdauer. Auch wenn das Wirtschaftsgut bereits länger genutzt wurde als in den AfA-Tabellen vorgesehen, können Sie nicht ohne weiteres davon ausgehen, dass Ihr Finanzamt die sofortige Abschreibung des Wertes anerkennt. Für einen PKW beispielsweise ist in der AfA-Tabelle eine Nutzungsdauer von 6 Jahren vorgesehen. Kaufen Sie nun einen 5 Jahre alten PKW oder bringen diesen in Ihr Betriebsvermögen ein, könnte man annehmen, dieser sei im Verlauf eines Jahres abzuschreiben (5 + 1 = 6 Jahre betriebsgewöhnliche Nutzungsdauer). Hier wird Ihnen jedoch wohl Ihr Finanzamt entgegenhalten, dass die voraussichtliche, *künftige* Nutzungsdauer maßgeblich ist. Sofern Sie also gebrauchte Wirtschaftsgüter anschaffen oder einbringen, sollten Sie hinsichtlich der steuerlichen Behandlung zumindest mit Ihrem Finanzamt sprechen oder das Vorgehen mit einem Steuerberater abstimmen. Die Abschreibung kommt auch in Frage, wenn Sie die Originalrechnungen nicht mehr haben und den Anschaffungswert nicht mehr genau wissen.

Denken Sie sowohl im Zusammenhang mit Ihren Abschreibungen und auch den sonstigen Betriebsausgaben daran, dass diese nur dann Ihre Steuerlast drücken können, wenn Sie überhaupt ausreichende Gewinne erwirtschaften. Sind Ihre Gewinne sehr gering oder erwirtschaften Sie zunächst nur Verluste – was nicht ungewöhnlich ist – können Sie an hohen Abschreibungsbeträgen nicht interessiert sein.

Wie bereits oben erwähnt, gibt es nicht nur hinsichtlich der nicht sofort abzugsfähigen Betriebsausgaben bestimmte Besonderheiten. Sie erinnern sich? Betriebsausgaben sind solche Aufwendungen sind, die durch den Betrieb veranlasst sind.

Bestimmte Aufwendungen sind überhaupt nicht oder nur begrenzt abzugsfähig – auch dann, wenn sie durch den Betrieb veranlasst sind. Setzen Sie diese Aufwendungen dennoch (in voller Höhe) als Betriebsausgaben an, müssen Sie im Falle einer Betriebsprüfung mit

Problemen und auf jeden Fall mit Steuernachforderungen rechnen. Die für Existenzgründer wichtigsten – nicht abzugsfähigen Betriebsausgaben – sollten Sie daher kennen. Gemäß § 4 Abs. 5 EStG dürfen z. B. die folgenden Betriebsausgaben den Gewinn nicht mindern:

- Aufwendungen für Geschenke an Personen, die nicht Arbeitnehmer des Steuerpflichtigen sind. Satz 1 gilt nicht, wenn die Anschaffungs- oder Herstellungskosten der dem Empfänger im Wirtschaftsjahr zugewendeten Gegenstände insgesamt 35 Euro nicht übersteigen;

- Aufwendungen für die Bewirtung von Personen aus geschäftlichem Anlass, soweit sie 70 vom Hundert der Aufwendungen übersteigen, die nach der allgemeinen Verkehrsauffassung als angemessen anzusehen und deren Höhe und betriebliche Veranlassung nachgewiesen sind,

- Mehraufwendungen für die Verpflegung des Steuerpflichtigen, soweit nichts anderes bestimmt ist,

- Aufwendungen für ein häusliches Arbeitszimmer sowie die Kosten der Ausstattung. Dies gilt nicht, wenn für die betriebliche oder berufliche Tätigkeit kein anderer Arbeitsplatz zur Verfügung steht. In diesem Fall wird die Höhe der abziehbaren Aufwendungen auf 1.250 Euro begrenzt; die Beschränkung der Höhe nach gilt nicht, wenn das Arbeitszimmer den Mittelpunkt der gesamten betrieblichen und beruflichen Betätigung bildet;

- Aufwendungen für die Wege des Steuerpflichtigen zwischen Wohnung und Betriebsstätte und für Familienheimfahrten, soweit in den folgenden Sätzen nichts anderes bestimmt ist.

- Geldbußen, Ordnungsgelder und Verwarnungsgelder sowie

- Zinsen auf hinterzogene Steuern.

Die Aufzählung ist nicht abschließend, sondern enthält nur die auch für Existenzgründer häufigsten Fälle der Ausgaben, die den Gewinn nicht mindern dürfen.

Im Übrigen sind auch im In- oder Ausland gezahlte „Schmiergelder" steuerlich nicht mehr abzugsfähig. Dies war früher möglich, wenn der Empfänger exakt bezeichnet wurde. Betriebsausgaben sind die Ausgaben, die durch den Betrieb veranlasst sind. Betrieblich veranlasst sind Schmiergeldzahlungen z. B. dann, wenn ohne die Zahlung im Ausland kein Auftrag zustande kommt oder eine bestimmte Genehmigung nicht erteilt wird. Die Schmiergeldzahlung ist also mitunter die Grundvoraussetzung dafür, dass bestimmte steuerpflichtige Einnahmen überhaupt erst erzielt werden können – ebenso wie auch andere Betriebsausgaben notwendig sind, um Einnahmen zu erzielen. Somit war die Abzugsfähigkeit im Grunde nur konsequent. Erlaubt ist sie nun jedoch nicht mehr – auch dann nicht, wenn die Zahlungen als Provision, Beraterhonorar usw. deklariert werden.

Geschenke

Aufwendungen für Geschenke an Personen, die nicht Arbeitnehmer des Steuerpflichtigen sind, betreffen in aller Regel Werbegeschenke an bestehende oder potenzielle Kunden. Diese dürfen nur dann als Betriebsausgaben angesetzt werden, wenn sie pro Empfänger und Wirtschaftsjahr den Wert von 35 € nicht übersteigen. Jeder Kunde darf also pro Wirtschaftsjahr Werbegeschenke bis zu einem Betrag in Höhe von 35 € erhalten, ohne dass Sie die steuerliche Abzugsfähigkeit dieser Betriebsausgaben verlieren. Bei diesem Betrag handelt es sich um einen Nettobetrag (ohne Umsatzsteuer). Sind Sie allerdings nicht zum Vorsteuerabzug berechtigt (vgl. Abschnitt 13.4: Umsatzsteuer) darf der Bruttobetrag 35 € nicht übersteigen. Die Kosten für eine Kennzeichnung des Geschenks, z. B. für den Aufdruck des Firmenlogos, zählen bei dieser Grenze mit. Zeigen Sie sich großzügig und bereiten Sie Ihren Kunden Geschenke, die den Wert von 35 € übersteigen, entfällt der Abzug als Betriebsausgabe komplett.

> **BEISPIEL:** Sie möchten Ihren Kunden einen Terminplaner mit Werbeeindruck für das nächste Jahr schenken, um sich hierdurch an jedem Tag des Jahres in Erinnerung zu rufen. Das Präsent kostet inklusive des Werbeeindrucks 37,50 € netto. Weil der Höchstbetrag von 35 € überschritten wird, dürfen Sie nun nicht etwa „nur" die 35 € als Betriebsausgabe ansetzen, sondern müssen die großzügigen Geschenke komplett aus eigener Tasche finanzieren.

Nicht jedes „Geschenk" ist jedoch auch ein Geschenk im Sinne des Steuerrechts. So werden beispielsweise Preise anlässlich eines Preisausschreibens nicht als Geschenk angesehen – mit der Folge, dass Sie diese bei betrieblicher Veranlassung in vollem Umfang als Betriebsausgabe ansetzen können.

Die Empfänger der Geschenke müssen aufgezeichnet werden, es sei denn, dass es sich um „Pfennigartikel" – so genannte Streuartikel – handelt (z. B. Einwegfeuerzeuge mit Werbeaufdruck), bei denen davon ausgegangen werden kann, dass der Gesamtwert der Geschenke pro Empfänger und Wirtschaftsjahr 35 € nicht überschreiten wird.

Wenn Sie Ihre Buchführung mithilfe einer Buchführungssoftware erledigen, erfassen Sie die Kosten für Geschenke auf einem gesonderten Konto, ansonsten in einer besonderen Spalte Ihrer Aufzeichnungen. Natürlich müssen Sie – wie bei allen Betriebsausgaben – darauf achten, dass die Geschenke tatsächlich auch *betrieblich* veranlasst sind. Private Geschenke sind nicht abzugsfähig.

Bewirtung

Die Formulierung im Gesetzestext bezüglich der Bewirtungsaufwendungen ist, wie viele andere Formulierungen auch, besonders erklärungsbedürftig: „Die folgenden Betriebsausgaben dürfen den Gewinn nicht mindern:

Aufwendungen für die Bewirtung von Personen aus geschäftlichem Anlass, soweit sie 70 vom Hundert der Aufwendungen übersteigen, die nach der allgemeinen Verkehrsauffassung als angemessen anzusehen und deren Höhe und betriebliche Veranlassung nachgewiesen sind. Zum Nachweis der Höhe und der betrieblichen Veranlassung der Aufwendungen hat der Steuerpflichtige schriftlich die folgenden Angaben zu machen: Ort, Tag, Teilnehmer und Anlass der Bewirtung sowie Höhe der Aufwendungen. Hat die Bewirtung in einer Gaststätte stattgefunden, so genügen Angaben zu dem Anlass und den Teilnehmern der Bewirtung; die Rechnung über die Bewirtung ist beizufügen."

Zunächst einmal geht es also um die Bewirtung von Personen aus geschäftlichem Anlass. Der Abzug privat veranlasster Aufwendungen ist demnach – verständlicherweise – ausgeschlossen. Die geschäftliche Veranlassung und die Höhe der Aufwendungen ist nachzuweisen und zwar durch Angabe von:

- Ort,
- Tag,
- Teilnehmer,
- Anlass der Bewirtung und
- Höhe der Aufwendungen.

Hat die Bewirtung in einer Gaststätte stattgefunden, so genügen Angaben zu dem Anlass und den Teilnehmern der Bewirtung. Die Rechnung über die Bewirtung ist in diesem Fall beizufügen.

Üblicherweise findet eine Bewirtung von Geschäftsfreunden, bestehenden oder potenziellen Kunden in einer Gaststätte statt und somit ist der Nachweis des Ortes, des Datums und der Höhe der Aufwendungen unproblematisch. Hat die Bewirtung in der Wohnung des Steuerpflichtigen stattgefunden, so gehören diese Aufwendungen regelmäßig nicht zu den Betriebsausgaben, sondern zu den Kosten der privaten Lebensführung (§ 12 Abs. 1 EStG). Dies gilt auch dann, wenn die wirtschaftliche oder gesellschaftliche Stellung des Steuerpflichtigen derartige Aufwendungen mit sich bringt, z. B. zu Repräsentationszwecken. Es spricht allerdings nicht grundsätzlich etwas dagegen, auch Mitarbeiter oder Familienangehörige zu bewirten, wenn dies betrieblich veranlasst ist, z. B. weil der Ehepartner im Betrieb mitarbeitet.

Als Anlass der Bewirtung wurden früher regelmäßig Angaben wie „Geschäftsessen" oder „Besprechung" auf den Belegen vermerkt. Dies reicht jedoch nicht (mehr) aus. Der BFH hat mit Datum vom 15. 1. 1998 entschieden, dass Angaben wie „Arbeitsgespräch", „Infogespräch" oder „Hintergrundgespräch" den Anlass nicht ausreichend konkretisieren. Hieraus ist zu schließen, dass Sie es nicht bei allgemeinen Angaben belassen sollten. Benennen Sie den konkreten Grund für die Bewirtung, wie z. B.: Besprechung kurzfristiger Maßnahmen zur Umsatzsteigerung mit Herrn Meier und Frau Müller von der Werbeagentur „Ohne Moos nichts los".

Abzugsfähige Bewirtungsaufwendungen liegen nur dann vor, wenn die Darreichung von Speisen und/oder Getränken eindeutig im Vordergrund steht. Dies ist nach Einschätzung des BFH nicht der Fall, wenn die Aufwendungen auch für die Darbietung anderer Leistungen (wie Varieté, Striptease) entrichtet werden und der Wert in einem offensichtlichen Missverhältnis zu den verabreichten Speisen und/oder Getränken steht.

Die Bewirtungsaufwendungen müssen außerdem angemessen sein, wobei die Angemessenheit im Einzelfall und nach den Branchenverhältnissen beurteilt werden muss. Die teure Bewirtung in einem 5-Sterne-Lokal wird natürlich bei Immobilienmaklern, die hochwertige Objekte anbieten, eher angemessen sein als bei dem Inhaber einer Trinkhalle, der seine Stammkunden opulent bewirtet, weil diese regelmäßig ihre Tageszeitung und 2 Brötchen dort erwerben.

Von den angemessenen Bewirtungsaufwendungen dürfen unter obigen Voraussetzungen 70% als Betriebsausgaben angesetzt werden.

Keine Bewirtung liegt vor, wenn Sie aus Höflichkeit bestimmte Aufmerksamkeiten, wie z. B. Kaffee, Tee oder Gebäck anlässlich von Besprechungen oder Warenverkostungen anbieten (Weinproben etc.). In diesen Fällen dürfen die Aufwendungen in voller Höhe als Betriebsausgaben abgezogen werden. Das Gleiche gilt auch für Warenverkostungen.

Link zum Thema:

http://www.jost-steuerberater.de – Archiv – Bewirtung

Verpflegung

Mehraufwendungen für die Verpflegung des Steuerpflichtigen dürfen nicht als Betriebsausgaben abgezogen werden, sofern nichts anderes bestimmt ist. Dieser Verpflegungsmehraufwand ist für Existenzgründer vor allem im Hinblick auf Geschäftsreisen von Bedeutung, mit denen eine längere Abwesenheit von der seit 2014 so genannten „ersten Tätigkeitsstätte" verbunden ist. Für Existenzgründer ist das i. d. R. die eigene Wohnung mit „Homeoffice" oder die Betriebsstätte. Sie können diese steuerfreien Pauschalen selbst Gewinn mindernd ansetzen, aber auch Mitarbeitern im Zusammenhang mit einer Dienstreise steuerfrei auszahlen. Bis 1996 konnten steuerlich noch die tatsächlichen Verpflegungskosten bei beruflich bedingten Reisen abgesetzt werden. Dies ist nicht mehr möglich. Stattdessen gelten bestimmte Pauschalbeträge. Diese sollen den höheren Verpflegungskosten auf Geschäftsreisen gerecht werden – schließlich ist es teurer, sich auswärts zu verpflegen als daheim. Dabei spielt es keine Rolle, ob Sie ein teures Restaurant aufsuchen oder einen Fastentag einlegen. Es ist kein Nachweis der tatsächlichen Aufwendungen erforderlich.

Seit dem 1. Januar 2014 gibt es nur noch zwei Verpflegungspauschalen (vorher: drei). Sie betragen im Inland bei einer Abwesenheit von:

- mindestens 8 Stunden: 12 € und
- 24 Stunden: 24 €.

Unter einer Abwesenheit von 8 Stunden kann keine Pauschale angesetzt werden. Für die An- und Abreisetage einer mehrtägigen Dienstreise können pauschal 12 € angesetzt werden. Eine Prüfung der Abwesenheitszeiten entfällt. Für das Ausland gelten andere Pauschbeträge, die über die Homepage des Bundesfinanzministeriums unter dem Suchbegriff „Verpflegungsmehraufwendungen" abgerufen werden können.

Link zum Thema:

http://www.bundesfinanzministerium.de – Suche: BMF-Schreiben zur Reform des steuerlichen Reisekostenrechts ab 1. 1. 2014 – ausführliche Informationen zum Thema mit Begriffen, Beispielen ... .

Arbeitszimmer

Unterschiedliche Auffassungen zur Anerkennung eines häuslichen Arbeitszimmers und dessen Ausstattung geben immer wieder Anlass zu Rechtsstreitigkeiten. Das „häusliche Arbeitszimmer" ist steuerrechtlich sozusagen ein „Dauerbrenner". Zahlreiche Detailfragen – wie z. B. die Frage, ob ein Schaukelstuhl im Arbeitszimmer stehen darf oder nicht – sind bereits durch die Rechtsprechung gelöst worden und nicht immer sind die sehr strengen Anforderungen so ohne Weiteres nachzuvollziehen. Allerdings wurden und werden auch mitunter private (Hobby-)räume als Arbeitszimmer deklariert, um Steuern zu sparen, was natürlich nicht im Sinne dieser Vorschrift ist.

Ein häusliches Arbeitszimmer gehört zur Wohnung des Steuerpflichtigen, ist aber vom übrigen Wohnbereich abgetrennt. Dies bedeutet, dass es sich beispielsweise nicht um ein Durchgangszimmer handeln darf, welches häufig durchquert werden muss, um in die anderen – privaten – Räume zu gelangen. Muss das Arbeitszimmer hingegen nur durchquert werden, um in das Schlafzimmer zu gelangen, steht dies der Anerkennung als Arbeitszimmer grundsätzlich nicht entgegen.

Auch ein ausgebautes Dachgeschoss oder ein Kellerraum kann grundsätzlich ein häusliches Arbeitszimmer sein.

Die steuerliche Berücksichtigung eines häuslichen Arbeitszimmers ist für diejenigen Existenzgründer ein Thema, die zunächst keine Geschäftsräume anmieten können oder wollen. Das Einkommensteuergesetz besagt, dass die Aufwendungen für ein häusliches Arbeitszimmer sowie deren Ausstattung den Gewinn grundsätzlich nicht mindern dürfen, also nicht als Betriebsausgaben abgesetzt werden können. Im Gesetzestext heißt es aber weiter:

> „Dies gilt nicht, wenn für die betriebliche oder berufliche Tätigkeit kein anderer Arbeitsplatz zur Verfügung steht. In diesem Fall wird die Höhe der abziehbaren Aufwendungen auf 1.250 Euro begrenzt; die Beschränkung der Höhe nach gilt nicht, wenn das Arbeitszimmer den Mittelpunkt der gesamten betrieblichen und beruflichen Betätigung bildet"

Wenn also kein anderer Arbeitsplatz zur Verfügung steht, können die die Kosten für das Arbeitszimmer und dessen Ausstattung immerhin bis zu dem genannten Höchstbetrag steuerlich angesetzt werden.

Bei Aufwendungen für ein häusliches Arbeitszimmer kann es sich z. B. um die anteilige Miete inklusive der Nebenkosten, die Ausstattung und die Instandhaltung der Räumlichkeiten handeln.

Der unbegrenzte Abzug der Aufwendungen ist (nur) dann möglich, wenn das häusliche Arbeitszimmer den Mittelpunkt der gesamten betrieblichen und beruflichen Betätigung bildet.

Dies ist nur dann der Fall, wenn Sie ausschließlich oder fast ausschließlich (mind. 80–90%) Ihrer Arbeitszeit in dem Arbeitszimmer verbringen und nicht z. B. beim Kunden oder im eigenen Ladenlokal beschäftigt sind Soweit der Grundsatz. Im Zweifel entscheidet der Einzelfall und hier hat es in der Vergangenheit für Telearbeiter auch schon steuerzahlerfreundlichere Entscheidungen gegeben.

Zum Thema „häusliches Arbeitszimmer" gibt es immer wieder Streitigkeiten und Grundsatzentscheidungen, so dass Sie sich stets aktuell informieren sollten, wenn sich die Frage der Abzugsfähigkeit für Sie stellt.

Von dem Abzugsverbot nicht betroffen sind jedenfalls Arbeitsmittel und betriebsnotwendige Einrichtungsgegenstände wie z. B. Bücherschrank, Computer, Software, Diktiergerät, Taschenrechner, Schreibtisch mit den dazugehörigen Gegenständen (Sitzgelegenheit, Schreibtischlampe, Papierkorb etc.).

Link zum Thema

http://www.bundesfinanzministerium.de – Suchbegriff „häusliches Arbeitszimmer"

Fahrzeug

Es ist üblich, dass Existenzgründer ihren bisher ausschließlich privat genutzten PKW nach erfolgter Existenzgründung auch für betriebliche Zwecke nutzen. Die Frage ist, wie die in diesem Zusammenhang anfallenden Betriebsausgaben zu berücksichtigen und von den Privatausgaben zu trennen sind.

Nach bisheriger Rechtsprechung des Bundesfinanzhofs (BFH) war es Selbständigen, die ihren Gewinn durch Einnahmenüberschussrechnung nach § 4 Abs. 3 des Einkommensteuergesetzes (EStG) ermittelten, nicht erlaubt, so genanntes „gewillkürtes Betriebsvermögen" zu bilden – möglich war dies allenfalls über einen vergleichsweise aufwändigen Umweg.

Anders als bilanzierende Unternehmer durften sie nicht selbst („willkürlich") entscheiden, ob z. B. ein Fahrzeug zum Betriebsvermögen oder zum Privatvermögen gehören soll. Wurde das Fahrzeug zu weniger als 50% betrieblich genutzt, kam eine Zuordnung zum „notwendigen" Betriebsvermögen nicht in Frage und somit musste der PKW im Privatvermögen des Steuerpflichtigen verbleiben – mit steuerlichen Konsequenzen. Während bei bilanzierenden Steuerpflichtigen, die ihren PKW dem Betriebsvermögen zuordnen, unter bestimmten Voraussetzungen sämtliche Fahrzeugkosten als Betriebsausgaben angesetzt werden können, war dies für nicht bilanzierende Steuerpflichtige wie Freiberufler oder Kleingewerbetreibende nicht möglich. Steuerlich konnten nur die rein betrieblich veranlassten Kosten geltend gemacht werden.

Von dieser Rechtsprechung ist der Bundesfinanzhof in einer Entscheidung vom 2. 10. 2003 abgewichen (Az.: IV R 13/03) und hat in der bisherigen Rechtsprechung einen Verstoß gegen den Gleichheitsgrundsatz des Grundgesetzes gesehen. Im Streitfall hatte eine Zahnärztin (Freiberuflerin) die Kosten für ihren nur zu 10% betrieblich genutzten PKW in voller Höhe als Betriebsausgaben geltend gemacht. Den Wert für die private Nutzung hat sie mithilfe der seinerzeit in diesen Fällen noch zulässigen, so genannten 1%-Regel ermittelt (s. u.). Das Finanzamt wollte jedoch die Betriebsausgaben nur in Höhe des betrieblichen Nutzungsanteils von 10% anerkennen. Der BFH entschied zugunsten der Klägerin.

Für Existenzgründer, die ihren PKW zu mindestens 10% betrieblich nutzen, gilt nun – unabhängig von der Art der Gewinnermittlung –, dass der PKW wahlweise dem Betriebsvermögen oder dem Privatvermögen zugeordnet werden kann. Diese Zuordnung muss jedoch eindeutig und zeitnah geschehen. Der PKW muss in Ihren Büchern aufgeführt werden (im Anlageverzeichnis bei Gewinnermittlung nach § 4 Absatz 3 EStG), wenn er zum Betriebsvermögen gehören soll.

Liegt die betriebliche Nutzung bei über 50% handelt es sich um notwendiges Betriebsvermögen. Die Zuordnung zum Betriebsvermögen ist also Pflicht. Sie dürfen aber nur bei 100-prozentiger betrieblicher Nutzung auch alle Aufwendungen steuerlich gelten machen. Bei teilweiser Privatnutzung sind diese Aufwendungen zu ermitteln und dürfen den Gewinn nicht mindern (s. u.).

Verbleibt das Auto im Privatvermögen, können Sie die tatsächlichen Kosten für das Fahrzeug sowie den Anteil der betrieblichen Nutzung ermitteln und hieraus einen bestimmten „Kilometersatz" errechnen, den sie anschließend steuerlich geltend machen. Einfacher ist die pauschale Abrechnung. Für Dienstreisen dürfen Sie je gefahrenem Kilometer pauschal 0,30 € als Betriebsausgabe ansetzen (Kilometerpauschale). Die erste Variante könnte steuerlich günstiger sein, ist aber auch aufwändiger.

Entscheiden Sie sich dafür, den PKW in das Betriebsvermögen zu überführen, berücksichtigen Sie sämtliche Ausgaben für den PKW in Ihrer Buchführung, unabhängig ob diese privat oder betrieblich veranlasst sind.

Wird Ihr PKW aber nicht nachweislich und ausschließlich betrieblich genutzt – den Steuerpflichtigen trifft diesbezüglich die Beweislast! – muss der private Nutzungsanteil ermittelt werden, weil dieser den steuerlichen Gewinn nicht mindern darf.

Bei einer betrieblichen Nutzung von bis zu 50% muss dies mit Hilfe eines Fahrtenbuchs geschehen.

Bei einer betrieblichen Nutzung von mehr als 50% kann eine einfache, aber mitunter teure Methode angewendet werden, die so genannte 1%-Regelung. Der Wert der privaten Nutzung wird nicht exakt ermittelt, sondern pauschal angesetzt. Sie buchen sämtliche Kfz-Kosten als Betriebsausgaben und dabei bleibt es auch. Jeden Monat wird aber pauschal 1% des inländischen Bruttolistenpreises des Fahrzeugs versteuert – quasi so, als hätten Sie ein zusätzliches Einkommen in dieser Höhe. Mit diesen Pauschalen ist der private Nutzungsanteil abgedeckt, das Finanzamt zufrieden und Sie müssen keinen Nachweis mehr darüber erbringen, zu wie viel Prozent Sie das Fahrzeug tatsächlich betrieblich bzw. privat genutzt haben. Mit dem „inländischen Bruttolistenpreis" ist der (ursprüngliche) Neuwert des Fahrzeugs inklusive Sonderausstattung und Mehrwertsteuer gemeint. Dies gilt auch dann, wenn Ihr Auto mittlerweile alles andere als neu ist, Sie sich einen Gebrauchtwagen zulegen oder den Wagen günstiger im Ausland gekauft haben. Diese Regelung kann Sie also teuer zu stehen kommen, wenn Sie einen ehemals teuren Wagen günstig als Gebrauchtwagen erstehen und darüber hinaus dieses Fahrzeug auch noch zu einem hohen Anteil betrieblich nutzen.

Wenn Sie also z. B. für Ihren betrieblichen PKW einen inländischen Bruttolistenpreis in Höhe von 23.800 € (inkl. Mehrwertsteuer) zugrunde legen erhöht sich Ihr monatliches Einkommen quasi um 238 € (1% von 23.800 €). Im Jahr kommen demnach 2.856 € zusammen.

Nun schlägt aber nicht der gesamte Jahresbetrag zu Buche. Dieser ist ja nicht identisch mit ihrer steuerlichen Belastung, sondern um diesen Betrag erhöht sich lediglich ihr zu versteuerndes Einkommen. Was Sie die private Nutzung des Fahrzeugs dann tatsächlich kostet, hängt von Ihrem persönlichen Steuersatz ab und von Ihren Sozialversicherungen, denn auch hier ist ja das Einkommen die Berechnungsgrundlage. Der private Nutzungsanteil unterliegt also der Einkommensteuer- und der Sozialversicherungspflicht. Für die meisten Existenzgründer wird jedoch nur die Zahlung an die Kranken- und Pflegeversicherung relevant sein, weil sie nicht der Rentenversicherungspflicht unterliegen.

Für viele Unternehmer ist eine andere Methode steuerlich günstiger – die Fahrtenbuchmethode. Auch hier geht es darum, den Wert für den privaten Nutzungsanteil zu ermitteln, weil dieser den Gewinn nicht mindern darf. Ebenso wie bei der 1%-Regelung werden alle Kfz-Kosten in der Buchführung erfasst. Darüber hinaus wird ein Fahrtenbuch geführt, in dem penibel genau jede Fahrt – betrieblich wie privat – aufgeführt wird. Die Anforderungen an ein Fahrtenbuch sind streng und müssen beachtet werden. Für bestimmte Berufsgruppen wie z. B. Vertreter oder Taxifahrer gelten aber Erleichterungen, weil es hier nicht zumutbar wäre, jeden Kilometer mit allen Angaben, wie z. B. den Zweck der Fahrt, zu erfassen. Nachträgliche oder unvollständige Aufzeichnungen können dazu führen, dass diese Methode nicht anerkannt wird. Am Ende des Jahres werden mithilfe des Fahrtenbuchs der private und der betriebliche Nutzungsanteil ermittelt, wobei die Fahrten zwischen Wohnung und Betriebsstätte als Privatfahrten gelten. Der private Anteil zuzüglich der Umsatzsteuer darf den Gewinn nicht mindern.

BEISPIEL: Ihre jährlichen Ausgaben für Ihren PKW (einschließlich Kfz-Steuer, Versicherung, Abschreibung, Reparatur, Benzin etc.) betragen netto – also ohne Umsatzsteuer – 6.000 €. Aufgrund Ihres Fahrtenbuchs und der aufgezeichneten Kilometer haben Sie einen privaten Nutzungsanteil von 30% ermittelt. Der Wagen wird demnach zu 70% betrieblich genutzt. Nun gilt es, die private Nutzung steuerlich zu berücksichtigen. Berechnung:

30% von 6.000 €:	1.800 €
+ Umsatzsteuer 19%3	42 €
Jährlicher Privatanteil, der den Gewinn nicht mindern darf:	2.142 €

In dem Beispielfall würde der Steuerpflichtige mit der Fahrtenbuchmethode im wahrsten Sinne des Wortes „besser fahren."

Der private Nutzungsanteil unterliegt – unabhängig von der Methode – der Umsatzsteuerpflicht. Es handelt sich um eine umsatzsteuerpflichtige Leistung im Sinne des § 1 UStG (Umsatzsteuergesetz) – auch wenn dies zum Teil in Lehrbüchern noch anders dargestellt wird.

Übrigens dürfen Sie bei der Aufzeichnung Ihrer Kfz-Kosten auch die Rundfunkgebühren für Ihr Autoradio steuerlich absetzen. Dies ist bereits gerichtlich entschieden worden. Die Finanzverwaltung wollte den Abzug nicht anerkennen, das Gericht ist jedoch der Argumentation des Steuerpflichtigen gefolgt. Dieser hatte glaubhaft dargelegt, dass er aus beruflichen Gründen auf die regelmäßigen Verkehrshinweise angewiesen sei. Während bei ausschließlich privater Nutzung des Fahrzeugs für das Autoradio keine zusätzlichen Rundfunkgebühren zu entrichten sind, gilt bei (auch) betrieblicher Nutzung die Gebührenpflicht.

Link zum Thema:

http://www.steuer-gonze.de – Suche: Private Pkw-Nutzung von Firmenfahrzeugen

13.2 Körperschaftsteuer

Die Körperschaftsteuer ist sozusagen eine besondere Form der Einkommensteuer, für die das Körperschaftsteuergesetz (KStG) und die Körperschaftsteuerdurchführungsverordnung (KStDV) die rechtlichen Grundlagen bilden. Sie wird auch als die Einkommensteuer der juristischen Personen bezeichnet. Wer unbeschränkt körperschaftsteuerpflichtig ist, regelt § 1 des Körperschaftsteuergesetzes. Für bestimmte Körperschaften gelten gemäß § 5 KStG Steuerbefreiungen. Diese haben für Existenzgründer in der Regel jedoch keine praktische Bedeutung.

Für Existenzgründer ist die Körperschaftsteuer von Interesse, wenn das Unternehmen als Kapitalgesellschaft (z. B. GmbH inkl. UG, AG) geführt werden soll. Einzelunternehmer, Freiberufler und Personengesellschaften sind hiervon nicht betroffen.

Steuerpflichtiger ist die juristische Person, also z. B. die GmbH oder die AG. Daneben besteht jedoch weiterhin die persönliche Einkommensteuerpflicht der Gesellschafter. Auf diese Weise kann eine Doppelbelastung und Doppelbesteuerung entstehen.

Die Doppelbelastung des Einkommens mit der Körperschaftsteuer und der Einkommensteuer wurde früher durch das so genannte Halbeinkünfteverfahren abgemildert. Danach wurden beispielsweise ausgeschüttete Gewinne bei dem Anteilseigner (z. B. dem Gesellschafter einer GmbH) nur zu 50% in die Bemessungsgrundlage seiner Einkommensteuer einbezogen. Im Zuge der Unternehmenssteuerreform 2008 ist dieses Verfahren durch das Teileinkünfteverfahren bzw. die Abgeltungssteuer abgelöst worden. Die neuen Regelungen gelten ab dem Veranlagungszeitraum 2009. Eine ausführliche Darstellung würde an dieser Stelle zu weit führen, eine knappe Darstellung zwangsläufig zu Ungenauigkeit und ggf. Missverständnissen führen. Dies umso mehr, als das zwischen vielen denkbaren Fällen zu differenzieren ist. Es ist möglich, dass Gewinnausschüttungen an den Gesellschafter einer GmbH über die Abgeltungssteuer besteuert werden. Je nach Beteiligungssituation kommt aber auch das Teileinkünfteverfahren in Frage oder ein Wahlrecht. Ausführlichere Informationen finden Sie unter den nachstehenden Links.

Ebenso wie die Einkommensteuer bemisst sich auch die Körperschaftsteuer nach dem zu versteuernden Einkommen. Dieser Begriff im Sinne des Körperschaftsteuerrechts ist jedoch nicht identisch mit dem zu versteuernden Einkommen im Sinne des Einkommensteuergesetzes. Das Einkommensteuerrecht ist auf die Situation natürlicher Personen ausgerichtet und die Regeln des Körperschaftsteuergesetzes beziehen sich auf juristische Personen. Daher gibt es hier auch keine Positionen wie z. B. Kinderfreibeträge oder außergewöhnliche Belastungen.

Außerdem können juristische Personen keine private Sphäre haben, weshalb bestimmte Aufwendungen bei Körperschaften Betriebsausgaben sein können, die bei Einzelunternehmern oder Personengesellschaften zu den Kosten der privaten Lebensführung zählen würden.

Die Körperschaftsteuer ist eine Jahressteuer, wobei das Einkommen in dem jeweiligen Wirtschaftsjahr maßgeblich ist. Das zu versteuernde Einkommen wird nach den Regeln des Einkommensteuergesetzes ermittelt und zusätzlich sind die Vorschriften des Körperschaftsteuergesetzes zu beachten. Danach wird der Gewinn der Gesellschaft um bestimmte Zurechnungs- und Kürzungspositionen modifiziert.

Ein zentraler Aspekt der Körperschaftsteuer ist die so genannte verdeckte Gewinnausschüttung (vGA – § 8 Absatz 3 KStG). Von einer verdeckten Gewinnausschüttung redet man, wenn die Gesellschaft ihren Gesellschaftern geldwerte Vorteile gewährt, die unternehmensfremden Personen nicht oder nicht in vergleichbarer Höhe gewährt werden würden.

Beispiele für verdeckte Gewinnausschüttungen sind:

- ein Gesellschafter erhält für seine Tätigkeit ein unangemessen hohes Gehalt (das Gehalt mindert den Gewinn und somit die Steuerlast der Gesellschaft, durch die unangemessene Höhe wird aber eine vGA angenommen, die das Ziel verfolgt, den Gewinn der Körperschaftsteuerbelastung zu entziehen),

- ein Gesellschafter gewährt der Gesellschaft ein Darlehen zu einem sehr hohen Zinssatz oder erhält ein Darlehen zinslos bzw. zu einem extrem niedrigen Zinssatz,

- ein Gesellschafter verkauft der Gesellschaft Waren zu einem außergewöhnlich hohen Preis.

Diese verdeckten Gewinnausschüttungen werden dem Einkommen der Gesellschaft wieder hinzugerechnet. Sie dürfen den Gewinn nicht mindern, weil ansonsten nahezu beliebig das Einkommen der Gesellschaft gesteuert werden könnte, um Körperschaftsteuerzahlungen zu umgehen. Was als angemessenes Gehalt eines Geschäftsführers anzusehen ist, kann nicht pauschal bestimmt werden, zumal dieses Thema noch nicht abschließend geregelt ist und die Finanzverwaltung zunehmend strengere Beurteilungen vornimmt. Bei einem jüngeren Geschäftsführer kann ein niedrigeres Gehalt als bei einem älteren Geschäftsführer angemessen sein. Je nach Branche und Größe des Unternehmens können unterschiedliche Beträge angemessen sein und auch die konkrete Tätigkeit spielt eine Rolle. Auch dieses Thema ist ein „Dauerbrenner" und das wird sich wohl auch so schnell nicht ändern. Bei der Gründung einer GmbH ist ohnehin eine steuerliche Beratung unbedingt zu empfehlen und diese sollte auch die Problematik der Geschäftsführerbezüge umfassen.

Seit dem Veranlagungszeitraum 2008 werden ausgeschüttete und einbehaltene Gewinne gleichermaßen mit 15% Körperschaftsteuer belastet (§ 23 Abs. 1 KStG). Hinzu kommt der Solidaritätszuschlag in Höhe von 5,5%. Was sich in der Kurzfassung noch vergleichsweise simpel anhört, weil nur einige Grundzüge dargestellt werden können, ist in der Praxis ein äußerst komplexes Thema. Die Berechnung der Körperschaftsteuer ist ein komplizierter Vorgang, für den Sie auf jeden Fall externe Hilfe benötigen werden, wenn sie nicht gerade selbst über eine einschlägige Ausbildung verfügen. Lassen Sie sich im Vorfeld der Gründung umfassend beraten, auch was die legalen, steuerlichen Gestaltungsmöglichkeiten und die Vermeidung verdeckter Gewinnausschüttungen angeht.

Links

http://www.wikipedia.de – „Abgeltungssteuer" und „Teileinkünfteverfahren"

13.3 Gewerbesteuer

Die gesetzlichen Grundlagen für die Gewerbesteuer bilden das Gewerbesteuergesetz (GewStG) und die Gewerbesteuer-Durchführungsverordnung (GewStDV). Das Gewerbesteuergesetz unterscheidet 2 Arten von Gewerbebetrieben:

- den stehenden Gewerbebetrieb (§ 2 Abs. 1 GewStG) und
- den Reisegewerbebetrieb (§ 35a GewStG).

Ein Reisegewerbebetrieb liegt vor, wenn die Tätigkeit einer Reisegewerbekarte bedarf oder der Inhaber einen Blindenwaren-Vetriebsausweis besitzt. Jeder andere Gewerbebetrieb ist ein stehender Gewerbebetrieb.

Nach der Gewerbeordnung ist zur Ausübung einer Tätigkeit z. B. dann eine Reisegewerbekarte erforderlich, wenn gewerbsmäßig Waren ohne vorherige Bestellung außerhalb einer gewerblichen Niederlassung oder ohne eine solche vertrieben werden, wie etwa bei bestimmten Haustürgeschäften (z. B. Vertrieb von Zeitschriftenabos). Auch Schausteller benötigen eine Reisegewerbekarte.

Beide Arten von Gewerbebetrieben unterliegen der Gewerbesteuer. Freiberufler sowie Land- und Forstwirte hingegen unterliegen nicht der Gewerbesteuer, da sie keinen Gewerbebetrieb unterhalten. Werden diese Tätigkeiten jedoch im Rahmen bestimmter Rechtsformen ausgeübt, handelt es sich um so genannte Gewerbebetriebe kraft Rechtsform. Bei Kapitalgesellschaften handelt es sich immer um Gewerbebetriebe kraft Rechtsform mit der Folge, dass eine Gewerbesteuerpflicht besteht.

BEISPIEL: Rechtsanwälte mit unterschiedlichen Tätigkeitsschwerpunkten gründen gemeinsam eine Aktiengesellschaft. Die Tätigkeit eines Rechtsanwalts gehört zu den Freien Berufen und unterliegt nicht der Gewerbesteuer. Aufgrund der Rechtsform handelt es sich hier aber um einen Gewerbebetrieb kraft Rechtsform, der – wie jeder andere im Inland betriebene Gewerbebetrieb – gewerbesteuerpflichtig ist.

Auch das Gewerbesteuergesetz regelt die Befreiung bestimmter Betriebe von der Gewerbesteuer (§ 3 GewStG). Wie bei der Körperschaftsteuer ist die praktische Bedeutung für Existenzgründer jedoch gering. Sie kommt aber beispielsweise in Frage für bestimmte private Schulen, Alten- oder Pflegeheime.

Die Gewerbesteuer ist als Betriebsausgabe nicht (mehr) abziehbar, mindert also nicht den steuerlichen Gewinn.

Die Besteuerungsgrundlage ist der so genannte Gewerbeertrag. Zur Ermittlung des Gewerbeertrages wird der Gewinn des Betriebes um die in den §§ 8 und 9 GewStG aufgeführten Hinzurechnungs- und Kürzungspositionen modifiziert. Auch hier werden Sie bei der Berechnung in aller Regel externe Hilfe in Anspruch nehmen müssen.

Das Berechnungsschema sieht wie folgt aus:

Gewinn aus Gewerbebetrieb

+ Hinzurechnungen (§ 8 GewStG)

./. Kürzungen (§ 9 GewStG)

= **maßgebender Gewerbeertrag**

./. Gewerbeverlust (bei Verlusten aus vorangegangenen Erhebungszeiträumen) (§ 10a GewStG)

= **Gewerbeertrag** (auf volle 100 € nach unten abzurunden (§ 11 GewStG)

./. Freibetrag (§ 11 GewStG)

= **verbleibender Betrag**

Die Berechnung der Gewerbesteuer für Einzelunternehmer und Personengesellschaften erfolgt nach anderen Modalitäten als die Berechnung für Kapitalgesellschaften.

Berechnung für Einzelunternehmer und Personengesellschaften:

Gewerbeertrag

./. Freibetrag in Höhe von 24.500 €, höchstens aber in Höhe des abgerundeten Gewerbeertrags (§ 11 GewStG)

= **verbleibender Betrag**

Steuermesszahl in Höhe von 3,5% (§ 11 Absatz 2 GewStG)

= **Steuermessbetrag**

Gewerbesteuer-Hebesatz der Gemeinde (kann bei der Gemeinde erfragt werden) (mindestens 200% seit 2004)

= **Gewerbesteuer**

Berechnung für Unternehmen im Sinne von § 11 Absatz 1 Nr. 2 GewStG wie z. B. Kapitalgesellschaften:

Gewerbeertrag

./. **Freibetrag in Höhe von 5.000 €,** höchstens aber in Höhe des abgerundeten Gewerbeertrags (§ 11 GewStG)

= **verbleibender Betrag**

Steuermesszahl in Höhe von 3,5% (§ 11 Absatz 2 GewStG)

= **Steuermessbetrag**

Gewerbesteuer-Hebesatz der Gemeinde
(mindestens 200% seit 2004)

= **Gewerbesteuer**

Zahlenbeispiel für eine Kapitalgesellschaft:

Gewerbeertrag	100.000 €
./. Freibetrag	5.000 €
= verbleibender Betrag	
· Steuermesszahl (3,5%)	
= Steuermessbetrag	3.325 €
· Gewerbesteuer-Hebesatz der Gemeinde München (490%)	
= Gewerbesteuer	16.292,50 €

Unterhielte der Gewerbebetrieb im Beispiel seine Betriebsstätte nicht in München, sondern etwa in Passau, ergäbe sich bei identischem Gewerbeertrag und einem Hebesatz von 400% eine Gewerbesteuerbelastung von „lediglich" 13.300 €.

Ein Einzelunternehmer würde bei sonst gleichen Voraussetzungen in München wegen des höheren Freibetrages Gewerbesteuer in Höhe von 12.948,25 € zahlen müssen.

Für Existenzgründer ist die Gewerbesteuer also zunächst nur dann in den Planzahlen zu berücksichtigen, wenn überhaupt ein positiver Gewerbeertrag zu erwarten ist. Darüber hinaus hängt es von der Rechtsform ab, ob Sie Gewerbesteuerzahlungen einplanen müssen oder nicht. Planen Sie z. B. eine Gründung in der Rechtsform der Einzelunternehmung und erwarten im ersten Jahr einen geringeren Gewerbeertrag als 24.500 €, können Sie wegen des Freibetrages auf den Ansatz von Gewerbesteuerbeträgen in Ihrer Planrechnung zumindest für dieses erste Jahr verzichten.

In obigem Beispiel haben Sie bereits festgestellt, dass die unterschiedlichen Hebesätze der Gemeinden sich nicht unerheblich auf die Gewerbesteuerlast auswirken können und deshalb mitunter auch die Standortwahl beeinflussen. So haben in der Vergangenheit sogar Gemeinden völlig darauf verzichtet, Gewerbesteuer zu erheben, um den Standort für Unternehmen attraktiv zu machen und die Wirtschaftskraft der Region zu stärken. Tochtergesellschaften namhafter, großer Unternehmen wie z. B. der Deutschen Bank hatten sich in der beschaulichen Gemeinde Norderfriedrichskoog in Nordfriesland niedergelassen und von der dortigen Gewerbesteuerfreiheit profitiert. Doch das war nicht alles. Gemäß § 35 EStG wurde die Gewerbesteuer pauschal auf die Einkommensteuer von Einzelunternehmen sowie Gesellschaftern von Personengesellschaften angerechnet, um eine Doppelbelastung zu verringern – und zwar auch dann, wenn überhaupt keine Gewerbesteuer gezahlt wurde, weil die Gemeinde auf die Erhebung verzichtet hatte.

Den „Gewerbe-Steueroasen" in Deutschland hat der Gesetzgeber allerdings ab dem Jahr 2004 ein Ende bereitet. Waren bis dahin die Gemeinden nach § 1 GewStG noch *berechtigt*, diese Steuer zu erheben, sind sie nun dazu verpflichtet. Darüber hinaus wurde ein Mindesthebesatz von 200% festgelegt.

Zahlreiche weitere Änderungen waren geplant, sind aber nur teilweise umgesetzt worden. Aufatmen können insbesondere Freiberufler, die zunächst auch zur Zahlung von Gewerbesteuer – oder Gemeindewirtschaftssteuer wie sie künftig heißen sollte – herangezogen werden sollten. Dieses Vorhaben ist zumindest im Moment wieder vom Tisch. Gemäß § 35 Absatz 1 EKStG kann die Gewerbesteuer bei Einzelunternehmern und Gesellschaftern auf die Einkommensteuer angerechnet werden und zwar mit dem 3,8-fachen des Gewerbesteuermessbetrages.

13.4 Umsatzsteuer

Die Umsatzsteuer gehört zu den Verbrauchssteuern. Mit ihr werden der Verbrauch von Waren und die Inanspruchnahme von Dienstleistungen besteuert. Wirtschaftlich wird diese Steuerlast nur vom Endverbraucher getragen.

Trotzdem sind die Konsumenten nicht Steuerschuldner. Sie müssen also nicht die Steuer an das Finanzamt abführen. Es ist leicht nachzuvollziehen, dass und warum eine solche Regelung in der Praxis nicht umsetzbar wäre. Dem Endverbraucher wäre es nicht zuzumuten, über all seine Einkäufe Buch zu führen und anschließend die Umsatzsteuer abzuführen. Die Finanzverwaltung könnte darüber hinaus mit verhältnismäßigen Mitteln auch keine wirksame Kontrolle ausüben.

Der Konsument bezahlt deshalb seine Waren und Dienstleistungen inklusive der gesetzlichen Umsatzsteuer an den Unternehmer, der diesen Umsatz tätigt. Dieser hat dann als Steuerschuldner regelmäßig die vom Verbraucher einbehaltene Umsatzsteuer an das zuständige Finanzamt abzuführen. Er darf aber die von ihm selbst an andere Unternehmer gezahlte Umsatzsteuer als so genannte Vorsteuer abziehen.

Ein mehrstufiges **Beispiel** soll dies verdeutlichen:

Hersteller H liefert an Großhändler G Waren im Wert von	1.000 € netto	
zuzüglich der gesetzlichen Umsatzsteuer in Höhe von 19%	190 €	
= Rechnungsbetrag	1.190 € brutto	
Großhändler G verkauft diese Waren weiter an Einzelhändler E für	1.500 € netto	
zuzüglich der gesetzlichen Umsatzsteuer in Höhe von 19%	285 €	
= Rechnungsbetrag	1.785 € brutto	
Einzelhändler E verkauft die Waren an seinen Kunden K zum Preis von	2.000 € netto	
zuzüglich der gesetzlichen Umsatzsteuer in Höhe von 19%	380 €	
= Rechnungsbetrag	2.380 € brutto	

Einzelhändler E hat seinem Kunden Umsatzsteuer in Höhe von 320 € in Rechnung gestellt und kassiert. Diesen Betrag schuldet er dem Finanzamt. Er selbst hat jedoch an den Großhändler Umsatzsteuer in Höhe von 285 € entrichtet. Da er Unternehmer und nicht Endverbraucher ist, darf er diesen Betrag als Vorsteuer gegenüber dem Finanzamt geltend machen. Im Rahmen seiner so genannten Umsatzsteuervoranmeldung würde er dem Finanzamt melden:

Vereinnahmte Umsatzsteuer	380 €
./. Entrichtete Vorsteuer	285 €
= Zahllast	95 €

Die an das Finanzamt abzuführende Umsatzsteuer – die Zahllast – beträgt für den Einzelhändler in diesem Beispiel 95 €.
Für den Großhändler sieht die Rechnung wie folgt aus:

Vereinnahmte Umsatzsteuer	285 €
./. Entrichtete Vorsteuer	190 €
= Zahllast	95 €

Nach diesem Schema wird auf jeder Stufe verfahren. Somit ist sichergestellt, dass keine Steuer von der Steuer erhoben wird. Es wird durch den Vorsteuerabzug auf jeder Stufe nur der Mehrwert der Ware besteuert. Der Mehrwert bei dem Verkauf zwischen Groß- und Einzelhändler beträgt in diesem Beispiel 500 € (Einkauf des Großhändlers für 150 € und Verkauf an den Einzelhändler für 2.000 €). Rechnet man diesem Mehrwert nun die gesetzliche Umsatzsteuer in Höhe von 19% hinzu, ergibt sich exakt die Zahllast des Großhändlers in Höhe von 95 €. Wegen dieser Besteuerung des Mehrwerts nennt man die Umsatzsteuer auch Mehrwertsteuer.

In obigen Beispielen ergab sich eine Zahllast gegenüber dem Finanzamt, was bei einem laufenden Geschäftsbetrieb auch die Regel ist. Allerdings kann sich – gerade für Existenzgründer – auch ein Erstattungsanspruch ergeben, wenn die gezahlte Vorsteuer höher ist als die vereinnahmte Mehrwertsteuer. Es werden sämtliche Umsatzsteuer- und Vorsteuerbeträge einer Periode (für Gründer gilt der Monat) berücksichtigt. Dabei kann sich für Existenzgründer z. B. folgendes Bild ergeben:

Gründer G hat in einer Periode folgende Waren und Dienstleistungen bezogen:	
Ausstattung Warenlager	10.000 € netto
+ 19% Umsatzsteuer	1.900 €
= Rechnungsbetrag	11.900 € brutto
Einkauf Büromaterial	200 € netto
+ 19% Umsatzsteuer	38 €

= Rechnungsbetrag	238 € brutto
Drucksachen (Geschäftsbriefe, Visitenkarten, Werbeflyer)	2.000 € netto
+ 19% Umsatzsteuer	380 €
= Rechnungsbetrag	2.380 € brutto
Beratung durch einen Fachanwalt für Steuerrecht	1.000 € netto
+ 19% Umsatzsteuer	190 €
= Rechnungsbetrag	1.190 € brutto
Summe dieser Waren und Dienstleistungen netto	13.200 €
Summe der gezahlten Vorsteuer	2.508 €
Summe der Rechnungsbeträge	15.708 €

Die eigenen Umsätze des Gründers sind in dieser Periode noch eher bescheiden, zumal das Geschäft erst gegen Ende des Monats eröffnet wurde. Er hat insgesamt mit verschiedenen Kunden Umsätze in Höhe von 1.000 € netto erzielt. Inklusive der gesetzlichen Umsatzsteuer hat er von seinen Kunden also 1.190 € kassiert. Die Rechnung gegenüber dem Finanzamt sieht nun wie folgt aus:

Vereinnahmte Umsatzsteuer	190 €
./. entrichtete Vorsteuer	2.508 €
= Erstattungsanspruch	2.318 €

Weil also in dieser Periode die durch den Gründer gezahlte Vorsteuer höher ist als die vereinnahmte Mehrwertsteuer, ergibt sich nicht die übliche Zahllast, sondern ein Erstattungsanspruch gegenüber dem Finanzamt. Der Gründer bekommt 2.318 € ausgezahlt.

Soweit die Grundlagen. Das Prinzip ist also zunächst recht simpel. Die vom Kunden vereinnahmte Umsatzsteuer muss an das Finanzamt abgeführt werden und die vom Unternehmer selbst gezahlte Vorsteuer darf hiervon abgezogen werden.

Tatsächlich können Existenzgründer in einfachen Fällen ihre umsatzsteuerlichen Angelegenheiten oft ohne fremde Hilfe erledigen. Allerdings ist auch hier nicht alles so einfach, wie es auf den ersten Blick erscheint. Gerade das Umsatzsteuerrecht gehört sicher zu den kompliziertesten Bereichen des Steuerrechts, mit denen ein Jungunternehmer konfrontiert wird. Spätestens wenn grenzüberschreitende Tätigkeiten geplant sind, wird auf jeden Fall die steuerliche Beratung unumgänglich sein. Es gibt aber auch sonst zahlreiche Besonderheiten und gerade im Zusammenhang mit der Umsatzsteuer treten oft später Detailfragen auf, denen zunächst keine Beachtung geschenkt wurde, z. B. hinsichtlich der Pflichtangaben auf Rechnungen.

Darum sollen im Folgenden einige Aspekte aufgegriffen werden, die für die meisten Existenzgründer von Bedeutung sind.

Die wesentlichen Rechtsgrundlagen der Umsatzsteuer bilden das Umsatzsteuergesetz (UStG) und die Umsatzsteuer-Durchführungsverordnung (UStDV).

Bei der Umsatzsteuer sind zu unterscheiden:

- **steuerbare** Umsätze (z. B. Verkauf von Software durch einen Händler in Frankfurt an einen Kunden gegen Barzahlung) und

- **nicht steuerbare** Umsätze (z. B. der Softwarehändler verkauft seinen privaten PC als Privatmann an einen Freund gegen Bargeld).

Die nicht steuerbaren Umsätze sind umsatzsteuerlich ohne Belang. Hier fällt keine Umsatzsteuer an. Für Unternehmer sind daher vor allem die steuerbaren Umsätze von Interesse. Diese steuerbaren Umsätze wiederum können **steuerfrei** oder **steuerpflichtig** sein. Bei den steuerfreien Umsätzen entsteht ebenfalls keine Umsatzsteuer.

Das Umsatzsteuergesetz enthält in § 4 einen umfangreichen Katalog bestimmter Waren und Leistungen, die von der Umsatzsteuer befreit sind. Ob diese für Sie als Existenzgründer von Interesse sind, muss im Einzelfall geprüft werden.

Zu den steuerfreien Leistungen gehören z. B.:

- die Gewährung und Vermittlung von Krediten (interessant z. B. für Finanzdienstleister),

- die Umsätze, die unter das Grunderwerbsteuergesetz fallen (z. B. der *Handel* mit Immobilien – nicht aber die *Vermittlung* von Immobilien),

- die Umsätze aus der Tätigkeit als Bausparkassen-, Versicherungsvertreter und Versicherungsmakler,

- die Umsätze aus der Tätigkeit aus der Tätigkeit als Arzt (nicht aber Tierarzt), Zahnarzt, Heilpraktiker, Physiotherapeut (Krankengymnast), Hebamme oder aus einer ähnlichen heilberuflichen Tätigkeit im Sinne des § 18 Abs. 1 Nr. 1 des Einkommensteuergesetzes und aus der Tätigkeit als klinischer Chemiker (aufgrund dieser Regelung wird oft irrtümlich angenommen und mitunter auch in Rategebern veröffentlicht, alle Tätigkeiten von Freiberuflern seien von der Umsatzsteuer befreit, tatsächlich geht es jedoch nur um die genannten und ähnliche heilberufliche Tätigkeiten, nicht also z. B. um die Tätigkeit eines Rechtsanwaltes).

Innerhalb der steuerfreien Leistungen sind wiederum insbesondere 2 Gruppen zu unterscheiden:

- Umsätze, bei denen trotz der Umsatzsteuerbefreiung der Vorsteuerabzug erhalten bleibt (der Unternehmer kassiert also keine Umsatzsteuer von seinen Kunden, darf die gezahlte Vorsteuer aber dennoch als Forderung gegenüber dem Finanzamt geltend machen),

- Steuerfreie Umsätze, bei denen der Vorsteuerabzug ausgeschlossen ist (der Unternehmer stellt seinen Kunden keine Umsatzsteuer in Rechnung, kann sich seine gezahlte Vorsteuer aber auch nicht erstatten lassen).

Die steuerfreien Umsätze gehören überwiegend und auch in den oben genannten Beispielen zur zweiten Gruppe, bei der ein Vorsteuerabzug ausgeschlossen ist. Zur ersten Gruppe gehören insbesondere Umsätze, die mit Auslandsgeschäften zusammenhängen.

Die meisten Existenzgründer werden künftig jedoch nicht umsatzsteuerfreie Lieferungen oder Leistungen ausführen, sondern solche, die der Umsatzsteuerpflicht unterliegen.

Dies sind nach § 1 UStG: Lieferungen (z. B. Waren) und sonstige Leistungen (Dienstleistungen), die ein Unternehmer im Inland gegen Entgelt im Rahmen seines Unternehmens ausführt. Darüber hinaus sind auch die Einfuhr von Gegenständen aus dem Nicht-EU-Ausland und der innergemeinschaftliche Erwerb umsatzsteuerpflichtige Vorgänge.

Bei Lieferungen und sonstigen Leistungen gegen Entgelt findet ein Leistungsaustausch statt (z. B. Ware gegen Geld). Die Leistung des Unternehmers besteht in einer Warenlieferung oder der Erbringung einer Dienstleistung. Als Gegenleistung schuldet der Empfänger hierfür ein Entgelt. Diese Gegenleistung wird üblicherweise durch Zahlung eines Geldbetrages erbracht. Es handelt sich aber auch dann um einen umsatzsteuerpflichtigen Vorgang, wenn das Entgelt nicht in Form von Geld entrichtet wird, sondern stattdessen eine Gegenlieferung oder eine Gegenleistung erbracht wird.

Neben den bereits genannten, umsatzsteuerpflichtigen Lieferungen und Leistungen unterliegen bestimmte Vorgänge ebenfalls der Umsatzsteuer, auch wenn sie nicht gegen Entgelt ausgeführt werden. Gemäß § 3 Abs. 1 b UStG werden einer Lieferung gegen Entgelt gleichgestellt:

- die Entnahme eines Gegenstandes durch einen Unternehmer aus seinem Unternehmen für Zwecke, die außerhalb des Unternehmens liegen;

- die unentgeltliche Zuwendung eines Gegenstandes durch einen Unternehmer an sein Personal für dessen privaten Bedarf, sofern keine Aufmerksamkeiten vorliegen;

- jede andere unentgeltliche Zuwendung eines Gegenstandes, ausgenommen Geschenke von geringem Wert und Warenmuster für Zwecke des Unternehmens.

Voraussetzung ist, dass der Gegenstand oder seine Bestandteile zum vollen oder teilweisen Vorsteuerabzug berechtigt haben.

Damit unterliegen also auch der Privatverbrauch (z. B. Entnahmen von Waren zu privaten Zwecken) des Unternehmers und unentgeltliche Zuwendungen der Umsatzsteuer, weil die betreffenden Personen in diesen Fällen Endverbraucher sind. Ein Unternehmer soll nicht besser gestellt werden als andere Endverbraucher.

Für Existenzgründer, die ein bestehendes Unternehmen erwerben wollen, ist es wichtig zu wissen, dass die Umsätze im Rahmen einer Geschäftsveräußerung nicht mehr der Umsatzsteuer unterliegen. Wird ein Geschäftsbetrieb im Ganzen von einem Unternehmer an einen anderen Unternehmer veräußert, handelt es sich um einen nicht steuerbaren Umsatz, bei dem keine Umsatzsteuer anfällt.

Das Umsatzsteuergesetz kennt zwei unterschiedliche Steuersätze (§ 12 UStG):

■ den allgemeinen Steuersatz von derzeit 19% und

■ den ermäßigten Steuersatz von derzeit 7%.

Darüber hinaus gibt es zur Vereinfachung Durchschnittsätze für bestimmte Gruppen von Unternehmern wie z. B. Land- und Forstwirte.

Die meisten Umsätze unterliegen dem allgemeinen Steuersatz. Der ermäßigte Steuersatz gilt für die in § 12 UStG aufgeführten Umsätze. Darüber hinaus enthält das Umsatzsteuergesetz eine Anlage, in der die dem ermäßigten Steuersatz unterliegenden Gegenstände aufgeführt sind. Häufig wird vereinfacht dargestellt, der ermäßigte Steuersatz gelte für Lebensmittel, Blumen und Druckerzeugnisse wie Bücher und Zeitungen. Dies ist so nicht ganz richtig. Ein Blick in besagte Liste verwundert und belustigt auch angesichts der sehr detaillierten Regelungen.

Beispiele aus der umfangreichen Liste der dem ermäßigten Steuersatz unterliegenden Gegenstände:

■ Fische und Krebstiere, Weichtiere und andere wirbellose Wassertiere, ausgenommen Zierfische, Langusten, Hummer, Austern und Schnecken,

■ Milch und Milcherzeugnisse; Vogeleier und Eigelb, ausgenommen ungenießbare Eier ohne Schale und ungenießbares Eigelb; natürlicher Honig,

■ Andere Waren tierischen Ursprungs, und zwar Mägen von Hausrindern und Hausgeflügel, rohe Knochen,

■ Bulben, Zwiebeln, Knollen, Wurzelknollen und Wurzelstöcke, ruhend, im Wachstum oder in Blüte; Zichorienpflanzen und -wurzeln,

■ andere lebende Pflanzen einschließlich ihrer Wurzeln, Stecklinge und Pfropfreiser;

■ Pilzmyzel.

Zu Recht hat die im Rahmen des „Wachstumsbeschleunigungsgesetzes" erfolgte Änderung des Umsatzsteuergesetzes für Diskussionen gesorgt, die sicher auch anhalten werden. Paragraf 12 des Umsatzsteuergesetzes ist in Absatz 2 um eine Nummer 11 ergänzt worden. Danach gilt der ermäßigte Steuersatz von derzeit 7% seit dem 1. 1. 2010 auch für:

„… die Vermietung von Wohn- und Schlafräumen, die ein Unternehmer zur kurzfristigen Beherbergung von Fremden bereit hält, sowie die kurzfristige Vermietung von Campingflächen …"

Nebenleistungen wie z. B. die Verpflegung werden besteuert wie bisher. Für eine Übernachtung (7%) im Hotel mit Frühstück (19%) müssen also zwei verschiedene Mehrwertsteuersätze auf den Rechnungen ausgewiesen werden. Der Versuch einer Klägerin, den ermäßigten Steuersatz auch auf das Frühstück anzuwenden und dies rechtlich durchzusetzen ist inzwischen gescheitert (BFH-Urteil vom 24. 4. 2013, Az. XI R 3/11).Welche Probleme das bringt berichtet „Financial Times Deutschland" in ihrer Online-Ausgabe unter der Überschrift „Der große Frühstücksärger":

„… Für Dienstreisende stellt sich folgendes Problem: Da vom Arbeitgeber nur die reinen Übernachtungskosten steuerfrei erstattet werden, muss der Mitarbeiter die Frühstückskosten selber tragen und kann diese nicht steuerlich – etwa als Werbekosten – absetzen. Die Arbeitgeber müssen dagegen mit dem komplizierten Abrechnungsverfahren zurechtkommen.

19 Prozent Mehrwertsteuer auf das Frühstück, das Dienstreisende jetzt selbst bezahlen

Unternehmen mit großen Vertriebs- und Montageabteilung müssen sich nun Lösungen für das Problem überlegen. „Bei Bosch wird zurzeit geprüft, wie eine steuerliche Mehrbelastung für Mitarbeiter und Unternehmen vermieden werden kann. Auf jeden Fall wird der Verwaltungs- und Abrechnungsaufwand bei Dienstreisen und Montagetätigkeit erneut erhöht, was bei Beschäftigten und Unternehmen nicht gut ankommt", sagte Alfred Löckle, Konzernbetriebsrat bei Robert Bosch, FTD.de …

…Vor allem Arbeitgeberverbände und Gewerkschaften stehen der Steuersenkung und der Auswirkung für Geschäftsreisende kritisch gegenüber… Und selbst das Hotelgewerbe reagiert weniger erfreut als erwartet auf die Steuersenkung. „Grundsätzlich ist die Mehrwertsteuer von sieben Prozent willkommen, aber es ist in der Tat so, dass große Kunden die Mehrwertsteuer weitergereicht haben wollen. Das ist also noch keine Optimallösung", sagte ein Mitarbeiter eines Business-Hotels. Preisminderungen seien nicht geplant. Man biete aber ein verringertes Frühstücksbuffet für Geschäftsreisende an: „Es ist günstiger als das reguläre Frühstück. Damit hoffen wir auf Akzeptanz bei den Gästen."

Angesichts dieser und anderer Probleme bezeichnen mittlerweile auch frühere Befürworter z. B. aus den Reihen der FDP das Gesetz als Fehler. Initiativen zur Rücknahme des Gesetzes sind bisher gescheitert. Über die „Wachstumsbeschleunigung (auch) in Stundenhotels" ist das letzte Wort noch nicht geredet. Der Berechnungszeitraum für die Umsatzsteuer ist das Kalenderjahr – nicht also das evtl. abweichende Wirtschaftsjahr. Grundsätzlich ist die Umsatzsteuer gemäß § 16 Abs. 1 UStG nach den vereinbarten Entgelten zu berechnen. Diese Regelung kann insbesondere Existenzgründer und kleine Unternehmen vor erhebliche Probleme stellen. Die Umsatzsteuer nach den vereinbarten Entgelten zu berechnen bedeutet, dass Sie die Umsatzsteuer aus Ihren getätigten Umsätzen auch dann an das Finanzamt abführen müssen, wenn Sie das Geld von Ihrem Kunden noch gar nicht erhalten haben.

BEISPIEL: Sie liefern Ihrem Kunden am 26. Juni Ware im Wert von 1.190 € inklusive der gesetzlichen Umsatzsteuer. Weil es in Ihrer Branche so üblich ist, gewähren Sie dem Kunden eine Zahlungsfrist von 30 Tagen. Der Rechnungsbetrag wird also erst am 26. Juli zur Zahlung fällig. Ihr Kunde befindet sich zu dieser Zeit jedoch im Urlaub und hat Ihre Rechnung völlig vergessen. Am 5. August verschicken Sie die erste Mahnung, weil die Rechnung noch nicht ausgeglichen ist. Daraufhin zahlt der Kunden endlich am 12. August. Sie selbst mussten die Umsatzsteuer für den im Juni getätigten Umsatz aber bereits im Juli dem Finanzamt melden und den im Rechnungsbetrag enthaltenen Umsatzsteueranteil in Höhe von 190 € an das Finanzamt abführen, weil die Steuer grundsätzlich nach vereinbarten Entgelten zu berechnen ist.

Das Beispiel zeigt, dass es nicht ganz richtig ist, wenn im Zusammenhang mit der Umsatzsteuer immer von einer neutralen Position und einem „durchlaufenden Posten" die Rede ist. Es stimmt zwar grundsätzlich, dass die wirtschaftliche Last der Endverbraucher trägt. Im Unternehmen können die Umsatzsteuerzahlungen jedoch zu Liquiditätsproblemen und Zinsverlusten führen, wenn die Besteuerung wie im obigen Beispiel nach *vereinbarten* Entgelten erfolgt.

Für Existenzgründer ist es daher wichtig zu wissen, dass unter bestimmten Voraussetzungen auch die deutlich günstigere Besteuerung nach vereinnahmten Entgelten möglich ist. Dies bedeutet, dass Sie die Umsatzsteuer erst an das Finanzamt abführen müssen, wenn Sie das Entgelt tatsächlich erhalten (und nicht lediglich vereinbart) haben. Gemäß § 20 UStG kann das Finanzamt auf Antrag die Berechnung der Steuer nach vereinnahmten Entgelten gestatten, wenn *eine* der folgenden Voraussetzungen vorliegt:

- der Gesamtumsatz hat im vorangegangenen Kalenderjahr nicht mehr als 500.000 € betragen (da es für Existenzgründer kein umsatzsteuerlich relevantes vorangegangenes Kalenderjahr gibt, kommt diese Möglichkeit immer in Betracht),

- der Unternehmer ist nicht nach der Abgabenordnung zur Führung von Büchern verpflichtet (z. B. Kleingewerbetreibende) oder

- der Unternehmer führt Umsätze als Angehöriger eines freien Berufes im Sinne des § 18 Abs. 1 Nr. 1 EStG aus.

§ 15 UStG regelt den Vorsteuerabzug. Grundsätzlich darf ein Unternehmer demnach die ihm von anderen Unternehmen für sein Unternehmen berechnete Umsatzsteuer als Vorsteuer abziehen. Hiervon gibt es allerdings Ausnahmen und bestimmte Einschränkungen. Dies gilt insbesondere im Zusammenhang mit Auslandsgeschäften, von denen die meisten Gründer wenigstens zu Beginn nicht betroffen sind. Darüber hinaus besteht aber auch ein Vorsteuerabzugsverbot für die Aufwendungen, die nach dem Einkommensteuergesetz schon nicht als Betriebsausgaben angesetzt werden dürfen (vgl. oben, z. B. Werbegeschenke im Wert von mehr als 35 €).

Zu beachten sind auch die umsatzsteuerlichen Pflichtangaben auf Rechnungen des Unternehmers. Bei Geschäften mit Privatpersonen ist ein Unternehmer lediglich berechtigt, Rechnungen auszustellen. In der Praxis wird hierauf meist verzichtet – aus Vereinfachungsgründen erhält der Kunde oftmals nur einen Kassenbon. Tätigt der Unternehmer jedoch Geschäfte mit anderen Unternehmern oder juristischen Personen, ist er auf deren Verlangen verpflichtet, eine ordentliche Rechnung im Sinne des Umsatzsteuergesetzes auszustellen. Sie selbst sollten als künftiger Unternehmer auf jeden Fall darauf achten, bei umsatzsteuerlich relevanten Vorgängen eine korrekte Rechnung zu erhalten, auch wenn dies auf den ersten Blick kleinlich wirken mag. Aber nur eine korrekte Rechnung berechtigt zum Vorsteuerabzug. Das zuständige Finanzamt bekommt zwar zunächst Ihre Eingangsrechnungen nicht zu Gesicht und wird deshalb den Vorsteuerabzug zulassen. Umso bitterer wird es jedoch sein, wenn zu einem späteren Zeitpunkt im Rahmen einer steuerlichen Prüfung rückwirkend für mehrere Jahre festgestellt wird, dass ein Teil Ihrer Belege nicht zum Vorsteuerabzug berechtigt haben und die Vorsteuer darum zurückgezahlt werden muss.

Die Regelungen zur Ausstellung von Rechnungen beinhaltet § 14 UStG. Rechnungen müssen zwingend folgende Angaben enthalten:

- den vollständigen Namen und die vollständige Anschrift des leistenden Unternehmers,

- den vollständigen Namen und die vollständige Anschrift des Leistungsempfängers,

- die Menge und die handelsübliche Bezeichnung der gelieferten Gegenstände oder den Umfang und die Art der sonstigen Leistung, (z. B. 3 Stunden EDV-Beratung oder 5 Stück Flachbildschirme Artikel-Nr. 123),

- den Zeitpunkt der Lieferung oder sonstigen Leistung (bei Vorauszahlungen ist das Datum der Vereinnahmung anzugeben),

- das Entgelt für die Lieferung oder sonstige Leistung sowie bereits im Voraus vereinbarte Minderungen (wie z. B. Rabatte, Skonti),

- den auf das Entgelt entfallenden Steuerbetrag, der gesondert auszuweisen ist oder einen Hinweis auf die Steuerbefreiung und den

Steuersatz (unterliegen die in Rechnung gestellten Lieferungen oder Leistungen verschiedenen Steuersätzen, sind die Entgelte und Steuerbeträge nach Steuersätzen zu trennen),

- eine fortlaufende Rechnungsnummer, die nur einmalig vergeben wird und das Ausstellungsdatum der Rechnung,

- Steuernummer oder Umsatzsteueridentifikationsnummer des leistenden Unternehmers und ggf. einen Hinweis auf die Aufbewahrungspflicht des Empfängers.

- das nach Steuersätzen und einzelnen Steuerbefreiungen aufgeschlüsselte Entgelt für die Lieferung

- oder sonstige Leistung (§ 10) sowie jede im Voraus vereinbarte Minderung des Entgelts, sofern sie

- nicht bereits im Entgelt berücksichtigt ist,

- den anzuwendenden Steuersatz sowie den auf das Entgelt entfallenden Steuerbetrag oder im Fall einer Steuerbefreiung einen Hinweis darauf, dass für die Lieferung oder sonstige Leistung eine Steuerbefreiung gilt,

- in den Fällen des § 14b Abs. 1 Satz 5 einen Hinweis auf die Aufbewahrungspflicht des Leistungsempfängers und

- in den Fällen der Ausstellung der Rechnung durch den Leistungsempfänger oder durch einen von ihm beauftragten Dritten gemäß Absatz 2 Satz 2 die Angabe „Gutschrift".

Zusätzliche Pflichten gelten in bestimmten Fällen wie z. B. der Lieferung von Fahrzeugen innerhalb der EU (§§ 14 ff. UStG lesen!).

Die Aufbewahrung von Rechnungen ist in § 14b UStG gesondert geregelt. Unternehmer müssen ihre Rechnungen für einen Zeitraum von 10 Jahren aufbewahren und für deren Lesbarkeit sorgen. Letzteres ist gar nicht so selbstverständlich, da verschiedene Unternehmen ihre Belege auf Thermopapier ausdrucken und die Lesbarkeit mitunter nach wenigen Monaten schon nicht mehr gegeben ist. Hier empfiehlt es sich, den Beleg nochmals als Kopie oder elektronisch vorzuhalten, auch wenn dies lästig und aufwändig ist. Neben den Unternehmern müssen aber mittlerweile auch Privatpersonen ihre Rechnungen im Zusammenhang mit einem Grundstück (z. B.

über Bauarbeiten, Fensterputzen etc.) zwei Jahre lang aufbewahren. Unternehmer wiederum sind in diesen Fällen zur Ausstellung einer Rechnung verpflichtet und müssen auch einen Hinweis auf die Aufbewahrungspflicht auf den Rechnungen anbringen.

Diese zahlreichen Angaben gelten für „Rechnungen". Als Rechnung im Sinne des Umsatzsteuergesetzes gilt gemäß § 14 Abs. 1 UStG jede Urkunde, mit der ein Unternehmer eine Lieferung oder Leistung gegenüber dem Leistungsempfänger abrechnet. Es kommt dabei nicht darauf an, wie diese Urkunde im Geschäftsverkehr bezeichnet wird. Als Rechnung gilt demnach auch ein Beleg, der als Quittung bezeichnet wird und auch für Gutschriften gelten grundsätzlich die gleichen Regeln. Belege, die sich lediglich auf die Zahlung beziehen wie z. B. Mahnungen oder Kontoauszüge, berechtigen nicht zum Vorsteuerabzug, auch dann nicht, wenn sie alle obigen Pflichtangaben enthalten. Weitergehende Besonderheiten gelten übrigens für elektronische Rechnungen. Ein einfaches PDF-Dokument genügt hier nicht. Benötigt wird eine qualifizierte, elektronische Signatur.

Erleichterungen gelten für so genannte Kleinbetragsrechnungen, deren Gesamtbetrag 150 € nicht übersteigt. Diese müssen nach § 33 UStDV lediglich die folgenden Pflichtangaben enthalten:

- den vollständigen Namen und die vollständige Anschrift des leistenden Unternehmers,

- Das Ausstellungsdatum,

- die Menge und die Art der gelieferten Gegenstände oder den Umfang und die Art der sonstigen Leistung,

- das Entgelt und den Steuerbetrag für die Lieferung oder sonstige Leistung in einer Summe sowie den Steuersatz (z. B. 50 € inkl. 19% Umsatzsteuer) oder im Fall einer Steuerbefreiung einen Hinweis darauf.

Das Gleiche gilt gemäß § 34 UStDV im Wesentlichen auch für Fahrausweise. Diese gelten ebenfalls als Rechnungen und berechtigen zum Vorsteuerabzug, wenn sie neben dem Ausstellungsdatum mindestens folgende Angaben enthalten:

- den vollständigen Namen und Anschrift des Unternehmers, der die Beförderung ausführt,

- das Ausstellungsdatum,

- das Entgelt und den Steuerbetrag in einer Summe,

- den Steuersatz, wenn die Beförderungsleistung nicht dem ermäßigten Steuersatz unterliegt.

Bei Eisenbahnen im öffentlichen Personenverkehr kann anstelle des Steuersatzes auch die Tarifentfernung angegeben werden, weil hieraus ebenfalls der Steuersatz ersichtlich ist (bis 50 km: ermäßigter Steuersatz). Gerade bei Kleinbetragsrechnungen ist Vorsicht geboten. In der Praxis kommt es mitunter vor, dass Kleinbetragsrechnungen (Quittungen) mit Umsatzsteuerausweis ausgestellt werden und zusätzlich ein Kassenbon an die Quittung geheftet wird, der ebenfalls die enthaltene Umsatzsteuer ausweist. Dies ist im Rahmen von steuerlichen Prüfungen in der Vergangenheit besonders bei Buchhändlern aufgefallen – mit fatalen Folgen. Diese Unachtsamkeit führt dazu, dass Sie grundsätzlich anderen Unternehmern zwei vorsteuerabzugsfähige Belege ausstellen und darum auch 2-fach die Umsatzsteuer abführen müssen, obwohl Sie natürlich das Geld nur einmal kassiert haben. Achten Sie also darauf, in zusätzlich zum Kassenbon ausgestellten Quittungen keinesfalls noch mal die Umsatzsteuer, den Steuerbetrag und den Steuersatz aufzuführen.

Neben der bereits oben aufgeführten Steuernummer, die ein Pflichtbestandteil von Rechnungen ist, gibt es noch eine weitere Nummer – die so genannte Umsatzsteueridentifikationsnummer (UST-ID). Sie dient dem Nachweis der Unternehmereigenschaft bei Auslandsgeschäften und ermöglicht eine weitgehend reibungslose Abwicklung dieser Geschäfte. Sofern Sie lediglich Geschäfte im Inland tätigen wollen, benötigen Sie keine UST-ID.

Die Beantragung der USt-ID kann mittlerweile auch online erfolgen oder in der herkömmlichen Form an: Bundeszentralamt für Steuern, Dienstsitz Saarlouis, 66738 Saarlouis (Telefax: +49-(0)228-406-3801).

Der schriftliche Antrag kann formlos erfolgen. Es sind anzugeben:

- Name und Anschrift des Antragstellers

- Finanzamt, das für die Umsatzbesteuerung zuständig ist,

- Steuernummer, unter der der Antragsteller umsatzsteuerlich geführt wird (ist diese nicht vorhanden, muss zunächst bei dem zuständigen Finanzamt eine Steuernummer beantragt werden).

Viel Wissenswertes rund um die Themen USt-ID, internationalen Steuerangelegenheiten etc. erfahren Sie auf der Homepage des Bundeszentralamtes für Steuern (s. Linktipps).

Mit vergleichsweise komplizierten Regelungen werden Sie als Unternehmer konfrontiert werden, wenn Sie mit Fahrzeugen handeln wollen. Da dies jedoch nur die wenigsten Existenzgründer betrifft, soll an dieser Stelle der kurze Hinweis genügen. Die Finanzämter, der Verband des Kfz-Gewerbes und natürlich die Steuerberater können hier weiterhelfen.

Die Umsatzsteuerzahlungen werden nicht, wie z. B. bei der Einkommensteuer, durch regelmäßige Vorauszahlungen entrichtet, die auf Schätzungen oder den Vorjahreszahlen beruhen, sondern es sind für jede abgelaufene Periode so genannte Umsatzsteuervoranmeldungen bei dem zuständigen Finanzamt einzureichen. Nach Ablauf des Kalenderjahres ist dann die endgültige Umsatzsteuererklärung abzugeben. Die Voranmeldungen müssen jeweils bis spätestens zum 10. des Folgemonats bei Ihrem Finanzamt sein. Beantragen Sie eine Dauerfristverlängerung, haben Sie einen weiteren Monat Zeit, müssen dann aber Vorauszahlungen in Höhe von $1/11$ der Jahressteuer leisten.

Der Voranmeldungszeitraum – also die Zeit, welche Sie in Ihrer Voranmeldung berücksichtigen müssen – hängt von der Jahresumsatzsteuer ab. Existenzgründer müssen monatlich Ihre Voranmeldungen einreichen. Der Verwaltungsaufwand ist bei einer gut organisierten Buchhaltung nicht der Rede wert. Es sind nur wenige Zahlen anzugeben (i. d. R. Umsatz, Umsatzsteuer, Vorsteuer sowie die Zahllast bzw. der Erstattungsbetrag) und außerdem kommen Sie bei Erstattungsansprüchen schneller an Ihr Geld. Die Kehrseite ist natürlich, dass auch das Finanzamt im Falle einer Zahllast schneller sein Geld erhält. Seit dem Jahr 2005 muss die Umsatzsteuervoranmeldung auf elektronischem Wege eingereicht werden.

Wenn Sie nun nach obigen Ausführungen bereits von dem Thema Umsatzsteuer „bedient" sind, gibt es abschließend (vielleicht) noch eine gute Nachricht. Die Kleinunternehmerregelung (§ 19 UStG) besagt, dass die Umsatzsteuer nicht erhoben wird, wenn der Gesamtumsatz zuzüglich der darauf entfallenden Steuer im vorangegangenen Kalenderjahr 17.500 € nicht überstiegen hat und im laufenden Kalenderjahr 50.000 € voraussichtlich nicht übersteigen wird.

Für Sie als Existenzgründer ist zunächst die Grenze von 17.500 € maßgebend. Werden Sie diese im Kalenderjahr der Aufnahme Ihrer Tätigkeit voraussichtlich nicht überschreiten, unterliegen Ihre Umsätze nicht der Umsatzsteuer. Sie müssen also keine Umsatzsteuer in Ihren Kundenrechnungen ausweisen. Tun Sie dies dennoch, so schulden Sie auch die in Rechnung gestellte Umsatzsteuer, obwohl Sie Kleinunternehmer im Sinne des Umsatzsteuergesetzes sind.

In der Praxis musste beispielsweise ein Ebay-Händler Mehrwertsteuerzahlungen an das Finanzamt leisten, mit denen er nicht gerechnet hatte. Warum?

Aus Freundlichkeit und Unwissenheit ist er auf die Wünsche seiner Geschäftskunden eingegangen, die darum gebeten hatten, eine Rechnung mit ausgewiesener Mehrwertsteuer auszustellen.

Umgekehrt dürfen Kleinunternehmer auch keinen Vorsteuerabzug in Anspruch nehmen. Sie erfassen Ihre Eingangsrechnungen mit dem Bruttobetrag, z. B. als Betriebsausgabe oder Anlagevermögen.

Diese Kleinunternehmerregelung ist aber nicht immer die günstigste Variante für Existenzgründer, z. B. dann nicht, wenn anfänglich geringen Umsätzen hohe Anfangsinvestitionen gegenüber stehen. Die im Beispiel oben errechnete Vorsteuererstattung fiele dann komplett weg. Zudem kann ein Imageproblem hinzukommen, weil andere Unternehmer erkennen können, dass es sich bei Ihrem Unternehmen um ein sehr kleines Unternehmen handelt, welches innerhalb obiger Umsatzgrenzen agiert. Schließlich führen Kleinunternehmerrechnungen ohne ausgewiesene Umsatzsteuer in der Praxis mitunter auch zu einem erhöhten Verwaltungsaufwand. Nicht jedem anderen Unternehmer ist diese Regelung bekannt und es kommt häufig zu Rechnungsreklamationen oder Rückfragen wegen der fehlenden Umsatzsteuer. Schlimmstenfalls können sogar Aufträge deswegen verloren gehen.

Dies ist einer Kleinunternehmerin passiert, die im Bereich Marketing auf selbständiger Basis für verschiedene Agenturen gearbeitet hat. Nach Übersenden der Rechnung und anschließender, unergiebiger Diskussionen teilte man ihr seitens des Auftraggebers mit, sie bekäme keine weiteren Aufträge, wenn nicht künftig ein Umsatzsteuerausweis in den Rechnungen erfolge. Sie hat dann die Entscheidung getroffen, ab dem nächsten Kalenderjahr die Umsatzsteuer auszuweisen, um diesen Ärger zu vermeiden.

Auch das Argument, aufgrund der fehlenden Umsatzsteuerpflicht die Ware oder die Leistungen preiswerter als der Wettbewerb anbieten zu können, stimmt nur bedingt. Überschreiten Sie die im Gesetz genannten Grenzen, müssen Sie fortan die Umsatzsteuer ausweisen. Dann aber wird es schwierig, den bestehenden Kunden einen Preisanstieg in Höhe der Umsatzsteuer zu vermitteln. Diese interessieren sich schließlich nicht für Ihre steuerlichen Angelegenheiten, sondern lediglich für den Endpreis. Kunden könnten also verärgert werden und/oder abwandern. Zudem ist der günstigere Preis allenfalls für Endverbraucher interessant. Unternehmer machen die Umsatzsteuer ohnehin i. d. R. als Vorsteuer geltend.

Werden Sie jedoch voraussichtlich auf Dauer die im Gesetz genannten Umsatzgrenzen nicht überschreiten, z. B. weil Sie nur im Nebenberuf selbständig sein werden, und sind darüber hinaus sowohl Ihre Anfangsinvestitionen als auch die laufenden Aufwendungen gering, etwa weil Sie persönliche Dienstleistungen erbringen, könnte die Kleinunternehmerregelung für Sie sinnvoll sein. Dies umso mehr, wenn Ihre Kunden Endverbraucher sind.

Kommen Sie – z. B. nach einem Gespräch mit einem Steuerberater – zu dem Schluss, dass Sie von der Kleinunternehmerregelung keinen Gebrauch machen möchten, obwohl die Voraussetzungen vorliegen, können Sie „optieren". Das heißt, Sie machen von der Möglichkeit (Option) Gebrauch, auf die Anwendung der Kleinunternehmerregelung zu verzichten. Sie werden hiernach in dem bereits an anderer Stelle erwähnten Fragebogen des Finanzamtes gefragt und können durchaus zunächst wegen des geringeren Verwaltungsaufwandes als Kleinunternehmer starten (rechnen Sie aber besser vorher die finanziellen Auswirkungen beider Möglichkeiten durch). Jeweils zum nächsten Kalenderjahr besteht unproblematisch die Möglichkeit, zum Umsatzsteuerausweis zu optieren. Umgekehrt aber sind Sie an Ihre Entscheidung 5 Jahre gebunden. Optieren Sie also zur Umsatzsteuer, etwa weil Sie von dem Vorsteuerabzug erheblich profitieren können, gilt diese Entscheidung für mindestens 5 Jahre.

Besprechen Sie diese Frage bei Unsicherheiten auf jeden Fall im Vorfeld der Gründung mit einem Steuerberater.

Links zum Thema

http://www.bzst.bund.de – Bundeszentralamt für Steuern; http://www.dz-portal.de – Bundesamt für zentrale Dienste und offene Vermögensfragen; http://www.zivit.de – Zentrum für Informationsverarbeitung und Informationstechnik (diese drei Behörden waren bis Ende 2005 unter dem Dach des ehemaligen Bundesamtes für Finanzen zusammengefasst); http://www.bundesgesetzblatt.de/ – Gesetzesänderungen und Gesetze in der amtlichen Fassung – kostenpflichtige Angebote, aber auch kostenfreie Nur-Lese-Versionen; http://www.bundesfinanzhof.de – BFH – aktuelle Entscheidungen, anhängige Verfahren usw.; http://www.bundesfinanzministerium.de – Bundesministerium der Finanzen mit aktuellen und allgemeinen Informationen; http://www.steuernetz.de – Online-Zeitung zum Thema mit Urteilen, Berechnungstools etc; http://www.umsatzsteuerwissen.de und http://www.umsatzsteuerpraxis.de – Rüdiger Weimann – Umsatzsteuerwissen für Praktiker, Literaturtipps usw.; http://www.existenzgruender.de – u. A. Broschüre „Gründerzeiten" zum Thema Steuern (Achtung: i. d. R. nicht auf aktuellem Stand, weil das bei „längerlebigen" Printmedien zum Thema Steuern nicht möglich ist, aber trotzdem hilfreich); http://www.baden-wuerttemberg.de – Suche nach: Steuertipps für Existenzgründer; http://www.nrw.de – Suche nach: Steuertipps für Existenzgründerinnen und Existenzgründer (Achtung: Beide Broschüren waren im Januar 2014 nur auf dem Stand von 2010 verfügbar, helfen aber dennoch grundlegend weiter).

14. Kapitel

Personal

Mit dem Thema Personal müssen Sie sich ggf. bereits im Rahmen der Gründungsplanung auseinander setzen. Das gilt selbst dann, wenn Sie zunächst allein und ohne Mitarbeiter starten werden, denn es muss auf jeden Fall Vorsorge für den Krankheitsfall getroffen werden und auch eine unvorhergesehen gute Auftragslage sollte Sie nicht aus dem Konzept bringen, weil Sie personell nicht bewältigt werden kann. Wer in größerem Umfang Investitionen tätigen will/muss könnte dafür auch einen Zuschuss erhalten unter der Voraussetzung, dass Arbeitsplätze geschaffen werden. Dies allerdings nur, wenn der Grundsatz beherzigt wird: „Erst beantragen, dann starten." Man kommt also um eine sorgfältige Planung in diesem Fall nicht umhin, wenn man nicht bares Geld verschenken will.

Die Aufgaben des Personalwesens wie z. B. die Personalplanung, -einstellung und -entwicklung werden allerdings in kleinen und mittelständischen Unternehmen mitunter vernachlässigt. Es erfolgt oft keine vorausschauende Planung, sondern es wird eher spontan gehandelt. Mitarbeiter werden erst dann gesucht, wenn sie akut benötigt werden. Das liegt daran, dass das Tagesgeschäft die Unternehmer in der Regel derart beansprucht, dass für wichtige Führungsaufgaben mitunter einfach keine Zeit mehr bleibt. Weil der Erfolg eines jeden Unternehmens ganz maßgeblich von qualifizierten und motivierten Mitarbeitern abhängt, bezeichnet man diese zu Recht als die wichtigste Ressource eines Unternehmens. Daneben sind

Mitarbeiter auch ein ganz wesentlicher Kostenfaktor. Sie müssen zunächst einmal bezahlt werden – ob sie gute oder weniger gute Arbeit leisten. Gerade ein junges und kleines Unternehmen aber kann sich personelle Fehlentscheidungen finanziell kaum leisten. Daher darf die Auswahl und Entwicklung des Personals nicht dem Zufall überlassen werden.

Für Existenzgründer liegt die besondere Problematik darin, dass der Personalbedarf meist noch sehr ungewiss ist und nicht exakt geplant werden kann. Dies gilt insbesondere dann, wenn es sich um ein kleineres Gründungsvorhaben handelt. Hinzu kommt, dass in vielen Fällen zwar personelle Unterstützung benötigt wird, die Auslastung der Mitarbeiter jedoch nicht jederzeit gewährleistet ist. Der Betrieb läuft häufig zu Beginn noch nicht „ganz rund", das heißt, es gibt mitunter Zeiten mit guter Auslastung, aber auch Zeiten, in denen aufgrund der Auftragslage im Grunde weniger personelle Unterstützung erforderlich ist. Einmal eingestellte Mitarbeiter müssen jedoch auch in Zeiten weniger guter Auftragslagen bezahlt werden und können in der Regel nicht nur bei Bedarf angefordert und entlohnt werden. Für Existenzgründer ist es darum von besonderer Bedeutung, eine größtmögliche Flexibilität zu gewährleisten und sich nicht durch zu hohe Fixkosten des Personals in wirtschaftliche Schwierigkeiten zu bringen. Andererseits benötigen Sie gerade als Existenzgründer auch qualifiziertes, motiviertes und verlässliches Personal. Diese Situation ist schwierig. Durch sorgfältige und rechtzeitige Planung kann man jedoch einiges tun, um das Problem bestmöglich „in den Griff" zu bekommen.

14.1 Personalkosten (sparen)

Die folgenden Möglichkeiten sind lediglich als Beispiele aktueller Fördermöglichkeiten im Falle der Beschäftigung von Mitarbeitern zu verstehen. Für Unternehmer, die besonders gut qualifiziertes Personal benötigen kommen die Möglichkeiten oft nicht in Betracht, weil in Frage kommende Bewerber nicht die Kriterien für eine Förderung z. B. nach dem SGB III erfüllen. Man kann also auch hier mitunter nicht alles haben, sondern muss Prioritäten setzen.

Bei Einstellung zuvor arbeitsloser Personen können Sie bei Vorliegen der Voraussetzungen Eingliederungszuschüsse erhalten. Diese können als Lohnkostenzuschuss gezahlt werden, wenn besonders schwer vermittelbare Menschen eingestellt werden, für ältere Arbeitnehmer sowie für (schwer-)behinderte Menschen. Der Zuschuss soll vorhandene Defizite, wie z. B. lange Einarbeitungszeiten, ausgleichen. Bei den Leistungen handelt es sich um Ermessensleistungen. Sie können gezahlt werden. Ein Anspruch darauf besteht jedoch nicht. Gesetzliche Grundlagen sind die §§ 88–92 sowie § 131 SGB III.

Die Höhe und die Dauer des Zuschusses können variieren und sind mit der zuständigen Arbeitsagentur zu klären. Nicht zu unterschätzen sind jedoch die im Gesetzestext mit „Vermittlungshemmnissen" beschriebenen möglichen Probleme. Fachlich und persönlich topp qualifizierte Personen dürfen Sie jedenfalls in der in Frage kommenden Zielgruppe nicht erwarten. Vermittlungshemmnisse können z. B. unzureichende Sprachkenntnisse sein.

Zur Höhe und zur Dauer es Zuschusses heißt es in § 89 bzw. § 131 SGB III:

> **§ 89 Höhe und Dauer der Förderung**
> Die Förderhöhe und die Förderdauer richten sich nach dem Umfang der Einschränkung der Arbeitsleistung der Arbeitnehmerin oder des Arbeitnehmers und nach den Anforderungen des jeweiligen Arbeitsplatzes (Minderleistung). Der Eingliederungszuschuss kann bis zu 50 Prozent des zu berücksichtigenden Arbeitsentgelts und die Förderdauer bis zu zwölf Monate betragen.
>
> **§ 131 Eingliederungszuschuss für ältere Arbeitnehmerinnen und Arbeitnehmer**
> Abweichend von § 89 kann die Förderdauer für einen Eingliederungszuschuss für Arbeitnehmerinnen und Arbeitnehmer, die das 50. Lebensjahr vollendet haben, bis zu 36 Monate betragen, wenn die Förderungen bis zum 31. Dezember 2014 begonnen haben.

Interessant ist für Arbeitgeber auch die Einstiegsqualifizierung (EQ). Diese Maßnahme sollte ursprünglich innerhalb von 6–12 Monaten junge Menschen ohne Berufsausbildung auf eine solche vorbereiten. Die Vorbereitung auf eine Ausbildung kann noch immer, muss aber nicht Ziel der EQ sein. In § 54a SGB III heißt es dazu:

§ 54a Einstiegsqualifizierung

(1) Arbeitgeber, die eine betriebliche Einstiegsqualifizierung durchführen, können durch Zuschüsse zur Vergütung bis zu einer Höhe von 216 Euro monatlich zuzüglich eines pauschalierten Anteils am durchschnittlichen Gesamtsozialversicherungsbeitrag der oder des Auszubildenden gefördert werden. Die betriebliche Einstiegsqualifizierung dient der Vermittlung und Vertiefung von Grundlagen für den Erwerb beruflicher Handlungsfähigkeit. Soweit die betriebliche Einstiegsqualifizierung als Berufsausbildungsvorbereitung nach dem Berufsbildungsgesetz durchgeführt wird, gelten die §§ 68 bis 70 des Berufsbildungsgesetzes.

(2) Eine Einstiegsqualifizierung kann für die Dauer von sechs bis längstens zwölf Monaten gefördert werden, wenn sie

1. auf der Grundlage eines Vertrags im Sinne des § 26 des Berufsbildungsgesetzes mit der oder dem Auszubildenden durchgeführt wird,

2. auf einen anerkannten Ausbildungsberuf im Sinne des § 4 Absatz 1 des Berufsbildungsgesetzes, § 25 Absatz 1 Satz 1 der Handwerksordnung, des Seearbeitsgesetzes oder des Altenpflegesetzes vorbereitet und

3. in Vollzeit oder wegen der Erziehung eigener Kinder oder der Pflege von Familienangehörigen in Teilzeit von mindestens 20 Wochenstunden durchgeführt wird.

(3) Der Abschluss des Vertrags ist der nach dem Berufsbildungsgesetz, im Fall der Vorbereitung auf einen nach dem Altenpflegegesetz anerkannten Ausbildungsberuf der nach Landesrecht zuständigen Stelle anzuzeigen. Die vermittelten Fertigkeiten, Kenntnisse und Fähigkeiten sind vom Betrieb zu bescheinigen. Die zuständige Stelle stellt über die erfolgreich durchgeführte betriebliche Einstiegsqualifizierung ein Zertifikat aus.

(4) Förderungsfähig sind

1. bei der Agentur für Arbeit gemeldete Ausbildungsbewerberinnen und -bewerber mit aus individuellen Gründen eingeschränkten Vermittlungsperspektiven, die auch nach den bundesweiten Nachvermittlungsaktionen keine Ausbildungsstelle haben,

2. Ausbildungsuchende, die noch nicht in vollem Maße über die erforderliche Ausbildungsreife verfügen, und

3. lernbeeinträchtigte und sozial benachteiligte Ausbildungsuchende.

(5) Die Förderung einer oder eines Auszubildenden, die oder der bereits eine betriebliche Einstiegsqualifizierung bei dem Antrag stellenden Betrieb oder in einem anderen Betrieb des Unternehmens durchlaufen hat, oder in einem Betrieb des Unternehmens oder eines verbundenen Unternehmens in den letzten drei Jahren vor Beginn der Einstiegsqualifizierung versicherungspflichtig beschäftigt war, ist ausgeschlossen. Gleiches gilt, wenn die Einstiegsqualifizierung im Betrieb der Ehegatten, Lebenspartnerinnen oder Lebenspartner oder Eltern durchgeführt wird.

Damit ist diese Maßnahme für den Arbeitgeber i. d. R. kostenlos, weil die übliche Vergütung genau so „hoch" ist wie die Förderung – abgesehen natürlich von der Arbeitszeit, die der Ausbilder aufwenden muss, evtl. Schutzkleidung usw.

Die Einstiegsqualifizierung kann auf eine spätere Ausbildung angerechnet werden, die sich im Idealfall in demselben Unternehmen direkt anschließen sollte.

Weiterführende Informationen finden Sie unter nachstehenden Links. Über weitere Fördermöglichkeiten im Rahmen der Sozialgesetzgebung (SGB II und III) wie z. B. für die Weiterbildung von Mitarbeitern, die Einstellung von Schwerbehinderten usw. können Sie sich bei der zuständigen Arbeitsagentur beraten lassen.

Links

> http://www.arbeitsagentur.de – Bundesagentur für Arbeit – Suchbegriff: Einstiegsqualifizierung; http://www.azubi-azubine.de – Ausbildung – Ausbildungsvorbereitende Maßnahmen.

Sofern Sie neue Arbeitsplätze schaffen, kommen ggf. auch weitere Fördermöglichkeiten in Betracht. Ansprechpartner und weitere Informationen hierzu finden Sie im Kapitel 16: Fördermittel.

14.2 Flexibel bleiben

Wenn Sie den Personaleinsatz flexibel je nach Auftragslage gestalten wollen, ohne gleich die Risiken und Kosten zu tragen, die mit einer Festanstellung von Mitarbeitern verbunden sind, kann die so genannte Arbeitnehmerüberlassung eine gute Lösung sein. Von Arbeitnehmerüberlassung redet man, wenn ein Arbeitgeber seine Mitarbeiter Dritten für Arbeitsleistungen „überlässt". Die Arbeitnehmerüberlassung ist erlaubnispflichtig (§ 1 Arbeitnehmerüberlassungsgesetz (AÜG). In Betrieben des Baugewerbes ist sie nur stark eingeschränkt zulässig oder sogar unzulässig (§ 1b AÜG). Weitgehend unbürokratisch funktioniert die Arbeitnehmerüberlassung unter Arbeitgebern zur Vermeidung von Kurzarbeit oder Entlassungen unter den Voraussetzungen des § 1a AÜG:

„Keiner Erlaubnis bedarf ein Arbeitgeber mit weniger als 50 Beschäftigten, der zur Vermeidung von Kurzarbeit oder Entlassungen an einen Arbeitgeber einen Arbeitnehmer, der nicht zum Zweck der Überlassung eingestellt und beschäftigt wird, bis zur Dauer von zwölf Monaten überläßt, wenn er die Überlassung vorher schriftlich der Bundesagentur für Arbeit angezeigt hat ..."

Die Kritik an der Arbeitnehmerüberlassung insgesamt und an bestimmten Unternehmen der Branche dürfte inzwischen allgemein bekannt sein. Unstreitig ist auch die damit verbundene Senkung des Lohnniveaus. Die bekannten Nachteile für die Arbeitnehmer kommen den Arbeitgebern meist durchaus entgegen. Allerdings ist das häufig zu kurz gedacht, weil sich z. B. die Arbeitnehmer oft nicht mit dem Unternehmen, in dem sie nur zeitweise arbeiten, identifizieren. Sie fühlen sich mitunter als Mitarbeiter 2. Klasse, die in Folge dessen auch keine erstklassige Arbeitsleistung erbringen können.

Möglichkeiten wie Zeitarbeit können daher ein gutes Instrument sein, flexibel zu bleiben, sie sind aber nicht generell eine bessere Alternative zu einer Festanstellung.

Wichtig ist auch, dass Sie selbst klare Vorstellungen darüber haben, welchen Anforderungen der Mitarbeiter genügen muss, um gemeinsam mit dem Zeitarbeitsunternehmen die passende Person für den geplanten Einsatz zu finden.

Die Vorteile eines Leiharbeitereinsatzes gegenüber einer Festanstellung liegen ansonsten auf der Hand:

- Arbeitgeber können vorübergehende Engpässe wegen Krankheit oder Urlaub ausgleichen,

- bei einer schwankenden Auftragslage ist gewährleistet, dass Personal zum richtigen Zeitpunkt zur Verfügung steht, die Personalkosten aber sofort gesenkt werden können, wenn sich die Auftragslage verschlechtert,

- es ist keine langfristige, vertragliche Bindung erforderlich,

- es besteht die Möglichkeit, potenzielle spätere Mitarbeiter erst einmal kennen zu lernen und deren Qualifikation zu testen,

- weil die Mitarbeiter bei der Zeitarbeitsfirma angestellt sind, ist für sie keine Lohnbuchhaltung erforderlich, der Arbeitgeber erhält lediglich eine Rechnung der Zeitarbeitsfirma.

Eine weitere Möglichkeit des flexiblen Arbeitseinsatzes bietet die Beschäftigung von Aushilfen, z. B. im Rahmen eines „Minijobs". Man unterscheidet:

- Minijobs im gewerblichen Bereich und
- Minijobs in Privathaushalten.

Im ersten Fall ist die Begrifflichkeit insofern nicht exakt, als dass auch Minijobs, die für Freiberufler ausgeübt werden, darunter fallen. Gemeint sind alle Minijobs, die nicht in Privathaushalten anfallen.

Diese unterteilt man weiter in:

- geringfügig entlohnte Beschäftigungen (bis 450 Euro/Monat) und in
- kurzfristige Beschäftigungen, deren Dauer von vornherein auf einen kurzfristigen Zeitraum begrenzt ist (nicht mehr als zwei Monate oder 50 Arbeitstage im Jahr).

Als Arbeitgeber müssen Sie Ihre „Minijobber" anmelden und Beiträge entrichten. Es spricht aber auch rein rechtlich nichts dagegen und ist gar nicht so selten, dass Existenzgründer noch einen Minijob annehmen, um wenigstens ein kleines, regelmäßiges, „sicheres" Einkommen zu erzielen und die zu Beginn typischerweise bescheidene Einkommenssituation aufzubessern.

Zuständige Anlaufstelle für Fragen rund um das Thema „Minijobs", für die Meldeverfahren etc. ist die Deutsche Rentenversicherung Knappschaft-Bahn-See („Minijob-Zentrale").

Die „450-Euro-Jobs" bezeichnet man also auch als geringfügig entlohnte Beschäftigungen. Dies gilt jedoch nicht für Auszubildende. Überschreiten Auszubildende die Verdienstgrenze von 325 € nicht, handelt es sich um so genannte „Geringverdiener", für die der Arbeitgeber, anders als bei Minijobbern, die gesamten Sozialversicherungsbeiträge übernehmen muss (§ 20 Absatz 3 SGB IV). Die Geringverdiener sind also nicht zu verwechseln mit den geringfügig Beschäftigten. Die Pauschalabgaben für „Minijobber" finden Sie in Abb. 5.

Pauschalabgaben

Je nach Art der geringfügigen Beschäftigung sind vom Arbeitgeber unterschiedliche pauschale Abgaben an die Minijob-Zentrale zu entrichten.

Die folgende Übersicht ordnet die entsprechenden pauschalen Abgaben den Beschäftigungsarten zu.

2014	Minijobs im gewerblichen Bereich (1)	Minijobs in Privathaushalten (2)	Kurzfristige Minijobs (3)
Pauschalbeitrag zur Krankenversicherung (KV)	13%	5%	kein
Pauschalbeitrag zur Rentenversicherung (RV)	15%	5%	Kein
Beitragsanteil des Arbeitnehmers bei Versicherungspflicht in der Rentenversicherung (RV) (4)	3,9%	13,9%	kein
Steuern	2%	2% (5)	An das Betriebsstättenfinanzamt 25% (6)
Umlage 1 (U1) (7) bei Krankheit	0,7%	0,7%	0,7%
Umlage 2 (U2) Schwangerschaft/ Mutterschaft	0,14%	0,14%	0,14%
Beitrag zur gesetzlichen Unfallversicherung	Individuelle Beiträge an den zuständigen Unfallversicherungsträger	1,6%	Individuelle Beiträge an den zuständigen UnfallversicherungsträgerIn Privathaushalten 1,6%
Insolvenzgeldumlage (8)	0,15%	Keine	0,15% In Privathaushalten keine

Pauschalabgaben

(1) geringfügige Beschäftigung nach § 8 Abs. 1 Nr. 1 sozialgesetzbuch viertes Buch (SGB IV).

(2) geringfügige Beschäftigung in Privathaushalten nach § 8a SGB IV i.V.m. § 8 Abs. 1 Nr. 1 SGB IV.

(3) geringfügige Beschäftigung nach § 8 Abs. 1 Nr. 2 SGB IV auch i.V.m. § 8a SGB IV.

(4) voller Pflichtbeitrag RV = 18,9% – Der Arbeitgeber trägt den jeweiligen Pauschalbeitrag zur RV, der Arbeitnehmer den Rest (in der Regel 3,9% bei Minijobs im gewerblichen Bereich/13,9% bei Minijobs in Privathaushalten). Der volle Pflichtbeitrag ist von mindestens 175 Euro zu berechnen.

(5) Bei Verzicht auf die Besteuerung nach individuellen Lohnsteuermerkmalen (elektronische Lohnsteuerkarte) ist die Pauschsteuer (2%) an die Minijob-Zentrale abzuführen.

(6) Bei Verzicht auf die Besteuerung nach individuellen Lohnsteuermerkmalen (elektronische Lohnsteuerkarte) kann die Lohnsteuer unter bestimmten Voraussetzungen pauschal (25%) an das zuständige Betriebsstättenfinanzamt abgeführt werden. Mehr zu der steuerlichen Behandlung von kurzfristigen Beschäftigungen lesen Sie bitte hier.

(7) bei einer Beschäftigungsdauer von mehr als 4 Wochen

(8) Der Bund, die Länder, die Gemeinden sowie Körperschaften, Stiftungen und Anstalten des öffentlichen Rechts, über deren Vermögen ein Insolvenzverfahren nicht zulässig ist, und solche juristische Personen des öffentlichen Rechts, bei denen der Bund, ein Land oder eine Gemeinde kraft Gesetzes die Zahlungsfähigkeit sichert, und private Haushalte werden nicht in die Umlage einbezogen.

Abb. 5: Pauschalabgaben für „Minijobber" (Quelle: www.minijob-zentrale.de)

Zur Überbrückung von Auftragsspitzen, im Falle von saisonalen Schwankungen usw. können kurzfristig Beschäftige wertvolle Dienste leisten. Von einer kurzfristigen Beschäftigung redet man, wenn sie nur über einen Zeitraum von maximal 2 Monaten bzw. 50 Tagen erfolgt. Hier gilt die oben genannte Verdienstgrenze nicht und Sie müssen auch keine Pauschalabgaben zur Sozialversicherung entrichten. Sie haben als Arbeitgeber die Möglichkeit, kurzfristig einen Mitarbeiter zu beschäftigen, ohne Sozialversicherungsbeiträge zahlen zu müssen. Eine kurzfristige Beschäftigung, z. B. von Studenten, ist sozialversicherungsfrei. Studenten haben sozialversicherungsrechtlich einen Sonderstatus. Auch für andere Personengruppen, wie z. B. Praktikanten oder Heimarbeiter, gelten Sonderregelungen, über die Sie sich bei der Knappschaft Bahn See („Minijob-Zentrale") informieren können.

Für die Abrechnung der Lohnsteuer gibt es 2 Möglichkeiten. Entweder der Mitarbeiter legt Ihnen seine Lohnsteuerkarte vor und Sie behandeln ihn lohnsteuerrechtlich wie jeden anderen Mitarbeiter auch oder Sie verzichten auf die Vorlage der Steuerkarte und übernehmen eine pauschale Lohnsteuer in Höhe von 25% zuzüglich Solidaritätszuschlag und ggf. Kirchensteuer. Die Übernahme der pauschalen Lohnsteuer ist nach § 40a des Einkommensteuergesetzes möglich, wenn folgende Voraussetzungen vorliegen:

- Der Arbeitnehmer wird bei dem Arbeitgeber gelegentlich, nicht regelmäßig wiederkehrend beschäftigt und

- die Dauer der Beschäftigung übersteigt 18 zusammenhängende Arbeitstage nicht (die kurzfristige Beschäftigung im Sinne des Einkommensteuergesetzes ist also etwas anderes als die kurzfristige Beschäftigung im Sinne des Sozialgesetzbuches),

- der Arbeitslohn während der Beschäftigung beträgt durchschnittlich nicht mehr als 12 € in der Stunde,

- der Arbeitslohn während der Beschäftigungsdauer beträgt durchschnittlich nicht mehr als 62 € je Arbeitstag *oder*

- die Beschäftigung wird zu einem unvorhersehbaren Zeitpunkt sofort erforderlich.

Lassen Sie sich von Minijobbern unbedingt schriftlich bestätigen, dass keine weiteren Arbeitsverhältnisse vorliegen, um die korrekte Abrechnung gewährleisten zu können und nicht später wegen zu geringer Zahlungen von Steuern und Sozialversicherungsabgaben in die Pflicht genommen werden.

BEISPIEL 1: Gastwirt G benötigt dringend kurzfristig eine Kellnerin, weil eine Mitarbeiterin erkrankt ist. Aushilfskellnerin K wird für 14 Tage beschäftigt. Sie arbeitet 10 Stunden täglich und erhält dafür 80 € je Arbeitstag.

Die obigen Voraussetzungen sind erfüllt und somit *darf* der Arbeitgeber unter Verzicht auf die Vorlage einer Lohnsteuerkarte die Lohnsteuer pauschal mit 25% berechnen. K arbeitet nicht regelmäßig in der Gaststätte. Sie arbeitet auch zusammenhängend nicht mehr als 18 Tage und der durchschnittliche Stundenlohn liegt bei 8 € und somit unter 12 €. Zwar verdient K mehr als 62 € je Arbeitstag, weil aber der Einsatz unvorhersehbar und sofort erforderlich war, ist dies kein Problem.

BEISPIEL 2: Es liegt derselbe Fall vor wie oben. Nur arbeitet K 6 Wochen in der Gaststätte. Sie ist immer noch Minijobberin und arbeitet somit sozialversicherungsfrei. Nur die Pauschalierung der Lohnsteuer ist nicht mehr möglich, weil die Grenze von 18 zusammenhängenden Arbeitstagen überschritten wird. K muss also eine Lohnsteuerkarte vorlegen und ihr Entgelt wird nach den Angaben auf der Lohnsteuerkarte versteuert.

Neben den bereits genannten Beschäftigungsformen bietet auch der Einsatz freier Mitarbeiter die Möglichkeit, flexibel zu bleiben. Freie Mitarbeiter erledigen auf selbständiger Basis bestimmte Aufgaben z. B. im Sekretariat oder in der Kundenakquise. Da es sich um Selbständige handelt, fallen neben dem Honorar keine weiteren Kosten an. Für ihre steuerlichen und sozialversicherungsrechtlichen Angelegenheiten sind freie Mitarbeiter selbst verantwortlich.

Auch die Beschäftigung eines oder mehrerer Auszubildender kann sich in jeder Hinsicht lohnen. Viele Gründer haben hier Berührungsängste, trauen sich die Ausbildung nicht zu und wissen nicht, was auf Sie zukommt. Allerdings gibt es zahlreiche Hilfen. Erste Ansprechpartner können neben den Arbeitsagenturen vor allem die Ausbildungsberater der Kammern sein. Je nach Bundesland und konkreter Situation können auch hier Fördermöglichkeiten bestehen. Sofern Sie allein in Ihrem Unternehmen keine geregelte Ausbildung anbieten können, etwa weil nicht alle Abteilungen vorhanden sind, die der Auszubildende durchlaufen muss, könnte die Ausbildung im Verbund mit anderen Unternehmen eine Alternative sein. Auch hierzu und zu den Voraussetzungen, die der Ausbildungsbetrieb mitbringen muss, können Sie die Ausbildungsberater der Kammern beraten.

Ebenso kann die Beschäftigung von Praktikanten für Existenzgründer sinnvoll sein. Sehr viele Bildungsträger sind regelmäßig auf der Suche nach Betrieben, die ihren Teilnehmern einen Praktikantenplatz bieten können. Die Dauer der meist mehrmonatigen Praktika ist hierbei je nach Maßnahme unterschiedlich. Für den Arbeitgeber entstehen üblicherweise keine Kosten, wenn man einmal davon absieht, dass ein Praktikant natürlich auch betreut werden muss, was

Zeit und somit Geld kostet. Die Praktikanten erhalten ihr Geld weiterhin von der Arbeitsagentur und sind auch über den Maßnahmeträger versichert. Sie können auf diese Weise risikofrei und unentgeltlich testen, ob eine spätere Zusammenarbeit nach dem Praktikum in Frage kommt.

14.3 Die richtigen Mitarbeiter finden

Wenn grundsätzlich die Frage nach der Form einer künftigen Zusammenarbeit geklärt ist und Sie sich für die Einstellung von Mitarbeitern – auch Aushilfen – entscheiden, kommt es darauf an, die richtigen Mitarbeiter zu finden. Die Suche nach Mitarbeitern und deren anschließende Einarbeitung kostet Zeit und Geld. Beides haben die wenigsten Existenzgründer im Überfluss. Darum ist eine sorgfältige Personalauswahl wichtig, um möglichst keine teuren Fehlentscheidungen zu treffen. Es gibt verschiedene Auswahlverfahren und -möglichkeiten, die auch miteinander kombiniert werden, wie z. B.:

- Telefonbewerbungen,
- Schriftliche Bewerbungen,
- Referenzen,
- Vorstellungsgespräche,
- Tests,
- Arbeitsproben,
- Assessment-Center.

An dieser Stelle wurde vorausgesetzt, dass Sie sich als Existenzgründer persönlich um die Mitarbeiterauswahl kümmern wollen. Natürlich gibt es auch Dienstleister, die Ihnen den aufwändigsten Teil der Arbeit abnehmen. Die Arbeitgeberservicestellen der Arbeitsagenturen und (seltener) auch Wirtschaftsförderungsämter können ebenfalls behilflich sein.

Welches Verfahren sinnvoll ist, hängt von der Art der zu besetzenden Stelle und deren Anforderungen ab. In der Regel sollten Sie künftige Mitarbeiter um schriftliche Bewerbungen bitten, um bereits aufgrund der Unterlagen einen ersten Eindruck zu bekommen. Achten Sie darauf, ob die Unterlagen in Bezug auf Ihre veröffentlichten Anforderungen vollständig und die inhaltlichen Angaben nachvollziehbar sind oder ob es Widersprüche und/oder Lücken im Lebenslauf gibt. Der Gesamteindruck sollte positiv sein. Wenn Sie besonders gute Qualifikationen im Umgang mit dem PC voraussetzen, ist eine Bewerbung per E-Mail eine gute Möglichkeit, einen ersten Eindruck von den Fähigkeiten des Mitarbeiters zu bekommen. Soll der Mitarbeiter später häufig telefonieren, z. B. im Bereich der Kundenakquise oder -betreuung, bitten Sie um eine erste telefonische Kontaktaufnahme. Sie sparen auf diese Weise viel Zeit und Geld, weil Sie einige Bewerber mit großer Wahrscheinlichkeit schon aufgrund des Telefonates ausschließen können – etwa weil sie sehr undeutlich reden oder unfreundlich wirken.

Als Referenzen dienen die ehemaligen Arbeitgeber und die ausgestellten ZeugnisseZeugnisse. Wenn Sie sich bezüglich der Angaben eines Bewerbers unsicher sind, können Sie natürlich den ehemaligen Arbeitgeber anrufen und um Informationen über den Kandidaten bitten. In der Praxis unterbleiben derartige Anrufe jedoch meist. Wenn Sie sich die Zeugnisse ansehen, bedenken Sie, dass diese nur eine bedingte Aussagekraft haben. Ein Zeugnis ist immer wohlwollend auszustellen und darf den Arbeitnehmer bei seinem beruflichen Fortkommen nicht behindern. Andererseits muss es aber auch der Wahrheit entsprechen. Andernfalls könnte sich ein Arbeitgeber schadensersatzpflichtig machen, wenn er z. B. wahrheitswidrig dem Mitarbeiter Ehrlichkeit bescheinigt, obwohl dieser im Betrieb ständig „lange Finger" gemacht hat. Ein negatives Zeugnis muss nicht unbedingt bedeuten, dass Sie es mit einem schlechten Mitarbeiter zu tun haben. Möglicherweise gab es Spannungen in dem ehemaligen Unternehmen, die nicht der Mitarbeiter, sondern andere Personen, wie z. B. der Vorgesetzte oder die Kollegen, verursacht haben. Möglicherweise sind auch nur einige Formulierungen unglücklich gewählt. Achten Sie darum auf den Gesamteindruck und die weiteren Referenzen. Ein einzelnes Zeugnis sollte nicht überbewertet werden. Es gibt eine Vielzahl von Unternehmen, in denen die für die Zeugniserstellung zuständigen Mitarbeiter für ihre Aufgabe nicht ausreichend qualifiziert sind und darum Formulierungen wählen, die vor einem Arbeitsgericht keinen Bestand haben können. Es ist immer noch weit verbreitet, bestimmte Aussagen zu verklausulieren, obwohl ein Zeugnis keine „versteckten", negativen Aussagen enthalten darf. Daher kann es z. B. sein, dass eine Person in bester Absicht dem Mitarbeiter bescheinigt, er habe durch seine fröhliche Art oder Geselligkeit zur Verbesserung des Betriebsklimas beigetragen. In der „Zeugnissprache" interpretiert man teilweise auch heute noch trotz Wahrheitspflicht derartige Formulierungen als ein Alkoholproblem des Mitarbeiters (Fröhlichkeit, Geselligkeit, ungezwungenes Wesen). Dieses Beispiel zeigt, dass ein vermeintlich negatives Zeugnis nicht immer gleich auf einen unqualifizierten Mitarbeiter schließen lässt.

Ein Vorstellungsgespräch muss nicht nur von dem künftigen Mitarbeiter, sondern vor allem auch von dem Arbeitgeber gründlich vorbereitet werden. Wenn Sie nicht schon vor Aufgabe des Stellengesuchs ein Anforderungsprofil erstellt haben, muss das spätestens an dieser Stelle getan werden. Nur wenn Sie klare Vorstellungen davon haben, welche Qualifikationen der Bewerber mitbringen muss, können Sie diese auch im Vorstellungsgespräch wenigstens ansatzweise überprüfen. Dabei geht es um die fachlichen und zunehmend auch um die persönlichen Qualifikationen. Manch fachliche Schwäche kann hinter bestimmten Persönlichkeitsmerkmalen zurücktreten. Was hilft Ihnen der am besten qualifizierte Mitarbeiter, wenn er wenig Engagement an den Tag legt oder Ihre Kunden durch seine überhebliche oder unfreundliche Art vergrault? Kleinere Schwächen sind – entsprechendes Engagement, Lernfähigkeit und Lernbereitschaft vorausgesetzt – schnell behoben. Gerade in der heutigen Zeit mit ihren raschen Veränderungen ist es unerlässlich, dass Sie sich selbst, aber auch Ihre Mitarbeiter kontinuierlich weiterbilden, sofern diese nicht gerade nur einfachste Tätigkeiten ausführen. Darum achten Sie darauf, dass der künftige Mitarbeiter zur Weiterbildung bereit ist oder – besser noch – bereits einige Maßnahmen in Eigeninitiative besucht hat. Nehmen Sie sich Zeit bei der Erstellung eines Anforderungsprofils und listen alle Qualifikationen auf, die Ihnen wichtig sind. Danach müssen Sie diese gewichten. Bestimmte Qualifikationen müssen vorhanden sein, andere sind nicht zwingend erforderlich, aber sinnvoll und auf wiederum andere können Sie notfalls auch verzichten. Im nächsten Schritt sollten Sie überlegen, durch welche Fragestellungen Sie das Vorhandensein bestimmter Qualifikationen erfragen können, die Sie nicht den Zeugnissen entnehmen können. Ein häufiger Fehler in Vorstellungsgesprächen ist, dass diese nicht geplant und strukturiert werden. Überlassen Sie aber den Verlauf dem Zufall, werden Sie wichtige Dinge womöglich vergessen und können zudem auch nur schwer bzw. nur weitgehend subjektive Vergleiche zwischen den verschiedenen Bewerbern anstellen.

Arbeitsproben sind in vielen Branchen unüblich. Sie können aber dennoch den Mitarbeiter bitten, eine Arbeitsprobe abzugeben, z. B. indem Sie ein Kundengespräch simulieren oder den Mitarbeiter bitten, ein Telefonat zu führen. Meist wird jedoch auf Arbeitsproben verzichtet.

Auch Tests, mit denen beispielsweise das Vorliegen bestimmter Persönlichkeitsmerkmale oder die Intelligenz des Bewerbers überprüft werden sollen, werden nicht so häufig eingesetzt, es sei denn, es handelt sich um die Einstellung von Auszubildenden oder Führungskräften.

Assessment-Center schließlich werden in der Regel für Existenzgründer nicht in Frage kommen, weil es sich hierbei um ein sehr aufwändiges Verfahren handelt. Mehrere Kandidaten werden über einen Zeitraum von 1–3 Tagen in verschiedenen Situationen getestet. Sie müssen bestimmte Aufgaben lösen und werden dabei beobachtet. Die Beobachter müssen sehr gut geschult sein, um möglichst keine Beurteilungsfehler zu begehen und genau zu wissen, worauf sie achten müssen. Das Verfahren eignet sich sehr gut, um mehr über die Persönlichkeit des Kandidaten zu erfahren. Diese befinden sich in einer Stresssituation und niemand kann sich in dieser Situation über einen längeren Zeitraum verstellen. Die Kandidaten verraten in dieser Zeit – gewollt oder ungewollt – sehr viel über sich, ihre Persönlichkeit und ihre Arbeitsweise. Das Verfahren wird vor allem angewendet bei der Besetzung von Führungspositionen.

Spätestens wenn Sie sich für einen Bewerber entschieden haben, wird das Arbeitsrecht für Sie interessant. In der Regel werden Sie aber bereits vor der Einstellung von Mitarbeitern mit diesem Thema in Berührung kommen, etwa wenn Sie ein Stellengesuch aufgeben. Dies muss beispielsweise geschlechtsneutral formuliert werden. Sie dürfen niemanden benachteiligen und sich schon vorher auf ein Geschlecht festlegen, es sei denn, es gibt einen sachlichen Grund. Ist etwa in einem Theater die Rolle des „Wilhelm Tell" zu besetzen, gibt es einen sachlichen und guten Grund, warum hierfür keine Frau in Frage kommt. Natürlich werden Sie letzten Endes doch einstellen, wen Sie wollen. Wenn Sie sich entschieden haben, dass Sie lieber eine weibliche Sekretärin beschäftigen möchten, werden Sie das auch tun, selbst wenn sich ein sehr qualifizierter männlicher Sekretär bewerben sollte. Streng genommen darf der Grund Ihrer Entscheidung aber nicht in dem Geschlecht, sondern nur in der Qualifikation des Mitarbeiters liegen. Es darf keine Diskriminierung stattfinden. Machen Sie sich in diesem Zusammenhang auch mit dem so genannten AGG (Allgemeines Gleichbehandlungsgesetz) vertraut (s. Linktipps).

Wie bereits oben kurz erwähnt, können Sie sich auch angesichts von fast 3 Millionen Arbeitslosen und mehr als 3,8 Mio. Unterbeschäftigten keineswegs darauf verlassen, geeignete Mitarbeiter zu finden, wenn Sie sie benötigen. Dies gilt nicht nur – aber umso mehr – in bestimmten Branchen wie z. B. der Gastronomie oder dem Garten- und Landschaftsbau, in denen häufig die Anforderungen an die Qualifikationen, aber auch die Gehälter eher gering sind. Das folgende **Praxisbeispiel** zeigt, wie personelle Probleme sogar das Wachstum eines jungen Unternehmens beeinträchtigen können:

Alexander führt seit einigen Jahren erfolgreich einen kleinen Garten- und Landschaftsbaubetrieb. Nach der üblichen Anlaufphase entwickelte sich das Unternehmen so gut, dass er zur Bewältigung der Aufträge personelle Unterstützung benötigt hätte. „Natürlich freute ich mich über die positive Entwicklung und auch, dass ich in der Lage war, einen oder sogar mehrere Arbeitsplätze zu schaffen", erzählt Alexander. Was lag also näher, als sich mit den Stellenangeboten an die zuständige Arbeitsagentur zu wenden. Es wurden keine besonders qualifizierten Mitarbeiter benötigt, sondern es ging im Wesentlichen um einfache und leicht erlernbare Tätigkeiten. „Darum habe ich mir auch keine Gedanken darüber gemacht, dass ich eventuell keine geeigneten Leute finden würde", berichtet Alexander weiter. „Was ich dann aber erleben musste, konnte ich kaum glauben. Es war nicht ein einziger Bewerber dabei, der ernsthaft interessiert war. Die ganze Aktion hat mir nichts gebracht als nur Kosten, Ärger und eine Menge Zeitaufwand. Dabei habe ich mir wirklich Mühe gegeben. Ein Bewerber hatte z. B. angeblich keine Gelegenheit, zum Vorstellungsgespräch in meinen Betrieb zu kommen. Eigentlich hätte mich das schon wundern müssen. Wie will er dann später zur Arbeit kommen? Aber was mache ich? Ich habe ihm angeboten, ihn an einem bestimmten Treffpunkt abzuholen. Also machten wir einen Termin aus – der Einzige, der den Termin eingehalten hat, war ich. Von dem Bewerber war weit und breit nichts zu sehen und ich habe auch nichts mehr von ihm gehört. Den nächsten Bewerber musste ich erst gar nicht sehen oder hören, sondern konnte ihn schon aus der Entfernung riechen – wegen seiner unglaublichen Alkoholfahne. Er kam also natürlich auch nicht in Frage. Andere hatten völlig überzogene Lohnvorstellungen. Ich will bestimmt niemanden ‚über den Tisch' ziehen – wer arbeitet, soll auch Geld verdienen. Aber alles hat seine Grenzen – zumal die Bewerber keine abgeschlossene Berufsausbildung hatten und brauchten. Tja, und so ging das weiter bis ich restlos ‚bedient' war. Ich suchte dann noch einmal das Gespräch mit der Arbeitsagentur, weil ich nicht glauben konnte, dass offensichtlich niemand in der Lage oder willens war, für mich zu arbeiten. Dort zuckte man nur mit den Schultern und bot an, mir gegen Zahlung einer Gebühr polnische Saisonarbeiter zu vermitteln. Darauf habe ich dankend verzichtet, weil das höchstens eine kurzfristige Lösung wäre. Ich brauche verlässliche und langfristige Unterstützung, um solide wachsen zu können und kann nicht ständig mit ‚Notlösungen' leben."

Mit Problemen wie Alexander haben auch andere Betriebe zu kämpfen. Tatsächlich sind im Extremfall die personellen Probleme nur mithilfe von Saisonkräften zu bewältigen. Aber auch, wenn es in Ihrer Branche grundsätzlich weniger problematisch ist, Mitarbeiter zu finden, sollten Sie sich nicht erst dann mit dem Thema beschäftigen, wenn akuter Bedarf vorhanden ist. Wie wichtig eine frühzeitige Personalplanung ist und dass die fehlende oder mangelhafte Planung zu empfindlichen Umsatzeinbußen führen kann, zeigt das folgende **Praxisbeispiel:**

Sabine ist Inhaberin eines alteingesessenen Fotofachgeschäftes, das sie vor einigen Jahren übernommen hat. Sie beschäftigt 2 Mitarbeiterinnen. Zu einer dieser Mitarbeiterinnen pflegte sie ein freundschaftliches Verhältnis. Beide kannten sich seit Jahren und waren früher einmal Arbeitskolleginnen. Die Situation wurde jedoch zunehmend schwieriger, als die Mitarbeiterin aufgrund privater Turbulenzen erheblich in ihrer Arbeitsleistung nachließ, sich immer wieder überraschend krank meldete, zu spät oder gar nicht zur Arbeit erschien. „Ich habe mir das lange Zeit angesehen, aber jetzt geht es so nicht weiter", berichtet Sabine wütend und enttäuscht zugleich. „Ich bin schließlich nicht nur ihre Freundin, sondern auch ihre Arbeitgeberin und muss auch an mich und den Laden denken. Schon bevor der ganze Ärger anfing, waren wir im Grunde schon überlastet. Seit Monaten sind wir hier gnadenlos überfordert und haben noch nicht einmal die Zeit, unsere Kunden vernünftig zu beraten. Das macht sich natürlich am Umsatz bemerkbar und die Bank macht mir auch schon Druck, dass etwas passieren muss, weil ich sonst meinen Kredit nicht mehr bedienen kann."

Natürlich musste hier schnellstens etwas an der Situation geändert werden. Sabine brauchte einerseits personelle Unterstützung, konnte sich aber andererseits einen zusätzlichen Mitarbeiter aus finanziellen Gründen gar nicht leisten. Schweren Herzens hat sie sich dazu entschlossen, ihrer (ehemaligen) Freundin und Mitarbeiterin aufgrund ihrer Unzuverlässigkeit, den ständigen Verfehlungen und der schwierigen betrieblichen Situation fristgerecht zu kündigen. Diese hatte auch gar nichts gegen die Kündigung, aber bis zum Ablauf der Frist musste Sabine natürlich noch alle Personalkosten tragen. Personell konnte sie natürlich auf die gekündigte Mitarbeiterin nicht mehr „bauen".

Es war also dringend ein neuer Mitarbeiter erforderlich, obwohl für die zusätzlich anfallenden Personalkosten kaum Geld da war. Zumindest konnte sich Sabine keine neue „Pleite" erlauben. Sie brauchte einen qualifizierten Mitarbeiter, der in der Lage war, die Kunden freundlich und kompetent zu beraten und damit zu einer Verbesserung der Umsatzsituation beizutragen. Die einzige Möglichkeit, das Problem „in den Griff" zu bekommen, war die von der Agentur für Arbeit geförderte Beschäftigung einer arbeitslosen Person zur Feststellung der Eignung. In diesem Fall erhält der Mitarbeiter sein Geld weiterhin von der Agentur für Arbeit, arbeitet jedoch im Betrieb. Der Unternehmer hat auf diese

Weise die Möglichkeit, ohne finanzielles Risiko den neuen Mitarbeiter auf seine Eignung hin zu prüfen. Sabine erstellte also ein Anforderungsprofil, in dem die erforderlichen Qualifikationen aufgelistet wurden und wartete gespannt auf eine Rückmeldung der Arbeitsagentur. Die blieb jedoch über Wochen aus. Eine Rückfrage ergab, dass der zuständige Mitarbeiter zwischenzeitlich im Urlaub weilte und das Mitarbeitergesuch darum liegen geblieben war. Eine Sachbearbeiterin versprach sodann, sich schnellstens um die Angelegenheit zu kümmern. Wiederum wartete Sabine darauf, dass sich Bewerber mit ihr in Verbindung setzen würden – zunächst vergeblich. Eines Morgens jedoch stand ohne Vorankündigung eine junge Frau im Geschäft und erklärte, sie sei von der Arbeitsagentur geschickt worden und solle nun für einen Monat eine Stelle als Verkäuferin antreten. „Ich bin aus allen Wolken gefallen", berichtet Sabine. „So hatte ich mir das nicht vorgestellt. Ich hätte mir schon gerne meinen potenziellen späteren Mitarbeiter ausgesucht. Hier sind jede Menge Wertsachen (Kameras etc.) im Geschäft und ich kann doch nicht einfach jedem blind vertrauen. Außerdem möchte ich auch sicherstellen, dass der Mitarbeiter vernünftig mit meinen Kunden umgeht. Ich war zu perplex, um die junge Frau wieder nach Hause zu schicken und außerdem machte sie ja auch einen ganz netten Eindruck."

Sabine hat sich nicht konsequent und nicht früh genug um das Thema Personal gekümmert. Erst als es schon fast zu spät war und es überhaupt nicht mehr anders ging, hat sie das Problem nicht zuletzt auch auf Druck der Kredit gewährenden Bank in Angriff genommen. Dabei ist sie absolut kein Einzelfall. Gerade in kleinen Unternehmen wird mitunter erst dann reagiert, wenn die Situation so festgefahren ist, dass gehandelt werden *muss*. Meist kommt erschwerend hinzu, dass dieses Verhalten nicht „nur" den Personalbereich, sondern auch alle übrigen Unternehmensbereiche betrifft. Dies kostet aber unnötig Zeit, Geld und Energie – ganz abgesehen davon, dass schlimmstenfalls sogar der Fortbestand des Unternehmens gefährdet werden kann. In Sabines Fall hat zu dem damaligen Zeitpunkt nicht viel daran gefehlt. Das Beispiel zeigt auch recht deutlich, dass und warum sich Banken mitunter für Ihre (vorausschauende) Personalplanung interessieren.

Links zum Thema

http://www.minijob-zentrale.de – Knappschaft Bahn See; http://www.haufe.de – Personal; http://www.arbeitsagentur.de – Bundesagentur für Arbeit – u. a. Informationen für Arbeitgeber; http://www.info4alien.de – Private Initiative mit Informationen zum Ausländerrecht wie z. B. Beschäftigung von Au Pair's, Arbeitsgenehmigungen usw.; http://www.allgemeines-gleichbehandlungsgesetz.de – Anwaltshomepage mit Informationen und Rechtsprechung zum AGG; http://www. personalwirtschaft.de – Magazin zur Personalwirtschaft von Wolters Kluwer Deutschland GmbH.

15. Kapitel

Versicherungen und Altersvorsorge

Das unternehmerische Risiko kann Ihnen auch die beste Versicherung nicht abnehmen. Ein angemessener Versicherungsschutz kann aber die wichtigsten, existenziellen Risiken absichern. Dabei muss der Versicherungsschutz sowohl den betrieblichen als auch den privaten Bereich von Existenzgründern umfassen, weil für Unternehmer nicht einmal annähernd die soziale Absicherung eines Arbeitnehmers gewährleistet ist.

Dem Wunsch der meisten Existenzgründer nach einer guten und umfassenden Absicherung der vorhandenen Risiken stehen die zum Teil hohen Versicherungsprämien gegenüber. Der Versicherungsmarkt ist groß und für Nicht-Fachleute mit verhältnismäßigem Aufwand nicht zu überblicken. Daher ist es wenig verwunderlich, dass sehr viele Versicherungsnehmer einerseits überversichert sind, weil sie deutlich zu hohe Prämien zahlen oder für die jeweilige Situation ungeeignete Versicherungen abgeschlossen haben. Andererseits sind sie aber nicht selten im Hinblick auf die wichtigsten Risiken unterversichert.

Das Milliardengeschäft mit oft mangelhaftem Schutz ist natürlich für die Anbieter lukrativ. Sie werden kaum ein Risiko finden, dass Sie nicht in irgendeiner Form teuer versichern können. Der Erfindungsreichtum in diesem Bereich ist groß. Diese originellen Versicherungsmöglichkeiten gehören inzwischen der Vergangenheit an wurden aber ernsthaft auf dem Markt angeboten:

- Sie wünschen eine Versicherung, die Ihnen ein Trostpflaster zukommen lässt, sofern Sie auf die „versteckte Kamera" hereinfallen?

- Sie werden bald stolzer Vater? Dann ist vielleicht – nur vorsichtshalber – die Kuckuckskindversicherung etwas für Sie? Immerhin soll ja rund jedes 10. Kind betroffen sein.

- Sie haben einen Hund, der „nur spielen" will, aber keine Postboten mag? Hierfür gibt es die „Hund-beißt-Postbote-Police".

- Auch ewigen Lottopechvögeln kann geholfen werden. Wer ein ganzes Jahr lang nicht ein einziges Mal 2 richtige Zahlen getippt hat, bekommt die vereinbarte Versicherungssumme ausgezahlt – mit einem Haken. Der Versicherte erhält nichts, wenn er zwischendurch einmal 3 oder mehr Richtige getippt hat.

- Sie wurden durch Aliens entführt und können dies auch belegen? In diesem Fall entschädigt Sie die Alien-Kidnapping-Police.

Sie sehen, es gibt fast keinen Spleen, der sich nicht für einen Versicherungsschutz eignet.

Hier zeigt sich deutlich, dass es wichtig ist, die sinnvollen von den unsinnigen Versicherungen zu trennen. Während dies bei obigen Beispielen noch ohne Weiteres möglich ist, fällt die Wahl ansonsten nicht leicht.

Weil es wirtschaftlich nicht sinnvoll ist, sämtliche Risiken abzusichern, muss im Vorfeld der Gründung eine Prüfung dahin gehend erfolgen, welche Versicherungen wirklich erforderlich sind. Prämienunterschiede der Anbieter von bis zu 400% oder sogar noch mehr sind ein weiterer Grund, sich frühzeitig und gründlich mit dem Thema zu beschäftigen. Allerdings sollte die Höhe der Versicherungsprämie nicht das allein ausschlaggebende Kriterium sein. Wichtig ist ein angemessener Service und vor allem, dass die Versicherung im Schadensfall auch zahlt, ohne dass Sie erst einen langwierigen Rechtsstreit führen müssen.

Um Ihren Versicherungsbedarf festzustellen, sollten Sie zunächst die folgenden 4 Fragen beantworten:

- Welche Risiken gibt es in meinem betrieblichen und privaten Bereich?

- Welche dieser Risiken kann ich durch bestimmte Maßnahmen vermeiden oder minimieren?

- Welche der verbleibenden Risiken sind von existenzieller Bedeutung, weil der Schadensfall meine wirtschaftliche Existenz gefährdet?

- Sind bestimmte Pflichtversicherungen abzuschließen?

Es geht also zunächst darum, die Risiken überhaupt erst einmal zu erkennen. Die zweite Priorität hat die Risikominimierung und im dritten Schritt müssen mindestens die existenziellen Risiken abgesichert werden. Dies gilt schon im eigenen Interesse. Darüber hinaus werden aber auch Darlehensgeber darauf achten, ob Ihr Versicherungsschutz angemessen ist. Schließlich haben diese ein berechtigtes Interesse daran, ihr eigenes Kreditausfallrisiko zu minimieren. Ein nicht ausreichender Versicherungsschutz würde dieses Risiko unnötig erhöhen. Im nächsten Schritt sind dann eventuelle Pflichtversicherungen zu prüfen. Zusätzlich gibt es Versicherungen, die zwar nicht existenziell bedeutsam, wohl aber sinnvoll sind. Prüfen Sie also, was versichert werden *muss*, was versichert werden *soll* und was evtl. noch zusätzlich versichert werden *kann*.

Anschließend können dann konkrete Versicherungsangebote eingeholt werden, um Prämien und Leistungen zu vergleichen. Auch dies ist für Nicht-Fachleute leider nicht ganz einfach, weil die Versicherungsbedingungen häufig recht unverständlich formuliert sind sowie zahlreiche Klauseln und Ausschlüsse enthalten.

Vor einer endgültigen Entscheidung wird daher in aller Regel eine gründliche Beratung nötig sein. Die Beratungsangebote sind vielfältig, aber längst nicht alle Anbieter leisten auch eine an den Bedürfnissen des Gründers ausgerichtete Beratung. Diese ist aber unerlässlich. Zwar gibt es einige Versicherungen, auf die kein Existenzgründer verzichten sollte, vor allem aber ist der Versicherungsschutz eine höchst individuelle Angelegenheit, die immer im konkreten Einzelfall geprüft werden sollte. Nach Meinung von Branchenexperten ist die Mehrheit der deutschen Unternehmen schlecht oder zu teuer

459

versichert, wenn nicht beides. Dies ist umso bezeichnender, wenn man bedenkt, dass Unternehmer in aller Regel eine Versicherungsberatung in Anspruch nehmen. Daher ist es wohl berechtigt, die angebotenen Beratungsleistungen kritisch zu betrachten und zu hinterfragen.

Aus diesem Grund möchte ich im Folgenden auf die Auswahl des geeigneten Beraters besonders eingehen. Die detaillierte Darstellung der einzelnen Versicherungen kann dahinter zurücktreten. Hier reicht es zunächst vollkommen aus, diese in ihren Grundzügen darzustellen, um eine erste Vorauswahl zu erleichtern. Die Details können sinnvollerweise nur in Kenntnis der individuellen Umstände geklärt werden. Viel wichtiger ist im Vorfeld der Gründung daher die Frage, wer Sie kompetent und unabhängig beraten kann.

15.1 Wer kann mich beraten?

Sie können sich natürlich jederzeit an Vertreter einzelner Versicherungsgesellschaften mit der Bitte um Beratung wenden. Meist handelt es sich dabei um so genannte Einfirmenvertreter, die zwar nicht als Angestellte, sondern auf selbständiger Basis arbeiten, dennoch aber nur für ein Unternehmen tätig sind. Der **Einfirmenvertreter** ist vertraglich an dieses Unternehmen gebunden. Daher stehen in diesen Fällen nur die Versicherungsprodukte einer Gesellschaft zur Verfügung und der Vertreter erhält Provisionen für seine Abschlüsse. Es ist unter diesen Umständen nicht auszuschließen, dass weniger Ihre individuellen Bedürfnisse als vielmehr die Höhe der Provisionen im Vordergrund der Beratung stehen. Schließlich gibt es in jeder Branche schwarze Schafe – so auch im Versicherungsgeschäft. Hinzu kommt, dass sich eine einzelne Person nicht in allen Details des sehr komplexen Versicherungsgeschäftes auskennen kann. Daher ist die Frage angebracht, ob es verschiedene Experten für unterschiedliche Versicherungen, zumindest aber für den privaten Bereich einerseits und die betrieblichen Risiken andererseits gibt.

Ähnlich sieht die Situation bei den **Mehrfachagenten** aus. Diese sind frei in ihrer Entscheidung, mit welchen Versicherungsunternehmen sie zusammenarbeiten. Ist die Entscheidung aber einmal getroffen, bestehen auch hier vertragliche Bindungen, sodass auch ein Mehrfachagent nur unter den Produkten der jeweiligen Versicherungsgesellschaften auswählen kann. Die Beratung könnte – ebenso wie bei einem Einfirmenvertreter – maßgeblich durch Provisionsinteressen gesteuert werden.

Versicherungsmakler bieten Produkte verschiedener Gesellschaften an. Sie sind grundsätzlich unabhängig von einzelnen Versicherungsgesellschaften und sollen dem Kunden das beste Angebot unter Berücksichtigung von Preis und Leistung liefern. Als Interessenvertreter der Kunden werden dem Versicherungsmakler deutlich umfangreichere Pflichten – und somit auch Haftungsrisiken – gegenüber seinen (potenziellen) Kunden auferlegt, als dies bei Versicherungsvertretern der Fall ist. So hat der Makler beispielsweise das Risiko und das zu versichernde Objekt von sich aus zu prüfen. Hat der Makler nicht die erforderlichen Kenntnisse, eine Risikoanalyse durchzuführen, darf er den Auftrag nicht annehmen. Der Kunde ist sodann sorgfältig über die Bemühungen des Maklers zu unterrichten und die ermittelten Risiken sind individuell und bestmöglich zu versichern. Obwohl der Versicherungsmakler vom Kunden beauftragt wird, erhält er seine Courtage – also seine Vergütung – vom Versicherer. Allerdings wird diese vom Versicherer in die Preiskalkulation einbezogen, sodass letztlich der Kunde die Kosten durch seine Prämienzahlungen zu tragen hat. Trotz dieser weit reichenden Pflichten der Versicherungsmakler handelt es sich um ein Provisionsgeschäft, weshalb auch hier nicht ausgeschlossen werden kann, dass nicht die für den Gründer besten, sondern die für den Makler lukrativsten Angebote unterbreitet werden. Dies später nachzuweisen, ist schwierig und aufwändig, setzt es doch die erneute, intensive Beschäftigung mit dem Thema und die Sichtung von Vergleichsangeboten voraus. Diese Zeit wird ein Jungunternehmer aber in aller Regel nicht aufbringen können und wollen.

Hinzu kommt, dass mitunter die Makler selbst über ihre umfangreichen Pflichten nur unzureichend informiert sind. Das Führen der Berufsbezeichnung Versicherungsmakler setzte bis Ende 2006 keine besonderen Fachkenntnisse oder das Ablegen einer Prüfung voraus.

Am 22.12.2006 ist allerdings das Gesetz zur Neuregelung des Versicherungsvermittlerrechts verkündet worden, mit dem die EU-Richtlinie über die Versicherungsvermittlung in nationales Recht umgesetzt wird.

Für die bisher frei zugänglichen Berufe der Versicherungsvermittler und -makler gibt es inzwischen eine Erlaubnis- und Registrierungspflicht. Auch die Beratungs- und Dokumentationspflichten sind verschärft worden. Außerdem müssen eine gewisse Sachkunde, Zuverlässigkeit und eine Haftpflichtversicherung nachgewiesen werden.

Nichtsdestotrotz steht und fällt die Qualität der Beratung mit der Person des Beraters – mit dessen Integrität, mit dessen Berufsverständnis, mit dessen Know-how und auch mit dessen Engagement und Bereitschaft zu kontinuierlicher Weiterbildung. Daran ändern auch die neuen Vorschriften mit ihren zahlreichen Ausnahmen wenig. Neueinsteiger können sich z. B. in Seminaren mit gerade einmal 200 Unterrichtsstunden auf die Sachkundeprüfung vorbereiten. Angenommen, die Seminare finden im Block und ganztägig statt, so genügt also ein Ausbildungszeitraum von nur einem Monat, um die vorgeschriebene Sachkundeprüfung erfüllen zu können. Diese Minimalanforderung kann keine vernünftige Beratungsqualität garantieren.

Wollen Sie sich nicht auf provisionsabhängige Anbieter verlassen, ist guter Rat „teuer" – im wahrsten Sinne des Wortes. Sofern Sie von Provisionsinteressen unabhängige Versicherungsberater beauftragen, sind deren Leistungen natürlich kostenpflichtig. Allerdings zahlt sich eine gute Versicherungsberatung schon in kürzester Zeit durch günstige Prämien und bedarfsgerechte Leistungen aus. Guter Rat mag also auf den ersten Blick „teuer" sein, ein schlechter Rat ist aber auf lange Sicht immer erheblich teurer.

Von Provisionsinteressen unabhängige Beratungen bieten **Versicherungsberater** an. Sie sind befugt, auch Rechtsberatungen auf diesem Gebiet durchzuführen. Den Versicherungsberatern ist es nicht gestattet, Provisionen von Versicherungsgesellschaften anzunehmen. Unterschiede in der Kompetenz findet man hier natürlich ebenso wie in jedem anderen Beruf. Versicherungsberater sind aber ausschließlich dem Kunden verpflichtet und erbringen z. B. folgende Leistungen:

- die Analyse der spezifischen Risiken (Risikoanalyse),

- das Durchsehen und Prüfen der vorhandenen Versicherungen,

- das Zusammenstellen der bestmöglichen Versicherungskonzepte auf den individuellen Versorgungsbedarf, Schließen von Versorgungslücken, Vermeiden von Doppelversicherungen,

- das Führen von Verhandlungen mit Versicherungsunternehmen über Bedingungen und Beiträge,

- Unterstützung bei der Korrespondenz mit Versicherern, wie z. B. bei Kündigungen, Vertragsumstellungen etc.

Darüber hinaus unterstützen die Versicherungsberater Sie auf Wunsch auch im Schadensfall. Dafür erhalten sie ein Honorar nach Aufwand. Für die Erstberatung wird oft eine pauschale Vergütung fällig. Hierfür sollten Sie mindestens 200 € einkalkulieren. Jede weitere Tätigkeit wird meist mit dem Stundensatz des Beraters in Rechnung gestellt. Der Stundensatz kann durchaus bei 100 € oder mehr liegen und sich auch für private und geschäftliche Beratungen unterscheiden, aber auch pauschale Vereinbarungen sind möglich. Das Honorar ist Verhandlungssache zwischen dem Berater und dem Kunden. Das Honorar schreckt möglicherweise zunächst ab. Allerdings sollten Sie bedenken, dass Sie auch die Leistungen von Versicherungsvertretern oder -maklern teuer honorieren – ohne die Gewähr, wirklich bedarfsgerecht beraten worden zu sein. Die Provisionen sind in den Versicherungsprämien enthalten. Versicherungsberater werden Ihnen in der Regel Policen von Direktversicherern oder solche ohne einkalkulierte Provisionen vorschlagen. Das Honorar für diese Versicherungsberater zahlt sich meist schon durch die eingesparten Prämien allein aus – wichtiger ist aber noch der optimierte Versicherungsschutz. Im Falle unzureichender Versicherungen oder falsch berechneter Deckungssummen kann der Schaden sogar die wirtschaftliche Existenz gefährden. Weitere Informationen und eine nach Postleitzahlen geordnete Liste von Versicherungsberatern finden Sie auf der Homepage des Bundesverbands der Versicherungsberater. Auch die Industrie- und Handelskammern können Ihnen weiter helfen.

Im Rahmen einer Mitgliedschaft bietet der **Deutsche Versicherungs-Schutzverband** seine Beratungsleistungen an. Es findet weder ein Verkauf noch eine Vermittlung von Versicherungsleistungen statt, um die Unabhängigkeit zu bewahren.

Der Jahresbeitrag richtet sich nach der Größe des Betriebes, und zwar konkret nach den feuer- und brandversicherten Werten für Gebäude, Einrichtungen und Vorräten. Der Mindestbeitrag beträgt 200 €. Für eine individuelle Vor-Ort-Beratung sollten Sie mindestens mit einem Tagessatz in Höhe von 500 € zuzüglich Spesen rechnen. Die folgenden Anbieter sind eher auf den Versicherungsbedarf von Privatpersonen ausgerichtet. Natürlich können sich aber auch künftige Unternehmer bezüglich ihrer privaten Absicherung bei den aufgeführten Einrichtungen unabhängig beraten lassen.

Der **Bund der Versicherten** ist eine kritische und unabhängige Verbraucherschutzorganisation. Im Rahmen einer Mitgliedschaft erhalten Sie z. B. Informationsmaterial und können von provisionsfreien, besonders günstigen Gruppenmitgliedschaften profitieren oder auch individuelle Rechtsberatung zu Versicherungen in Anspruch nehmen. Der Jahresbeitrag beträgt 40 €. Für Personen bis zur Vollendung des 25. Lebensjahres gilt der ermäßigte Beitrag in Höhe von 20 €. Zusätzlich wird eine Aufnahmegebühr von 8 € fällig.

Auch für Nicht-Mitglieder ist die Homepage des BdV aufgrund der Informationen (z. B. Broschüren) eine gute Adresse.

Der **Verbraucherzentrale Bundesverband e. V.** ist die Dachorganisation der Verbraucherzentralen der Länder und von verbraucherpolitisch orientierten Verbänden. Über die Homepage des Bundesverbandes gelangen Sie zu den einzelnen Verbraucherzentralen der 16 Bundesländer, die in ihren Zentralen oder Beratungsstellen vor Ort ebenfalls eine individuelle Versicherungsberatung anbieten. Die Kosten einer Versicherungsberatung sind je nach Bundesland unterschiedlich. In NRW beispielsweise werden jeweils angebrochene 30 Minuten mit 40 € berechnet. Darüber hinaus gibt es preiswerte oder kostenfreie Angebote zur Selbstinformation wie z. B. die Info-theken.

Neben den bereits genannten Anbietern ist auch die **Stiftung Warentest** eine nützliche Anlaufstelle für Informationen zum Thema Versicherungen. Zwar gibt es keine umfassende und individuelle Beratung, wohl aber Informationen, Tests und Auswertungen. Auch diese Leistungen sind zum Teil kostenpflichtig, aber absolut bezahlbar.

Insbesondere wenn Sie keine kostenpflichtige, unabhängige Beratung in Anspruch nehmen können, ist es umso wichtiger, den individuellen Versicherungsbedarf zuverlässig einschätzen zu können. Dabei sollen Ihnen die folgenden Ausführungen eine Hilfestellung bieten.

15.2 Betriebliche Absicherung

Entsprechend der obigen Fragestellungen sind zunächst einmal die bestehenden Risiken zu ermitteln. Bei der anschließenden Bewertung und der Entscheidung darüber, ob das Risiko versichert werden soll, kann Ihnen auch der beste Ratgeber nur bedingt helfen. Sie selbst müssen beurteilen, wie hoch der finanzielle Schaden in Ihrem individuellen Fall maximal sein kann und ob Sie diesen selbst tragen können oder nicht.

Die für Existenzgründer wichtigsten betrieblichen Risikobereiche können wie folgt kategorisiert werden:

- Haftpflichtrisiken,
- Absicherung Betriebsvermögen,
- Absicherung Geschäftsertrag,
- Kreditrisiken,
- Transportrisiken,
- Betrugs- und Unterschlagungsrisiko und Forderungsausfallrisiko,
- sonstige Risiken (z. B. bei Baumaßnahmen).

Von diesen Risikobereichen besitzen die Haftpflichtrisiken sowie die Absicherung des Betriebsvermögens oberste Priorität und betreffen jeden Existenzgründer. Aus diesem Grunde soll insbesondere auf diese beiden Bereiche näher eingegangen werden. Weil eine betriebliche Haftpflichtversicherung in der Regel auch den privaten Haftpflichtschutz umfasst, ist es nicht erforderlich, die Haftpflichtrisiken im betrieblichen und privaten Bereich getrennt darzustellen.

Haftpflicht

Es herrscht unter Experten absolute Einigkeit darüber, dass eine Haftpflichtversicherung unverzichtbar ist. Wer anderen Schäden zufügt, muss grundsätzlich dafür haften. Die Eintrittswahrscheinlichkeit hoher Schäden ist zwar meist eher gering, wenn dann aber doch aus Unachtsamkeit etwas passiert, kann diese Haftungsverpflichtung sehr schnell den wirtschaftlichen Ruin bedeuten, insbesondere wenn Personen geschädigt wurden. Bei Haftpflichtschäden kann es sich also um Risiken von existenzieller Bedeutung handeln, die auch nicht kalkulierbar sind. Sie müssen daher unbedingt abgesichert werden. Die Haftpflichtversicherung tritt ein, wenn durch den Versicherungsnehmer oder auch seine Angestellten Dritte geschädigt werden. Dabei geht es natürlich nicht um die absichtliche Schädigung, sondern um solche Schäden, die unbeabsichtigt und fahrlässig verursacht wurden. Mitunter besteht sogar eine Haftungsverpflichtung, wenn Sie den eingetretenen Schaden überhaupt nicht verschuldet haben. Haftpflichtschäden sind oft auch dann nicht vermeidbar, wenn Sie die allergrößte Sorgfalt an den Tag legen. Sie können auch eintreten, obwohl Sie nicht aktiv etwas getan, sondern lediglich ein bestimmtes Handeln unterlassen haben. In diesem Zusammenhang ist vor allem die so genannte „Verkehrssicherungspflicht" von Bedeutung. Wer einen so genannten „Verkehr" bzw. eine „Gefahrenstelle" eröffnet oder duldet, muss diese im zumutbaren Rahmen so sichern, dass niemand zu Schaden kommen kann. Mit Gefahrenstelle sind nicht nur offensichtlich gefährliche Stellen wie z. B. Baugruben gemeint, sondern auch beispielsweise ein Ladengeschäft, ein Büro oder ein Restaurant.

BEISPIELE: Schon eine kleine, nur etwas mehr als 2 cm hohe Schwelle an der Tür kann sowohl für die Gäste als auch für den Inhaber eines Restaurants zur wahren Stolperfalle werden. Übersieht ein Gast diese Schwelle, kommt zu Fall und verletzt sich dabei, ist der Gastwirt zum Ersatz des entstandenen Schadens verpflichtet. Er hätte auf diese Gefahrenstelle hinweisen müssen. Allerdings trifft den Gast eine Mitschuld, weil mit solchen Unebenheiten zu rechnen ist. Einen Teil seines Schadens muss er deshalb selbst tragen (Oberlandesgericht Hamm Az. 6 U 158/99).

„Achtung! Benutzung der Karts auf eigene Gefahr! Es wird keine Haftung übernommen!" Der Betreiber einer Kartbahn hat an verschiedenen Stellen darauf hingewiesen, dass die Benutzung der Bahn auf eigene Gefahr erfolgt und keine Haftung übernommen wird. Geholfen haben ihm diese Hinweise nicht. Ein Besucher der Bahn ist bei einem Überholmanöver zunächst in einen Reifenstapel geraten, der am Rande der Bahn als Aufprallschutz dienen sollte. Durch den Aufprall haben sich die Reifen jedoch verschoben, weshalb der Fahrer ungeschützt gegen einen Pfeiler gefahren ist und sich hierbei verletzt hat. Alle Argumente des Betreibers der Kartbahn, wie z. B. der Fahrer hätte den Unfall selbst durch sein Überholmanöver verschuldet, konnten ihn nicht vor der Haftung bewahren. Der Betreiber ist zum Ersatz des Schadens verpflichtet. Er hätte dafür sorgen müssen, dass die zur Sicherheit angebrachten Reifenstapel sich nicht verschieben können (Oberlandesgericht Düsseldorf Az. I-22 U 69/02).

Man mag es kaum glauben, aber auch der Verkauf von Lebensmitteln kann gefährlich sein. Zumindest birgt er ein nicht unerhebliches Haftungsrisiko. Die Kundin eines Großmarktes ist in der Feinkostabteilung auf einer Möhre ausgerutscht und zog sich dabei Verletzungen zu. Allerdings war der Boden an dieser Stelle nachweislich 45 Minuten zuvor gereinigt worden. Ein solches Reinigungsintervall reicht in Bereichen mit verpackten Lebensmitteln aus. Ein Verstoß gegen die Verkehrssicherungspflicht lag deshalb nicht vor, entschied das Oberlandesgericht Hamm (Az. 6 U 34/00). In typischen Obst- und Gemüseabteilungen, in denen die Waren von den Kunden selbst verpackt werden, sind kürzere Reinigungsintervalle von etwa 20 Minuten angemessen – eine Anforderung, die gerade in kleineren, inhabergeführten Geschäften nur schwer erfüllt werden kann.

Das Amtsgericht Köln hat dagegen entschieden, dass Verunreinigungen in Obst- und Gemüseabteilungen mit Selbstbedienung normal seien und der Kunde daher zu erhöhter Vorsicht verpflichtet sei. Die Klage einer Frau, die auf einer Weintraube ausgerutscht war, wurde abgewiesen (Az: 135 C 156/02).

Ein Grundstück neben einem Bolzplatz, auf dem Kinder regelmäßig Fußball spielen, sollte besser nicht durch spitze Zäune vor ungebetenen Besuchern geschützt werden. Normalerweise trifft die Verkehrssicherungspflicht einen Grundstückseigentümer nur gegenüber Personen, die sich befugt auf dem Grundstück aufhalten. Etwas anders sieht die Situation jedoch aus, wenn es um Kinder geht, entschied das Landgericht Tübingen (Az. 7 O 143/01). Diese neigen dazu, Verbote zu missachten und können Gefahren noch nicht richtig einschätzen. In dem konkreten Fall musste der Grundstücksbesitzer aufgrund des nahe liegenden Bolzplatzes damit rechnen, dass Kinder das Grundstück betreten würden, etwa um sich ihren über den Zaun geschossenen Ball wieder zu holen. Genau dies war geschehen und bei dem Versuch, über den 1,70 m hohen und mit Metallspitzen versehenen Zaun zu klettern, verletzte sich ein Junge erheblich. Der Grundstückseigentümer hat seine Verkehrssicherungspflicht verletzt und wurde zu einer Schmerzensgeldzahlung verurteilt.

Obige Beispiele zeigen, dass man mitunter wirklich erst durch Schaden klug wird, und sie verdeutlichen die Notwendigkeit einer Haftpflichtversicherung. Manchmal erkennt man erst, wenn bereits etwas passiert ist, dass die getroffenen Sicherheitsmaßnahmen nicht ausgereicht haben. Dann aber kann es zu spät sein, wenn die Haftpflichtschäden nicht durch eine Versicherung gedeckt sind. Zudem bleiben in der Regel Unwägbarkeiten, was die Rechtsprechung im Streitfall als ausreichende Sicherheitsmaßnahme ansehen würde und was nicht, wie die obigen Beispiele (Weintraube/Möhre) zeigen.

Eine Haftpflichtversicherung kommt aber nicht nur für berechtigte Ansprüche auf, sondern sie kümmert sich auch darum, unberechtigte Ansprüche abzuwehren. Auch dies kann wichtig sein und die mitunter hohen Kosten eines Rechtsstreits ersparen.

Ein kleines, nicht ganz ernst zu nehmendes, wohl aber reales Beispiel soll verdeutlichen, wie schnell Sie völlig ohne Ihr Zutun in (Rechts-)Streitigkeiten verwickelt werden können.

Ein betrunkener Mann verspürte auf dem Heimweg ein dringendes Bedürfnis und wollte sich an einem Grundstückszaun kurzerhand erleichtern. Da es ihm schwer fiel, das Gleichgewicht zu halten, stützte er sich Hilfe suchend an einem Zaun ab. Dieser war ihm jedoch keine wirkliche Stütze, sondern morsch und der betrunkene Mann rollte eine Böschung hinunter, wobei er sich verletzte. Er wollte daraufhin von der Grundstückseigentümerin eine Entschädigung. Zur beabsichtigten Klage gegen die Grundstückseigentümerin wegen Verletzung der Verkehrssicherungspflicht kam es letzten Endes jedoch nicht, weil der Antrag des Mannes auf Prozesskostenbeihilfe wegen mangelnder Erfolgsaussichten abgelehnt wurde (Landgericht Gera, Az. 4 O 1292/01).

Eine betriebliche Haftpflichtversicherung deckt nicht nur die Schäden ab, welche Sie selbst Dritten zufügen, sondern auch solche, die Ihre Mitarbeiter verursachen. Eingeschlossen ist in der Regel die private Haftpflichtversicherung, welche die Risiken in Ihrem Privatbereich abdeckt, etwa wenn Ihr Kind mit seinem Fahrrad Nachbars neues Auto beschädigt. Prüfen Sie bei Abschluss der Versicherung, ob auch Familienmitglieder oder Lebenspartner in den Schutz einbezogen sind.

Allerdings sind mit dieser Versicherung nicht immer alle wichtigen Haftpflichtrisiken bereits abgesichert. Darum ist im konkreten Einzelfall zu prüfen, ob die folgenden Versicherungen als Ergänzung nötig oder sinnvoll sind:

- Vermögensschadenhaftpflicht/Berufshaftpflicht,
- Umwelthaftpflicht und
- Produkthaftpflicht.

Eine **Berufshaftpflichtversicherung** gehört bei manchen Berufen zu den Pflichtversicherungen. Rechtsanwälte werden beispielsweise ohne den Nachweis einer solchen Versicherung nicht zugelassen. Bezüglich eventuell bestehender Pflichtversicherungen können Sie sich bei den jeweiligen Kammern und/oder Berufsverbänden erkundigen.

Eine Berufshaftpflichtversicherung kommt – anders als die Betriebshaftpflichtversicherung – für so genannte Vermögensschäden auf.

Es geht also nicht um die Schädigung von Personen oder um die Beschädigung von Sachen, sondern um Schäden an dem Vermögen Dritter. Diese Versicherung ist insbesondere für Freiberufler oder andere Dienstleister von Bedeutung. Auch ein Unternehmer ist nur ein Mensch und trotz größter Sorgfalt können Fehler nicht immer ausgeschlossen werden. Dies entbindet Sie aber nicht von Ihrer Haftungsverpflichtung. Gerade Vermögensschäden können bei fehlender Absicherung schnell zum wirtschaftlichen Ruin führen. Darum sollten Sie sich im Rahmen Ihrer Gründungsplanung fragen, welche Schäden Sie schlimmstenfalls, z. B. durch falsche Beratung Ihrer Kunden, anrichten können und wie hoch der Schaden maximal sein kann.

Auch hier gilt, dass Sie möglicherweise erst im Rahmen eines Rechtsstreits erfahren, welche Pflichten Sie im Einzelnen hätten erfüllen müssen, sodass Sie trotz aller Vorsicht den Schadensfall und die Haftung nicht mit Sicherheit ausschließen können.

BEISPIELE: Versäumt es ein Steuerberater, seinen Mandanten – auch ungefragt – darauf hinzuweisen, dass er durch einen Kirchenaustritt (Kirchen-)Steuer sparen kann, so hat er seine Belehrungspflicht verletzt und haftet für den entstandenen Vermögensschaden (Oberlandesgericht Düsseldorf, Az. 23 U 39/2).

Ein Anlageberater, der mit falschen Angaben wirbt, eine Anlage als „sichere Sache" bezeichnet und nicht auf das Risiko des Totalverlustes hinweist sowie keine alternativen Möglichkeiten aufzeigt, muss für den entstandenen Vermögensschaden aufkommen. Allerdings mussten sich die Beratenen eine Mitschuld anrechnen lassen, weil sie Risiken nicht hinterfragt und Renditeerwartungen nicht überprüft hatten (Oberlandesgericht Bamberg, Az. 5 U 82/03).

Ebenso wie die Vermögensschäden sind auch Umweltschäden nicht in der „normalen", betrieblichen Haftpflichtversicherung eingeschlossen. Für die meisten Existenzgründer wird der Abschluss einer **Umwelthaftpflichtversicherung** dennoch nicht erforderlich sein. Zu prüfen ist dies aber wiederum im Einzelfall. Können durch Ihren Betrieb Boden, Wasser oder Luft verunreinigt werden, empfiehlt sich aufgrund der weit reichenden Haftung auf jeden Fall der Abschluss einer Umwelthaftpflichtversicherung.

Hersteller von Produkten haften auch dann für Schäden, die durch ihre Produkte entstehen, wenn sie daran kein Verschulden trifft. Die **Produkthaftpflichtversicherung** ist insbesondere für Hersteller, Zulieferer und bei Auslandgeschäften von Bedeutung, weil der durch die Betriebshaftpflichtversicherung gewährte Schutz häufig nicht ausreicht. Allerdings sollten Sie sich auch als Händler beraten lassen, ob eine Haftung für Sie aufgrund besonderer Umstände in Betracht kommt, beispielsweise weil Sie Waren vertreiben, deren Hersteller Sie nicht benennen können.

Auf die Haftpflichtrisiken im Straßenverkehr muss an dieser Stelle nicht näher eingegangen werden, da die **Kfz-Haftpflichtversicherung** ohnehin zu den Pflichtversicherungen gehört. Prüfen Sie jedoch, ob Sie bei Abschluss der Versicherung angegeben haben, das Fahrzeug nur für Privatfahrten zu benutzen. Wollen Sie künftig Ihr Auto auch betrieblich nutzen, muss dies dem Versicherer gemeldet werden, um nicht den Versicherungsschutz zu beeinträchtigen.

Neben der Versicherung der Haftpflichtrisiken hat die Absicherung des Betriebsvermögens für jeden Existenzgründer hohe Priorität, es sei denn, das Betriebsvermögen ist nur von geringem Wert. Prüfen Sie daher, ob der Abschluss der folgenden Versicherungen erforderlich ist.

Geschäftsversicherung

Eine Geschäftsversicherung schützt vor den finanziellen Folgen, wenn Gebäude, Betriebseinrichtungen, Waren/Vorräte oder das Eigentum der Mitarbeiter beschädigt oder zerstört werden bzw. abhanden kommen.

Es gibt umfassende Geschäftsversicherungen, welche alle genannten Risiken absichern, sie können jedoch in der Regel auch einzeln versichert werden. Eine Geschäftsinhaltsversicherung bietet einen nicht so umfassenden Schutz und enthält nur die Vierfachkombination aus Einbruch-/Diebstahl-, Sturm-/Hagel-, Feuer- und Leitungswasserversicherung.

Die Versicherungsprämie einer Geschäftsversicherung hängt insbesondere von der Art des Betriebes, der Größe und dem Standort (Risikozone) ab.

Wer sein Geschäft vom häuslichen Arbeitszimmer aus betreibt, muss nicht noch zusätzlich eine Geschäftsversicherung abschließen. In der Regel reicht der Schutz der privaten Hausratversicherung aus. Allerdings sollten Sie prüfen, ob bestimmte Ausschlüsse bestehen, die Versicherungssumme noch angemessen ist oder bestimmte Informationspflichten bestehen.

Existenzgründer, deren Firmensitz außerhalb der eigenen 4 Wände liegt und die in gemieteten Räumlichkeiten tätig sein werden, sollten prüfen, welche Versicherungen der Hauseigentümer bereits abgeschlossen hat und über die Nebenkosten auf die Miete umlegt, um Doppelversicherungen (z. B. für Glasbruch) zu vermeiden.

Die Einbruch-/Diebstahlversicherung ersetzt die gestohlenen Gegenstände, aber auch was bei dem Einbruch oder Raub zerstört wurde wie z. B. Vandalismusschäden.

Die Feuerversicherung ersetzt Schäden an den Gebäuden und Betriebseinrichtungen (z. B. Vorräte, Akten etc.), die durch Brand, Blitzschlag, Explosion oder abstürzende Flugzeuge entstanden sind. Außerdem sind Folgeschäden wie z. B. Feuerlöschkosten mitversichert. Durch geeignete Brandschutzmaßnahmen kann die Versicherungsprämie gesenkt werden.

Die Leitungswasserversicherung kommt für Schäden an Gebäuden und Betriebseinrichtungen auf, die durch Leitungswasser entstanden sind, welches entgegen seiner Bestimmung ausgetreten ist, z. B. durch austretendes Leitungswasser aus Wasserleitungen, Warmwasserversorgungs- oder Zentralheizungsanlagen. Die Versicherung erstreckt sich auch auf Schäden durch Rohrbrüche oder Frost, nicht aber auf Hochwasser-, Reinigungs- oder Grundwasserschäden. Mitversichert sind auch Schäden, die bei der Reparatur entsprechender Einrichtungen entstehen. Die Leitungswasserversicherung nimmt nicht einen so hohen Stellenwert ein wie die Feuerversicherung. Aber auch Leitungswasser kann einen immensen Schaden verursachen.

Die Sturm- und Hagelversicherung deckt Schäden ab, die unmittelbar durch Sturm oder Hagel entstanden sind, wie z. B. beschädigte Dächer, Fenster oder durch umgefallene Bäume entstandene Schäden. Auch Folgeschäden wie etwa eindringendes Wasser sind mitversichert.

Sturmschäden gehören mit Abstand zu den bedeutendsten Naturkatastrophen in Deutschland. Als Sturm im Sinne der Versicherungsbedingungen gelten jedoch nur „wetterbedingte Luftbewegungen von mindestens Windstärke 8". Den Nachweis über die Windstärke müssen Sie als Versicherungsnehmer erbringen, was allerdings in der Regel durch die Aufzeichnungen der Wetterstationen unproblematisch ist.

Insgesamt ist die Häufigkeit von Naturkatastrophen hierzulande im Vergleich mit anderen Staaten zwar eher gering. Tritt ein solches Ereignis aber ein, können die Schäden Existenz bedrohend sein, wenngleich auch die Regulierung kleinerer Schäden durch Ereignisse wie Sturm oder Hagel häufiger ist.

Zum Teil beinhalten die Geschäftsversicherungen neben den bereits aufgeführten Leistungen auch eine so genannte Kleinbetriebsunterbrechungsversicherung. Wenn der Betrieb stillsteht, ist der Schaden mitunter noch größer als der durch eines der obigen Ereignisse entstandene Sachschaden. Die fixen Kosten wie z. B. Miete oder Gehälter laufen weiter und Erlöse können nicht erwirtschaftet werden. Eine (Klein-)Betriebsunterbrechungsversicherung schützt Sie vor den finanziellen Folgen, wenn der Geschäftsbetrieb aufgrund eines der obigen Schadensereignisse unterbrochen ist.

Wenn die Fähigkeit Erträge zu erwirtschaften maßgeblich von Ihrem persönlichen Arbeitseinsatz abhängt, kann der Abschluss einer Betriebskostenversicherung sinnvoll sein. Wie bei der Betriebsunterbrechungsversicherung werden im Schadensfall die fixen Kosten wie Miete, Gehälter, Zinsen usw. abgedeckt. Die Betriebsunterbrechungsversicherung übernimmt diese Kosten nur aufgrund der Unterbrechung bestimmter Ereignisse wie z. B. Feuer, Leitungswasserschäden etc., nicht aber bei Unterbrechung durch Krankheit des Inhabers.

Die Versicherung gegen Elementarschäden wie z. B. Lawinen oder Überschwemmungen ist grundsätzlich möglich, wobei gerade die Unternehmen in risikoreichen Lagen wie z. B. in Flussnähe nur schwer oder gar nicht an einen Vertrag kommen.

Auch eine Glasbruchversicherung wird von manchen Anbietern im Rahmen einer Geschäftsversicherung angeboten, die Glasbruchschäden im Außen- und Innenbereich abdeckt.

Die Stiftung Warentest hat beispielhaft für zwei verschiedene Standorte und Branchen Preisvergleiche angestellt und in der Zeitschrift Finanztest veröffentlicht. Es wurden jeweils ein Textilgeschäft (hohes Risiko) und eine Gaststätte (mittleres Risiko) an den Standorten Magdeburg und Erlangen gegenübergestellt. Die Standorte wurden stellvertretend für Orte mit einem hohen (Magdeburg) bzw. einem geringen (Erlangen) Einbruchrisiko ausgewählt. Die Ergebnisse können nur eine Orientierung bieten und zeigen deutlich auf, dass allgemein gültige Aussagen oder Empfehlungen bestimmter Versicherungsgesellschaften kaum möglich sind. Auf jeden Fall sollten Sie mehrere Vergleichsangebote einholen. Die Prämien lagen beispielsweise für eine Geschäftsinhaltsversicherung zuzüglich einer Kleinbetriebsunterbrechungsversicherung für die Gaststätte in Erlangen zwischen 748 € und 1.740 € und für das Textilgeschäft in Magdeburg zwischen 1.474 € und 6.481 €.

Zu den Anbietern, die mindestens in einem der Bereiche zu den 3 günstigsten gehörten, zählten die im unten stehenden Linkverzeichnis aufgeführten Gesellschaften. Bedenken Sie aber auch, dass die Untersuchung schon einige Jahre zurück liegt und darum ein eigener Preisvergleich Sinn macht. Ein aktueller Test liegt nicht vor. Neben den oben aufgeführten, besonders wichtigen Versicherungen können je nach Gründungsvorhaben weitere Versicherungen notwendig oder sinnvoll sein.

Elektronik

Eine Elektronikversicherung deckt Schäden an der Hardware ab. Sie ist insbesondere wichtig für Betriebe, die in großem Umfang von elektronischen Geräten abhängig sind. Der Versicherungsschutz kann um eine Datenträgerversicherung ergänzt werden, die zerstörte Datenträger und die Kosten für die Rekonstruktion übernimmt. Für Dienstleister und kleinere Unternehmen ist diese Versicherung meist entbehrlich.

Die Hardware kann in der Regel aus eigenen Mitteln wiederbeschafft werden. Wichtiger als die Hardware ist die Sicherung der gespeicherten Daten, die gerade in kleinen Unternehmen häufig vernachlässigt wird. Regelmäßige Datensicherungen sollten daher von Beginn an zur Routine werden.

Maschinen

Schäden an teuren Maschinen sollten durch eine Maschinenversicherung abgesichert werden, sofern die Maschine zur Aufrechterhaltung des Geschäftsbetriebes dringend erforderlich ist und nicht aus eigenen Mitteln problemlos ersetzt werden kann. Versichert sind z. B. Schäden, die durch Bedienungsfehler oder Böswilligkeit Dritter (wie z. B. Brandstiftung durch Arbeitnehmer) entstanden sind.

Transport

Eine Transportversicherung schützt vor den finanziellen Risiken, die durch den Verlust oder die Beschädigung von Transportgut entstehen, z. B. durch Unfall, Brand, Raub, Explosion etc. Für reine Dienstleister ist diese Versicherung überflüssig. Sie könnte jedoch insbesondere für Händler, Hersteller, Zulieferer, Spediteure und Frachtführer sinnvoll sein. Je nach Tätigkeitsbereich gibt es speziell zugeschnittene Policen. So gibt es beispielsweise Policen für den Einzelhandel, die auch Messestücke und Musterkollektionen einschließen sowie das Risiko des Ertragsausfalls durch Lieferfristüberschreitung übernehmen.

Vertrauensschaden

Eine Vertrauensschadenversicherung deckt Schäden ab, die Ihnen vorsätzlich zugefügt werden, wie z. B. durch Unterschlagung, Betrug, Löschen wichtiger Daten. Sie ist sinnvoll, wenn Mitarbeiter größere Vertrauensschäden anrichten können.

Forderungsausfall

Die Warenkreditversicherung schützt den Unternehmer in 2-facher Hinsicht. Sie bietet Schutz für Forderungsausfälle durch zahlungsunfähige Abnehmer und sie überprüft die Bonität der Abnehmer, um Forderungsausfälle möglichst schon im Vorfeld zu vermeiden.

Eine Exportkreditversicherung schützt bei Lieferungen in das Ausland, wenn der ausländische Abnehmer Ihre Rechnung nicht bezahlt. Es ist sowohl eine staatliche Exportkreditgarantie möglich als auch die Absicherung über private Anbieter. Während private Anbieter im Wesentlichen wirtschaftliche Risiken wie z. B. Insolvenz des Schuldners versichern, bietet der staatliche Schutz zusätzlich auch Hilfe bei politischen Risiken wie z. B. Krieg oder Aufruhr, wenn hierdurch die Forderung nicht erfüllt wird.

Eine weitere Möglichkeit, sich vor Forderungsausfällen zu schützen, bietet die Forderungsausfallversicherung, die es auch speziell für Online-Händler gibt. Gerade aufgrund der immensen Probleme, die durch Forderungsausfälle und die schlechte Zahlungsmoral verursacht werden, erscheint diese Versicherung besonders attraktiv. Ob dies tatsächlich so ist, muss im konkreten Einzelfall geprüft werden. Mitunter gehen die Versicherungsleistungen mit einem hohen Selbstbehalt einher und werden auch nur dann erbracht, wenn die Zahlung aufgrund einer Zahlungsunfähigkeit des Kunden ausbleibt. Zunehmend problematisch ist hierzulande jedoch die Zahlungsunwilligkeit. Eine sorgfältige Kosten-Nutzen-Analyse ist bei dieser Versicherung also mindestens genau so angebracht wie bei allen übrigen Versicherungsangeboten.

Rechtsschutz

Eine Rechtsschutzversicherung wird gemeinhin als nicht unbedingt erforderlich angesehen, weil es heißt, die Versicherung zahle ohnehin nur, wenn im Klagefall Aussicht auf Erfolg besteht. Diese Aussicht besteht jedoch in vielen Fällen, nur scheuen Unternehmer wie Privatpersonen oft das Kostenrisiko eines Rechtsstreits und verzichten daher auf den Versuch, ihr Recht durchzusetzen. Eine Rechtsschutzversicherung federt dieses Risiko ab, indem Sie z. B. nach erteilter Deckungszusage die Gerichts- und Anwaltskosten übernimmt. Sie können sich nicht nur gegen ungerechtfertigte fremde Ansprüche wehren, sondern auch eigene Ansprüche durchsetzen. Eine Rechtsschutzversicherung für den privaten Bereich kann um einen Firmenrechtsschutz mit unterschiedlichen Leistungen und Prämien ergänzt werden. Die für Existenzgründer wichtigsten Bereiche können schon als Basis-Firmenrechtsschutz für einen geringen Aufpreis versichert werden. Ob sich dies lohnt, muss jeder Existenzgründer individuell entscheiden. Dabei ist auch zu berücksichtigen, dass der Rechtsschutz für bestimmte Bereiche mit hohem Risiko leider nicht gilt. So können mithilfe der Rechtsschutzversicherung keine eigenen Honorarforderungen eingeklagt werden und auch im höchst unwägbaren Bereich des Wettbewerbsrechts (vgl. auch Abschnitt 10.5) gewährt keine Versicherung (mehr) einen entsprechenden Rechtsschutz.

Weitere Versicherungen

Über die oben genannten Versicherungen hinaus kann im Einzelfall weiterer Versicherungsbedarf bestehen. Denken Sie beispielsweise bei einem hochwertigen Fuhrpark auch an einen entsprechenden Versicherungsschutz. Planen Sie Baumaßnahmen, sollten natürlich auch die hiermit im Zusammenhang stehenden Risiken abgesichert werden. Bei Mietobjekten kann der Mietausfall durch Zahlungsunfähigkeit des Mieters abgesichert werden. Diese Versicherungen gehören nicht zu den klassischen Versicherungen, die Existenzgründer von Beginn an benötigen, können aber im Einzelfall sinnvoll sein.

15.3 Pflichtversicherungen – soziale Absicherung der Mitarbeiter

Neben den Versicherungen, die Sie für Ihren Betrieb schon aus eigenem Interesse benötigen, gibt es bestimmte Versicherungen, die für Sie relevant sind, wenn Sie Mitarbeiter – auch Minijobber – einstellen wollen.

Der Identifikation des Betriebes und der Abrechnung von Sozialversicherungsbeiträgen dient die so genannte Betriebsnummer. Wenn Sie planen, Mitarbeiter einzustellen, müssen Sie diese Nummer bei Ihrer zuständigen Arbeitsagentur beantragen. Die meisten Arbeitnehmer sind Pflichtmitglied in der gesetzlichen Sozialversicherung. Zu den 5 Säulen der Sozialversicherung gehören:

- Krankenversicherung,
- Pflegeversicherung,

477

- Rentenversicherung,
- Arbeitslosenversicherung und
- Unfallversicherung.

Die Beiträge zur Unfallversicherung trägt der Arbeitgeber allein. Versichert sind Arbeits- und Wegeunfälle sowie Berufskrankheiten der Mitarbeiter über die zuständige Berufsgenossenschaft. Die Beiträge sind nicht einheitlich. Sie richten sich unter anderem nach den Gefahrenklassen – einen Dachdecker zu versichern ist also teurer als der Versicherungsschutz für einen „Schreibtischtäter".

Die Arbeitnehmer- und Arbeitgeberbeiträge zu den übrigen Säulen der Sozialversicherung werden über die gesetzlichen Krankenkassen abgerechnet. Sie müssen also nicht die Beiträge an die jeweiligen Träger der Sozialversicherungen einzeln abführen, sondern lediglich an die zuständigen Krankenkassen. Aber auch dies kann schon ein erheblicher Verwaltungsaufwand sein, wenn die Mitarbeiter Mitglied in vielen unterschiedlichen Krankenkassen sind.

Für die Berechnung der Beiträge und die fristgerechte Zahlung sind natürlich Sie als Arbeitgeber verantwortlich.

Die Beiträge werden vom beitragspflichtigen Bruttoentgelt berechnet – und zwar bis zur Höhe der jeweiligen Beitragsbemessungsgrenze. Die allgemeinen Beitragssätze betragen im Jahr 2014:

- **Rentenversicherung:** 18,90% (je 50% Arbeitgeber/Arbeitnehmer),
- **Pflegeversicherung:** 2,05% (je 50% Arbeitgeber/Arbeitnehmer),
- **Arbeitslosenversicherung:** 3,00% (je 50% Arbeitgeber/Arbeitnehmer).
- **Krankenversicherung:** 15,5% (Arbeitgeber: 7,3%, Arbeitnehmer: 8,2%). Der ermäßigte Beitragssatz beträgt 14,9%, beinhaltet kein Krankentagegeld und ist eine Option (nicht immer die Beste) für Existenzgründer, die sich z. B. anderweitig für den Fall längerer Krankheit absichern wollen.

Eine Ausnahme bei der Pflegeversicherung gilt im Bundesland Sachsen. Hier werden die Beiträge nicht zur Hälfte von Arbeitnehmern und Arbeitgebern getragen. In Sachsen ist nicht – wie in den übrigen Bundesländern – bei Einführung der Pflegeversicherung ein Feiertag zum Ausgleich für den Arbeitgeberanteil weggefallen. Daher tragen in Sachsen die Arbeitnehmer bis zur Höhe von einem Prozent die Pflegeversicherung allein. Der darüber liegende Beitrag wird zwischen Arbeitnehmer und Arbeitgeber geteilt. Bei dem derzeitigen Beitragssatz von 2,05% trägt daher der Arbeitnehmer 1,525% (1% + die Hälfte von 1,05%) und der Arbeitgeber 0,525% der Beiträge.

Kinderlose Versicherte werden ab dem 23. Lebensjahr zudem mit einem Zuschlag zur Pflegeversicherung in Höhe von 0,25% zur Kasse gebeten.

Die soziale Absicherung von Mitarbeitern ist ein nicht unerheblicher Faktor, der in Ihren Planzahlen nicht außen vor bleiben darf, wenn Mitarbeiter beschäftigt werden sollen.

Gerade für kleinere Unternehmen können die Entgeltfortzahlung für Mitarbeiter im Krankheitsfall sowie die Leistungen nach dem Mutterschutzgesetz eine besondere Belastung darstellen. Dieses schwer kalkulierbare Risiko soll die **Entgeltfortzahlungsversicherung** abfedern. Sie erstattet den Arbeitgebern einen großen Teil der Aufwendungen. Es handelt sich bei Vorliegen der Voraussetzungen um eine Pflichtversicherung. Man unterscheidet zwischen den beiden Bereichen:

- Umlage 1 (U1): Entgeltfortzahlung im Krankheitsfall (für alle Unternehmen, die regelmäßig nicht mehr als 30 Arbeitnehmer beschäftigen) und

- Umlage 2 (U2): Mutterschaftsaufwendungen (seit 2006: größenunabhängig für alle Unternehmen mit wenigen Ausnahmen).

- Bestimmte Personenkreise bleiben bei der Ermittlung der Anzahl der Arbeitnehmer unberücksichtigt:

- Auszubildende,

- Praktikanten,

- Volontäre,

- Wehr- und Zivildienstleistende und

- Schwerbehinderte.

Teilzeitbeschäftigte werden anteilig berücksichtigt. Auch wer ausschließlich Personen beschäftigt, die nicht angerechnet werden, wird zur Zahlung der Umlage herangezogen. Es macht im Zusammenhang mit U2 auch keinen Unterschied, ob Sie in Ihrem Betrieb überhaupt Frauen beschäftigen oder nicht. Das Bundessozialgericht hat entschieden, dass auch Betriebe, die ausschließlich Männer beschäftigen, an dieser Umlage teilnehmen müssen.

Die Erstattung der Aufwendungen im Rahmen der U2-Versicherung beträgt 100%. Die Entgeltfortzahlung im Krankheitsfall beträgt je nach Satzung der zuständigen Kasse bis zu 80%.

Die Beiträge zur U1 und zur U2 zahlen Sie als Arbeitgeber allein. Sie variieren je nach Krankenkasse. Bei der Techniker Krankenkasse können Sie z. B. bei der U1 zwischen drei Erstattungssätzen (50%, 70% u. 80%) mit drei unterschiedlichen Beitragssätzen (1,2%, 1,7% u. 3,3%) wählen. Der Beitragssatz für die U2 beträgt aktuell 0,33% (jeweils mit Stand: Januar 2014).

Seit dem 1. Januar 2009 wird auch die Insolvenzgeldumlage als so genannte U3 zusammen mit den anderen Sozialversicherungsbeiträgen über die Krankenkassen als Einzugsstellen entrichtet. Die Umlage zahlen Arbeitgeber zur Finanzierung des „Insolvenzgeldes", das im Falle einer Insolvenz des Unternehmens bei Vorliegen der Voraussetzungen an die betroffenen Mitarbeiter gezahlt wird. Die Umlage beträgt 0,15% (Stand: Januar 2014).

Häufige Fehler, die Sie beim Abschluss von Versicherungen – privat wie betrieblich – vermeiden sollten:

- Vermeiden sollten Sie bei Versicherungen sowohl Unter- als auch Überversicherungen, weil ansonsten die Schäden nicht in der erforderlichen Höhe abgesichert sind bzw. die Prämien gemessen an der benötigten Versicherungssumme zu hoch sind.

- Manche Gesellschaften bieten „Paketlösungen" für Existenzgründer an. Hier sollten Sie darauf achten, ob die Pakete tatsächlich Ihrem individuellen Bedarf entsprechen. Mitunter enthalten diese Lösungen Versicherungen, die Sie nicht benötigen, aber trotzdem mitbezahlen. Dafür können andere, im konkreten Fall erforderliche Versicherungen, fehlen. Wie bereits oben erwähnt, sollten Doppelversicherungen vermieden werden.

- Leider sind Rechtsstreitigkeiten mit der eigenen Versicherung gar nicht so selten. Verlassen Sie sich daher in keinem Fall auf mündliche Zusagen. Wichtige Vereinbarungen müssen schriftlich festgehalten werden. Auch kann es keinesfalls schaden, zusätzlich einen neutralen Zeugen zu den Vertragsverhandlungen hinzuzuziehen. Außerdem kann es Sinn machen, die Rechtsschutzversicherung bei einer Gesellschaft abzuschließen, mit der Sie sonst keine Verträge abgeschlossen haben.

- Prüfen Sie gründlich die in den Versicherungsbedingungen enthaltenen Auflagen oder Ausschlüsse, um den Versicherungsschutz nicht zu gefährden und sicherzustellen, dass die Leistungen dem Bedarf entsprechen.

- Überprüfen Sie regelmäßig einmal im Jahr Ihren Versicherungsschutz und passen ihn ggf. geänderten Anforderungen an.

- Manche Gesellschaften bieten Rabatte für eine lange Laufzeit an. Dies lohnt sich in vielen Fällen nicht, weil Sie dann nicht flexibel auf günstigere Angebote reagieren können.

- Fragen Sie auf jeden Fall nach einem Rabatt für Existenzgründer. Viele Versicherer bieten diese Rabatte in den ersten 1 oder 2 Jahren an, oft jedoch nur auf Anfrage. Auch bei Versicherungsmaklern, die ausschließlich in Ihrem Interesse arbeiten, können Sie leider nicht immer erwarten, dass diese Sie auf mögliche Rabatte hinweisen, wie Erfahrungen aus der Praxis zeigen.

15.4 Private Absicherung

Im privaten Bereich sollte jeder Existenzgründer die vorhandene Vorsorge insbesondere für die folgenden Fälle prüfen und der neuen Situation anpassen:

- vorübergehende Krankheit,
- andauernde Arbeitsunfähigkeit (z. B. durch Krankheit, Unfall) und neuerdings auch Arbeitslosigkeit,

- Pflegebedürftigkeit,
- Todesfall des Ernährers,
- Alter.

Als Unternehmer können Sie freier und eigenverantwortlicher als ein Arbeitnehmer entscheiden, welche soziale Absicherung Ihnen wichtig ist. Freiheiten bergen aber mitunter auch Gefahren.

Mitunter neigen Gründer dazu, die oft hohen Versicherungsbeiträge gerade in der ersten Zeit nach der Gründung sparen zu wollen. Im Fall der Altersvorsorge kann dies unter Umständen eine sinnvolle Entscheidung sein – wenn sie wirklich nur vorübergehender Natur ist. In den übrigen Fällen ist dies nicht ratsam, weil Sie sich auf eine Krankheit oder Schlimmeres nicht in gleicher Weise vorbereiten können wie auf das Alter. Hinzu kommt, dass auch Kreditinstitute den Todesfall des Kreditnehmers abgesichert wissen wollen. Auch wenn sich niemand mit diesem Thema gern beschäftigt, ist dies ein legitimes Anliegen der Geldgeber, sodass eine Risikolebensversicherung quasi zu den Pflichtversicherungen gehört, wenn Sie Ihr Vorhaben (teilweise) fremd finanzieren müssen. Auch der Krankheitsfall muss ordentlich abgesichert werden, weil ansonsten eine länger andauernde Krankheit des Unternehmers fast zwangsläufig das „Aus" für das junge Unternehmen bedeutet. Darum werden Kreditinstitute auch auf die angemessene Absicherung des Krankheitsrisikos achten. Seit dem 1. 1. 2009 ist die Krankenversicherung ohnehin grundsätzlich eine Pflichtversicherung.

15.4.1 Krankenversicherung

Die Versicherungspflicht betrifft seitdem also auch Existenzgründer und Unternehmer. Wer zuletzt sozialversicherungspflichtig beschäftigt war, kann in den meisten Fällen wählen zwischen einer freiwilligen Mitgliedschaft in einer gesetzlichen Krankenkasse und einer privaten Krankenversicherung. Die Wahlmöglichkeit besteht für Personen, welche die Voraussetzungen des § 9 Absatz 1 SGB V erfüllen. Der häufigste Fall bei Existenzgründern, die zuvor als Arbeitnehmer beschäftigt waren ist in Nummer 1 geregelt und gilt für:

> „... Personen, die als Mitglieder aus der Versicherungspflicht ausgeschieden sind und in den letzten fünf Jahren vor dem Ausscheiden mindestens vierundzwanzig Monate oder unmittelbar vor dem Ausscheiden ununterbrochen mindestens zwölf Monate versichert waren; ..."

Wer die Voraussetzungen nicht erfüllt hat keine Wahl, sondern muss sich privat versichern. Die privaten Krankenkassen bieten Basistarife an, bei denen keine Leistungsausschlüsse innerhalb der Basisversorgung oder Risikozuschläge erlaubt sind. Es gilt ein so genannter „Kontrahierungszwang". Wer berechtigt ist, darf nicht abgewiesen werden, auch nicht wegen seines Alters oder Gesundheitszustandes.

Wer sich freiwillig für eine private Versicherung entscheidet, kann diesen Schritt als Selbständiger nicht mehr rückgängig machen, sondern müsste die Selbständigkeit beenden und weitere Voraussetzungen erfüllen. Junge Menschen profitieren zunächst von niedrigen Beiträgen und guten Leistungsangeboten. Allerdings steigen die Beiträge im Alter und jedes Familienmitglied ist separat zu versichern. Das kann sehr schnell sehr teuer werden, wenn z. B. die Familienplanung noch nicht abgeschlossen ist.

In der gesetzlichen Krankenversicherung gibt es die Familienversicherung (§ 10 SGB V), in der Ehegatten, Lebenspartner und Kinder in den meisten Fällen beitragsfrei mit versichert sind.

Auch Teilzeitselbständige können häufig beitragsfrei über den Lebens-/Ehepartner versichert bleiben, auch dann wenn die Teilzeitselbständigkeit gar keine bewusste Entscheidung ist. Mitunter führt nicht der freie Wille sondern eine schlechte Auftragslage dazu, dass das Einkommen gering und der Arbeitsaufwand niedrig ist. Wer als Teilzeitselbständiger nicht mehr als 395 € im Monat verdient (Stand 2014), darf beitragsfrei in der Familienversicherung bleiben.

Auf jeden Fall ist die angemessene Sicherstellung des Lebensunterhalts im Krankheitsfall wichtig. Als hauptberuflicher Selbständiger haben Sie keinen Anspruch auf Krankengeld, es sei denn Sie erklären gegenüber der Krankenkasse, dass die Mitgliedschaft das Krankengeld umfassen soll (§ 44 Absatz 2 Nr. 2 SGB V). Das ist zum Beispiel dann der Fall, wenn Sie sich für eine Mitgliedschaft zu dem „normalen" Tarif von derzeit 15,5% entscheiden (der ermäßigte

Beitragssatz ohne Krankengeld beträgt derzeit 14,9%). Sie erhalten dann Krankengeld ab dem 43. Tag. Das Krankentagegeld erhalten Sie auch dann, wenn kein Krankenhausaufenthalt erforderlich ist, es ist also nicht zu verwechseln mit dem Krankenhaustagegeld. Üblicherweise reicht die Zahlung von Krankentagegeld ab dem 43. Tag aus, weil der Lebensunterhalt oft in den ersten 6 Wochen einer Krankheit aus eigenen Mitteln gesichert werden kann. Ist dies nicht der Fall, sollten Sie über eine zusätzliche Absicherung nachdenken. Es gibt z. B. so genannte Krankentagegeld-Wahltarife (nicht nur) für diesen Zweck. Allerdings geht mit den Wahltarifen auch eine 3-jährige Bindung an die Kasse einher.

Bei Beitragsrückständen können die Leistungen auf das Notwendigste (akute Schmerzbehandlung u. ä.) reduziert werden. Eine Kündigung seitens der Krankenkasse darf nicht erfolgen.

Soweit sollte es aber erst gar nicht kommen. Es ist unbedingt empfehlenswert, frühzeitig das Gespräch mit einer oder auch mehreren Krankenkassen zu suchen und die Situation zu besprechen. Es kommt z. B. auf die voraussichtlichen künftigen Einkünfte an, auf den Arbeitsumfang, ggf. das Vermögen und/oder Einkommen des (Ehe-)Partners, die vorherige Versicherungssituation usw.

Hauptberuflich Selbständige mit nachweislich geringerem Einkommen als 4.050 € (Stand: 2014) werden in der Krankenversicherung so eingestuft, als würden sie 2.073,75 € im Monat verdienen, auch wenn der tatsächliche Betrag deutlich darunter liegt. Für Existenzgründer, die mit dem Gründungszuschuss der Arbeitsagentur gefördert werden, wird während der Bezugsdauer „nur" ein Mindestbetrag in Höhe von derzeit 1.347,50 € (Stand: Januar 2014) angesetzt, sondern kein höheres Einkommen erzielt wird.

In einem persönlichen Gespräch sollten auf jeden Fall vor der Gründung der optimale Tarif und die richtige Einstufung gewählt werden, vor allem wenn zunächst nur geringe Einkünfte zu erwarten sind. Für Selbständige, die in der gesetzlichen Krankenversicherung versicherungspflichtig sind, könnte sogar ein Zuschuss in Betracht kommen. Diese Möglichkeit besteht, wenn Sie als Selbständiger durch den Krankenkassenbeitrag hilfebedürftig im Sinne der Sozialgesetzgebung werden (§ 26 SGB II).

Diese und andere Fragen können aber nur unter Berücksichtigung der individuellen, persönlichen Situation optimal geklärt werden. Darum ist eine persönliche Beratung auf jeden Fall zu empfehlen.

Links zum Thema

http://www.existenzgruender.de – Suche: Krankenversicherung; http://www.gkv-spitzenverband.de – Beratungs- und Informationsangebote der Interessenvertretung der Kranken- u. Pflegekassen; http://www.verbraucherzentrale-sh.de – Verbraucherzentrale Schleswig-Holstein u. a. zu Wahltarifen – Suchbegriff: Wahltarife.

15.4.2 Unfall und Berufsunfähigkeit

Die gesetzliche Unfallversicherung bietet in erster Linie Schutz vor den finanziellen Folgen von Arbeitsunfällen, Wegeunfällen und anerkannten Berufskrankheiten. Zu den Trägern der gesetzlichen Unfallversicherung gehören die gewerblichen Berufsgenossenschaften. Ihre hauptsächlichen Aufgaben bestehen darin, Arbeitsunfälle, Berufskrankheiten und arbeitsbedingte Gesundheitsgefahren zu verhüten sowie nach Eintritt eines Versicherungsfalles den Verletzten, seine Angehörigen oder Hinterbliebenen zu entschädigen.

Für Unternehmer besteht grundsätzlich keine Versicherungspflicht, es sei denn, die Satzung der zuständigen Berufsgenossenschaft bestimmt etwas anderes. Gehören Sie nicht zu den Versicherungspflichtigen, besteht die Möglichkeit der freiwilligen Versicherung – nicht nur für Gewerbetreibende, sondern auch für Freiberufler. Die gewerblichen Berufsgenossenschaften sind zuständig, wenn und soweit nicht eine Zuständigkeit der landwirtschaftlichen Berufsgenossenschaften oder der Unfallversicherungsträger der öffentlichen Hand vorliegt. Für Existenzgründer ist also i. d. R. eine gewerbliche Berufsgenossenschaft zuständig. Als erster Ansprechpartner kann Ihnen der Hauptverband der gewerblichen Berufsgenossenschaften dienen. Hier können Sie erfragen, welche konkrete Berufsgenossenschaft für Sie zuständig ist. Eine wesentliche Leistung der Unfallversicherung ist die Zahlung einer Rente durch die Berufsgenossenschaft, z. B. bei Eintritt eines der versicherten Risiken wie eine Berufskrankheit. Die Rente wird gezahlt, solange die Voraussetzungen fortbestehen – mitunter also lebenslang. Die Höhe der Rente kann dabei jedoch sehr unterschiedlich und auch recht bescheiden ausfallen. Sie wird entscheidend beeinflusst z. B. von dem Grad der Minderung der Erwerbsfähigkeit und dem Jahresarbeitsverdienst vor Eintritt des Versicherungsfalls. War dieser Verdienst gering – z. B. aufgrund einer gerade erst erfolgten Existenzgründung oder einer insgesamt wirtschaftlich schwierigen Lage –, fällt auch die Rente entsprechend niedrig aus.

Bei vollständigem Verlust der Erwerbsfähigkeit beträgt die Rente $2/3$ des zuvor erzielten Jahresarbeitsverdienstes. Bei teilweisem Verlust der Erwerbsfähigkeit wird die Rente nur anteilig gezahlt. Zumindest theoretisch könnten Sie ja die Differenz durch eine Erwerbstätigkeit selbst erwirtschaften. Ob dies in der Praxis so ist, zeigt sich immer erst im Einzelfall. Wenn Sie Ihrer unternehmerischen Tätigkeit nicht mehr in dem erforderlichen Umfang nachgehen können und der Erfolg des Unternehmens von Ihrer vollen Leistungsfähigkeit abhängt, ist dies ein erhebliches wirtschaftliches Risiko. Die Lage auf dem Arbeitsmarkt lässt nicht unbedingt erwarten, dass im Falle einer Erwerbsminderung der fehlende Lebensunterhalt problemlos durch eine abhängige Beschäftigung erwirtschaftet werden kann.

Hinzu kommt, dass Sie über die Berufsgenossenschaft keine Freizeitunfälle absichern können und wegen Erwerbsminderung aus anderen als den genannten Gründen keine Leistungen erbracht werden. Der berufliche Unfallschutz ist daher notwendig, aber nicht ausreichend.

Ob alternativ oder zusätzlich eine private Unfallversicherung sinnvoll ist, die weltweit gilt und auch den Freizeitbereich umfasst, hängt – wie so oft – von den konkreten Umständen des Einzelfalles ab.

Das Risiko der Invalidität wird grundsätzlich besser durch eine Berufsunfähigkeitsversicherung abgesichert. Diese ist umso wichtiger, je jünger der potenzielle Versicherungsnehmer ist. Immerhin scheidet jeder 5. Angestellte und jeder 3. Arbeiter vor Erreichen der Altersgrenze aus gesundheitlichen Gründen aus dem Erwerbsleben aus und in den meisten Fällen sind nicht Unfälle, sondern Krankheiten der Grund hierfür.

Wer jedoch nicht mehr ganz gesund ist oder bereits Vorerkrankungen hatte, findet möglicherweise keine Versicherungsgesellschaft, die bereit ist, dieses Risiko zu versichern. Dabei sind auch psychische Vorerkrankungen nicht zu unterschätzen. Wer bereits einmal aufgrund psychischer Probleme in Behandlung war, wird es zumindest schwer haben, einen Versicherungsvertrag abzuschließen. Psychische Probleme werden oft unterschätzt und auch von dem persönlichen Umfeld nicht immer ernst genommen (schließlich ist ja diese Krankheit nicht sichtbar wie ein Beinbruch) – dabei gehören sie mit zu den häufigsten Gründen, aus denen eine verminderte Erwerbsfähigkeit eintritt.

Für den Fall also, dass keine Versicherungsgesellschaft bereit sein sollte, Sie zu versichern, ist eine private Unfallversicherung empfehlenswert, um zumindest für den Fall der unfallbedingten Erwerbsminderung oder Invalidität abgesichert zu sein.

Ansonsten empfiehlt sich eher der Abschluss einer Berufsunfähigkeitsversicherung.

Seit dem 1. Januar 2001 ist der Schutz der gesetzlichen Rentenversicherung drastisch eingeschränkt worden, insbesondere für Personen, die vor dem 1.1. 1961 geboren sind. Anstelle der Berufsunfähigkeitsrente wird nur noch eine Erwerbsminderungsrente gezahlt. Wer nicht mehr in seinem erlernten Beruf arbeiten kann, ist wohl berufsunfähig, bekommt nun deshalb aber noch keine Erwerbsminderungsrente. Es erfolgt ein Verweis auf andere Tätigkeiten, auch wenn diese schlechter bezahlt und nicht geeignet sind, den Lebensstandard zu halten. Von Bedeutung ist nur noch die grundsätzliche Leistungsfähigkeit pro Tag. Nur wer nicht mehr in der Lage ist, mindestens 3 Stunden am Tag (irgend) einer Tätigkeit nachzugehen, bekommt die volle Erwerbsminderungsrente, die an sich schon meist nicht ausreicht, um den Lebensunterhalt zu sichern. Wer noch zwischen 3 und 6 Stunden arbeiten kann, bekommt die halbe Erwerbsminderungsrente. Selbst wenn ein Anspruch auf gesetzliche Leistungen besteht, ist eine zusätzliche Absicherung wichtig und gerade bei jüngeren Personen unbedingt empfehlenswert. Lassen Sie sich jedoch bezüglich der Versicherungssumme und der Vertragsbedingungen gründlich beraten, damit Ihre Absicherung auch bedarfsgerecht erfolgt.

Eine Berufsunfähigkeitsversicherung ist i. d. R. gekoppelt an den Abschluss einer Lebensversicherung. Darum sollten Sie auch hier möglichst darauf achten, Doppelversicherungen zu vermeiden, wenn Sie schon eine oder mehrere Lebensversicherungen abgeschlossen haben. Der Abschluss verschiedener Lebensversicherungen bei gleichzeitig nicht bestehendem Schutz für den Fall der Erwerbsminderung gehört mit zu den häufigsten Fehlern im Versicherungsschutz von Unternehmern. Dies verwundert wenig, wenn man weiß, dass bei Abschluss von Lebensversicherungen attraktive Provisionen gezahlt werden und auch Mitarbeiter von Banken mitunter bestimmte Sollvorgaben bekommen. Gerade Lebensversicherungen werden also mitunter ohne Rücksicht darauf angepriesen, ob sie für den jeweiligen Versicherungsnehmer sinnvoll sind oder nicht. Eine Risikolebensversicherung bietet einen preiswerten Schutz zur Absicherung der Hinterbliebenen im Todesfall. Wer jedoch keine Familie abzusichern hat, benötigt diese Versicherung allenfalls zur Absicherung eines Kredits.

Die meisten Lebensversicherungen werden allerdings zur Altersvorsorge abgeschlossen. Die so genannten Kapitallebensversicherungen kombinieren den Hinterbliebenenschutz mit einem Sparvertrag. Außerdem können sie beliehen werden und als Sicherheit für Kreditgeber dienen. Auch hier gilt jedoch: Wer keine Hinterbliebenen zu versorgen hat, braucht diesen Schutz nicht. Die Bildung von Vermögen und die Risikoabsicherung sind 2 unterschiedliche Bereiche. Kombinieren Sie diese miteinander, zahlen Sie für eine Leistung, die Sie nicht benötigen. Welcher Betrag Ihnen später ausgezahlt wird, ist zudem ungewiss. Die Berechnungsbeispiele bei Vertragsabschluss sind regelmäßig lediglich Prognosen – garantiert ist lediglich die vereinbarte Versicherungssumme.

15.4.3 Altersvorsorge

Welche Altersvorsorge optimal ist, hängt – Sie ahnen es wohl schon – von den Umständen des Einzelfalls ab. Selbständige gehören i. d. R. nicht zu den Pflichtversicherten in der gesetzlichen Rentenversicherung. Es gibt aber Ausnahmen. Hierzu gehören vor allem:

- selbstständige Handwerker
- selbstständige Lehrer und Erzieher
- Pflegepersonen
- Hebammen
- Seelotsen
- Hausgewerbetreibende
- Küstenschiffer oder Küstenfischer
- Künstler oder Publizisten
- Selbstständige oder Landwirte in den neuen Ländern
- Selbstständige mit einem Auftraggeber.

In den meisten Fällen müssen Sie jedoch selbst Vorsorge treffen, können aber innerhalb von 5 Jahren nach Aufnahme der selbständigen Tätigkeit auf Antrag pflichtversichert werden. Sie stehen dann in ihren Ansprüchen den pflichtversicherten Selbständigen gleich. Nach der Bewilligung des Antrages ist diese Entscheidung dann jedoch unwiderruflich.

Außerdem besteht die Möglichkeit der freiwilligen Versicherung in der gesetzlichen Rentenversicherung. Dies ist insbesondere dann sinnvoll, wenn Ansprüche auf eine Erwerbsminderungsrente erhalten werden sollen.

Darüber hinaus gibt es verschiedene Möglichkeiten der privaten Vorsorge, wovon die konventionellen Sparbücher trotz ihrer Unwirtschaftlichkeit noch immer äußerst beliebt sind.

Neben den üblichen Bankprodukten wie Sparverträgen, Sparbüchern etc. kommen weitere Möglichkeiten der Vorsorge in Frage. Hierzu zählen vor allem die Anlage in Anleihen, Aktien oder Fonds, private Rentenversicherungen und Immobilien. Die in der Regel nicht empfehlenswerte Möglichkeit, mithilfe einer Kapitallebensversicherung Vorsorge zu betreiben, wurde bereits oben angesprochen.

Bevor Sie eine Entscheidung über das ebenso wichtige wie komplexe Thema Ihrer künftigen Altersvorsorge treffen, ist es empfehlenswert, zunächst eine Bestandsaufnahme zu machen und festzustellen, in welcher (voraussichtlichen) Höhe Sie bereits Ansprüche erworben haben.

Sollten Sie nicht ohnehin kürzlich darüber informiert worden sein, sprechen Sie den zuständigen Rentenversicherungträger an, den Sie im Zweifelsfall bei der Deutschen Rentenversicherung (s. Linktipp) erfragen können.

Im nächsten Schritt muss festgestellt werden, wie hoch ihr späterer monatlicher finanzieller Bedarf voraussichtlich sein wird.

Erst im dritten Schritt können alternative Lösungen überlegt werden. Sinnvoll ist es in der Regel, die Vorsorge auf mehrere Säulen zu stellen, nicht etwa einseitig nur in Aktien zu investieren. Ganz wichtig ist auch die Sicherheit der Anlage, ganz besonders für Gründer in fortgeschrittenem Alter.

Da Altersvorsorge eine höchst individuelle Angelegenheit ist, würde es ganz erheblich den Rahmen dieses Ratgebers sprengen, auf die Details einzugehen. Dies ist auch nicht erforderlich, weil die Rentenversicherungträger ein umfassendes kostenfreies Beratungs-, Vortrags- und Seminarangebot zur Verfügung stellen. Darüber hinaus gibt es die Möglichkeit, zahlreiche Informationen über das Internet abzurufen. Erfahrungsgemäß werden die Angebote jedoch vor allem aus zeitlichen Gründen von Existenzgründern nicht so gern angenommen – umso mehr, wenn es sich noch um junge Gründer handelt, für die das Thema Rente noch nicht aktuell ist. Es lohnt sich allerdings, diese Angelegenheit frühzeitig und sorgfältig anzugehen. Denken Sie daran, dass Sie sich nicht jeden Tag mit dem Thema beschäftigen müssen. Es reicht zunächst einmal aus, eine solide Basis zu bilden. Hierfür sollte die Zeit aber auf jeden Fall vorhanden sein.

Link zum Thema

http://www.deutsche-rentenversicherung.de, http://www.test.de – Stiftung Warentest mit vielen Tests und Informationen; http://www.wikipedia.de – Suchbegriff: „Rürup-Rente".

15.4.4 Arbeitslosigkeit

Bei Vorliegen der Voraussetzungen können Selbständige gemäß § 28a SGB III auf Antrag ein so genanntes Versicherungspflichtverhältnis begründen, sich also für den Fall der Arbeitslosigkeit absichern. Der Antrag muss jedoch spätestens innerhalb von drei Monaten nach Aufnahme der Tätigkeit gestellt werden.

Zudem müssen die folgenden Voraussetzungen erfüllt sein:

- Der zeitliche Umfang der selbständigen Tätigkeit muss mindestens 15 Stunden in der Woche umfassen.

- innerhalb der letzten 24 Monate vor Antragstellung muss der Antragsteller mindestens 12 Monate in einem Versicherungspflichtverhältnis gestanden (z. B. in abhängiger Beschäftigung), unmittelbar vorher Entgeltersatzleistungen (z. B. Arbeitslosengeld I) bezogen haben oder in einer geförderten Arbeitsbeschaffungsmaßnahme gearbeitet haben.

- Wer bereits anderweitig versicherungspflichtig ist, z. B. als Arbeitnehmer oder etwa als Beamter versicherungsfrei ist, kann sich nicht zusätzlich als Selbständiger freiwillig versichern.

Wer seit 2011 bereits als Selbständiger zwei Mal Leistungen aus der Arbeitslosenversicherung bezogen hat, kann sich ebenfalls nicht freiwillig versichern, es sei denn, die Voraussetzungen sind erneut gegeben (min. 12 Monate versicherungspflichtig beschäftigt innerhalb der letzten 24 Monate).

Das Versicherungspflichtverhältnis beginnt mit dem Tag des Eingangs des Antrags bei der Agentur für Arbeit. Der monatliche Beitrag ermittelt sich aus der so genannten Bezugsgröße und dem Beitragssatz.

Die Bezugsgröße wird jährlich neu ermittelt und spiegelt das durchschnittliche Bruttoeinkommen der Arbeitnehmer wider. Für das Jahr 2014 betragen die Bezugsgrößen:

- 2.765 € (West) und

- 2.275 € (Ost).

Bei einem Beitragssatz von aktuell 3% ergeben sich daraus Beiträge in Höhe von monatlich 82,95 € (West) bzw. 68,25 € (Ost). Existenzgründer müssen gemäß § 345b SGB III innerhalb eines Kalenderjahres nach erfolgter Gründung nur den halben Beitrag bezahlen.

Ein Anspruch auf Arbeitslosengeld besteht wie bei Versicherungspflichtigen, wenn zuvor mindestens 12 Monate lang Beiträge gezahlt wurden. Die Bezugsdauer ist wie bei abhängig Beschäftigten gestaffelt und richtet sich nach der Dauer der Beitragszahlungen sowie dem Lebensalter (§ 147 SGB III). Sind z. B. über einen Zeitraum von 12 Monaten Beiträge gezahlt worden, beträgt die Bezugsdauer 6 Monate. Bei 16 Monaten erhält der ehemals Selbständige maximal 8 Monate Arbeitslosengeld usw.

Zu kontroversen Diskussionen führt immer wieder die Höhe des Arbeitslosengeldes. Während die Beiträge unabhängig von der Qualifikation für alle Selbständigen in West- bzw. Ostdeutschland gleich sind, gibt es im späteren Leistungsbezug erhebliche Unterschiede. Gut qualifizierte Menschen erhalten wesentlich mehr Arbeitslosengeld als Geringqualifizierte. Die Höhe richtet sich – vereinfacht ausgedrückt – nach dem Einkommen, das der Betroffene auf dem Arbeitsmarkt erzielen könnte. Es gibt also ein fiktives Bemessungsentgelt als Grundlage. Hierbei gelten vier Stufen.

Arbeitslosengeld aus einem „Versicherungspflichtverhältnis auf Antrag" für Selbstständige im Jahr 2012 nach Qualifikationsstufen, in Euro/Monat		
Qualifikationsstufe	West	Ost
Q-Gruppe 1: Fachhoch-/Hochschule	1.322,70	1.172,10
Q-Gruppe 2: Fachschule/Meister	1.161,40	1.015,80
Q-Gruppe 3: Abgeschlossener Ausbildungsberuf	963,90	843,00
Q-Gruppe 4: Keine Ausbildung	746,40	636,90
Zum Vergleich: Arbeitslosengeld eines sozialversicherungspfl. Beschäftigten mit einem Bruttoeinkommen in Höhe der Bezugsgröße	1.060,00	962,00
Hinweis: Beträge beispielhaft für Steuerklasse III, ohne Kind.		
Quelle: Bundesagentur für Arbeit (2013)		© IAB

Rechenbeispiel: Nach einjähriger Beitragszahlung zur freiwilligen Weiterversicherung ist die Anwartschaft erfüllt und es entsteht ein Anspruch auf Arbeitslosengeld für die Dauer von bis zu sechs Monaten. Betrachtet man beispielhaft das Jahr 2012 als Versicherungszeit, so summiert sich die Beitragszahlung auf 472,56 Euro (Ost 403,20 Euro), da in der Startphase nur der halbe Beitrag fällig wird. Dem steht bei sechsmonatigem Leistungsbezug eine Versicherungsleistung von minimal 4.478,40 Euro (Ost: 3.821,40 Euro) für die Qualifikationsgruppe 4 bis maximal 7.936,20 Euro (Ost: 7.032,60 Euro) für die qualifikationsgruppe 1 gegenüber.

Für einen sozialversicherungspflichtig Beschäftigten mit einem monatlichen Bruttoeinkommen in Höhe der Bezugsgröße der Sozialversicherung, also 2.625 Euro (West) bzw. 2.240 Euro (Ost), würde während der Anwartschaftszeit exakt der doppelte Betrag an Beitragszahlungen anfallen, der jedoch zu gleichen Teilen vom Arbeitgeber und dem Beschäftigten aufgebracht wird. Im Falle der Arbeitslosigkeit würde das Arbeitslosengeld gemäß § 149 SGB III 1.060 Euro (Ost: 962 Euro) im Monat betragen.*) Bei sechsmonatigem Leistungsbezug würde also ein Gesamtbetrag von 6.360 Euro (Ost 5.772 Euro) auflaufen.

*) Beträge beispielhaft für Steuerklasse III, ohne Kind. Die Abgabenquote für einen verheirateten Mann ohne Kind (Steuerklasse III) in Vollzeitbeschäftigung im Produzierenden Gewerbe oder Dienstleistungsbereich, Leistungsgruppe 1 bis 5, betrug im Jahr 2012 ca. 32,7% in Westdeutschland bzw. 28,4% in Ostdeutschland (Statitstisches Bundesamt 2013).

Quelle: IAB Kurzbericht 12/2013

Linktipp zum Thema

http://www.existenzgruender.de – Suchbegriff: Arbeitslosenversicherung; http://www.iab.de – Publikationen – Kurzberichte – Kurzbericht 12/2013: Freiwillige Arbeitslosenversicherung für Existenzgründer: Etwas mehr Sicherheit.

15.4.5 Vorsicht Falle – Der Versicherungsantrag

Für alle Versicherungen, bei denen Sie bereits im Antrag Gesundheitsfragen beantworten müssen, gilt es, diese unbedingt vollständig und wahrheitsgemäß zu beantworten. Mitunter wird potenziellen Versicherungsnehmern vermittelt, diese Angaben seien nicht so wichtig. Dies ist keinesfalls richtig. Solche Aussagen dienen nur dazu, den Vertrag unter „Dach und Fach" zu bekommen und die Provision zu kassieren. Es gibt in der Praxis Fälle, in denen die „Versicherungsfachleute" dahin gehend geschult werden, bei „guten" Kunden aus „Kulanzgründen" auf die vollständige Angabe von Vorerkrankungen zu verzichten. Diese „Fachleute" weisen ihre Kunden sodann auf diese Möglichkeit hin – möglicherweise sogar in bester Absicht. Lassen Sie sich hierauf jedoch keinesfalls ein. Diese „Kulanz" kann Sie teuer zu stehen kommen und schriftlich werden Sie das „freundliche" Angebot ohnehin nicht bekommen.

Im Versicherungsfall können und werden die Versicherer Ihre Angaben nachprüfen. Stellen sich diese als nicht richtig oder unvollständig heraus, stehen Sie mindestens ohne Versicherungsschutz da – ohne die Beiträge zurück zu erhalten, versteht sich.

Um zu verhindern, dass Sie aus Unwissenheit Ihren Versicherungsschutz gefährden, sollten Sie gleichzeitig mit dem Antrag Ihre Ärzte von der Schweigepflicht entbinden, deren Anschriften angeben und neben den nach bestem Wissen und Gewissen gemachten Angaben zusätzlich darum bitten, die Vorerkrankungen dort zu erfragen. Dies schützt Sie auch davor, dass Sie für die Versicherer relevante Vorerkrankungen vergessen. Schließlich sind Sie in der Regel nur medizinischer Laie und auch kein „Superhirn", das jedes „Zipperlein" der letzten Jahre (oder sogar Jahrzehnte) noch exakt erinnern und zeitlich einordnen könnte.

15.4.6 Künstlersozialkasse

Wenn Sie sich als Künstler oder Publizist selbständig machen wollen, unterliegen Sie der Sozialversicherungspflicht. Dies gilt für die Renten-, Kranken- und Pflegeversicherung. Allerdings profitieren Sie auch von äußerst günstigen Beiträgen.

Das Sprichwort von der „brotlosen Kunst" ist auch heute noch durchaus berechtigt, denn die (künstlerische) Freiheit geht häufig einher mit einem sehr niedrigen Einkommen, welches häufig nicht ausreicht, um den Lebensunterhalt davon zu bestreiten. Die Gründe hierfür sind vielfältig und liegen zum Teil auch in der Person des Künstlers selbst. Nur wenige „kreative Köpfe" mögen es, sich mit Themen wie Betriebswirtschaft, Kostenrechnung, Controlling, Vermarktung der eigenen Leistung usw. zu befassen. Dies ist jedoch bei Künstlern – wie bei jedem anderen Selbständigen – absolut unabdingbar für den späteren Erfolg.

Selbständige Künstler und Publizisten sind sehr häufig auf die Vermarktung oder Verwertung ihrer Werke durch Dritte angewiesen. Die wirtschaftliche und soziale Lage sieht der Gesetzgeber als vergleichbar mit der von Arbeitnehmern an. Daher sind Künstler und Publizisten aufgrund des Künstlersozialversicherungsgesetzes in der gesetzlichen Kranken-, Renten- und Pflegeversicherung pflichtversichert. Anders als andere Selbständige müssen sie daher wie ein Arbeitnehmer nur die Hälfte ihrer Versicherungsbeiträge selbst tragen. Die andere Hälfte finanziert sich durch den Bund (20%) und die Künstlersozialabgabe (30%). Diese Abgabe leisten die so genannten Verwerter. Das sind Unternehmen, die, vereinfacht ausgedrückt, Künstler und/oder Publizisten nicht nur gelegentlich beauftragen bzw. Werke von ihnen erwerben.

Das Thema „Künstlersozialkasse" ist deshalb nicht nur für Künstler von wirtschaftlicher Bedeutung, sondern auch für ihre Auftraggeber. Abgabepflichtig als Verwerter sind Unternehmen ggf. auch dann, wenn ihr Auftragnehmer überhaupt nicht der Künstlersozialkasse angehört. Seit 2007 wird verstärkt geprüft, ob Unternehmer ihrer Pflicht zur Zahlung an die Künstlersozialkasse nachkommen – etwa weil sie regelmäßig künstlerische Leistungen in Auftrag geben. So ist z. B. davon auszugehen, dass eine Abgabepflicht besteht, wenn Unternehmer mehr als 3 Mal im Jahr Veranstaltungen mit selbständigen Künstlern organisieren und damit Einnahmen erzielen. Auch wer z. B. im Rahmen seiner Marketingaktivitäten nicht nur gelegentlich Aufträge vergibt (z. B. im Bereich Grafik, Design, Texte etc.), ist abgabepflichtig.

Obwohl es die Künstlersozialabgabe bereits seit 1983 gibt, ist sie vielfach noch immer ein „Buch mit sieben Siegeln".

Fehlinformationen und Halbwahrheiten können aber nicht unerhebliche Folgen haben, für Künstler, Publizisten und Verwerter. Seit Mitte 2007 ist die Künstlersozialabgabe verstärkt in den Blickpunkt der Unternehmer geraten und ein viel diskutiertes Thema. Das geht so weit, dass Künstler viele Nachteile in Kauf nehmen und eine GmbH gründen, ohne dass es dafür einen triftigen Grund gibt.

Auszug aus einer Information der Künstlersozialkasse:

> „... aufgrund von Beratungsgesprächen wissen wir, dass selbständigen Künstlern und Publizisten neuerdings in zunehmendem Maße von ihren Auftraggebern die Gründung einer GmbH empfohlen wird. Mitunter wird sogar Druck ausgeübt – etwa mit der Ankündigung, dass GmbHs bei der Auftragsvergabe künftig bevorzugt werden sollen. Begründet wird dies gelegentlich mit dem im Juni 2007 in Kraft getretenen „Dritten Änderungsgesetz zum Künstlersozialversicherungsgesetz". Diese Gesetzesänderung bringe für die Unternehmen eine neue Abgabenbelastung (Künstlersozialabgabe) mit sich, und die Beauftragung von GmbHs anstelle von selbständigen Künstlerinnen und Publizisten sei ein geeignetes Mittel, um dieser Abgabenbelastung zu entgehen."

Was ist passiert?

Im Grunde hat es lediglich eine Änderung von Zuständigkeiten gegeben. Neben der Künstlersozialkasse ist seit dem 1. 7. 2007 auch die personell besser ausgestattete Deutsche Rentenversicherung zur Prüfung der Künstlersozialabgabe verpflichtet, z. B. im Rahmen von Betriebsprüfungen bei Arbeitgebern. Sie erfasst außerdem die abgabepflichtigen Unternehmen. Die Arbeitgeber sind entsprechend informiert und wohl auch sensibilisiert worden. Unternehmen ohne Beschäftigte, die also keine Arbeitgeber sind, überprüft weiterhin die Künstlersozialkasse.

Es gibt somit keine neuen Pflichten oder zusätzliche finanzielle Belastungen für Unternehmen. Nur die Wahrscheinlichkeit steigt, dass mehr Abgabepflichtige erfasst werden. Die Abgabe allgemein und die Neuregelung speziell werden seitens der Wirtschaft stark kritisiert.

Der Abgabesatz für das Jahr 2014 beträgt 5,2% (4,1% im Vorjahr). Bemessungsgrundlage sind die in einem Kalenderjahr gezahlten

Entgelte für abgabepflichtige Leistungen. Diese zutreffend zu ermitteln ist das wahre Problem der Künstlersozialabgabe und in der Praxis nicht ganz einfach. Beispiele der Künstlersozialkasse:

> „Ein Gewerbebetrieb lässt sich seinen Internetauftritt gestalten. Die Erstellung der Internetseite beinhaltet *diverse* künstlerische und publizistische Einzelleistungen wie z. B. Entwurf, Struktur, Navigation, grafische Gestaltung (Farben, Schriften, Logos etc.), Fotografie, Texte. Der Gewerbebetrieb wird damit zur Künstlersozialabgabe verpflichtet."

Im Zweifel ist es ratsam, sich als Künstler/Publizist oder Unternehmer, der nicht nur gelegentlich Aufträge an diese Personengruppe vergibt, ausführlicher bei der Künstlersozialkasse zu informieren, die Beratung, Seminare und umfassende schriftliche Informationen anbietet.

Keinen Sinn macht es hingegen, nur auf Druck von Auftraggebern eine GmbH zu gründen, um die Abgabenpflicht zu umgehen. Es ist zwar richtig, dass die Abgabepflicht bei der Beauftragung von natürlichen Personen besteht, nicht aber bei Beauftragung einer juristischen Person wie z. B. der GmbH (inkl. der Variante UG).

Trotzdem entfällt die Abgabe nicht. Es ist nur die Frage, wer sie letzten Endes zahlen muss, und wer sie wirtschaftlich trägt.

Angenommen Sie sind Künstler/Publizist und erbringen eine künstlerische/publizistische Leistung als geschäftsführender Gesellschafter einer GmbH. In diesem Fall bezieht die juristische Person (die GmbH) Leistungen/Werke unmittelbar von Ihnen (natürliche Person). Rechtlich handelt es sich um zwei Personen und abgabepflichtig ist in diesem Fall nicht der Auftraggeber sondern „Ihre" GmbH. Die Abgabe wird also nicht vermieden, sondern nur verlagert. Wenn Sie wirtschaftlich kalkulieren, dürfen Sie es dabei aber nicht belassen. Wenn möglich muss diese Abgabe nun in den Angebotspreis für den Auftraggeber einkalkuliert werden. Andernfalls würde sie Ihren Gewinn schmälern. Der Auftraggeber würde nur dann Kosten sparen, wenn Sie auf eine vernünftige Kalkulation verzichten, aus welchen Gründen auch immer.

Links zum Thema

Versicherungsanbieter:http://www.eulerhermes.de –Euler-Hermes Kreditversicherung; http://www.allianz.de – Allianz Vers. AG; http://www.bgv.de – Badische Versicherungen http://www.barmenia.de – Barmenia Versicherungen; http://www.gothaer.de – Gothaer Versicherungen; http://www.hdi.de – HDI Direkt Versicherung AG; http://www.interrisk.de – Interrisk Versicherungen; http://www.mannheimer.de – Mannheimer Versicherungen, http://www.oesa.de – ÖSA – Versicherungen; http://www.rheinland-versicherungen.de – Rheinland Versicherungs-AG; http://www.bkk.de – Bundesverband der Betriebskrankenkassen.

Allgemeines: http://www.minijob-zentrale.de – Knappschaft Bahn See – zentrale Anlaufstelle für „Minijobber" und Arbeitgeber; http://www.gdv.de – Gesamtverband der Deutschen Versicherungswirtschaft e. V.; http://www.vzbv.de – Verbraucherzentrale Bundesverband e. V.; http://www.bundderversicherten.de – Bund der Versicherten, http://www.vdvm. de – Verband Deutscher Versicherungsmakler e. V.; http://www.bvuev.de – Bund versicherter Unternehmer e. V.; http://www.bvvb.de – Bundesverband der Versicherungsberater e. V.; http://www.dvs-schutzverband.de – Deutscher Versicherungs-Schutzverband e. V.; http://www.dguv.de – Deutsche Gesetzliche Unfallversicherung; http://www.stiftung-warentest.de – Informationen zur sozialen Absicherung wie z. B. eine Checkliste zur Beurteilung von Vertragsbedingungen bei Berufsunfähigkeitsversicherungen – Informationen zum Teil kostenpflichtig; http://www.bfa.de – Deutsche Rentenversicherung, http://www.bmg.bund.de – Bundesministeriums für Gesundheit; http://www.bmas.bund.de/ – Bundesministerium für Arbeit und Soziales; http://www.kuenstlersozialkasse.de – Künstlersozialkasse.

16. Kapitel

Finanzierung und Fördermittel

Bevor Sie sich über die richtige Finanzierung Ihres Vorhabens Gedanken machen können, müssen Sie erst einmal feststellen, wie hoch Ihr Finanzierungsbedarf überhaupt ist. Sie müssen feststellen, wie viel Kapital Sie für Ihre Existenzgründung benötigen, ob bzw. wie viel Eigenkapital vorhanden ist und in welcher Höhe demzufolge eine Fremdfinanzierung erforderlich ist.

Die Finanzplanung ist keine leichte Aufgabe und durch das Gros der Existenzgründer nicht ohne externe Beratung zu bewältigen. Immerhin geht es darum, eine schlüssige und nachvollziehbare Planung über einen Zeitraum von mindestens drei Jahren zu erarbeiten. Dies ist jedenfalls dann zwingend erforderlich, wenn Sie einen Fremdfinanzierungsbedarf haben.

Die Finanzplanung dient nicht nur der Ermittlung des Finanzierungsbedarfs. Sie soll auch die Rentabilität des Vorhabens aufzeigen und erkennen lassen, dass eine wirtschaftlich tragfähige Existenz möglich und wahrscheinlich ist. Allerdings kann es auch sein, dass Sie im Rahmen Ihrer Planung feststellen, dass dies eben nicht der Fall ist. Es kann sein, dass Sie erkennen müssen, dass sich Ihr Unternehmen wirtschaftlich nicht tragen kann – z. B., weil die Kosten zu hoch sind. Eine gute Finanzplanung schützt Sie daher auch vor teuren Fehlinvestitionen und Enttäuschungen. Stellt sich tatsächlich heraus, dass die Gründung nicht wie geplant umgesetzt werden kann, weil sie Ihren Lebensunterhalt aller Voraussicht nach nicht sichern wird, gibt es nur zwei Möglichkeiten. Entweder Sie verabschieden sich vollständig von der Idee oder Sie überarbeiten Ihr Konzept und weichen von der ursprünglichen Idee ab. In der Praxis ist es eher die Regel als die Ausnahme, dass ein Konzept nicht zu 100% in der ursprünglichen Form umgesetzt werden kann. Dies wird spätestens bei der Erstellung der Finanzplanung deutlich. Möglicherweise ist der gewählte Standort nicht passend, weil die Kosten zu hoch sind. Eventuell reicht auch das Kundenpotenzial nicht aus, um wirtschaftlich arbeiten zu können oder die Preisstrategie muss geändert werden. Vielleicht können auch nicht gleich zu Beginn Mitarbeiter eingestellt werden wie geplant. Es ist wichtig, dass Sie während der gesamten Konzeptphase kritisch bleiben und offen sind für notwendige Änderungen. Nur dann kann ein wirklich überzeugender Businessplan erarbeitet werden, der die erfolgreiche Umsetzung der Gründungsidee erwarten lässt. Es ist niemandem damit geholfen, wenn das Vorhaben „schön gerechnet" wird. Auch ein Kreditinstitut werden beeindruckende Gewinne auf dem Papier nicht überzeugen, wenn diese unrealistisch sind. Denken Sie daran, dass Kreditinstitute eine Vielzahl von Firmenkunden aus ganz unterschiedlichen Branchen betreuen. Die Banken bekommen in der Regel nicht nur die Kontobewegungen zu Gesicht, sondern mindestens auch die Bilanzen, Gewinn- und Verlustrechnungen und Betriebsergebnisrechnungen der Unternehmen – jedenfalls dann, wenn Darlehensverpflichtungen seitens der Unternehmen bestehen. Wegen dieser guten Vergleichsmöglichkeiten können Zahlenwerke in der Regel auch auf ihre Plausibilität überprüft werden, wenn es sich nicht gerade um neue, innovative Geschäftsideen handelt. Wirken die Planzahlen unrealistisch, wird die Finanzierung nicht zustande kommen.

Neben den bereits genannten Aufgaben der Finanzplanung erfüllt diese schließlich auch noch den überlebenswichtigen Zweck, die jederzeitige Zahlungsfähigkeit des Unternehmens sicher zu stellen. Selbst ein ansonsten rentables Unternehmen kann nicht überleben, wenn die Liquidität nicht zu jedem Zeitpunkt gesichert ist. Darum sagt man auch: Liquidität geht vor Rentabilität. Sie können mit wirtschaftlich schwierigen Phasen und einer zeitweise schlechten Auftragslage durchaus leben. Gerade in der Anfangszeit müssen Sie damit rechnen, dass Ihr Unternehmen noch nicht (jederzeit) rentabel ist. Sie können aber nicht damit leben, dass Ihr Unternehmen nicht liquide ist. Eine zeitweise fehlende Rentabilität ist längst kein Insolvenzgrund – eine fehlende Liquidität schon.

Für eine Gründung und Fremdfinanzierung müssen Sie fünf unterschiedliche Planrechnungen aufstellen:

- Investitionsplan,
- Ergebnisplan,
- Liquiditätsplan,
- Kapitalbedarfsplan,
- Finanzierungsplan.

Die Anzahl von fünf Planrechnungen ist nicht so starr zu sehen. Sofern z. B. aus dem Liquiditätsplan oder dem Kapitalbedarfsplan hervorgeht, wie das Vorhaben finanziert werden soll, wird kein besonderer Finanzierungsplan benötigt.

In der Praxis stellt die Investitionsplanung Existenzgründer vor die geringsten Schwierigkeiten. Darum ist es sinnvoll, mit dieser Planung anzufangen.

16.1 Investitionsplanung

Bei der Investitionsplanung geht es darum, die für Ihren Betrieb notwendigen Vermögensgegenstände und deren Anschaffungskosten zu ermitteln. In diese Planung gehören all die Vermögensgegenstände hinein, die zur Aufrechterhaltung des Betriebes und dessen Leistungsfähigkeit notwendig sind. Ich nenne den Investitionsplan – vereinfacht dargestellt – oft auch die „Einkaufsliste für Existenzgründer". Sie ermitteln, was Sie benötigen, bringen Preise in Erfahrung und arbeiten diese Liste nach Sicherstellung der Finanzierung ab.

Der Aufbau eines Investitionsplans ist vergleichbar mit der Aktivseite einer Bilanz. Diese zeigt – ebenso wie der Investitionsplan – die Mittelverwendung, also wofür die benötigten Mittel ausgegeben werden sollen. In einem späteren Schritt ist dann die Mittelherkunft zu planen – dieser Plan ist vergleichbar mit der Passivseite einer Bilanz.

Setzen Sie in Ihrem Investitionsplan (s. unten) stets die Bruttobeträge an, d. h. inklusive der gesetzlichen Mehrwertsteuer, soweit diese enthalten ist. Das ist z. B. nicht der Fall, wenn Sie gebrauchte Gegenstände von Privatpersonen erwerben. Die Bruttobeträge sind deshalb maßgeblich, weil Sie diese ja zunächst einmal bezahlen und darum die Mittel dafür einplanen müssen.

Investitionsplan	Einzelbeträge	Summe
Anlagevermögen Immaterielle Vermögensgegenstände, z. B.:		
Konzessionen	_____	
Lizenzen	_____	
Patente	_____	
Geschäfts- oder Firmenwert (bei Übernahme eines Unternehmens)	_____	
Zwischensumme Sachanlagen, z. B.:		_____
Anschaffungskosten Immobilien (Grundstücke, Gebäude)	_____	
Anschaffungsnebenkosten Immobilien (wie z. B. Maklergebühren, Provisionen, Notariats-, Register- und Gerichtskosten, Grunderwerbsteuer, Erschließungsbeiträge und andere öffentliche Abgaben)	_____	
Technische Anlagen u. Maschinen	_____	
Anschaffungsnebenkosten technischer Anlagen und Maschinen (wie z. B. Transportkosten, Montagekosten, Kosten für Abnahme und Betriebsgenehmigungen)	_____	
Betriebs- und Geschäftsausstattung, z. B.:	_____	
– Werkstatt-, Labor-, Lager-, Laden- oder Büroeinrichtung (Möbel, Verkaufsstände, Teppiche, Tresore, Kühleinrichtungen, Dekoration …)	_____	
– Technische Ausstattung (Hardware, Software, Drucker, Scanner, Fax, Telefonanlage, Mobilfunkgeräte, Kopierer, Schreibmaschine, Diktiergerät, (Überwachungs-)Kamera, Fernseher, Adressiermaschine, Registrierkassen, Geldprüfgeräte …)	_____	

Investitionsplan	Einzelbeträge	Summe
Zwischensumme		_____
Fahrzeuge (wie z. B. PKW, LKW) Omnibusse, Motorroller (z. B. für Kurierdienst), Bauwagen, Fahrräder, Stapler, Hubwagen ...)	_____	
Zwischensumme		_____
Summe Anlagevermögen		
Umlaufvermögen		
Erstausstattung Vorräte		
Roh-, Hilfs- und Betriebsstoffe (z. B. Holz als Rohmaterial für die Herstellung von Möbeln, Öle und Schmierstoffe für Maschinen usw.)	_____	
Unfertige Erzeugnisse (zur Weiterver- oder Bearbeitung)	_____	
Handelsware	_____	
Summe Umlaufvermögen		_____
Gesamtsumme Investitionen		_____

Achten Sie darauf, dass Ihre Investitionen angemessen sind. Einerseits muss die jederzeitige Leistungsfähigkeit des Betriebes sicher gestellt sein, andererseits binden nicht ausgelastete Kapazitäten unnötig Kapital. Investitionen, die zu Beginn nicht unbedingt erforderlich sind, können auch später erfolgen. Wenn Ihr Betrieb wächst, können Sie nach und nach Zusatzinvestitionen tätigen.

Auch für Zusatzinvestitionen können Sie später Fördermittel beantragen. Weil grundsätzlich Fördermittel vor Beginn des Vorhabens beantragt werden müssen, ist es ein häufiges Missverständnis, dass eine Förderung nach erfolgter Gründung nicht mehr möglich ist. Dies gilt aber nur für die Förderung von Existenzgründungen. Für eine spätere Erweiterung stehen durchaus wieder Fördermöglichkeiten zur Verfügung – für die dann wiederum gilt: Erst beantragen, dann starten.

Denken Sie bei Ihrer Investitionsplanung auch daran, dass nicht unbedingt alle Vermögensgegenstände in neuem Zustand erworben werden müssen. Gut erhaltenes, funktionsfähiges, gebrauchtes Anlagevermögen kann ebenso seinen Zweck erfüllen und senkt die Investitionskosten und damit später auch die finanzielle Belastung durch Zins und Tilgung.

Dass Sie bei dem Internet-Auktionshaus „Ebay" vom Bleistift bis zur kompletten Geschäftseinrichtung fast alles ersteigern können, dürfte hinreichend bekannt sein. Sofern Sie sich später die Mehrwertsteuer als Vorsteuer vom Finanzamt erstatten lassen möchten, müssen Sie darauf achten, dass es sich um keinen privaten Verkäufer handelt, der Anbieter also in der Lage ist, eine korrekte Rechnung mit ausgewiesener Mehrwertsteuer auszustellen. Dieser Aspekt sollte Sie aber nicht davon abhalten, gute und günstige Privatangebote zu erstehen.

Deutlich weniger bekannt ist die „Zoll-Auktion" der Zollverwaltung. Hier können Sie vom Handy bis zum Jahreswagen z. B. gepfändete Gegenstände oder gebrauchte Verwaltungsgegenstände ersteigern. Ein Mehrwertsteuerausweis ist hier grundsätzlich nicht möglich.

Auch bei einem Berufsverband Ihrer Branche kann sich die Nachfrage lohnen. Bei der Suche nach Branchenverbänden kann Ihnen z. B. die Industrie- und Handelskammer helfen oder Sie nutzen die umfassende Datenbank der Deutschen Gesellschaft für Verbandsmanagement im Internet.

Vereinzelt könnten Sie auch bei dem Restposten-Vermittler „GKS-Handelssysteme" fündig werden. Hier ist eine kostenpflichtige Registrierung erforderlich, allerdings können Sie vorab kostenfrei recherchieren, ob überhaupt Artikel für Sie in Frage kommen.

Über die Verwertungsgesellschaft des Bundes, „Vebeg", werden Gebrauchtgegenstände aus Beständen der Bundeswehr und anderen öffentlichen Auftraggebern verkauft.

Auch bei Händlern können Sie unter Umständen günstiges Inventar erwerben. Fragen Sie nach gebrauchten Artikeln, Ausstellungsstücken oder Gegenständen mit leichten Fehlern.

Wenn Sie Ihre geplanten Investitionen noch nicht exakt beziffern können, sollten Sie eher vorsichtig planen. Setzen Sie die Preise eher zu hoch als zu niedrig an, um sicher zu stellen, dass später die Finanzierung auch tatsächlich ausreicht, um die notwendigen Investitionen tätigen zu können. Dies kann beispielsweise dann erforderlich sein, wenn Sie keine verbindlichen Angebote, sondern nur Kostenvoranschläge vorliegen haben oder aber Ihre Gründung erst in einigen Monaten ansteht und sich die Preise bis dahin noch ändern können.

Links zum Thema

http://www.ebay.de – Internetauktionshaus; http://www.zoll-auktion.de – Auktionen der Zollverwaltung; http://www.dgvm.de – Deutsche Gesellschaft für Verbandsmanagement e. V.; http://www.restposten.de – GKS-Handelssysteme GmbH; http://www.vebeg.de – Verwertungsunternehmen des Bundes.

16.2 Ergebnisplanung

Ihre Ergebnisplanung soll erkennen lassen, ob sich das Vorhaben nach einer Anlaufphase rentiert, ob Sie also auf Dauer rentabel arbeiten können.

Ihre Ergebnisplanung gestaltet sich schon deutlich schwieriger als die Investitionsplanung. Ein Ergebnisplan beinhaltet im Grunde zwei Teilpläne – Ihren Umsatzplan und Ihren Kostenplan. Beide Teilpläne zusammen führen zu einem planmäßigen Ergebnis Ihrer Geschäftstätigkeit, also zu einem Plan-Gewinn oder einem Plan-Verlust. Die Ergebnisplanung muss sich auf jeden Fall über einen Zeitraum von drei Jahren erstrecken. Hierin besteht eine der beiden Hauptschwierigkeiten. Sie können bei einer Neugründung in keiner Weise auf eigene Erfahrungswerte zurückgreifen und müssen doch möglichst realistische und nachvollziehbare Zahlen erarbeiten. Grundsätzlich ist jede Planung mit Unsicherheiten behaftet, weil sie in die (ungewisse) Zukunft gerichtet ist. Je länger der Zeithorizont ist, umso unsicherer wird die Planung. Die Qualität der Planzahlen steigt jedoch mit verbesserter Informationslage. Je mehr relevante Informationen Ihnen zu Ihrem Vorhaben vorliegen (z. B. Anzahl potenzieller Kunden, Vergleichsdaten der Branche etc.), umso besser und realistischer können Sie planen.

Während Ihre Aufwendungen mit ziemlicher Zuverlässigkeit geplant werden können und diese Planung bei entsprechend guter Informationslage noch vergleichsweise leicht von der Hand geht, liegt in der Umsatzplanung das zweite Hauptproblem. Ohne fachliche Unterstützung ist kaum ein Existenzgründer in der Lage, eine schlüssige Umsatzplanung zu erstellen. In der Praxis überschätzen Gründer regelmäßig die mögliche Umsatzleistung. Oft wird empfohlen, verschiedene Szenarien zu erarbeiten: den besten Fall, den realistischen Fall und den schlechtesten Fall. Dabei zeigt der wirtschaftliche Verlauf später häufig, dass der angenommene, schlechteste Fall der Realität am nächsten kommt. Es ist darum auch nicht unbedingt erforderlich, diese drei Szenarien tatsächlich in Zahlenwerke zu fassen. Bei einer sehr vorsichtigen Planung tragen Sie der Notwendigkeit ausreichend Rechnung, auch bei Eintritt des „worst case" – des schlechtesten Falls – jederzeit zahlungsfähig zu bleiben.

Die Ergebnisplanung besteht aus den bereits oben genannten Teilplänen – den geplanten Umsätzen und den geplanten Aufwendungen. Für Existenzgründer ist es allerdings einfacher und übersichtlicher, zunächst weitere Teilpläne zu erstellen und die benötigten Zahlen schrittweise zu erarbeiten. Die Teilpläne können, müssen aber nicht Bestandteil des Konzeptes werden. Mitunter sind zu viele Planzahlen bei Bankgesprächen auch hinderlich – vor allem, wenn hierdurch die Übersichtlichkeit verloren geht. Wichtig ist aber vor allem, dass Sie selbst den Überblick behalten und Ihre Zahlenwerke jederzeit erläutern können.

16.2.1 Kostenplanung

Beginnen Sie mit der Planung Ihrer Gründungskosten. Hierzu gehören all die Kosten, die einmalig in engem zeitlichem Zusammenhang mit Ihrer Gründung anfallen. Weil Sie später für Ihre Ergebnisplanung die Nettobeträge (ohne Mehrwertsteuer), für Ihre Kapitalbedarfsplanung die Bruttobeträge (inkl. Mehrwertsteuer) und für Ihre Liquiditätsplanung sowohl die Bruttobeträge als auch die Steuerbeträge benötigen, bietet es sich an, diese von vornherein getrennt zu erfassen.

Für alle Positionen gilt, dass Sie diese so sorgfältig wie möglich erfassen sollten. Erkundigen Sie sich daher auf jeden Fall im Vorfeld über die Preise und setzen Sie aus Gründen der Vorsicht bei möglichen Preisspannen (z. B. bei den Beratungskosten) eher die höheren Kosten an.

Gründungskosten	Netto	MwSt.	Brutto
Weiterbildung	____	____	____
Fachliteratur	____	____	____
Recherche (z. B. vor der Namensfindung)	____	____	____
Existenzgründungsberatung	____	____	____
Steuerberatung	____	____	____
Rechtsberatung	____	____	____
Sonstige Beratung (z. B. Energie, Umweltschutz- oder Versicherungsberatung)	____	____	____
Genehmigungen	____	____	____
Notar	____	____	____
Gerichtskosten (bei HR-Eintragung)/Gebühren (z. B. Gewerbeanmeldung)	____	____	____
Franchisegebühr (für Franchisenehmer)	____	____	____
Maklergebühren	____	____	____
Kautionen	____	____	____
Eröffnungswerbung	____	____	____
Sonstige Kosten	____	____	____
Summe der Gründungskosten	____	____	____

Nach diesem Schema können Sie ebenfalls Ihre laufenden, monatlichen Kosten ermitteln – auch als Basis für Ihre spätere Preiskalkulation (s. Tabelle). Sofern Positionen nicht regelmäßig jeden Monat anfallen wie z. B. bestimmte Gebühren oder Versicherungsbeiträge rechnen Sie den Anteil für einen Monat aus, machen sich in der betreffenden Zeile jedoch einen Vermerk, wie z. B. „12" wenn es sich um einen Jahresbetrag handelt oder „4", wenn die Kosten quartalsweise anfallen. Sie benötigen die Informationen über die Fälligkeit später für Ihre Liquiditätsplanung.

Sie müssen Ihre Kosten nicht unbedingt in dieser Ausführlichkeit potenziellen Geldgebern präsentieren. Diese interessieren sich weniger für Details oder so genannte „Peanuts" wie Ihre Portokosten, Kontoführungs- oder GEZ-Gebühren. Ihnen aber hilft diese Aufstellung dabei, die Grundlage für Ihre Preiskalkulation zu schaffen und sie stellt außerdem sicher, dass Sie keine wesentlichen Positionen vergessen haben.

Laufende Kosten	Netto	MwSt.	Brutto
Materialaufwand/Wareneinsatz			
Roh-, Hilfs- und Betriebsstoffe			
Waren			
Fremdleistungen (ohne die unten aufgeführten Leistungen wie z. B. Rechtsberatung)			
Summe:			
Personalkosten, z. B.			
Löhne			
Gehälter (inkl. Geschäftsführergehalt			
– auch das eigene (aber nur bei Kapitalgesellschaften)			
Aushilfslöhne			
Summe:			
Gesetzliche/Freiwillige soziale Leistungen, z. B.			
Krankenversicherung			
Pflegeversicherung			
Rentenversicherung			
Arbeitslosenversicherung			
Unfallversicherung (Berufsgenossenschaft)			
Urlaubsgeld			
Weihnachtsgeld			
Vermögenswirksame Leistungen			
Sonstige freiwillige Leistungen			
Summe:			
Fremddienstleistungen, z. B.			
Steuerberatung			

Laufende Kosten	Netto	MwSt.	Brutto
Rechtsberatung	_____	_____	_____
Unternehmensberatung	_____	_____	_____
EDV-Beratung	_____	_____	_____
Buchführungsservice	_____	_____	_____
Sekretariatsservice	_____	_____	_____
Callcenter	_____	_____	_____
Summe:	_____	_____	_____
Raumkosten, z. B.			
Miete/Pacht	_____	_____	_____
Heizung	_____	_____	_____
Gas, Strom, Wasser	_____	_____	_____
Sonstige Nebenkosten	_____	_____	_____
Reinigung	_____	_____	_____
Instandhaltung	_____	_____	_____
Summe:	_____	_____	_____
Steuern, z. B.			
Nicht anrechenbare Vorsteuer (in Verbindung mit umsatzsteuerfreien Leistungen)	_____	_____	_____
Gewerbesteuer	_____	_____	_____
Sonstige Betriebssteuern (nicht z. B. Einkommensteuer und Soli)	_____	_____	_____
Summe:	_____	_____	_____
Betriebliche Versicherungen, z. B.			
Einbruch/Diebstahl	_____	_____	_____
Betriebshaftpflicht	_____	_____	_____
Berufshaftpflicht	_____	_____	_____
Feuer	_____	_____	_____
Leitungswasser	_____	_____	_____
Transport	_____	_____	_____
Forderungsausfall	_____	_____	_____
Rechtsschutz	_____	_____	_____
Sonstige betriebliche Versicherungen	_____	_____	_____

Laufende Kosten	Netto	MwSt.	Brutto
Summe:			
Gebühren/Beiträge, z. B.			
Kammerbeiträge			
Verbands-/Vereinsmitgliedschaften			
GEZ-Gebühren			
Summe			
Kfz-Kosten, z. B.			
Kfz-Steuern			
Kfz-Versicherungen			
Laufende Kfz-Betriebskosten (Wäsche, Benzin, Öl …)			
Kfz-Reparaturen			
Garagenmieten			
Sonstige Kfz-Kosten			
Summe:			
Werbekosten, z. B.			
Annoncen			
Handzettel			
Mailings			
Repräsentationskosten			
Messekosten			
Werbegeschenke			
Bewirtungskosten			
Summe:			
Reisekosten, z. B.			
Km-Geld-Erstattung			
Pauschaler Verpflegungsmehraufwand			
Übernachtungskosten			
Summe:			
Kosten der Warenabgabe/Vertriebs- kosten, z. B.			
Provisionen			
Verpackung			

Laufende Kosten	Netto	MwSt.	Brutto
Transportversicherung			
Gewährleistungen			
Summe:			
Reparatur/Instandhaltung, z. B.			
Reparatur Maschinen			
Wartung Maschinen			
Summe:			
Leasing, z. B.			
Technische Anlagen			
Maschinen			
Betriebs- und Geschäftsausstattung			
Fahrzeuge			
Summe:			
Sonstige betriebliche Kosten, z. B.			
Fortbildung			
Fachliteratur			
Telefon/-fax			
Internet			
Porto			
Bürobedarf			
Summe:			
Kosten des Geldverkehrs/Finanzierungskosten, z. B.			
Kontoführungsgebühr			
Bearbeitungsgebühr			
Provision			
Darlehenszinsen			
Kontokorrentzinsen			
Summe:			
Abschreibungen, z. B. auf			
Immaterielle Vermögensgegenstände			
Geschäfts-/Firmenwert			

Laufende Kosten	Netto	MwSt.	Brutto
Gebäude	___	___	___
Anlagevermögen	___	___	___
Umlaufvermögen	___	___	___
Geringwertige Wirtschaftsgüter (GWG)	___	___	___
Summe:	___	___	___
Summe der Kosten:	___	___	___

Über die tatsächlichen Kosten hinaus sollten Sie eine Vorsichtsposition ansetzen. Diese könnten Sie beispielsweise als „Sonstiges" bezeichnen. Sie dient Ihnen vor allem als „Puffer" für unvorhersehbare Kosten. In welcher Größenordnung Sie diese Position planen, hängt wiederum vom konkreten Vorhaben ab – in vielen Fällen sind 5–10% der Kosten eines Jahres angemessen.

Zudem können Sie weitere Kosten in Ihrer Preiskalkulation berücksichtigen, denen keine tatsächlichen Aufwendungen gegenüberstehen – die kalkulatorischen Kosten (vgl. auch Abschnitt 17.3: Kostenrechnung). In Ihre Ergebnisplanung gehören diese Kosten jedoch nicht, weil es sich um reine Positionen der Kostenrechnung handelt, die in der Gewinn- und Verlust-Rechnung(-Planung) nicht erscheinen. Aus diesem Grund sind die Positionen hier nicht aufgeführt worden.

16.2.2 Umsatzplanung

Ihr Plan-Umsatz setzt sich zusammen aus allen Erlösen, die Sie mit dem Verkauf Ihrer Produkte oder Dienstleistungen voraussichtlich erzielen werden.

Der Plan-Umsatz ergibt sich aus Ihrer Absatzplanung. Die voraussichtliche Absatzmenge wird mit den geplanten Verkaufspreisen multipliziert. Sofern es in Ihrer Branche saisonale Schwankungen gibt, müssen diese im Gesamtumsatz und später in der Liquiditätsplanung berücksichtigt werden.

Die Schwierigkeit liegt regelmäßig in der Ermittlung *realistischer* Umsätze. Hilfreich können hier so genannte Betriebsvergleichszahlen sein. Dies sind aufbereitete Daten einer größeren Anzahl von Betrieben, an denen Sie sich orientieren bzw. Ihre eigene Planung überprüfen können. Sie dienen nicht nur als Orientierung bei der Ermittlung von Umsätzen, sondern bieten ebenfalls eine Vergleichsmöglichkeit hinsichtlich der Aufwendungen und der Gewinnmöglichkeiten.

Allerdings können diese Daten nicht unkritisch von Existenzgründern übernommen werden. Existenzgründer können sich nicht ohne weiteres mit bestehenden Unternehmen vergleichen. Sie müssen sich erst einen gewissen Bekanntheitsgrad erarbeiten und werden nicht von Beginn an die gleichen Umsätze erzielen können wie ein etabliertes Unternehmen. Außerdem müssen die eigenen Kapazitäten berücksichtigt werden. Ein 1-Mann-Unternehmen wird nicht dieselben Umsätze erzielen können wie ein größeres Unternehmen mit mehreren Mitarbeitern. Im Handel spielt beispielsweise die Anzahl der Verkaufskräfte ebenso eine Rolle wie die zur Verfügung stehende Fläche. In der Gastronomie ist ebenfalls die Anzahl der Servicemitarbeiter und die Platzkapazität (z. B. Sitzplätze) von Bedeutung.

Der Arbeit mit Betriebsvergleichszahlen sind auch deshalb Grenzen gesetzt, weil die Zahlen den „Normalbetrieb" widerspiegeln und eine Existenzgründung eben keine „normale Situation" ist. Sicher sind mindestens die Umsätze eines „Normalbetriebes" anzustreben, sie können aber in aller Regel nicht gleich von Beginn an erwirtschaftet werden.

Die Betriebsvergleichszahlen bieten darum zwar eine erste Hilfe, müssen aber modifiziert und auf das konkrete Gründungsvorhaben ausgerichtet werden.

Woher bekommen Sie nun Betriebsvergleichszahlen für Ihre Branche?

Erste schriftliche Informationen – zum Teil mit Vergleichszahlen – bieten die ca. 150 Branchenbriefe der Volksbanken (s. Links zum Thema.

Eine weitere Anlaufstelle kann die zuständige Kammer sein.

Die Richtsatz-Sammlungen der Finanzverwaltung bieten nicht nur eine Hilfestellung bei der Überprüfung von Unternehmen und ggf. der Schätzung von Umsätzen, sie können auch Existenzgründern erste Anhaltspunkte liefern.

Jeder Steuerberater hat die Möglichkeit, Betriebsvergleichszahlen über die DATEV-Genossenschaft in Nürnberg zu beziehen.

Das Institut für Handelsforschung an der Universität zu Köln führt Betriebsvergleiche in ca. 80 Branchen durch.

Verschiedene Verbände bieten ebenfalls Betriebsvergleichszahlen an.

Eine Vielzahl statistischer Daten, die Ihnen bei der Ermittlung Ihrer Plan-Umsätze helfen können, finden Sie auf den Internetseiten des Statistischen Bundesamtes.

Das Fachbuch „Branchenkennzahlen" aus dem Deubner Verlag bietet umfangreiches Datenmaterial, ist aber auf die betriebswirtschaftliche und steuerliche Beratungspraxis ausgerichtet. Die Investition lohnt für Existenzgründer eher nicht, wenn Sie nicht selbst beratend tätig sein wollen.

Gleiches gilt für das umfassende Lose-Blatt-Werk „Steuerberater-Branchenhandbuch" aus dem Stollfuß Verlag.

Es lohnt sich jedoch, in gut ausgestatteten Bibliotheken nach diesen Werken zu fragen und diese auszuleihen oder die relevanten Informationen zu kopieren.

Sofern Sie eine betriebswirtschaftliche und/oder steuerliche Beratung in Anspruch nehmen, wird Ihr Berater Ihnen selbstverständlich bei der Erarbeitung der Planzahlen behilflich sein.

Sofern Betriebsvergleichszahlen zur Verfügung stehen, sind diese wertvolle Hilfen. Allerdings existieren nicht für alle Berufe und Branchen derartige Informationsquellen. Insbesondere Dienstleister haben es oft besonders schwer, weil brauchbare Vergleichszahlen nicht existieren.

Die Basis für den Plan-Umsatz von Dienstleistern bildet die voraussichtliche Auslastung, multipliziert mit dem Tages- oder Stundensatz. Hier gilt es zu berücksichtigen, dass niemals die zur Verfügung stehende Arbeitszeit vollständig vom Kunden honoriert wird. Sie werden einen guten Teil Ihrer Arbeitszeit für Verwaltungsaufgaben, Kundenakquise, Fortbildung usw. aufwenden müssen, die Sie nicht unmittelbar dem Kunden in Rechnung stellen können. Gerade Dienstleister benötigen darüber hinaus in aller Regel eine vergleichsweise lange Anlaufzeit, um ihre Leistungen bekannt zu machen. Darum muss insbesondere für die ersten Monate nach der Gründung mit äußerster Vorsicht geplant werden. Die Auslastung darf nicht zu optimistisch angesetzt werden. Sofern beispielsweise in Ihrer Branche eine maximale Auslastung von 20 (bezahlten) Tagen im Monat möglich ist, müssen Sie versuchen herauszufinden, welche Auslastung für Sie als Existenzgründer realistisch ist. Hierbei können neben den bereits genannten Quellen Kontakte zu bereits tätigen Jungunternehmern hilfreich sein, die bereit sind, von ihren eigenen Erfahrungen zu berichten. Selbstverständliche können auch erfahrene Berater Ihnen weiter helfen, die sich auf die jeweilige Branche spezialisiert haben. Auch hier gilt jedoch, dass das konkrete Vorhaben im Mittelpunkt stehen muss und nicht so genannte „Normalzahlen". Gerade im Dienstleistungsbereich steht und fällt der Erfolg mit der Fähigkeit, Aufträge zu akquirieren. Zudem sind Kontakte noch weitaus wichtiger als in anderen Branchen, weil Dienstleister einen guten Teil ihrer Aufträge über Empfehlungen erhalten. Müssen diese Kontakte erst mühsam aufgebaut werden, benötigt dies sehr viel Zeit und muss entsprechend in der Umsatzplanung berücksichtigt werden.

Neben diesen Schwierigkeiten verfügen zumindest manche Dienstleister jedoch auch über einen großen Vorteil. Sie können mitunter ihre Fähigkeiten, Aufträge zu akquirieren, im Vorfeld der Gründung testen und aus diesen Erfahrungen lernen. Wer nicht viel mehr benötigt als ein Telefon und sein Know-how kann bereits frühzeitig eigene „Marktstudien" unternehmen, um die Akzeptanz der Kunden zu testen und um herauszufinden, welche Auslastung zu Beginn realistisch möglich ist.

Um später den Finanzierungsbedarf nicht zu niedrig einzuschätzen, ist es wichtig, dass Sie Ihre Auslastung vorsichtig planen. Aber auch noch unter einem anderen Aspekt ist die vorsichtige Planung zu empfehlen. Sie schützt Sie davor, sich später selbst zu sehr unter Druck zu setzen. Ihre Planzahlen sollen Sie nach erfolgter Gründung begleiten und es ist wichtig, dass Sie diese Zahlen kontrollieren und fortentwickeln. Sind die Zahlen aber von vornherein zu optimistisch, sind Enttäuschungen programmiert. Sie werden diese Zahlen nicht erreichen und infolgedessen ist auch die Finanzierung womöglich zu knapp bemessen. Also ist auch die Liquidität nicht gesichert. Eine solche Situation setzt jeden Gründer unter Druck. Aufträge werden umso dringender benötigt. Dies aber könnten potenzielle Kunden im Gespräch spüren – keine gute Basis für Akquisegespräche. Diesen Druck können Sie zumindest in der Anfangszeit vermeiden, wenn Sie Ihre Auslastung vorsichtig planen. In meiner Beratungspraxis hat es sich aus den genannten Gründen für Dienstleister schon manches Mal als gut erwiesen, für die ersten 6 Monate überhaupt keine Umsätze anzusetzen und in den Folgemonaten zunächst mit vorsichtigen 2–3 Tagen Auslastung im Monat zu planen. In der Regel sind die tatsächlichen Umsätze höher ausgefallen und diese Erfolgserlebnisse haben die Gründer in besonderem Maße bestärkt und motiviert, was wiederum weitere Erfolgserlebnisse zur Folge hatte.

Dies kann aber nur eine Anregung sein und nicht pauschal gelten. Die Persönlichkeit des Gründers spielt hier eine wesentliche Rolle.

Nachdem Sie Ihre Planumsätze ermittelt haben, sollten Sie diese Zahlen mit den erforderlichen Mindestumsätzen abgleichen. Die Berechnung der Mindestumsätze kann jedoch auch der Umsatzplanung vorangestellt werden. Wichtig ist auf jeden Fall der Abgleich dieser Werte, um festzustellen, ob Ihr Vorhaben auf Dauer wirtschaftlich tragfähig ist.

Der Mindestumsatz muss alle anfallenden Kosten decken und darüber hinaus auch Ihren Lebensunterhalt sowie – im Falle einer Fremdfinanzierung – die Tilgung des Darlehens sicher stellen. Wie hoch die Kosten Ihrer privaten Lebensführung sind, sollten Sie zuvor sorgfältig ermitteln, indem Sie alle laufenden Ausgaben notieren. Darüber hinaus müssen auch finanzielle Mittel für einmalige (Ersatz-)Anschaffungen und Reparaturen zur Verfügung stehen. Mitunter werden derartige Aufstellungen auch für Bankengespräche oder die Beantragung bestimmter Fördermittel benötigt. Dabei sollten Sie darauf achten, dass Ihr Lebensunterhalt nicht maßgeblich von Ihrem (Ehe-)Partner oder anderen Personen getragen wird. Ihre Gründungsplanung muss erkennen lassen, dass Sie durch Ihr Vorhaben in der Lage sein werden, den eigenen Lebensunterhalt selbständig und ohne fremde Hilfe zu bestreiten. Ansonsten wäre das Unternehmen im Falle einer Trennung gefährdet. Sofern dies zu befürchten ist, wird kein Kreditinstitut das Vorhaben finanzieren.

Beispiel: Die Summe Ihrer monatlichen Kosten (einschließlich des Wareneinsatzes) beläuft sich auf 10.000 €. Für Ihren Lebensunterhalt benötigen Sie 2.500 € monatlich. Sie haben ein Darlehen in Höhe von 40.000 € mit einer Laufzeit von 10 Jahren bei 2 tilgungsfreien Anlaufjahren aufgenommen.

Ihr jährlicher Mindestumsatz berechnet sich für die ersten beiden Jahre (ohne Tilgung) wie folgt:

12 Monate à 10.000 € =	120.000 €
+ 12 Monate à 2.500 € =	30.000 €
= Summe (Mindestumsatz)	150.000 €

In den folgenden 8 Jahren müssen Sie zusätzlich die Tilgungsleistungen für Ihr Darlehen erwirtschaften. Das Darlehen über 40.000 € wird in gleich bleibenden Beträgen über einen Zeitraum von 8 Jahren zurückgezahlt, so dass zusätzlich jedes Jahr 5.000 € zu erwirtschaften sind (40.000 €/8). Ihr Mindestumsatz beläuft sich daher ab dem 3. bis zum 10. Jahr auf 155.000 €.

Nachdem Sie Ihren Umsatz- und Ihren Kostenplan erarbeitet haben, werden diese beiden Pläne zusammengeführt und ergeben Ihren Ergebnisplan bzw. Ihren Gewinn- und Verlustplan. Diesen kann man in unterschiedlicher Weise strukturieren. Eine einfache Variante könnte folgendermaßen aussehen:

Gewinn- und Verlustplan	1. Jahr €	2. Jahr €	3. Jahr €
Umsatzerlöse			
– Waren-/Materialeinsatz			
= Rohgewinn I			
– Personalkosten			
= Rohgewinn II			
– Aufwendungen (listen Sie hier untereinander die Positionen aus dem Kostenplan mit den dazugehörigen Jahresbeträgen einzeln auf)			
Summe der Aufwendungen			
= Cashflow			
– Abschreibungen			
= Reingewinn			
+ außerordentliche Erträge (z. B. Gewinne aus Anlageverkäufen)			
– außerordentliche Aufwendungen (z. B. Verluste aus Anlageverkäufen)			
= steuerlicher Gewinn			
– nicht als Betriebsausgabe abzugsfähige Steuern (wie Einkommensteuer)			
= Jahresüberschuss/-defizit			

Der oben erwähnte „Cashflow" gibt Auskunft über die Überschüsse der Umsatzerlöse über die laufenden Betriebsausgaben und ist ein Indikator für die Selbstfinanzierungskraft eines Unternehmens.

Voraussichtlich werden Sie im ersten Jahr Ihrer Tätigkeit nur einen bescheidenen Überschuss, wahrscheinlicher sogar ein Defizit erwirtschaften. Dies ist kein Problem – auch nicht für die Fremdfinanzierung. Ist jedoch nicht erkennbar, dass sich die Situation im 2. und im 3. Jahr besser darstellt, muss das Vorhaben – mindestens aber das Konzept – neu überdacht werden.

Alternativ zu obiger Gewinn- und Verlustplanung können Sie Ihre Planzahlen auch in Form der vielleicht noch etwas einfacheren kurzfristigen Erfolgsrechnung erarbeiten, wie sie im Abschnitt 17.4: Controlling dargestellt ist.

Haben Sie all diese Zahlen sorgfältig ermittelt, liegen Ihnen alle Informationen für die Erarbeitung der übrigen Planzahlen bereits vor. Nichtsdestotrotz liegt noch ein gutes Stück Arbeit vor Ihnen. Es fehlen immer noch der Liquiditätsplan sowie der Kapitalbedarfsplan, wobei Letzterer das kleinere Problem ist.

16.3 Liquiditätsplanung

Die jederzeitige Liquidität, also Zahlungsfähigkeit, ist für ausnahmslos jedes Unternehmen überlebenswichtig. Der Ergebnisplan gibt Aufschluss darüber, ob Sie mit Ihrem Vorhaben voraussichtlich rentabel arbeiten werden. Über die noch wichtigere Zahlungsfähigkeit sagt dieser Plan jedoch nichts aus. Trotz eines insgesamt wirtschaftlich erfolgreichen Geschäftsjahres können vorübergehende Liquiditätsprobleme nicht ausgeschlossen werden. Diese werden allerdings nur dann ersichtlich, wenn den laufenden Einzahlungen die laufenden Auszahlungen gegenübergestellt werden – und zwar sowohl die betrieblichen als auch die privaten Einzahlungen und Auszahlungen. Die Liquiditätsplanung kann man – vereinfacht dargestellt – mit einem Haushaltsplan vergleichen. Sie stellen – privat wie betrieblich – Ihre monatlichen Geldeingänge den monatlichen Zahlungsverpflichtungen gegenüber. Nur auf diese Weise werden Sie in der Lage sein, Liquiditätsprobleme rechtzeitig zu erkennen und mit geeigneten Maßnahmen gegenzusteuern. Werden beispielsweise regelmäßig im Januar alle Versicherungsrechnungen fällig, weil Sie Jahreszahler sind, reicht möglicherweise Ihr monatliches Einkommen nicht aus, um diese Verbindlichkeiten zu begleichen. Es müssen also frühzeitig Reserven geschaffen werden oder aber Sie stellen die Zahlungsweise um, z. B., indem Sie vierteljährlich oder monatlich Ihre Versicherungsprämie bezahlen. Die betriebliche Liquiditätsplanung ist im Grunde nichts anderes.

Während Ihr Ergebnisplan die Nettobeträge enthält (ohne Umsatzsteuer), weil nur diese ergebniswirksam sind, kommt es bei der Liquiditätsplanung auf die tatsächlichen Geldströme und somit die Bruttobeträge an. Diese können Sie recht problemlos aus Ihrer Kostenplanung übernehmen. Bei vielen Positionen handelt es sich um laufende Verpflichtungen, die regelmäßig jeden Monat in gleicher Höhe anfallen (z. B. Miete). Im Übrigen können Sie den Zeitpunkt der Zahlung zuverlässig ermitteln (z. B. Versicherungen, Urlaubs-/ Weihnachtsgeld, Jahresabschlusskosten etc.). Einige Auszahlungen werden schon vor der eigentlichen Gründung anstehen – auch diese sind natürlich zu berücksichtigen (z. B. Beratungskosten, bestimmte Investitionen etc.).

Schwieriger wird es, den Zeitpunkt der voraussichtlichen Einzahlungen zu bestimmen. Ausgehend von Ihrem geplanten Jahresumsatz können Sie natürlich monatlich gleich bleibende Beträge ansetzen. Dies wird in den meisten Fällen der Realität jedoch nicht gerecht werden. Berücksichtigen Sie auf jeden Fall saisonale Schwankungen. Diese gibt es nicht nur in den klassischen Saisongeschäften. Überlegen Sie gründlich, welche Faktoren Ihren Umsatz beeinflussen. Betreiben Sie beispielsweise einen Kiosk in der Nähe einer Schule, werden die Umsätze in den Ferienzeiten zurückgehen. Sind Sie im Beratungsgeschäft (z. B. Unternehmensberater, Energieberater, Umweltschutzberater) tätig und kann Ihre Beratung öffentlich gefördert werden, könnte es vor allem zum Jahresende zu einem Auftragsrückgang kommen, weil die Förderbudgets bereits erschöpft sind. Viele Immobilienmakler klagen über Umsatzrückgänge in den Sommermonaten, weil die Menschen eher an Urlaub als an Umzug denken. Gleiches gilt auch z. B. für Schulungsangebote.

Viele Einzelhändler sind nur durch das Weihnachtsgeschäft überlebensfähig. Hier wird es besonders deutlich, dass die Liquidität auch in den ersten Monaten des Jahres gewährleistet sein muss, um dann schließlich noch zu einem befriedigenden Jahresergebnis zu kommen.

Über welchen Zeitraum Sie einen Liquiditätsplan erstellen müssen, hängt von dem konkreten Vorhaben ab. Es sollte aus dem Plan ersichtlich werden, ab welchem Monat Sie in der Lage sein werden, die laufenden Auszahlungen verlässlich aus den laufenden Einzahlungen zu begleichen. Bei den meisten Gründungsvorhaben reicht die Planung über einen Zeitraum von einem Jahr aus.

Gewinn- und Verlustplan	1. Jahr €	2. Jahr €	3. Jahr €
Einzahlungen			
Umsatzerlöse			
Sonstige Einzahlungen (z. B. Darlehen, Zuschüsse, Kindergeld, Privateinlagen etc.)			
Summe der Einzahlungen			
Auszahlungen			
Investitionen			
Laufende Auszahlungen (auf Basis Ihres Kostenplans führen Sie hier untereinander die Positionen einzeln auf)			
Tilgung Darlehen			
Mehrwertsteuer (Zahlungen = (–), Erstattungen = (+)			
Privatentnahmen zur Deckung des Lebensunterhaltes			
Summe der Auszahlungen			
Überschuss (Summe der Einzahlungen = höher als Summe der Auszahlungen)			
Fehlbetrag (Summe der Einzahlungen = niedriger als Summe der Auszahlungen)			
Ausgleich durch Kontokorrentkredit			
Liquidität (+)/Kapitalbedarf (–)			

Die in obigem Plan aufgeführte Zeile „Ausgleich durch Kontokorrentkredit" ist nur dann relevant, wenn Ihnen dieser Kontokorrentkredit sicher zur Verfügung steht. Bei Existenzgründern besteht immer die Gefahr, dass für das neue Unternehmen zunächst kein derartiger Kredit gewährt wird und schlimmstenfalls zusätzlich der „Dispokredit" für das Privatkonto gekündigt wird, weil kein sicheres, monatliches Einkommen mehr zur Verfügung steht.

Erst nach Erstellung des Liquiditätsplans können Sie Ihren tatsächlichen Kapitalbedarf ermitteln. Dieser setzt sich keineswegs – wie manchmal dargestellt – nur aus den Gründungsinvestitionen und den Gründungskosten zusammen. Gerade – aber nicht nur – bei Dienstleistern müssen häufig auch noch die laufenden Kosten der ersten Monate sowie die Privatausgaben hinzugerechnet werden, wenn diese noch nicht erwirtschaftet werden können.

Ihren gesamten Kapitalbedarf können Sie daher Ihrer Liquiditätsplanung entnehmen. Sie müssen stets ausreichend Kapital zur Verfügung haben, um die Summe der Fehlbeträge ausgleichen zu können. Erst wenn ersichtlich ist, dass keine Fehlbeträge mehr entstehen oder diese durch den Überschuss der vorherigen Periode gedeckt sind, können Sie die weiteren Monate in Ihrer Kapitalbedarfsplanung unberücksichtigt lassen.

Mit der Kapitalbedarfsplanung ist das Thema Finanzplanung noch nicht abgeschlossen. Sie haben zwar ermittelt, wie viel Kapital Sie wofür benötigen, wissen aber noch nicht, wie genau die Finanzierung aussehen soll – es sei denn, Ihr Eigenkapital reicht zur vollständigen Finanzierung aus. Ist dies nicht der Fall, muss im nächsten Schritt der optimale Finanzierungsmix erarbeitet werden. Dies setzt jedoch zunächst Kenntnisse der verschiedenen Finanzierungs- und Fördermöglichkeiten voraus, wovon die wichtigsten im Folgenden dargestellt werden.

Ein „Wort" zu den Privatausgaben

Leider kommt es immer wieder vor, dass (nicht nur) Existenzgründer den Bedarf für ihren Lebensunterhalt nicht richtig einschätzen und/oder sich im Rahmen der anstehenden Selbständigkeit „schön rechnen" nach dem Motto: „Ich brauche nicht so viel; kann mich einschränken ..." Das mag hier und da sogar stimmen, trotzdem macht es keinen Sinn, dauerhaft mit einem Lebensstandard in der Nähe der Armutsgrenze zu planen und darauf zu „bauen", dass dies die Basis für eine auch nur halbwegs solide Selbständigkeit sein könnte. Jedes unvorhergesehene oder unvorhersehbare Ereignis wird Sie dann zwangsläufig finanziell „aus der Bahn werfen" und könnte sowohl geschäftlich als auch privat auf unmittelbarem Weg in die Insolvenz führen. Hier ist ein ebenso kritischer wie realistischer Blick auf die aktuelle und geplante Privatsituation sinnvoll. Damit nichts Wesentliches vergessen (oder verdrängt) wird lohnt es sich, auch im Hinblick auf die nötigen Privatausgaben eine Übersicht zu erstellen. Die folgende Vorlage (Abb. 6) aus dem „Leitfaden Unternehmenskonzept) der Startercenter NRW kann dabei helfen (s. auch Linktipp):

Notwendige Privatentnahmen		
1. Privatausgaben	monatlich	jährlich
Miete inkl. Nebenkosten und Strom		0
Gebäudeaufwendungen inkl. Nebenkosten		0
Kosten des täglichen Bedarfs (Essen, Trinken, Kleidung)		0
Freizeit		0
Telefon, Fernsehen, Radio, Internet (privat)		0
private KfZ-Kosten (Steuern, Versicherungen, Verbrauch, Reparaturen)		0
Anschaffungskosten Immobilien (Grundstücke, Gebäude)		0
Kosten für öff. Verkehrsmittel		0
Sachversicherungen (Haftpflicht-, Hausrat-, Unfall-, Rechtschutzversicherung etc.)		0
Altersvorsorge (Rentenversicherung, Lebensversicherung, BU)		0
Kranken- und Pflegeversicherung		0
Kosten für Kinderbetreuung		0
Unterhaltszahlungen an andere		0
Zins- und Tilgungsverpflichtungen		0
Rücklage für Urlaub, Neuanschaffungen, Ausbildung der Kinder		0
Rücklage Einkommensteuer (30 %)		0
sonstiges		0
Summe	0	0

2. Privateinnahmen	monatlich	jährlich
Nettogehalt, Lebenspartnerin		0
Kindergeld, Erziehungsgeld		0
Unterhalt		0
Einkommen aus Vermietung und Verpachtung		0
Einkommen aus Kapitalanlagen		0
sonstige Einkünfte		0
Summe	0	0

Notwendige Privatentnahmen		
Privatsausgaben insgesamt	0	0
Privateinnahmen insgesamt	0	0
= notwendige Privateinnahmen	0	0
zzgl. Zuschüsse zur Gründung (Einstiegsgeld oder Gründungszuschuss)		
= notwendige Einnahme bis zur Ausfinanzierung der Zuschüsse	0	0

Abb. 6: Übersicht über Privatausgaben und -einnahmen (Quelle: Startcenter NRW)

Links zum Thema

http://www.dihk.de – Deutscher Industrie- und Handelskammertag mit weiterführenden Hinweisen und Adressen zu den einzelnen Industrie- und Handelskammern vor Ort; http://www.zdh.de – Zentralverband des Deutschen Handwerks mit weiterführenden Hinweisen und Adressen zu den einzelnen Organisationen des Handwerks vor Ort; http://www.vr-bankmodul.de/site/vrgk/index_v2b.php?typ=webcenter# – Download der Branchenbriefe; http://www.bundesfinanzministerium.de – Stichwort Richtsatzsammlung; http://www.ifh-koeln.de – Institut für Handelsforschung; http://www.destatis.de – Statistisches Bundesamt, http://www.deubner-recht.de – Deubner Verlag; http://www.stoll-fuss.de – Stollfuß-Medien; http://www.startercenter.com – StarterCenter des Kreises Recklinghausen mit dem „Leitfaden Unternehmenskonzept" und Vorlagen für die Planrechnungen– Suche: Leitfaden oder auf der Seite nach unten scrollen.

16.4 Fördermittel

Sie wissen bereits, dass Finanzierungsfehler mit zu den häufigsten Gründen zählen, aus denen Existenzgründer scheitern. Da bei der finanzwirtschaftlichen Beratung von Existenzgründern die Steuerberater dominieren, gefolgt von Kreditinstituten, Anwälten, Kammern und Unternehmensberatern, kommt diesen Institutionen und Personengruppen aufgrund ihrer Schlüsselposition eine besondere

Verantwortung zu, der leider nicht immer Rechnung getragen wird. Aus diesem Grund ist jeder Existenzgründer gut beraten, sich im Vorfeld der Gründung sorgfältig über die passenden Finanzierungsmöglichkeiten zu informieren.

Hier ist es unbedingt ratsam, mögliche Fördermittel zu berücksichtigen und frühzeitig zu beantragen. Dies ist leichter gesagt als getan, wie so mancher Gründer oder Unternehmer spätestens nach dem ersten Gespräch mit seiner Hausbank feststellen muss. Jedes Jahr werden, trotz zunehmender Finanzierungsprobleme der mittelständischen Wirtschaft, Fördermittel in immenser Höhe nicht abgerufen – aus verschiedenen Gründen. Der Fördermitteldschungel ist nur schwer zu durchdringen und ohne externe Hilfe erfahren die Zielgruppen der Förderprogramme häufig erst gar nicht von den entsprechenden Möglichkeiten. Die Kreditinstitute als eine der ersten Anlaufstellen haben häufig aus eigenwirtschaftlichen Überlegungen kein Interesse daran, umfassend zu informieren oder sind selbst überfordert. Wie viele Förderprogramme existieren, kann niemand so ganz genau sagen. Einige Hundert sind es sicher. Eine sehr gute erste Recherchemöglichkeit bietet die Datenbank des Bundesministeriums für Wirtschaft und Energie, in der speziell für Existenzgründer bereits 214 Förderprogramme gespeichert sind (Stand: Januar 2014).

Einer Studie des Zentrums für Europäische Wirtschaftsforschung (ZEW) zufolge ist die Überlebenschance geförderter Unternehmen signifikant höher als bei nicht geförderten Unternehmen. Konkret war die Erfolgsquote über einen Betrachtungszeitraum von 6 Jahren um beachtliche 14% höher. Andere Untersuchungen belegen, dass sich ein geringes Startkapital negativ auf die Bestandsfestigkeit auswirkt. Die Förderung spielt also nicht nur bei der Umsetzung des Gründungsvorhabens eine Rolle, sondern wirkt sich auch positiv auf die spätere Bestandsfestigkeit eines Unternehmens aus. Vielleicht ist es auch „nur" die bessere Vorbereitung im Vergleich zu nicht geförderten Gründern. So oder so ist spätestens seit der 2. MIND-Studie mit dem Themenschwerpunkt Unternehmensfinanzierung bekannt, dass die meisten Existenzgründer keine Fördermittel nutzen.

Demnach gaben von den befragten Existenzgründern lediglich 23,5% an, Fördermittel in Anspruch genommen zu haben. Nur rund 10% gaben hingegen an, *nicht* beraten worden zu sein.

Die Basis für eine adäquate Finanzierung stellt der Businessplan inklusive der Planzahlen dar. Er ist die Grundlage, um den optimalen Finanzierungs-Mix unter Berücksichtigung möglicher Fördermittel erarbeiten zu können.

Bei den Fördermitteln handelt es sich sehr häufig um Darlehen mit besonderen Konditionen, wovon einige gängige Programme im Folgenden noch näher betrachtet werden. Aber auch z. B. Beteiligungen, Bürgschaften oder Zuschüsse fallen unter den Begriff Fördermittel. Besonders beliebt sind naturgemäß die Zuschüsse, die bei Vorliegen der Voraussetzungen nicht zurückgezahlt werden müssen. Grundsätzlich werden Fördermittel durch den Bund, die Länder und durch die Europäische Union bereitgestellt. Die direkte Förderung durch die EU kommt für den Großteil der Gründer nicht in Frage und soll daher nur am Rande dargestellt werden. Die Förderprogramme des Bundes und der Länder können nach verschiedenen Gesichtspunkten kategorisiert werden. Werden die Programme streng nach den Trägern Bund oder Land getrennt, geht erfahrungsgemäß rasch die Übersicht verloren. Sie müssten stets im Auge behalten, ob mehrere Programme in Frage kommen und welches die günstigeren Konditionen bietet. Daher sollen nach einer kurzen Darstellung der EU-Förderung die Förderprogramme nach Förderbereichen wie z. B. Beratungsförderung, Darlehen etc. unterschieden werden, um Ihnen ein systematisches Vorgehen zu erleichtern. Auf die Förderung durch Bund oder Land wird – falls erforderlich – gesondert hingewiesen.

Angesichts der ungeheuer großen Anzahl von Förderprogrammen können diese hier natürlich nicht abschließend dargestellt werden. Aus diesem Grund bildet die Darstellung der Beratungsförderung einen der Schwerpunkte dieses Kapitels. Mit den für die Beratungsförderung bereitgestellten Mitteln kann keine Existenzgründung finanziert werden. Zusätzlich sind in aller Regel weitere Mittel, insbesondere Darlehen, erforderlich.

Die richtige Finanzierung und die optimale Kombination von Fördermitteln können jedoch immer nur im konkreten Einzelfall erarbeitet werden und hierzu bedarf es wiederum externer Beratung. Darum wird im Folgenden auch auf kostenfreie Beratungsmöglichkeiten hingewiesen. Mindestens diese sollten genutzt werden, um einen optimalen Finanzierungs- und Fördermittel-Mix zu erarbeiten. Die Kenntnisse um die Beratungsangebote sind wichtiger als die detaillierte Darstellung von Förderdarlehen und sonstigen Angeboten, weil diese ohnehin angesichts der Vielfalt nicht vollständig sein kann. Darum sollen Ihnen die folgenden Ausführungen Anregungen bieten und aufzeigen, dass es für nahezu jedes Vorhaben eines oder sogar mehrere Fördermöglichkeiten gibt. Die genannten Beratungsstellen helfen Ihnen weiter.

Deutschland gehört zu den so genannten Netto-Zahlern innerhalb der Europäischen Union, d. h. es werden mehr finanzielle Mittel für die EU ausgegeben als eingenommen. Nichtsdestotrotz bestehen auch hierzulande vielfältige Fördermöglichkeiten durch EU-Gelder. Für die meisten Existenzgründer scheiden aber unmittelbare EU-Förderungen schon deshalb aus, weil die Antragsverfahren äußerst kompliziert und zeitaufwändig sind. Wer allerdings ein größeres Gründungsvorhaben plant, sollte sich zumindest im Vorfeld informieren, ob dieses Projekt den wirtschaftspolitischen Zielen der EU entspricht und eine Förderung in Betracht kommt.

Professionelle Beratung ist allerdings gerade in diesem Förderbereich in aller Regel ebenso unerlässlich wie ein besonders ausgereiftes Konzept.

Kostenfreie Basisinformationen und Erstberatungen bieten zunächst die jeweiligen Wirtschaftsförderer Ihrer Stadt oder Region an. Darüber hinaus gibt es vielfältige Beratungsangebote, zum Teil spezialisiert auf bestimmte Wirtschaftsbereiche. Dazu gehören z. B. die so genannten „Innovation Relay Centre" für die Bereiche Forschung und Technologie.

„Germany Trade and Invest – Gesellschaft für Außenwirtschaft und Standortmarketing mbH" oder die Auslandshandelskammern sind die richtigen Ansprechpartner, wenn Sie Informationen zu ausländischen Märkten suchen. Das seit 2008 bestehende „Enterprise Europe Network" soll den Zugang zu EU-Mitteln, Kooperationen, Technologietransfer und strategische Partnerschaften für kleine und mittelständische Unternehmen unterstützen, insbesondere im Bereich Forschung und Entwicklung. Das Außenwirtschaftsportals „iXPOS" versteht sich als „Türöffner für neue Märkte". Erste Vorinformationen zu verschiedenen EU-Programmen und Ansprechpartnern können Sie auch selbst in der Datenbank des Bundesministeriums für Wirtschaft und Energie recherchieren. Informationen zur Beantragung von Fördermitteln und förderfähigen Projekten stellt zudem die Europäische Investitionsbank zur Verfügung.

Die folgenden Kurzbeschreibungen der Förderprogramme entstammen der Förderdatenbank des Bundesministeriums für Wirtschaft und Energie, soweit nicht anders angegeben. Sie können diese Datenbank kostenfrei nutzen und jederzeit nähere Informationen, wie Richtlinien und die Adressen der Kontaktstellen selbst abrufen. Dies ist schon deshalb empfehlenswert, weil sich Konditionen, Richtlinien und Verfügbarkeit der Mittel ändern. Für nahezu alle Programme gilt, dass Sie keinen Rechtsanspruch auf diese Mittel haben. Erst nach erfolgter Beantragung und Bewilligung haben Sie die Sicherheit, dass die Mittel auch gewährt werden. Überlegen Sie darum rechtzeitig auch alternative Finanzierungsmöglichkeiten. Außerdem sollten Sie vor der Beantragung auch überprüfen (lassen), ob überhaupt noch Mittel für das entsprechende Programm zur Verfügung stehen. Insbesondere in der 2. Jahreshälfte müssen Sie bei viel genutzten Programmen damit rechnen, dass ein Antragsstopp besteht, weil die Mittel bereits ausgeschöpft wurden. Möglicherweise werden dennoch Anträge angenommen, die aber erst im Folgejahr bewilligt werden können.

Bei der Beantragung von Fördermitteln gilt daher in aller Regel ein wichtiger Grundsatz: **„Erst beantragen – dann starten."** Gehen Sie also noch keine Verpflichtungen ein, bevor die Fördermittel wenigstens beantragt sind.

In manchen Förderprogrammen sind bestimmte „Fördergebiete erwähnt. Ist z. B. eine Stadt als besonders strukturschwaches C-Fördergebiet eingestuft, gehen damit höhere Fördersätze für gewerbliche Investitionen einher. Aufgrund dieser Unterschiede ist es möglich, dass ein Gründungsvorhaben in einer bestimmten Stadt bessere Fördermöglichkeiten hat als ein vergleichbares Vorhaben in der Nachbargemeinde.

In der Beschreibung von Förderprogrammen und auch in Bewilligungsbescheiden finden Sie regelmäßig einen Hinweis auf die so genannten „De-minimis"- Beihilfen gemäß den Beihilferegeln der Europäischen Union vor. In den Erläuterungen hierzu heißt es:

„Manche Beihilfen sind so gering, dass ihre Auswirkungen auf den Wettbewerb nicht spürbar sind. Sie müssen daher nicht durch die Europäische Kommission genehmigt werden, sondern können ohne deren Einschaltung gewährt werden. Allerdings hat die EU-Kommission das Recht, die Durchführung dieser Maßnahme zu kontrollieren.

Damit die als „De-minimis"-Beihilfen bezeichneten Subventionen nicht dadurch, dass ein Unternehmen mehrere Subventionen dieser Art sammelt, doch noch zu einer Wettbewerbsverzerrung führen, ist der Subventionswert aller für ein Unternehmen zulässigen „De-minimis"-Beihilfen auf 200.000 Euro, für Unternehmen des Straßentransportsektors auf 100.000 Euro innerhalb von drei Steuerjahren begrenzt … In einer Anlage zum Zuwendungsbescheid für eine „De-minimis"-Beihilfe wird dem Beihilfeempfänger unter anderem mitgeteilt, wie hoch der auf die Beihilfe entfallende Subventionswert ist. Diese Anlage muss mindestens zehn Jahre aufbewahrt werden, damit sie bei einer eventuellen Anfrage z. B. der Europäischen Kommission, die möglicherweise ihr Kontrollrecht ausüben wird, kurzfristig vorgelegt werden kann. Erfolgt die Vorlage nicht, muss der erhaltene Subventionswert zurückgezahlt werden …"

Die folgenden Programme sollen nur beispielhaft bestimmte Fördermöglichkeiten darstellen. Machen Sie immer auch Gebrauch von den ebenfalls dargestellten – zum großen Teil kostenfreien – Beratungsmöglichkeiten.

Links zum Thema

http://www.ifm-bonn.org – „Mittelstandsmonitor" und mehr; http://www.bfai. de – Germany Trade & Invest; http://www.ixpos.de – Außenwirtschaftsportal; http://www.ahk.de – Deutsche Außenhandelskammern; http://www.bmwi.de – Bundesministerium für Wirtschaft und Energie; http://www.foerderdatenbank. de/ – direkter Zugang zur Fördermitteldatenbank; http://www.eib.org – Europäische Investitionsbank; http://www.een-deutschland.de – Portal Enterprise Europe Network Deutschland; http://eur-lex.europa.eu – EU-Recht wie z. B. „De-minimis-Verordnung".

Die sorgfältige Beratung von Existenzgründern kann eine wesentliche Grundlage des späteren, unternehmerischen Erfolges sein. Sie wird darum finanziell gefördert, wenngleich auch zu immer schlechteren Bedingungen für Existenzgründer. Die Höhe der Förderung hängt von verschiedenen Faktoren ab (Zielgruppe, Branche, Bundesland …). Sie beträgt jedoch im Falle der individuellen Beratung und Begleitung bei der Prüfung und/oder Erstellung eines Businessplans in der Regel nicht 100%. Ausdrücklich erwünscht ist das eigene – auch finanzielle – Engagement des Gründers, unter anderem, um bereits im Vorfeld die Ernsthaftigkeit des Gründungsvorhabens zu sondieren. Neben der Beratung kann auch die Weiterbildung finanziell unterstützt werden, z. B. durch die so genannten Bildungsgutscheine bzw. die „Bildungsprämie" wie das Förderinstrument richtig heißt. Es ist wenig bekannt, dass diese auch für Selbständige in Betracht kommen, wenn die Voraussetzungen dazu vorliegen:

Förderfähig sind geeignete Maßnahmen zur Weiterbildung für die aktuelle oder eine künftige Tätigkeit. Mit Prämie kann die Hälfte der Weiterbildungskosten bis zu einem Höchstbetrag von 500 € abdecken. Als weitere Bedingung für den Erhalt eines Prämiengutscheins darf das zu versteuernde Jahreseinkommen die Grenze von 20.000 Euro nicht übersteigen (bei gemeinsamer Veranlagung gelten entsprechend 40.000 Euro). Die Förderkriterien werden bei einem Beratungsgespräch in einer Beratungsstelle vor Ort individuell geprüft. Eine weitere formale Voraussetzung für eine Förderung ist daher der Besuch einer solchen, die es bundesweit flächendeckend gibt. Über die Website www.bildungspraemie.info oder über die kostenlose Hotline 0800-2623 000 kann jeder erfahren, wo sich die nächste Beratungsstelle befindet."

16.4.1 Beratungsförderung

Die Fördermöglichkeiten sind zum Teil nicht nur vor der Gründung interessant, sondern auch danach, weil mitunter auch bestehende Unternehmen gefördert werden können. Die Besonderheit des folgenden Programms „Gründercoaching Deutschland" ist, dass die Gründung bereits erfolgt sein muss. Die einzelnen Länderprogramme werden in Kurzform mit wesentlichen Merkmalen und vor allem den Kontaktstellen für weiter führende, individuelle Beratungen vorgestellt. Alle aufgeführten Länderprogramme bezwecken die Unterstützung von Existenzgründern durch geförderte Beratungsleistungen.

Bundesweite Fördermöglichkeiten

Gründercoaching Deutschland

Ziel und Gegenstand: Die KfW Bankengruppe fördert mit Unterstützung des Europäischen Sozialfonds (ESF) Coachingmaßnahmen, um Existenzgründern die Finanzierung von Beratungen zu ermöglichen und den Bestand von Existenzgründungen zu erhöhen.

Gefördert werden Coachingmaßnahmen zu wirtschaftlichen, finanziellen und organisatorischen Fragen in den ersten fünf Jahren der Start- und Festigungsphase nach Gründung.

Antragsberechtigte: Antragsberechtigt sind Existenzgründer im Bereich der gewerblichen Wirtschaft sowie der Freien Berufe, die in den zurückliegenden fünf Jahren ein Unternehmen gegründet oder übernommen haben.

Das Unternehmen muss im letzten Geschäftsjahr vor Beginn des Coachings die Voraussetzungen der KMU-Definition der EU erfüllen und seinen Sitz und Geschäftsbetrieb in der Bundesrepublik Deutschland haben.

Nicht gefördert werden Existenzgründer, die überwiegend im Bereich der Unternehmensberatung tätig sind, Gründer im Bereich der landwirtschaftlichen Primärerzeugung, Fischerei und Aquakultur sowie Unternehmen in Schwierigkeiten i. S. d. Leitlinien der Europäischen Kommission.

Voraussetzungen: Die Gründung bzw. Übernahme muss erfolgt sein und darf zum Zeitpunkt der Antragstellung nicht länger als fünf Jahre zurückliegen.

Bei einer tätigen Beteiligung an einem Unternehmen muss der Existenzgründer über eine ausreichende unternehmerische Entscheidungsfreiheit verfügen.

Die Existenzgründung muss auf eine Vollexistenz ausgerichtet sein.

Das Coaching muss mindestens zur Hälfte der Beratungszeit in Anwesenheit des Existenzgründers durchgeführt werden.

Die Förderung setzt eine Coachingempfehlung des Regionalpartners und eine Zusage der KfW voraus. Mit dem Coaching darf erst nach Erteilung der Zusage durch die KfW begonnen werden.

Die eingesetzten Berater müssen in der KfW-Beraterbörse (www.kfw-beraterboerse.de) gelistet und für das Gründercoaching Deutschland frei geschaltet sein.

Nicht gefördert werden insbesondere Coachingmaßnahmen in der Vorgründungsphase sowie Beratungen, die überwiegend Rechts-, Versicherungs- und Steuerfragen zum Inhalt haben.

Art und Höhe der Förderung: Die Förderung erfolgt in Form eines Zuschusses.

Die Höhe der Förderung beträgt

- in den neuen Bundesländern 75%,
- in den alten Bundesländern (einschl. Berlin) 50%

des Beraterhonorars bei einem maximalen Tagessatz von 800 EUR. Ein Tagewerk umfasst 8 Stunden. Das insgesamt vertraglich zu vereinbarende Netto-Beraterhonorar darf die Bemessungsgrundlage von maximal 6.000 € nicht überschreiten.

Antragsverfahren: Zunächst ist der persönliche Berater auszuwählen. Alle Berater, die aufgrund ihres Profils und ihrer Beratungserfahrung für das Gründercoaching Deutschland zugelassen sind,

sind in der KfW-Beraterbörse gelistet. Der Berater informiert in einem Erstgespräch über die Schwerpunkte einer Beratung, den Tagessatz und die voraussichtliche Dauer der Beratung.

Der Existenzgründer erfasst alle Antragsdaten online über die Online-Antragsplattform. Der Ausdruck des Antrags wird durch den Antragsteller unterschrieben und ist anschließend beim zuständigen Regionalpartner einzureichen.

Vor der Antragstellung ist mit dem jeweiligen Regionalpartner ein persönliches Kontaktgespräch zu führen. Eine aktuelle Übersicht der Regionalpartner ist im Internet einsehbar (Regionalpartner-Suche).

Der Antrag ist vor Abschluss eines Coachingvertrages über den Regionalpartner an die KfW zu richten.

Informationen erteilt auch die

KfW Bankengruppe, Palmengartenstraße 5–9, 60325 Frankfurt am Main, Infocenter: (08 00) 5 39 90 01 Tel. (0 69) 74 31-0, Fax (0 69) 74 31-29 44, info@kfw.de www.kfw.de

Quelle: Richtlinien des Bundesministeriums für Wirtschaft und Energie vom 15. März 2011, Bundesanzeiger Nr. 50 vom 30. März 2011, S. 1157; geändert durch Bekanntmachung vom 14. November 2013, Bundesanzeiger Amtlicher Teil vom 22. November 2013, B1; Merkblatt der KfW Bankengruppe, Stand Januar 2014; KfW-Information vom 5. November 2013.

Geltungsdauer: Die Richtlinien des Bundesministeriums für Wirtschaft und Energie sind bis zum 30. Juni 2014 befristet.

Wichtige Hinweise

Das Bundesministerium für Wirtschaft und Energie hat zum Ende der Förderperiode 2007–2013 des Europäischen Sozialfonds (ESF) die Laufzeit des „Gründercoaching Deutschland" bis zum 30. Juni 2014 verlängert, um eine Förderlücke bis zum Beginn der neuen ESF-Förderperiode zu vermeiden. Der Beratungszeitraum wird für Zusagen ab dem 1. Januar 2014 auf 6 Monate nach Zusage verkürzt. Alle anderen Fördervoraussetzungen bleiben unverändert.

Das Bundesministerium für Arbeit und Soziales (BMAS) hat die Variante „Gründercoaching Deutschland – Gründungen aus Arbeitslosigkeit" über das planmäßige Auslaufen zum Endes des Jahres 2013 nicht fortgeführt.

Eine gleichzeitige Förderung der Beratungsmaßnahme aus ESF-Mitteln ist ausgeschlossen. Weitere Fördermöglichkeiten können nur in Anspruch genommen werden, wenn sich die Inhalte der einzelnen Fördermaßnahmen deutlich unterscheiden.

Die Förderung wird als De-minimis-Beihilfe gewährt.

Beratersuche: https://beraterboerse.kfw.de

Zusatzinformationen: Da auch die neue, große Koalition Existenzgründer und -gründungen besonders fördern will besteht zumindest die Hoffnung auf eine grundsätzliche Fortführung des Programms über den oben genannten Termin hinaus. Dies umso mehr als dass die Fördermöglichkeiten gerade für Gründer aus der Arbeitslosigkeit in der vergangenen Legislaturperiode erheblich reduziert worden sind.

Neben der oben dargestellten Beratungsförderung gibt es weitere Bundesprogramme:

Handwerk

Die Handwerkskammern können Gründern im Handwerk aufgrund öffentlicher Fördermöglichkeiten vielfältige Beratungs- und Schulungsleistungen sogar kostenfrei anbieten. Die Anschrift der für Sie zuständigen Kammer finden Sie hier:

www.zdh.de/handwerksorganisationen/handwerkskammern/adressen.html

Gründungen aus der Hochschule

Darüber hinaus können auch andere Zielgruppen besonders gefördert werden. Für bestimmte, anspruchsvolle, innovative Gründungsvorhaben aus Hochschulen und Forschungseinrichtungen steht z. B. das so genannte „EXIST-Gründerstipendium" zur Verfügung. Das Stipendium umfasst die finanzielle Sicherung des Lebensunterhalts mit unterschiedlichen Beträgen je nach persönlichen Voraussetzungen (Promotion, Absolvent, Student ...), die Übernahme von Sachausgaben bis zu 10.000 € bei Einzelgründungen (Teams bis 17.000 €) sowie Coachingausgaben bis zu 5.000 €.

Weitere schriftliche Informationen: www.exist.de

Ansprechpartner:

Projektträger Jülich (PTJ), Forschungszentrum Jülich GmbH, Außenstelle Berlin, Zimmerstr. 26–27, 10969 Berlin, www.pjt.deptj-exist-gruenderstipendium@fz-juelich.de

Informations- und Kommunikationstechnik

Viel mehr als „nur" eine Beratungsförderung bietet der Gründerwettbewerb – IKT innovativ

Hier können sich Existenzgründer aus der Informations- und Kommunikationstechnik innerhalb der jeweiligen Ausschreibungsfrist bis zum 31. Mai und 30. November eines Jahres um eine Förderung bewerben.

Ziel und Gegenstand: Das Bundesministerium für Wirtschaft und Energie unterstützt mit dem Gründerwettbewerb – IKT Innovativ Unternehmensgründungen, bei denen innovative Informations- und Kommunikationstechnik zentraler Bestandteil des Produkts oder der Dienstleistung ist.

In zwei Ausschreibungsrunden jährlich werden jeweils bis zu sechs Hauptpreise und bis zu 15 weitere Preise vergeben.

Antragsberechtigte: Teilnahmeberechtigt sind natürliche Personen mit Wohnsitz in Deutschland, die ein Unternehmen in Deutschland gründen wollen oder höchstens vier Kalendermonate vor dem Monat der ersten Einreichung gegründet haben.

Voraussetzungen: Zur Teilnahme am Ideenwettbewerb werden Ideenskizzen von etwa 15 Seiten erwartet, die alle wesentlichen Aussagen zur Beurteilung und Bewertung enthalten (Darstellung der fachlichen und kaufmännischen Kompetenzen des Gründers, Vernetzung mit potenziellen Kunden und Partnern, geplantes Geschäftsmodell, Einschätzung des Zielmarkts und der Wettbewerber, erste Ansätze für Marketing und Vertrieb, grobe Zeitplanung der Unternehmensgründung sowie Grundgerüst einer Finanzplanung).

Art und Höhe der Förderung: Bis zu sechs Gründungsideen einer Runde erhalten 30.000 € als Startkapital für ihre Unternehmensgründung. Ein Teilbetrag von 6.000 € wird sofort ausgezahlt. Die Auszahlung der weiteren 24.000 € ist an die konkrete Unternehmensgründung in Form einer GmbH oder einer AG gebunden.

Bis zu 15 weitere Preisträger werden mit einer Startprämie von 6.000 € ausgezeichnet.

Alle Preisträger erhalten ein auf ihre individuellen Bedürfnisse abgestimmtes umfangreiches Coaching- und Qualifizierungsprogramm.

Zusätzlich können in jeder Wettbewerbsrunde und in Kooperation mit der Wirtschaft Sonderpreise zu ausgewählten Themen ausgelobt werden, deren Höhe vom jeweiligen Sponsor bestimmt wird.

Weiterführende Informationen:

VDI/VDE Innovation + Technik GmbH, Steinplatz 1, 10623 Berlin, Tel. (0 30) 31 00 78-1 23, info@gruenderwettbewerb.de www.gruenderwettbewerb.de

Quelle : Informationen der VDI/VDE Innovation + Technik GmbH, Stand Januar 2014.

Informations- und Schulungsveranstaltungen

Zusätzlich können für alle Existenzgründer, Führungskräfte und Unternehmer aus kleinen und mittelständischen Unternehmen Informations- und Schulungsveranstaltungen gefördert werden. Die Teilnehmer profitieren aber nicht unmittelbar durch eine Zuwendung, sondern durch stark ermäßigte Teilnahmegebühren. Über Seminarangebote können Sie sich bei den örtlichen Beratungsstellen (Wirtschaftsförderung, Startercenter, Kammern etc.) informieren.

Beratungsförderung nach Bundesländern

Hinweis: Die Förderperiode 2007–2013 des Europäischen Sozialfonds (ESF) ist zum 31. Dezember 2013 ausgelaufen und zum Zeitpunkt der Fertigstellung dieses Ratgebers gab es noch nicht in allen Bundesländern verlässliche Informationen über die Ausgestaltung der Förderprogramme für die neue Förderperiode 2014–2020. Bitte informieren Sie sich daher im Bedarfsfall stets aktuell bei den genannten oder anderen Beratungsinstitutionen.

Baden-Württemberg

Begleitende Gründungsberatung (Beratungsgutscheine)

In Baden-Württemberg können Gründungswillige Beratung durch unterschiedliche Projektträger in Anspruch nehmen. Je nach Branche und Vorhaben bieten sich hier z. B. das Institut für Freie Berufe, der Deutsche Hotel- und Gaststättenverband (DEHOGA) oder die Beratungs- und Wirtschaftsförderungsgesellschaft für Handwerk und Mittelstand an.

Auszug aus der Förderdatenbank des Bundes:

„… Die Beratung erfolgt in zwei Phasen.

Als Einstieg findet üblicherweise eine mehrstündige Basisberatung statt, bei der beispielsweise ein Experte das Geschäftsmodell des Antragstellers prüft, eine erste Einschätzung gibt und über Finanzierungsmöglichkeiten informiert.

Mehrtägige Intensivberatungen werden individuell auf die Person des Gründers und sein Vorhaben zugeschnitten und können beispielsweise folgende Bereiche beinhalten: Erarbeitung eines detaillierten Geschäftsmodells, Marktrecherche, Finanz- und Liquiditätsplanung, Gespräche mit Banken und Finanzierungspartnern, Businesspläne …

Die Förderung erfolgt in Form eines Beratungsgutscheins. Basisberatungen sind in der Regel kostenlos.

Bei mehrtägigen Intensivberatungen liegt die Eigenbeteiligung des Antragstellers ca. zwischen 70% und 80% unter den gängigen Tagessätzen für entsprechende Beratungsleistungen.

(Anmerkung: Konkret beträgt Ihr Eigenanteil in den ersten 4 Beratungstagen je nach Projektträger zwischen 160 € und 180 € und ab dem 5. Tag einheitlich 180 € – jeweils zuzüglich Mehrwertsteuer. Stand: Januar 2014.)

Aufgrund der regionalen, branchen- oder zielgruppenspezifischen Ausrichtung der Beratungsangebote sowie der individuellen Anpassung der Beratungsleistungen an den Einzelfall können die Kosten in beiden Phasen variieren.

Der Umfang der Beratung kann abhängig vom Beratungsanbieter bis zu 10 Tagen umfassen…"

Weitere Informationen zum Thema Gründung sowie die Kontaktdaten zu den Beratungsstellen finden Sie hier: www.gruendung-bw.de – Beratungsgutscheine für Gründer/Innen

Bayern

Existenzgründercoaching

Art und Höhe der Förderung: Die Förderung wird in Form eines Zuschusses zu den Beratungskosten gewährt.

Die Höhe der Förderung beträgt bis zu 70% des Beraterhonorars bei einer Bemessungsgrundlage von maximal 8.000 €. Ein Tagewerk umfasst 8 Stunden bei einem maximalen Tagessatz von 800 €.

Es werden maximal 10 Tagewerke à 8 Stunden pro Tag mitfinanziert.

Antragsverfahren: Die Förderung von Gründungen oder Unternehmensnachfolgen im Bereich der gewerblichen Wirtschaft ist vor Beginn der Beratung bei der örtlich zuständigen Industrie- und Handelskammer (IHK) oder der Handwerkskammer (HWK) zu beantragen. Die Adressen können im Internet unter folgender Adresse abgerufen werden: www.startup-in-bayern.de.

Anträge auf Förderung von Gründungen oder Unternehmensnachfolgen im Bereich der Freien Berufe sind vor Beginn der Beratung zu stellen beim

Institut für Freie Berufe (IFB) an der Friedrich-Alexander-Universität Erlangen-Nürnberg, Abteilung Gründungsberatung, Marienstraße 2, 90402 Nürnberg, Tel. (09 11) 2 35 65-0, Fax (09 11) 2 35 65-52, info@ifb.uni-erlangen.de, www.ifb-gruendung.de.

Quelle: Richtlinie des Bayerischen Staatsministeriums für Wirtschaft, Infrastruktur, Verkehr und Technologie vom 19. Dezember 2007, Allgemeines Ministerialblatt Nr. 1 vom 30. Januar 2008, S. 21.

Hinweis: Die Richtlinie galt bis zum 31. Dezember 2013. Nach Auskunft der IHK Nürnberg wird das Programm jedoch auch darüber hinaus unverändert und nahtlos fortgeführt (Stand: Januar 2014).

Links

> http://www.stmwivt.bayern.de und http://www.startup-in-bayern.de sowie http://www.existenzgruenderpakt-bayern.de – Bayerisches Staatsministerium für Wirtschaft und Medien, Energie und Technologie; http://www.ifb-gruendung.de – Institut für Freie Berufe, Nürnberg: http://www.gruenderagentur-bayern.de – Portal der Landesnotarkammer Bayern.

Berlin

Coaching BONUS

Da bei diesem Programm schon die Voraussetzungen für eine Beratung! vergleichsweise streng sind, werden diese im Folgenden genannt:

Grundsätzlich sind kleine und mittlere Unternehmen sowie Existenzgründer mit Sitz oder Betriebsstätte in Berlin antragsberechtigt. Sie müssen jedoch zusätzliche Kriterien erfüllen:

Technologieorientierte Unternehmen:

Die Geschäftsidee muss eine ausgeprägte Technologieorientierung aufweisen. Die angebotenen bzw. geplanten Produkte und Dienstleistungen müssen innovativ sein. Es muss ein konkretes Alleinstellungsmerkmal vorhanden sein. Der Antragsteller muss über ein kaufmännisches Grundverständnis und über grundlegende Kenntnisse von Markt und Konkurrenz verfügen.

Unternehmen der Kreativwirtschaft:

Dem Unternehmen muss ein wirtschaftlich tragfähiges Geschäftsmodell zugrunde liegen. Es muss ein konkretes Alleinstellungsmerkmal vorhanden sein. Es muss eine kreative Eigenleistung vorliegen. Das Unternehmen muss ein sichtbares Wachstumspotenzial aufweisen. Die handelnden Personen müssen unternehmerisches Potenzial besitzen.

Andere Unternehmen:

Es muss sich um ein KMU des produzierenden Gewerbes oder des produktionsnahen Dienstleistungsgewerbes handeln. Das Unternehmen muss bereits Umsätze aus der Vermarktung von Produkten oder Dienstleistungen erzielen. Der Coachingbedarf muss im Zusammenhang mit Internationalisierungsprojekten stehen. Die Maßnahme muss im Land Berlin durchgeführt werden.

Art und Höhe der Förderung: Die Förderung erfolgt in Form eines Zuschusses. Die Höhe des Zuschusses beträgt 100% für die ersten beiden Beratertage. Für die folgenden Tage gelten folgende Eigenanteile:

Existenzgründer und junge Unternehmen bis zu drei Jahren tragen einen Eigenanteil von 25% des Nettohonorars, bestehende Unternehmen ab drei Jahren tragen einen Eigenanteil von 40% des Nettohonorars.

Der Zuschuss beträgt maximal 7.000 € (bzw. 8.600 € bei nicht vorsteuerabzugsberechtigten Zuwendungsempfängern).

Antragsverfahren: Anträge sind zu stellen an die

IBB Business Team GmbH, Technologie Coaching Center (TCC), Bundesallee 210, 10719 Berlin, Tel. (0 30) 46 78 28-0, Fax (0 30) 46 78 28-23, info@tcc-berlin.de www.tcc-berlin.de

Antragsformulare und weitere Informationen sind unter www.coachingbonus.de erhältlich.

Quelle: Richtlinien des Landes Berlin, Stand Juli 2013; Informationen des Technologie Coaching Centers, Stand Januar 2014.

Links zum Thema

http://www.ibb.de/ – Förderfibel 2013/2014 der Investitionsbank Berlin und weitere Informationen; http://www.berlin.de – u. A. Wirtschaftsförderung Berlin; http://www.ibb-bet.de – IBB Beteiligungsgesellschaft mbH; http://www.businesslocationcenter.de – „Business Welcome Package" für auswärtige Unternehmer; http://www.existenzgruender-institut.de – Förderverein zur Förderung des unternehmerischen Denkens

Brandenburg

Das Land Brandenburg hat kein für alle Existenzgründer zugängliches Beratungsprogramm aufgelegt, fördert aber Beratungen für spezielle Gründerzielgruppen bzw. räumlich unterschiedlich. Beispiele:

Für innovative Gründungsvorhaben

„… im Südwesten Brandenburgs können Beratung und Coaching im Regelfall einen Umfang von 7 Tagwerken und im Nordosten einen Umfang von 9,5 Tagwerken haben. Ein Tagwerk entspricht 8 Stunden. Coachs und BeraterInnen werden für ihre Leistungen im Regelfall mit Netto 800,00 Euro pro Tagwerk vergütet. Die Kosten für die Durchführung des Coachings und der Beratung werden durch IbM bis einschließlich des 4. Tagwerkes zu 100 Prozent, ab dem 5. Tagwerk zu 75 Prozent gefördert. Gründungsinteressierte haben daher ab dem 5. Tagwerk einen Eigenanteil von Netto 200,00 Euro pro Tagwerk zu leisten."

Frühförderung für Zielgruppen mit Gründungspotenzial

Gruppencoachings werden vom IbM-Projektmanagement zusammen mit Trägern, Verbänden und Einrichtungen für spezifische Zielgruppen entwickelt. Sie sind ein Instrument der Frühförderung: Mit ihm sollen Potentiale für innovative Geschäftsideen identifiziert und Akteure darin unterstützt werden, die Gründungsinitiative für gute Ideen zu ergreifen. Dieses Unterstützungsangebot ist dem individuellen Vorgründungscoaching von IbM vorgelagert, das eine tragfähige Geschäftsidee und die durchdachte Initiative einer oder mehrerer Gründerpersonen voraussetzt.

Ansprechpartner: IBF Institut Berufsforschung und Unternehmensplanung Medien e. V. vertreten durch den geschäftsführenden Vorsitzenden Prof. Dr. Klaus-Dieter Müller, Marlene-Dietrich-Allee 11, 14482 Potsdam, Tel.: +49-(0)3 31-2016 580, Fax: +49-(0)3 31-2016-58 18 kd.mueller at ibf-medien.de

Links zum Thema:

http://www.innovationen-brauchen-mut.de/ – IBF Institut Berufsforschung und Unternehmensplanung Medien e. V.; http://www.ilb.de – Investitionsbank des Landes Brandenburg; http://www.zab-brandenburg.de – Zukunftsagentur Brandenburg; http://www.esf.brandenburg.de – Europäischer Sozialfonds im Land Brandenburg.

Bremen

Beratung kleiner und mittlerer Unternehmen

Art und Höhe der Förderung: Die Förderung wird in Form eines Zuschusses zu den Beratungskosten gewährt.

Die Höhe der Förderung richtet sich nach der Art der gewählten Beratung. Sie beträgt:

- bei allgemeinen Beratungen bis zu 50% der Beratungskosten bis zu einem Tagessatz von max. 700 €, höchstens jedoch 7.000 € je Antragsteller/in,

- bei Existenzgründungsberatungen bis zu 80% der Beratungskosten bis zu einem Tagessatz von max. 700 €, höchstens jedoch 2.800 € je Antragsteller/in sowie

- bei Existenzfestigungsberatung bis zu 600% der Beratungskosten bis zu einem Tagessatz von max. 700 €, höchstens jedoch 7.500 € je Antragsteller/in.

Antragsverfahren: Der Antrag auf die Gewährung der Förderung ist vor Beginn der zu fördernden Maßnahmen zu stellen bei der RKW Bremen GmbH, Langenstr. 6–8, 28195 Bremen, Tel. (0421) 323464-0, Fax (0421) 326218, www.rkw-bremen.de

- Quelle: Veröffentlicht im Amtsblatt der Freien Hansestadt Bremen Nr. 127 vom 16. November 2004, S. 879; Informationen der RKW Bremen GmbH, Stand Januar 2013.

- Wichtige Hinweise: Für Unternehmen bis zum fünften Jahr nach Gründung erfolgt eine Unterstützung aus diesem Programm nur, wenn die KfW-Förderung Gründercoaching Deutschland ausgeschöpft wurde.

Quelle: Veröffentlicht im Amtsblatt der Freien Hansestadt Bremen Nr. 127 vom 16. Nobember 2004, S. 879.

Zusatzinformationen:

- Das Programm wird nach Auskunft der RKW Bremen GmbH auch im Jahr 2014 und drüber hinaus

- fortgeführt.

Hochschulabsolventen, Wissenschaftliche Mitarbeiter und akademische Young Professionals sowie innovative Handwerksmeister können von besonders attraktiven Fördermöglichkeiten profitieren:

Die Unterstützung besteht aus folgenden Bausteinen:

- betriebswirtschaftliche Qualifizierung,

- Gründungscoaching,

- Gründungsbegleitung und Businessplanung,

- Vertriebs- und Akquise-Training,

- persönlicher Netzwerkaufbau,

- ggf. leistungsbezogene finanzielle Zuschüsse (Meilensteinförderung) und Sachmittelförderung.

- Die Förderung erfolgt in Form eines Zuschusses.

- Die Kosten für die Qualifizierungsmaßnahmen werden zu 100% übernommen.

Die Höhe der Förderung beträgt bis zu 14.000 € leistungsbezogene Meilensteinförderung als Beitrag zum Lebensunterhalt sowie 1.700 € als Sachmittelförderung für Ein-Personen-Projekte und 3.400 € für Team-Projekte.

Quelle und weiterführende Informationen: Bremer Aufbau-Bank GmbH, Andreas Mündl, Kontorhaus am Markt, Langenstr. 2–4, 28195 Bremen, Tel. (04 21) 22 08-1 73, Fax (04 21) 96 00-83 41, andreas.muendl@bab-bremen.de,www.bab-bremen.de

Links zum Thema

http://www.technologiezentren-bremen.de – Wirtschaftsförderung Bremen; http://www.begin24.de – B.EG.I.N – Bremer Existenzgründungsinitiative; http://www.existenzgruendung-bremen.de – Wirtschaftssenioren Bremen; http://www.handelskammer-bremen.ihk24.de – Handelskammer Bremen; http://www.brig.de/ – Bremerhavener Innovations- und Gründerzentrum;http://www.gruenderpreis.de/ – Gründerpreis Bremerhaven.

Hamburg

In Hamburg können Sie als Existenzgründer mit Hilfe der webbasierten „Gründungswerkstatt" z. B. Ihren Businessplan erstellen. Ein Tutor steht dabei für Fragen zur Verfügung.

Im Übrigen können Sie als Existenzgründer in Hamburg wie in jedem anderen Bundesland die Möglichkeiten der Bundesprogramme nutzen.

Links zum Thema

http://www.ifbhh.de/ – Hamburgische Investitions- und Förderbank; https://www.starter-center-hamburg.de – Startercenter mit Gründungswerkstatt und weiteren Angeboten; http://www.gruenderhaus.de und http://www.hei-hamburg.de – H.E.I. Hamburger Existenzgründungsinitiative; http://www.hamburg-economy.de – Hamburgische Gesellschaft für Wirtschaftsförderung mbH;http://www.hamburg.de – Stadt Hamburg.

Hessen

Aktuelle Informationen zu der Landesförderung von Gründungsberatungen in Hessen waren zum Zeitpunkt der Fertigstellung dieses Ratgebers in der Förderdatenbank des Bundes nicht verfügbar.

Gleichwohl gibt es nach wie vor eine spezielle Förderung des Landes Hessen und der EU.

Danach können bis zu 5 Beratungstage mit bis zu 2.000 € (2.250 € Vorranggebiet) vom Land Hessen und dem Europäischen Fonds für regionale Entwicklung (EFRE) gefördert werden. Für einen Beratungstag müssen Gründer/innen für eine geförderte Beratung 361,60 € (311,60 € Vorranggebiet) inkl. MWSt statt 761,60 € bezahlen.

Weitere Informationen erhalten Sie beim „RKW Hessen": Roland Nestler, Düsseldorfer Str. 40, 65760 Eschborn, Tel.: 0 61 96-97 02-44, r.nestler@rkw-hessen.de

oder

Thomas Fabich, Ludwig-Erhard-Str. 4, 34131 Kassel, Tel. 05 61-93 09 99-2, t.fabich@rkw-hessen.dewww.rkw-hessen.de – Gründungsberatung

Links zum Thema

http://www.hessen.de – Landesportal Hessen; http://www.transmit.de – Trans-Mit GmbH – Innovations- und (spezielle) Gründerberatung; http://www.wirt-schaft.hessen.de – Hessisches Ministerium für Wirtschaft, Energie, Verkehr und Landesentwicklung; http://www.existenzgruendung-hessen.de – Gründungspor-tal des Landes.

Mecklenburg-Vorpommern

Förderung von Beratungen bei kleinen und mittleren Unternehmen

Art und Höhe der Förderung: Die Förderung erfolgt in Form eines Zuschusses.

Die Höhe der Förderung beträgt bis zu 50% der zuwendungsfähigen Ausgaben.

Die benötigte Anzahl Tagewerke muss nachvollziehbar sein. Der Tagessatz darf höchstens 500 € betragen.

Für Beratungen zur Beseitigung unternehmerischer Management-defizite, zur Ressourcen- und Energieeffizienz, zur Vereinbarkeit von Arbeits- und Privatleben sowie für „Demographie-Checks" werden Zuwendungen in Höhe von maximal 5.000 € gewährt.

Im Fall von Beratungen zur Vorbereitung des Marktauftritts und zur Unternehmensnachfolge beträgt die Höhe der Zuwendung bis zu 10.000 €.

Antragsverfahren: Anträge sind vor Beginn der zu fördernden Maßnahme einzureichen beim

Landesförderinstitut Mecklenburg-Vorpommern (LFI) Werkstraße 213 19061 Schwerin Tel. (03 85) 63 63-0 Fax (03 85) 63 63-12 12, info@lfi-mv.de,www.lfi-mv.de

Antragsformulare sind im Internet erhältlich.

Quelle: Richtlinie des Ministeriums für Wirtschaft, Arbeit und Tourismus vom 6. November 2007, Amtsblatt für Mecklenburg-Vorpommern Nr. 47 vom 19. November 2007, S. 605.

Geltungsdauer: Die Richtlinie gilt bis zum 31. Dezember 2015.

Wichtige Hinweise: Die Förderung wird als De-minimis-Beihilfe gewährt.

Eine Kumulierung mit anderen öffentlichen Mitteln ist nicht zulässig.

Links zum Thema

> http://www.gruender-mv.de – Allgemeiner Unternehmensverband Neubrandenburg e. V.; http://www.lfi-mv.de – Landesförderinstitut Mecklenburg-Vorpommern; http://www.gfw-mv.de – Invest in Mecklenburg-Vorpommern GmbH; http://www.tbi-mv.de – Technologie-Beratungs-Institut GmbH (TBI); http://gruenderflair.de – Projekt Gründerflair Universität Rostock; http://www.fmvev.net – Forschungsverbund Mecklenburg-Vorpommern e. V. – interessant für (forschende) Wissenschaftler.

Niedersachsen

Gründungscoaching

Art und Höhe der Förderung: Die Förderung erfolgt in Form eines Zuschusses.

Die Höhe der Förderung beträgt

- im Zielgebiet Konvergenz in der Regel bis zu 75% der zuwendungsfähigen Ausgaben, pro Tagewerk jedoch maximal 600 €,

- im Zielgebiet Regionale Wettbewerbsfähigkeit – RWB bis zu 25% der zuwendungsfähigen Ausgaben, pro Tagewerk jedoch maximal 200 €.

Bei Beratungen über Unternehmensübernahmen, Existenz- und Ausgründungen aus Hochschulen und Forschungseinrichtungen verringert sich der Eigenanteil des Antragstellers um 5%.

Ein Tagewerk umfasst acht Stunden. Die Förderung kann drei bis zwanzig Tagewerke, im RWB-Gebiet bis zu zehn Tagewerke umfassen. Die Beratung kann in kürzere Abschnitte unterteilt werden.

Die Förderung wird je Antragsteller nur einmal in zwei Jahren gewährt.

Antragsverfahren: Anträge sind unter Verwendung der Antragsformulare zu stellen an die

Investitions- und Förderbank Niedersachsen GmbH (NBank), Günther-Wagner-Allee 12–16, 30177 Hannover, Tel. (05 11) 3 00 31-3 33, Fax (05 11) 3 00 31-1 13 33, beratung@nbank.de, www.nbank.de

Quelle: Richtlinie des Ministeriums für Wirtschaft, Arbeit und Verkehr vom 1. Oktober 2012, Niedersächsisches Ministerialblatt Nr. 38 vom 31. Oktober 2012, S. 875; Merkblatt der Investitions- und Förderbank Niedersachsen (NBank) vom 19. Juni 2013.

Geltungsdauer: Die Richtlinie gilt bis zum 31. Dezember 2015.

Wichtige Hinweise: Die Kumulation mit EU-Mitteln anderer Förderprogramme ist ausgeschlossen.

Zusatzinformationen: Bei den oben genannten Zielgebieten handelt es sich um die Einstufung bestimmter Räume innerhalb des Europäischen Sozialfonds (ESF) zur Strukturförderung.

Zur konkreten räumlichen Abgrenzung heißt es auf der Homepage des zuständigen Landesministeriums (s. Links):

„In Niedersachsen ist die Region Lüneburg in der Förderphase 2007–2013 erstmals als sog. Zielgebiet Konvergenz ausgewiesen. Zu der Region Lüneburg gehören die elf Landkreise, Celle, Cuxhaven, Harburg, Lüchow-Dannenberg, Lüneburg, Osterholz, Rotenburg, Soltau-Fallingbostel, Stade, Uelzen und Verden. Das übrige Landesgebiet Niedersachsens, also die Regionen Braunschweig, Hannover und Weser-Ems werden als Zielgebiet Regionale Wettbewerbsfähigkeit und Beschäftigung (RWB) bezeichnet."

Links zum Thema

http://www.nbank.de – Investitions- und Förderbank Niedersachsen (NBank); http://www.hannover.de – u. A. Wirtschaftsförderung Hannover; http://www.logistikportal-niedersachsen.de – Geschäftsstelle Logistikinitiative Niedersachsen – Land Niedersachsen – spezielle Informationsangebote für Akteure im Bereich Logistik und Verkehr; http://www.braunschweig-zukunft.de – Wirtschaftsförderung Braunschweig; http://www.hwk-hildesheim.de – Handwerkskammer Hildesheim; http://www.mw.niedersachsen.de – Niedersächsisches Ministerium für Wirtschaft, Arbeit und Verkehr.

Nordrhein-Westfalen

Beratungsprogramm Wirtschaft NRW (BPW)

Art und Höhe der Förderung: Die Förderung erfolgt in Form eines Zuschusses. Der Zuschuss beträgt 50% eines Tagewerksatzes, maximal jedoch 400 € je Tagewerk.

Bei Personen, die Arbeitslosengeld II beziehen sowie Hochschulabsolventen und Berufsrückkehrende mit vergleichbarer Einkommenslage kann der Zuschuss für Gründungsberatungen auf 80% des Tagewerksatzes, max. jedoch 400 € erhöht werden. Bei Zirkelberatungen beträgt der Zuschuss für Arbeitslosengeld-Empfänger sowie Hochschulabsolventen und Berufsrückkehrende mit vergleichbarer Einkommenslage 90% des Tageswerksatzes, maximal jedoch 720 €. Der Eigenanteil beträgt mindestens 50 €.

Innerhalb von 12 Monaten ab erster Antragstellung können insgesamt bis zu vier Tagewerke für Beratungen zu Neugründungen und Beteiligungen sowie bis zu sechs Tagewerke für Beratungen zu Betriebsübernahmen gefördert werden. Bei einer Zirkelberatung wird pro teilnehmende Person ein Tagewerk gefördert.

Die Förderung einer Gründungsberatung kann innerhalb von fünf Jahren nur einmal in Anspruch genommen werden.

Antragsverfahren: Die Anträge sind zu richten an die

Landes-Gewerbeförderungsstelle des nordrhein-westfälischen Handwerks e. V. (LGH), Auf'm Tetelberg, 740221 Düsseldorf, Tel. (02 11) 3 01 08-4 00, Fax (02 11) 3 01 08-5 40, info@lgh.dewww.lgh.de oder

IHK Beratungs- und Projektgesellschaft mbH (IBP), Goltsteinstraße 31, 40211 Düsseldorf, Tel. (02 11) 3 67 02-30, Fax (02 11) 3 67 02-48, ibp.gmbh@duesseldorf.ihk.de

Quelle: Runderlass vom 30. November 2007, Ministerialblatt für das Land Nordrhein-Westfalen Nr. 37 vom 14. Dezember 2007, S. 861; zuletzt geändert durch Runderlass des Ministeriums für Wirtschaft, Energie, Industrie, Mittelstand und Handwerk vom 22. November 2013, Ministerialblatt für das Land Nordrhein-Westfalen Nr. 33 vom 20. Dezember 2013, S. 579.

Geltungsdauer: Das Programm ist befristet bis zum 31. Dezember 2020.

Wichtige Hinweise: Beratungen, die aus anderen öffentlichen Mitteln gefördert wurden, werden nicht bezuschusst (Kumulierungsverbot).

Die Förderung wird als De-minimis-Beihilfe gewährt.

Links zum Thema

> http://www.zenit.de – Zentrum für Innovation und Technik NRW (Zenit); http://www.startercenter.nrw.de/index.html und http://www.gewerbeanmeldung.nrw.de/ – StarterCenter NRW; http://www.nrwinvest.de – NRWInvest GmbH; http://www.nrwbank.de – NRWBank – Förderbank für NRW; http://www.lgh.de – Landesgewerbeförderungsstelle des Handwerks; http://business.metropoleruhr.de – Wirtschaftsförderung metropole Ruhr GmbH mit Kontaktdaten zu den Wirtschaftsförderungen der Ruhrgebietsstädte und –kreise; http://www.startothek.de – Wolters Kluwer Deutschland GmbH mit Informationen, Beratersuche, interaktiver Beratung …

Rheinland-Pfalz

Betriebsberatungen für Existenzgründer

Art und Höhe der Förderung: Die Förderung erfolgt durch einen Zuschuss.

Die Höhe der Förderung beträgt 50% der vom Berater in Rechnung gestellten Beratungskosten, jedoch max. 400 € je Tagewerk. Ein Tagewerk umfasst mindestens 8 Beratungsstunden. Beratungen unter 4 Stunden sind von der Förderung ausgeschlossen. Je nach Art des Vorhabens sind bis zu 9 Tagewerke förderfähig.

Antragsverfahren: Anträge sind vor Beauftragung des Beraters zu stellen an die jeweiligen Handwerkskammern, Industrie- und Handelskammern, bei Gründungen im Bereich der Freien Berufe an den

Landesverband der Freien Berufe Rheinland-Pfalz e. V., Am Gautor 15, 55131 Mainz, Tel. (0 61 31) 2 70 12 50, Fax (0 61 31) 2 70 12 55, info@lfb-rlp.dewww.lfb-rlp.de oder

Institut für Freie Berufe (IFB) an der Friedrich-Alexander-Universität Erlangen-Nürnberg, Abteilung Gründungsberatung, Marienstraße 2, 90402 Nürnberg, Tel. (09 11) 2 35 65-28, Fax (09 11) 2 35 65-52, info@ifb.uni-erlangen.dewww.ifb.uni-erlangen.de

Bewilligungsstelle ist die

Investitions- und Strukturbank Rheinland-Pfalz (ISB) GmbH, Holzhofstraße 4, 55116 Mainz, Hotline (0 61 31) 9 85-3 33 Tel. (0 61 31) 9 85-0, Fax (0 61 31) 9 85-1 99, isb@isb.rlp.dewww.isb.rlp.de

Die erforderlichen Antragsunterlagen können im Internet unter www.isb.rlp.de abgerufen werden.

Quelle: Verwaltungsvorschrift vom 29. März 2010, Ministerialblatt der Landesregierung Rheinland-Pfalz Nr. 8 vom 9. Juli 2010, S. 103; Informationen des Ministeriums für Wirtschaft, Klimaschutz, Energie und Landesplanung, Stand Januar 2013 (überprüft: Januar 2014)

Wichtige Hinweise: Die Förderung wird als De-minimis-Beihilfe gewährt.

Zusatzinformationen: Auch in Rheinland-Pfalz gibt es besondere Fördermöglichkeiten für innovative Gründungsvorhaben. Wer künftig Produkte oder Dienstleistungen anbieten will, die auf naturwissenschaftlich-technischen Ideen bzw. Forschungsergebnissen basieren und mehr über Fördermöglichkeiten erfahren möchte, kann sich wenden an das

Ministerium für Wirtschaft, Klimaschutz, Energie und Landesplanung, Stiftsstraße 9, 55116 Mainz, Tel. (0 61 31) 16-0, Fax (0 61 31) 16-21 00

Links zum Thema

> http://www.mwkel.rlp.de/ – Ministerium für Wirtschaft, Klimaschutz, Energie und Landesplanung; http://www.isb.rlp.de – Investitions- und Strukturbank Rheinland-Pfalz; http://www.technologie.rlp.de – Ministerium für Bildung, Wissenschaft, Weiterbildung und Kultur; http://www.starterzentrum-rlp.de – Starterzentrum Rheinland-Pfalz.

Saarland

Zuwendungen für Beratungen kleiner und mittlerer Unternehmen, aktives Risikomanagement und Unternehmensnachfolge (Beratungsprogramm)

Art und Höhe der Förderung: Die Förderung erfolgt als Zuschuss.

Die Höhe der Förderung richtet sich nach dem jeweiligen Beratungsbereich und beträgt bis zu max. 400 € je Tagewerk und je Antragsteller bei maximal 20 Tagewerken.

Antragsverfahren: Die Zentrale für Produktivität und Technologie Saar e. V. (ZPT), die Handwerkskammer des Saarlandes (HWK) und die Saarländische Investitionskreditbank AG (SIKB) beantragen die Zuschüsse zur Weitergabe an die Letztempfänger beim Ministerium für Wirtschaft, Arbeit, Energie und Verkehr.

Anträge für Beratungen in der Vorgründungsphase, für Beratungen nach Ablauf von 5 Jahren ab der Gründung des Unternehmens sowie für Beratungen zur Unternehmensnachfolge sind formlos an die

Zentrale für Produktivität und Technologie Saar e. V. (ZPT), Franz-Josef-Röder-Straße 9, 66119 Saarbrücken, Tel. (06 81) 95 20-4 70, Fax (06 81) 5 84 61 25, info@zpt.dewww.zpt.de oder

Handwerkskammer des Saarlandes, Hohenzollernstraße 47, 66117 Saarbrücken, Tel. (06 81) 58 09-0 Fax (06 81) 58 09-1, www.hwk-saarland.de

Anträge für Beratungen zum Risikomanagement sind zu stellen an die

Saarländische Investitionskreditbank AG (SIKB), Franz-Josef-Röder-Straße 17, 66119 Saarbrücken, Tel. (06 81) 30 33-0, Fax (06 81) 30 33-1, info@sikb.dewww.sikb.de

Quelle: Richtlinien vom 26. April 2012, Amtsblatt des Saarlandes Teil Nr. 20 vom 10. Mai 2012, S. 551 (überprüft: Januar 2014).

Wichtige Hinweise: Die Förderung erfolgt als De-minimis-Beihilfe.

Die Zentrale für Produktivität und Technologie Saar e. V. (ZPT), die Handwerkskammer des Saarlandes (HWK) und die Saarländische Investitionskreditbank AG (SIKB) können die Förderung der Beratung durch einen von dem Unternehmen vorgeschlagenen Berater ablehnen, wenn dieser ihnen für den Beratungsgegenstand ungeeignet erscheint. Sie können geeignete andere Bewerber vorschlagen.

Links zum Thema

http://www.sikb.de – Saarländische Investitionskreditbank; http://www.saarland. de/6181.htm – Saarland – Themenportale – Wirtschaftsförderung; http://www. gruenden.saarland.de/ – Offensive für Gründer; http://www.invest-in-saarland. com Gesellschaft für Wirtschaftsförderung Saar mbH;.

Sachsen

Förderfähig im Rahmen der allgemeinen Gründungsberatung im Freistaat Sachsen sind folgende Beratungsinhalte:

- Sicherung und Optimierung der Finanzierung,
- Vorbereitung eines Vertriebs- bzw. Marketingkonzeptes,
- Überarbeitung/ Weiterentwicklung des Gründungskonzeptes,
- Markterschließung,
- Standortsuche,
- Erarbeitung von operativen Unternehmenszielen und -strategien sowie
- Maßnahmen zu Personalaufbau oder Personalkonzeptentwicklung.

Ausgeschlossen sind Existenzgründer in den Bereichen Unternehmensberatung, Wirtschaftsberatung, Wirtschaftsprüfung, Steuerberatung, vereidigte Buchprüfer, Rechtsanwälte und Notare.

Die Förderung wird als Zuschuss zu den vom Berater in Rechnung gestellten Beratungskosten gewährt.

Die Höhe der Förderung beträgt bis zu 75% des Tageshonorars des Beraters bei einem maximal möglichen Tageshonorar von 600 € (netto).

Zusatzinformationen: Zu den üblichen Voraussetzungen wie z. B. die beabsichtigte Gründung in dem Bundesland, in dem die Förderung beantragt wird, kommt in Sachsen hinzu, dass schon für die Beratungsförderung ein Gründungskonzept vorzulegen ist. Das ist sehr ungewöhnlich, da die Beratung üblicherweise darauf abzielt, genau ein solches, schlüssiges Konzept zu erarbeiten. An das geforderte Gründungskonzept sind unter Berücksichtigung der obigen möglichen Beratungsinhalte jedoch keine allzu hohen Anforderungen zu stellen. „Vorhabensbeschreibung" wäre vielleicht der geeignetere Begriff. Lassen Sie sich also nicht abschrecken von eher sprachlichen als tatsächlichen Hürden.

Zu weiteren, spezielleren Beratungsangeboten, etwa im Rahmen innovativer Produkt(weiter)entwicklungen, informiert Sie die Sächsische Aufbaubank. Zusätzlich finden Sie die Informationen auch in der Förderdatenbank des Bundes.

Links zum Thema

> http://www.sachsen.de – Suche: Gründung; http://www.handwerk.de – Zentralverband des Deutschen Handwerks mit der Möglichkeit, die zuständige Handwerkskammer zu erfragen; http://www.sab.sachsen.de – Sächsische Aufbaubank; http://www.existenzgruendung-sachsen.de – Sächsisches Existenzgründernetzwerk; http://www.lfb-sachsen.de – Landesverband der Freien Berufe Sachsen; http://www.sachsen.ihk.de – Sächsische Industrie- und Handelskammern.

Sachsen-Anhalt

Förderung von Unternehmensgründungen (ego.-START)

Dieses Programm ist nicht zur Förderung professioneller Beratung vor der Gründung gedacht (zur Zeit gibt es auch kein spezielles Landesprogramm dafür), aber für die unten genannte Zielgruppe so attraktiv, dass es hier nicht unerwähnt bleiben soll.

Ziel und Gegenstand: Unterstützt werden insbesondere innovative sowie technologie- und wissensbasierte Unternehmensgründungen aus Hochschulen und außeruniversitären Forschungseinrichtungen.

Gefördert werden:

- Ausgaben zur Sicherung des Lebensunterhalts in Form des personenbezogenen ego.-Gründerstipendiums,

- Coachingleistungen für wirtschaftliche, finanzielle und organisatorische Fragen,

- Machbarkeitsstudien und Markteinführungsstudien sowie

- die Teilnahme an Messen.

Art und Höhe der Förderung: Die Förderung erfolgt in Form von Zuschüssen.

Die Höhe der Förderung im Rahmen des ego.-Gründerstipendiums beträgt bis zu 1.200 € je Monat. Darüber hinaus wird pro Kind, für das der Existenzgründer unterhaltspflichtig ist, ein Zuschlag von 100 € je Monat gewährt.

Die Höhe der Förderung von Coachingleistungen, Machbarkeitsstudien und Teilnahmen an Messen beträgt in der Regel bis zu 90% der förderfähigen Ausgaben. Es gelten folgende Höchstgrenzen:

Coachingleistungen: höchstens 5.400 €, in Ausnahmefällen bis zu 7.200 €, Machbarkeitsstudien: höchstens 18.000 €.

Antragsverfahren: Anträge sind vor Beginn der zu fördernden Maßnahme zu stellen bei der

Investitionsbank Sachsen-Anhalt, Domplatz 12, 39104 Magdeburg, Hotline (0800) 5 60 07 57, Tel. (03 91) 5 89-17 45, Fax (03 91) 5 89-17 54, info@ib-lsa.dewww.ib-sachsen-anhalt.de

Quelle: Richtlinie des Ministeriums für Wissenschaft und Wirtschaft vom 25. November 2009, Ministerialblatt für das Land Sachsen-Anhalt Nr. 39 vom 14. Dezember 2009, S. 764; zuletzt geändert durch Bekanntmachung des Ministeriums für Wissenschaft und Wirtschaft vom 5. November 2013, Ministerialblatt für das Land Sachsen-Anhalt Nr. 42 vom 27. Dezember 2013, S. 785.

Geltungsdauer: Die Richtlinie gilt bis zum 30. Juni 2014.

Links zum Thema

http://www.sachsen-anhalt.de – Land Sachsen-Anhalt; http://www.ib-sachsen-anhalt.de – Investitionsbank Sachsen-Anhalt; http://www.ego-pilotennetzwerk.de – ego.-PilotenNetzwerk Sachsen-Anhalt.

Schleswig-Holstein

Bei den speziellen Fördermöglichkeiten des Landes ist es nicht ganz einfach, die Möglichkeiten zu prüfen. Es gibt keine allgemeine Beratungsförderung für Existenzgründer, sondern verschiedene Förderprogrammschwerpunkte für unterschiedliche Zielgruppen (Beschäftigte, Arbeitslose, Frauen …).

Auch und insbesondere hier ist daher eine individuelle Beratung umso wichtiger, etwa durch Berater der Investitionsbank Schleswig-Holstein.

Von allgemeinem Interesse ist am ehesten die **„Vorgründungsberatung für Existenzgründerinnen und -gründer"**, allerdings nur für solche, die aus einer Beschäftigung heraus gründen wollen.

Art und Höhe der Förderung: Die Förderung erfolgt in Form eines Zuschusses.

Die Höhe der Förderung beträgt 50% der zuwendungsfähigen Beratungskosten, maximal jedoch 300 € pro Beratungstag für bis zu 5 Beratungstage. Es werden nur ganze Beratungstage gefördert.

Jeder Antragsteller kann die Förderung der Vorgründungsberatung nur einmal innerhalb von drei Jahren in Anspruch nehmen.

Antragsverfahren: Anträge sind vor Beginn der Beratung schriftlich über die in der Anlage genannten Leitstellen zu stellen an die

Investitionsbank Schleswig-Holstein (IB) 5526, Arbeitsmarktförderung, Fleethörn 29–31, 24103 Kiel, Tel. (04 31) 99 05-22 22, foerderprogramme@ib-sh.de www.ib-sh.de/zukunftsprogramm-arbeit/

Das Antragsformular kann im Internet heruntergeladen werden.

Quelle: Ergänzende Förderkriterien vom 14. Dezember 2012; Informationen der Investitionsbank Schleswig-Holstein (IB), Stand November 2013.

Links zum Thema

> http://www.ib-sh.de– Investitionsbank; http://www.schleswig-holstein.de – Landesregierung; http://www.hwk-sh.de/ – Handwerkskammer; http://www.ihk-schleswig-holstein.de – IHK.

Thüringen

Förderung betriebswirtschaftlicher und technischer Beratungen von KMU und Existenzgründern

Art und Höhe der Förderung: Die Förderung erfolgt in Form eines Zuschusses.

Die Höhe der Förderung richtet sich nach der Art der Maßnahme:

- Beratungen durch selbstständige Unternehmensberater werden mit bis zu 70% der zuschussfähigen Gesamtausgaben, höchstens jedoch 455 € je Tagwerk gefördert. Das Honorar des Qualitätssicherers kann bis zu einer Höhe von 100 € (ohne Umsatzsteuer) pro Tagwerk anerkannt werden. Die Förderung ist auf maximal 20 Tagwerke begrenzt.

- Organisationseigene Berater im Handwerk werden durch Personal- und Sachkostenzuschüsse für maximal 24 Monate gefördert. Die öffentliche Förderung darf 50% der Beratungsausgaben nicht übersteigen.

- Existenzgründerpässe werden für einen Zeitraum von maximal sechs Monaten vergeben. Die Förderung beträgt bis zu 1.500 €, bei Unternehmensnachfolgen bis zu 2.100 €.

- Beratungsnetzwerke erhalten Zuschüsse in Höhe von bis zu 75% der zuwendungsfähigen Ausgaben ab einer Höhe von insgesamt 30.000 € pro Jahr.

Antragsverfahren:

Anträge sind formgebunden zu stellen bei der

Gesellschaft für Arbeits- und Wirtschaftsförderung (GFAW) mbH, Warsbergstraße 1, 99092 Erfurt, Tel. (03 61) 22 23-0, Fax (03 61) 22 23-17, servicecenter@gfaw-thueringen.dewww.gfaw-thueringen.de

Weitere Informationen und Formulare sind im Internet erhältlich.

Quelle: Richtlinie des Ministeriums für Wirtschaft, Arbeit und Technologie vom 18. März 2010, Thüringer Staatsanzeiger Nr. 14 vom 6. April 2010, S. 392; geändert durch Bekanntmachung des Ministeriums für Wirtschaft, Arbeit und Technologie vom 1. Januar 2013, Thüringer Staatsanzeiger Nr. 15 vom 15. April 2013, S. 619; Information des Thüringer Ministeriums für Wirtschaft, Arbeit und Technologie, Stand 23. Dezember 2013.

Geltungsdauer: Die Richtlinie gilt bis zum 30. Juni 2015.

Wichtige Hinweise: Eine Kumulierung mit anderen öffentlichen Fördermitteln ist **möglich**.

Links zum Thema

> http://www.stift-thueringen.de – Stiftung für Technologie, Innovation und For-
> schung Thüringen; http://www.thueringen.de – Freistaat Thüringen – Thüringer
> Staatskanzlei; http://www.erfurt.de – Erfurt – weiter führende Informationen un-
> ter dem Auswahlbegriff „Wirtschaft".

Ergänzende Informationen zu allen genannten und weiteren Förderprogrammen des Bundes, der Länder sowie der EU finden Sie in
der Förderdatenbank des Bundesministeriums für Wirtschaft und
Energie: www.foerderdatenbank.de

16.4.2 Förderdarlehen

Die folgenden Darlehen können Sie unabhängig von Ihrem geplanten Standort innerhalb Deutschlands beantragen. Es handelt sich
jeweils um häufig in Anspruch genommene Bundesprogramme, jedoch nicht um eine abschließende Auflistung. Ansprechpartner für
die Bundesprogramme ist jeweils die KfW, welche auch selbst Beratungsleistungen anbietet. Informieren Sie sich vor der endgültigen Beantragung von Darlehen über weitere Möglichkeiten wie
spezifische Programme der Länder, z. B. durch Recherche in der
oben genannten Förderdatenbank oder im Rahmen einer persönlichen Beratung. Interessant sein könnten z. B. so genannte Mikro-
darlehen oder Mikrofinanzierungen für Vorhaben mit einem geringen Finanzierungsbedarf. (z. B. Mikrodarlehen in NRW (NRW
Bank, StarterCenter) oder Monex-Darlehen in Baden-Württemberg).

Das frühere Bundesprogramm „Mikro-Darlehen" gibt es nicht
mehr. Es wurde Anfang 2008 mit dem StartGeld zusammen gelegt.
Zurück blieb jedoch eine Angebotslücke für die zahlreichen Gründer mit niedrigem Finanzierungsbedarf. Im September 2009 wurde
deshalb auf der Homepage des Bundesministeriums für Arbeit ein
neuer Mikrokreditfonds verkündet:

„Mit dem 100-Millionen-starken „Garantiefonds für Mikrokredite"
soll der Zugang zu kleinen Unternehmenskrediten spürbar erleichtert werden. Ein erheblicher Anteil wird aus dem Europäischen So-

zialfonds finanziert. Der „Garantiefonds für Mikrokredite" wird vorerst mit einer Laufzeit bis zum Jahr 2017 eingerichtet."

Wer einen Mikrokredit beantragen möchte, muss sich zunächst mit einem „Mikrofinanzinstitut" in Verbindung setzen. Eine Adressliste und Suchmöglichkeit nach Postleitzahlen finden Sie auf der unten genannten Homepage. Die aktuellen Konditionen (Stand: Januar 2014) im Überblick:

- Höchstbetrag: bis zu 20.000 €, aber erst nach erfolgreicher Rückzahlung eines kleineren Darlehensbetrages

- Zinssatz: 8,9% effektiv

- Laufzeit: max. 3 Jahre

- Tilgung: in kleinen, monatlichen Raten oder am Ende der Laufzeit

Diese Variante eine Kleinstkredits ist vergleichsweise aufwändig und teuer, aber interessant für Existenzgründer, die keine Chance haben, auf anderem Wege die benötigte Finanzierung sicher zu stellen.

Links

http://mikrokreditfonds.de – Mikrokreditfonds Deutschland; http://www.micro-lending-news.de/artikel/microlending_mikrodarlehen.htm – Deutsches Mikrofinanz Institut – interessanter Artikel u.A. zu der Frage, warum Gründer bzw. Kleinkredite für Kreditinstitute unattraktiv sind.

ERP-Gründerkredit – StartGeld

Ziel und Gegenstand: Die KfW Bankengruppe fördert mit Unterstützung des ERP-Sondervermögens Existenzgründer, Freiberufler sowie kleine und mittlere Unternehmen (KMU) bei der Finanzierung von Investitionen und Betriebsmitteln im In- und Ausland mit günstigen Konditionen bis zu einem Fremdfinanzierungsbedarf von bis zu 100.000 €.

Gefördert werden alle Formen der Existenzgründung, also Errichtung, Übernahme eines Unternehmens und Erwerb einer tätigen Beteiligung sowie Festigungsmaßnahmen in den ersten drei Jahren nach Aufnahme der Geschäftstätigkeit.

Für Vorhaben mit einem höheren Fremdfinanzierungsbedarf steht der ERP-Gründerkredit – Universell zur Verfügung.

Antragsberechtigte: Antragsberechtigt sind

- natürliche Personen, die ein Unternehmen bzw. eine freiberufliche Existenz in Deutschland gründen, oder

- freiberuflich Tätige und kleine Unternehmen der gewerblichen Wirtschaft gemäß KMU-Definition der EU, die weniger als drei Jahre bestehen bzw. am Markt tätig sind.

Voraussetzungen: Existenzgründer müssen über die erforderliche fachliche und kaufmännische Qualifikation für das Vorhaben und über eine ausreichende unternehmerische Entscheidungsfreiheit verfügen.

Eine Gründung im Nebenerwerb muss mittelfristig auf den Vollerwerb ausgerichtet sein.

Die aktive Mitunternehmerschaft des Antragstellers muss gegeben sein.

Von der Förderung ausgeschlossen sind Sanierungen und Unternehmen in Schwierigkeiten im Sinne der Leitlinien der EU, die Umschuldung bzw. Nachfinanzierung bereits abgeschlossener Vorhaben sowie Treuhandkonstruktionen und stille Beteiligungen Dritter.

Art und Höhe der Förderung: Die Förderung wird als Darlehen gewährt.

Finanzierungsanteil: bis zu 100% des Gesamtfremdfinanzierungsbedarfs.

Darlehenshöchstbetrag: maximal 100.000 €, davon Betriebsmittel maximal 30.000 €. Das StartGeld kann zweimal je Antragsteller gewährt werden, sofern der Darlehenshöchstbetrag nicht überschritten wird.

- Laufzeit: maximal zehn Jahre, davon höchstens zwei Jahre tilgungsfrei.

- Haftungsfreistellung: 80-prozentige Haftungsfreistellung für das durchleitenden Kreditinstitut.

- Zinssatz: siehe aktuelle Konditionen

Antragsverfahren: Anträge sind unter Verwendung der vorgesehenen Antragsformulare bei der jeweiligen Hausbank zu stellen. Diese leitet die Anträge weiter an die

KfW Bankengruppe, Palmengartenstraße 5–9, 60325 Frankfurt am Main, Infocenter: (08 00) 5 39 90 01, Tel. (0 69) 74 31-0, Fax (0 69) 74 31-29 44, info@kfw.de www.kfw.de

Förderanträge können auch über die elektronische Formularsammlung der KfW ausgefüllt werden. Die ausgedruckten Formulare werden nach der Prüfung durch die Hausbank bei der KfW eingereicht.

Quelle: Richtlinien des Bundesministeriums für Wirtschaft und Energie vom 29. November 2011, Bundesanzeiger Nr. 187 vom 13. Dezember 2011, S. 4356; Merkblatt der KfW Bankengruppe, Stand Juni 2013; KfW-Information vom 17. Oktober 2011; Pressemitteilung der KfW vom 7. Juni 2013.

ERP-Gründerkredit – Universell

Ziel und Gegenstand: Die KfW Bankengruppe fördert mit Unterstützung des ERP-Sondervermögens Existenzgründer, Freiberufler sowie kleine und mittlere Unternehmen (KMU) bei der Finanzierung von Investitionen und Betriebsmitteln im In- und Ausland mit günstigen Konditionen.

Gefördert werden alle Formen der Existenzgründung, also Errichtung, Übernahme eines Unternehmens und Erwerb einer tätigen Beteiligung sowie Festigungsmaßnahmen in den ersten drei Jahren nach Aufnahme der Geschäftstätigkeit.

Für Vorhaben mit einem Fremdfinanzierungsbedarf von bis zu 100.000 € steht der ERP-Gründerkredit – StartGeld zur Verfügung.

Antragsberechtigte: Antragsberechtigt sind

■ natürliche Personen mit Wohnsitz in Deutschland, die ein Unternehmen bzw. eine freiberufliche Existenz im In- oder Ausland gründen, oder

■ freiberuflich Tätige sowie kleine und mittlere Unternehmen der gewerblichen Wirtschaft gemäß KMU-Definition der EU, die weniger als drei Jahre bestehen bzw. am Markt tätig sind.

Bei Vorhaben im Ausland sind mittelständische Unternehmen und Angehörige der Freien Berufe aus Deutschland, Tochtergesellschaften deutscher Unternehmen mit Sitz im Ausland sowie Joint Ventures mit maßgeblicher deutscher Beteiligung im Ausland antragsberechtigt.

Voraussetzungen: Existenzgründer müssen über die erforderliche fachliche und kaufmännische Eignung für die unternehmerische Tätigkeit verfügen.

Eine Gründung im Nebenerwerb muss mittelfristig auf den Vollerwerb ausgerichtet sein.

Festigungsmaßnahmen müssen innerhalb von drei Jahren nach Aufnahme der Geschäftstätigkeit begonnen werden.

Von der Förderung ausgeschlossen sind Sanierungen und Unternehmen in Schwierigkeiten im Sinne der Leitlinien der Gemeinschaft sowie die Umschuldung bzw. Nachfinanzierung bereits abgeschlossener Vorhaben.

Art und Höhe der Förderung: Die Förderung wird als Darlehen gewährt.

- Finanzierungsanteil: bis zu 100% der förderfähigen Investitionskosten bzw. Betriebsmittel.

- Darlehenshöchstbetrag: maximal 10 Mio. € je Vorhaben

- Laufzeit: maximal 20 Jahre, davon höchstens drei Jahre tilgungsfrei.

- Zinssatz: siehe aktuelle Konditionen

Antragsverfahren: Anträge sind unter Verwendung der vorgesehenen Antragsformulare bei der jeweiligen Hausbank zu stellen. Diese leitet die Anträge weiter an die

KfW Bankengruppe, Palmengartenstraße 5–9, 60325 Frankfurt am Main, Infocenter: (08 00) 5 39 90 01, Tel. (0 69) 74 31-0, Fax (0 69) 74 31-29 44, info@kfw.de www.kfw.de

Förderanträge können auch über die elektronische Formularsammlung der KfW ausgefüllt werden. Die ausgedruckten Formulare werden nach der Prüfung durch die Hausbank bei der KfW eingereicht.

Quelle: Richtlinien des Bundesministeriums für Wirtschaft und Energie vom 29. November 2011, Bundesanzeiger Nr. 187 vom 13. Dezember 2011, S. 4356; Merkblatt der KfW Bankengruppe, Stand September 2012; KfW-Information vom 26. Juli 2012; Pressemitteilung der KfW vom 7. Juni 2013.

Zusatzinformationen:. Der Antrag muss jeweils über eine Hausbank an die KfW Mittelstandsbank weitergeleitet werden. Leider scheitert mitunter die Finanzierung schon an diesem Punkt.

Ist die Bank bereit, das Vorhaben zu finanzieren, ist dennoch eine gesunde Skepsis angebracht. Als Alternative zu dem Startgeld bieten Kreditinstitute oft ein eigenes, nicht gefördertes Hausbankdarlehen an. Von den Argumenten, die Beantragung von Förderdarlehen sei zu bürokratisch und die Hausbankkonditionen vergleichbar attraktiv, lassen sich Existenzgründer in der Regel überzeugen. Tatsächlich vergleichbar sind aber meist nur die – recht hohen – Zinsen. Das StartGeld ist aber weniger wegen der Zinshöhe für Existenzgründer interessant und es geht auch nicht nur darum, überhaupt ein Darlehen zu erhalten. Das Förderdarlehen bietet vielmehr auch die Sicherheit einer fest zugesagten Laufzeit, verlässlich planbare Zinssätze über die gesamte Laufzeit sowie eine tilgungsfreie Anlaufzeit. Letztere verschafft dem Gründer gerade in der schwierigen Anfangszeit etwas „Luft". Es müssen nicht von Beginn an bereits die Tilgungsbeträge erwirtschaftet werden. Das StartGeld kann darüber hinaus sogar jederzeit innerhalb der Laufzeit ohne Vorfälligkeitsentschädigung getilgt werden. Die lange Laufzeit ist also lediglich eine Option, die dem Gründer Sicherheit bietet, die ihn aber nicht einschränkt. Wird das Darlehen wider Erwarten nicht (sofort) in voller Höhe benötigt, muss es auch nicht vollständig abgerufen werden. Es kann dann zunächst weiter zur Verfügung stehen, kostet aber nicht den vollen Zinssatz. Stattdessen wird eine Bereitstellungsprovision in Höhe von 0,25% je Monat – also 3% im Jahr – berechnet. Sie haben also in diesem Fall die Sicherheit, das Geld noch in Anspruch nehmen zu können, wenn es nötig sein sollte. All diese entscheidenden Vorteile bieten die üblichen Hausbankdarlehen nicht. Darum ist es nicht richtig, wenn Sachbearbeiter der Banken von „vergleichbaren Konditionen" reden, aber tatsächlich lediglich der Zinssatz vergleichbar ist.

Die jeweils aktuellen Zinssätze können Sie auf der Homepage der KfW abrufen.

Beim Startgeld kommt es nur auf die Laufzeit an. Hier lagen die Zinssätze mit Datum vom 22.01.2014 bei effektiv 2,99% für die 5-jährige Variante und bei 3,82% bei 10-jähriger Laufzeit.

Komplizierter und teurer wird es beim „ERP-Gründerkredit Universell". Hier unterscheiden sich die Zinssätze erheblich je nach Darlehensvariante (Laufzeit …) und Ihrer persönlichen Bonität; also in Abhängigkeit von der Risikoklasse, in die man Sie einstuft. Die Bandbreite lag am genannten Stichtag zwischen 1,21% und 7,82% effektiv (gemeint ist immer der Jahreszinssatz.

16.4.3 Fördermöglichkeiten für Existenzgründer aus der Arbeitslosigkeit

Existenzgründern, die mit der Aufnahme ihrer selbständigen Tätigkeit die Arbeitslosigkeit beenden, stehen grundsätzlich sämtliche Fördermöglichkeiten offen, die auch andere Gründer in Anspruch nehmen können. Darüber hinaus kommen jedoch für diese Zielgruppe weitere Förderprogramme in Betracht. Die gängigsten Programme sind im Folgenden erwähnt, allerdings lohnt sich auch hier wieder unbedingt eine individuelle Beratung, um eventuelle weitere Fördermöglichkeiten auszuloten.

Die Beantragung des Existenzgründungszuschusses (Ich-AG) ist nicht mehr möglich. Auch das Überbrückungsgeld wurde abgeschafft. Stattdessen wurden diese beiden Förderinstrumente zum neuen Gründungszuschuss zusammengelegt und dieser inzwischen erheblich „abgespeckt". Die Mittel wurden gekürzt, der Zuschuss reduziert und die Zugangsmöglichkeiten erschwert. Der Rechtsanspruch auf den Zuschuss bei Vorliegen der Voraussetzungen musste einer „Kann-Leistung" weichen. **Gründungszuschuss (für Bezieher von Arbeitslosengeld I)**

Ziel und Gegenstand: Der Gründungszuschuss unterstützt den Einstieg arbeitsloser Menschen in die Selbständigkeit.

Antragsberechtigte: Antragsberechtigt sind Existenzgründer, die

- einen Anspruch auf Entgeltersatzleistung nach dem SGB III haben oder

- eine Beschäftigung ausgeübt haben, die als Arbeitsbeschaffungsmaßnahme nach diesem Buch gefördert worden ist.

Voraussetzungen: Gründer müssen arbeitslos sein und ihre Arbeitslosigkeit durch die Existenzgründung beenden.

Die Stellungnahme einer fachkundigen Stelle über die Tragfähigkeit des Gründungsvorhabens wird vorausgesetzt. Fachkundige Stellen können unter anderem Industrie- und Handelskammern, Handwerkskammern, Kreditinstitute oder Gründungszentren sein.

Gründer müssen die notwendigen Kenntnisse und Fähigkeiten zur Ausübung der selbständigen Tätigkeit nachweisen.

Gründer werden nur gefördert, wenn sie bis zur Aufnahme der selbständigen Tätigkeit einen Anspruch auf Arbeitslosengeld von mindestens 150 Tagen haben, dessen Dauer nicht allein auf § 147 Absatz 3 SGB III beruht.

Die geförderte Tätigkeit muss den Haupterwerb des Existenzgründers darstellen. Eine hauptberufliche Tätigkeit liegt vor, wenn sie in zeitlich höherem Umfang ausgeübt wird als die Summe der Nebentätigkeiten.

Art und Höhe der Förderung: Der Gründungszuschuss wird in zwei Phasen gezahlt.

Gründer erhalten zunächst für sechs Monate monatlich einen Zuschuss in Höhe ihres zuletzt bezogenen Arbeitslosengeldes. Zur sozialen Absicherung wird in dieser Zeit zusätzlich ein Betrag von 300 € monatlich gezahlt, der es ermöglicht, sich freiwillig in den gesetzlichen Sozialversicherungen abzusichern.

Der Gründungszuschuss kann für weitere neun Monate in Höhe von 300 € monatlich geleistet werden, wenn die geförderte Person ihre Geschäftstätigkeit anhand geeigneter Unterlagen darlegt.

Antragsverfahren: Die Förderung muss vor Aufnahme der selbständigen Tätigkeit bei der örtlich zuständigen Agentur für Arbeit beantragt werden.

Ein Verzeichnis der örtlich zuständigen Agenturen für Arbeit kann auf den Internetseiten der Bundesagentur für Arbeit abgerufen werden. Auskünfte erteilt auch die

Bundesagentur für Arbeit (BA), Regensburger Straße 104, 90478 Nürnberg, Tel. (09 11) 1 79-0, Fax (09 11) 1 79-21 23, www.arbeitsagentur.de

Weiterführende Informationen zum Gründungszuschuss können auf den Internetseiten des Bundesministeriums für Arbeit und Soziales sowie unter www.existenzgruender.de abgerufen werden.

Quelle: Informationen der Bundesagentur für Arbeit, Stand April 2012; Sozialgesetzbuch, Drittes Buch (§§ 93 f. SGB III).

Wichtige Hinweise: Die selbständige Tätigkeit kann im ersten Jahr nach der Gründung durch ein Coaching begleitet werden. Zuschüsse zu den Kosten können im Rahmen des Gründercoaching Deutschland durch die KfW Bankengruppe gewährt werden.

Zusatzinformationen: Die Abschaffung des Rechtsanspruchs auf den Gründungszuschuss in Verbindung mit der Kürzung der Förderung für jeden Gründer aber auch in der Summe spiegelt in der Gründungsstatistik wieder. Es gibt spürbar weniger Personen, die ihre Arbeitslosigkeit durch die Aufnahme einer selbständigen Tätigkeit beenden. Das war absehbar und ganz offensichtlich politisch gewollt.

Allerdings berichten Gründungswillige zunehmend von Problemen, die wenigstens zum Teil nicht auftreten dürften und die durch Informationen und Schulungen der zuständigen Sachbearbeiter leicht zu vermeiden wären.

Als Gründer haben Sie hierauf aber keinen Einfluss. Sie haben nur oder immerhin Einfluss auf Ihre eigene Kompetenz. Das folgende Beispiel zeigt wieder einmal, wie wichtig es ist, gut informiert zu sein und nicht alles glauben zu müssen, was Sie hören oder lesen:

Deniz A. ist ein ehrgeiziger, engagierter, sympathischer, junger Handwerksmeister im Alter von 26 Jahren und arbeitslos. Letzteres will er auf keinen Fall bleiben – nicht einen Tag länger als nötig. Deshalb hat er sich nicht nur gedanklich bereits mit dem Thema Selbständigkeit befasst, sondern auch schon gehandelt und ganz konkrete Vorbereitungen ge-troffen. Vorbereitungshandlungen sind förderunschädlich, nur darf und sollte im eigenen Interesse niemand Verbindlichkeiten eingehen ohne zu wissen, ob diese überhaupt bedient werden können. Deniz A. hat z. B. bereits einen geeigneten Standort gefunden, an dem er später sei-ne Werkstatt betreiben möchte. Aus seiner früheren Tätigkeit heraus hat er auch Kontakte zu potenziellen Kunden und Kooperationspart-nern, mit denen er bereits konstruktive Gespräche geführt hat. Unab-hängig davon erfüllt er seine Pflichten, steht dem Arbeitsmarkt zur Ver-fügung und schreibt auch Bewerbungen. Eine angemessen bezahlte Festanstellung wäre ihm lieber als das Risiko einer Selbständigkeit, aber die Selbständigkeit ist allemal besser als Arbeitslosigkeit. So sein nach-vollziehbares Denken.

Enttäuscht berichtet Deniz A. von einem Gespräch mit seinem „Fallma-nager" bei der Arbeitsagentur:

„Dort ist mir gesagt worden, dass ich den Gründungszuschuss nicht be-kommen werde, weil ich auf dem Arbeitsmarkt vermittelbar bin."

Auf Nachfrage berichtet er von Stellenvorschlägen, denen jeweils ein Gehalt um 1.200 € brutto! zugrunde lag und erklärt:

„Dafür habe ich doch nicht jahrelang die Meisterschule besucht und be-zahlt, um dann für so wenig Geld arbeiten zu gehen, dass ich kaum al-lein über die Runden komme geschweige denn eine Familie ernähren könnte. Immerhin habe ich nun das Antragsformular für den Zuschuss bekommen, aber der Sachbearbeiter hat mir wenig Hoffnung gemacht."

Menschlich und auch ökonomisch kann die Enttäuschung und das Un-verständnis sicher jeder nachvollziehen. Rein rechtlich hat eine Vermitt-lung in den ersten Arbeitsmarkt aber Vorrang vor einer geförderten Selbständigkeit.

Sie müssen also selbst jederzeit damit rechnen, in einem vergleichbaren Fall keine Förderung zu erhalten oder mindestens zunächst mit einer ab-lehnenden Haltung konfrontiert zu werden.

Womit Sie erfahrungsgemäß auch rechnen, aber was Sie keineswegs hinnehmen müssen sind falsche Informationen und Anforderungen, die im Ergebnis zwangsläufig zur Ablehnung des Gründungszuschusses führen.

Deniz A. berichtet, dass er zusammen mit dem Antragsvordruck und weiteren Unterlagen, die obligatorisch und nötig sind für eine Prüfung und mögliche Bewilligung des Antrages, auch eine Kopie seiner Gewer-beanmeldung bei der zuständigen Arbeitsagentur einreichen soll. Diese Anforderung ist auch auf dem Vordruck schriftlich durch das Ankreuzen des entsprechenden Feldes dokumentiert worden. Wer jedoch im Zeitpunkt der Antragstellung schon selbständig ist – und nur dann kann eine Gewerbeanmeldung vorgelegt werden – erfüllt nicht (mehr) die Voraussetzungen für den Gründungszuschuss. Obwohl Deniz A. kein Einzelfall ist kann und soll keineswegs eine Absicht seitens der Arbeitsagentur unterstellt werden. Für Sie als Gründer kommt es darauf auch gar nicht an. Es macht für Sie persönlich keinen Unterschied, ob eine Absicht, ein Versehen oder Unwissenheit der Grund für diesen Fehler ist. Für Sie kommt es nur darauf an, eigene Fehler zu vermeiden und das heißt in diesem Fall, auch auf Anforderung keinesfalls vorschnell vor Antragstellung (besser auch nicht vor der Bewilligung) ein Gewerbe anzumelden und schon gar nicht auszuüben. Es gilt auch hier der Grundsatz: Erst beantragen, dann starten! (Stand: Januar 2014).

Ob Deniz A. tatsächlich vermittelbar ist und letzten Endes wirklich keinen Gründungszuschuss erhalten kann, obwohl er sonst alle fachlichen und persönlichen Voraussetzungen erfüllt und gute Chancen auf eine tragfähige Selbständigkeit hat, stand zum Zeitpunkt der Fertigstellung dieses Ratgebers noch nicht fest. Allerdings wusste er durchaus schon zu berichten, dass potenzielle Arbeitgeber sich nicht gerade auf ihn „gestürzt" hätten:

„Selbst wenn ich gesagt habe, dass ich auch für wenig Geld arbeiten würde war überall die Skepsis groß. Die haben wohl alle die berechtigte Sorge, dass ich sofort weg bin, wenn ich etwas finde, was meiner Qualifikation und meinen sicher nicht überzogenen aber doch angemessenen Gehaltsvorstellungen eher entspricht."

Fazit: Es ist nicht immer ganz einfach, den Gründungszuschuss zu erhalten, aber Sie können wenigstens dafür sorgen, nicht selbst durch Fehlinformationen verursachte Ausschlussgründe zu schaffen.

Einstiegsgeld (für Bezieher von Arbeitslosengeld II)

Ziel und Gegenstand: Das Einstiegsgeld dient der Unterstützung arbeitsloser Menschen beim Einstieg in die Selbständigkeit oder bei der Aufnahme einer abhängigen Beschäftigung.

Antragsberechtigte: Antragsberechtigt sind Hilfebedürftige, die Arbeitslosengeld II nach dem SGB II beziehen.

Voraussetzungen: Die abhängige Beschäftigung oder Selbständigkeit muss auf Dauer die Abhängigkeit von Hilfeleistungen beenden können.

Die Aufnahme einer selbständigen Tätigkeit muss hauptberuflichen Charakter haben.

Art und Höhe der Förderung: Die Förderung erfolgt in Form eines Zuschusses für höchstens 24 Monate.

Die Höhe der Förderung bemisst sich nach der Dauer der Arbeitslosigkeit und der Größe der Bedarfsgemeinschaft des Arbeitsuchenden.

Neben dem Einstiegsgeld können auch Darlehen sowie Zuschüsse für die Beschaffung von Sachgütern an Selbständige gewährt werden. Zuschüsse sind bis zu einer Höhe von 5.000 € möglich, Darlehen auch darüber hinaus. Zudem können geeignete Dritte durch Beratung oder Vermittlung von Kenntnissen und Fertigkeiten gefördert werden, wenn dies für die weitere Ausübung der selbständigen Tätigkeit erforderlich ist.

Antragsverfahren: Die Förderung ist vor Aufnahme der Erwerbstätigkeit bei den zuständigen Trägern der Grundsicherung zu beantragen.

Ein Verzeichnis der örtlich zuständigen Agenturen für Arbeit kann auf den Internetseiten der Bundesagentur für Arbeit abgerufen werden. Weiterführende Informationen erteilt auch die

Bundesagentur für Arbeit (BA), Regensburger Straße 104, 90478 Nürnberg, Tel. (09 11) 1 79-0, Fax (09 11) 1 79-21 23, www.arbeitsagentur.de

Weiterführende Informationen können auf den Internetseiten des Bundesministeriums für Arbeit und Soziales sowie unter www.existenzgruender.de abgerufen werden.

Quelle: Informationen des Bundesministeriums für Arbeit und Soziales, Stand Februar 2013; Sozialgesetzbuch, Zweites Buch (§§ 16b, c SGB II).

Wichtige Hinweise: Mit der Veröffentlichung des Gesetzes zur Verbesserung der Eingliederungschancen am Arbeitsmarkt werden zum 1. April 2012 folgende Änderungen in Kraft treten: Die bisherige Regelung zu Darlehen/Zuschüssen für Selbständige wird um die Möglichkeit ergänzt, gezielt Beratung und Kenntnisvermittlung zu fördern. Inbegriffen ist sowohl die Möglichkeit der Förderung von Coaching als auch der Begleitung bei der Unternehmensabwicklung (z. B. zur Vermeidung von Ver- oder Überschuldung).

Existenzgründer, die einen Anspruch auf Entgeltersatzleistung nach dem SGB III haben, können einen Gründungszuschuss nach § 57 SGB III erhalten.

Zusatzinformationen: Auf das Einstiegsgeld besteht kein Rechtsanspruch. Es handelt sich also ebenfalls um eine „Kann-Leistung". In der Regel wird das Einstiegsgeld zunächst für max. 12 Monate gewährt (oft sind es auch zunächst nur 6 Monate). Eine Verlängerung ist bei Bedarf möglich. Die Höhe wird im individuellen Einzelfall innerhalb der gesetzlichen Grenzen festgelegt. Eine durchaus übliche Größenordnung liegt bei 50% des Regelsatzes in Höhe von derzeit 364 € (Stand Januar 2014). Für jedes weitere Mitglied der Bedarfsgemeinschaft kommen i. d. R. 10% hinzu. Ein Alleinstehender Existenzgründer würde danach zusätzlich zu seinem Regelsatz und den übrigen, auch zuvor schon erbrachten Leistungen wie Übernahme der Mietkosten, Kranken-, Pflege- und Rentenversicherung etc. noch 182 € erhalten. Wird das Einstiegsgeld über die Dauer von 6–12 Monaten hinaus verlängert, dann üblicherweise zu anderen Konditionen. Die Zuschüsse werden kontinuierlich reduziert. Übrigens können nicht nur Existenzgründer das Einstiegsgeld beantragen, sondern auch Menschen, die eine gering bezahlte Beschäftigung aufnehmen.

Link zum Thema:

Bei Gründungen aus der Arbeitslosigkeit handelt es sich in aller Regel um kleine Gründungsvorhaben durch Einzelpersonen. Eine Hilfestellung speziell für Kleinstgründungen zur Erarbeitung eines schlüssigen, aber der Größe des Vorhabens angemessenen Businessplans finden Sie hier: http://www.startercenter.nrw.de – Gründungsservice – Planungshilfen – Businessplan (zur Gründung eines Kleinstunternehmens).

16.5 Kapitalbedarfsplanung

Nachdem nun der gesamte Kapitalbedarf ermittelt ist und auch die einschlägigen Förderprogramme bekannt sind, kann das endgültige Finanzierungskonzept erarbeitet werden.

Prüfen Sie die Finanzierungsmöglichkeiten in folgender Reihenfolge:

- Reicht mein Eigenkapital aus?
- Können eigenkapitalähnliche Mittel in Anspruch genommen werden?
- Wie setze ich Fremdkapital optimal ein?

Nur wenn das Eigenkapital nicht ausreicht und auch mit eigenkapitalähnlichen Mitteln die Finanzierung nicht gesichert ist, müssen Fremdmittel eingesetzt werden.

16.5.1 Eigenkapital

Es liegt auf der Hand, dass die einfachste und in der Regel auch preiswerteste Finanzierung die Finanzierung mit Eigenkapital ist. Als zweite Möglichkeit sollte die Finanzierung mit eigenkapitalähnlichen Mitteln geprüft werden und schließlich wird in aller Regel der Einsatz von Fremdkapital erforderlich sein.

Zum Eigenkapital werden neben den vorhandenen finanziellen Mitteln insbesondere folgende Positionen gezählt (nicht immer auch von Banken anerkannt):

- Sachwerte, die in den Betrieb eingebracht werden (z. B. Maschinen, PKW, EDV-Anlagen etc.),
- Eigenleistungen (z. B. eigene Renovierungsleistungen),
- Zuschüsse (z. B. Meistergründungsprämie),
- Investitionszulagen und
- Beteiligungen.

Es gibt im Bereich Beteiligungskapital vielfältige Möglichkeiten, wovon jedoch die Mehrzahl für den größten Teil der Existenzgründer nicht in Betracht kommt – es sei denn, Angehörige oder Bekannte beteiligen sich finanziell an dem Vorhaben.

Das Wachstumspotenzial junger Unternehmen ist in der Regel für die Beteiligungsgesellschaften oder sonstigen Investoren nicht attraktiv genug. Ist dies doch der Fall, handelt es sich nicht immer um eine preiswerte Alternative der Finanzierung, weil die Investoren zum Teil Renditen von mehr als 20% erwarten. Hinzu kommt das Selbstverständnis der Anleger, die häufig beratend zur Seite stehen und Einfluss nehmen wollen. Dies kann von Vorteil sein, muss es aber nicht. Insbesondere für innovative und technologieorientierte Unternehmen ist die Beteiligungsfinanzierung jedoch mitunter die einzige Chance, das Vorhaben umzusetzen, weil die Banken sich mittlerweile bei riskanten Engagements sehr zurückhaltend zeigen, jedenfalls wenn es um Gründungsvorhaben geht.

Sofern Sie eine Gründung mit guten Wachstumschancen planen, kann z. B. als erste Anlaufstelle die KfW dienen. Weiterführende Informationen stellt auch das Bundesministerium für Bildung und Forschung zur Verfügung. Technologieorientierte und bestimmte andere Gründungsvorhaben (etwa aus der Hochschule, dem Bereich Energie …) sind ohnehin überall gern gesehen und können von besonderen Unterstützungsmaßnahmen profitieren, sei es in der Beratung, Finanzierung, Entwicklung oder Vermarktung der Produkte.

Mögliche weitere Ansprechpartner können – neben den bereits im Kapitel Fördermittel genannten Institutionen – der Bundesverband Deutscher Kapitalbeteiligungsgesellschaften und das Business Angels Netzwerk Deutschland sein. Business Angels sind vermögende Privatpersonen – oftmals ehemalige Führungskräfte oder Unternehmer – die sowohl ihr Kapital als auch ihre Erfahrungen einbringen können. Sie können darüber hinaus durch ihre vorhandenen Beziehungen auch als hilfreiche „Türöffner" fungieren, z. B. wenn es um erste Aufträge geht.

Fördermittel in Form von Zuschüssen können Ihre Eigenkapitalbasis verbessern. Allerdings sollten Sie unbedingt darauf achten, die Finanzierung nicht entscheidend auf diesen Mitteln aufzubauen. Es besteht in den meisten Fällen kein Anspruch auf die Förderung und deshalb können die Mittel erst fest eingeplant werden, wenn der Bewilligungsbescheid vorliegt.

Das Eigenkapital deckt bei der überwiegenden Zahl der Existenzgründer den Kapitalbedarf nicht vollständig. Mitunter ist auch überhaupt kein Eigenkapital vorhanden. Man sagt zu Recht, dass mindestens 15–20% Eigenkapital vorhanden sein sollte. Allerdings gibt es bestimmte Personengruppen, bei denen eine schlechtere Kapitalausstattung eher die Regel als die Ausnahme ist. Dazu gehören z. B. Gründer, die aus der Hochschule oder der Arbeitslosigkeit heraus gründen. Sie konnten entweder noch kein Eigenkapital aufbauen oder aber die Reserven sind aufgrund längerer Arbeitslosigkeit aufgebraucht. Politisch wird aber auch – und gerade – eine Existenzgründung durch diese Personengruppen ausdrücklich gewünscht. Bei der ersten Zielgruppe spiegelt sich das auch in der Förderlandschaft und Unterstützungsangeboten wieder. Im Falle der Gründer aus der Arbeitslosigkeit sind die Rahmenbedingungen in den letzten Jahren zunehmend und deutlich spürbar schlechter geworden. Das Vorhandensein von Fördermöglichkeiten heißt im Übrigen noch nicht, dass sie auch der Zielgruppe wie gewünscht zur Verfügung stehen und die Finanzierung im Bedarfsfall gesichert ist. Insbesondere die Darlehen müssen regelmäßig über die Hausbank beantragt werden – eine Hürde, die für manche Gründer unüberwindbar bleibt. Dies gilt umso mehr, wenn die Eigenkapitalausstattung schlecht ist. Allerdings sollte sich kein Gründer, der von seiner Idee überzeugt ist und diese Überzeugung auch durch einen ordentlichen Businessplan stützen kann, entmutigen lassen. Die Anforderungen an das Konzept und die Persönlichkeit sind in diesen Fällen natürlich besonders hoch – unmöglich macht dies die Gründung aber nicht. In der Praxis wird neben den Möglichkeiten der Mikrofinanzierung insbesondere das „StartGeld" durchaus auch ohne Eigenkapital und ohne Sicherheiten gewährt – wenn auch nicht ohne weiteres. Das Risiko der Banken ist aufgrund der Haftungsfreistellung überschaubar. Einfach ist es aber selbst mit einem überzeugenden Auftreten und einem 1-A-Businessplan nicht immer. Mitunter passt das Vorhaben nicht zu der Geschäftspolitik des Kreditinstituts oder die Beantragung des Darlehens ist wirtschaftlich nicht attraktiv genug für die Bank. Es ist in der Praxis nicht unüblich, dass Gründer eine Vielzahl von Bankgesprächen führen müssen, bis die Finanzierung „steht".

Fehlendes Eigenkapital erschwert also die Gründung erheblich, muss ihr aber nicht in jedem Fall entgegenstehen.

Denken Sie im Falle von Schwierigkeiten daran, dass die Finanzierung nur *eine* der künftigen Herausforderungen darstellt, die zu meistern ist. Erfolgreiche Unternehmer zeichnen sich unter anderem dadurch aus, dass sie mit Biss, Engagement und Kreativität auch schwierige Probleme lösen.

Eines ist jedoch das klare „Aus" für eine Fremdfinanzierung – gravierende und noch nicht erledigte „Altlasten" der Vergangenheit wie z. B. Kreditkündigungen und Ähnliches.

16.5.2 Fremdkapital

Die Fremdfinanzierung ist die häufigste Form der Kapitalbeschaffung. Dabei gibt es neben den bekannten Hausbankdarlehen vielfältige Möglichkeiten dafür. Verschiedene Förderdarlehen kennen Sie nun bereits. Weitere Formen der Fremdfinanzierung sind beispielsweise:

- Lieferantenkredite,
- Kredite von Angehörigen, Bekannten oder Freunden,
- Leasing und Factoring,
- Kundenanzahlungen,
- Kontokorrentkredit.

Kundenanzahlungen sind vor allem in Branchen mit langen Fertigungszeiten und hohen Vorleistungen üblich, wie z. B. im Baugewerbe. Der Unternehmer kann nicht unbegrenzt in Vorleistung gehen, indem er Löhne bezahlt oder Material einkauft und erst Wochen oder Monate später das vereinbarte Entgelt kassiert. Angemessene Kundenanzahlungen vermeiden hier Zinsverluste oder hohe Finanzierungskosten. Für Existenzgründer kommt diese Finanzierungsform eher nicht in Frage, obwohl es auch dafür Praxisbeispiele gibt. Eine Gründerin hat beispielsweise ihr Vorhaben durch eine Vielzahl von Kleinstkrediten ihrer künftigen Kunden finanziert. Die

Zinszahlungen wurden in Form von Naturalien (Getränke) am Jahresende erbracht.

Wozu allerdings kreative, funktionierende und für alle unmittelbar Beteiligten aus eigener Sicht nutzbringende Varianten der Fremdfinanzierung führen können zeigt der Fall eines nachhaltig orientierten, erfolgreichen Unternehmers aus Österreich:

> **„Waldviertler: Strafe für Schuhrebellen bestätigt Das Darlehensmodell muss geändert werden. Staudinger will dennoch weiterkämpfen.**
>
> Im Clinch mit der Finanzmarktaufsicht (FMA) muss der Waldviertler Schuhrebell eine weitere juristische Niederlage einstecken. Nachdem Heini Staudinger mit seiner Beschwerde beim Verwaltungsgerichtshof (VwGH) abgeblitzt war, bekam er Ende Dezember auch vom Unabhängigen Verwaltungssenat (UVS) einen Korb. Somit bleiben der Unterlassungs- und Strafbescheid aufrecht.
>
> **Nachfrist**
>
> Bis 31. Jänner gewährt ihm die FMA eine Nachfrist, um entweder das ausgeborgte Geld zurückzuzahlen oder alternative Lösungen vorzulegen.
>
> Schon seit zwei Jahren kämpft Staudinger verbissen gegen die FMA, weil sie ihm vorwirft, gewerbliche Geldgeschäfte getätigt zu haben. Um Fotovoltaikanlagen und den Ankauf einer Lagerhalle zu finanzieren, sammelte er bei Privaten rund drei Millionen Euro und versprach eine vierprozentige Verzinsung.
>
> Sowohl der VwGH als auch der UVS bestätigen die Rechtsmeinung der FMA. Demnach handelt es sich um ein Bankgeschäft, für das der Schuherzeuger eine Konzession bräuchte. „Leider unterscheiden die Gerichte nicht zwischen dem Geld für festgelegte Anlagestrategien und Geld für Spekulationsgeschäfte", schildert Rechtsanwalt Karl Staudinger, der Bruder des Schuherzeugers.
>
> **Alternativvarianten**
>
> Trotzdem sieht sich Heini Staudinger nicht als Verlierer. Der Streit habe immerhin neue Türen geöffnet, um sein umstrittenes Finanzierungsmodell einfacher in eine legale Form umzuwandeln. Derzeit werden Alternativvarianten ausgearbeitet. „Entweder wir nützen eine nichtöffentliche Anleihe oder die Nachrangigkeitserklärung", sagt sein Rechtsanwalt.

Staudinger will dennoch für einfachere Bürgerbeteiligungsmodelle weiterkämpfen. „Es kann nicht sein, dass ich zuerst einen Juristen fragen muss, wenn ich einem Unternehmer 1.000 Euro borgen will", erklärt Heini Staudinger.

(kurier) Erstellt am 16.1.2014, 19:00

Quelle: www.kurier.at vom 16.1.2014 mit Update vom 17.1.2014

Kurz darauf, am 20.1.2014 berichtet Radio Niederösterreich auf seiner Homepage (Auszug):

Um die Situation aber nicht weiter eskalieren zu lassen – wie Staudinger sagt –, will er nun auf ein anderes Finanzierungsmodell umsteigen: das sogenannte Nachrangdarlehen, bei dem die Anleger unterschreiben müssen, dass ihre Forderungen im Fall der Zahlungsunfähigkeit des Unternehmens nachrangig sind.

„Witzigerweise hat sich die FMA so leidenschaftlich für den Anlegerschutz eingesetzt, aber das Ergebnis dieser neuen Lösung ist so, dass die Anleger jetzt schlechter gestellt sind als bisher", sagt der Schuhproduzent.

FMA sieht dadurch den Anlegerschutz erhöht

Das sieht man bei der FMA anders, nämlich genau umgekehrt. Dort spricht man von erhöhtem Schutz durch ein Nachrangdarlehen. „Mit der Nachrangigkeitserklärung erklären die Investoren oder Anleger, dass ihnen bewusst ist, dass sie nachrangig gestellt sind. Sie wissen, dass sie zum Beispiel nicht in einer Einlagensicherung drinnen sind, dass das Unternehmen nicht die entsprechenden Bedingungen erfüllen muss, die auch eine Bank erfüllen muss, und dass sie, wenn das Unternehmen in Schieflage gerät, nachrangig gestellt sind und in der Kette der Gläubiger ganz hinten sind", erläutert FMA-Vorstand Klaus Kumpfmüller.

Dass das seine Geldgeber abschreckt, glaubt Heini Staudinger nicht. Mit einer privaten Bürgschaftserklärung will er sie zusätzlich absichern. Bis Ende Jänner hat er nun Zeit, die 200 Unterschriften seiner Anleger einzusammeln.

Quelle: Auszug aus einem Bericht auf: http://noe.orf.at/news/stories/2626531/

Solche Probleme sind natürlich nicht die Regel. Rechtliche Absicherungen sind aber in jedem Fall sinnvoll, auch wenn Sie Kredite aus Ihrem persönlichen Umfeld in Anspruch nehmen wollen, selbst wenn diese von Freunden oder Verwandten zur Verfügung gestellt werden. Beim Geld hört bekanntlich leider oft genug die Freundschaft auf. Das Risiko ist aber geringer, wenn Sie zur zur Absicherung beider Seiten schriftliche Vereinbarungen treffen. Hierdurch vermeiden Sie Missverständnisse z. B. zu den Rückzahlungsmodalitäten oder der Zinshöhe. Stellen Sie sicher, dass Ihnen die Kredite über einen ausreichenden Zeitraum sicher zur Verfügung stehen und nicht plötzlich und unerwartet zurückgezahlt werden sollen.

Mit Lieferantenkrediten ist das übliche Zahlungsziel der Lieferanten gemeint. Müssen Sie eine Rechnung erst später bezahlen, stehen Ihnen die finanziellen Mittel in der Zwischenzeit als kurzfristiger Kredit zur Verfügung. Allerdings ist der Lieferantenkredit die mit Abstand teuerste Form der kurzfristigen Fremdfinanzierung, wenn Sie Skontierungsmöglichkeiten nicht nutzen. Hierbei handelt es sich um bestimmte Bar- oder Schnellzahlerrabatte, wie z. B. 2% Skontoabzug bei Zahlung innerhalb von 10 Tagen.

Darüber hinaus ist es unter anderem eine Sache des Verhandlungsgeschicks, ob Lieferanten Ihnen im Rahmen der Gründung entgegenkommen. Es ist nicht unüblich, dass bei Erstlieferung überhaupt kein Kredit gewährt wird. Es ist aber auch nicht unüblich, dass Lieferanten Existenzgründer mit besonderen Angeboten unterstützen. Schließlich haben Sie selbst ja auch ein eigenes Interesse an einer erfolgreichen Gründung, weil Sie auf diese Weise neue (Stamm-) Kunden gewinnen und binden können. Sprechen Sie mit Ihren Lieferanten z. B. darüber, ob ein Teil der Ware erst nach Abverkauf bezahlt oder sogar zurückgenommen werden kann, wenn sie sich als schlecht verkäuflich erweist. Wenn es sich nicht gerade um verderbliche, technische oder saisonale Produkte handelt, sind solche Vereinbarungen nicht ausgeschlossen.

Eine besondere Form des Lieferantenkredits stellen bestimmte Unternehmen zur Verfügung, wenn der Existenzgründer im Gegenzug feste vertragliche Bindungen eingeht. Ein Beispiel hierfür sind etwa Brauereien, die bei der Einrichtung eines gastronomischen Betriebes helfen können. Ob Sie ein solches Angebot in Anspruch nehmen, sollten Sie gründlich überlegen, weil die Mindestabnahmemengen mitunter hoch sind und die Entscheidungsfreiheit deutlich eingegrenzt. Sie können dann nicht mehr alle Produkte beim besten oder günstigsten Anbieter einkaufen, sondern sind gebunden.

Mit Leasing ist die Nutzungsüberlassung von Anlagegegenständen gegen Entgelt gemeint. In der Regel verbleibt das Anlagegut – z. B. ein PKW – im Vermögen des Leasinggebers und der Leasingnehmer zahlt eine monatliche „Miete". Die Leasingraten sind für den Unternehmer abzugsfähige Betriebsausgaben. Diese Form der Finanzierung schont vor allem die Liquidität.

Beim Factoring verkauft das Unternehmen seine Kundenforderungen an eine so genannte Factoring-Bank. Das Unternehmen kommt so schneller an sein Geld, was Liquiditätsvorteile mit sich bringt. Allerdings bekommt das Unternehmen dafür auch seine Forderungen nicht in voller Höhe. Mit Abzügen in Höhe von nicht unerheblichen 10–15% ist zu rechnen. Der Factor kann auch weitere Dienstleistungen wie z. B. das Forderungsmanagement übernehmen. Für Klein- und Kleinstunternehmen kommt dieses Verfahren jedoch in der Regel nicht in Frage. Nähere Informationen erhalten Sie z. B. über den Deutschen Factoring-Verband.

Der Kontokorrentkredit (Überziehungskredit) kann nur zur kurzfristigen Finanzierung von Betriebsmitteln oder Liquiditätsengpässen eingesetzt werden, keinesfalls aber für langfristige Investitionen. Mitunter wird er Gründern auch zunächst erst gar nicht gewährt.

Seit einiger Zeit stellen Existenzgründer verstärkt die Frage: „Habe ich überhaupt eine Chance auf einen Kredit?" Die Verunsicherung ist seit der schon länger und viel diskutierten „Kreditklemme" im Mittelstand noch gestiegen. Zu diesem Thema gibt es eine Untersuchung, welche die KfW Bankengruppe im Februar 2010 veröffentlicht hat. Diese kommt zu dem Schluss, dass im Jahr 2009 die Finanzierungsschwierigkeiten im Mittelstand zugenommen haben. Eine Kreditklemme gäbe es aber nicht. Das Jahr 2010 könne jedoch schwieriger werden wegen steigender Kreditnachfrage, die auf zurückhaltende Banken bei der Kreditvergabe treffen. Die Untersuchung bestätigt auch die Erfahrung der vergangenen Jahre, dass sehr kleine Unternehmen es schwerer haben, einen Kredit zu bekommen als mittelständische Unternehmen. Und zwar völlig unabhängig von ihrer Bonität.

Die aktuelle Entwicklung spricht für sich – besser geworden ist es jedenfalls nicht. Reuters Deutschland schreibt mit Datum vom 3. Januar 2014:

„Die Banken in der Euro-Zone haben ihre Firmenkredite so stark zurückgefahren wie noch nie.

Trotz der rekordniedrigen Zinsen sackten die Darlehen im November um 3,9 Prozent zum Vorjahresmonat ab, wie die Europäische Zentralbank (EZB) am Freitag mitteilte. Es geht immer weiter runter, das ist eine bedenkliche Entwicklung, sagte Chefvolkswirt Alexander Krüger vom Bankhaus Lampe. Er geht zwar nicht davon aus, dass die EZB kommende Woche am Leitzins dreht. In den nächsten Monaten dürften die Währungshüter ihre Geldpolitik aber weiter lockern, um der Wirtschaft in der Euro-Zone auf die Sprünge zu helfen.

Die EZB hatte im November den Leitzins überraschend auf das Rekordtief von 0,25 Prozent gesenkt. Im Dezember kündigte EZB-Präsident Mario Draghi an, die Zentralbank sei zu weiterem Handeln bereit und verfüge über ein schlagkräftiges Arsenal an Möglichkeiten. Ähnlich dürften sich die Währungshüter am Donnerstag nach ihrer Zinssitzung äußern, schätzt Krüger: Die EZB wird weiter auf ihre Artillerie verweisen. Denn die Euroländer kämpften sich nur mühsam aus der Rezession heraus. Die EZB hat zuletzt wiederholt betont, dass sie notfalls die Banken zur Kreditvergabe ermuntern könnte, indem sie eine Art Strafzins für das Parken von Geld erhebt …"

Zur konkreten Situation in Deutschland gibt es keine veröffentlichten, aktuellen Erkenntnisse. In den Medien ist i. d. R. die Rede von Europa oder konkreten EU-Mitgliedstaaten, auch China hat Probleme … Deutschland nicht. Nicht ausdrücklich oder nur nicht erwähnenswert? Zahlreiche Berichte von Existenzgründern und Unternehmern vermitteln zumindest das Gefühl, dass auch hierzulande die Probleme nicht kleiner geworden sind. Das war ohnehin nicht zu erwarten, weil ab diesem Jahr die neuen und erneut strengeren Regeln des Baseler Ausschusses für Bankenaufsicht gelten (Basel III). Schon die „Vorgänger"-Regelwerke zur Stabilisierung der Kreditinstitute, der Reduzierung der Risiken usw. haben sich im Ergebnis immer auch auf die Kreditvergabepraxis ausgewirkt und das Unternehmerdasein nicht gerade erleichtert. Das dürfte auch im Zuge der neuen Regeln ab 2014 nicht anders werden.

Praxisbeispiel für nicht alltägliche, aber doch mögliche Probleme:
Ein gestandener Handwerksmeister mit einem äußerst schlüssigen Businessplan berichtet im Januar 2014 sogar von Schwierigkeiten, überhaupt nur einen Termin zu bekommen:
„Man glaubt es nicht, aber ich habe erst gar keinen Termin bei dem besagten Kreditinstitut bekommen. Die wollten einfach nicht. Dabei brauche ich noch nicht einmal Geld. Ich brauche das Institut nur für die Einrichtung eines Geschäftskontos und damit es mir die Schlüssigkeit meiner Gesamtfinanzierung bestätigt, die durch private Investoren nachvollziehbar gesichert ist. Diese steht und ich möchte gern einen Investitionszuschuss beantragen. Auch das ist schon mit der bewilligenden Stelle vorbesprochen. Was ich brauche ist die Bestätigung des Kreditinstituts, dass mein Businessplan die machbare Gesamtfinanzierung des Vorhabens erkennen lässt. Mehr nicht, aber einen Termin habe ich erst bekommen, nachdem ich alle Hebel in Bewegung gesetzt und sich eine hochrangige Persönlichkeit eingeschaltet hat."

Auch das ist zum Glück nicht die Regel, zeigt aber mögliche Probleme auf, mit denen Sie durchaus ebenfalls konfrontiert werden könnten und deshalb sensibilisiert sein sollten. Besser, man stellt sich vorher darauf ein als im Fall der Fälle vorschnell und frustriert zu resignieren.

Angesichts schwieriger Rahmenbedingungen ist es gerade für Existenzgründer umso wichtiger, auf eine möglichst gute Bonität zu achten und sich optimal vorzubereiten. Nur dann besteht überhaupt eine Chance auf eine Finanzierung und angemessene Konditionen.

Dabei automatisieren die Kreditinstitute ihre Prüfungen immer stärker. Automatisch gespeicherte Negativmerkmale können auf Knopfdruck abgerufen werden und zur Ablehnung einer Finanzierung führen. Da helfen dann selbst langjährige Geschäftsverbindungen zu dem betreffenden Institut nicht mehr weiter.

Drei Merkmale sind in diesem Zusammenhang besonders wichtig:

- Kontodisposition (niemals den genehmigten Dispokredit ohne vorherige Absprache überziehen),

- Kontopfändungen (bedeuten in aller Regel das „Aus" für eine Finanzierungsanfrage) und

- negative Schufa-Auskunft (z. B. Kreditkündigung, nicht bediente „Altlasten").

Liegt nur eines der genannten Probleme vor, wird die Kreditanfrage wahrscheinlich negativ beantwortet. Alle drei Probleme zusammen bedeuten in der Regel das garantierte „Aus".

Auch bei bestehenden Unternehmen werden die „Zügel angezogen". Das Handelsblatt berichtet: „Unternehmen, die nicht ausreichend über den Bruch von Kreditauflagen berichten, müssen sich auf Sanktionen der Bilanzpolizei einstellen. Die Deutsche Prüfstelle für Rechnungslegung (DPR) kündigte gegenüber dem Handelsblatt an, die Informationspolitik dieser Unternehmen künftig genauer zu untersuchen ...

... Zwar müssen Unternehmen im Jahresabschluss offenlegen, wenn Vertragsverletzungen auftreten, die dem Kreditgeber ein Recht auf vorzeitige Rückzahlung einräumen – es sei denn, die Verletzung war am Bilanzstichtag wieder geheilt. Aber bisher war die DPR bei Kommunikationssünden hier großzügig: „Wir haben den Unternehmen lediglich Hinweise gegeben, wenn es sich um nicht wesentliche Abweichungen von den internationalen Bilanzierungsregeln handelte", sagt Meyer.

Nun weht ein anderer Wind: „Wenn wir die Darstellung der Covenants im Lagebericht jetzt genauer unter die Lupe nehmen, wird es bei wesentlichen Abweichungen auch zu einer Fehlerfeststellung kommen können", sagt Meyer. Konsequenz: Der Fehler wird im elektronischen Bundesanzeiger veröffentlicht und damit einer breiten Öffentlichkeit bekannt – es droht ein Imageschaden."

Die Bedeutung einer sorgfältigen Planung, Disposition und Kommunikation mit dem Kreditgeber kann also nicht hoch genug eingeschätzt werden.

Link zu Thema

http://de.reuters.com/article/topNews/idDEBEEA0201K20140103 – Artikel zur „Kreditklemme"; http://www.kfw.de – Suche: Gibt es eine Kreditklemme im Mittelstand?; http://www.bafin.de – Bundesanstalt für Finanzdienstleistungsaufsicht – Suche: Basel III.

16.5.3 Eigenkapitalähnliche Mittel

Eigenkapitalähnliche Mittel werden vor allem unter dem Begriff „Mezzanine-Finanzierung" angeboten. Der Begriff „Mezzanine" bezeichnete früher Zwischengeschosse in Häusern. Es handelt sich bei diesem „Zwischenkapital" um finanzielle Mittel, die sowohl Merkmale von Eigen- als auch von Fremdkapital aufweisen. Die Eigenkapitalquote kann mit diesen Mitteln verbessert und somit eine bessere Basis für eine weitergehende Fremdfinanzierung geschaffen werden. Gleichwohl müssen Sie diese Mittel später an den jeweiligen Gläubiger zurückzahlen. Vorrang haben aber die klassischen Fremdkapitalgeber.

Die Mezzanine-Finanzierung ist nie sonderlich offensiv vermarktet worden. Aktuell gibt es sie gar nicht mehr als öffentliches Förderprodukt, sondern allenfalls im Zuge privatwirtschaftlicher Finanzierungen.

Zur Inanspruchnahme öffentlicher Produkte und anderen Aspekten existiert ein Thesenpapier der KfW: www.kfw.de – Suche: Standard-Mezzanine

16.6 Finanzplanung

Wenn Sie die oben beschrieben Vorarbeiten (Planrechnungen etc.) schließlich erledigt haben und auch über die einschlägigen Finanzierungs- und Fördermöglichkeiten informiert sind, ist es an der Zeit, einen Finanzierungsplan zu erstellen. Dieser ist das Gegenstück zu Ihrem Kapitalbedarfsplan. Der Kapitalbedarfsplan gibt an, wofür Sie wie viel Kapital benötigen (Mittelverwendung). Der Finanzierungsplan gibt an, woher die Mittel kommen sollen (Mittelherkunft). Beide Teilpläne können Sie natürlich auch zu einem Plan zusammenfassen. Dies bietet sich auf jeden Fall an, wenn das gesamte Vorhaben fremdfinanziert werden muss.

16.6.1 Finanzierungsregeln

Wichtig ist die Berücksichtigung verschiedener Fristen. Manche Investitionen müssen langfristig finanziert werden und für andere wiederum reicht es aus, wenn die finanziellen Mittel kurzfristig zur Verfügung stehen. Im Zusammenhang mit der Finanzierung gibt es bestimmte Regeln, die Sie beachten sollten.

Achten Sie unbedingt darauf, dass Ihnen Kapital, welches Sie langfristig benötigen, auch tatsächlich langfristig zur Verfügung steht.

Ihr Anlagevermögen – also das Vermögen, welches langfristig im Unternehmen verbleiben soll –, wird zwingend benötigt, um die Leistungsbereitschaft zu gewährleisten. Beispielsweise können Sie ohne Maschinen nichts produzieren und somit keine Umsätze erwirtschaften. Ohne Ihre Ladeneinrichtung können Sie keine Waren präsentieren und somit auch nichts verkaufen.

Dieses Anlagevermögen darf deshalb niemals kurzfristig, z. B. über einen „Kontokorrentkredit" finanziert werden. Dieser kann kurzfristig gekündigt und zur Rückzahlung fällig werden. Haben Sie mit dem Geld aber Ihr Anlagevermögen finanziert, so bleibt Ihnen nur, dieses zu verkaufen, was unweigerlich das „Ende" der Leistungsfähigkeit und somit des Unternehmens mit sich bringt.

Das Anlagevermögen sollte aus diesem Grunde möglichst mit eigenen Mitteln, mindestens aber mit langfristig zur Verfügung stehendem Fremdkapital, finanziert werden. Das Gleiche gilt für die Gründungskosten und das erste Warenlager.

Die laufenden Kosten sowie Ihre Privatausgaben müssen nur kurzfristig – in der Regel bis zu einem Jahr oder wenig darüber – finanziert werden. Das benötigte Geld wird also kurzfristig über die Umsatztätigkeit in das Unternehmen zurückfließen. Es handelt sich bei diesen Positionen um so genannte „Betriebsmittel". Ihren Betriebsmittelbedarf müssen Sie also kennen, um nicht kurzfristig benötigte Mittel langfristig zu finanzieren und so unnötige Kosten zu produzieren. Zudem ist bei manchen Förderprogrammen die gesonderte Auflistung der Betriebsmittel unerlässlich. Dazu gehören vor allem Ihre Kosten für Personal, Miete, Werbung, Vertrieb, Verwaltung,

PKW, Versicherungen, Finanzierung und den eigenen Lebensunterhalt. All diese laufenden Kosten werden Sie zunächst nicht über die Umsatztätigkeit erwirtschaften können und darum müssen sie mindestens über einen Monat, meist über mehrere Monate finanziert werden.

Trennen Sie Ihre Ausgaben also zunächst nach der Fristigkeit und stellen dann fest, ob Ihr Eigenkapital ausreicht, um den langfristigen Kapitalbedarf zu decken. Ist dies nicht der Fall und kommen auch sonst keine Möglichkeiten der Eigenkapitalbeschaffung in Frage, sollten Sie prüfen, ob Sie mindestens 15% des langfristigen Kapitalbedarfs aufbringen können. Falls nicht, sind die Möglichkeiten eng begrenzt. Je nach der Höhe des benötigten Fremdkapitals kann aber z. B. das StartGeld zur Finanzierung genutzt werden.

Eine gute Beratung (auch) zu dem richtigen Finanzierungs-Mix ist also unerlässlich; das Anhören verschiedener, unabhängiger Meinungen min. sinnvoll.

Nutzen Sie auf jeden Fall auch die Informationsmöglichkeiten zu den spezifischen Landesprogrammen in der Förderdatenbank oder lassen sie sich durch die genannten Beratungsstellen helfen.

16.6.2 Sicherheiten

Das Fremdkapital ist in der Regel „bankenüblich" abzusichern. Diese „bankenüblichen" Sicherheiten stellen Existenzgründer häufig vor Probleme – ist doch nicht alles, was Sie anzubieten haben auch für die Bank als Sicherheit interessant. Ein Fahrzeug beispielsweise könnte aufgrund eines Unfalls bereits am nächsten Tag nicht mehr zur Absicherung des Kredits taugen. Absolut gern gesehen sind Bürgen und Immobilien, die beliehen werden können. Darauf kann jedoch längst nicht jeder Existenzgründer zurückgreifen. Bürgschaften beinhalten darüber hinaus auch noch eine besondere Problematik. In aller Regel wird die Bank eine selbstschuldnerische Bürgschaft verlangen. Das bedeutet für den Bürgen, dass er auf sein „Recht zur Einrede der Vorausklage" verzichtet. Die Bank kann sich in diesem Fall sofort mit ihrer Forderung an den Bürgen wenden, wenn der ursprüngliche Schuldner zahlungsunfähig oder auch nur zahlungsunwillig ist. Es ist also deutlich mehr als „nur eine Formsache", wenn es darum geht, eine Bürgschaftserklärung zu unterschreiben.

Informieren Sie sich bei fehlenden Sicherheiten auch über andere Formen der Bürgschaft, z. B. bei der „KfW" oder den Bürgschaftsbanken der Länder.

Können Sie Festgelder, Sparguthaben oder andere sichere Geldanlagen als Sicherheit anbieten, ist auch das gern gesehen und die Bank wird den vollen Wert berücksichtigen. In der Regel werden solche Mittel jedoch eher als Eigenkapital eingesetzt.

Für neu- oder hochwertige Vermögensgegenstände – insbesondere des Anlagevermögens (z. B. Maschinen etc.) – könnte auch eine Sicherungsübereignung an den Kreditgeber in Frage kommen. Der Kreditnehmer bleibt Besitzer der Gegenstände, er kann Sie also nutzen, Eigentümer wird jedoch der Kreditgeber.

Sofern Versicherungen beliehen werden können, ist dies eine Möglichkeit der Besicherung. Kapitallebensversicherungen werden beispielsweise mit ihrem Rückkaufwert angerechnet.

Auf die besonderen, aktuellen Problematiken wie den Wertverlust usw. soll an dieser Stelle nicht weiter eingegangen werden. Aktuelle, kompetente und möglichst unabhängige Informationen sind aber umso wichtiger je langfristiger ein Engagement angelegt ist und Lebensversicherungen sind jüngst erst wieder in die Kritik geraten. Ökotest zieht im September 2013 das Fazit:

Das Testergebnis

Als Altersvorsorge nicht geeignet. Die Zahlen belegen, was Kritiker schon immer argwöhnten: Als Sparvertrag für die Altersvorsorge taugen Kapitallebensversicherungen absolut nicht ..."

Aktien werden aus nachvollziehbaren Gründen in der Regel nur mit max. 50% des aktuellen Kurswertes angesetzt, weil dieser sich schneller ändern kann, als es allen Beteiligten recht ist.

Eine nicht zu unterschätzende „Sicherheit" bietet der Existenzgründer selbst. Ein ganz wesentliches Kriterium für die Gewährung oder Ablehnung eines Kredits ist die Kreditwürdigkeit der Antrag stellenden Person und natürlich spielt neben der Qualifikation auch das

Auftreten eine wichtige Rolle. Darum erfolgen im nächsten Kapitel einige Hinweise auf die Vorbereitung der Bankgespräche.

16.6.3 Bankengespräche

Wer unvorbereitet in ein Bankgespräch geht, verschlechtert seine Chance auf den gewünschten Kredit ganz erheblich. Die wesentlichste Vorbereitung haben Sie allerdings bereits geleistet, wenn Sie Ihren Businessplan sorgfältig erstellt haben. Sofern Sie hierbei externe Hilfe in Anspruch genommen haben oder der Businessplan womöglich ohne Ihre Mitwirkung komplett von einem Berater erstellt wurde, stellen Sie unbedingt sicher, dass Sie selbst noch vollständig hinter dem Konzept stehen und es auch in *allen Details* erklären können. Vermeiden Sie aber zu fachspezifische und technische Erklärungen. Der Banker ist kein Fachmann Ihrer Branche und Ihre Kunden werden es wahrscheinlich auch nicht sein. Darum müssen Sie auch mit verständlichen Worten Ihre Idee erläutern können. Dies gilt sowohl für die schriftlichen Ausführungen im Konzept als auch für das persönliche Gespräch. Sprechen Sie zunächst telefonisch oder persönlich mit einem Mitarbeiter Ihrer „Wunschbank" und fragen, ob Sie Ihr Konzept einreichen können. Üblicherweise wird dieses dann zunächst vorab grob geprüft. Fällt die Prüfung positiv aus, wird man Sie zu einem persönlichen Gespräch einladen, ansonsten erhalten Sie Ihr Konzept mit einem negativen Bescheid zurück – in der Regel ohne Angabe von Gründen. Versuchen Sie dennoch, die Gründe zu erfragen, um – falls nötig – das Konzept entsprechend überarbeiten zu können. Allerdings wird man Ihnen nicht immer die wahren Gründe für die Ablehnung nennen. Mitunter passt das Gründungsvorhaben schlicht und einfach nicht in das Konzept des Kreditinstituts, etwa weil es sich um eine Risikobranche handelt oder der Finanzierungsbedarf zu gering ist.

Die Deutsche Bank beispielsweise finanziert nur in Ausnahmefällen Gründungsvorhaben in Risikobranchen. Dazu gehören z. B.: Automatenaufsteller, Gastronomen, unter Umständen Einzelhändler, Sonnenstudios, Fitnessstudios, Finanzdienstleister, Friseurgeschäfte usw. Gern gesehen waren/sind hingegen in der Regel gut qualifizierte Freiberufler.

Öffentliche Förderdarlehen unterstützen und beantragen tendenziell eher die Volksbanken und Sparkassen. Auch hier sind natürlich die Risikobranchen bekannt, aber es wird dennoch meist nicht pauschal die Finanzierung abgelehnt.

Neben Fehlern im Konzept selbst gibt es weitere Fehler, die in ihrer Gesamtheit keinen guten Eindruck hinterlassen oder sogar zum Scheitern der Kreditverhandlungen führen können, wie z. B.:

- Bankgespräch ohne Terminvereinbarung und unter Zeitdruck,
- verspätetes Erscheinen zum Termin,
- nachlässige Kleidung (es muss aber auf keinen Fall das Kostüm oder der Nadelstreifenanzug sein, wenn Sie sich in solcher Kleidung nicht wohl fühlen),
- zu unsicheres Auftreten/großspuriges Auftreten,
- unrealistische Gewinnerwartungen – Schönreden,
- keine klare Vorstellung über die Finanzierung,
- Vorenthalten von Informationen – ausweichende Antworten,
- zu umfangreiches Konzept mit unverständlichen, nicht nachvollziehbaren Tabellen und Zahlenwerken.

Im Gespräch selbst müssen Sie sich auch auf unangenehme Fragen gefasst machen, die mitunter provokant wirken können. Bleiben Sie auf jeden Fall ruhig und sachlich, weil der Banker (hoffentlich) nur wissen möchte, wie sehr Sie selbst von Ihrem Vorhaben überzeugt sind. Es spricht nichts dagegen, wenn Sie Ihren Berater bitten, bei dem Bankgespräch dabei zu sein. Viel mehr als Sie moralisch zu unterstützen, dann und wann Ihre Aussagen zu ergänzen und notfalls das Gespräch wieder in die richtigen Bahnen zu lenken sollte der Berater jedoch nicht tun. Es kommt darauf an, dass Sie höchstpersönlich den Banker überzeugen – schließlich müssen Sie auch später Ihr Konzept umsetzen und nicht der Berater.

BEISPIELE für mögliche Fragen in Bankgesprächen:

– „Herr Müller, glauben Sie nicht auch, dass es schon genug EDV-Berater' gibt? Warum sollen die potenziellen Kunden denn ausgerechnet zu Ihnen kommen?" Auf eine derartige Frage sollten Sie eine Antwort wissen, weil Sie sich schon während Ihrer Konzepterstellung selbst exakt dieselbe Frage gestellt haben. Sie müssen wissen, was Sie Ihren Kunden zu bieten haben. Wenn Sie es schon selbst nicht wissen, wird es auch Ihr Kunde nie erfahren – weil Sie diesen Vorteil nicht kommunizieren können.

– „Mutig, mutig. Erst kürzlich hat hier in der Gegend wieder ein Friseur Insolvenz angemeldet. Ein Geschäft nach dem anderen schließt. Glauben Sie, Ihnen wird es anders ergehen?" Natürlich glauben Sie das – Sie sind sogar davon überzeugt. Allerdings müssen Sie auch sagen können, warum dies so ist, z. B. weil Sie die Geschäfte und einen Teil der Kunden kannten und die Gründe beurteilen können, warum das Angebot nicht angenommen wurde. Waren die Geschäfte tatsächlich in der Nähe des geplanten Standortes, sollten Sie bereits selbst recherchiert haben, wo die Probleme gelegen haben könnten. Erklären Sie, warum Sie nicht dieselben Fehler begehen werden wie die insolventen Unternehmen.

– „Welche Sicherheiten können Sie anbieten? Kann Ihr Ehepartner (oder Eltern, Geschwister etc.) für das Darlehen bürgen?" Ein heikles Thema, zumindest dann, wenn keine nennenswerten Sicherheiten vorhanden sind und Sie nicht wollen, dass der Partner oder die Familie bürgt. In der Praxis ist es nicht selten, dass eine Finanzierung abgelehnt wird, wenn der Partner nicht als Bürge zur Verfügung steht. Der Banker geht davon aus, dass Sie in diesem Fall Ihrer Gründungsidee selbst nicht so recht trauen und deshalb wenigstens das Einkommen des Ehepartners sichern wollen. Wenn aber Sie selbst schon dem Vorhaben nicht trauen, wird es auch keine Bank tun. Außerdem will man verhindern, dass Sie Vermögen auf andere Personen (wie den Ehepartner) „verschieben". Ist der Bürge selbst weitgehend mittellos – z. B. weil es sich um die nicht berufstätige Ehefrau handelt –, aber emotional mit dem Kreditgeber verbunden, könnte eine Bürgschaft unwirksam sein. Den früheren Praktiken der Banken, einen mittellosen Bürgen heranzuziehen, hat die Rechtsprechung einen Riegel vorgeschoben, um den Bürgen zu schützen. Der Ehepartner traut sich womöglich nicht „Nein" zu sagen, kann aber auch niemals seinen Verpflichtungen nachkommen und durchschaut diese auch mitunter nicht. Solche Bürgschaftsverpflichtungen muss der Bürge unter Umständen nicht nachkommen. Liegt eine solche Situation bei Ihnen vor, sollten Sie offen und bestimmt aber freundlich sagen, dass Ihrer Ansicht nach die Bürgschaft nicht viel Wert wäre. Auch wenn Sie mit Ihrem Partner Gütertrennung vereinbart haben, könnte dies helfen. Es kann aber bei falscher Argumentation ebenso zur Ablehnung der Finanzierung führen. Je nachdem, warum Sie Gütertrennung vereinbart haben, wirkt dies eher positiv oder negativ. Haben Sie Gütertrennung vereinbart, damit das Vermögen des Partners im Falle einer Insolvenz unangetastet bleibt, dürfte dies wohl das „Aus" Ihres Finanzierungsanliegens sein. Wollten Sie aber umgekehrt lediglich vermeiden, dass im Falle einer Trennung finanzielle Ansprüche des Partners Ihr Unternehmen gefährden, hört sich das schon anders an. Womöglich kommen Sie aber aus der „Nummer" mit der Bürgschaft nicht heraus, wenn ansonsten keinerlei Sicherheiten zur Verfügung stehen. Optimal ist es, wenn diese Frage erst gar nicht auftritt, weil Sie sich schon selbst Gedanken zu den Sicherheiten gemacht und etwas anzubieten haben oder so qualifiziert sind und überzeugend auftreten, dass erst gar keine Zweifel an Ihrem Erfolg aufkommen – auch das gibt es in der Praxis durchaus.

– „Wie kommen Sie denn auf Ihre geplanten Umsätze?" Diese Frage müssen Sie ohne zu zögern schlüssig beantworten können. Aussagen wie: „Das weiß ich nicht. Die Zahlen hat der Berater erstellt" bedeuten ebenfalls in der Regel das „Aus" für die Finanzierung. Schließlich müssen Sie selbst später das Unternehmen führen – auch mit Hilfe von Zahlen – und nicht der Berater.

– „Sie wollen sich ganz allein selbständig machen? Was ist denn, wenn Sie für längere Zeit krank werden?" Diese Frage müssen Sie nachvollziehbar beantworten können, obwohl die Lösung des Problems ungeheuer schwierig ist (vgl. auch Kapitel 19: Risiken). Je nach Art Ihrer Tätigkeit könnten evtl. Familienmitglieder, Kooperationspartner oder Freunde einspringen, die aber natürlich absolut zuverlässig sein müssen. Die perfekte Lösung gibt es für allein tätige Selbständige nicht (das weiß auch der Banker), aber wenigstens sollten Sie sich eine Strategie zurecht legen, was Sie in diesem Fall tun wollen. Erwähnen Sie auch, dass Sie sich bestmöglich versichern werden (z. B. durch eine Krankentagegeldversicherung) und dass Sie in Ihre vorsichtige Planung auch finanzielle „Reserven" eingebaut haben, um auf jeden Fall stets den Verpflichtungen nachkommen zu können.

– „Wie steht es um Ihre kaufmännischen Kenntnisse/Ihre Vertriebserfahrung? Weshalb trauen Sie sich zu, ein Unternehmen und Mitarbeiter zu führen, Sie haben bisher nur im Bereich XY gearbeitet?" Vgl. hierzu Kapitel 3: Gründerperson.

– „Wie wollen Sie an Kunden kommen? Haben Sie schon erste Kunden?" Die Frage ist auf den ersten Blick absurd. Welcher Existenzgründer fängt schon mit einem bestehenden Kundenstamm an, wenn er nicht gerade ein Unternehmen übernimmt? Haben Sie aber bereits erste Kunden (z. B. den ehemaligen Arbeitgeber) gehört dies natürlich auch in das Konzept und sollte im Gespräch erwähnt werden. Hilfreich können auch „Absichtserklärungen" künftiger Kunden sein. Hiermit gehen die Kunden keine rechtlichen Verpflichtungen ein, sie erklären lediglich, dass sie bereit sind, später Ihr Kunde zu werden. Ansonsten müssen Sie natürlich in der Lage sein, Ihre Marketingstrategie mit wenigen Worten „auf den Punkt" zu bringen und zu erklären, mit welchen Maßnahmen Sie Ihre Kunden gewinnen wollen.

- „Was hält denn Ihre Familie von der Gründung? Wie sieht es mit Ihrer Familienplanung aus?" Wie bereits zu Beginn ausgeführt, sind familiäre Probleme in fast 30% beteiligt, wenn Unternehmen scheitern. Darum ist diese Frage durchaus berechtigt. Schon aus eigenem Interesse sollten Sie diese Frage geklärt und auch in Ihrem Businessplan beschrieben haben. Sofern Kinder vorhanden sind, muss für diese natürlich zuverlässig gesorgt sein – auch im Falle von Krankheit (der Kinder oder der betreuenden Person). Der Partner sollte uneingeschränkt hinter Ihnen stehen und Sie zumindest moralisch unterstützen. Selbst so banale Dinge wie die (neue?) Aufteilung der Arbeiten im Haushalt sollten geklärt sein. Nicht erforderlich ist natürlich, dass die ganze Familie ständig und kostenfrei in Ihrem Unternehmen mitarbeitet. Ganz im Gegenteil! In der Praxis ist es schon vorgekommen, dass gerade hieran die Finanzierung bei einer Bank gescheitert ist. Die Gründerin hatte ihre gesamte Familie in die Planung einbezogen. Jedem hatte sie im gegenseitigen Einvernehmen bestimmte Aufgaben zugewiesen, die unentgeltlich und regelmäßig erledigt werden sollten. Alle hatten es gut gemeint und wollten die Gründerin unterstützen. Die Bankerin hat jedoch die Finanzierung mit der Begründung abgelehnt, man könne nicht auf der Basis unentgeltlicher Mitarbeit der Angehörigen sein Unternehmen aufbauen. Die Begründung ist durchaus nachvollziehbar und vorausschauend. Es ist einfach die Gefahr zu groß, dass nach einiger Zeit das Engagement der Angehörigen nachlässt. Wer kann und will schon langfristig ohne Entgelt arbeiten? Zudem wäre die Gründerin absolut machtlos gewesen, wenn nun jemand seine Aufgaben nicht fristgerecht, mangelhaft oder überhaupt nicht erledigt hätte. Dies hätte zudem die Gefahr familiärer Konflikte erhöht, sofern die Gründerin die durchgeführten Gefälligkeitsarbeiten kritisiert hätte. Schließlich ist es auch negativ zu sehen, wenn eine zu große Abhängigkeit besteht. Dabei kommt es nicht darauf an, ob es um die Abhängigkeit von Kunden, sonstigen Geschäftspartnern oder Angehörigen geht. Aus diesen Gründen ist ein gutes Mittelmaß an familiärer Unterstützung optimal.

– „Das ist ja alles schön und gut, aber was tun Sie, wenn alles anders kommt als geplant?" Diese Frage ist gefährlich, weil die falsche Beantwortung ein ansonsten positives Gespräch noch ins Gegenteil verwandeln kann. Mitunter gibt sie aber auch zu erkennen, dass der Banker Ihr Vorhaben nicht begleiten will. Wenn Sie nicht den Eindruck haben, dass Ihr Gegenüber gelangweilt ist und nur nach einer Gelegenheit sucht, Sie loszuwerden, könnten Sie antworten, dass es sogar sehr wahrscheinlich anders kommt als geplant – und zwar, weil Sie äußerst vorsichtig geplant haben und darum vermutlich bessere Ergebnisse erzielen werden, als in den Planzahlen angegeben. Eine absolute Sicherheit kann es nie geben, das wissen die Banken aus eigener Erfahrung am besten. Darum kann kein Mensch mehr tun, als sorgfältig zu planen. Das können Sie auch ruhig so sagen – sachlich und freundlich. Sollte dennoch wider Erwarten das Vorhaben scheitern, werden Sie sich natürlich eine Arbeitsstelle suchen und den Kredit nach und nach abbezahlen.

Gehen Sie mit klaren Vorstellungen über die Finanzierung des Vorhabens in das Bankgespräch. So verhindern Sie, dass der Banker Sie zu einem für Sie unvorteilhaften Finanzierungskonzept „überredet". Achten Sie auch darauf, dass Sie mit einem Entscheidungsträger Wer entscheidet später über die Finanzierung. Werden Sie mir schon während unseres Gesprächs eine Entscheidung mitteilen können?"

Alle Vorbereitung hilft jedoch nichts, wenn der Banker offensichtlich kein Interesse hat, Ihr Vorhaben zu begleiten oder Sie nicht vernünftig beraten kann bzw. will. In diesem Fall wäre jede Fortsetzung des Gesprächs reine Zeitverschwendung. Klare Hinweise sind z. B. die folgenden, in der Praxis tatsächlich getroffenen Aussagen bzw. Fragen:

■ Das lohnt sich nicht. Der Finanzierungsbedarf ist zu gering.

■ Uns interessieren nur Vorhaben ab einem Finanzierungsbedarf in Höhe von 100.000 €.

- In dieser Branche finanzieren wir grundsätzlich keine Gründung.

- StartGeld beantragen wir überhaupt nicht.

- Warum wollen Sie sich in Ihrem Alter noch selbständig machen und durch Ihre Tätigkeit Arbeitsplätze bei der Konkurrenz gefährden? (Der Gründer war Handwerksmeister und hatte das 50. Lebensjahr überschritten. Hier hatte sich natürlich sofort jede weitere Diskussion erübrigt.)

- Die Planzahlen sind völlig unrealistisch. (Das waren sie nicht. Die Gründerin hat bereits in einer anderen Stadt ein Internetcafé geführt und wollte dies nun an einem weiteren Standort umsetzen. Nur war der einzige Konkurrent in der Stadt ein guter Kunde der betreffenden Bank, wie die Gründerin später in Erfahrung gebracht hat. Es liegt die Vermutung nahe, dass man diesen Kunden vor Konkurrenz schützen wollte.)

- Wir können Ihnen einen Hauskredit zur Verfügung stellen, wenn Sie Ihre notwendigen (zu teuren) Versicherungen hier abschließen. (In diesem Fall soll die Finanzierung zwar erfolgen, aber zu Konditionen, auf die sich niemand ohne Not einlassen sollte.)

- Es ist betriebswirtschaftlicher Unsinn, einen kurzfristigen Finanzierungsbedarf langfristig zu finanzieren. Ich habe über 8 Jahre Erfahrung, da können Sie mir vertrauen. Nehmen Sie Ihren Kontokorrentkredit in Anspruch. Den können wir auch aufstocken. (Die erste Aussage ist grundsätzlich richtig. Allerdings ging es um die Finanzierung der Warenerstausstattung. Laufende Wareneinkäufe sollten tatsächlich immer kurzfristig finanziert werden. Ein erstes Warenlager aber muss langfristig finanziert werden, weil das Geld dauerhaft gebunden ist. Sie benötigen ja ständig Ware und können nicht nach dem Verkauf des ersten Warenlagers den Kredit zurückzahlen, sondern müssen von dem Geld neue Ware beschaffen.)

- Der Finanzierungsbedarf ist viel zu gering. (Das war er ganz und gar nicht. Die Gründerin hatte den Bedarf sorgfältig und vorsichtig ermittelt und brauchte tatsächlich nicht viel Geld, was sich auch später bestätigte. Allerdings verfügte der Ehemann über ein gesichertes Einkommen und sollte notfalls für den Kredit bürgen.

Außerdem gab es noch eine Immobilie. Bei Banken müssen bei der Kreditvergabe schon einmal die wirtschaftlichen Überlegungen und Bedürfnisse der Kunden hinter den eigenen Interessen der Kreditinstitute zurückstehen. Dies schien auch hier so gewesen zu sein. Es gibt den Begriff der „Bedienbarkeit" (des Darlehens) und diese Bedienbarkeit hätte aufgrund der Immobilie und des Einkommens des Ehemannes hier auch für einen deutlich höheren und lukrativeren Kredit ausgereicht.

■ Unter dem Aspekt der „Bedienbarkeit" haben einige Kreditinstitute in den 90er Jahren in großem Stil daran mitgewirkt, nahezu wertlose „Schrottimmobilien" als Kapitalanlage zu vertreiben und vor allem zu völlig überhöhten Preisen zu finanzieren. Auch dabei ging es regelmäßig nicht um die wirtschaftlichen Interessen der Kunden, sondern lediglich um die „Bedienbarkeit" des Kredits. Es ist also immer eine gesunde Skepsis angebracht. Lassen Sie sich nicht verunsichern, wenn Sie Ihre Planzahlen sorgfältig erarbeitet haben.)

Schließlich möchte ich Ihnen noch an **zwei Praxisbeispielen** aufzeigen, wie unterschiedlich die Erfahrungen ausfallen können.

Brit war für ihr Vorhaben im Grunde gut gerüstet. Sie hatte zunächst einen Ausbildungsberuf erlernt und anschließend darauf aufbauend ein Studium absolviert. Ihr Traum war es schon lange, ein kleines Geschäft zu eröffnen, in dem sie verschiedene ökologische Produkte anbieten und außerdem die von ihr selbst entworfenen und hergestellten Textilien verkaufen konnte. Als die Idee immer konkreter wurde und die familiäre Situation es zuließ, besuchte Brit einen mehrwöchigen Buchführungskurs und suchte verschiedene Beratungsstellen auf. Auch ein Gespräch mit ihrer damaligen Hausbank hat sie bereits zu diesem frühen Zeitpunkt geführt. Dem Filialleiter gefielen sowohl ihre Idee als auch ihre Produkte, die sie stolz vor ihm ausgebreitet hatte. Brits Lebensunterhalt wurde durch den Ehemann gesichert, aber ansonsten verfügte sie über keinerlei Eigenkapital – woher auch? In den Zeiten des Studiums und der Kindererziehung war es nicht möglich, nennenswerte Rücklagen zu bilden, die sie für das Vorhaben hätte einsetzen können. Auch war Brit von ihrer Persönlichkeit her sicher nicht die „geborene Unternehmerin". Sie war sehr sensibel und vertrauensselig, ließ sich etwas zu schnell verunsichern und verfolgte ihre Idee sehr idealistisch, vernachlässigte dabei aber zeitweise die wirtschaftlichen Aspekte. Dafür tat Brit aber, was ihr geraten wurde. Sie war kritik- und lernfähig und fest entschlossen, alles zu tun, um ihre Idee umzusetzen. Sie informierte sich kontinuierlich und ließ sich auch bei der Erstellung ihres Businessplans unterstützen – und das, obwohl sie kaum die Beratungskosten aufbringen konnte. Hierfür musste sie sogar das „Sparschwein" der Kinder beleihen. Den größten Teil des Geldes (75%) hat sie aber später über ein Förderprogramm des Landes zurückerhalten. Diese Förderung setzte voraus, dass zunächst der Gründer mit den Beratungskosten in Vorleistung geht. Als das Konzept fertig gestellt war, konnte Brit es kaum abwarten, bei ihrer Bank vorzusprechen und das StartGeld zu beantragen. Die Empfehlung, besser nicht ausgerechnet dieses Institut aufzusuchen, hat sie nicht befolgt, weil doch der Filialleiter zuvor schon so positiv reagiert hatte. Was Brit nicht wusste: Der Filialleiter war nicht befugt, die Entscheidung über die Beantragung des StartGeldes zu treffen und so bekam sie es mit einem der „speziellen" Existenzgründungsberater der Hauptfiliale zu tun. Es lief zunächst scheinbar alles „wie am Schnürchen". Der Berater sagte Brit zu, das Vorhaben zu begleiten und das gewünschte StartGeld zu beantragen. Nur kurze Zeit darauf war Brit jedoch völlig am Boden zerstört. Sie hatte einen Anruf des Bankberaters und die Mitteilung erhalten, die Deutsche Ausgleichsbank (mittlerweile KfW) habe das Darlehen nicht bewilligt. Für Brit war dies eine endgültige Entscheidung, die ihren langjährigen Traum wie eine Seifenblase von einer Sekunde auf die andere platzen ließ. Sie hatte grundsätzlich Recht: Ein ablehnender Bescheid der damaligen Deutschen Ausgleichbank (DtA) hätte bedeutet, dass jegliches Gespräch mit einem anderen Kreditinstitut sinnlos gewesen wäre. Die letzte Entscheidung lag immer bei der DtA und die hatte sich ja nun offensichtlich gegen die Finanzierung entschieden. Brit war verzweifelt und berichtete unter Tränen von dem Gespräch mit dem Banker. „Nein", einen Grund für die Ablehnung habe man ihr nicht genannt. „Nein", sie habe seinerzeit auch nichts unterschreiben müssen und keine Unterlagen erhalten. Dies war ein sicheres Zeichen dafür, dass irgendetwas an der Sache nicht stimmte. Wer einen Antrag stellt, muss diesen auch unterschreiben.

Ein kurzer Anruf bei der Deutschen Ausgleichsbank brachte Klarheit: Brits Antrag lag dort überhaupt nicht vor und hatte auch niemals vorgelegen. Dementsprechend konnte auch die Finanzierung nicht abgelehnt worden sein.

Brit traute ihren Ohren nicht, als sie davon hörte und wusste nicht, ob sie lachen oder weinen sollte. Einerseits bestand also tatsächlich doch noch die Möglichkeit, ihren kleinen Laden zu eröffnen. Andererseits konnte es doch nicht wahr sein, dass der Banker sie derart belogen hatte. Doch! Es konnte nicht nur sein, sondern genau so war es. Den Grund für dieses schäbige Verhalten hat Brit nie erfahren. Vermutlich wollte es sich der Mann nur einfach machen und die Verantwortung abschieben. Was gehen einen Banker schon die Gefühle hoffnungsvoller, motivierter und engagierter Existenzgründer an? Glücklicherweise hat diese abscheuliche aber wahre Geschichte zu einem Happy End geführt und Brit konnte letzten Endes ihr Geschäft doch noch eröffnen.

Gott sei Dank sind derartige Fälle nicht an der Tagesordnung. Das nächste **Beispiel** zeigt, dass ein Bankgespräch auch vollkommen anders verlaufen kann.

Michaela hatte es bei ihrer Gründung ebenfalls auf das Startgeld der damaligen DtA „abgesehen", weil sie ihr vorhandenes Eigenkapital nicht für die Gründung einsetzen, sondern lieber als „Notgroschen" in der Hinterhand behalten wollte. Sie war im kaufmännischen Bereich ausgezeichnet qualifiziert und plante, eine selbständige Tätigkeit als Immobilienmaklerin und Wirtschaftsberaterin aufzunehmen. Nach vielen Monaten schweißtreibender Arbeit an ihrem Businessplan rief sie ihre „Wunschbank" an und bat darum, das Konzept übersenden zu dürfen. Die Bankerin war offen und freundlich und versprach, das Konzept durchzusehen und sich anschließend zu melden. Nach knapp einer Woche erhielt Michaela einen Anruf und eine Einladung zu einem persönlichen Gespräch. Michaela fühlte sich in der Bank sofort als „Kundin" und nicht eine Sekunde lang als „Bittstellerin", weil die Bankerin ihr sofort ein gutes Gefühl vermittelte. Schnell war klar, dass die „Chemie" zwischen den beiden Frauen stimmte. Das Gespräch verlief insgesamt in einer sehr angenehmen Atmosphäre und nach etwa eineinhalb Stunden war abschließend klar, dass die Bank das Vorhaben begleiten und den Antrag auf das Startgeld stellen würde. Keine zwei Wochen später war dieses bereits bewilligt.

Beide Beispiele sind nicht gerade typisch, lassen aber erahnen, welche Bandbreite an Erfahrungen möglich ist.

Zu welcher Bank Sie gehen wollen, können Sie nur selbst entscheiden. Allgemeine Empfehlungen können hier nicht gegeben werden. Die Beratungsqualität steht und fällt mit dem jeweiligen Berater. Ausnahmslos bei jeder Bank oder Sparkasse gibt es gute wie schlechte Erfahrungen, die Sie leider wohl oder übel selbst machen müssen. Allerdings können Empfehlungen weiterhelfen, z. B. die eines Beraters oder anderer Gründer.

Abschließend möchte ich noch kurz auf eine Frage eingehen, die immer wieder gestellt wird, die aber nicht eindeutig beantwortet werden kann: Wie lange dauert es bis zur Bewilligung von Darlehen bzw. anderen Fördermitteln?

In der Praxis kann die Bewilligung von Fördermitteln innerhalb von zwei Wochen erfolgen, es können aber auch mehrere Monate vergehen. Es ist durchaus schon vorgekommen, dass sogar noch mehr Zeit für die Prüfung der Förderfähigkeit verstrichen ist. In dem konkreten Fall waren landwirtschaftliche Produkte von der Förderung ausgenommen, und es musste geprüft werden, ob das konkrete Produkt darunter fällt oder nicht. Diese Prüfung hat sage und schreibe ein ganzes Jahr gedauert. Ein Extremfall, aber leider nicht ganz auszuschließen.

Daher ist zu empfehlen, alle offenen Fragen im Vorfeld zu klären und die aktuellen Bearbeitungszeiten jeweils vor der Beantragung der Mittel bei der Hotline der KfW unter der kostenfreien Rufnummer 0800 539 9001 zu erfragen.

Dies gilt auch für die anderen Förderprogramme. Auch hier sollten jeweils im Einzelfall die voraussichtlichten Durchlaufzeiten und ggf. auch die Verfügbarkeit der Mittel bei den zuständigen Ansprechpartnern erfragt werden. Insbesondere, wenn für das laufende Jahr das Budget bereits ausgeschöpft ist, kann es sein, dass Anträge erst wieder im Folgejahr gestellt bzw. bewilligt werden.

Diese Informationen unterstreichen einmal mehr die Notwendigkeit, die Gründung planvoll und ohne Zeitdruck vorzunehmen und mit der Gründungsplanung möglichst frühzeitig zu beginnen.

Allgemeine Links zu den Themen Finanzierung und Fördermittel

http://www.factoring.de – Deutscher Factoring-Verband; http://www.kfw.de – Informationen zu den Themen Finanzierung, Fördermittel, Beteiligungskapital usw.; http://www.bmbf.de – Informationen des Bundesministeriums für Bildung und Forschung zu Fördermitteln, insbesondere Forschungs-, Bildungs- und Nachwuchsförderung; http://www.bvk-ev.de – Bundesverband Deutscher Kapitalbeteiligungsgesellschaften; http://www.business-angels.de – Business Angels Netzwerk Deutschland; http://www.existenzgruender.de – Gründerportal mit Finanzierungsbeispielen, Förderinformationen und mehr.

17. Kapitel

Rechnungswesen und Buchführung

Aussagen zur grundsätzlichen Organisation Ihres Rechnungswesens gehören bereits in den Businessplan und darum sollten Sie sich frühzeitig mit diesem Thema auseinander setzen. Spätestens aber wenn die Finanzierung „in trockenen Tüchern" ist und somit fest steht, dass das Gründungsvorhaben umgesetzt werden kann, muss die konkrete Planung erfolgen.

Das betriebliche Rechnungswesen ist nicht gleichzusetzen mit der Buchführung. Diese ist nur ein Teil des Rechnungswesens. Die besondere Bedeutung der Buchführung liegt darin, dass sie – im Gegensatz zu den anderen Teilbereichen des Rechnungswesens – gesetzlich vorgeschrieben ist. Insgesamt gliedert sich das Rechnungswesen in die folgenden vier Teilbereiche:

- Buchführung (Zeitraumrechnung)

- Kosten- und Leistungsrechnung (Stückrechnung – Kalkulation)

- Statistik (Vergleichsrechnung)

- Planung (Vorschaurechnung)

Statistische Daten werden in zahlreichen Unternehmen zwar regelmäßig erfasst, ausgewertet und den Entscheidungsträgern bekannt gegeben. Oftmals werden sie aber lediglich zur Kenntnis genommen und sind nicht die Grundlage unternehmerischer Entscheidungen. Es handelt sich um Zahlenfriedhöfe, die nur unnötig personelle Kapazitäten in Anspruch nehmen. Als Existenzgründer sind Sie kein

„Jäger und Sammler" und sollten sich auf einige wenige aber aussagefähige statistische Erhebungen beschränken. Diese sollten Sie dann aber umso konsequenter im Rahmen Ihres Controllings zur Steuerung Ihres Unternehmens und zur Früherkennung von Fehlentwicklungen nutzen. Ein hoher Krankenstand ist beispielweise regelmäßig ein deutlicher Hinweis darauf, dass „etwas im Unternehmen nicht stimmt" und verändert werden muss. Unzufriedenheit der Mitarbeiter äußert sich häufig in erhöhtem, krankheitsbedingtem Ausfall und verursacht hohe Kosten für Unternehmen. Untersuchungen zufolge sind nur rund 10% aller Mitarbeiter engagiert und motiviert – die ganz überwiegende Anzahl hat bereits „innerlich gekündigt". Dem kann und muss entgegen gewirkt werden. Neben den statistischen Erhebungen für unternehmensinterne Zwecke gibt es auch statistische Berichtspflichten, denen Sie nachkommen müssen und die mitunter viel wertvolle Zeit in Anspruch nehmen, z. B. im Außenhandel oder in der Eisen- und Stahlbranche. Zwar sind die Berichtspflichten im Rahmen der Bürokratieabbaubemühungen bereits reduziert worden, aber immer noch sind kleinere Unternehmen überproportional belastet.

Mit der Planung kommen sie bereits bei der Erstellung ihres Businessplanes in Berührung. Der Kosten- und Leistungsrechnung ist ein gesonderter Abschnitt gewidmet, weil sie für die erfolgreiche Steuerung des Unternehmens von großer Bedeutung ist und die Buchführung wird schon deshalb gesondert behandelt, weil sie bei Vorliegen der Voraussetzungen gesetzlich dazu verpflichtet sind.

Die Buchführung bildet die wichtigste Grundlage des gesamten Rechnungswesens. Sie dient unter anderem:

- Ihrer eigenen Selbstinformation (z. B. über die Höhe des Gewinns);

- der Rechenschaftslegung (z. B. gegenüber Anteilseignern);

- als Basis für die Ermittlung der Steuern;

- als Beweismittel bei Rechtsstreitigkeiten;

- dem Gläubigerschutz (z. B. im Rahmen einer Kreditentscheidung).

Zunächst stellt sich jedem Existenzgründer jedoch die Frage, ob überhaupt eine Buchführungspflicht besteht. Im Zusammenhang mit dieser Frage kommt es häufig zu Missverständnissen. Sie werden für ihre selbständige Existenz auf jeden Fall bestimmte Aufzeichnungen vornehmen müssen. Die Frage ist nur, ob Sie eine kaufmännische Buchführung – die so genannte doppelte Buchführung – einrichten müssen oder ob Sie Ihren Gewinn mithilfe der einfacheren Einnahme-Überschussrechnung ermitteln dürfen. Sehr häufig ist bei Existenzgründern Letzteres der Fall – die Einrichtung einer kaufmännischen Buchführung ist jedoch auch dann jederzeit auf freiwilliger Basis möglich. Sofern im Folgenden von Buchführungspflicht die Rede ist, geht es stets um die Pflicht zur Einrichtung einer kaufmännischen Buchführung.

17.1 Buchführungspflicht

Vorschriften zur Buchführung finden sich sowohl im Handels- als auch im Steuerrecht. Die handelsrechtliche Buchführungspflicht gilt nach § 238 Absatz 1 Satz 1 HGB für alle Kaufleute. Konkret heißt es im Gesetzestext: „Jeder Kaufmann ist verpflichtet, Bücher zu führen und in diesen seine Handelsgeschäfte und die Lage seines Vermögens nach den Grundsätzen ordnungsmäßiger Buchführung ersichtlich zu machen."

Kaufmann ist grundsätzlich, wer ein Handelsgewerbe betreibt, es sei denn, es handelt sich um einen so genannten Kleingewerbetreibenden. Dieser kann jedoch die Kaufmannseigenschaft – mit allen Rechten und (Buchführungs-)Pflichten – durch eine freiwillige Handelsregistereintragung erwerben.

Die steuerrechtliche Buchführungspflicht ergibt sich aus den §§ 140 und 141 der Abgabenordnung (AO). Man spricht hier auch von der abgeleiteten bzw. der originären Buchführungspflicht. Bei der Abgabenordnung handelt es sich um ein allgemeines Steuergesetz, welches sozusagen den Rahmen für alle Steuern und steuerliche Nebenleistungen bildet. Sie enthält Begriffserklärungen, die im Steuerrecht relevant sind (z. B. Wohnsitz, Betriebsstätte, Amtsträger, Finanzbehörden usw.), aber auch andere Regelungen, die von grundsätzlicher Bedeutung für alle Steuergesetze sind (Steuerhinterziehung, Säumniszuschläge, Aufhebung und Änderung von Steuerbescheiden usw.).

Die abgeleitete Buchführungspflicht nach § 140 AO betrifft Kaufleute, die ohnehin nach anderen als den Steuergesetzen – nämlich dem HGB – zur Buchführung verpflichtet sind. Sie müssen dieser Buchführungspflicht auch für Zwecke der Besteuerung nachkommen:

„Wer nach anderen Gesetzen als den Steuergesetzen Bücher und Aufzeichnungen zu führen hat, die für die Besteuerung von Bedeutung sind, hat die Verpflichtungen, die ihm nach den anderen Gesetzen obliegen, auch für die Besteuerung zu erfüllen."

Gewerbetreibende sowie Land- und Forstwirte, die keine Kaufleute sind und darum nicht bereits durch § 140 AO erfasst werden, sind bei Überschreiten folgender Grenzen nach § 141 AO buchführungspflichtig (originäre Buchführungspflicht):

- Umsätze von mehr als 500.000 € im Kalenderjahr *oder*
- Gewinn aus Gewerbebetrieb von mehr als 50.000 € im Wirtschaftsjahr

Der ebenfalls im Gesetzestext aufgeführte „Wirtschaftswert" in Höhe von 25.000 € betrifft nur Land- und Forstwirte, für die ansonsten aber ebenfalls obige Grenzen gelten, allerdings im Falle des Gewinns (> 50.000 €) bezogen auf das Kalenderjahr.

Der Gesetzgeber hat zwischen die einzelnen, wertmäßigen Grenzen jeweils das Wort „oder" eingefügt. Für sie bedeutet dies, dass sie schon bei Überschreiten *einer* der Grenzwerte – also 500.000 € Umsatz (Kalenderjahr) *oder* 50.000 € Gewinn aus Gewerbebetrieb (Wirtschaftsjahr)-buchführungspflichtig werden.

Am 29. Mai 2009 ist allerdings das Bilanzrechtsmodernisierungsgesetz (BilMoG) in Kraft getreten. Danach gibt es nun eine handelsrechtliche Befreiung von der Pflicht zur (kaufmännischen) Buchführung. In § 241a HGB heißt es dazu:

„Einzelkaufleute, die an den Abschlussstichtagen von zwei aufeinander folgenden Geschäftsjahren nicht mehr als 500.000 Euro Umsatzerlöse und 50.000 Euro Jahresüberschuss aufweisen, brauchen die §§ 238 bis 241 nicht anzuwenden. Im Fall der Neugründung treten die Rechtsfolgen schon ein, wenn die Werte des Satzes 1 am ersten Abschlussstichtag nach der Neugründung nicht überschritten werden."

Mit anderen Worten sind Sie von der Pflicht zur kaufmännischen Buchführung (zunächst) befreit, wenn Sie in Ihrem ersten Geschäftsjahr beide Grenzen nicht überschreiten und das dürfte die Regel sein. Die Befreiung gilt nur wenn und so lange die Voraussetzungen fort bestehen. Wenn Sie also später in zwei aufeinander folgenden Geschäftsjahren mehr Umsatz oder Gewinn erwirtschaften gilt diese Erleichterung für kleine Unternehmen nicht mehr.

BEISPIELE:
– Der Kioskbesitzer und Kleingewerbetreibende K ist seit 4 Jahren selbständig. Seine Umsätze lagen bisher immer zwischen 200.000– 250.000 €, die Gewinne bei unter 50.000 €. Im letzten Geschäftsjahr hat er einen Umsatz von 280.000 € und einen Gewinn von 51.000 € erwirtschaftet. Als Kleingewerbetreibender ist er zunächst nicht zur doppelten Buchführung und Bilanzierung verpflichtet. Weil er jedoch eine der obigen Grenzen überschritten hat, wäre er vor In-Kraft-Treten des BilMoG nach § 141 AO buchführungspflichtig gewesen. Aufgrund der handelsrechtlichen Änderung ist nun jedoch nicht buchführungspflichtig. Dies wird er erst, wenn er auch im Folgejahr mehr als 50.000 € Gewinn (oder 500.000 €) Umsatz erwirtschaftet.
– Der Gewerbetreibende G, dessen Unternehmen keinen nach Art oder Umfang in kaufmännischer Weise eingerichteten Geschäftsbetrieb erfordert (Kleingewerbetreibender), lässt sich freiwillig in das Handelsregister eintragen. G erlangt durch diese Eintragung die Kaufmannseigenschaft und ist demnach schon handelsrechtlich zur Buchführung verpflichtet. Er hat dieser Verpflichtung auch aus steuerrechtlicher Sicht nachzukommen und muss eine kaufmännische Buchführung einrichten.

Für Freiberufler gilt weder die handelsrechtliche Buchführungspflicht noch die in § 141 AO genannten Umsatz- und Gewinngrenzen. Freiberufler *dürfen* ihre Gewinnermittlung stets nach § 4 Absatz 3 EStG vornehmen. Es reicht also in jedem Fall eine einfache Einnahme-/Überschussrechnung aus – ganz gleich, wie hoch die Umsätze und Gewinne auch ausfallen.

In einem ersten Schritt ist also zu prüfen, ob eine Buchführungspflicht vorliegt oder ob (zunächst) die einfachere Einnahme-/Überschussrechnung genügt.

Diese Frage ist für Sie schon bei der Gründungsplanung von Bedeutung. Sofern aufgrund der Planzahlen in absehbarer Zeit eine Buchführungspflicht zu erwarten ist, stellt sich die Frage nach der externen oder internen Erledigung der Buchführung. Kann oder soll die Buchführung nicht durch Sie selbst erledigt werden, sind die Kosten für die Fremdleistung (Buchführungsbüro und/oder Steuerberater) zu berücksichtigen. Es ist zudem zu überlegen, ob von vornherein eine kaufmännische Buchführung eingerichtet werden soll, um später die Umstellung zu erleichtern und Umstellungskosten zu sparen. So sinnvoll eine vorausschauende Planung ist, so wenig müssen Sie sich aber auch darum sorgen, von der Buchführungspflicht „überrascht" zu werden. Wenn sich Ihr Unternehmen positiver entwickelt als erwartet und Sie bereits als Nicht-Kaufmann im 1. oder 2. Jahr Ihrer gewerblichen Tätigkeit die Umsatz- oder Gewinngrenze des § 141 AO überschreiten, beginnt die Buchführungspflicht nicht sofort. Nach § 141 Absatz 2 AO beginnt die Verpflichtung erst, nachdem die Finanzbehörde Sie auf diese Verpflichtung hingewiesen hat – und zwar mit dem Beginn des auf die Mitteilung folgenden Wirtschaftsjahres. Nach dem Anwendungserlass zur AO hat das Finanzamt Sie auf jeden Fall auf diese Verpflichtung hinzuweisen – dies kann jedoch in einem Steuerbescheid erfolgen. Darum ist es immer angebracht, diesen mit allen Details zu lesen und Fragen rechtzeitig zu klären – mit dem Finanzamt oder Ihrem Steuerberater. Die Mitteilung über den Beginn der Buchführungspflicht soll dem Steuerpflichtigen mindestens einen Monat vor Beginn des Wirtschaftsjahres bekannt gegeben werden, ab dessen Beginn diese Pflicht gilt.

Die einfache Einnahme-/Überschussrechnung soll in diesem Ratgeber näher betrachtet werden, weil für einen großen Teil der Existenzgründer diese Art der Gewinnermittlung in Frage kommt und durchaus auch ohne fremde Hilfe bewältigt werden kann. Ob dies immer wirtschaftlich und sinnvoll ist, steht jedoch auf einem anderen „Blatt". Es steht außer Frage, dass Sie immer den Überblick behalten müssen, aber Sie müssen nicht alles selbst erledigen, wenn hierdurch die Kundenakquise und Ihre Führungsaufgaben wie Marketing oder Controlling vernachlässigt werden.

Auf die Darstellung der deutlich schwierigeren „Doppelten Buchführung" kann verzichtet werden. Wer bereits eine kaufmännische Ausbildung absolviert hat oder aus anderen Gründen in diesem Bereich vorgebildet ist, benötigt in der Regel keine Einführung in die kaufmännische Buchführung. Das vorhandene Wissen kann in diesen Fällen in der Regel problemlos mithilfe entsprechender Fachliteratur aktualisiert werden. Wer sich dagegen noch nie mit diesem Thema beschäftigt hat, wird auch nach einer kurzen Einführung keinesfalls in der Lage sein, die Buchhaltung eigenständig zu erledigen. Aus diesen Gründen helfen einführende Informationen an dieser Stelle nicht weiter. Ausführliche Informationen aber würden bei weitem den Rahmen eines Gründungsratgebers sprengen. Interessieren Sie sich näher für dieses Thema, können Sie entsprechende Kurse zu günstigen Gebühren an fast jeder Volkshochschule besuchen. Die Kurse sind qualitativ in Ordnung und können mit ungleich kostspieligeren Angeboten ohne Weiteres mithalten. Wer es gewohnt ist, autodidaktisch im Selbststudium zu lernen, kann auch in jeder Bibliothek geeignete Literatur zum Thema ausleihen. „Klassiker" sind die Lehrbücher der Autoren Siegfried Schmolke und Manfred Deitermann, mit denen auch z. B. in Berufsschulen gearbeitet wird. Alternativ sind auch die 2 Bände „Buchführung 1" und „Buchführung 2" der Autoren Manfred und Martin Bornhofen zu empfehlen.

17.2 Einnahme-Überschussrechnung

Das Einkommensteuergesetz regelt in § 4 den „Gewinnbegriff im Allgemeinen". Die Gewinnermittlung im Rahmen der Einnahme-/Überschussrechnung ist in § 4 Absatz 3 EStG geregelt: „Steuerpflichtige, die nicht aufgrund gesetzlicher Vorschriften verpflichtet sind,

Bücher zu führen und regelmäßig Abschlüsse zu machen und die auch keine Bücher führen und keine Abschlüsse machen, können als Gewinn den Überschuss der Betriebseinnahmen über die Betriebsausgaben ansetzen."

> **Demnach können Sie – vereinfacht dargestellt – Ihren Gewinn wie folgt ermitteln:**
> Betriebseinnahmen   (z. B. 150.000 €)
> – Betriebsausgaben   (z. B. 100.000 €)
> = Gewinn   (hier: 50.000 €)

Was so simpel aussieht, ist in der Praxis jedoch nicht ganz so einfach. Der überwiegende Teil der Existenzgründer hat Probleme mit seiner Buchführung. Dabei bereiten die Aufzeichnungspflichten und die Gewinnermittlung an sich wenig Schwierigkeiten. Was bleibt, ist jedoch einerseits das äußerst komplexe Steuerrecht, welches auch bei einer Gewinnermittlung nach § 4 Absatz 3 natürlich zu beachten ist. Außerdem werden Sie andererseits auf Basis derart vereinfachter Aufzeichnung auch kein effizientes Controlling aufbauen können. In einem Ratgeber für freiberufliche Existenzgründer habe ich einmal gelesen, dass im Grunde auch die Einnahme-/ Überschussrechnung mithilfe von 2 Schuhkartons erledigt werden kann. Ein Karton enthält die Einnahmebelege, ein Zweiter die Ausgabebelege und einmal im Jahr wird der Gewinn ermittelt.

Äußerst grob betrachtet stimmt(e) dies sogar:

■ wenn Sie nicht besondere Aufzeichnungspflichten erfüllen müssen,

■ wenn Sie im laufenden Jahr keine Steuer(vor)anmeldungen vorzunehmen haben,

■ wenn keine Meldepflichten gegenüber Sozialversicherungsträgern bestehen,

■ wenn Sie nicht wissen wollen, wie Ihr Unternehmen sich entwickelt,

■ wenn auch Ihre Bank sich hierfür nicht interessiert,

- wenn keine offenen Forderungen und entsprechende Zahlungseingänge nachgehalten werden müssen,

- wenn Sie nicht frühzeitig Fehlentwicklungen korrigieren wollen und

- wenn Sie zum Jahresende die Arbeit eines ganzen Jahres erledigen wollen.

Hinzu kommt, dass mittlerweile das umstrittene Formular der Finanzverwaltung zu verwenden ist, das detailliertere Angaben verlangt, als dies früher der Fall war.

Grundsätzlich können nach der Abgabenordnung die Aufzeichnungen auch in der *geordneten* Ablage von Belegen bestehen – ob Sie dies jedoch in der oben beschriebenen Form gewährleisten können, ist äußerst fraglich. Bei allem Verständnis für den Wunsch nach möglichst wenig Bürokratie und administrativem Aufwand darf Ihre Buchführung schon im eigenen Interesse nicht aus 2 Schuhkartons bestehen! Die Informationen aus Ihrem Rechnungswesen bilden die wesentlichsten Entscheidungsgrundlagen im Unternehmen. Lassen Sie sich lediglich überraschen, welcher Schuhkarton am Jahresende der vollere ist – der mit den Einnahme- oder den Ausgabebelegen – haben Sie wertvolle Zeit verstreichen lassen und den Überblick verloren. Sie müssen den vorhandenen Gewinn oder Verlust hinnehmen, während Sie zu einem früheren Zeitpunkt noch die Chance gehabt hätten, mit geeigneten Maßnahmen Ihren Kurs notfalls zu korrigieren. Bedenken Sie, dass eine vernachlässigte Buchführung und Probleme im Unternehmen in den meisten Fällen „Hand in Hand" gehen.

Organisieren Sie Ihre Buchführung so, dass

- Ihre Aufzeichnungen vollständig, richtig und zeitnah erfolgen,

- Ihre Belege geordnet sind,

- Ihre Unterlagen ordnungsgemäß aufbewahrt werden,

- Sie wichtige Fristen und Termine nicht versäumen und

- dass Sie jederzeit den Überblick behalten – auch dann, wenn Sie Ihre Buchführung „außer Haus" erledigen lassen (Steuerberater/ Buchführungsbüro).

Andernfalls riskieren Sie, dass Ihre Buchführung vom Finanzamt nicht anerkannt wird, Sie zeitraubende und unangenehme Prüfungen über sich ergehen lassen müssen und der Gewinn geschätzt wird. Eine Schätzung darf zwar nicht willkürlich erfolgen, wird aber trotzdem in aller Regel zu einer höheren Steuerlast führen. Zudem laufen Sie bei einer schlechten Organisation der Buchführung Gefahr, Fristen und Termine zu versäumen, was aufgrund von Verspätungs- und Säumniszuschlägen zu erhöhten Kosten führt.

Ihre Buchführung muss gemäß § 145 AO so beschaffen sein, dass sie einem sachverständigen Dritten innerhalb angemessener Zeit einen Überblick über die Geschäftsvorfälle und über die Lage des Unternehmens vermitteln kann. Die Geschäftsvorfälle müssen sich in ihrer Entstehung und Abwicklung verfolgen lassen.

Am besten, Sie planen Ihre Buchführung von vornherein fest in Ihre Tagesabläufe ein. Sammeln Sie sorgfältig sämtliche Belege und achten schon bei Erhalt darauf, ob diese korrekt sind und ob die Umsatzsteuer ausgewiesen ist, um später auch einen Vorsteuerabzug in Anspruch nehmen zu können.

Auch wenn die Belege nicht unmittelbar erfasst werden, sollten Sie diese regelmäßig sortieren und abheften. Dies macht nicht mehr Arbeit, als wenn Sie sie erst einmal in den Schuhkarton befördern und am Jahresende dann den ganzen „Wust" sortieren müssen – im Gegenteil. Legen Sie sich – je nach Umfang Ihrer Belege – einen oder mehrere Ordner an und trennen die Belege nach Eingangsrechnungen, Ausgangsrechnungen, steuerlichen Angelegenheiten (Anmeldungen, Erklärungen, Bescheide), ggf. Lohn und Gehaltsbelegen, Kontoauszügen, Kassenbelegen (Barzahlungsbelegen) sowie selbst erstellten Buchungsunterlagen (z. B. Reisekostenabrechnungen). Nummerieren Sie die Belege (mit Ausnahme der Kontoauszüge) fortlaufend, um Sie später schneller wieder zu finden und deren Vollständigkeit dokumentieren zu können. Hier sollte jede Belegart je Wirtschaftsjahr einen eigenen Nummernkreis erhalten. Ihre Eingangsrechnungen nummerieren Sie also von 1 bis X fortlaufend durch, bis das Wirtschaftsjahr zu Ende ist (keine Nummern doppelt vergeben). Im neuen Jahr bekommt die erste Eingangsrechnung wiederum die Nummer 1. Mindestens einmal im Monat sollten Sie die einzelnen Belege dann erfassen und Ihre Zahlen auswerten.

Etwas anderes gilt für Ihre Kassenaufzeichnungen, also die Bargeschäfte. Die sind *täglich* aufzuzeichnen. Zwar sind die Anforderungen an die Führung eines Kassenbuches für die Personenkreise, die nicht zur kaufmännischen Buchführung verpflichtet sind, nicht ganz so streng wie bei Kaufleuten, eine besondere Sorgfalt ist aber dennoch erforderlich. Auch hier drohen ansonsten Schätzungen. Sofern eine Betriebsprüfung des Finanzamtes ansteht, wird auf jeden Fall immer auch die Kassenführung Gegenstand der Prüfung sein. Ein Kleingewerbetreibender, der täglich Bareinnahmen aus seinem Kiosk erwirtschaftet, muss z. B. nicht jede Einnahme einzeln aufführen. Er kann am Ende des Tages einen „Kassensturz" machen, indem er den Kassenbestand des Vortages mit dem aktuellen Kassenbestand vergleicht. Die Differenz unter Berücksichtigung von Entnahmen (z. B. für private Zwecke) und Ausgaben ist die Tageseinnahme, die in den Unterlagen aufgezeichnet wird.

Die ordnungsgemäße Aufbewahrung der Unterlagen ist wichtig, weil gesetzliche Aufbewahrungspflichten bestehen und die Unterlagen im Falle einer Betriebsprüfung benötigt werden. Das Finanzamt bekommt jeweils nach Ende eines Wirtschaftsjahres das Ergebnis Ihrer Gewinnermittlung in Form Ihrer Steuererklärungen zu Gesicht – mehr in der Regel nicht. Ihre Belege verbleiben bei Ihnen, wenn Sie nicht vereinzelt zur stichprobenartigen Prüfung angefordert werden. Kein Finanzbeamter kann demnach von Schreibtisch aus feststellen, ob Ihre Buchführung und der ermittelte Gewinn in Ordnung sind. Eine solche Prüfung wird aber eventuell in späteren Jahren stichprobenartig im Rahmen einer Betriebsprüfung vorgenommen. Daher müssen die Belege nicht nur entsprechend der gesetzlichen Fristen aufbewahrt werden, sondern sie müssen auch vor äußeren Einwirkungen geschützt werden. Dies ist jedoch in der Regel kein Problem, wenn Ihr Archiv nicht gerade der feuchte Keller ist. Vorsicht ist jedoch bei dem mittlerweile häufig verwendeten Thermopapier geboten. Insbesondere Gastronomie, Einzelhandel und Tankstellen drucken ihre Belege häufig auf Thermopapier der geringsten Haltbarkeitsstufe aus. Dies kann zu erheblichen Problemen im Rahmen einer Prüfung führen, weil die Lesbarkeit im Laufe der Zeit abnimmt und auch verschwinden kann. Zwar ist der Rechnungsaussteller verpflichtet, darauf zu achten, dass die Belege für das Besteuerungsverfahren geeignet sind, nur hilft Ihnen das nichts, wenn eine Betriebsprüfung ansteht. Der Leistungserbringer kann auch nicht durch die Finanzverwaltung zur Ausstellung von Rechnungen auf einem bestimmten Papier gezwungen werden. Hier ist also zu empfehlen, eine Rechnungskopie anzufertigen (natürlich nicht auf Thermopapier) und zusammen mit dem Originalbeleg aufzubewahren. Bei der Speicherung von Belegen und Aufzeichnungen auf Datenträgern ist dafür zu sorgen, dass sie jederzeit lesbar gemacht werden können. Für die oben aufgeführten Unterlagen beträgt die Aufbewahrungsfrist 10 Jahre. Sie beginnt jeweils mit dem Schluss des Kalenderjahres, in dem die letzte Aufzeichnung vorgenommen wurde. Übrigens sind diese Aufbewahrungspflichten schon bei der Gründungsplanung zu berücksichtigen. Selbst in Kleinstunternehmen fallen im Laufe der Zeit eine Menge Belege und dazugehöriger Schriftverkehr an – Unterlagen, die Platz benötigen. Für größere Gründungsvorhaben brauchen Sie daher auf jeden Fall einen oder mehrere Archivräume und selbst kleine Unternehmen und Freiberufler müssen entsprechende Flächen zur Verfügung haben.

Alternativ können Sie Ihre Belege auch nach den einzelnen Ausgabearten sortieren, z. B. nach Kfz-Kosten, Büromaterial, Versicherungen, Beratungskosten usw. Welche Vorgehensweise sinnvoller ist, hängt von der sonstigen Organisation Ihrer Buchführung ab. Erfassen Sie Ihre Belege nicht mithilfe einer Buchhaltungssoftware, bietet sich eher die 2. Alternative an. Der Einsatz einer Buchhaltungssoftware ist jedoch absolut empfehlenswert, weil Sie je nach Leistungsmerkmalen die Arbeit erheblich erleichtert, z. B. durch Abschreibungsrechner, automatische Auswertungen, Hilfen zur Erfassung der Belege usw.

Es gibt zahlreiche Softwareangebote in unterschiedlichen Preisklassen zur Ermittlung des Gewinns im Rahmen einer Einnahme-/Überschussrechnung. Die Programme haben ein wesentliches Merkmal gemeinsam – sie sind auch für Buchführungslaien leicht zu bedienen und bieten entsprechende Programmhilfen an. Für den Laien fällt die Auswahl jedoch schwer. Er kann die Bedeutung der einzelnen Leistungsmerkmale oft nicht richtig einschätzen, weil er schlicht nicht so genau weiß, was nötig und hilfreich ist und was weniger. Schwerwiegender ist aber das Problem der Qualitätsbeurteilung. Bestimmte Programme können zunächst als Demo- oder sogar Vollversion kostenfrei getestet werden. Getestet wird aber meist nur die Bedienerfreundlichkeit. Dabei kommt es gerade bei einer Buchführungssoftware ganz entscheidend darauf an, dass sie aktuell ist und bei Bedarf zeitnah aktualisiert wird. Dies gilt umso mehr für Software, die keine besonderen Buchführungskenntnisse voraussetzt. Hier sollte sich der Benutzer darauf verlassen können, dass die in der Programmhilfe enthaltenen Informationen richtig sind und die Buchungen korrekt erfolgen. Das aber ist leider nicht immer der Fall. Guten Gewissens und aus Erfahrung kann ich Ihnen jedoch die Produkte von „Lexware" und „WISO" empfehlen. Beide ermöglichen sowohl die Einnahme-/Überschussrechnung als auch die kaufmännische Buchführung, so dass ein späterer Umstieg erleichtert wird. Auch verfügen die Programme über eine Datev-Schnittstelle, d. h., Sie können bei Bedarf die Daten auf elektronischem Wege an Ihren Steuerberater weiterleiten. Außerdem bieten die Programme verschiedene Hilfen, automatische Erstellung der Umsatzsteuervoranmeldungen, die wichtigsten Auswertungsmöglichkeiten und sinnvolle Zusatzfunktionen. Welche Software die Richtige ist, hängt von dem konkreten Vorhaben ab, etwa davon, ob Sie Lohn- und Gehaltsabrechnungen durchführen müssen. Für die Buchführung inklusive Offene-Posten-Verwaltung und Mahnwesen, aber ohne Lohn- und Gehaltsabrechnungen, leistet das Programm „Lexware Buchhalter" in seiner jeweils aktuellen Version sehr gute Dienste und kostet derzeit in der Regel 202,18 € in der Vollversion als Einmalkauf mit einem 365-Tage-Update-Service oder 14,16 € monatlich inklusive aller Updates. Mit etwas Glück ist dieselbe Version z. B. bei Ebay auch schon für weniger als 150 € zu haben (neu, Original verpackt und von gewerblichen Händlern). Auch die Software „Buchhaltung" von „WISO" erfüllt ihren Zweck, allerdings in der einfachsten Version ohne integriertes Mahnwesen. Ob diese Funktion für Sie sinnvoll ist hängt von der Art und dem Umfang

Ihrer Geschäfte ab. Die Wiso-Software kostet für 1 Jahr 99,95 € und bei einem Vertrag mit automatischer Verlängerung 59,95 €. (zum Teil ebenfalls günstiger bei Ebay) – ca. 75 €). Auch die pfiffige Marketingidee des Steuerberaters Dr. Norbert Stölzel ist es wert, einmal näher hinzusehen. Sie können nach Registrierung über das Onlineportal www.der-online-steuerberater.de ihre Buchführung kostenfrei erledigen – zumindest theoretisch. Wahrscheinlicher (und sicher nicht ganz unbeabsichtigt) ist es, dass sie kostenpflichtige Zusatzleistungen benötigen. Aber: Testen kostet nichts. Wer sich mit dem Thema schon vertraut gemacht hat, könnte durchaus mit der kostenfreien Variante zurechtkommen.

Bisher standen die gesetzlichen Anforderungen und die Organisation der Buchführung im Mittelpunkt – nicht aber die Erfassung der Belege. Die Buchung der unterschiedlichen Belege erfolgt auf Konten. Nun könnte man meinen, alternativ zu den 2 Schuhkartons werden nun auch nur 2 Konten benötigt – ein Konto für die Einnahmen und ein zweites Konto für die Ausgaben. Stattdessen buchen Sie jedoch auf mehreren Konten, die sachlich geordnet sind. Es gibt z. B. jeweils ein Konto für Ihre Mietausgaben, Löhne, Gehälter, Versicherungen, Bewirtungsaufwendungen usw.. Dies gewährleistet jederzeit einen guten Überblick und Kontrollmöglichkeiten. Zudem können Sie Ihre Betriebsausgaben vergleichen – mit vorherigen Buchungsperioden oder auch mit anderen Unternehmen. Sie können Veränderungen wie z. B. auffällige Kostensteigerungen auf einen Blick erkennen und gegensteuern falls erforderlich.

In der Buchhaltung sind darüber hinaus weitere Aufzeichnungen vorzunehmen. Ihr Anlagevermögen wird in einem gesonderten Verzeichnis erfasst. Wollen Sie das ebenfalls bequem mit Hilfe einer Software erledigen benötigen Sie andere, umfangreichere und etwas teurere Versionen der beispielhaft oben genannten Softwareprodukte. Ob das sinnvoll ist können Sie wiederum nur selbst einschätzen. Nur für Ihre Büroeinrichtung bedarf es sicher nicht unbedingt einer umfassenden Lösung für die Anlagebuchhaltung.

Sofern Sie Mitarbeiter beschäftigen, gibt es besondere Aufzeichnungspflichten gemäß § 41 EStG. Es müssen in Ihrer Buchhaltung für jeden Mitarbeiter Lohnkonten geführt werden. Hier kommt es mitunter zu Missverständnissen. Die Pflicht, Konten zu führen, heißt nicht etwa, dass Sie bei einer Bank oder Sparkasse diverse Konten zu eröffnen haben, sondern es geht um die gesonderte Erfassung im Rahmen Ihrer Buchhaltung.

Gewerbliche Unternehmer müssen darüber hinaus gemäß § 143 der Abgabenordnung (AO) ein Wareneingangsbuch führen. Das gilt allerdings nicht für Gewerbetreibende, die ausschließlich Dienstleistungen anbieten und nichts zwecks Weiterveräußerung be- oder verarbeiten und auch keinen Handel betreiben. Die übrigen Gewerbetreibenden müssen alle Waren einschließlich der Rohstoffe, unfertigen Erzeugnisse, Hilfsstoffe und Zutaten, die im Rahmen des Gewerbebetriebs zur Weiterveräußerung oder zum Verbrauch erworben werden, aufzeichnen. Ein Waren*ausgangs*buch muss gemäß § 144 AO nur führen, wer Waren an andere gewerbliche Unternehmer liefert.

Ein wesentlicher Unterschied zwischen der einfachen Einnahme-/ Überschussrechnung und der kaufmännischen Buchführung besteht darin, dass Sie im ersten Fall die Belege lediglich auf ein Konto buchen. Haben Sie z. B. Büromaterial auf Rechnung eingekauft, buchen Sie diese Ausgabe auf das entsprechende Konto „Büromaterial". Bei der kaufmännischen (doppelten) Buchführung buchen Sie den Vorgang doppelt. Sie buchen einerseits den Aufwand auf das Konto „Büromaterial" und andererseits den offenen Rechnungsbetrag auf ein so genanntes Kreditorenkonto (Lieferantenkonto). Solange die Rechnung noch nicht ausgeglichen ist, handelt es sich um eine Schuld gegenüber dem Lieferanten, die gebucht werden muss. Erst wenn die Zahlung durch die Bank erfolgt, wird dieses Lieferantenkonto ausgeglichen und auch die Belastung Ihres Konto gebucht. Es werden demnach für jeden Vorgang immer mindestens 2 Konten benötigt. Die doppelte Buchführung trägt also ihren Namen zu Recht und dieser stammt keineswegs daher, dass manche Unternehmer eine (richtige) Buchführung für eigene Zwecke und eine modifizierte (doppelte) Buchführung für das Finanzamt einrichten, wie ein Teilnehmer meiner Seminare einmal vermutete.

Ein anderer, noch erwähnenswerter Unterschied der beiden Formen der Gewinnermittlung ist das so genannte Zu- und Abflussprinzip. Bei der kaufmännischen Buchführung wird der Gewinn periodengerecht ermittelt. Dies bedeutet, dass die Aufwendungen und Erträge für die Periode erfasst werden, in der sie wirtschaftlich verursacht wurden. Haben Sie z. B. mit Datum vom 31. Dezember einen Auftrag erledigt und die Rechnung geschrieben, wird der Erlös auch in die Periode Dezember desselben Jahres gebucht, auch wenn die Rechnung erst im Januar des Folgejahres oder noch später bezahlt wird.

Im Gegensatz dazu gilt für die Gewinnermittlung nach § 4 Absatz 3 EStG (Einnahme-/Überschussrechnung) das Zu- und Abflussprinzip des § 11 EStG. Danach sind Einnahmen innerhalb des Kalenderjahres bezogen, in dem sie dem Steuerpflichtigen zugeflossen sind. Ausgaben sind für das Kalenderjahr abzusetzen, in dem sie geleistet worden sind. Die obige Rechnung würde in diesem Fall erst bei Zahlung des Kunden (Zufluss des Geldes) in der Buchhaltung erfasst (s. hierzu auch Abschnitt 13.4: Umsatzsteuer – Berechnung der Umsatzsteuer nach vereinnahmten Entgelten). Dieses Prinzip wird jedoch z. B. im Zusammenhang mit Ihrem Anlagevermögen durchbrochen. Hier darf nicht der Abfluss von Geldmitteln – also die Zahlung – als Betriebsausgabe gebucht werden, sondern lediglich die ermittelten Abschreibungsbeträge. Die Ausgaben für nicht abnutzbare Wirtschaftsgüter des Anlagevermögens (Grundstücke) dürfen erst bei Entnahme aus dem Betriebsvermögen oder Veräußerung berücksichtigt werden. Das Zu- und Abflussprinzip wird außerdem unterbrochen bei Darlehen, Geldeinlagen und -entnahmen sowie bei regelmäßig wieder kehrenden Einnahmen und Ausgaben. Bei der Tilgung von Darlehen fließt zwar Geld ab, es handelt sich aber um keine Betriebsausgabe. Als Betriebsausgabe gelten nur die Zinsen. Bei einer Privateinlage fließt dem Unternehmen Geld zu. Eine Betriebseinnahme ist dies aber nicht. Ebenso ist eine private Entnahme von Geld keine Betriebsausgabe. Und schließlich gibt es gemäß § 11 EStG noch eine Besonderheit bei regelmäßig wiederkehrenden Einnahmen und Ausgaben, die kurz vor oder nach Ende eines Kalenderjahres anfallen. „Kurz" meint in diesem Fall 10 Tage vor oder nach Ende des Kalenderjahres. Das betrifft Dauerschuld-verhältnisse wie Zinsen, Löhne, Gehälter, Mieten oder Pachten. Be-zahlen Sie z. B. die Januarmiete für Ihre Geschäftsräume bereits am 29. Dezember ist zwar das Geld im Dezember abgeflossen, die Be-triebsausgabe wegen der 10-Tages-Regel aber erst für Januar zu er-fassen.

Schließlich sind auch noch die geringeren Anforderungen an den Jahresabschluss ein wesentlicher Unterschied, der für Sie von Be-deutung ist. Kaufleute müssen immer mindestens eine Bilanz und eine Gewinn-und Verlust-Rechnung (GUV) als Bestandteile ihres Jahresabschlusses aufstellen. Wer den Gewinn nach § 4 Absatz 3 EStG ermittelt, muss die entsprechenden Angaben nur noch in sei-ne Steuererklärung übertragen. Diesbezüglich gibt es jedoch seit dem Jahr 2004 eine Änderung durch das so genannte „Kleinunter-nehmerförderungsgesetz". Die „Kleinunternehmerförderung" be-steht u. a. darin, dass denjenigen, die ihren Gewinn durch den Überschuss der Betriebseinnahmen über die Betriebsausgaben er-mitteln, zusätzliche Pflichten auferlegt worden sind. Sie müssen ih-rer Steuererklärung eine Gewinnermittlung nach amtlich vorge-schriebenem Vordruck beifügen. Sie müssen seit 2005 grundsätz-lich das Formular „Einnahmeüberschussrechnung – EÜR" ausfül-len und sozusagen eine besondere Form der GuV erstellen. Damit dürfte das Thema „Schuhkartons" nun wohl endgültig erledigt sein, weil in diesem Formular bestimmte Positionen einzeln aufzuführen sind, wie z. B. Bewirtungskosten, Abschreibungen, Kfz-Kosten usw. Bei Kleinunternehmern, deren Betriebseinnahmen unter 17.500 € liegen, wird es allerdings nicht beanstandet, wenn an Stelle des Vor-drucks der Steuererklärung eine formlose Gewinnermittlung beige-fügt wird.

In einem Schreiben des Bundesfinanzministeriums vom 11. 9. 2013 heißt es:

BMF-Schreiben: IV C 6 – S 2142/07/10001:006

„Bei Betriebseinnahmen unter 17.500 Euro im Wirtschaftsjahr wird es nicht be-anstandet, wenn der Steuererklärung anstelle des Vordrucks eine formlose Ge-winnermittlung beigefügt wird. Insoweit wird auch auf die elektronische Übermittlung der Einnahmenüberschussrechnung nach amtlich vorgeschriebenem Datensatz durch Datenfernübertragung verzichtet. Die Verpflichtungen, den Gewinn nach den geltenden gesetzlichen Vorschriften zu ermitteln sowie die sonstigen gesetzlichen Aufzeichnungspflichten zu erfüllen, bleiben davon unberührt. Übersteigen die im Wirtschaftsjahr angefallenen Schuldzinsen, ohne die Berücksichtigung der Schuldzinsen für Darlehen zur Finanzierung von Anschaffungs- oder Herstellungskosten von Wirtschaftsgütern des Anlagevermögens, den Betrag von 2.050 Euro, sind bei Einzelunternehmen die in der Anlage SZE (Ermittlung der nicht abziehbaren Schuldzinsen) enthaltenen Angaben an die Finanzverwaltung zu übermitteln ... "

Allerdings liegt eine Erfassung der Ausgaben auf getrennten Konten im eigenen Interesse des Unternehmers. Somit fällt der Mehraufwand nicht weiter ins Gewicht. Bei oben beschriebener Vorgehensweise werden Sie alle benötigten Angaben rasch und problemlos Ihrer Buchhaltung entnehmen können, wenn Sie die einzelnen Kostenarten so zusammen fassen, wie sie auch in dem Formular „EÜR" später abgefragt werden. Das neue Formular (s. u.) kann im Service-Bereich von der Homepage des Bundesfinanzministeriums geladen werden.

Links zum Thema

http://www.lexware.de – Buchführungssoftware „Lexware" – Informationen und Bestellmöglichkeit; http://www.buhl.de – Buchführungssoftware „WISO"-Informationen und Bestellmöglichkeit; http://www.bundesfinanzministerium.de – Suchbegriff „EÜR".

Abb. 7: Einnahmenüberschussrechnung (siehe Seiten 615–617 →)

2013

1	Name/Gesellschaft/Gemeinschaft/Körperschaft	**Anlage EÜR**
2	Vorname	Bitte für jeden Betrieb eine gesonderte Anlage EÜR einreichen!

| 3 | (Betriebs-)Steuernummer | | 77 | 13 | 1 |

Einnahmenüberschussrechnung
nach § 4 Abs. 3 EStG für das Kalenderjahr 2013   Beginn   Ende

                  99   15

| 4 | **davon abweichend** 131   2013   132 | |

| 5 | Art des Betriebs   100 | Zuordnung zur Einkunftsart (siehe Anleitung)   105 |
| 6 | Rechtsform des Betriebs | |

| 7 | Wurde im Kalenderjahr/Wirtschaftsjahr der Betrieb veräußert oder aufgegeben? (Bitte Zeile 76 beachten) | 111 | Ja = 1 |
| 8 | Wurden im Kalenderjahr/Wirtschaftsjahr Grundstücke/grundstücksgleiche Rechte entnommen oder veräußert? | 120 | Ja = 1 oder Nein = 2 |

1. Gewinnermittlung   99   20

Betriebseinnahmen   EUR   Ct

9	Betriebseinnahmen als umsatzsteuerlicher **Kleinunternehmer** (nach § 19 Abs. 1 UStG)	111	
10	davon nicht steuerbare Umsätze sowie Umsätze nach § 19 Abs. 3 Satz 1 Nr. 1 und 2 UStG	119	*(weiter ab Zeile 15)*
11	Betriebseinnahmen als **Land- und Forstwirt**, soweit die Durchschnittssatzbesteuerung nach § 24 UStG angewandt wird	104	
12	Umsatzsteuerpflichtige Betriebseinnahmen	112	
13	Umsatzsteuerfreie, nicht umsatzsteuerbare Betriebseinnahmen sowie Betriebseinnahmen, für die der Leistungsempfänger die Umsatzsteuer nach § 13b UStG schuldet	103	
14	Vereinnahmte Umsatzsteuer sowie Umsatzsteuer auf unentgeltliche Wertabgaben	140	
15	Vom Finanzamt erstattete und ggf. verrechnete Umsatzsteuer	141	
16	Veräußerung oder Entnahme von Anlagevermögen	102	
17	Private Kfz-Nutzung	106	
18	Sonstige Sach-, Nutzungs- und Leistungsentnahmen	108	
19	Auflösung von Rücklagen und Ausgleichsposten (Übertrag aus Zeile 86)		0,00
20	**Summe Betriebseinnahmen** (Übertrag in Zeile 71)	159	0,00

Betriebsausgaben   99   25

                                EUR   Ct

21	Betriebsausgabenpauschale **für bestimmte Berufsgruppen** und/oder Freibetrag nach § 3 Nr. 26, 26a und/oder 26b EStG	190	
22	Sachliche Bebauungskostenpauschale für **Weinbaubetriebe**/ Betriebsausgabenpauschale für **Forstwirte**	191	
23	Waren, Rohstoffe und Hilfsstoffe einschl. der Nebenkosten	100	
24	Bezogene Fremdleistungen	110	
25	Ausgaben für eigenes Personal (z. B. Gehälter, Löhne und Versicherungsbeiträge)	120	

Absetzung für Abnutzung (AfA)

26	AfA auf unbewegliche Wirtschaftsgüter (ohne AfA für das häusliche Arbeitszimmer)	136	
27	AfA auf immaterielle Wirtschaftsgüter (z. B. erworbene Firmen-, Geschäfts- oder Praxiswerte)	131	
28	AfA auf bewegliche Wirtschaftsgüter (z. B. Maschinen, Kfz)	130	

                   Übertrag (Summe Zeilen 21 bis 28)   0,00

(Betriebs-)Steuernummer

			EUR	Ct
	Übertrag (Summe Zeilen 21 bis 28)			0,00

31	Sonderabschreibungen nach § 7g EStG	134		
32	Herabsetzungsbeträge nach § 7g Abs. 2 EStG (Erläuterungen auf gesondertem Blatt)	138		
33	Aufwendungen für geringwertige Wirtschaftsgüter nach § 6 Abs. 2 EStG	132		
34	Auflösung Sammelposten nach § 6 Abs. 2a EStG	137		
35	Restbuchwert der ausgeschiedenen Anlagegüter	135		

Raumkosten und sonstige Grundstücksaufwendungen
(ohne häusliches Arbeitszimmer)

36	Miete/Pacht für Geschäftsräume und betrieblich genutzte Grundstücke	150		
37	Miete/Aufwendungen für doppelte Haushaltsführung	152		
38	Sonstige Aufwendungen für betrieblich genutzte Grundstücke (ohne Schuldzinsen und AfA)	151		

Sonstige unbeschränkt abziehbare Betriebsausgaben

39	Aufwendungen für Telekommunikation (z. B. Telefon, Internet)	280		
40	Übernachtungs- und Reisenebenkosten bei Geschäftsreisen des Steuerpflichtigen	221		
41	Fortbildungskosten (ohne Reisekosten)	281		
42	Rechts- und Steuerberatung, Buchführung	194		
43	Miete/Leasing für bewegliche Wirtschaftsgüter (ohne Kraftfahrzeuge)	222		
44	Beiträge, Gebühren, Abgaben und Versicherungen (ohne solche für Gebäude und Kraftfahrzeuge)	223		
45	Werbekosten (z. B. Inserate, Werbespots, Plakate)	224		
46	Schuldzinsen zur Finanzierung von Anschaffungs- und Herstellungskosten von Wirtschaftsgütern des Anlagevermögens (ohne häusliches Arbeitszimmer)	232		
47	Übrige Schuldzinsen	234		
48	Gezahlte Vorsteuerbeträge	185		
49	An das Finanzamt gezahlte und ggf. verrechnete Umsatzsteuer (Die Regelung zum 10-Tageszeitraum nach § 11 Abs. 2 Satz 2 EStG ist zu beachten)	186		
50	Rücklagen, stille Reserven und/oder Ausgleichsposten (Übertrag aus Zeile 86)			0,00
51	Übrige unbeschränkt abziehbare Betriebsausgaben	183		

	Beschränkt abziehbare Betriebsausgaben und Gewerbesteuer		nicht abziehbar EUR	Ct		abziehbar EUR	Ct
52	Geschenke	164			174		
53	Bewirtungsaufwendungen	165			175		
54	Verpflegungsmehraufwendungen				171		
55	Aufwendungen für ein häusliches Arbeitszimmer (einschl. AfA und Schuldzinsen)	162			172		
56	Sonstige beschränkt abziehbare Betriebsausgaben	168			177		
57	Gewerbesteuer	217			218		

Kraftfahrzeugkosten und andere Fahrtkosten

58	Leasingkosten	144		
59	Steuern, Versicherungen und Maut	145		
60	Sonstige tatsächliche Fahrtkosten ohne AfA und Zinsen (z. B. Reparaturen, Wartungen, Treibstoff, Kosten für Flugstrecken, Kosten für öffentliche Verkehrsmittel)	146		
61	Fahrtkosten für nicht zum Betriebsvermögen gehörende Fahrzeuge (Nutzungseinlage)	147		
62	Kraftfahrzeugkosten für Wege zwischen Wohnung und Betriebsstätte; Familienheimfahrten (pauschaliert oder tatsächlich)	142 −		
63	Mindestens abziehbare Kraftfahrzeugkosten für Wege zwischen Wohnung und Betriebsstätte (Entfernungspauschale); Familienheimfahrten	176 +		
64	**Summe Betriebsausgaben** (Übertrag in Zeile 72)	199		0,00

2013AnlEÜR802NET

2013AnlEÜR802NET

(Betriebs-)Steuernummer

Ermittlung des Gewinns

				EUR	Ct
71	Summe der Betriebseinnahmen (Übertrag aus Zeile 20)				0,00
72	abzüglich Summe der Betriebsausgaben (Übertrag aus Zeile 64)		−		0,00
	zuzüglich				
73	– Hinzurechnung der Investitionsabzugsbeträge nach § 7g Abs. 2 EStG (Erläuterungen auf gesondertem Blatt)	188	+		
74	– Gewinnzuschlag nach § 6b Abs. 7 und 10 EStG	123	+		
	abzüglich				
75	– Investitionsabzugsbeträge nach § 7g Abs. 1 EStG (Erläuterungen auf gesondertem Blatt)	187	−		
76	Hinzurechnungen und Abrechnungen bei Wechsel der Gewinnermittlungsart (Erläuterungen auf gesondertem Blatt)	250			
77	Ergebnisanteile aus Beteiligungen an Personengesellschaften	255			
78	Korrigierter Gewinn/Verlust	290			0,00

			Gesamtbetrag		Korrekturbetrag
79	Bereits berücksichtigte Beträge, für die das Teileinkünfteverfahren bzw. § 8b KStG gilt	261		262	
80	Steuerpflichtiger Gewinn/Verlust vor Anwendung des § 4 Abs. 4a EStG	293			0,00
81	Hinzurechnungsbetrag nach § 4 Abs. 4a EStG	271	+		
82	**Steuerpflichtiger Gewinn/Verlust**	219			0,00

2. Ergänzende Angaben `99` `27`

Rücklagen und stille Reserven
(Erläuterungen auf gesondertem Blatt)

			Bildung/Übertragung			Auflösung	
			EUR	Ct		EUR	Ct
83	Rücklagen nach § 6c i.V.m. § 6b EStG, R 6.6 EStR	187			120		
84	Übertragung von stillen Reserven nach § 6c i.V.m. § 6b EStG, R 6.6 EStR	170					
85	Ausgleichsposten nach § 4g EStG	191			125		
86	Gesamtsumme	190		0,00	124		0,00
			(Übertrag in Zeile 50)			(Übertrag in Zeile 19)	

3. Zusätzliche Angaben bei Einzelunternehmen `99` `29`

Entnahmen und Einlagen i. S. d. § 4 Abs. 4a EStG

			EUR	Ct
87	Entnahmen einschl. Sach-, Leistungs- und Nutzungsentnahmen	122		
88	Einlagen einschl. Sach-, Leistungs- und Nutzungseinlagen	123		

2013AnlEÜR803NET   2013AnlEÜR803NET

17.3 Kostenrechnung

Die Kostenrechnung dient internen Zwecken und ist – im Gegensatz zur Buchführung – nicht gesetzlich vorgeschrieben. Dies dürfte der Hauptgrund dafür sein, warum vor allem in vielen kleineren Unternehmen keine Kostenrechnung, geschweige denn ein leistungsfähiges Controlling eingerichtet ist. Dabei ist die Kostenrechnung – oder besser: Kosten- und Leistungsrechnung – viel aussagefähiger als die Daten aus der Buchführung. Erst mithilfe der Kostenrechnung können Sie eine solide Kalkulation durchführen. Die Kostenrechnung hilft Ihnen dabei, Unwirtschaftlichkeiten aufzudecken und festzustellen, welche Produkte oder Leistungen die Kostentreiber sind. Nur wer seine Kosten im Blick hat, kann diese auch beeinflussen und – falls erforderlich – senken. Weiterhin unterstützt die Kostenrechnung die Unternehmensleitung bei der Planung und Entscheidungsfindung und ist zudem die Grundlage zur Ermittlung der Selbstkosten und damit die Basis der Kalkulation.

Wohin eine fehlende Kostenrechnung und Kalkulation schlimmstenfalls führen kann, möchte ich an dem folgenden **Praxisbeispiel** aufzeigen:

Olaf hatte seinen Arbeitsplatz auf einer Zeche verloren – gegen Zahlung einer Abfindung in Höhe von seinerzeit rund 60.000 DM. Mit diesem Geld wollte er sich seinen Traum von einer selbständigen Existenz erfüllen. Fremdkapital war nicht erforderlich, eine Unterstützung des Arbeitsamtes sollte ebenfalls nicht in Anspruch genommen werden, so dass von keiner Seite ein solider Businessplan verlangt wurde. Eine Beratung oder Schulung im Vorfeld der Gründung fehlte ebenfalls. Der Traum vom eigenen Zweirad-Geschäft wurde kurzerhand in die Tat umgesetzt. Ein Ladenlokal war rasch gefunden und ausgestattet. Die Regelung der steuerlichen Fragen wurde einem Steuerberater übertragen. Dieser hat die monatliche Buchführung übernommen, ebenso wie die Bearbeitung der steuerlichen Angelegenheiten. Der junge Unternehmer bekam regelmäßig seine „betriebswirtschaftlichen Auswertungen" (BWA), die er zwar nicht ansah, aber sorgfältig abheftete in dem Vertrauen, der Steuerberater habe „alles im Griff", er selbst müsse sich um seine Zahlen nicht kümmern.

Wenige Monate später stellte Olaf mit Erschrecken schwerwiegende Liquiditätsprobleme fest – es war schlichtweg kein Geld mehr da, um die Miete und andere offene Rechnungen zu begleichen. Olaf verstand die Welt nicht mehr – „lief doch der Laden so gut". Tatsächlich hatte er recht gute Umsätze erwirtschaftet und stets Kunden in seinem Geschäft, die zum Teil sogar extra aus den Nachbarstädten kamen, um bei ihm einzukaufen. Es war genug zu tun und Olaf dachte zeitweise sogar daran, einen Mitarbeiter einzustellen. Was war passiert?

Nach Durchsicht der Unterlagen, wie z. B. der betriebswirtschaftlichen Auswertungen, war schnell klar, wo das Problem lag. Olaf hatte zu keiner Zeit kostendeckend gewirtschaftet. Seine Umsätze waren zwar in Ordnung, seine Kosten jedoch noch deutlich höher. Zum Teil wurde die Ware fast zum Einkaufspreis oder sogar darunter verkauft. Er unterlag, wie viele andere Gründer, dem Trugschluss, das Geld in seiner Kasse sei identisch mit seinem Gewinn. Die Kosten hatte er nicht ansatzweise im Blick.

Auf die Frage, wie die Preise kalkuliert worden seien, antwortete Olaf: „Wozu kalkulieren? Hauptsache ist doch, ich verkaufe billiger als die Konkurrenz." Das hat er auch tatsächlich getan und genau aus diesem Grund wurde sein Angebot von den Kunden durchaus rege angenommen. Was Olaf während seiner gesamten Geschäftstätigkeit nicht bemerkt hatte, war die Tatsache, dass er Monat für Monat mehr Kosten produziert als Umsätze erwirtschaftet hat.

Die Frage, warum nicht früher etwas unternommen wurde, um dieser negativen Entwicklung entgegenzusteuern und was mit den Auswertungen des Steuerberaters passiert sei, quittierte er mit einem Schulterzucken. Die Entwicklung wurde nicht bemerkt. Der Steuerberater hat Olaf hierauf nicht ausdrücklich hingewiesen und die monatlichen Auswertungen wurden lediglich unbesehen abgelegt.

Das Unternehmen war zu dem Zeitpunkt, als Olaf erstmals notgedrungen eine Beratung in Anspruch nehmen wollte, bereits illiquide. Es waren keinerlei finanziellen Mittel mehr vorhanden und an ein Bankendarlehen war unter diesen Umständen nicht zu denken. So ist der Traum vom eigenen Geschäft in nur wenigen Monaten zum Albtraum geworden und der Jungunternehmer stand mittellos, verschuldet und arbeitslos vor den Scherben seiner Existenz.

Dieses Beispiel zeigt deutlich, wie überlebenswichtig es ist, sich mit dem Thema Kostenrechnung und Kalkulation auseinander zu setzen. Des Weiteren lehrt uns dieser Fall, dass es unklug ist, sich hinsichtlich der unternehmerischen Zahlen einzig und allein auf den Steuerberater zu verlassen. Selbst wenn hier sicher ein frühzeitiges, intensiveres Beratungsgespräch auf Initiative des Steuerberaters mindestens angebracht gewesen wäre, so ist doch der Unternehmer letzten Endes selbst für sein Unternehmen mit allen Konsequenzen verantwortlich.

Die Kostenrechnung gliedert sich in 3 Teilbereiche:

- Kostenartenrechnung – Welche Kosten sind angefallen?

- Kostenstellenrechnung – Wo sind die Kosten angefallen?

- Kostenträgerrechnung – Wer hat die Kosten zu tragen?

In allen 3 Bereichen geht es natürlich jeweils auch um die Höhe der Kosten. Im Rahmen der Kostenartenrechnung erfassen Sie zunächst lediglich systematisch die Kosten der jeweiligen Periode.

In der Kostenstellenrechnung werden diese Kosten dann möglichst verursachungsgerecht den Bereichen Ihres Betriebes zugeordnet, in denen Sie angefallen sind. Kostenstellen können z. B. Abteilungen sein. Die Erfassung und Zuordnung erfolgt in einem Arbeitsgang, ist also nur mit einem geringen Zusatzaufwand verbunden.

> **BEISPIEL:** Sie wollen das Gehalt für Ihren Mitarbeiter in der Einkaufsabteilung buchen. Jede Ihrer Kostenstellen hat eine bestimmte Nummer – der Einkauf hat die Kostenstellen-Nummer 10010. Die Gehaltsbuchung erfolgt nun in einem Arbeitsschritt auf das Konto Gehälter (Kostenart) und gleichzeitig auf die Kostenstelle 10010.
> Die Kostenträgerrechnung ist die eigentliche Kalkulation. Hier werden die Kosten dem einzelnen Kostenträger zugeordnet. Das kann z. B. ein Produkt, ein Projekt oder ein bestimmter Auftrag sein. Sie können auf diese Weise Ihre Selbstkosten ermitteln.

17.3.1 Kostenartenrechnung

Die Kostenartenrechnung wird Sie vor keine größeren Probleme stellen, wenn Sie Ihre Buchführung wie oben beschrieben organisieren. Sie erfassen dann ohnehin die einzelnen Kostenarten systematisch (z. B. Personalkosten, Miete, Kfz-Kosten).

Allerdings werden in die Kostenrechnung einerseits nicht alle Positionen aus der Buchführung übernommen und andererseits gibt es Kosten, die in der Buchführung überhaupt nicht oder in anderer Höhe berücksichtigt werden.

Wer sich noch nie mit diesem Thema auseinander gesetzt hat, empfindet diese Unterschiede regelmäßig als sehr schwer nachvollziehbar. Tatsächlich ist in der Praxis auch der Aufbau einer Kosten- und Leistungsrechnung und erst recht eines Controllingsystems eine äußerst anspruchsvolle und komplexe Aufgabe. Für Existenzgründer sind aber zahlreiche Detailfragen weniger wichtig und darum müssen Sie sich auch nicht damit belasten – wenigstens zunächst nicht. Mitunter werden Existenzgründer durch zu komplizierte Ausführungen in Seminaren oder in der einschlägigen Fachliteratur entmutigt, sich überhaupt näher mit dem Thema auseinander zu setzen. Um dies zu vermeiden, werde ich auf die Kostenrechnung und das Controlling in stark vereinfachter Form eingehen – in vollem Bewusstsein, dem Thema aus wirtschaftswissenschaftlicher Sicht nicht gerecht werden zu können. Darum geht es aber auch nicht und auch nicht darum, ein Controllingsystem in einem mittelständischen oder großen Unternehmen zu implementieren. Es geht vielmehr darum aufzuzeigen, was Existenzgründer sowie Klein- und Kleinstunternehmen mit angemessenem Aufwand und überschaubaren Mitteln tun können.

Um ein wenig (graue) Theorie und die Klärung bestimmter Begriffe kommt man aber nicht umhin, weil im Zusammenhang mit der Kostenrechnung mindestens geklärt werden muss, was Kosten überhaupt sind.

Mit dem Begriff Kosten bezeichnet man den Werteverzehr von Gütern und Leistungen, die zur betrieblichen Leistungserstellung zur Aufrechterhaltung der Betriebsbereitschaft nötig sind. Den Kosten stehen die betrieblichen Leistungen gegenüber.

Das klingt ein wenig abstrakt. Im Rahmen der kaufmännischen Buchführung stellen die so genannten Aufwendungen und Erträge die Ausgangsbasis dar und man müsste hinsichtlich der Erklärungen etwas weiter ausholen. Gehen wir hier aber weiterhin davon aus, dass Sie Ihren Gewinn auf Basis einer Einnahme-/Überschussrechnung erstellen, kann man sagen, es handelt sich bei den Kosten und Leistungen im Grunde um Ihre Betriebseinnahmen und Ihre Betriebsausgaben. Davon werden jedoch bestimmte Positionen für die Zwecke der Kostenrechnung „neutralisiert". Es muss aber noch einmal betont werden, dass es hier nur um die Kostenrechnung und nicht um die Buchführung geht. In Ihrer Buchführung gilt das oben Gesagte und es gelten die gesetzlichen Regelungen. Ihre Kostenrechnungen hingegen können Sie auf betriebswirtschaftliche Belange ausrichten und buchen, was Ihnen als sinnvoll erscheint. Hier gibt es keine Vorschriften oder Betriebsprüfungen.

„Neutral" sind bestimmte Positionen, wenn:

- betriebsfremde Zwecke verfolgt werden,

- es sich um periodenfremde Vorgänge handelt oder

- sie außerhalb der gewöhnlichen Geschäftstätigkeit anfallen oder außergewöhnlich hoch sind.

Beispiele für „neutrale Betriebseinnahmen und -ausgaben":

Sie erhalten eine Steuererstattung bzw. eine Steuernachforderung für ein vergangenes Wirtschaftsjahr. Dies ist ein periodenfremder Posten, der in der Kostenrechnung nicht berücksichtigt wird. Für Ihre Kalkulation und auch die Kontrolle der Wirtschaftlichkeit müssen Sie die Posten derselben Periode gegenüber stellen, weil es sonst zu einem verzerrten Bild Ihrer betrieblichen Leistungsfähigkeit kommt. Eine hohe Steuernachzahlung würde in diesem Beispiel das Ergebnis des laufenden Jahres belasten, obwohl es sich um eine Nachzahlung für ein vorheriges Jahr handelt. In Ihrer Buchführung können Sie im Rahmen der Einnahme-/Überschussrechnung an diesem verzerrten Bild nichts ändern – in der Kostenrechnung schon.

Betriebsfremd sind Positionen, wenn Sie unabhängig von dem eigentlichen Geschäftszweck anfallen. Dies ist schwierig zu verstehen, weil ja nun all Ihre unternehmerischen Aktivitäten (irgendwie) auch dem Geschäftszweck dienen. Kleingewerbetreibende und Freiberufler haben aber in der Regel auch keine nennenswerten betriebsfremden Vorgänge zu buchen. Regelmäßig zählen aber Zinszahlungen oder Zinsgutschriften auf den Geschäftskonten hierzu.

Ihr Geschäftszweck besteht nicht aus Finanzgeschäften und darum sind diese Posten als neutral einzuordnen.

BEISPIELE:
- Ein Handwerksunternehmen verkauft eine betriebseigene Lagerhalle mit Gewinn bzw. mit Verlust. Ein solcher Verkauf ist nichts Alltägliches und liegt außerhalb der gewöhnlichen Geschäftstätigkeit. Eine Berücksichtigung in der Kostenrechnung erfolgt daher nicht.
- Durch eine Überschwemmung entsteht ein hoher Sachschaden. Auch dies ist kein planmäßiges, sondern ein außerordentliches Ereignis, welches in der Kostenrechnung unberücksichtigt bleibt.

Zusammenfassend kann also festgehalten werden, dass es bei der Kostenrechnung um die unmittelbar mit dem betrieblichen Leistungsprozess zusammenhängenden, planmäßigen Positionen geht. Die entsprechenden Ausgaben bezeichnet man in der Kostenrechnung als **Kosten**, die betrieblichen Einnahmen als **Leistungen**. Alle übrigen, neutralen Positionen müssen in der Finanzbuchhaltung zwar erfasst werden, bleiben jedoch in der Kostenrechnung außen vor. Sie werden bei der Ermittlung des Betriebsergebnisses und in der Kalkulation nicht berücksichtigt. Ihr Betriebsergebnis wird später regelmäßig die Banken interessieren, wenn Sie ein Darlehen aufgenommen haben. Es berechnet sich wie folgt:

Leistungen
– Kosten
= Betriebsergebnis

Die Gegenüberstellung der neutralen Einnahmen und Ausgaben ergibt das so genannte – positive oder negative – neutrale Ergebnis:

neutrale Erträge
– neutrale Aufwendungen
= neutrales Ergebnis

Beide Ergebnisse zusammengerechnet ergeben wieder das Gesamtergebnis – den Gewinn oder Verlust des Unternehmens.

Was sich im ersten Moment vielleicht aufwändig anhört, lässt sich in der Praxis vergleichsweise einfach bewältigen. Sie erfassen Ihre Belege in Ihrer Buchführung und ordnen sie den einzelnen Kontenarten zu. Hieran ändert sich auch nichts, wenn Sie eine Kostenrechnung einrichten. Mithilfe Ihrer Software können Sie sich jederzeit Auswertungen Ihrer bisherigen Buchungen ausdrucken lassen. Rechnen Sie dann Zinsen und andere neutrale Positionen nur dann heraus, wenn es sich um größere Beträge handelt, die nennenswert Ihr Betriebsergebnis verfälschen. Das ist zwar streng genommen nicht ganz richtig, aber als Existenzgründer müssen Sie Aufwand und Nutzen abwägen. Sie können nicht Ihre wertvolle Zeit damit verbringen, jeden gebuchten Euro auf die Zugehörigkeit zu Ihren Kosten oder Leistungen zu überprüfen.

Im Rahmen einer kaufmännischen Buchführung ist dies etwas anderes. Sie müssen ohnehin periodengerecht buchen und haben eine eigene Kontenklasse für neutrale Positionen. Das Betriebsergebnis wird durch die Software dann automatisch richtig berechnet.

Bisher wurden ausschließlich die Betriebseinnahmen und -ausgaben aus Ihrer Buchhaltung zugrunde gelegt, von denen einige in der Kostenrechnung nicht berücksichtigt werden.

Darüber hinaus gibt es aber auch Kosten, die nicht tatsächlich anfallen und die steuerlich auch nicht anerkannt werden. Es existieren hierzu keine externen Belege und sie tauchen in Ihrer Einnahme-/ Überschussrechnung nicht auf – wohl aber in der Kostenrechnung. Gemeint sind die so genannten „kalkulatorischen Kosten". Wie die Bezeichnung schon andeutet, handelt es sich um Kosten, die nur für Ihre Kalkulation von Bedeutung sind und eigens für diesen Zweck ermittelt werden. Zu den kalkulatorischen Kosten gehören:

Kalkulatorischer Unternehmerlohn: Der kalkulatorische Unternehmerlohn wird nur in der Kostenrechnung von Einzelunternehmen und Personengesellschaften angesetzt. Hier erhalten die Inhaber bzw. Gesellschafter kein Gehalt, welches als Betriebsausgabe gebucht wird, wie etwa bei einem GmbH-Geschäftsführer. Sie können nur Privatentnahmen tätigen – quasi als Vorschuss auf den späteren Gewinn. Bei den Privatentnahmen handelt es sich nicht um eine Gewinn mindernde Betriebsausgabe. Würden Sie demnach

Ihre Preise nur auf Basis der Betriebsausgaben kalkulieren, fielen diese niedriger aus als bei einer GmbH in sonst vergleichbarer Situation, weil kein Unternehmerlohn berücksichtigt ist. Kein Unternehmer kann und will unentgeltlich arbeiten und darum müssen Sie auch Ihren eigenen „Lohn" über Ihre Preise erwirtschaften. Dazu muss er aber erst einmal in die Kalkulation einfließen. Zu diesem Zweck setzt man den kalkulatorischen Unternehmerlohn an – in welcher Höhe bleibt Ihnen grundsätzlich selbst überlassen. Es sollte sich aber um einen angemessenen Betrag handeln – etwa vergleichbar einem Geschäftsführergehalt. Zu hohe kalkulatorische Kosten helfen Ihnen nicht weiter und bescheren keine größeren Gewinne, wenn letzten Endes kein Kunde bereit ist, Ihre kalkulierten Preise zu bezahlen, weil sie nicht marktgerecht sind (vgl. auch Abschnitt 7.4.7: Marketing).

Kalkulatorische Miete: Eine kalkulatorische Miete wird angesetzt, wenn private Immobilien oder einzelne Räumlichkeiten für betriebliche Zwecke genutzt werden. Betreiben Sie z. B. ein Einzelhandelsgeschäft in Ihrem Haus, fällt keine Miete an. Müssten Sie diese Geschäftsräume mieten, wäre es selbstverständlich, dass auch die Miete über den Umsatz zurückfließen muss. Dies sollte nicht anders sein, nur weil keine Zahlungen geleistet werden. Bei Vermietung an externe Personen würden Sie auch Einnahmen erzielen. Darum wird eine kalkulatorische Miete in die Preise eingerechnet. Bezüglich der Höhe gilt das oben Gesagte – orientieren Sie sich an den marktüblichen Mieten in dem betreffenden Umfeld.

Kalkulatorische Zinsen: Für Fremdkapital müssen Sie ohnehin Zinsen zahlen und die Zinsbeträge erwirtschaften. Allerdings sollte auch das eingesetzte betriebsnotwendige Eigenkapital angemessen verzinst werden – wozu neben Bargeld und Bankguthaben auch Ihre Vermögensgegenstände zählen (Vermögen – Schulden = Eigenkapital). Man begründet dies mit dem Gedanken der „Opportunitätskosten". Würden Sie das Kapital nicht im eigenen Unternehmen einsetzen, hätten Sie die Gelegenheit (engl.: opportunity), es Gewinn bringend anzulegen. Diese Gelegenheit nutzen Sie nicht und darum entgehen Ihnen Gewinnmöglichkeiten, die durch den Ansatz kalkulatorischer Zinsen kompensiert werden sollen. Bezüglich der Höhe gilt wiederum das oben Gesagte.

Kalkulatorische Abschreibungen: Für steuerliche Zwecke müssen Sie die Abschreibungen auf Basis der Anschaffungs- bzw. Herstellungskosten berechnen. Dies wird aber den Zwecken der Kostenrechnung nicht gerecht. Schließlich werden die späteren Wiederbeschaffungskosten höher sein als die ursprünglichen Anschaffungskosten und darum sollten auch die Wiederbeschaffungskosten über die Umsätze erwirtschaftet werden. Die Wiederbeschaffungskosten können Sie ermitteln, indem Sie die Anschaffungskosten mit einem geschätzten Preisindex multiplizieren, der die voraussichtlichen Preissteigerungen widerspiegelt.

BEISPIEL: Anschaffungswert 10.000,– €; voraussichtliche tatsächliche Nutzungsdauer 4 Jahre.

Berechnung:	Jahr 01	Jahr 02	Jahr 03	Jahr 04
Anschaffungswert	10.000,–	10.000,–	10.500,–	10.710,–
· Preisindex	1,00	1,05	1,02	1,04
= Wiederbeschaffungswert	10.000,–	10.500,–	10.710,–	11.138,40

Für das Jahr 02 wird hier also mit einer Preissteigerung von 5% gerechnet und für die Folgejahre werden 2 bzw. 4% angesetzt. Alternativ zu dieser Methode können Sie auch den Wiederbeschaffungswert schätzen.

Kalkulatorische Wagnisse: Jedes Unternehmen ist ständig bestimmten Risiken ausgesetzt und nicht alle Risiken sind vermeidbar und/oder versicherbar. Dazu gehört das allgemeine unternehmerische Risiko, das nicht in Zahlen ausgedrückt werden kann. Darüber hinaus gibt es eine Vielzahl von Einzelwagnissen (Risiken) wie z. B. Forderungsausfälle, Garantieleistungen, Schadensfälle durch äußere Ereignisse, Verluste durch Schwund/Diebstahl/Verderb von Waren, Preisverfall – insbesondere bei technischen oder modischen Produkten usw. In der Buchhaltung werden diese Schäden erfasst, wenn sie entstanden sind. In der Kostenrechnung geht es jedoch darum, Kosten kalkulierbar zu machen, gleichmäßig zu verteilen und zu ermitteln, welche Kosten normalerweise anfallen. Zu diesem Zweck können kalkulatorische Kosten für die Wagnisse im Unternehmen angesetzt werden. Sie „versichern" quasi diese Risiken über Ihre Preise und lassen sie den Kunden bezahlen – immer vorausgesetzt, er ist dazu bereit. Die Ermittlung der Kosten ist nicht so einfach. Es werden prozentuale Zuschläge auf die das Wagnis verursachende Größe erhoben. Das allgemeine Unternehmerrisiko könnte durch einen Gewinnzuschlag abgedeckt werden. Für alle anderen Zuschläge müssten Sie mangels eigener Erfahrungswerte auf branchenübliche Werte zurückgreifen, sofern diese zugänglich sind. Sie müssten z. B. herausfinden, wie viel Prozent der Ware im Durchschnitt nicht verkäuflich ist, weil sie gestohlen wurde oder verdorben ist. Sie müssten auch herausfinden, wie hoch die durchschnittlichen Forderungsausfälle durch zahlungsunfähige oder -unwillige Kunden sind usw. Alternativ können Sie für den Anfang notfalls auch nur einen „Sicherheitszuschlag" erheben und den kalkulierten Gewinn entsprechend erhöhen – z. B. um 10%. Denken Sie allerdings immer daran, dass Sie all diese Kosten nur dann über den Markt erwirtschaften können, wenn der Kunde Ihre Preise akzeptiert.

17.3.2 Kostenstellenrechnung

Mit der Erfassung Ihrer Kosten nach Kostenarten haben Sie bereits einen wichtigen Grundstein für Ihre Kostenrechnung gelegt. Damit ist es aber nicht getan. Die einzelnen Kosten müssen noch möglichst verursachungsgerecht auf die Kostenträger (z. B. ein Produkt, eine Warengruppe oder einen Auftrag) verteilt werden.

Bei einem Teil der Kosten – den Einzelkosten – ist dies ohne weiteres möglich, weil die Kosten direkt dem Kostenträger zugeordnet werden können. In der Fertigung können Sie z. B. genau feststellen, welches Fertigungsmaterial zur Herstellung eines Produktes benötigt wird und wie hoch die Kosten sind. Im Handel wissen Sie, was Sie für welche Ware im Einkauf bezahlt haben. Im Dienstleistungsbereich ist die direkte Zuordnung eines Teils der Kosten zu einem Auftrag möglich, wenn Sie z. B. ausschließlich einen bestimmten Mitarbeiter mit der Erledigung des Auftrages betraut haben. Wenn die benötigte Zeit erfasst wurde, kann das anteilige Gehalt problemlos dem Kostenträger – in diesem Fall dem Auftrag – zugerechnet werden.

Deutlich schwieriger ist jedoch die Verteilung der Gemeinkosten. Das „Gemeine" daran ist, dass sie im Gegensatz zu den Einzelkosten nicht direkt einem bestimmten Kostenträger zugeordnet werden können. Es handelt sich um Kosten, die allgemein im Unternehmen anfallen. Dazu gehören z. B. Kosten wie Miete, Strom, Werbung, betriebliche Steuern, Steuerberatungskosten, Gehälter (z. B. der Verwaltungsmitarbeiter) usw. Es kann nicht exakt bestimmt werden, welche Gemeinkosten in welcher Höhe auf einen bestimmten Auftrag oder einen sonstigen Kostenträger entfallen.

Aus diesem Grund erfasst man zunächst die Gemeinkosten auf Kostenstellen. Eine Kostenstelle ist ein sinnvoll abgegrenzter Teilbereich des Gesamtbetriebes. Dies kann z. B. eine Abteilung, eine Arbeitsgruppe oder auch nur ein einzelner Arbeitsplatz sein. In der Regel reicht es aus, eine Gliederung nach Abteilungen vorzunehmen. Die insgesamt anfallenden Gemeinkosten werden nach bestimmten Schlüsseln auf die einzelnen Kostenstellen verteilt. In der Praxis ist darauf zu achten, dass ein geeigneter Verteilungsschlüssel gewählt wird, um die Kosten nicht „irgendwie", sondern möglichst verursachungsgerecht zuzuordnen.

BEISPIEL: Sie wollen die Miete für Ihre Geschäftsräume nach Kostenstellen aufteilen. Ein geeigneter Verteilungsschlüssel ist die Anzahl der qm² je Abteilung. Sie ermitteln die Kosten für einen Quadratmeter und können dann die Kosten je Abteilung errechnen. Beträgt die Gesamtmiete 2.000 € für 200 m² und das Chefbüro hat eine Größe von 50 m², so entfallen 500 € der Gesamtkosten auf die Kostenstelle „Geschäftsleitung".

Ein so genannter Betriebsabrechnungsbogen (oder eine entsprechende Software) hilft bei der Verteilung der Kosten nach den zuvor festgelegten Schlüsseln. Die direkt zurechenbaren Einzelkosten und die Gemeinkosten je Kostenstelle werden dann zueinander ins Verhältnis gesetzt. Auf diese Weise ergeben sich prozentuale Zuschlagssätze auf die Einzelkosten, die später für die Kostenträgerrechnung – die Kalkulation – benötigt werden.

Die Verteilung der Kosten und Ermittlung der Zuschlagssätze in einem Betriebsabrechnungsbogen ist in der Praxis nicht ganz einfach und in seiner Ausgestaltung stark betriebsabhängig. Mit einem

Betriebsabrechnungsbogen muss man sich vor allem im Bereich der Fertigung näher befassen, wenn nicht das Fertigungsverfahren eine einfachere Vorgehensweise zulässt. Dies wäre bei Massen-, Sorten- oder Einzelfertigung der Fall. Ein Betriebsabrechnungsbogen ist vor allem bei Betrieben mit Serienfertigung (z. B. Fahrzeuge, Möbel, Elektrogeräte) erforderlich.

Für die meisten Existenzgründer ist daher die recht aufwendige Arbeit mit dem Betriebsabrechnungsbogen nicht erforderlich. Auch die Einrichtung von Kostenstellen ist für die Kalkulation in diesen Fällen nicht erforderlich, macht aber ab einer gewissen Unternehmensgröße dennoch Sinn, um einen besseren Überblick zu erhalten. Die Kosten werden in der Regel mithilfe einfacherer Verfahren den Kostenträgern zugerechnet.

17.3.3 Kostenträgerrechnung – Kalkulation

Mithilfe der Kostenträgerrechnung werden die Selbstkosten ermittelt, auf dessen Basis der Verkaufspreis kalkuliert wird. Welches Kalkulationsverfahren sich am besten eignet, hängt von dem jeweiligen Geschäftsbetrieb ab. Von der Industrie einmal abgesehen, in der je nach Fertigungsverfahren unterschiedliche Kalkulationsverfahren angewendet werden, ist die Zuschlagskalkulation in den meisten Fällen das geeignete Verfahren.

Im Handel sieht das Schema für die Zuschlagskalkulation üblicherweise so aus:

Listeneinkaufspreis
./. Liefererrabatt
= Zieleinkaufspreis
./. Liefererskonto
= Bareinkaufspreis
+ Bezugskosten
= Einstandspreis oder Bezugspreis
+ Handlungskosten
= Selbstkostenpreis
+ Gewinn
= Barverkaufspreis

+ Kundenskonto

+ Vertriebsprovision

= **Zielverkaufspreis**

+ Kundenrabatt

= **Angebotspreis oder Verkaufspreis netto (ohne Umsatzsteuer)**

Bei dem Bareinkaufspreis und den Bezugskosten handelt es sich um Einzelkosten, welche direkt dem Kostenträger (hier: der Ware) zugerechnet werden können. Die Gemeinkosten inklusive der kalkulatorischen Kosten werden unter dem Begriff „Handlungskosten" mit einem zuvor ermittelten Prozentsatz dem Kostenträger zugerechnet. Zu diesem Zweck werden jeweils bezogen auf eine Abrechnungsperiode die Handlungskosten zu den Kosten der Ware in Bezug gesetzt.

BEISPIEL:

Kosten der Ware	100.000 €
Handlungskosten	65.000 €
Formel	(Handlungskosten · 100) / Kosten der Ware

Berechnung Handlungskostensatz (65.000 · 100) / 100.000 = 65 %

Können Sie demnach eine Ware zum Einstandspreis von 79 € je Stück beziehen, beträgt der hierauf entfallende Anteil der Handlungskosten 51,35 € (79 € · 65 %).

Obwohl Sie grundsätzlich in Ihrer Preiskalkulation frei sind, wird in der Praxis diese Freiheit doch sehr eingeschränkt. Der Lieferant gibt die Listenpreise vor und der Markt in der Regel die Verkaufspreise. Darum müssen Sie entscheiden, ob es sich lohnt, ein bestimmtes Produkt in das Sortiment aufzunehmen oder nicht. Überlebenswichtig ist, dass mindestens die Selbstkosten gedeckt sind. Eine endgültige Entscheidung können Sie treffen, wenn Sie den erzielbaren Gewinn ermittelt haben. Dazu sind zunächst der voraussichtlich erzielbare Verkaufspreis und das günstigste Lieferantenangebot zu ermitteln. Auf dieser Basis berechnen Sie dann den Selbstkostenpreis wie im obigen Schema dargestellt. Durch Rückwärtsrechnung – vom Angebotspreis ausgehend – ermitteln Sie dann den Barverkaufspreis. Die Differenz zwischen diesen beiden Positionen ist der

Gewinn oder der Verlust. Ist die Differenz positiv (Gewinn) kann es sich lohnen, ein Produkt aufzunehmen, auch wenn der Gewinn nur minimal ausfällt. Denken Sie daran, dass immerhin alle Kosten – einschließlich der kalkulatorischen Kosten – gedeckt sind.

Das obige Kalkulationsschema dient nicht nur der Ermittlung der Selbstkosten und der Kalkulation des Verkaufspreises, sondern hilft auch dabei, die Angebote von Lieferanten vergleichbar zu machen. Dies ist ansonsten kaum möglich, weil jeder Lieferant seine Ware zu anderen Konditionen anbietet. Der eine liefert frei Haus, gewährt 2% Skonto und 5% Rabatt ab einer bestimmten Abnahmemenge. Der andere Lieferant berechnet Fracht- und Versicherungskosten, bietet 3% Skonto und 10% Rabatt ab einer größeren Menge als der erste Lieferant. Ein unmittelbarer Vergleich der Einstandspreise ist also gar nicht möglich. Denken Sie aber auch daran, dass nicht der Preis allein zählt, sondern auch z. B. die Qualität und Zuverlässigkeit des Lieferanten.

Existenzgründer stellt im Zusammenhang mit der Kalkulation regelmäßig die Ermittlung der Handlungskosten vor eine besondere Herausforderung. Sie kennen Ihre tatsächlichen Kosten noch nicht und müssen darum auf Basis Ihrer Planzahlen kalkulieren. Hiermit gehen naturgemäß Unsicherheiten einher. Umso wichtiger ist es aber, die Planzahlen mit größtmöglicher Sorgfalt zu ermitteln.

Bei Dienstleistern stellt sich darüber hinaus das Problem, dass Sie keine Einstandspreise und somit keine Warenkosten als Ausgangs- basis haben. Sie müssen bei Ihrer Kalkulation von der voraussicht- lichen Auslastung und den voraussichtlichen Kosten ausgehen, um ein kostendeckendes Stundenhonorar oder einen Tagessatz ermit- teln zu können. Ansonsten ist das Kalkulationsschema vergleichbar – es setzt allerdings erst bei den Handlungskosten an.

Insbesondere für Dienstleister – aber in vielen Fällen auch für an- dere Gründer – ist es empfehlenswert, sich hinsichtlich der eigenen Angebotspreise zunächst an den vergleichbaren Marktpreisen zu orientieren. Das obige Kalkulationsschema sollte dann zur Kontrolle für eine Rückwärtsrechnung genutzt werden. Beantworten Sie also zunächst die Frage: „Welche Preise sind für vergleichbare Angebote marktüblich?" Anschließend gehen Sie von diesen Preisen aus.

Je nachdem, ob Vertriebsprovisionen anfallen werden und Rabatte bzw. Skonti üblich sind, rechnen Sie zurück auf den Barverkaufspreis. Wer Lieferungen bezieht, muss sich über die Einstandspreise informieren und auf dieser Basis unter Berücksichtigung der planmäßigen Kosten seine Selbstkosten ermitteln. Die Differenz zwischen Selbstkosten und Barverkaufspreis ergibt wiederum den Gewinn.

Wer seine Gründung im Dienstleistungsbereich plant, benötigt neben seiner Kostenplanung vor allem die voraussichtliche Auslastung. Diese aber hängt stark von Ihren Kontakten, Ihrem Verkaufsgeschick und natürlich auch von Ihrer Fähigkeit, den Kunden zufrieden zu stellen ab. Pauschale Aussagen sind darum nicht möglich. Versuchen Sie jedoch herauszufinden, welche Auslastung möglich und üblich ist und bleiben Sie dann deutlich darunter – immerhin müssen Sie sich erst „einen Namen" machen. Oftmals ist es nicht verkehrt, zunächst keine Aufträge einzuplanen und dann allmählich mit einer Auslastung von 2 Tagen im Monat zu beginnen. Dies ist aber absolut nicht allgemein gültig, sondern hängt von dem Vorhaben und der Gründerpersönlichkeit ab.

17.4 Controlling

Das Controlling wird insbesondere in kleineren und mittelständischen Unternehmen oft vernachlässigt. Dies verwundert wenig angesichts der Tatsache, dass schon die Kostenrechnung und selbst die gesetzlich vorgeschriebene Buchhaltung in vielen Fällen stiefmütterlich behandelt werden. Eine zeitnahe Buchführung sowie die Kosten- und Leistungsrechnung sind die Basis für ein leistungsfähiges Controlling. Es ist nachvollziehbar, dass viele Unternehmer weder Zeit noch eine gesteigerte Lust darauf haben, sich um die bürokratischen Angelegenheiten und Zahlen zu kümmern. Ein Mindestmaß ist aber erforderlich und auch mit vertretbarem Aufwand zu leisten.

Häufig werden die Themen Kostenrechnung und Controlling in einem Atemzug genannt. Fast ebenso häufig sind auch Missverständnisse darüber, was Controlling bedeutet. Es wird vielfach mit Kontrolle gleichgesetzt. Die Kontrolle macht jedoch nur einen geringen Teil des Controllings aus. Das Unternehmen soll natürlich „unter Kontrolle" gehalten werden, es soll aber vor allem mithilfe von Zahlen in eine erfolgreiche Zukunft gesteuert werden. Mittels eines leistungsfähigen Controllings können Führungsentscheidungen vorbereitet und fundiert werden. Controlling umfasst durchaus Kontrollaufgaben, aber auch Analysen und Lösungsvorschläge für aufgedeckte Probleme. Darüber hinaus dient es der Beurteilung von Stärken und Schwächen sowie Chancen und Risiken, es kann somit – richtig ausgestaltet – als Frühwarnsystem dienen. Getroffene Entscheidungen werden außerdem im Rahmen des Controllings in ihrer Wirkung beurteilt. Der Bereich Controlling dient des Weiteren der Effizienzsteigerung und der Qualitätsverbesserung oder -sicherung im Unternehmen. Mitunter wird das Controlling bzw. der Controller auch als das „wirtschaftliche Gewissen" im Unternehmen bezeichnet. Tatsächlich hängt der wirtschaftliche Erfolg eines Unternehmens sehr stark von der Fähigkeit der Unternehmensleitung ab, betrieblichen Problemen vorzubeugen, diese mindestens aber rechtzeitig zu erkennen und Lösungen zu finden. Dies kann jedoch nur gelingen, wenn auf Basis der Buchführung und der Kostenrechnung entscheidungsrelevante Informationen stets zeitnah zur Verfügung stehen.

Die Kosten- und Leistungsrechnung und das darauf aufbauende Controlling sind für die Führung eines Unternehmens von besonderer Bedeutung und werden zunehmend wichtiger. Für kleine und mittelständische Unternehmen – und das sind weit mehr als 90% aller Unternehmen in Deutschland – ist der Bankenkredit die klassische und wichtigste Form der Fremdfinanzierung. Verstärkt klagen Unternehmen über Probleme bei der Kreditvergabe und schwierige Finanzierungsbedingungen. Tatsächlich ist das Verhalten der Banken schon seit einiger Zeit sehr restriktiv. Allerdings übersehen Unternehmer auch mitunter, dass sie selbst zu einem erheblichen Teil dazu beitragen können und müssen, ihre Bonität zu verbessern. Reichten früher der persönliche Kontakt zur Bank und die Vorlage der letzten 3 Jahresabschlüsse vielfach aus, um den gewünschten Kredit zu erhalten, ist es damit mittlerweile vorbei.

17.4.1 Rating

Für die geänderten Kreditvergabebedingungen gibt es verschiedene Gründe – ein wichtiger ist die neue Baseler Eigenkapitalvereinbarung, besser bekannt als „Basel II". Nach mehreren angekündigten „Startterminen" müssen die Regeln gemäß der entsprechenden EU-Richtlinie seit Januar 2007 umgesetzt werden. Sie bewirken, dass die Banken ihre Kredite stärker an dem individuellen Risiko orientieren müssen, was aber schon länger gängige Praxis ist. Ab 2014 ist das unter „Basel III" bekannte Regelwerk relevant und macht die Situation für Nachfrager von Fremdkapital nicht leichter. Die Riskoeinschätzung erfolgt im Rahmen eines so genannten „Rating". Hierbei handelt es sich um eine Bewertung des Unternehmens, in die alle wichtigen Bereiche des Unternehmens einbezogen werden. Das Rating kann durch externe Rating-Agenturen erfolgen, wird jedoch insbesondere bei kleineren Unternehmen aus Kostengründen eher durch ein Kreditinstitut vorgenommen werden. Beurteilt werden beispielsweise:

- Die Unternehmensentwicklung,
- Konjunkturabhängigkeit und sonstige Abhängigkeiten (Lieferanten, Kunden),
- Wettbewerbsposition,
- Risikomanagement/-früherkennung,
- Transparenz (frühzeitige und freiwillige Offenlegung von Informationen gegenüber der Bank),
- Zukunftsfähigkeit/Zukunftspläne und deren Realisierbarkeit,
- Qualität des Managements (Qualifikation, Erfahrung, Führungsstil, Motivationsfähigkeit …),
- Rechnungswesen und Controlling.

Je schlechter die Beurteilung ausfällt, umso höhere Zinsen muss der Kreditsuchende zahlen – im schlechtesten Fall reicht die Bonität (oder das Interesse des Kreditinstituts an dem Kunden) nicht aus, um überhaupt einen Kredit zu bekommen. Schon länger orientieren sich Kreditinstitute an den obigen Kriterien, und schon seit einiger

Zeit differenzieren verschiedene Förderdarlehen bei der Zinshöhe je nach Bonität des Kreditnehmers.

Das Controlling ist also ein „Muss" zur Sicherung der Kreditwürdigkeit und angemessener Konditionen. In den meisten kleineren und mittelständischen Unternehmen sind gravierende Qualitätsverbesserungen erforderlich, die Zeit und Geld kosten, aber auch gute Chancen für die Zukunft beinhalten. Existenzgründer haben die Chance – und sollten sie nutzen –, ihr Unternehmen von Beginn an konsequent an den neuen Anforderungen auszurichten und zukunftsfähig zu gestalten. Ein leistungsfähiges Controlling ist der Schlüssel dazu.

Das Controlling besteht aus zwei Bereichen, die aufgrund ständiger Wechselwirkungen eng miteinander zusammenhängen. Man unterscheidet zwischen dem strategischen und dem operativen Controlling.

Bei dem strategischen Controlling stehen die künftigen Chancen und Risiken im Mittelpunkt der Betrachtung – mit dem Ziel der langfristigen Existenzsicherung des Unternehmens. Es muss im Wesentlichen die Frage beantwortet werden: „Wie und wodurch kann sich das Unternehmen positiv weiterentwickeln?"

Diese Frage hängt eng mit der zentralen Frage des Marketing zusammen: „Wie kann die Befriedigung von Kundenbedürfnissen optimiert werden?" Nur Unternehmen, die marktgerecht handeln und sich konsequent an den Kundenbedürfnissen orientieren, werden auch ihre eigenen Ziele erreichen. Hier wird bereits deutlich, dass Controlling nicht losgelöst von anderen Unternehmensbereichen gesehen werden kann. Vielmehr handelt es sich um eine Schlüsselaufgabe, die sich systematisch auf sämtliche Teilbereiche erstrecken muss. Schließlich kann nur ein optimales Zusammenspiel den langfristigen Erfolg gewährleisten.

17.4.2 Ziele

Das Controlling konzentriert sich nicht nur auf das Unternehmen selbst, sondern ganz wesentlich auch auf das unternehmerische Umfeld (z. B. veränderte gesetzliche Rahmenbedingungen, Konkurrenten, Innovationen etc.)., weil nur eine ganzheitliche Betrachtung das rechtzeitige Erkennen von Chancen und Risiken ermöglicht.

Wichtige strategische Ziele sind z. B.:

- Entwicklung neuer Produkte und Dienstleistungen,
- Erschließung neuer Märkte,
- Verbesserung des Marktanteils,
- Kontinuierliche Verbesserung der Prozesse im Unternehmen und
- Systematische Personalentwicklung.

Das operative Controlling beschäftigt sich auf der Basis des strategischen Controllings mit der Frage: „Was ist kurzfristig zu tun, um die langfristigen Ziele zu erreichen?" Dabei geht es im Wesentlichen um die Jahresplanungen. Es werden Pläne für das kommende Geschäftsjahr erstellt und laufend kontrolliert, um Abweichungen frühzeitig zu erkennen. Da jede Planung auf unvollkommenen Informationen und einer unsicheren Zukunft basiert, sind Abweichungen an der Tagesordnung. Deshalb wäre es wirtschaftlicher Unsinn, jede kleinere Abweichung zu analysieren und korrigieren zu wollen. Es muss im Vorfeld festgelegt werden, welche Abweichungen vom Plan noch toleriert werden und wann Handlungsbedarf besteht. Die operativen Ziele müssen operational formuliert werden, um eine spätere Kontrolle zu ermöglichen, d. h. die Erreichung des Ziels oder auch die Abweichung müssen messbar sein. Eine Formulierung wie z. B.: „Wir müssen besser werden" hilft nicht weiter, weil Sie nicht erkennen können, ob Sie dieses Ziel erreicht haben. Worin wollen Sie besser werden und wie soll sich die Verbesserung zeigen? Die Operationalisierung der Ziele erfolgt in der Regel mithilfe von Kennzahlen. Operative und gleichzeitig operationale Ziele können z. B. sein:

Erreichung einer Liquidität 1. Grades zwischen 5% und 10%: Verschiedene Grade der Liquidität sagen etwas über die Fähigkeit des Unternehmens aus, seinen kurzfristigen Verbindlichkeiten nachzukommen. Die Liquidität 1. Grades sollte sich zwischen 5% und 10% bewegen. Läge sie etwa bei 1%, hieße dies, Ihre flüssigen Mittel reichen gerade aus, um Ihre kurzfristigen Schulden begleichen zu können. Fällt die Kennzahl unter 1%, bedeutet dass, Ihre kurzfristigen Schulden sind höher als die finanziellen Mittel. Die Liquidität 1. Grades wird wie folgt berechnet: (Flüssige Mittel/Kurzfristige Verbindlichkeiten (z. B. Lieferantenrechnungen) · 100%).

> **BEISPIEL:** Sie verfügen über Bargeld in Höhe von 8.000 € und haben noch unbezahlte Rechnungen in Höhe von 1.000 €. Ihre Liquidität 1. Grades beträgt in diesem Fall 8% ((8.000/1.000) · 100%) und ist somit in Ordnung.

Erhöhung des Umsatzes pro Mitarbeiter auf 100.000 €: Hier sind unterschiedliche Vorgehensweisen möglich. Es ist in Unternehmen üblich, den Umsatz auf alle Mitarbeiter umzulegen – also auch diejenigen, die selbst keinen Umsatz erwirtschaften (z. B. Verwaltung). Darüber hinaus können auch mit den im Verkauf beschäftigten Mitarbeitern individuelle Zielvereinbarungen getroffen werden. Allerdings sollten die Ziele nicht einfach vorgegeben, sondern gemeinsam mit dem Mitarbeiter vereinbart werden, damit dieser sich mit den Zielen identifizieren kann. Es ist auch wichtig zu wissen, dass es sich negativ auf die Motivation eines Mitarbeiters auswirkt, wenn die Ziele zu niedrig gesteckt sind und darum allzu leicht erreicht werden können. Werden die Ziele unrealistisch und deutlich zu hoch angesetzt, führt dies dazu, dass der Mitarbeiter sich erst gar nicht bemühen wird, sie zu erreichen. Vereinbaren Sie darum ehrgeizige, aber erreichbare Ziele.

Erhöhung der Eigenkapitalrentabilität auf 20 %: Die Eigenkapitalrentabilität gibt Aufschluss darüber, in welcher Höhe sich das im Unternehmen eingesetzte Eigenkapital verzinst. Die Verzinsung sollte auf jeden Fall deutlich über dem üblichen Marktzins für langfristige Kapitalanlagen liegen. Schließlich handelt es sich um keine absolut sichere Anlage, sondern es besteht immer ein unternehmerisches Risiko. Die Eigenkapitalrentabilität wird wie folgt berechnet: (Gewinn/Eigenkapital) · 100.

> **BEISPIEL:** Ihr Gewinn beträgt 3.000 € und Sie haben Eigenkapital in Form von Sacheinlagen und Bargeld im Wert von 100.000 € eingesetzt. Die Eigenkapitalrentabilität beträgt somit 3% ((3.000/100.000) · 100%).

Dies ist für Existenzgründer nicht ungewöhnlich, auf längere Sicht aber deutlich zu wenig. In anderen Anlageformen könnten Sie Ihr Geld wirtschaftlicher anlegen, ohne das unternehmerische Risiko tragen zu müssen.

Reduzierung des Kundenziels auf 20 Tage: Das Kundenziel sagt aus, nach welcher Zeit Ihre Kunden im Durchschnitt bezahlen. Ein möglichst niedriges Kundenziel, also der rasche Ausgleich Ihrer Forderungen, ist wichtig für Ihre eigene Zahlungsfähigkeit. In der Praxis sind die durchschnittlichen Kundenziele je nach Branche unterschiedlich und liegen häufig deutlich über dem obigen Wert von 20 Tagen. Eine Verschlechterung des Zahlungsziels kann an der konjunkturellen Lage liegen, aber auch daran, dass Sie Kunden mit schlechterer Bonität beliefern. Ein konsequentes Forderungsmanagement kann helfen, die Situation zu verbessern (vgl. auch Kapitel 18: Forderungsmanagement). Das Kundenziel wird wie folgt berechnet: 360/Debitorenumschlag. Mit Debitoren sind Kunden gemeint und der Debitorenumschlag wird so berechnet: Umsatzerlöse brutto (inkl. Umsatzsteuer)/durchschnittliche Forderungen aus Lieferungen und Leistungen. Die benötigten Zahlen liefert Ihnen Ihre Buchhaltungssoftware – vorausgesetzt natürlich, die Buchführung wird zeitnah und korrekt erledigt.

BEISPIEL: Ihre Umsatzerlöse inklusive Mehrwertsteuer betragen 50.000 €. Im Durchschnitt sind Kundenrechnungen in Höhe von 4.000 € offen. Der Debitorenumschlag beträgt somit 12,5 (50.000/4.000). Das Kundenziel liegt bei 28,8 (360/12,5).

Steigerung der Kundenzufriedenheit auf 95%: Ihre Kundenzufriedenheit können Sie durch einfache mündliche oder schriftliche Befragung messen. Soll der Kunde einen schriftlichen Fragebogen ausfüllen, sind ggf. Anreize zu schaffen, damit er sich die Zeit dafür nimmt (z. B. Gutschein). Eine Zufriedenheit von 100% werden Sie auch bei allen Anstrengungen aller Voraussicht nach nicht erreichen können. Es wird immer Kunden geben, die einfach nicht zufrieden zu stellen sind, auch wenn Sie noch so gute Leistungen erbringen. Hohe Werte von deutlich über 90% dürfen aber nicht dazu führen, sich auf den „Lorbeeren" auszuruhen, weil sich die Bedürfnisse der

Kunden verändern. Nur kontinuierliche Bemühungen werden Ihnen eine hohe Kundenzufriedenheit auch langfristig sichern.

17.4.3 Instrumente

Um die strategischen und operativen Ziele zu erreichen, bedient man sich verschiedener Instrumente. Einige davon können auch in Klein- und Kleinstunternehmen leicht und ohne großen Aufwand eingesetzt werden. Dazu gehören z. B.:

Benchmarking (strategisch): Benchmarking bedeutet „Lernen von den Besten". Dabei geht es um einen kontinuierlichen Prozess mit dem Ziel, sich fortlaufend zu entwickeln und zu verbessern. Dabei findet ein Vergleich zwischen dem eigenen und anderen Unternehmen statt. Es geht darum herauszufinden, was die Besten der Branche auszeichnet und was man selbst daraus lernen kann. Auch ein Vergleich mit branchenfremden Unternehmen kann weiterhelfen, wenn diese bestimmte Teilprobleme besonders gut gelöst haben. Ein „echtes" Benchmarking ist in der Praxis nicht einfach umzusetzen, insbesondere weil zunächst geeignete Partner für den Vergleich gefunden werden müssen. Die Besten auf Ihrem Gebiet oder in ihrer Branche sind naturgemäß eher wenig motiviert, sich „in die Karten blicken" zu lassen. Eine Art „Benchmarking" im kleinen Rahmen ist aber immer möglich. Sie können sich Unternehmernetzwerken anschließen, in denen ein konstruktiver Austausch stattfindet, um voneinander zu lernen.

Konkurrenz-Analyse (strategisch): Die richtige Einschätzung der Konkurrenz kann ein wesentlicher Erfolgsfaktor sein. Jeder Kunde hat in der Regel die Wahl zwischen einer Vielzahl von Anbietern und Sie wollen, dass er sich für Sie entscheidet. Dies wird er aber nur tun, wenn Sie ihm Vorteile verschaffen, die ihm die Konkurrenz nicht bieten kann oder will. Darum ist eine systematische Konkurrenz-Analyse wichtig. Sie gibt Ihnen zusätzliche Verkaufsargumente an die Hand, wenn sie schlechter ist als Sie und beinhaltet die Chance, Verbesserungsmöglichkeiten zu erkennen, wenn sie besser ist. Legen Sie Kriterien fest, anhand derer Sie die Konkurrenz beurteilen wollen (Preis, Werbung, Image, Service, Öffnungszeiten etc.) und analysieren Sie dann regelmäßig (etwa einmal im Jahr) die wichtigsten Wettbewerber. Darüber hinaus muss aber auch eine kontinuierliche Beobachtung erfolgen, um rasch reagieren zu können – falls nötig (z. B. auf Preisaktionen und Ähnliches).

ABC-Analyse (operativ): Die ABC-Analyse kann vielseitig eingesetzt werden. So können Aufgaben nach ihrer Priorität gegliedert werden. A hat oberste Priorität und muss durch die Geschäftsleitung erledigt werden. B kann delegiert werden und C ist unwichtig. Dieses Vorgehen verhindert, dass Sie sich in Ihrem Tagesgeschäft verzetteln und wichtige A-Aufgaben unerledigt bleiben.

Die ABC-Analyse kann auch eingesetzt werden, um Kunden, Lieferanten oder Produkte zu kategorisieren. Entnehmen Sie z. B. Ihrer Buchhaltung, mit welchem Kunden Sie den größten Umsatz erwirtschaftet haben, welcher kommt an 2., 3. Stelle usw. Erstellen Sie eine Tabelle mit dieser Rangfolge und ermitteln jeweils den prozentualen Umsatz mit diesem Kunden, gemessen am Gesamtumsatz. In einer weiteren Spalte rechnen Sie die jeweiligen prozentualen Umsätze zusammen und ermitteln den kumulierten Umsatz.

BEISPIEL: Kunde Müller hat einen Anteil am Gesamtumsatz von 10%, Kunde Meier einen Anteil von 5% – beide zusammen haben einen Anteil von 15% am Umsatz. Der kumulierte Umsatz beträgt 15%. Bis zu einem kumulierten Umsatz von 80% handelt es sich um A-Kunden. Mit Ihren A-Kunden erwirtschaften Sie demnach 80% Ihres Umsatzes. Zwischen dem kumulierten Umsatz von 80 und 95% liegen Ihre B-Kunden. Mit Ihnen erwirtschaften Sie 15% Ihres Umsatzes und die übrigen Kunden machen nur einen Anteil von 5% am Gesamtumsatz aus. Es handelt sich um Ihre C-Kunden.

Das Gleiche funktioniert auch z. B. in der Materialwirtschaft und im Einkauf. Auf Basis dieser Erkenntnis können Sie entsprechende Maßnahmen planen – etwa, wie durch geeignete Marketingaktionen B-Kunden zu A-Kunden gemacht werden können oder wie der Umsatz mit A-Kunden durch zusätzliche Anreize gesteigert werden kann (Exklusivangebote, Einladung zu Veranstaltungen etc.).

Deckungsbeitragsrechnung (operativ): Die Deckungsbeitragsrechnung ist eine sinnvolle Alternative zu der oben beschriebenen Vollkostenrechnung. Bei der Vollkostenrechnung werden sämtliche Kosten dem Kostenträger zugeordnet, um auf dieser Basis eine Preiskalkulation durchzuführen. Die Vollkostenrechnung hat jedoch eine Reihe von Schwächen. Sie kann z. B. nicht aufzeigen, welchen Beitrag zum Betriebsergebnis bzw. zur Deckung der fixen Kosten ein einzelnes Produkt oder eine Produktgruppe leistet. Auch ist die Verteilung der Gemeinkosten aufgrund ungeeigneter Schlüssel oftmals zu ungenau. Darüber hinaus führt die Kalkulation auf Vollkostenbasis mitunter zu nicht marktfähigen, weil zu hohen Preisen. Diesen Schwächen kann man mithilfe der Deckungsbeitragsrechnung begegnen. Die Deckungsbeitragsrechnung unterscheidet zwischen fixen und variablen Kosten. Die Kostenträger werden nur mit den direkt zurechenbaren, variablen Kosten belastet. Die fixen Kosten werden als Gesamtblock in die Betriebsergebnisrechnung übernommen. Variable Kosten variieren je nach der Betriebsleistung. Je mehr produziert oder verkauft wird, umso höher sind die variablen Kosten. Sie fallen vollständig weg, wenn keine Leistungen erbracht werden.

BEISPIEL: Ihr Wareneinsatz – also der Einkaufspreis der *abgesetzten* (nicht der angeschafften!) Waren – ist gleich null, wenn Sie keine Waren verkaufen. Er ist umso höher, je mehr Waren Sie absetzen. Der Materialaufwand in der Produktion ist gleich null, wenn Sie nichts produzieren. Je mehr Sie herstellen, umso höher ist auch der Materialaufwand.

Bei den fixen Kosten handelt es sich um Positionen, die unabhängig von der Betriebsleistung anfallen. Sie fallen auch dann an, wenn Sie nichts verkaufen oder nichts herstellen. Beispiele hierfür sind: Miete, Gehälter, Versicherungen etc. Fixe Kosten können in der Regel nicht kurzfristig verändert werden.

Den Deckungsbeitrag ermitteln Sie wie folgt: Umsatzerlöse ./. variable Kosten.

BEISPIEL: Sie wollen ermitteln, welchen Beitrag zur Deckung der Fixkosten ein bestimmtes Produkt leistet und ob es sich lohnt, dieses Produkt weiterhin im Sortiment zu führen. Durch Eingabe einer bestimmten Nummer in die Registrierkasse erfassen Sie die Umsätze nach Produkten und Produktgruppen getrennt und können deshalb jederzeit die verkaufte Stückzahl und den entsprechenden Umsatz abrufen. Er beträgt in dem Sie interessierenden Fall 60.000 €. Ihre variablen Kosten – der Wareneinsatz – beträgt 59.000 €. Der Deckungsbeitrag liegt bei 1.000 € (60.000 € ./. 59.000 €) oder 1,67% ((1.000/60.000) · 100). Das ist nun nicht gerade viel und man könnte auf die Idee kommen, das Produkt aus dem Sortiment zu entfernen, weil sich der Verkauf nicht lohnt. Es sind aber immerhin die variablen Kosten gedeckt und darüber hinaus noch 1.000 € Ihrer fixen Kosten. Die fixen Kosten fallen ohnehin an, ob Sie etwas verkaufen oder nicht. Entfernen Sie also das obige Produkt aus dem Sortiment, würde sich Ihr Betriebsergebnis um den Deckungsbeitrag von 1.000 € verschlechtern.

Kurzfristige Erfolgsrechnung (operativ): Die kurzfristige Erfolgsrechnung wird in der Praxis monatlich erstellt und ist ein wichtiges Steuerungs- und Kontrollinstrument. Alle wichtigen Daten werden übersichtlich dargestellt und können besonders in kleineren Unternehmen quasi „auf einen Blick" erfasst werden. Die kurzfristige Erfolgsrechnung baut auf der Deckungsbeitragsrechnung auf und trennt die fixen von den variablen Kosten. Sie sieht – vereinfacht dargestellt – wie folgt aus:

Kurzfristige Erfolgsrechnung (KER)/Betriebsergebnisrechnung			
	Produkt(gruppe) 1		
	Monat		Kumuliert (Addition der bisherigen Monatsdaten)
	€	%	€	%
Umsatzerlöse				
./. variable Kosten				
= Deckungsbeitrag				
./. fixe Kosten				
= Betriebsergebnis				
+ neutrale Erträge (Einnahmen)				
./. neutrale Aufwendungen (Ausgaben)				
= Gesamtergebnis				

Break-even-Analyse (operativ): Mithilfe der Break-even-Analyse wird entweder grafisch oder rechnerisch aufgezeigt, wann die Gewinnschwelle erreicht wird. Der Break-even-Point ist der Punkt, der die Gewinnzone und die Verlustzone trennt. Die Ermittlung des Break-even-Points setzt die gesonderte Erfassung der fixen und variablen Kosten voraus. Die Berechnung kann deshalb ohne weiteres auf Basis der kurzfristigen Erfolgsrechnung erstellt werden. Im Rahmen Ihrer Gründungsplanung ist es sinnvoll, den Break-even-Umsatz zu ermitteln. Das ist der Umsatz, der alle fixen und variablen Kosten deckt. Sie erfahren also, welchen Umsatz Sie mindestens tätigen müssen, um kostendeckend zu arbeiten und ab welchem Umsatz Sie Gewinn erwirtschaften. Später hilft die Break-even-Analyse dabei, vorausschauend zu planen, ob sich bestimmte Aktivitäten lohnen. Sie zeigt außerdem die Auswirkungen von Veränderungen der fixen und variablen Kosten auf. Die größte Aussagekraft erreichen Sie, wenn Sie diese Analyse nicht nur für das gesamte Unternehmen, sondern für einzelne Bereiche (z. B. Produktgruppen) vornehmen, um Stärken und Schwächen zu erkennen. Der Break-even-Umsatz wird wie folgt berechnet: Fixe Kosten/Deckungsbeitrag in Prozent.

Innerbetriebliches Vorschlagswesen (operativ): Mit dem innerbetrieblichen Vorschlagswesen können Sie das Know-how Ihrer Mitarbeiter besser nutzen. Diese wissen oft am besten, wo und wie Prozesse im Unternehmen verbessert werden können. Das Wissen bleibt nur allzu oft ungenutzt, weil die Mitarbeiter nicht ermuntert werden, Vorschläge zu unterbreiten. Ein unangemessener Führungsstil kann sogar dazu führen, dass sie Repressalien fürchten, wenn sie es „wagen", Kritik zu üben und eigene Vorschläge zu unterbreiten. Prämien für vorteilhafte und umsetzbare Vorschläge können zusätzliche Anreize für die Mitarbeiter schaffen, über Verbesserungsmöglichkeiten nachzudenken. Übrigens können Sie auch Kunden in diesen Prozess einbeziehen.

Neben dem Einsatz verschiedener Controllinginstrumente sollten auf jeden Fall die regelmäßige Überarbeitung Ihrer Planzahlen und kontinuierliche Soll-Ist-Vergleiche zur Selbstverständlichkeit werden.

Links zum Thema

http://www.bundesbank.de/– Bundesbank – Suche: Basel II und/oder Basel III; http://www.controllingportal.de/ Controllingportal (wie der Name schon vermuten lässt).

18. Kapitel

Forderungsmanagement

Viele Existenzgründer machen sich über ihr Forderungsmanagement frühestens dann Gedanken, wenn die ersten Rechnungen unbezahlt bleiben. Dies ist deutlich zu spät. Zum einen, weil Forderungsausfällen – wenn auch nicht hundertprozentig – so aber doch einigermaßen effizient vorgebeugt werden kann. Zum anderen müssen Sie Forderungsausfälle in aller Regel schon in Ihre Gründungsplanung einbeziehen.

In Ihrem Businessplan sollten Sie von vornherein Forderungsausfälle einkalkulieren, wenn Sie nicht ausschließlich Bargeschäfte tätigen oder in der glücklichen Lage sind, dass Ihre Kunden die Zahlung per Vorauskasse akzeptieren (z. B. als Ebay-Profiseller).

Die Zahlungsmoral hierzulande ist leider ausgesprochen schlecht und häufig geht es nicht einmal um das „Nicht-Zahlen-Können", sondern um das „Nicht-Zahlen-Wollen". In Ihrem Businessplan sollten Sie daher auf jeden Fall die branchenüblichen Forderungsausfälle berücksichtigen, weil Ihre Liquidität auch dann gesichert sein muss, wenn nicht jeder Kunde seine Rechnung (fristgerecht) bezahlt.

Forderungsausfälle können im schlimmsten Fall ein Unternehmen in die Insolvenz treiben.

Sie sind insbesondere deshalb so weit wie irgend möglich im Vorfeld zu vermeiden, weil Sie mitunter keine einzige legale Möglichkeit haben, auf *schnellem* Wege an Ihr Geld zu kommen. Kann oder will der Kunde nicht zahlen, kann es ein langwieriger und auch teurer Weg werden, Ihre berechtigte Forderung einzutreiben. Sie werden fortwährend weiter mit Ihrer Zeit, Arbeitskraft und auch finanziell in Vorleistung gehen müssen, um überhaupt etwas zu bewirken.

Eine wesentliche Verbesserung ist auch durch das im Jahre 2000 in Kraft getretene „Gesetz zu Beschleunigung fälliger Zahlungen" nicht eingetreten. Die Absicht dieses Gesetzes geht schon aus der Bezeichnung hervor. In der Praxis ist für die Unternehmer allerdings keine nennenswerte Verbesserung der Situation eingetreten. Noch immer geraten tagtäglich hart und ehrlich arbeitende Existenzgründer und Unternehmer in Schwierigkeiten oder in die Insolvenz, weil Schuldner ihre Rechnungen nicht begleichen können und häufig auch nicht begleichen wollen. Wer einmal einem verzweifelten Existenzgründer, der wegen derartiger Probleme seine Miete nicht mehr bezahlen konnte, in die Augen gesehen hat, wird wohl dem Report „Der Schuldenkönig" nichts abgewinnen können (bitte erwarten Sie keinen Linktipp hierzu). Wenn es ums Geld verdienen geht, haben viele Menschen leider keine Skrupel und schrecken auch nicht davor zurück, eine Anleitung zu veröffentlichen, wie man ehrliche Gläubiger schädigt oder in den Ruin treibt.

Dort heißt es z. B.:

> „Dieser Report zeigt augenzwinkernd und humorvoll formuliert auf, wie es immer wieder erfolgreich gemacht wird. Auch wenn Sie keine Schulden haben, werden Sie diesen Report genießen. Vielleicht wird er Sie sogar inspirieren, Schulden zu machen…
> Denn: Während der uninformierte Schuldenanfänger bei einem Konkurs immer mit einem Bein im Knast steht, steht der Schuldenkönig trotz Konkurs und Offenbarungseid mit beiden Beinen auf einem ständig wachsenden Vermögensberg."

Und weiter:

> „… warum Sie keinen guten Grund brauchen, um Ihre Schulden nicht zu zahlen, wenn Sie aber einen haben, umso besser …,
> wie Sie Ihren Gläubiger verwirren und mit internen Nachforschungen aufhalten, die ihm nichts bringen außer Zeitverlust und Kosten …"

Auf der Internetplattform akademie.de finden Sie einen Artikel, der die miesen Machenschaften des Schuldenkönigs juristisch „unter die Lupe" nimmt. Der Artikel ist lesenswert, wird Ihnen aber im „Fall der Fälle" auch nur bedingt weiter helfen, denn Recht haben und bekommen sind bekanntlich mitunter zwei verschiedene Dinge ebenso wie die Strafbarkeit eines Verhaltens und die wirksame Ahndung desselben.

Daher ist es umso wichtiger, sich selbst vor unseriösen Geschäftspartnern und Forderungsausfällen zu schützen. So gut es geht. Seit dem 1. 7. 2010 ist dies allerdings noch schwieriger geworden. Seitdem kann sich ein Schuldner besser vor Kontopfändungen schützen. Der Freibetrag kann, anders als zuvor, von vornherein auf dem Konto geschützt werden. Möglich macht dies das so genannte P-Konto (Pfändungsschutzkonto). Das Konto soll nach Aussage des Gesetzgebers nicht nur den Schuldner, sondern auch den Gläubiger schützen: „Denn wer weiter arbeiten gehen und mit seinen pfandfreien Einkünften wirtschaften kann, wird am Ende auch seine Schulden tilgen können."

In der Praxis erschwert dies dem Gläubiger, einen *berechtigten* Anspruch zu realisieren; auch und gerade in den nicht seltenen Fällen, in denen ein Schuldner gar nicht zahlen will.

Nicht selten sind es jedoch die Unternehmer selbst, die eine entscheidende Mitschuld an ihren hohen Außenständen tragen, weil sie ihr Forderungsmanagement und häufig auch ihr Rechnungswesen zugunsten des Tagesgeschäfts fast sträflich vernachlässigen. Mit einem professionellen Forderungsmanagement können Sie effizient und ohne großen Aufwand Ihr Ausfallrisiko mit den folgenden Maßnahmen von Beginn an minimieren:

- Bei größeren Aufträgen Bonitätsauskünfte über den potenziellen Kunden einholen,

- klare vertragliche Vereinbarungen,

- Vereinbarungen von Anzahlungen/Abrechnung nach Erbringung von Teilleistungen,

- Versand einwandfreier Ware/Erbringung einwandfreier Leistungen,

- Schaffung von Anreizen zur raschen Zahlung (z. B. Skonti),

- frühzeitige Rechnungsstellung,

- Versand der Rechnung mit der Ware oder doppelter Rechnungsversand bei größeren Aufträgen – z. B. per Post und E-Mail (seit dem 1. Juli 2011 sind elektronische und „klassische" Papierrechnungen gleichgestellt; die Echtheit muss aber z. B. durch eine elektronische Signatur i. S. d. Signaturgesetzes gewährleistet sein),

- ordnungsgemäße Rechnung inklusive aller gesetzlichen Bestandteile,

- Rechnungsstellung an den richtigen Schuldner,

- Vereinbarung kalendermäßig bestimmter Zahlungstermine,

- frühzeitige Erinnerung/Mahnung,

- konsequentes Vorgehen bei Nichtzahlung ohne Verzögerungen.

Sofern es sich um größere Rechnungsbeträge handeln wird und Sie noch keine Geschäftsbeziehungen zu dem Kunden unterhalten, lohnt es sich, vorab eine Bonitätsauskunft einzuholen. Diese Auskünfte basieren auf Daten der Vergangenheit und können darum auch keine Garantie dafür bieten, dass Ihr Kunde in der Zukunft zahlungsfähig und -willig sein wird. Allerdings werden Sie erfahren, ob bereits z. B. bereits ein Insolvenzverfahren eingeleitet wurde oder aber der Kunde „nur" regelmäßig verspätet zahlt. Sie können Ihr Risiko mithilfe dieser Auskünfte besser einschätzen und unzuverlässige oder bereits zahlungsunfähige Kunden von Ihren Leistungen ausschließen. Diese Auskünfte bekommen Sie über Privatpersonen ebenso wie über Geschäftskunden in der Regel sehr schnell, z. B. direkt als Download aus dem Internet oder per Telefon.

Schon im Rahmen der Vertragsgestaltung – also in einem Zeitpunkt, zu dem weder Sie noch Ihr Kunde mit einem Rechtsstreit rechnen und das Verhältnis entspannt ist – können Sie durch bestimmte Formulierungen dazu beitragen, spätere Missverständnisse zu vermeiden. So ist es beispielsweise möglich und empfehlenswert, vertraglich einen fixen Zahlungstermin zu vereinbaren. (Bsp.: Der Kaufpreis/das Honorar beträgt … € und ist fällig am 30. 9. 2014.). Diese Vereinbarung hat den Vorteil, dass der Zahlungstermin kalendermäßig genau bestimmt ist und somit Verzug auch ohne Mahnung eintritt. Sie können also ab dem frühest möglichen Zeitpunkt Verzugszinsen berechnen. Zudem müssen Sie im Falle eines Rechtsstreits nicht – den oft schwierigen – Beweis antreten, dass der Schuldner eine Mahnung erhalten hat. Auch können Sie eine „sofortige Zahlung" nach Erhalt der Ware/Erbringung der Leistung vereinbaren – mit dem Zusatz „Verzug tritt ohne Mahnung" ein. Dies ist allerdings nur in individuellen Einzelverträgen mit Ihren Kunden möglich, nicht aber in Allgemeinen Geschäftsbedingungen.

Der Schuldner gerät unter Umständen gemäß § 286 Absatz 3 BGB (Bürgerliches Gesetzbuch) automatisch in Verzug, wenn er nicht spätestens innerhalb von 30 Tagen nach Fälligkeit und Zugang der Rechnung die Zahlung leistet: „Der Schuldner einer Entgeltforderung kommt spätestens in Verzug, wenn er nicht innerhalb von 30 Tagen nach Fälligkeit und Zugang einer Rechnung oder gleichwertigen Zahlungsaufstellung leistet; dies gilt gegenüber einem Schuldner, der Verbraucher ist, nur, wenn auf diese Folgen in der Rechnung oder Zahlungsaufstellung besonders hingewiesen worden ist. Wenn der Zeitpunkt des Zugangs der Rechnung oder Zahlungsaufstellung unsicher ist, kommt der Schuldner, der nicht Verbraucher ist, spätestens 30 Tage nach Fälligkeit und Empfang der Gegenleistung in Verzug."

Befindet sich der Schuldner im Verzug, dürfen auch Verzugszinsen berechnet werden. Die Höhe der Verzugszinsen ist gesetzlich geregelt, sie kann jedoch auch einzelvertraglich vereinbart werden. Haben Sie mit Ihren Kunden nichts vereinbart, so gelten die gesetzlichen Regelungen. Nach § 288 BGB dürfen Sie Verbrauchern, also Privatkunden, 5% über dem Basiszinssatz als Verzugszinsen berechnen. Bei Geschäftskunden dürfen Sie höhere Verzugszinsen ansetzen – und zwar in Höhe von 8% über dem jeweiligen Basiszinssatz.

Dieser Basiszinssatz wurde zum 1. 1. 2014 auf – 0,63% (das „Minus" ist kein! Druckfehler) festgesetzt und verändert sich regelmäßig zum 1. Januar und zum 1. Juli eines Jahres. Er kann auf der Homepage der Deutschen Bundesbank abgerufen werden.

BEISPIEL: Ihr Privatkunde P ist in Verzug geraten. Sie wollen Verzugszinsen berechnen, haben hierzu aber vertraglich nichts vereinbart, daher gelten die gesetzlichen Regelungen. Sie dürfen 5% über dem aktuellen Basiszinssatz berechnen. Dieser beträgt seit dem 1. Januar 2014 –0,63%. Demnach können Sie maximal 4,37% Verzugszinsen in Rechnung stellen, es sei denn, Sie können nachweisen, dass Sie selbst aufgrund der ausgebliebenen Zahlung höhere Zinsen bezahlen mussten – z. B. wegen der Überziehung Ihres Kontos. Wäre der Kunde ein Geschäftskunde könnten Sie 7,37% Verzugszinsen berechnen.

Wollen Sie pauschale Mahngebühren erheben, empfiehlt es sich, diese ebenfalls vertraglich zu vereinbaren. Das können Sie auch im Rahmen Ihrer Allgemeinen Geschäftsbedingungen tun, müssen dann jedoch darauf achten, dass nicht bereits bei der ersten Mahnung eine Pauschale anfällt, wenn Sie den Kunden durch die Mahnung erst in Verzug setzen müssen. Eine anders lautende Klausel in ihren AGB wäre unwirksam.

Kaufleute können – auch in Allgemeinen Geschäftsbedingungen – den Gerichtsstand frei vereinbaren. Gehören also Sie selbst und auch Ihr Vertragspartner zu den Kaufleuten, ist es sinnvoll, eine Gerichtsstandvereinbarung zu treffen. Betreiben Sie beispielsweise Ihr Geschäft in Köln, genügt der schlichte Satz: „Der Gerichtsstand ist Köln." Der Vorteil liegt darin, dass ein eventueller Rechtsstreit in Ihrer Nähe geführt wird, was Zeit und Kosten spart. Andernfalls wäre der Gerichtsstand der – womöglich weit entfernte – Wohnsitz bzw. Sitz der Niederlassung des Schuldners. Diese Möglichkeit steht jedoch nur Kaufleuten offen – Gerichtsstandvereinbarungen mit Privatkunden sind nur in sehr engen Grenzen möglich (z. B. für den Fall, dass der Schuldner später seinen Wohnsitz ins Ausland verlegt).

Wenn Ihre Verträge eindeutig und rechtssicher formuliert sind, kann Ihnen dies im Falle eines Rechtsstreits viele Unannehmlichkeiten ersparen. Darum lohnt es sich, diese im Vorfeld sorgfältig auszuarbeiten und prüfen zu lassen oder aber auf rechtssichere Musterverträge zurückzugreifen.

Die Vereinbarung von Anzahlungen ist längst nicht in jeder Branche üblich und wird daher nicht immer akzeptiert werden. Sofern der Auftragnehmer jedoch bei größeren Aufträgen nicht unerhebliche Vorleistungen erbringen muss, sind Anzahlungen angemessen. Es ist wichtig, dass Sie die Branchengepflogenheiten und das Verhalten Ihrer Wettbewerber kennen, um dem Kunden als kompetenter Verhandlungspartner gegenübertreten zu können und sich nicht aus Unkenntnis zu unvorteilhaften Vertragsabschlüssen verleiten zu lassen. Darüber hinaus kommt es natürlich auch immer auf Ihr Argumentationsgeschick an. Vor allem (redliche) Geschäftskunden werden aber Verständnis dafür aufbringen, dass Sie nicht unbegrenzte Vorleistungen erbringen können. Diese müssen finanziert werden und eventuell anfallende Kreditzinsen müssen in die Preiskalkulation einfließen, was die Preise erhöht. Erklären Sie Ihren Kunden, dass Sie strikt auf ein ordentliches Kostenmanagement achten, um faire Preise anbieten bzw. halten zu können und darum eine angemessene Anzahlung verlangen müssen, wird dies in vielen Fällen akzeptiert werden – vorausgesetzt der Kunde hat redliche Absichten und ist zahlungswillig.

Sofern Anzahlungen nicht branchenüblich sind und nicht von Ihren Kunden akzeptiert werden, sollten Sie auf jeden Fall die Abrechnung von Teilleistungen vereinbaren.

Dies gilt insbesondere für Dienstleister, die über einen längeren Zeitraum an einem Auftrag arbeiten – umso mehr, wenn dieser Auftrag die gesamte Kapazität bindet. Stellen Sie sich nur einmal vor, Sie arbeiten über Tage oder – schlimmer noch – Wochen und Monate an einem Auftrag, der Ihre gesamte Arbeitszeit in Anspruch nimmt. Haben Sie keine ausreichenden Rücklagen, sind Sie auf das vereinbarte Honorar angewiesen. Ihr Kunde aber denkt möglicherweise gar nicht daran, Sie vereinbarungsgemäß zu bezahlen. Dies könnte ganz schnell zu Ihrer eigenen Zahlungsunfähigkeit führen. Zunehmend suchen Kunden nach Ausreden und/oder dem „Haar in der Suppe", um berechtigte Forderungen nicht ausgleichen zu müssen. So weit sollten Sie es nicht kommen lassen, sondern von vornherein die Zahlung in mehreren Schritten vereinbaren. Auch hier gilt: Jeder redliche Kunde wird dieses Vorgehen nachvollziehen können.

Im nächsten Schritt sollten Sie immer darauf achten, Ihre eigenen Pflichten sorgfältig zu erfüllen. Dies ist leider nicht immer selbstverständlich. Hat jedoch der Kunde Anlass zu Beschwerden, weil das Produkt oder die Leistung Mängel aufweist, wird er mit großer Wahrscheinlichkeit die Zahlung – oder Teile davon – zurückbehalten. Eine einwandfreie Qualität ist aber nicht nur im Zusammenhang mit dem Zahlungsverhalten der Kunden, sondern auch unter Marketingaspekten unerlässlich.

Um den Kunden zu einer raschen Zahlung zu bewegen, können Sie verschiedene Anreize bieten. Gewähren Sie beispielsweise Skonto, also einen Bar- bzw. Schnellzahler-Rabatt, bei Zahlung innerhalb einer bestimmten Frist, z. B. 7 Tage. Die Erteilung einer Einzugsermächtigung könnten Sie mit einem weiteren kleinen Nachlass „belohnen". Vergessen Sie nur nicht, dass diese Nachlässe vorher schon in die Preise einkalkuliert werden müssen – ansonsten gehen Sie zu Lasten Ihres Gewinns.

Haben Sie sodann Ihre Leistung erbracht, sollten Sie nicht lange mit der Rechnungsstellung warten. Die Wahrscheinlichkeit der Zahlung nimmt nachweislich mit zunehmendem Zeitverlauf ab. Daher ist es wichtig, dass Sie Ihre Leistung umgehend fakturieren – auch wenn Sie das Tagesgeschäft sehr in Anspruch nimmt. Mitunter kümmern sich Unternehmer lediglich einmal im Monat oder sogar noch seltener um ihre Buchführung und den Schriftverkehr. Dies hat Liquiditäts- und Zinsnachteile zur Folge und führt zu erheblicher Verzögerung der Zahlungseingänge. Der Kunde ist viel eher geneigt, eine Ware oder Dienstleistung zu bezahlen, die er soeben erhalten oder in Anspruch genommen hat. Hinzu kommt, dass Sie bei später Rechnungsstellung den Eindruck vermitteln werden, auch mit der Zahlung hätten Sie es nicht so eilig.

Sorgen Sie auch dafür, dass die Rechnung formal, inhaltlich und rechnerisch korrekt ist, weil sonst unnötige Rückfragen erfolgen werden oder Sie eine Gutschrift und eine korrigierte Rechnung erstellen müssen. Dies kostet nur unnötig Zeit und Geld.

Der nun folgende Rat klingt absolut banal – ist es aber nicht: Adressieren Sie die Rechnung an den richtigen Empfänger: Ihren Schuldner. Auch das ist längst keine Selbstverständlichkeit. Im Falle eines

Rechtsstreits kostet es unnötig Zeit und Geld, wenn Sie ihre Ansprüche gegenüber dem falschen Schuldner geltend machen wollen. Der Schuldner muss exakt (inkl. Rechtsformzusatz etc.) bezeichnet werden und deshalb müssen Sie ganz genau wissen, wer Ihr Vertragspartner ist. Um im Falle von Streitigkeiten weitere Recherchen zu vermeiden und schnell reagieren zu können, sollten schon im Vorfeld alle benötigten Daten zur Verfügung stehen. Vielleicht stellt Ihnen der spätere Schuldner einen aktuellen Handelsregisterauszug zur Verfügung – im Großhandel beispielsweise ist dies absolut üblich. Sie können jedoch auch selbst recht einfach und kostengünstig eine Recherche durchführen, etwa über das Internet (s. Links). Zudem können Sie mithilfe dieser Daten auch die bereits oben erwähnte Bonitätsauskunft einholen.

Handelt es sich um größere Rechnungsbeträge, ist es oft sinnvoll, die Rechnung in 2-facher Ausfertigung zu versenden oder sie dem Kunden persönlich zu überreichen. Kunden können mitunter sehr erfinderisch sein, wenn sie nicht oder nicht fristgerecht zahlen wollen bzw. können. Eine äußerst beliebte Ausrede säumiger Zahler – im Privat-, verstärkt aber noch im Geschäftskundenbereich – ist die Aussage, keine Rechnung erhalten zu haben. Wenn die Art Ihrer Geschäfte es zulässt, sollten Sie daher auch hier bereits frühzeitig Vorkehrungen treffen, um Zahlungsverzögerungen zu vermeiden. Schreiben Sie eine Vielzahl von Rechnungen über kleine Beträge und übergeben die Rechnungen nicht gerade persönlich Ihren Kunden, können Sie bei wirtschaftlicher Arbeitsweise wenig tun. Bei größeren Beträgen lohnt es sich aber auf jeden Fall, einige Maßnahmen zu ergreifen, um den Erhalt der Rechnung sicher zu stellen. Die Rechnung könnte beispielsweise per Einschreiben verschickt werden oder Sie lassen dem Kunden eine zusätzliche Kopie per E-Mail oder Fax zukommen. Da dieses Vorgehen etwas ungewöhnlich ist, sollten Sie den Kunden unbedingt vorher darüber informieren und auch die Gründe erläutern. Sie dokumentieren auf diese Weise professionelles Verhalten und erhalten sich das positive Verhältnis zu Ihren Kunden. Ansonsten kann es leicht zu Spannungen kommen, wenn Ihr Kunde erklärt, die Rechnung nicht erhalten zu haben. Sie können nicht wissen, ob dies tatsächlich so ist oder ob der

Kunde die Zahlung nur hinauszögern möchte. Es ist zudem absolut im Sinne aller redlichen Kunden, wenn ein Unternehmen die durch säumige Zahler verursachten Kosten gering hält und sich effizient vor Forderungsausfällen schützt. Schließlich müssen diese Kosten in die Preiskalkulation einfließen und werden durch die ehrlichen Kunden bezahlt. Daher ist es im ureigenen Interesse Ihrer Kunden, wenn Sie ein konsequentes Forderungsmanagement betreiben – andernfalls wären höhere Preise die unausweichliche Konsequenz und daran kann keiner der Beteiligten interessiert sein. Die Erfahrung zeigt, dass jeder redliche Kunde dies äußerst positiv aufnimmt, sobald er die Gründe für das Vorgehen kennt.

Haben Sie alles getan, was in Ihrer Macht stand und der Kunde zahlt dennoch nicht fristgerecht, müssen Sie reagieren – und zwar auch hier frühzeitig. Länger als 3 bis maximal 7 Tage nach Ablauf der Zahlungsfrist sollten Sie nicht warten.

Manchen Unternehmern ist es geradezu peinlich, an ihre ausstehende Rechnung zu erinnern. Diese Scham müssen Sie jedoch im eigenen Interesse überwinden. Denken Sie daran, dass es auch Ihrem Vermieter oder Ihrem Kundenbetreuer bei der Bank ganz und gar nicht peinlich sein wird, Sie an Ihre eigenen Zahlungsverpflichtungen zu erinnern. Ein konsequentes Mahnwesen ist nicht peinlich, sondern nötig und professionell. Bei richtiger Vorgehensweise werden Sie Ihre Kunden auch nicht verärgern. Wer allerdings nur deshalb Ihr Kunde ist, weil er sich unverhältnismäßig lange Zeit lassen kann mit dem Ausgleich der Rechnung, ist möglicherweise nicht der richtige Geschäftspartner. Kein Unternehmer sollte Kunden um jeden Preis halten.

Manchmal genügt schon ein Anruf bei dem säumigen Zahler, um ihn zur Zahlung zu bewegen. Es steckt keineswegs immer eine böse Absicht hinter der ausbleibenden Zahlung. Möglicherweise ist die Rechnung tatsächlich nur verlegt oder die Zahlung vergessen worden. In diesem Fall reicht eine freundliche Erinnerung aus – mündlich oder schriftlich.

In der Praxis kommt es auch vor, dass Kunden – meist Geschäftskunden – grundsätzlich erst eine oder mehrere Erinnerungen bzw. Mahnungen abwarten, bevor sie den Ausgleich vornehmen. Es gibt

Unternehmen, in denen die Mitarbeiter angewiesen werden, offene Rechnungen erst nach Erhalt der 2. oder 3. Mahnung zu begleichen. Schon deshalb sind Sie gut beraten, frühzeitig an Ihre Rechnung zu erinnern.

Bei sehr sensiblen Geschäftsbeziehungen können Sie auch einen geeigneten Aufhänger für eine schriftliche oder mündliche Kontaktaufnahme suchen, um Ihren Kunden nicht sofort auf die ausstehende Zahlung ansprechen zu müssen. Überlegen Sie beispielsweise, was Ihren Kunden im Moment besonders interessieren könnte und lassen ihm eine interessante Information zukommen, z. B. zu Ihrem Spezialgebiet oder zu Neuigkeiten in der Branche des Kunden. „Bei dieser Gelegenheit" können Sie dann auch gleich unverfänglich an den Ausgleich Ihrer Rechnung erinnern.

Hat auch eine freundliche Erinnerung nicht gefruchtet, wird es Zeit für eine Mahnung. Diese müssen Sie nicht schreiben, wenn Sie – wie oben beschrieben – einen fixen Zahlungstermin vereinbart haben. Dennoch ist mindestens *eine* Mahnung üblich und angemessen. Bleiben Sie auch hier freundlich, machen aber deutlich, dass Sie nun die kurzfristige Zahlung erwarten und bestimmen einen neuen Termin. Eine weitere Zahlungsfrist von 5–7 Tagen reicht absolut aus. In dieser Zeit kann jeder Kunde die Zahlung bewirken.

Zahlungserinnerungen und Mahnungen sind immer eine unangenehme und auch sensible Angelegenheit. Sie wollen einerseits Ihre Kunden nicht verärgern, aber andererseits natürlich auch Ihr Geld. Standardisierte Mahntexte können durchaus zur Verärgerung des Kunden führen, insbesondere wenn die Zahlung bereits geleistet ist und Sie nur den Geldeingang auf Ihrem Konto noch nicht verzeichnen können oder diesen auf ein falsches Kundenkonto gebucht haben. Andererseits können Sie Ihre Mahnungen aber auch mit ein wenig Geschick als Marketinginstrument nutzen und sich von Ihren Wettbewerbern abheben. Einige Formulierungsbeispiele finden Sie weiter unten. Allerdings verlangen Mahnungen viel Fingerspitzengefühl und vorgefertigte Mahntexte werden oftmals der bestehenden Kundenbeziehung nicht gerecht. So kann es z. B. einerseits bei Geschäftskunden sinnvoll sein, an Gemeinsamkeiten, wie etwa die schlechte Wirtschaftslage und die daraus resultierende Notwendigkeit kurzfristiger Zahlungsziele zu appellieren. Auch können Sie auf die bisher gute Geschäftsbeziehung hinweisen, die Sie beibehalten möchten.

Andererseits ist bei hart kalkulierenden Geschäftspartnern, die regelmäßig erst nach der 3. Mahnung bezahlen, eher Distanz angebracht. Die unten stehenden Beispiele können daher nur Anregungen sein, wie man Mahnungen als Marketinginstrument nutzen und sich von den Wettbewerbern abheben könnte. Zudem könnten Sie dazu beitragen, die Kommunikation mit dem Kunden zu verbessern.

Lässt der Kunde auch die in der Mahnung gesetzte Frist ungenutzt verstreichen, fassen Sie noch einmal nach (telefonisch) und schreiben dann aber nur noch eine einzige Mahnung mit einer letzten, kurzen Zahlungsfrist. Sie können auch einen Hinweis auf die Möglichkeit einer Ratenzahlung aufnehmen. Unbedingt sollten Sie darauf hinweisen, dass Sie keine weiteren Mahnungen versenden, sondern im Falle der Nicht-Zahlung rechtliche Schritte einleiten werden. In der Praxis sind immer noch 3 Mahnungen üblich. Wie bereits erwähnt, zahlen manche Kunden grundsätzlich erst nach Erhalt der 3. Mahnung. Für diese Kunden wäre es also wichtig zu wissen, dass keine 3. Mahnung erfolgen wird. Wenn Sie personenbezogene Daten Ihres Schuldners an eine Auskunftei übermitteln wollen sind auch die neuen Regelungen des Datenschutzes zu beachten, die seit dem 1. April 2010 gelten. Der neu eingefügte § 28a Bundesdatenschutzgesetz regelt die Voraussetzungen zur Übermittlung von Daten an Auskunfteien. Danach müssen Sie u. a. nach Eintritt der Fälligkeit mindestens zwei Mahnungen schreiben. Zwischen der ersten Mahnung und dem Zeitpunkt der Übermittlung müssen mindestens vier Wochen liegen. Ihnen selbst räumt das Gesetz stärkere Auskunftsrechte im Zusammenhang mit der Speicherung eigener Daten ein. So sollten z. B. die Scoringverfahren zur Beurteilung der Bonität eines Schuldners transparenter werden. Außerdem können Sie nun einmal jährlich eine kostenfreie Auskunft z. B. von der Schufa, verlangen. Dies war bisher kostenpflichtig.

Weitere Mahnungen sind in aller Regel reine Zeit- und Geldverschwendung. Wer zahlungswillig und -fähig ist, hatte nun ausreichend Gelegenheit, den Ausgleich der Rechnung vorzunehmen. Ist dies trotzdem nicht geschehen, müssen Sie davon ausgehen, dass auch weitere Mahnungen nicht zum Erfolg führen werden.

Mitunter schreiben Unternehmer 5 oder sogar 6 Mahnungen – schlimmstenfalls jeweils im Abstand von 4–6 Wochen. Dies ist in höchstem Maße ineffizient und verringert aufgrund der langen Zeitspannen ganz erheblich die Wahrscheinlichkeit einer Zahlung durch den Kunden.

Ausgefallene Mustertexte für Mahnungen bzw. Zahlungserinnerungen:

1. Zahlungserinnerung

Was neueste Forschungsergebnisse mit Schokolade zu tun haben

Sehr geehrte Damen und Herren,
dass Stress vergesslich macht, haben Forscher des Max-Planck-Instituts für Psychiatrie in Mäuseversuchen bewiesen. Wir selbst haben starke Anhaltspunkte dafür entdeckt, dass dieses Ergebnis auch auf Menschen zutrifft.
Daher möchten wir Sie dabei unterstützen, das Phänomen der Vergesslichkeit zu überwinden, denn schließlich ist auch unsere Rechnung vom … über … € betroffen.
Dass der Geruch von Schokolade wie kein anderer Duft die Hirnaktivitäten positiv beeinflussen kann, entdeckte der Londoner Neuropsychologe Neil Martin.
Anbei finden Sie ein Stück dieses wunderbaren Wirkstoffes, den Sie natürlich auch dann behalten dürfen, wenn Sie die Zahlung bereits angewiesen haben.
Ansonsten rechnen wir fest damit, dass auch bei Ihnen der Duft seine Wirkung nicht verfehlt und wir in aller Kürze den Zahlungseingang auf unserem Konto verzeichnen können.

Mit freundlichem Gruß

Legen Sie dieser Erinnerung ein Stück verpackte Schokolade bei. Es gibt beispielsweise Schokoladentäfelchen mit der Aufschrift „Schmiergeld" oder Schokoladen mit Ihrem Werbeaufdruck als Visitenkarte und viele ausgefallene Ideen mehr.

Wem obige Erinnerung ein wenig zu forsch erscheint, kann natürlich auch andere Formulierungen wählen, etwa wie im folgenden **Beispiel.**

657

1. Zahlungserinnerung

Sehr geehrte Damen und Herren,

„Kleine Fehler geben wir gern zu, um den Eindruck zu erwecken, wir hätten keine großen." Zu dieser Erkenntnis ist bereits im 17. Jahrhundert der französische Schriftsteller Francois de La Rochefoucauld gekommen.

Auch wir sind trotz aller Bemühungen nicht immer fehlerfrei und möchten Sie daher fragen, ob Sie mit unserer Ware/Dienstleistung nicht zufrieden waren und dies der Grund dafür ist, dass Sie bisher unsere Rechnung vom ... über den Betrag von...€ noch nicht ausgeglichen haben? In diesem Fall lassen Sie uns bitte kurz wissen, was wir für Sie tun können.

Wenn wir nichts von Ihnen hören, gehen wir davon aus, dass Ihre Zahlung in den nächsten Tagen, spätestens aber bis zum ... bei uns eingehen wird. Oder haben Sie vielleicht den Betrag schon angewiesen? Das würde uns natürlich besonders freuen, denn dann wäre diese Erinnerung natürlich gegenstandslos.

Mit freundlichem Gruß

Noch ein **Beispiel:**

1. Mahnung (nach vorheriger Erinnerung) oder 2. Mahnung

Lehrgeld ist kein Zahlungsmittel

Sehr geehrte Damen und Herren,

kürzlich habe ich ein höchst interessantes Zitat des deutschen Publizisten Karl-Heinz Söhler gelesen:

„Du solltest, musst du Lehrgeld zahlen,
nicht knirschend mit den Zähnen mahlen:
Es ist doch das auf dieser Welt
am besten angelegte Geld."

„Der Mann hat Recht", dachte ich bei mir und bot meinem Vermieter (oder meinen Lieferanten etc.) an, ihn/sie künftig in „Lehrgeld" zu bezahlen. Enttäuscht musste ich feststellen, dass diese Währung offenbar allgemein nicht akzeptiert wird.

Ich hatte bereits einmal an den Ausgleich meiner Rechnung vom ... über ... € erinnert und wollte es dabei belassen. Ihrem Kundenkonto hätte ich diese Erfahrung als „Lehrgeld" gutgeschrieben – in der Annahme, es handele sich um ein anerkanntes Zahlungsmittel.

Da ich nun eines Besseren belehrt worden bin, muss ich leider darauf bestehen, dass Sie den Ausgleich meiner Rechnung bis spätestens zum... in der ursprünglich vereinbarten Währung „Euro" vornehmen.

Mit freundlichem Gruß

Ein weiteres **Beispiel:**

1. Mahnung (nach vorheriger Erinnerung) oder 2. Mahnung

Sehr geehrte Damen und Herren,
vermutlich aus Rücksicht haben Sie auf meine Erinnerung vom... noch nicht mit einer entsprechenden Zahlung reagiert. Sie wollten vermeiden, dass ich sprichwörtlich „nach Geld stinke".

Diese Sorge möchte ich Ihnen nehmen. Schon im alten Rom konnte Kaiser Vespasian den Beweis dafür antreten, dass „Geld nicht stinkt". Er wurde von seinem ältesten Sohn Titus für die Erhebung einer Steuer auf die römischen Bedürfnisanstalten kritisiert. Daraufhin holte der Kaiser eines der auf diese Art eingenommenen Geldstücke hervor und ließ seinen Sprössling daran riechen. Dieser musste – wohl oder übel – erkennen, dass tatsächlich kein strenger Geruch von dem Geldstück ausging. Probieren Sie es doch einfach selbst einmal aus und riechen an der beigefügten Münze (kleben Sie ein Cent-Stück auf die Mahnung). Sollten Sie noch nicht restlos überzeugt sein, können Sie Ihre Zahlung gern auch bargeldlos und somit garantiert geruchlos durch Überweisung auf das unten angegebene Konto bis zum... vornehmen. Vielen Dank im Voraus.

Mit freundlichem Gruß

Sofern Sie keine weitere Mahnung schreiben wollen, sollten Sie bereits an dieser Stelle für den Fall der nicht fristgerechten Zahlung rechtliche Schritte ankündigen. Andernfalls genügt der Hinweis in der 2. Mahnung.

Letzte Mahnung als letztes Mittel, wenn keine Erinnerung/Mahnung zum Erfolg geführt hat, der Kunde auch keine guten Gründe für das Ausbleiben der Zahlung nennt (oder die Gründe offensichtlich „an den Haaren herbeigezogen sind") und er auch nicht um Zahlungsaufschub gebeten hat:

Das geht auf keine Kuhhaut!

Sehr geehrte Damen und Herren,
im Mittelalter glaubten die Menschen, dass der Teufel alle Sünden aufschreibt. Weil Papier im Mittelalter knapp und auch noch längst nicht überall verbreitet war, mussten die Sünden auf Tierhäute, meist Kalbshäute oder – wenn der Platz nicht ausreichte – auf Kuhhäute geschrieben werden. Reichte nun auch dieser Platz für all die Sünden eines Menschen nicht mehr aus, hatte man es mit einem echten Schurken zu tun.

> Auch wir schreiben bestimmte Sünden – wie z. B. unbezahlte Rechnungen – auf. Nun hängt unsere Buchhaltung zwar nicht voller Kuhhäute, sondern wir erfassen die Verfehlungen mit modernen Hilfsmitteln wie einem PC auf so genannten Kundenkonten, aber auch deren Kapazität ist beschränkt.
> Ihr Kundenkonto weist trotz mehrfacher Erinnerung mittlerweile einen längst überfälligen Rückstand in Höhe von … € auf.
> Wir gewähren Ihnen noch eine letzte Zahlungsfrist bis zum … und sehen uns gezwungen, nach Ablauf dieser Frist rechtliche Schritte einzuleiten.
>
> Mit freundlichem Gruß

Sofern Ihr Kunde trotz mehrfacher Mahnung den Ausgleich Ihrer Rechnung nicht vornimmt, gibt es verschiedene Handlungsalternativen. Handelt es sich um einen geringen Betrag, könnte es der kostengünstigste und Zeit sparendste Weg sein, auf das Geld zu verzichten und keine weiteren Schritte einzuleiten. Womöglich werfen Sie gutes Geld Schlechtem hinterher, d. h. Sie verursachen weitere Kosten und können dennoch Ihre Forderung nicht realisieren. Es gilt aber auch zu bedenken, dass dieses Beispiel Schule machen könnte. Wenn es sich herumspricht, dass Sie bis zu einer bestimmten Grenze keine rechtlichen Schritte unternehmen, könnten Sie bald das zweifelhafte Vergnügen haben, eine Vielzahl neuer Kunden zu bekommen, welche ebenfalls nicht daran denken, Ihre Waren oder Leistungen zu bezahlen. Eine konsequente Vorgehensweise zahlt sich daher oft auch dann aus, wenn sie auf den ersten Blick unwirtschaftlich zu sein scheint.

Ein Mahnbescheid kann eine schnelle und preisgünstige Möglichkeit sein, einen vollstreckbaren Titel gegen Ihren Schuldner zu bekommen, ohne dass Sie zeitaufwändig und kostenintensiv ein Gerichtsurteil erwirken müssen. Sie müssen lediglich im Schreibwarenhandel einen „Antrag auf Erlass eines Mahnbescheids" erwerben, diesen sorgfältig ausfüllen und an das zuständige, zentrale Amtsgericht schicken. Alternativ können Sie dies auch im Online-Verfahren durchführen oder aber natürlich einen Rechtsanwalt beauftragen, was jedoch für das Mahnverfahren nicht zwingend erforderlich ist. Anschließend erhalten Sie eine Rechnung über die anfallenden Kosten, die sich nach der Höhe Ihrer Forderung richten. Bei einer

Forderung in Höhe von 1.000 € betragen die Gerichtsgebühren weniger als 30 €. Der Schuldner muss Ihnen später diese Kosten erstatten, sofern er sich im Verzug befindet, Ihre Forderung berechtigt und der Schuldner zahlungsfähig ist.

Nach Ausgleich der Rechnung wird dem Schuldner der Mahnbescheid zugestellt. Es erfolgt lediglich eine formale Prüfung des Antrages. Ist dieser nicht korrekt ausgefüllt, fallen zwar die Kosten an, die Weiterbearbeitung erfolgt jedoch nicht. Daher sollten Sie mit besonderer Sorgfalt vorgehen oder sich beim ersten Ausfüllen eines Mahnbescheids fachliche Unterstützung suchen. Geeignete Ansprechpartner können hier z. B. die Rechtspfleger bei den Gerichten sein.

Der Schuldner kann innerhalb von 2 Wochen Widerspruch einlegen. Auch dessen Berechtigung prüft das Gericht nicht. Wollen Sie die Angelegenheit dann weiterverfolgen, kommt es zum Prozess, in dem geprüft wird, ob die Forderung berechtigt ist.

Erhebt der Schuldner keinen Widerspruch, erlässt das Gericht auf Ihren Antrag hin einen Vollstreckungsbescheid, der wie ein Gerichtsurteil wirkt. Auch hier hat jedoch der Schuldner noch einmal die Möglichkeit, sich zu wehren. Er kann „Einspruch" einlegen, zwischenzeitlich kann aber der Gläubiger dennoch die Zwangsvollstreckung betreiben und beispielsweise einen Gerichtsvollzieher beauftragen. Diesen müssen Sie allerdings wiederum selbst bezahlen, wenn bei dem Schuldner tatsächlich oder angeblich „nichts zu holen" ist, wobei die Kosten aber überschaubar sind. Je nach Auftrag sind die Kosten für den Gerichtsvollzieher unterschiedlich, liegen aber üblicherweise bei rund 20–30 € – auf die Höhe des zu vollstreckenden Wertes kommt es nicht an.

Der Mahnbescheid kann also eine schnelle und kostengünstige Möglichkeit sein, die Außenstände beizutreiben. Er lohnt sich jedoch in der Regel nur dann, wenn Sie erwarten, dass der Schuldner keinen Widerspruch einlegt. Andernfalls verzögert der Mahnbescheid die Angelegenheit nur und Sie sollten besser gleich einen Prozess anstrengen. Eine anwaltliche Vertretung ist hier zwar meist sinnvoll, aber für einen Prozess vor dem zuständigen Amtsgericht nicht zwingend vorgeschrieben.

Im Rahmen des Prozesses wird der Richter in der Regel dann zunächst auf einen Vergleich, also quasi einen Kompromiss, hinwirken. Eine „gütliche" Einigung mithilfe des Gerichts ist kostengünstiger als ein Urteil. Weil man nie so ganz sicher sein kann, wie ein Gericht entscheiden wird, lassen sich Gläubiger – aber natürlich auch Schuldner – oft auf diese Lösung ein. Wenn Sie keine Fehler begangen haben und die Leistung einwandfrei und vertragsgemäß erbracht wurde, ist ein Vergleich eine unbefriedigende Lösung. Allerdings fällt der Beweis oft schwer, dass Ihre Forderung absolut berechtigt ist. Kunden können sehr erfinderisch sein, wenn es darum geht, sich um ihre Zahlungsverpflichtungen zu drücken und schrecken mitunter vor Lügen nicht zurück und/oder suchen Fehler, wo keine sind. Da ein Vertragsverhältnis immer auch ein Vertrauensverhältnis ist, werden Sie aber womöglich nicht jede, während der Vertragslaufzeit getroffene Vereinbarung schriftlich dokumentieren und gegenzeichnen lassen. Gerade bei Dienstleistern werden Wünsche des Kunden häufig telefonisch entgegengenommen, besprochen und sodann unbürokratisch umgesetzt. In den wenigsten Fällen ist daher vor Gericht die Beweislage eindeutig. Schon aus diesem Grund kann eine anwaltliche Unterstützung bares Geld wert sein. Als juristischer Laie haben Sie zwar ein gewisses Rechtsempfinden, dies muss aber nicht mit der rechtlichen Lage übereinstimmen. Ein kompetenter Anwalt wird Sie über die tatsächliche Lage informieren und Ihnen die Entscheidung erleichtern, ob Sie einem Vergleich zustimmen sollten oder besser nicht.

Für säumige Schuldner ist es mitunter eine lohnende Sache, es auf einen Prozess ankommen zu lassen, weil sie nicht selten trotz einwandfreier Leistung ihre Zahlung wegen der schwierigen Beweislage mithilfe des Vergleichs drücken können. Für Gläubiger ist dies natürlich umso ärgerlicher.

Angenommen Sie haben den Prozess gewonnen oder einen Vergleich geschlossen, kann es sein, dass Ihr Schuldner dennoch nicht zahlt und auch die Zwangsvollstreckung erfolglos bleibt. Ein Pfändungsfreibetrag garantiert jedem Menschen einen Mindestbetrag für seinen Lebensunterhalt. Außerdem dürfen längst nicht alle Wertgegenstände gepfändet werden. Auch in einem Unternehmen wird der Gerichtsvollzieher in der Regel nicht die notwendigen Anlagegegenstände pfänden, um den Fortbestand des Unternehmens nicht zu gefährden.

Bleiben auch Zwangsvollstreckungsmaßnahmen erfolglos, können Sie verschiedene Maßnahmen einleiten – z. B. die Abgabe einer eidesstattlichen Erklärung, in welcher der Schuldner sein (angebliches) Vermögen offen legt und erklärt, dass er nicht zahlungsfähig ist. Eine Vielzahl der Schuldner begleichen ihre Verbindlichkeiten im letzten Moment, um sich der Abgabe dieser Erklärung zu entziehen. Oft genug führen aber auch diese Maßnahmen nicht dazu, dass Sie Ihr Geld bekommen. Sie können dann nur noch den Schuldner beobachten und innerhalb der Verjährungsfrist Ihre Forderung beitreiben (lassen), wenn dieser wieder zu Geld kommen sollte.

In der Praxis kommt es vor, dass ein Schuldner angibt, zahlungsunfähig zu sein und das „Vermögen" offen legt. Dieses ist regelmäßig sehr bescheiden, weil das übrige Vermögen (angeblich) dem Ehepartner gehört. Es ist nur allzu offensichtlich, dass der Schuldner keineswegs an der Armutsgrenze lebt, offiziell ist aber meist nichts zu machen.

In einem wahren Fall aus der Praxis hat ein Schuldner als einzigen Vermögensgegenstand, der ihm persönlich gehöre, seinen Ehering angegeben. Er lebte aber (und tut es noch) in einem großzügigen Haus mit Garten und Swimmingpool in bester Lage und fuhr einen neuen Sportwagen. Das Vermögen gehörte natürlich – wem wohl? – seiner Frau. Der Nachweis, dass vorhandenes Vermögen dem Schuldner zuzuordnen ist oder den Gläubigern entzogen und nur zu diesem Zweck der Ehefrau übertragen wurde, ist regelmäßig kaum zu erbringen.

Sie können in jedem Stadium grundsätzlich auch ein Inkassounternehmen mit dem Einzug Ihrer Forderung beauftragen. Die Kosten werden in der Regel dem Schuldner in Rechnung gestellt und eingefordert. Bei erfolglosen Inkassoversuchen müssen allerdings wieder einmal Sie selbst die Kosten tragen. Aber auch sonst kann es sein, dass Ihr Schuldner die Kosten nicht tragen muss. Dies gilt z. B. für den Fall, dass die Kosten unverhältnismäßig hoch sind und andere Möglichkeiten noch nicht ausgeschöpft wurden. Sie sind verpflichtet, die Kosten nicht unnötig in die Höhe zu treiben und daher sollten Sie bei kleinen Beträgen nicht sofort nach Fälligkeit ein Inkassounternehmen einschalten.

Die Arbeitsweise der Inkassounternehmen ist unterschiedlich. Häufig werden die säumigen Zahler lediglich per Telefon zur Zahlung aufgefordert. Manche Unternehmen unterhalten jedoch auch einen Außendienst. Inkasso bedeutet den Einzug fremder Forderungen, wozu das Inkasso-Unternehmen eine Erlaubnis nach § 1 Rechtsberatungsgesetz benötigt. Der Gesetzgeber will die Qualifikation, die Kosten und die Methode überwachen. Bei den seriösen Inkassounternehmen arbeiten also „nur" erfahrene, rechtlich und rhetorisch geschulte Außendienstler, die wissen, mit welchen Argumenten sie Kunden zur Zahlung bewegen könnten. Allerdings sind aufgrund der beschränkten Möglichkeiten auch die Bemühungen von Inkassounternehmen längst nicht immer von Erfolg gekrönt.

Die Situation der Gläubiger ist hierzulande alles andere als befriedigend. Trotz berechtigter Forderungen treten Sie fortwährend in Vorleistung bezüglich der Anwalts-, Gerichtskosten usw. Aufgrund der Überlastung der Gerichte dauert es oft Monate, bis es zu einem ersten Gütetermin kommt. Wovon Sie in dieser Zeit Ihre eigenen Rechnungen begleichen, ist unerheblich. Können Sie dann, weil Sie Ihrem Kunden vertraut haben, Ihren Anspruch nicht einwandfrei beweisen, ist es oft besser, einem schlechten Kompromiss zuzustimmen. Der Schuldner hat also regelmäßig gute Chancen, seine Verbindlichkeiten zu reduzieren, auch wenn einwandfreie Leistungen erbracht wurden. Diese Lage widerspricht in höchstem Maße dem Rechtsempfinden der meisten redlichen Unternehmer.

Dennoch sollten Sie sich keinesfalls zu unrechtmäßigen Maßnahmen wie Drohungen, Telefonterror und Ähnlichem hinreißen lassen. Dies wäre eine Straftat, die zur Anzeige gebracht werden kann.

Dazu gehören auch solch kreative Angebote wie der Einsatz eines „Schwarzen Mannes" oder Schuldeneintreiber in der Verkleidung von Comic-Figuren. Die „Schwarzen Männer" waren gut, aber auffällig gekleidet (z. B. mit schwarzer Melone auf dem Kopf) und verfolgten den Schuldner auf Schritt und Tritt – in das Restaurant, zum Sport etc. – so lange, bis dieser entnervt und peinlich berührt die Zahlung vornahm. In gleicher Weise sind Anbieter vorgegangen, die

Ihre Mitarbeiter als Comic-Figur (z. B. Bugs Bunny) auf die Fersen der säumigen Zahlen ansetzten.

Obwohl niemals Drohungen ausgesprochen wurden und auch sonst diese Vorgehensweise bei unwilligen Zahlern eher sympathisch und nicht verwerflich erscheint, ist dies rechtlich nicht erlaubt. Der Schuldner könnte sich zwar der Unannehmlichkeit durch einfache Zahlung entziehen, aber dennoch wird er hier durch das Gesetz geschützt.

Wollen Sie sich also keine zusätzlichen rechtlichen Probleme einhandeln, bleiben Ihnen lediglich die oben beschriebenen Möglichkeiten, Ihre Forderung einzutreiben.

Leider muss an dieser Stelle noch wenigstens am Rande erwähnt werden, dass die oben beschriebenen Maßnahmen ausgerechnet bei öffentlichen Institutionen leider manches Mal ins Leere laufen. Dieses Problem ist lange bekannt und doch allgegenwärtig. Sofern Ihre Zielgruppe öffentliche Institutionen sind, müssen Sie sich zum Teil auf eine schlechte Zahlungsmoral und lange Zahlungsziele von mehreren Monaten einstellen oder auf entsprechende Aufträge (künftig) verzichten. Gerade angesichts der absolut angespannten Finanzlage ist hier auch in naher Zukunft keine Verbesserung der Situation zu erwarten. Fragen sie darum vorher nach der üblichen Zahlungsfrist.

Links zum Thema

http://www.bundesbank.de – Deutsche Bundesbank; http://www.justiz.nrw.de/Suche/index.php – Suche: Mahnverfahren, Ausfüllhilfen zum Mahnbescheid usw.; http://www.letzte-mahnung.de – Online-Mahnverfahren; http://www.online-mahnantrag.de – Anwendung der deutschen Mahngerichte; http://www.akademie.de/wissen/schuldenkoenig-schuldner-tricks-gegenmassnahmen – Artikel zum Umgang mit böswilligen Schuldnern.

Einige Anbieter von Bonitätsauskünften:

http://www.buergel.de, http://www.atriga.de, http://www.creditreform.de, http://www.handelsauskunft.com, http://www.dwa-wirtschaftsauskunft.de, http://www.genios.de.

19. Kapitel

Keine selbständige Existenz ist ohne Risiken

Ausnahmslos kein Gründungsvorhaben ist ohne Risiken. In Ihrem Konzept sollten Sie darum auf jeden Fall auch die bestehenden Risiken realistisch darstellen. Sie dokumentieren damit eine umsichtige Vorgehensweise und lassen erkennen, dass Sie risikobewusst und darum auch in der Lage sind, bestehende Risiken rechtzeitig zu erkennen und gegenzusteuern. Ein Gründungsvorhaben sollte im Übrigen auch nur dann umgesetzt werden, wenn die Chancen überwiegen. Die häufige Sorge, dass ein Kreditinstitut die Finanzierung des Vorhabens nur deshalb ablehnt, weil Sie auf bestehende Risiken eingehen, ist unbegründet. Zwar gibt es bestimmte „Risikobranchen", in denen eine Finanzierung von vornherein schwieriger wird als etwa in Wachstumsbranchen; die Risiken zu verschweigen wird hier jedoch nicht helfen. Im Gegenteil. Ein Kreditinstitut kann mit Risiken sehr viel besser leben, wenn der Gründer sich derer bewusst ist und verantwortungsvoll damit umgeht, d. h. sich bereits im Vorfeld um die Risikominimierung bemüht. Einige mögliche Risiken und Gegenstrategien sind:

Risiko und Gegenstrategie

– Längerer Ausfall des Gründers durch Krankheit oder Unfall, „Burn-out" (Ausgebranntheit durch ständige Überlastung): Angemessener Versicherungsschutz (s. Kapitel 15: Versicherungen), rechtzeitige Einarbeitung einer Vertretung, bei 1-Mann-Unternehmen: evtl. gegenseitige Vertretung durch vertrauenswürdige Kooperationspartner im Falle von Krankheit und Urlaub.

- Forderungsausfälle/Überschätzung der Zahlungsmoral: Berücksichtigen Sie mindestens die branchenüblichen Forderungsausfälle, schaffen Sie Anreize für eine schnelle Zahlung (z. B. Skonti), vereinbaren Sie Abschlagszahlungen soweit dies möglich ist und in der Branche akzeptiert wird, holen Sie Informationen über die Bonität potenzieller Kunden ein – insbesondere bei größeren Geschäften (z. B. Creditreform), richten Sie ein professionelles und zeitnahes Rechnungs- und Mahnwesen ein (evtl. mithilfe eines externen Dienstleisters) und schließen evtl. eine Forderungsausfallversicherung ab.
- Liquiditätsrisiken: Planen Sie Reserven für unvorhersehbare Auszahlungen ein.
- Risiken durch gesetzliche Änderungen/Auflagen: Informieren Sie sich im Vorfeld der Gründung, welche Pflichten bestehen (z. B. über teure Umweltauflagen) und ob Änderungen geplant sind. Darüber hinaus muss sich auch jeder Unternehmer laufend informieren. Dies kann durch das einfache Abonnieren spezifischer Newsletter geschehen und muss nichts kosten.
- Umweltrisiken: Vgl. Kapitel 15: Versicherungen.
- Überschätzung der Umsatzleistung: Vorsichtige Planung und Abgleich mit branchenüblichen Werten.
- Rechtsstreitigkeiten: Rechtsschutzversicherung, rechtssichere Verträge, klare und schriftliche Vereinbarungen mit Kunden, finanzielle Rücklagen bilden.
- Aktivitäten der Wettbewerber: Lassen Sie sich keinesfalls auf Preiskämpfe ein, weil Sie diese als kleines und junges Unternehmen ohne ausreichende finanzielle Polster nur verlieren können. Konzentrieren Sie sich nicht nur auf den Preis, sondern auf andere Stärken wie z. B. besonderen Service.
- Fehlende Kundenakzeptanz: Sorgfältige Marktbeobachtung – vor der Gründung und während des laufenden Geschäftsbetriebes, regelmäßige Kundenbefragungen (Bedürfnisse abfragen), um Veränderungen frühzeitig zu erkennen.
- Risikofaktor Personal/Vertrauensschäden: Vermeiden Sie, sich von einem oder mehreren Mitarbeitern in Schlüsselpositionen abhängig zu machen. Sorgen Sie deshalb für guten Informationsfluss, um zu verhindern, dass ein Mitarbeiter „Informationen bunkert", um sich unentbehrlich zu machen. Sorgen Sie weiterhin für regelmäßige Weiterbildungen, für ein gutes Betriebsklima und leistungsgerechte Bezahlung, um den oder die Mitarbeiter nicht zu demotivieren und um stets auf aktuellem Wissensstand zu arbeiten. Vgl. auch Kapitel 15: Versicherungen zu Vertrauensschäden und Erstattungen der Lohnfortzahlung im Krankheitsfall.
- Risiko Diebstahl/Einbruch/Raub etc.: Vgl. Kapitel 15: Versicherungen.
- Risiken durch geplante Baumaßnahmen am Standort: Informieren Sie sich vorab bei Ihrer Gemeinde über eventuell geplante Vorhaben.
- IT-Risiken: IT professionell einrichten lassen, regelmäßige Sicherungskopien.

Bedenken Sie bitte, dass an dieser Stelle nicht alle erdenklichen Risiken abschließend aufgelistet werden können. Es handelt sich jedoch um häufige Risiken, die keineswegs immer erkannt werden. Prüfen Sie darüber hinaus auf jeden Fall, ob es weitere branchenspezifische oder standortabhängige Risiken gibt. Die bereits genannten Beratungsstellen können Ihnen hier weiterhelfen.

20. Kapitel

Green Business – Modetrend oder mehr Erfolg durch Nachhaltigkeit?

Bestimmt haben Sie es schon längst festgestellt: Die Welt befindet sich in einem Wandel. Damit meine ich aber nicht den Klima- oder Strukturwandel, sondern den Wandel, der sich in den Köpfen abspielt. Langsam aber stetig.

Noch vor einigen Jahren galt es in manchen Kreisen fast als unanständig, „grün" zu denken. Umweltschutz war nur etwas für Träumer, Idealisten, Spinner oder schlimmere Spezies. Heute dagegen verpassen sich immer mehr Unternehmen einen „grünen Anstrich". Oftmals nicht aus Überzeugung, sondern aus wirtschaftlichen Gründen. Aber immerhin ist mittlerweile klar, dass Ökologie und Ökonomie zusammen passen. Umwelt- und Naturschutz geht nicht zwangsläufig zu Lasten der Gewinne. Es gibt genug Beispiele, in denen genau das Gegenteil der Fall ist.

Der Verbraucher ist heute vielfach besser informiert als früher und auch viel stärker für ökologische Themen sensibilisiert. Der Grund liegt nicht nur in der besseren Aufklärung und dem besseren Zugang zu Informationen durch das Internet. Dazu beigetragen haben ausgerechnet solche Unternehmen, denen offenbar jegliches Verantwortungsbewusstsein und ethisches Denken abhanden gekommen ist. Unternehmen, in denen nicht „normales" Gewinnstreben sondern Gier die Oberhand gewonnen hat. Kinderspielzeuge, die zwar schön bunt und billig aber dafür mit wahren Giftcocktails belastet sind finden immer noch Abnehmer. Es werden aber weniger.

Wer seine Fältchen mit bestimmten Cremes bekämpfen möchte dürfte tiefe Sorgenfalten bekommen angesichts mitunter krebsverdächtigen Inhaltsstoffen. Obst ist gesund. Aber die viel zu oft hohen Belastungen mit Pestiziden verderben nicht nur den Appetit, sondern auch die Gesundheit. Noch schlimmer ist es, wenn „Lebens"-mittel das Leben kosten wie z. B. bei einem Käseskandal vor einigen Jahren, sogar Todesopfer gefordert hat. Und wer nur einmal nervenstark genug war, sich Videomaterial darüber anzusehen, welch hohen Preis Tiere zahlen müssen, damit die Verbraucher einen möglichst niedrigen Preis bezahlen, dürfte zumindest bei den nächsten Schnäppchen aus dem Fleischregal nachdenklich werden.

Wen wundert es angesichts dieser Umstände, dass die Bio-Branche boomt. Auch hier ist nicht alles Gold, was glänzt. Auch hier haben bereits„schwarze Schafe" das Vertrauen beeinträchtigt. Aber den Trend zum „Green Business" wird das nicht aufhalten und bloßes „Greenwashing" (grün waschen in Anlehnung an Geld waschen) wird langfristig nicht funktionieren. Die Verbraucher erkennen (hoffentlich zunehmend), welche Unternehmen nachhaltig, glaubhaft und ernsthaft agieren und welche Unternehmen sich zu reinen Marketingzwecken „grün waschen".

Was haben Sie als Existenzgründer damit zu tun? Ganz einfach. Sie haben die großartige Chance, Ihr junges Unternehmen von vornherein konsequent auf diesen Trend auszurichten. Aus Überzeugung oder aus wirtschaftlichen Überlegungen heraus. Oder Beides. Sie können die Chance nutzen, sich von Beginn an von Billig-Anbietern zu unterscheiden und vernünftige Preise durchzusetzen. In der Regel starten Existenzgründer in kleinem Rahmen und wollen oftmals durch besonders günstige Preise Kunden gewinnen. Das endet mitunter fatal. Das wirtschaftliche Überleben können die „Start-Preise" nicht sichern, die Preispolitik spricht häufig die falsche Zielgruppe an und Preiserhöhungen sind nur schwer oder gar nicht durchzusetzen. Warum also nicht gleich eine Zielgruppe ansprechen, die bereit und in der Lage ist für wirklich gute Qualität und vielleicht auch ihr gutes, ökologisches Gewissen etwas mehr zu bezahlen? Diese Zielgruppe ist schon jetzt groß und sie wächst weiter. Erreichen Sie diese Zielgruppe können Sie von dem Vorteil profitieren, dass Sie

Ihre Preise viel weniger rechtfertigen müssen, als ein „Billig-Anbieter" das tun muss. Sie sprechen von vornherein das „Emotionale" in Ihren Kunden an. Das Produkt oder die Leistung ist in der Regel austauschbar, *Sie* verkaufen aber mehr. Sie verkaufen gleichzeitig ein gutes Gewissen, ein gutes Gefühl. Man mag zu emotionalem Marketing stehen wie man will. Tatsache ist: es wirkt. Und was ist dagegen zu sagen, wenn alle Beteiligten nur profitieren?

Es spielt auch keine Rolle, ob Sie künftig Dienstleistungen oder bestimmte Produkte anbieten wollen. Eine nachhaltige, „grüne" Strategie können Sie immer verfolgen – auch mit geringen Mitteln. Sie können bei elektrischen Geräten (PCs, Drucker etc.) auf Umweltfreundlichkeit achten, für Ihre Homepage einen Provider auswählen, der ebenfalls Wert darauf legt, Geschäftsbriefe auf Umweltpapier sind mittlerweile absolut gesellschaftsfähig, einen kleinen Teil Ihres Umsatzes oder Gewinns können Sie spenden (das Trinken für den Regenwald war trotz einiger Kritik ein erfolgreiches Projekt), Kundenpräsente können umweltbewusst eingekauft werden, Sie können Ökostrom beziehen und, und, und. Ein wenig mehr wird Sie diese Strategie kosten. Die Betonung liegt auf „ein wenig". Wichtiger als die Kosten ist jedoch die Frage nach dem Nutzen. Und dieser wird ungleich höher sein. Das setzt allerdings voraus, dass Sie Ihre Strategie glaubwürdig und offensiv nach außen kommunizieren frei nach dem Motto „Tue Gutes und rede darüber". Energieberatungen und bestimmte Maßnahmen zur Verbesserung der Energieeffizienz können auch finanziell gefördert werden.

Und schließlich könnte eine nachhaltige, „grüne" Ausrichtung Ihnen auch den Zugang zu einer Finanzierung erleichtern oder überhaupt erst ermöglichen. Das es Kreditinstitute gibt, die bestimmte Nachhaltigkeits- und Umweltkriterien voraussetzen ist vielen Existenzgründern inzwischen bekannt (s. auch Links). Relativ neu (seit 2008) sind jedoch noch „Grüne Business Angels" wie die Kooperation „GVN Green Venture.NET". Der Zusammenschluss sieht sich als „Pool", „… für innovative grüne Ideen auf der einen Seite … und Privatpersonen und Unternehmen, die sich nachhaltig engagieren möchten, auf der anderen Seite."

Business Angels sind klassisch an Rendite interessiert. Das Angebot zeigt also deutlich, dass „Green Business" und wirtschaftlicher Erfolg zusammen passen oder künftig vielleicht sogar wirtschaftlicher Erfolg „grünes" Engagement voraus setzt. Sicher wird der „grüne Ein-Mann-Hausmeisterservice" aufgrund der zu geringen Renditechancen nach wie vor kein interessantes Projekt für die „Green Angels" sein, aber Nachhaltigkeit ist zunehmend auch ein Thema für kleine Unternehmen, die sich von vornherein gut positionieren wollen. Auch ein noch recht neues Studienangebot der Unternehmer-Hochschule „BITS" in Iserlohn zum „Green Business Management" zeigt die positiven Erwartungen in dieses Umfeld. Immer mehr Unternehmer begreifen, dass Umweltschutz alle angeht und leisten Ihren Beitrag dazu. Existenzgründer können dies von Beginn an tun und gleichzeitig wirtschaftlich profitieren.

Links zum Thema

http://www.green-venture.net – Eco Marketing; http://www.gls.de/ – GLS Bank; http://www.umweltbank.de/ – Umweltbank; http://www.das-energieportal.de – Energieportal; http://www.dena.de/ – Deutsche Energieagentur; http://www.kfw.de – u. a. Informationen zu Förderprodukten in den Bereichen Energie und Umwelt; http://www.umweltbundesamt.de/ – Umweltbundesamt; http://www.oekotest.de/ – Ökotest Verbrauchermagazin; http://www.bits-iserlohn.de – Suchbegriff „Green Business Management"; http://www.utopia.de/ – Internetplattform für strategischen Konsum; http://www.nachhaltig-einkaufen.de/ – Verbraucher Initiative; http://www.KarmaKonsum.de/ – Lebendiges und interessantes Portal; http://www.bund.net/ – Bund für Umwelt und Naturschutz.

21. Kapitel

Sicherheit und Gesundheit

Mit Sicherheit wollen Sie gesund bleiben. Aber sind Sicherheit und Gesundheit speziell für Existenzgründer überhaupt ein Thema? Und ob! Die wenigsten Existenzgründer befassen sich allerdings mit diesen beiden Themen und kaum ein Berater thematisiert sie. Das ist nicht weiter verwunderlich, weil kaum ein Problembewusstsein vorhanden ist. Zudem beschäftigt sich niemand gern mit unangenehmen Themen wie Krankheit oder Sicherheitsproblemen – die Probleme werden häufig verdrängt, statt aktiv Prävention zu betreiben.

Und schließlich hat ein Existenzgründer wahrlich auch sonst schon genug mit der Planung und später der Umsetzung des Vorhabens zu tun. Einem Existenzgründer geht es hier nicht anders als den meisten anderen Menschen – ein Problembewusstsein entsteht erst dann, wenn es (fast) zu spät ist. Um das Thema Gesundheit kümmern sich gerade Existenzgründer und Jungunternehmer erst dann, wenn sie ausgepowert und/oder nicht (mehr) gesund sind. Das Thema Sicherheit wird erst zum Problem, wenn der erste Schaden bereits entstanden ist.

Jeder Existenzgründer benötigt eine robuste Gesundheit, um die betrieblichen Anforderungen und auch die seelischen Belastungen insbesondere in der ersten Zeit – oft sogar in den ersten Jahren – zu meistern. Darüber hinaus sind erfolgreiche Existenzgründer „aus einem besonderen Holz geschnitzt" und arbeiten oft mehr, als es

675

ihnen gut tut – nicht selten bis an die Grenzen ihrer Belastbarkeit und darüber hinaus. Mein Rat, ganz bewusst und systematisch auch Ruhepausen und Entspannungsphasen einzuplanen, wird zunächst oft belächelt. Kein Wunder – lasse ich doch auf der anderen Seite keinen Zweifel daran, dass eine 35 oder auch 40-Stunden-Woche zumindest in der Anfangszeit illusorisch ist. Dies ist jedoch kein Widerspruch. Im Gegenteil. Wer viel arbeitet, sollte umso mehr darauf achten, in Ruhezeiten auch wieder die nötige Kraft für die Arbeit zu schöpfen. Nicht ohne Grund spricht man bei bestimmten Krankheiten von Managerkrankheiten. Wer nun etwa an Bluthochdruck, Herzinfarkt oder Übergewicht denkt, liegt absolut richtig. (Falsche) Arbeit kann also durchaus krank machen – hier wird niemand ernsthaft widersprechen.

Dies ist jedoch eine einseitige Sichtweise. Daher stellt sich die Frage: Kann Arbeit auch gesund machen? Sie kann, wie Studien eindeutig belegen. Die richtige Einstellung zur Arbeit und befriedigende Aufgaben können gesundheitsfördernd sein. Das Institut für Gesundheitswissenschaften der Technischen Universität Berlin hat im Rahmen einer Studie herausgefunden, dass Arbeitslosigkeit krank machen und die Lebenserwartung verkürzen kann. Ein höherer sozialer und wirtschaftlicher Status wirkt sich dagegen positiv auf die Gesundheit aus. Eine Existenzgründung kann also absolut zur Gesundheitsförderung beitragen, wenn die Ressourcen vernünftig eingesetzt werden und für ausreichende Ruhephasen gesorgt ist.

Nicht nur die Gesundheit des Unternehmers selbst ist wichtig, sondern auch die der Mitarbeiter. Dies leuchtet Unternehmern häufig eher ein, als die Bedeutung der eigenen Gesundheit, weil kranke Mitarbeiter sich unmittelbar finanziell auswirken und Geld kosten. Ein gutes Arbeitsklima sorgt für zufriedene Mitarbeiter und zufriedene Mitarbeiter sind nachweislich seltener krank und natürlich auch besser motiviert als unzufriedene Arbeitnehmer.

Jedes Jahr entstehen den Unternehmen Kosten in hoher 2-stelliger Milliardenhöhe! durch krankheitsbedingte Fehlzeiten im Unternehmen. Angesichts dieser Tatsache kann einem Unternehmer dass oben erwähnte Lächeln schnell vergehen. Es erscheint auch nicht mehr übertrieben, wenn sogar von einem „Gesundheitsmanagement" im Unternehmen gesprochen wird. Jeder Unternehmer sollte sich wenigstens im Rahmen seiner Möglichkeiten als Gesundheitsmanager betätigen, weil Gesundheit nicht nur für jeden Menschen persönlich ein wertvolles Gut ist, sondern auch ein absolut wichtiger Wirtschaftsfaktor.

Sicherheit im Unternehmen

Gerade durch das Medium Internet werden immer mehr Unternehmer mit massiven Sicherheitsrisiken konfrontiert, sei es durch virenverseuchte E-Mails oder andere mindestens ärgerliche Probleme. Aber auch unabhängig von den Problematiken des Internets sind Datenverluste ein oft unterschätztes Problem. Dabei kann gerade in kleineren Unternehmen den Sicherheitsrisiken mit wenig Aufwand und niedrigen Kosten entgegen gewirkt werden. Dies wird jedoch häufig unterlassen, weil sich Unternehmer ausschließlich mit dem Tagesgeschäft befassen und sich nicht die Zeit für wichtige Informationen nehmen, die es kostenfrei zur Genüge gibt.

Verschlüsselungssoftware für digitale Dokumente gibt es zum Teil bereits kostenfrei im Internet. Ausführliche Sicherheitsinformationen, z. B. zur digitalen Signatur und zu Computerviren, finden Sie auch auf der Homepage des Bundesamts für Sicherheit in der Informationstechnik. Sehr gefährlich können die Machenschaften einiger „Spaßvögel" ausgehen, die Warnungen über Computerviren, die keine sind – so genannte „Hoaxes" – versenden. Oft ist das Ganze „nur" ärgerlich, zeitraubend oder peinlich (wenn man die Warnung z. B. an Geschäftspartner weiterleitet). Schlimm wird es dann, wenn z. B. in der E-Mail eine Anleitung mitgeliefert wird, wie der angebliche Virus vom Rechner entfernt werden kann. Dazu sind dann regelmäßig bestimmte Dateien zu löschen. Mitunter handelt es sich aber um absolut notwendige Dateien, die keinesfalls gelöscht werden dürfen. Wenn Sie also künftig eine Virenwarnung erhalten, sollte ausnahmslos immer erst ein Blick auf die speziell eingerichtete Seite der Technischen Universität Berlin erfolgen, um den Wahrheitsgehalt der E-Mail zu überprüfen.

Der Untertitel dieses Ratgebers lautet: Erfolgreich gründen und auf Kurs bleiben. In diesem Sinne wünsche ich Ihnen, dass Sie ihr junges Unternehmen auch in stürmischen Zeiten durch unruhige Gewässer führen können und jederzeit gesund im sicheren Hafen ankommen. Dazu drücke ich Ihnen sämtliche Daumen und wünsche viel Erfolg!

Links zum Thema

http://osha.eu.int/– Europäische Agentur für Sicherheit und Gesundheit am Arbeitsplatz;; http://www.softguide.de/software/verschluesselung.htm – Übersicht zu Verschlüsselungssoftware; http://www.bsi.bund.de – Bundesamt für Sicherheit in der Informationstechnik; http://hoax-info.tubit.tu-berlin.de/hoax/ – Technische Universität Berlin –Informationen über Hoaxes und mehr; http://www.aok-business.de – AOK – Informationen zur betrieblichen Gesundheitsförderung und mehr; http://www.tk-online.de – Techniker Krankenkasse mit Online-Gesundheitscoach und vielen weiteren Angeboten und Informationen; http://www.guss-net.de – RKW Rationalisierungs- und Innovationszentrum der Deutschen Wirtschaft e. V. – Existenzgründung – gesund und sicher starten; http://www.vtm-stein.de – Verlag für Therapeutische Medien – Entspannungsmusik, Motivations-CDs und mehr (Wellness für Körper und Seele); http://www.zeitzuleben.de – Tania Konnerth & Ralf Senftleben GbR – „Alles für ein aktives Leben" (einen Erfahrungsbericht der Gründerin zu ihrer eigenen Existenzgründung können Sie hier lesen: http://www.webgrrls.de/work/zzl-story.htm).

Anhang

I. Allgemeine Linktipps zu verschiedenen Themen:

- www.docju.de/index.html – Dr. Hans-Peter Jurscha – Informationen zu Steuern, Finanzierung, Rechnungswesen usw. – die Informationen entsprechen nicht alle dem neuesten Stand und sollten darum nicht zur Grundlage des Rechnungswesens oder der Steuerplanung gemacht werden. Ansonsten sind die Seiten aber sehr informativ.

- www.jurathek.de – Rechtsanwalt Michael Hettenbach und Steuerberaterin Undine Haberecht – informative und nützliche Seiten zu den Themen Recht und Steuern

- www.juris.de – Juristisches Informationssystem, Juris GmbH.

- www.haufe.de – Haufe Mediengruppe – zahlreiche Informationsmöglichkeiten zu verschiedenen Themen, zum Teil mit kostenfreien Testangeboten

- www.nwb.de – Verlag neue Wirtschaftsbriefe – Informationen und die Möglichkeit, bestimmte Fachzeitschriften kostenlos zu testen oder ermäßigt zu testen

- www.beck.de – Beck Verlag – aktuelle Informationen, Literatur, Downloads, Seminare und mehr

- www.bundesfinanzministerium.de – Bundesfinanzministerium – Formulare und Informationen

- www.geizkragen.de –Preisvergleiche, Informationen zu Schnäppchen und mehr

- www.business-wissen.de – b-wise GmbH – Informationen zu verschiedenen Business-Themen

- www.akademie.de –zahlreiche Informationen, vielfach nur für Mitglieder, aber das Angebot kann zunächst kostenfrei getestet werden. Nicht immer sind die Beiträge auf aktuellstem Stand, was aber in vielen Bereichen nicht schadet (z. B. Marketing).

- www.suchfibel.de – Stefan Karzauninkat – Informationen über das Suchen (und gefunden werden) im Internet

- www.mittelstanddirekt.de –umfangreiches Informationsportal.

- www.bundesregierung.de – Hier informiert die Bundesregierung u. a. über Bürokratie(abbau) etc. www.starternetz.com – Informations- und Kommunikationsportal für Unternehmer und Gründer

- www.biz-awards.de – insbesondere Informationen zu Wettbewerben für Existenzgründer und Unternehmer

- www.beck.de – u. a. Beck Aktuell mit wertvollen, stets aktuellen Informationen zu neuen Gesetzgebungsvorhaben usw.

II. In letzter Minute

Wie gewährleistet man bei einem Buch die größtmögliche Aktualität?

Gerade zum Thema Existenzgründung gibt es bald täglich neue, interessante Informationen. Die Linktipps helfen Ihnen dabei, „auf dem Laufenden" zu bleiben. Ich möchte Sie an dieser Stelle aber zusätzlich kurz über die unmittelbar vor dem Erscheinungstermin dieser 4. Auflage veröffentlichten Neuigkeiten informieren – quasi als „Last-Minute-Service".

Zur Fortführung des Programms Gründercoaching Deutschland gibt es noch keine verlässlichen Aussagen. In dem Newsletter des Startercenters des Kreises Recklinghausen vom April 2014 heißt es dazu:

„Leider herrscht immer noch keine Klarheit im Hinblick auf die Modalitäten und die Fortführung sowie die konkrete Ausgestaltung des Programmes „Gründercoaching Deutschland". Die noch nicht abgeschlossenen Abstimmungsprozesse zwischen EU, den Bundesministerien und der KfW lassen definitive Aussagen noch nicht zu. Es gibt jedoch Vermutungen und Planungen: Da allgemein von einer Mittelkürzung ausgegangen wird, könnte eine Förderung nur noch in den ersten zwei Jahren nach Gründung ausgesprochen werden. Vermutlich wird bei Gründung aus der Arbeitslosigkeit weiterhin nur eine 50%-Förderung erfolgen. Auch der 6-monatige Beratungszeitraum soll erhalten bleiben. Als Bemessungsgrundlage (max. Beraterhonorar) soll statt 6.000 € künftig nur 4.000 € im Gespräch sein. Inhaltlich soll es Verschärfungen bei den Coachingthemen und auch im Hinblick auf die Beraterqualität geben. Man geht davon aus, dass bis zum Herbstbeginn ein genehmigtes Operationelles Programm ESF vorliegt und damit eventuell auch Förderrichtlinien verabschiedet werden können. Um keine Förderlücken entstehen zu lassen, könnte das laufende Programm zu den jetzigen Konditionen bis zum Jahresende 2014 verlängert werden. Aber wie gesagt… dies sind nur Vermutungen!"

Sachverzeichnis

H

I

Betriebs- und Volkswirtschaft, Wirtschaftsrecht

Fragen und Antworten für das Management

Rechtliche Grundlagen

HGB · Handelsgesetzbuch
Textausgabe `Toptitel`
56. Aufl. 2014. 343 S.
€ 5,90. dtv 5002
Ohne SeehandelsR, mit PublizitätsG, Wechsel- und ScheckG.

HandelsR · Handelsrecht
Textausgabe
5. Aufl. 2010. 590 S.
€ 15,90. dtv 5599
U.a. mit HGB (ohne SeehandelsR), BGB (Auszug), UN-Kaufrecht, Publizitätsgesetz, Allg. Geschäftsbedingungen der Banken, Allg. Deutsche Spediteurbedingungen sowie FamFG (Auszug) und HandelsregisterVO.

GenR · Genossenschaftsrecht
Textausgabe
5. Aufl. 2013. 234 S.
€ 12,90. dtv 5584
U.a. mit GenossenschaftsG, GenossenschaftsregisterVO, UmwandlungsG (Auszug), LandwirtschaftsanpassungsG und Wohnungsgenossenschafts-VermögensG.

GesR · Gesellschaftsrecht
Textausgabe `Toptitel`
14. Aufl. 2014. 886 S. `Neu`
€ 13,90. dtv 5585
Neu im März 2014
U.a. mit AktienG, GmbH-Gesetz, GenossenschaftsG, Handelsgesetzbuch (Auszug), PartnerschaftsgesellschaftsG, EWIV-VO mit EWIV-AusführungsG, Wertpapiererwerbs- und ÜbernahmeG, Deutschem Corporate Governance Kodex sowie den wichtigsten Vorschriften aus den Bereichen Rechnungslegung, Umwandlungs-, Mitbestimmungs- und Verfahrensrecht.

AktG, GmbHG · Aktiengesetz, GmbH-Gesetz
Textausgabe `Toptitel`
45. Aufl. 2014. 456 S. `Neu`
€ 6,90. dtv 5010
Neu im Februar 2014
Mit UmwandlungsG, Wertpapiererwerbs- und ÜbernahmeG, Mitbestimmungsgesetzen, Deutschem Corporate Governance Kodex und SpruchverfahrensG.

WettbR · Wettbewerbsrecht
MarkenR/KartellR

Textausgabe **Toptitel**
34. Aufl. 2014. 506 S. **Neu**
€ 10,90. dtv 5009

Neu im Februar 2014

Gesetz gegen den unlauteren
Wettbewerb, PreisangabenVO,
MarkenG, MarkenVO, Gemein-
schaftsmarkenVO, Gesetz gegen
Wettbewerbsbeschränkungen
sowie die wichtigsten wettbewerbsrechtlichen Vorschriften
der Europäischen Union.
Berücksichtigt neben der
8. GWB-Novelle bereits das
Gesetz gegen unseriöse
Geschäftspraktiken vom Oktober 2013.

PatR ·
Patent- und Designrecht

Textausgabe **Neu**
12. Aufl. 2014. 799 S.
€ 12,90. dtv 5563

Neu im April 2014

Deutsches und europäisches
Patentrecht, Arbeitnehmer-
erfindungsrecht, Gebrauchs-
musterrecht, Designrecht und
Internationale Verträge.

UrhR · Urheber- und
Verlagsrecht

Textausgabe **Toptitel**
15. Aufl. 2014. 633 S.
€ 14,90. dtv 5538

UrheberrechtsG, VerlagsG,
Recht der urheberrechtlichen
Verwertungsgesellschaften,
Internationales Urheberrecht,
Recht der Europäischen Union.
Eingearbeitet wurde bereits
die orphan-works-Novelle zu
verwaisten und vergriffenen
Werken vom 1.10.2013.

Schulze
Meine Rechte als Urheber

Urheber- und Verlagsrechte
schützen und durchsetzen.
Rechtsberater
6. Aufl. 2009. 394 S.
€ 15,90. dtv 5291

Der Rechtsberater erklärt verständlich, was urheberrechtlich
geschützt ist, was Geschmacks-
musterschutz genießt, wo
Wettbewerbsschutz in Betracht
kommt, wie Rechte durchgesetzt werden können, worauf
ein Werknutzer achten muss
und was er ohne Zustimmung
der Rechtsinhaber darf.

Möller
Abmahnung und
Unterlassungserklärung

Unterlassungsansprüche erfolgreich durchsetzen und abwehren.
Rechtsberater
1. Aufl. Rd. 220 S.
Ca. € 12,90. dtv 50665

In Vorbereitung

So gehen Sie gegen Abmahnungen im Geschäftsverkehr vor
und setzen eigene Rechte durch.

Haupt/Schmidt
Markenrecht und Branding
Schutz von Marken, Namen, Titeln, Domains und Herkunftsangaben.
Rechtsberater
1. Aufl. 2007. 207 S.
€ 11,50. dtv 50650
Mit Checklisten zur Markenanmeldung, zur Markenkollision, Adressen, Musterformularen und Beispielen.

GewO · Gewerbeordnung
Textausgabe
38. Aufl. 2013. 601 S.
€ 9,90. dtv 5004
Mit sämtlichen DurchführungsVOen, HandwerksO, GaststättenG, ArbeitsschutzG, ArbeitsstättenVO, Bundes-ImmissionsschutzG, ArbeitszeitG, SchwarzarbeitsG u.a.

InsO · Insolvenzordnung
Textausgabe Toptitel
16. Aufl. 2014. 242 S. Neu
€ 9,90. dtv 5583
Insolvenzordnung, Einführungsgesetz zur InsO, EU-InsolvenzverfahrenVO, Insolvenzrechtliche VergütungsVO, Internet-BekanntmachungsVO, VerbraucherinsolvenzvordruckVO, Anfechtungsgesetz, InsolvenzstatistikG, SGB III (Auszug) und StGB (Auszug). Mit den Änderungen durch das Gesetz zur Verkürzung des Restschuldbefreiungsverfahrens und zur Stärkung der Gläubigerrechte.

Haarmeyer
Guter Rat bei Insolvenz
Problemlösungen für Schuldner und Gläubiger.
Rechtsberater
3. Aufl. 2008. 348 S.
€ 13,90. dtv 50626
Was Schuldner und Gläubiger tun können, wie man Krisen frühzeitig erkennt und abwendet, wie man im Insolvenzverfahren Risiken vermeidet und seine Rechte wahrt.

Stahlschmidt
Privatinsolvenz in Frage und Antwort
Tipps für Verbraucher und Unternehmer.
Rechtsberater
1. Aufl. 2009. 97 S.
€ 9,90. dtv 50677
Kommentierte Muster helfen in der Praxis.

Stötter
Das Recht der Handelsvertreter
Vertrag · Provision · Wettbewerbsverbot · Ausgleichsanspruch.
Rechtsberater
6. Aufl. 2007. 338 S.
€ 16,50. dtv 5210
Liefert praxisgerechte Lösungen. Beispiele und Rechtsprechungshinweise veranschaulichen die Materie.

Starthilfen für Unternehmer

Bonnemeier
Praxisratgeber Existenzgründung
Erfolgreich starten und auf Kurs bleiben.
Wirtschaftsberater `Toptitel`
4. Aufl. 2014. 706 S. `Neu`
€ 19,90. dtv 50939
Neu im August 2014
Auch als **ebook** erhältlich.
Konkrete Handlungsempfehlungen für alle Phasen der Existenzgründung.

Füser
Ratgeber Existenzgründung
1000 Ideen und Checklisten zum Erfolg.
Wirtschaftsberater
2. Aufl. 2004. 490 S.
€ 13,–. dtv 50828

Schaub/Reiserer
Ich mache mich selbstständig
Hürden nehmen · Chancen nutzen.
Rechtsberater
6. Aufl. 2008. 563 S.
€ 17,–. dtv 5236
Ein Überblick über die öffentlich-rechtlichen und privatrechtlichen Rahmenbedingungen.

Hammer
Soll ich mich selbständig machen?
Der Praxisleitfaden für Ihre Entscheidung.
Wirtschaftsberater
4. Aufl. 2005. 252 S.
€ 9,50. dtv 5853
Neugründung, Geschäftsübernahme oder Beteiligung, Standortwahl, Finanzierung, Recht, Marketing und Controlling.

Weißer
Endlich selbstständig!
Ratgeber für die erfolgreiche Existenzgründung.
Rechtsberater
1. Aufl. 2010. 250 S.
€ 16,90. dtv 50701
Der Ratgeber klärt zuverlässig alle Fragen, die sich die Existenzgründer stellen und erläutert zudem, welche finanziellen Möglichkeiten und Hilfen es gibt und wie man diese optimal nutzt. Mit zahlreichen Beispielen aus der Praxis.

Wörle
Selbstständig ohne Meisterbrief
Was Handwerkskammern gern verschweigen.
Rechtsberater
1. Aufl. 2009. 298 S.
€ 16,90. dtv 50673
Alles über den Eintrag in die Handwerksrolle ohne Brief sowie legale Tätigkeitsmöglichkeiten.

Waldner/Wölfel
So gründe und führe ich eine GmbH
Vorteile nutzen · Risiken vermeiden.
Rechtsberater `Toptitel`
9. Aufl. 2009. 252 S.
€ 10,90. dtv 5278
Haftungsbeschränkung, Gründungsvoraussetzungen, Vertragsgestaltung, Geschäftsführer, Gesellschafterversammlung, Liquidation, Steuer- und Kostenrecht.

Kühn
GmbH-Geschäftsführer
Pflichten, Anstellung, Haftung,
Haftungsvermeidung, Abberu-
fung und Kündigung.
Rechtsberater `Toptitel`
2. Aufl. 2013. 229 S.
€ 16,90. dtv 50734
Auch als **ebook** erhältlich.

Das notwendige rechtliche
Wissen für den Geschäftsführer vom Anstellungsvertrag
über Haftungsvermeidung bis
zur Abberufung. Mit vielen Beispielen, Tipps und Mustern

Wiester
Die GmbH in der
Unternehmenskrise
Lösungswege für den Geschäftsführer.
Rechtsberater
1. Aufl. 2007. 335 S.
€ 15,–. dtv 50638

Ein fundierter Überblick über
alle relevanten Handlungs-
und Sanierungsoptionen,
Pflichten und Haftungsrisiken.

Waldner/Wölfel
GbR · OHG · KG
Gründen · Betreiben · Beenden.
Rechtsberater
7. Aufl. 2006. 240 S.
€ 9,50. dtv 5294

Gesellschaft des bürgerlichen
Rechts, Offene Handelsgesell-
schaft, Kommanditgesellschaft,
GmbH & Co. KG. Vertrags-
gestaltung, Geschäftsführung
und Vertretung, Haftung,
Liquidation, Steuer- und
Kostenrecht.

Weisbach/Sonne-Neubacher
Unternehmensethik
in der Praxis
Vorgaben und Richtlinien sinnvoll und zielführend umsetzen.
Wirtschaftsberater `Toptitel`
1. Aufl. 2009. 221 S.
€ 14,90. dtv 50922

Ethisch orientierte Führung
ist ohne wirksame Hand-
lungsvorgaben nicht möglich.
Wie es gelingt, Vorgaben und
Richtlinien sinnvoll, zielführend
und frei von Widersprüchen
zu gestalten, zeigt der neue
Wirtschaftsberater.

Sattler
Unternehmerisch denken
lernen
Das Denken in Strategie,
Liquidität, Erfolg und Risiko.
Wirtschaftsberater
2. Aufl. 2003. 217 S.
€ 10,–. dtv 50819

Ek/von Hoyenberg
Unternehmenskauf und
-verkauf
Grundlagen · Gestaltung · Haftung · Steuer- und Arbeitsrecht ·
Übernahmen.
Rechtsberater
1. Aufl. 2007. 288 S.
€ 14,50. dtv 50646

Ek/von Hoyenberg
Aktiengesellschaften
Gründung · Leitung · Börsengang.
Rechtsberater
2. Aufl. 2006. 275 S.
€ 12,50. dtv 5684
Ratgeber für alle, die eine
AG gründen, sich an einer
bestehenden AG beteiligen,
als Vorstand eine AG leiten
oder ein Aufsichtsratsmandat
übernehmen möchten.

Ottersbach
Der Businessplan
Praxisbeispiele für Unterneh-
mensgründer und Unternehmer.
Wirtschaftsberater `Toptitel`
2. Aufl. 2012. 278 S.
€ 14,90. dtv 50875
Auch als **ebook** erhältlich.
Funktion, Inhalt und Darstel-
lungsform eines Businessplans
werden anhand zahlreicher
Beispiele erläutert.

Jossé
Balanced Scorecard
Ziele und Strategien messbar
umsetzen.
Wirtschaftsberater
1. Aufl. 2005. 329 S.
€ 12,50. dtv 50870
Das Konzept, das unternehmerische Vision nicht nur
in Strategien transferiert,
sondern auch konkrete Ziele
und Maßnahmen schlüssig
abzuleiten hilft.

Girlich/Maier/Steindl
**Steuerwissen
für Existenzgründer**
Praktische Tipps zu Steuern,
Recht und Sozialversicherung.
Wirtschaftsberater
5. Aufl. 2009. 349 S.
€ 19,90. dtv 50831
Die Autoren zeigen Gefahren
und Tücken des komplizierten
Steuerrechts auf und helfen
mit verständlichen Anre-
gungen, Beispielen und Checklisten, häufige Fehler in der
Startphase zu vermeiden.

Buchhaltung, Rechnungs-
wesen, Controlling

Herrling/Mathes
Der Buchführungsratgeber
Grundlagen und Beispiele.
Wirtschaftsberater `Toptitel`
6. Aufl. 2011. 378 S.
€ 14,90. dtv 5836
Auch als **ebook** erhältlich.
Dieser Band vermittelt die
Grundlagen in anschaulicher
Form, anhand konkreter
Beispiele werden auch kom-
plexe Buchungen verständlich
erklärt.

Jossé
Basiswissen Kostenrechnung
Kostenarten, Kostenstellen, Kos-
tenträger, Kostenmanagement.
Wirtschaftsberater `Toptitel`
6. Aufl. 2011. 245 S.
€ 11,90. dtv 50811
Auch als **ebook** erhältlich.
Buchhaltung, Rechnungswe-
sen, Controlling.
Die bewährten Systeme der
Kostenrechnung.

Schultz
Basiswissen Rechnungswesen
Buchführung, Bilanzierung, Kostenrechnung, Controlling.
Wirtschaftsberater `Toptitel`
7. Aufl. 2014. 316 S. `Neu`
€ 12,90. dtv 50938
Neu im April 2014
Auch als **ebook** erhältlich.
Grundlagen der Unternehmensführung. Dieser Überblick über das gesamte betriebliche Rechnungswesen zeigt mit Beispielen und Übersichten die Verzahnung von Buchführung, Bilanzierung, Kostenrechnung und Controlling.

Scheffler
Lexikon der Rechnungslegung
Buchführung, Finanzierung, Jahres- und Konzernabschluss nach HGB und IFRS.
Wirtschaftsberater `Toptitel`
3. Aufl. 2012. 558 S.
€ 19,90. dtv 50814
Auch als **ebook** erhältlich.
Dieses Lexikon ist Nachschlagewerk und Ratgeber für alle Fragen zur Darstellung und Beurteilung der Vermögens-, Finanz- und Ertragslage von Unternehmen und Konzernen.

Tanski
Internationale Rechnungslegungsstandards
IFRS/IAS Schritt für Schritt.
Wirtschaftsberater
3. Aufl. 2010. 399 S.
€ 19,90. dtv 50852
Viele Beispiele und grafische Übersichten machen das Verständnis der IAS (International Accounting Standards) leicht und zeigen die markanten Unterschiede zur HGB-Bilanzierung.

Scheffler
Bilanzen richtig lesen
Rechnungslegung nach HGB und IAS/IFRS.
Wirtschaftsberater
9. Aufl. 2013. 294 S.
€ 12,90. dtv 50935
Bilanz, Bewertung, Gewinn- und Verlustrechnung, Bilanzanalyse, Bilanzpolitik.

Schneck
Rating
Wie Sie Ihre Bank überzeugen.
Wirtschaftsberater
2. Aufl. 2008. 258 S.
€ 12,50. dtv 50871
Wie läuft ein Rating ab, welche Kriterien sind maßgeblich, und wie kann man sich als Unternehmen darauf vorbereiten? Mit Beispielen, Fällen und Anwendungsberichten.

Beimler/Girlich
Ratgeber Betriebsprüfung
Wirtschaftsberater
1. Aufl. 2011. 260 S.
€ 16,90, dtv 50909
Auch als **ebook** erhältlich.
Außenprüfungen von Finanzamt und Sozialverwaltung – Tipps für die Praxis.

Schultz
Basiswissen Controlling
Instrumente für die Praxis.
Wirtschaftsberater
1. Aufl. 2010. 278 S.
€ 12,90. dtv 50907
Von der Informationsversorgung über operative Planungs- und Kontrollinstrumente bis hin zu Analyse- und Prognosemethoden stellt das Buch die ganze Palette der Verfahren vor.

Horváth & Partners
Das Controllingkonzept
Der Weg zu einem wirkungsvollen Controllingsystem.
Wirtschaftsberater   `Toptitel`
7. Aufl. 2009. 360 S.
€ 14,90. dtv 5812
Wie setzt man Controlling in die Praxis um? Arbeitsschritte und Fallbeispiele.

Management und Marketing

Rittershofer
Wirtschafts-Lexikon
Über 4000 Stichwörter für Studium und Praxis.
Wirtschaftsberater   `Toptitel`
4. Aufl. 2009. 1103 S.
€ 24,90. dtv 50844

Schneck
Lexikon der Betriebswirtschaft
3500 grundlegende und aktuelle Begriffe für Studium und Beruf.
Wirtschaftsberater   `Toptitel`
8. Aufl. 2011. 1134 S.
€ 19,90. dtv 5810
Auch als **ebook** erhältlich.
3500 Stichwörter und mehr als 200 Abbildungen erklären kompetent, präzise und verständlich das Wichtigste aus
• Personal- und Unternehmensführung • Investition und Finanzierung • Marketing und Produktion • Beschaffung und Logistik • Kostenrechnung und Controlling • Rechnungslegung und Wirtschaftsprüfung • Steuern • Informationsmanagement.

Schultz
Basiswissen Betriebswirtschaft
Management, Finanzen, Produktion, Marketing.
Wirtschaftsberater   `Toptitel`
5. Aufl. 2014. 356 S.   `Neu`
€ 12,90. dtv 50941
Auch als **ebook** erhältlich.
Das Buch bietet einen Überblick über die gesamte Betriebswirtschaft und ist gleichermaßen Nachschlagewerk wie Handbuch für Studium und Praxis.

Becker
Das Marketingkonzept
Zielstrebig zum Markterfolg!
Wirtschaftsberater
4. Aufl. 2010. 252 S.
€ 9,90. dtv 50806
Die notwendigen Schritte für
schlüssige Marketingkonzepte,
systematisch und mit Fallbei-
spielen.

Röthlingshöfer
Mundpropaganda-Marketing
Was Unternehmen wirklich
erfolgreich macht.
Wirtschaftsberater
1. Aufl. 2008. 217 S.
€ 10,–. dtv 50914
Alles über die Grundlagen, das
aktuelle Wissen mit Erfolgs-
beispielen, Checklisten und
praxisnahen Tipps.

Neumann/Nagel
**Professionelles
Direktmarketing**
Das Praxisbuch mit Online-
Marketing.
Wirtschaftsberater
2. Aufl. 2007. 361 S.
€ 14,–. dtv 5886

Hörner
Marketing im Internet
Konzepte zur erfolgreichen
Online-Präsenz.
Wirtschaftsberater
1. Aufl. 2006. 308 S.
€ 10,–. dtv 50895
Der Band bietet eine Fülle von
Tipps und Anregungen und
unterstützt sowohl Unternehmer und Marketing-Mitarbeiter
wie auch Freiberufler optimal
im Online-Marketing.

Grafberger/Hörner
Texten für das Internet
Kunden erfolgreich gewinnen
mit Website und Suchmaschinen.
Wirtschaftsberater `Toptitel`
2. Aufl. 2013. 230 S.
€ 16,90. dtv 50934
Gute Texte müssen sowohl
Leser begeistern und zum
Kauf motivieren als auch die
Platzierung in Suchmaschi-
nen verbessern. Dieser neue
Band zeigt, worauf es beim
Web-Auftritt ankommt und
wie man es schafft, bei Google
möglichst weit oben zu stehen.

Wissmeier
**Marketing mit kleinem
Budget**
Der Praxisratgeber für Selbst-
ständige, kleine und mittlere
Unternehmen.
Wirtschaftsberater
1. Aufl. 2010. 145 S.
€ 12,90. dtv 50908
Marktinformationen, Markt-
strategien, Marketing-Instru-
mente, Marketing-Mix,
Marketingbudget, Marketing-
plan, Erfolgskontrolle,
Erfolgsfaktoren.

*Kleine-Doepke/Standop/
Wirth*
Management-Basiswissen
Konzepte und Methoden zur
Unternehmenssteuerung.
Wirtschaftsberater
3. Aufl. 2006. 323 S.
€ 14,–. dtv 5861

Füser
Modernes Management
Business Reengineering,
Benchmarking, Wertorientiertes
Management und viele andere
Methoden.
Wirtschaftsberater
4. Aufl. 2007. 266 S.
€ 12,–. dtv 50809

Becker
**Lexikon des Personal-
managements**
Über 1000 Begriffe zu Instru-
menten, Methoden und rechtlichen Grundlagen betrieblicher
Personalarbeit.
Wirtschaftsberater
2. Aufl. 2002. 677 S.
€ 19,–. dtv 5872

Bruhn
Kundenorientierung
Bausteine für ein exzellentes
Customer Relationship Manage-
ment (CRM).
Wirtschaftsberater `Toptitel`
4. Aufl. 2012. 378 S.
€ 16,90. dtv 50808
Auch als **ebook** erhältlich.
Innovationsmanagement,
Qualitätsmanagement,
Servicemanagement, Kun-
denbindungsmanagement,
Beschwerdemanagement, Inte-
grierte Kommunikation sowie
Internes Marketing.

Bruhn
Servicequalität
Konzepte und Instrumente für
die perfekte Dienstleistung.
Wirtschaftsberater
1. Aufl. 2013. 326 S.
€ 16,90. dtv 50932
Auch als **ebook** erhältlich.
Bausteine eines Qualitätsma-
nagements, Analyse, Planung,
Umsetzung und Kontrolle

Schelle
Projekte zum Erfolg führen
Projektmanagement syste-
matisch und kompakt.
Wirtschaftsberater `Toptitel`
7. Aufl. 2014. 410 S. `Neu`
€ 14,90. dtv 50937
Neu im Februar 2014
Auch als **ebook** erhältlich.
Systematisches Projekt-
management führt zu hoher
Termin- und Kostentreue und
zum sicheren Erreichen des
geplanten Ergebnisses. Hier
hilft dieser Ratgeber.

Hoffmann/Schoper/
Fitzsimons
Internationales
Projektmanagement
Interkulturelle Zusammenarbeit
in der Praxis.
Wirtschaftsberater
1. Aufl. 2004. 375 S.
€ 14,–. dtv 50883
Kommunikation und Information, Führung im Projekt, Entscheidungsfindung, Konflikt-,
Risiko- und Lieferantenmanage-
ment, Projektorganisation und
-steuerung u.v.m.

Röthlingshöfer
Werbung mit kleinem Budget
Der Ratgeber für Existenzgründer und Unternehmen.
Wirtschaftsberater `Neu`
3. Aufl. 2014. 283 S.
14,90. dtv 50940
Ganz ohne Werbedeutsch
zeigt der Ratgeber, was man
für erfolgreiche Werbung
braucht.

Hofstede/Hofstede
Lokales Denken,
globales Handeln
Interkulturelle Zusammenarbeit
und globales Management.
Wirtschaftsberater `Toptitel`
5. Aufl. 2011. 571 S.
€ 19,90. dtv 50807
Auch als **ebook** erhältlich.
Wertvolle Hinweise in diesem
Standardwerk helfen, andere
besser zu verstehen und selbst
besser verstanden zu werden.

Kastin
**Marktforschung
mit einfachen Mitteln**
Daten und Informationen
beschaffen, auswerten und
interpretieren.
Wirtschaftsberater
3. Aufl. 2008. 437 S.
€ 19,90. dtv 5846

Haberzettl/Schinwald
**Erfolgreiches
Change Management**
Wie Sie Mitarbeiter an Verände-
rungen beteiligen.
Wirtschaftsberater
1. Aufl. 2011. 284 S.
€ 16,90. dtv 50905
Auch als ebook erhältlich.

Rota
**Public Relations
und Medienarbeit**
Effektive Öffentlichkeitsarbeit der
Unternehmen im Informations-
zeitalter.
Wirtschaftsberater
3. Aufl. 2002. 360 S.
€ 12,50. dtv 5814

Rota/Fuchs
Lexikon Public Relations
500 Begriffe zu Öffentlichkeitsarbeit, Markt- und
Unternehmenskommunikation.
Wirtschaftsberater
1. Aufl. 2007. 502 S.
€ 17,50. dtv 50898

Hermanni
Medienmanagement
Grundlagen und Praxis für Film,
Hörfunk, Internet, Multimedia
und Print.
Wirtschaftsberater
1. Aufl. 2007. 316 S.
€ 15,–. dtv 50902

Bölke
Presserecht für Journalisten
Freiheit und Grenzen der Wort-
und Bildberichterstattung.
Rechtsberater
1. Aufl. 2005. 265 S.
€ 12,50. dtv 50627

Pauli
Leitfaden für die Pressearbeit
Anregungen · Beispiele · Checklisten.
Wirtschaftsberater
3. Aufl. 2004. 217 S.
€ 9,50. dtv 5868
Das Buch beschreibt, mit
welchem Konzept man erfolgreiche Pressearbeit betreibt
und welche Tipps und Trends
man kennen muss, um Fehler
zu vermeiden.

Klein
Kulturmarketing
Das Marketingkonzept für Kultur-
betriebe.
Wirtschaftsberater
3. Aufl. 2011. 543 S.
€ 19,90. dtv 50848
Auch als ebook erhältlich.
Viele praktische Beispiele stel-
len den Aufbau eines Kultur-
Marketing-Konzepts dar und
beschreiben seine Umsetzung.